U0178865

西北大学“双一流”建设项目资助
西北大学科学史高等研究院主办

科学技术史辑要

1

曲安京 主 编
唐 泉 副主编

科 学 出 版 社

北 京

内 容 简 介

科学技术史是人类文明史的重要组成部分，科学技术史研究可以帮助我们更好地理解人类智慧的传承和积累，认识科学发现和技术革新的逻辑与规律，以及它们对社会、经济和文化的深刻影响，对于国家创新发展也具有重要的启示意义。

《科学技术史辑要》分科学史、文化遗产与技术史、生态环境与医学史和科学史理论与应用 4 个栏目，立足学术性、专业性和创新性，经过专家组遴选推荐，以全文转载、论点摘编、篇目推荐等不同形式，收录了我国科学技术史领域的年度优秀论文，旨在全面呈现我国科学技术史领域的研究成果和学术观点，促进交流与合作。

本书可供从事科学技术史、历史、文物与考古、哲学等方向研究的学者和师生等阅读参考。

图书在版编目（CIP）数据

科学技术史辑要. 1 / 曲安京主编. —北京：科学出版社，2023.8
ISBN 978-7-03-076087-6

Ⅰ. ①科… Ⅱ. ①曲… Ⅲ. ①自然科学史-中国-文集 Ⅳ. ①N092-53

中国国家版本馆 CIP 数据核字（2023）第 142114 号

责任编辑：邹 聪 侯俊琳 刘巧巧 / 责任校对：韩 杨
责任印制：李 彤 / 封面设计：有道文化

科学出版社 出版
北京东黄城根北街 16 号
邮政编码：100717
http://www.sciencep.com
北京建宏印刷有限公司 印刷
科学出版社发行 各地新华书店经销
*
2023 年 8 月第 一 版 开本：889×1194 1/16
2023 年 8 月第一次印刷 印张：24 1/4
字数：550 000

定价：198.00 元

（如有印装质量问题，我社负责调换）

《科学技术史辑要①》

《科学技术史辑要》前言

中国的科学技术史研究起步于20世纪初，迄今已经有100多年的历史了。早期的研究者多以爱国主义为目的，注重从中国古代文献中发掘、弘扬那些值得表彰的科学知识，很少有专门的学者，专注西方的科技史研究。科技史的从业人员，虽然大多接受过比较系统的现代科学体系的训练，但是，基本上都是以业余爱好者身份从事科技史研究。

1949 年新中国成立后，在中国科学院和部分高校，出现了一批职业的科学史家，开始有组织地、比较系统地开展天算农医等传统科技史的学科史研究。他们在现代知识体系框架下，对中国古代文献中蕴含的科技史料进行细致的整理、深入的分析、翔实的研究。由于这些史料和工作都是职业历史学家较少涉猎的领域，相较于当时的科学史家的从业人数，可供研究的问题相对来说是比较充分的。因此，这个时期的中国科技史界构成了一个相对封闭的、基本上独立于历史等相近学科的学术群体，其研究成果主要发表在《科学史集刊》与《科技史文集》等专业刊物上。

改革开放以来，很多高校相继招收科技史专业的研究生，职业科学史家的队伍迅速扩大。1997 年起，科学技术史专业成为独立的一级学科。2015 年，国务院学位委员会成立了科学技术史学科评议组。这些都是中国科技史学科建制化进程中的里程碑事件。最近数十年，大批接受了科技史研究生专业训练的学者成为国内科技史研究的主流，使得以“发现”为特征的传统研究范式的问题域迅速枯竭，很难再现上一辈学者曾经创造的“辉煌”，有趣的、令人振奋的新“发现”渐趋稀疏，中国科技史的各个方向似乎都程度不同地出现了一些困难的局面。

与此同时，国际上的一些新的科技史研究思潮，如数学实操（mathematical practice）、科学元勘（science & technology study）、知识史、科学技术与社会（STS）等，对传统研究范式不断造成持续的冲击。以“发现”为特征的科技史研究，不再成为一统天下的学科范式。21世纪以来，中国的科技史研究，呈现出了特点越来越不明显、问题意识越来越淡薄的局面。一些科技史的专业刊物，尽管篇幅变化不大、印刷质量提高很多、作者队伍急剧扩张，但是，在主流科学史家的眼中，其学术的厚重感似乎已大不如20年前。

随着最近两轮的学科评估，我国科技史学科的职业化定式渐趋明朗，由于没有大学本科专业的支撑，科技史的从业人员，将会稳定集中在20家左右拥有科技史博士点或有一定历史积累的硕士点的高校与科研院所。科技史是一个涵盖领域非常广泛的学术专业，这样的学科点容量，与我们的学科定位显然是不匹配的。因此，未来科技史后备人才的主要就业去向，可能是历史、考古、哲学等相关院所。这样一来，科技史界就有必要开放自己的象牙塔，向相关领域推介自己的研究成果，发挥科技史的学科特长，主动开展学科交叉研究。以此创造充分多的科技史就业岗位，吸引更多的对科技史有兴趣的青年学子，投身到这个有意义的领域。

国际学术界有一种习惯，为了向相关领域同行或学生推介自己学科的研究方向、基本问题、核心方法，会编辑反映这个时代的主流与特色的研究论文，组成一个集子，取名为“读本”（Reader）。这是一个很有效的方式，向公众和学界介绍、推荐本学科的研究潮流、研究热点、研究意义，通过这些精选的论文，对正在进行中的本学科的发展现状进行一次检阅。这就是我们编辑《科学技术史辑要》的一个理由。我们希望通过对 2019/2020 两个年度的论文选编，向国内关心科技史学科发展的朋友们，提供一个一窥全豹的小小样本。

出版这个读本的初衷，是打算编辑一本中国科技史学科的年度文摘，以为本学科的年度总结。作为服务全国科技史界的一份新的出版物，我们首次编辑，邀请了国内数十位资深的科学史家作为推荐专家，得到了大家积极的响应。西北大学科学史高等研究院的全体同仁，分成了若干小组，对 2019/2020 两个年度发表的中文文章分别进行了全面的搜索和初步的筛选，按相应的学科栏目，提供了 30—50 篇候选文章，请推荐专家进行打分排序。我们基本上按照专家意见，同时也参考了科技史界主要刊物的主编推荐，按全文转载、论点摘编等形式，确定了终选篇目。

科技史学科因其专业的特殊性，职业化的程度受到很大的限制，科学史家的数量，与科技史庞杂的分支相比，明显是不够的，加之专业期刊极少，研究者的学术方向非常离散。另外，原先以“发现”为特征的、大一统的传统研究范式，其问题域的界定是相对明晰的，但是，近数十年来，随着新范式的不断引入，在一定程度上，造成了科技史学科标准的模糊，乃至混乱，导致研究者的学科归属、学科认同，都出现了一些问题。

我们希望这个读本的出版，可以为初涉科技史领域，或希望进入科技史领域的青年学者们提供一点启发，看看中国的科技史学科目前的潮流大约是什么，困境究竟在哪里，方法与以往有什么不同。同时，我们也希望科技史学科相关领域的专家学者，从这些文章中，了解中国科技史学科的现状，从学科交叉的视角，得到一些有益的借鉴。

对于我们这个飞速发展的时代，任何一个读本遴选的论文，都不可能完全准确地反映变化中的科技史研究的现状。作为一个时代的“切片”，2019/2020 两个年度的精选文章，应该可以为关心科技史的读者们提供一个大体上可靠的阅读文本。这些文章不仅反映了这个时代的中国科技史研究的进展和突破，可能也反映了中国科技史研究的局限和困境。我相信，经由全国大部分活跃在第一线的资深科学史家参与下推荐出来的这批文章，基本上体现了这个学科主流科学史学者的价值取向和学术品位。希望读者朋友们怀着批判的眼光来阅读这些文章，这样，或可以发挥这个读本的一些价值，为推动中国科技史研究的进步做出一点贡献。

曲安京
2023 年 7 月 23 日

目　录

论点摘编

篇目推荐

全 文 转 载

科　学　史

从科学理解到文化臆想
——明清学者对阿拉伯天文学的认识

石云里

摘　要：明朝建立之初，不仅将《回回历法》纳入官方历法系统与《大统历》“参照使用”，并且翻译完成了《回回历法》一书。不过，书中只有关于实际天文计算的方法与历表，缺乏对相关理论基础的介绍，更没有关于回回天文学历史与文化背景的相关材料。当后来一批儒学出身的中国历法家试图了解该书的“历理”的时候，前一类知识的缺乏导致他们对书中内容产生了种种误解，而后一类知识的缺乏则让一些中国士人产生了西域历法起源于中国的文化臆想。明末以后，来华耶稣会天文学家对欧洲天文学的系统介绍，终于使梅文鼎等中国历法家达成了对《回回历法》科学基础的正确理解。但是，由于文化心理和特殊社会政治环境的催化，关于西域历法起源于中国的文化臆想却在进一步发酵，并最终形成了一套完整的“西学中源”说，在清朝盛行一时。

关键词：《回回历法》；外来天文学的吸收；历理；西学中源

明朝虽然是一个汉族政权，但对兴盛于元朝的阿拉伯天文历法却十分重视，不仅从一开始就设立了专门机构供西域历法家继续开展工作，并且规定将《回回历法》纳入官方历法系统，与占主导地位的《大统历》“参照使用”。洪武十六年（1383 年），朱元璋（1328—1398）又下旨，命回汉官员合作开展相关著作的翻译，从而导致了《天文书》[①]和《回回历法》的诞生[②]。前者是一部星占著作，后者则是一套纯实用性的阿拉伯历表以及用表计算指南，缺乏对基础理论知识的介绍。从明中后期开始，一些儒家学者开始对《回回历法》展开研究，试图了解它背后的“历理”。由于基础理论知识的缺乏，结果出现了很多的错误认识和生搬硬套的现象。同时，由于对阿拉伯天文学的发展历史与背景缺乏基本了解，加之文化心理上的需求，明朝学者中竟出现了回回历学起源于中国的说法。明末欧洲数理天文学的大规模引进，为《回回历法》的科学理解提供了充足的基础知识，中国历法家因此达成了对《回回历法》的科学理解。但关于其起源于中国的说法却仍在流传，并在清初特殊的社会政治背景中被扩展成一整套“西学中源”的文化臆想，盛行一时。这一历史过程有助于我们了解，在外来科学知识引进中，知识引进的不对称性会造成怎样的科学与文化后果。

---

① 参见陈鹰：《〈天文书〉及回回占星术》，《自然科学史研究》，1989 年第 1 期，第 37-46 页；Yano M, *Kūšyār Ibn Labbān's Introduction to Astrology*, Institute for the Study of Languages and Cultures of Asia and Africa, 1997.

② 参见[日]薮内清：《中国的天文历法》，杜石然译，北京大学出版社 2017 年版，第 158-178 页；陈久金：《回回天文学史研究》，广西科学技术出版社 1996 年版，第 106-230 页；石云里、魏弢：《〈元统纬度太阳通径〉的发现——兼论贝琳〈回回历法〉的原刻本》，《中国科技史杂志》，2009 年第 1 期，第 1-45 页。

一、不对称的知识引进

从内容上来说，《回回历法》是一套典型的阿拉伯历表（*Zij*），由天文表与用表指南组成，可用于太阳、月亮、五大行星位置（黄道经度和纬度）、日月食以及月亮五星凌犯的推算①。这些天文表和算法的理论基础是古希腊天文学家托勒密（Claudius Ptolemy，约 90—168）的几何天文学②，其中关于太阳、月亮与五大行星的运动都建立有几何模型，包括偏心圆、本轮-均轮、均分圆模型等，另外还有建立这些模型的宇宙学框架、天文观测基础、数学方法以及相关的三角学和几何学基础，等等。

但是，由于中国古代历法本身都是以实用算法为中心，较少含有这种专门进行理论性探讨的内容，而无论是朱元璋，还是参与《回回历法》翻译的中国学者和历法家，大家所关注的也只是这部历法中的实用性内容，尤其是中国传统历法中所缺少的关于行星纬度与五星凌犯的计算方法；所以，他们显然都没有在理论问题上向参与翻译工作的回回历算家们发出任何追问。他们也许根本就不知道《回回历法》的背后还有这样的理论性知识以及这类知识的重要性，参与翻译工作的回回历算家们自然也就没有必要在这方面“多此一举”。结果，这次翻译显然存在一种知识上的不对称性：与实用目标有关的知识变成唯一焦点，而与此无关的基础知识则被完全忽略。明末在华的耶稣会士就注意到了这个问题。1612 年 9 月，在北京的熊三拔（Sanbatino de Ursis，1575—1620）在一份关于中国历法及改历问题的报告中指出：

> 郭守敬时代从波斯来了一些穆斯林，他们向皇帝进献了许多关于行星的理论与实用性著作。郭守敬不愿使用这些著作，所以它们没有得到翻译。但皇帝接收了它们，并藏在宫中。洪武皇帝登基后发现了这批著作，一时珍爱有加，更想利用它们来改革历法，于是命翰林院的两位翰林与几位在华的穆斯林开展翻译。……可是，由于当初进献这些著作的人几乎已经是 70 年前来华的，这时也都不在中国了，所以受到翻译的仅仅只是他们行星学说中的实用部分。理论部分和其他有关天文历法的著作则被忽视，尽管它们仍然被藏在宫中。所以，中国人缺少我们欧洲意义上的天文历法著作，不管是讨论行星理论的，还是讨论其他科学与思辨主题的。他们缺乏这样的著作，不管是本国的还是来自穆斯林的。因此，即使是钦天监的官员们，除了预报日月食、进行占卜，以及为建筑和下葬之类的地点指示吉凶外，其他则一概不知。③

在崇祯二年（1629 年）开始编修《崇祯历书》时，主持其事的徐光启也注意到这个问题，并不无感触地指出：

> 《回回历》则有纬度、有凌犯，稍为详密。然千年以前之书，未经更定。而两书皆无

---

① 石云里、李亮、李辉芳：《从〈宣德十年月五星凌犯〉看回回历法在明朝的使用》，《自然科学史研究》，2013 年第 2 期，第 156-164 页。

② ［日］薮内清：《中国的天文历法》，杜石然译，北京大学出版社 2017 年版，第 178 页。

③ Elia P, *Galileo in China: Relations Through the Roman College Between Galileo and the Jesuit Scientist-Missionaries, 1610-1640*, Harvard University Press, 1960, pp. 66-67.

片言只字言其立法之故，使后来者入室无因，更张无术，凡以此耳。[①]

徐光启之所以要在《崇祯历书》中加入理论性的“法原”部，应该也是由于这一“前车之鉴”。

二、来自钦天监外的关注

明朝中后期，一股研究历算之学的潮流在钦天监外兴起，涌现出了一批儒者出身的历算名家，其中最著名的有顾应祥（1483—1565）、唐顺之（1507—1560）和周述学（生卒年不详）。这批人不仅研究中国传统历学，也关注外来的回回历学。其中，顾应祥，字惟贤，号箬溪，长兴（今浙江省湖州市境内）人。弘治十八年（1505年）进士，官至刑部尚书[②]。他一生不仅赢得了正直无私的官声，还以博学多才、精通历算而知名，著有《测圆海镜分类释术》十卷、《勾股算术》一卷、《测圆算术》四卷、《弧矢算术》一卷、《授时历法撮要》一卷[③]。唐顺之，字应德，号荆川，武进（今江苏省常州市境内）人。嘉靖八年（1529年）进士，官至都察院右都御史，同时也是明中后期的一代名儒[④]。在历算学方面，他曾追随顾应祥学习和研究，著有《勾股测望论》《勾股容方论》《弧矢论》《分法论》《六分论》等“数论五篇”[⑤]。他的《稗编》一书辑录了很多与历算学相关的条目[⑥]，另著有《历算书稿》十二册，书稿在清道光年间仍然存世[⑦]。周述学，字继志，号云渊，山阴（今属浙江省绍兴市）人。一生未曾科举为官，曾随唐顺之研习历算之学[⑧]。其《神道大编历宗算会》十五卷[⑨]和《神道大编历宗通议》十八卷[⑩]仍有抄本传世，前者专论算学方法，后者则专论古今各代历法以及主要天文仪器。另有《神道大编象宗华天五星》四卷[⑪]以及《云渊先生文选》四卷的万历间刻本存世，前者主要讨论了来源于西域的星命术，后者则收录了周述学不少有关天文历法和星占命理的文章。

成化十三年（1477年）秋天，南京钦天监监副贝琳（1429—1482）刊印了自己重新编修的《回回历法》[⑫]，从而使更多钦天监外的学者能够接触到这部著作。《回回历法》原本是官方历法系统的组成部分，而正德十三年（1518年），钦天监漏刻博士朱裕上疏请求修订历法，在指出《大统历》所承袭的《授时历》已经“历岁既久，不能无差，故推算日月交食、五星躔度有差失”的同时，也提到“《回回历》自开皇己未至今九百余年，亦有疏舛，连年推算日月

---

① 石云里、褚龙飞校注：《崇祯历书合校》，中国科学技术大学出版社2017年版，第37页。

② （明）雷礼辑：《国朝列卿纪》卷115，明万历徐鉴刻本，第14b页。

③ （明）董斯张：《吴兴备志》卷22，文渊阁四库全书本，第15a页。

④ （明）赵时春：《明荆川唐公墓志铭》，载马明达、陈静：《中国回回历法辑丛》，甘肃民族出版社1996年版，第1032-1033页。

⑤ （明）唐顺之：《重刊荆川先生文集》卷17，《四部丛刊》景明本，第25b-44a页。

⑥ （明）唐顺之：《荆川先生稗编》卷6、卷43、卷48、卷52-54、卷61、卷67，明万历九年刻本。

⑦ （清）李兆洛：《养一斋文集续编》卷2，清道光二十三年活字印四年增修本，第1a-2a页。

⑧ （明）周述学：《云渊先生文选》，明万历年间刻本。

⑨ （明）周述学：《神道大编历宗算会》，载《续修四库全书》（第1043册），上海古籍出版社2002年影印本。

⑩ （明）周述学：《神道大编历宗算会》，载《续修四库全书》（第1036册），上海古籍出版社2002年影印本。

⑪ （明）周述学：《神道大编象宗华天五星》，载《续修四库全书》（第1031册），上海古籍出版社2002年影印本。

⑫ 石云里、魏弢：《〈元统纬度太阳通径〉的发现——兼论贝琳〈回回历法〉的原刻本》，《中国科技史杂志》，2009年第1期，第31-45页。

交食算多食少，时刻分秒与天不合”等问题[①]，这无疑也会引发钦天监外的历法家们对《回回历法》的关注和研究。例如，顾应祥就写有《论回回历》一文，对《回回历法》进行了简要介绍[②]。而唐顺之则写有《回回历法议》，收录于其《历算书稿》十二册中[③]。该书现在虽然已经佚失，但唐氏的不少议论却被周述学《神道大编历宗通议》[④]和王肯堂（约1552—1638）《郁冈斋笔尘》“历法”等条[⑤]所收录。受唐氏工作的影响，周述学则对《回回历法》进行了更加深入的研究和讨论，并将主要观点写入《日度》《月度》《五星经度》《五星纬度》四篇专论中。这四篇文章被收录在其《神道大编历宗通议》“皇明大统万年[⑥]二历通议”[⑦]以及《云渊先生文选》[⑧]中，后来则被黄鼎辑入他在顺治八年（1651年）编成的《管窥辑要》中[⑨]。

顾应祥等人之所以如此关注和研究《回回历法》，一方面固然是因为它属于官方历法系统，并且与《大统历》一样显得急需修改；另一方面则应该是因为其中有“中国书之所未备”的“验其纬度之法”，以及当初朱元璋下达过的“合而为一，以成一代之历制”的旨意。所以这些研究者都希望能够取长补短，以便实现中西历法的会通。因此，在对《回回历法》的一般内容进行系统研习的同时，周述学和唐顺之还重点对其中的行星纬度与凌犯计算方法进行了深入探讨，并创立了一套新的计算方法，结果被周述学写入《历宗中经》之中。该书原本是一部关于中国历法（“中经”）的著作，但周述学自己在《历宗中经》的序中却突出了其中关于行星纬度与凌犯计算的研究成果，并给予了极高的评价：

> 历自颛顼以来，但能步二曜交食、五星顺逆之经，而于步纬度寂无闻焉。至我祖宗得西域经纬历，始闻推步经纬凌犯之说。然哈麻[⑩]立法非惟度数与中历不同，而名度亦与中历甚异。司台虽闻其说，而莫能演其法也。余与荆川唐公慨中历凌犯之艰步，欲创纬法。凡几更岁，以穷中西会通之理。较宫度多寡之法讫成，唐公卒而弗果。余勉以克终，乃演纬法，入推凌犯，附于若思弧矢历源，共为《中经》七卷。千古历学至是而大成矣。[⑪]

可惜，这部著作也已佚失。所幸《云渊先生文选》“五星常变差”中还保存有这种方法的一个简本[⑫]，而这篇文字后来也被黄鼎收入《管窥辑要》中[⑬]。

除顾应祥、唐顺之和周述学外，同时期稍晚还有另外两位历法家对《回回历法》进行过研

---

① （明）俞汝楫：《礼部志稿》卷97，文渊阁四库全书本，第13a-13b页。

② （明）顾应祥：《静虚斋惜阴录》卷6，明刻本，第22a-23b页。

③ （清）李兆洛：《养一斋文集续编》，清道光二十三年活字印四年增修本，第14a-14b页。

④ （明）周述学：《神道大编历宗通议》卷13，载《续修四库全书》（第1036册），上海古籍出版社2002年影印本，第43b-56a页。

⑤ （明）王肯堂：《郁冈草堂笔尘》卷3，明万历三十年汪懋锟刻本，第30a-41a页。

⑥ 标题中的“万年”是指《回回历法》，源于《元史·历志》所记西域人札马鲁丁献《万年历》的掌故。

⑦ （明）周述学：《神道大编历宗通议》卷13，载《续修四库全书》（第1036册），上海古籍出版社2002年影印本，第1a-26b页。

⑧ （明）周述学：《云渊先生文选》卷3，明万历年间刻本，第1a-23b页。

⑨ （清）黄鼎：《管窥辑要》，卷7，第18b-22a；卷10，第2b-8a；卷12，第11b-22b页，载故宫博物院：《故宫珍本丛刊》（第406册），海南出版社2000年版。

⑩ 明朝文献中称：“今世所谓《回回历法》者，相传为西域马可之地，年号阿剌必时，异人马哈麻之所作也。”

⑪ （明）周述学：《云渊先生文选》卷3，明万历年间刻本，第2b-3b页。

⑫ （明）周述学：《云渊先生文选》卷3，明万历年间刻本，第36b-38a页。

⑬ （清）黄鼎：《管窥辑要》卷12，载故宫博物院：《故宫珍本丛刊》（第406册），海南出版社2000年版，第1a-11b页。

究，也就是陈壤（生卒年不详）和袁黄（1533—1606）师徒。陈壤，号星川，吴郡（今江苏省苏州市）人[①]。万斯同《明史·艺文志》称其为“中南隐者”[②]，同时代的人说他“精《回回历》，推步《春秋》以来二千余年七政交食躔离，分秒俱合……盖契札玛鲁鼎[③]之秘，剖秒微，定中气，无纤毫渗漏”[④]。袁黄，字坤仪，号了凡，浙江嘉善（今属嘉兴市）人。万历五年（1577年）进士，官至兵部职方主事。在历法方面袁黄师承陈壤，著有《历法新书》五卷[⑤]。该书第二到第五卷是“吾师所授新法”，第一卷则是根据该新法对汉代以来43部历法气朔精度的验算。这部“新法”采用了中国历法中的太极上元与节气朔望的计算方法，但在其余太阳行度、太阴（月亮）行度、五星经纬度、月亮和五星凌犯、日月食、五星伏见等项目上，使用的都是《回回历法》的方法和相应的立成表，基本上可以看成是一部穿上了中国外衣的《回回历法》，完全是生搬硬套的结果，因此在清初受到梅文鼎（1633—1721）的公开批判[⑥]。

从存世的材料来看，陈壤和袁黄在《回回历法》的研究上远远没有达到唐顺之和周述学所达到的深度。对唐顺之和周述学来说，历学研究不仅仅要解决“法”的问题，更重要的是，还需要解决“理”的问题。

三、对回回“历理”的探求

从北宋开始，不少关注天地人事之理探讨的儒家学者介入了历学讨论，从而导致了“历理”概念的流行[⑦]。在他们心目中，“历理”是历法的基础，是能够规定和指导历法研究的历学之理。但他们同时又认为，一般历法家总是会忽略这个问题，往往也就不懂“历理”。例如，邵雍（1011—1077）在《皇极经世书·观物外篇》中就讲过这样一段话：

> 今之学历者但知历法，不知历理。能布算者，洛下闳也。能推步者，甘公、石公也。洛下闳但知历法，扬雄知历法又知历理。[⑧]

后来，杨时（1053—1135）又对邵雍这段话做了进一步演绎：

> 世之治历者守成法而已，非知历也。自汉迄今，历法之更不知其几，人未有不知历理而能创法也。[⑨]

但“历理”究竟是什么，邵雍自己并没有明确地论述。从他关注河洛、象数之学研究，并把扬雄奉为知“历理”者的事实来看，他心目中的“历理”也许就是扬雄《太玄经》和他自己

---

① （明）牛若麟、王焕如：《吴县志》卷53，明崇祯十五年刻本，第39b页。
② （清）万斯同：《明史》卷135、卷72，清抄本。
③ 即元朝来华的波斯天文学家扎马鲁丁。
④ （明）朱元弼：《历理发微》序，载（清）黄宗羲：《明文海》卷226，第5a-6b页。
⑤ （明）袁黄：《历法新书》，（明）袁黄：《了凡杂著》卷9-13，载马明达、陈静：《中国回回历法辑丛》，甘肃民族出版社1996年版，第763-862页。
⑥ （清）梅文鼎：《历学疑问》卷1，清《梅氏丛书辑要》本，第15a-15b页。
⑦ 韦兵：《夷夏之辨与雅俗之分：唐宋变革视野下的宋代儒家历、历家历之争》，《学术月刊》，2009年第6期，第124-137页。
⑧ （北宋）邵雍：《皇极经世书》卷12，文渊阁四库全书本，第43b-44a页。
⑨ （北宋）杨时：《龟山集》卷43，第14b-15a页。

《皇极经世书》中所阐述的那一套周易象数学的东西。但南宋张行成在为邵雍的这段话作注释时却指出：

> 历理者，依天地日月变化自然之数之用以置法，如颛帝[①]四分历以立体，《太初》八十一分[②]以求闰是也。[③]

这段话则拉近了“历理”与历法实践之间的关系。

到了元明时期，“历理”观念得到进一步流传，连一些历法家也开始谈论“历理”对历法的重要性，以至于《授时历》的成功都被解读为精通历法和算学的王恂（1235—1281）、郭守敬（1231—1316）等专家与精通“历理”的儒士许衡（1209—1281）相互配合的结果。所以，在关于王恂和《授时历》关系的元朝文献中，我们就可以读到这样的记载：

> 国朝承用金《大明历》，岁久寖疏，上常思厘正。公既以算术冠一时，故以委之。公奏：“必得明历理者乃可。”帝问其人，公以左丞相许衡对。[④]

与之相似的记载还有：

> 世祖皇帝将治历，颁正朔天下，知公妙算术，举以命之。公曰：“法可知也，非明历理不足与共事。”即请留许公于既退。[⑤]

这套说法在明朝仍在流传，如对天文和算学有所研究的杨廉（1452—1525）[⑥]：

> 《授时历》乃许平仲[⑦]、郭守敬所造。知历数既精，明历理又精，恐古今之历未有过之者也。[⑧]

到了嘉靖二年（1523年），钦天监监正华湘在请求改历的奏疏中也提到了对“历理”的需求：

> 伏乞勅该部延访四方之人，如能知历理之杨子云，如善立差法之邵雍，如静深智巧之许衡、郭守敬，令其参别同异，重建历元，详定岁差，以成一代之懿德可也。[⑨]

尽管文中把邵雍列为“善立差法”者有点问题，但把“能知历理之杨子云”排在第一位，可见作为钦天监监正，华湘也认同精通“历理”在历法改革中的重要性。

作为一位儒者出身的历学研究者，唐顺之十分重视“历理”的探究。但是，他也清楚，一

---

① 应该指传说中的《颛顼历》。

② 《太初历》把一日分为81分，相当于一个时间基准，其他各种周期的长度皆以此计算。

③ （南宋）张行成：《皇极经世观物外篇衍义》卷9，第24a页。

④ （元）苏天爵：《元名臣事略》卷15，文渊阁四库全书本，第3a-3b页。

⑤ （元）虞集：《书五赞善家传后》，载（元）苏天爵：《国朝文类》卷39，四部丛刊景元至正刊本，第9a-10a页。

⑥ 杨廉，字方震，号月湖，丰城（今江西省丰城市），成化二十三年（1487年）进士，官至礼部尚书。除儒学著作外，还著有《星略》《算学发明》《缀算举例》《医学举要》《名医录》等天文、算学和医学著作。参见（明）过庭训：《本朝分省人物考》卷57，明天启间刊本，第35a-37b页。

⑦ 许衡字仲平，号鲁斋。“平仲”是“仲平”之误。

⑧ （明）华湘：《正历元以定岁差疏》，载（明）张卤辑：《皇明嘉隆疏钞》卷18，第36a-39b页。

⑨ （明）华湘：《正历元以定岁差疏》，载（明）张卤辑：《皇明嘉隆疏钞》卷18，第36a-39b页。

些儒学者所谈的“历理”只不过是“儒者范围天地之虚谈”，太过脱离实际。对他来说，有关“七政盈缩迟疾之所以然”的“历理”虽然重要，但却不能脱离开“畴人布算积分之实用”，要同时了解“历数”[①]。而在他看来，“历数”又有“死数”与“活数”之分：

> 今历家相传之数，如《历经》、《立成》、《通轨》[②]云云者，郭氏之下乘也，死数也。弧矢圜术云云者，郭氏之上乘也，活数也。死数言语文字也，活数非言语文字也。得其活数，虽掀翻一部《历经》，不留一字，尽创新法，亦可以不失郭氏之意。得其死数，则挨墙傍壁，转身一步倒矣。……如步日躔中，盈初缩末限用立差三十一，平差二万四千六百，此死数也。又如，步月离中，用初末限度一十四度六十六分，此死数也。历家知据此死数布算而已。试求其所以为平差、立差之原，与十四度六十六分之数从恁处起，则知活数矣。[③]

也就是说，“死数”就是已经编制成文的历法和历表，而“活数”则是编制历法的数学方法。在唐顺之看来，一般的历法家只知前者而不知后者，而像僧一行这样二者皆精的人往往又“藏却金针，世徒传其鸳鸯谱耳”（也就是只公开结果而不公开方法）[④]，所以，研究历学最好的途径是兼通“历理”与“历数”、“死数”与“活数”：

> 夫知历理又知历数，此吾之所以与儒生异也。知死数又知活数，此吾之所以与历官异也。[⑤]

按照唐顺之对历学问题的这些观点，由立成表和用法指南构成的《回回历法》无疑属于“死数”。而从他对这部历法的讨论来看，除了想吸收其中关于纬度和凌犯的算法外，他所关注的显然更多的是其“历理”。而周述学在《〈神道大编历宗通议〉题辞》中也明确提出，自己编纂《神道大编历宗通议》的目标同样也是要探讨“历理”问题，包括“西域之历”的“历理”，以达到“华夷之历理咸为之贯通”的目标[⑥]。

在缺乏相关基础知识的情况下，唐顺之和周述学对《回回历法》“历理”的探索显然十分困难。在绝大多数情况下，他们只能参照中国历学中的相关知识，对《回回历法》的术文以及立成表进行一些综述和解释。由于中西历学中的许多基本概念都是不一样的，所以这种理解方式常常会导致望文生义、似是而非的结果。

例如，《回回历法》中“中心行度”这个概念所表示的太阳和五星的平黄经。对太阳来说，它指的是太阳相对于偏心圆中心运动过的黄经度数；而对月亮和五星来说，它则是指本轮中心相对于均轮中心运动过的黄经度数[⑦]。但是，周述学却把这个概念理解成日月五星沿赤道的运动度数，并望文生义地解释道：

---

① （明）唐顺之：《重刊荆川先生文集》卷 20，《四部丛刊》景明本，第 16a-18a 页。
② 即《授时历经》、《授时历立成》和据此编定的《大统历法通轨》。
③ （明）唐顺之：《重刊荆川先生文集》卷 20，《四部丛刊》景明本，第 16a-18a 页。
④ （明）唐顺之：《重刊荆川先生文集》卷 20，《四部丛刊》景明本，第 16a-16b 页。
⑤ （明）唐顺之：《重刊荆川先生文集》卷 20，《四部丛刊》景明本，第 17a-17b 页。
⑥ （明）周述学：《神道大编历宗通议》卷 13，载《续修四库全书》（第 1036 册），上海古籍出版社 2002 年影印本。
⑦ 陈久金：《回回天文学史研究》，广西科学技术出版社 1996 年版，第 212 页。

谓之中心行度，以赤道横络天腹，行于天之中心也。①

又如，“最高”在《回回历法》中所指的是太阳和五星的远地点，而“最高行度”则是指它们离开远地点的黄经度数。在计算太阳和五星中心差的引数（也就是平太阳和五星本轮中心到它们远地点之间的黄经度数）时，往往要从它们的平黄经（平太阳和五星本轮中心到春分点之间的黄经度数）中减去“最高行度”。对此，唐顺之是这样理解的：

要求盈缩入历，何故必用减那最高行度？此意只为岁差积久，年年欠了盈缩分②，却将一个日中行度那一段去补那年年欠数，剩下的度分方为所求日行入历度分。③

他把“最高行度”误解成由岁差造成的盈缩分损失，因此也就把减“最高行度”误解成了对这种损失的补偿。而周述学对太阳的“最高行度”也同样做出了完全错误的解释：

其曰最高行者，西历日度起于午中，盖测于午中也。日之东升至于午中，其度最高，过午中则降而沉矣。是以日日午中所测太阳行度，为之最高行度矣。④

也就是把“最高行度”理解成了太阳每天正午时的行度，今天读来非常荒谬。

由于对基本概念的错误理解，周述学对《回回历法》与中国历法的比较也就常常显得似是而非。例如，在讨论《回回历法》水星和金星的计算过程时，他解释道：

其谓中心行度，即《授时》中心行度也。内减各星测定最高行度，余为小轮心度。其减各星最高行度，即《授时》用各星历应也。余为小轮心度，即《授时历》所求入历盈缩度分也。⑤

的确，按照托勒密行星运动模型，“小轮心度”是行星本轮中心到行星远地点之间的黄经度数，是计算行星中心差的自变量，与《授时历》中的计算中心差（“盈缩度分”）时所用的自变量“入历”度分的作用非常相似；但是，“小轮心度”是从行星远地点起算，而“入历”则是冬至点起把周天均分成盈初、盈末、缩初、缩末四个象限来计算的，具体的天文学意义完全不同⑥。由于不知道《回回历法》所用的行星运动模型，所以周述学对这样的差别显然是毫无所知的。

不过，唐顺之和周述学已经认识到，《回回历法》的算法后面应该存在某种几何模型，并提出了所谓“星道”的概念。根据《回回历法》中给出的五星纬度计算方法以及相关立成表数据的变化趋势，周述学在《五星纬度》一文中对“星道”做了这样的概述：

① （明）周述学：《神道大编历宗通议》卷 13，载《续修四库全书》（第 1036 册），上海古籍出版社 2002 年影印本，第 2b 页。

② 相当于中心差。

③ （明）周述学：《神道大编历宗通议》卷 13，载《续修四库全书》（第 1036 册），上海古籍出版社 2002 年影印本，第 49a 页。

④ （明）周述学：《神道大编历宗通议》卷 13，载《续修四库全书》（第 1036 册），上海古籍出版社 2002 年影印本，第 3a-3b 页。

⑤ （明）周述学：《神道大编历宗通议》卷 13，载《续修四库全书》（第 1036 册），上海古籍出版社 2002 年影印本，第 15a-15b 页。

⑥ 中国天文学史整理研究小组：《中国天文学史》，科学出版社 1987 年版，第 159-160 页。

五星本轮心度[①]，即星道也。其自行度，即各星离太阳之黄道度也[②]。星道交于黄道，土、木、火三星则与金、水二星有异：土、木、火之星道约有定宫以为交，金、水星道则无定度而荡交矣。[③]

由此出发，周述学进一步讨论了五星纬度的变化规律与计算方法。

但是，这种“星道”究竟是什么样子，《回回历法》中没有任何明确交代，以至于唐顺之认为：

作历造月道而不造星道，盖未备事也。然星道以经度去日之远近为纬度距黄道之阔狭，况经度之自逆而顺，又成勾已。是星道委曲万殊，所以不容易造也。[④]

然而，周述学却希望能够解决这个问题。在认真“推究五纬细行”的基础上，他最终画出“星道五图”，将它们“合编为《天文图学》一卷”，并在《天文图学》序中将这描写为一项“创千载之绝学，开万古之群蒙”[⑤]的重要发明。可惜，这部著作也早已佚失。不过，在完成于明天启年间的《天官图》一书的抄本[⑥]以及完成于崇祯十一年的《天文三十六全图》抄本[⑦]中，我们可以找到五幅基本相同的五星“行道”图（图1），其结构与周述学所描述的“星道”走向基本一致，很可能受到过周氏的影响。很容易看出，这种“星道”图与作为《回回历法》五星理论基础的本轮-均轮模型是完全不同的。

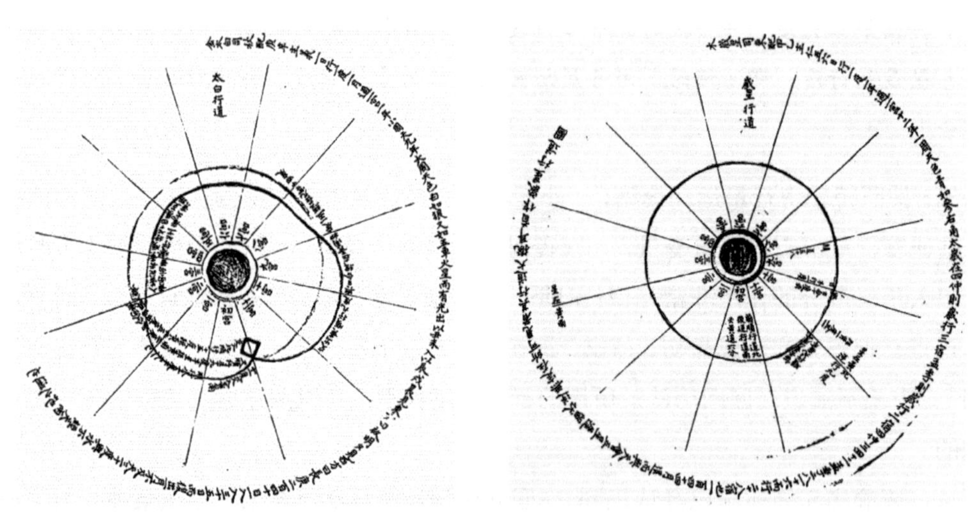

图1　黄道时《天文三十六全图》中的岁星（左）与太白（右）行道图

① 即本轮中心行度，也就是本轮中心沿均轮的运动，也就是行星的平均运动。

② 唐顺之说“五星本轮心度，即星道也”，有一定的合理性；但说“其自行度，即各星离太阳之黄道度也”则是错误的。清初梅文鼎对这一错误理解进行了驳正，详见本文下一节的分析。

③ （明）周述学：《神道大编历宗通议》卷13，载《续修四库全书》（第1036册），上海古籍出版社2002年影印本，第20a-20b页。

④ （明）周述学：《神道大编历宗通议》卷13，载《续修四库全书》（第1036册），上海古籍出版社2002年影印本，第51b页。

⑤ （明）周述学：《云渊先生文选》卷1，明万历年间刻本，第1a-1b页。

⑥ （明）张汝璧原作，（清）来宪伊抄：《天官图说》，载《续修四库全书》（第1031册），上海古籍出版社2002年影印本，子部天文类，第323-386页。

⑦ （明）黄道时：《天文三十六全图》，载《续修四库全书》（第1031册），上海古籍出版社2002年影印本，子部天文类，第539-574页。

四、科学理解的达成

崇祯二年（1629年），明朝政府启动历法改革，并聘用在华耶稣会天文学家入局工作，采纳欧洲天文学知识，最终编成《崇祯历书》。全书以第谷（Tycho Brahe，1546—1601）的天文学理论为纲，同时也全面介绍了自托勒密以来欧洲数学天文学的主要内容以及相关的几何学与三角学知识，尤其是包含“法原部”，专门介绍了基本的天文学理论，其中包括日月五星运动模型，以及构建这些模型的基本方法①。这些知识既是《崇祯历书》的理论基础，也是第一次为中国学者理解《回回历法》提供了充足的知识储备。更加重要的是，在讨论天体运动及其模型的建立时，书中还常常提到《回回历法》，如在论及月亮“小轮”（本轮）时提到“《回回历》已著小轮之目，因仍用之”②等，从而明确地将欧洲天文学与《回回历法》联系起来。

清朝建立之后，《崇祯历书》被改编为《西洋新法历书》，成为官方历法系统，钦天监里的回回科随之被裁撤。不过，在钦天监以外，民间对这部历法的兴趣并没有随之消退。历法家薛凤祚（1600—1680）③曾把其编入《历学会通》的“考验部”，并在前面的“回回历叙”中指出“西域历在西洋之前，亦犹《授时》之有《纪元》《开禧》等历也”④，明确了《回回历法》与欧洲（“西洋”）历学之间的关系。黄百家（1643—1709）⑤也对《回回历法》进行了整理与研究⑥，并将之收入自己编纂的《明史·历志》稿中，其中明确提到了“西洋新法，其初与《回回历》同传于厄日多国多禄某⑦”的事实⑧。

在所有这些新知识的基础上，这一时期的另一位历算大家梅文鼎对《回回历法》进行了更加系统和深入的分析与讨论⑨。其《历学疑问》中大部分内容却都是关于西方历法的，包括对《回回历法》的讨论。由于有了更好的知识条件，梅文鼎对《回回历法》的认识和理解要比唐顺之和周述学等人的理解清晰和正确得多。

第一，梅文鼎清楚地认识到，《回回历法》与耶稣会士传来的欧洲历学知识具有同源性。在列举了二者的许多相同点后，他得出结论：

> 《回回历》与欧罗巴（即西洋）历同源异派，而疏密殊。……故愚尝谓西历之于回回，犹《授时》之于《纪元》《统天》，其疏密固较然也……然其法之善者种种与西法同，今用

---

① 石云里、褚龙飞校注：《崇祯历书合校》，中国科学技术大学出版社2017年版。

② 石云里、褚龙飞校注：《崇祯历书合校》，中国科学技术大学出版社2017年版，第476页。

③ 薛凤祚，字仪甫，号寄斋，山东益都（今淄博市境内）人。

④ （清）薛凤祚：《监本回回历》，载（清）薛凤祚：《〈历学会通〉“考验部”》，《山东文献集成》（第二辑第23册），山东大学出版社2011年版，第677-718页。

⑤ 黄百家，字主一，号不失，别号黄竹农家，浙江余姚人。康熙二十六年（1687年）开始参与明史编纂，是《明史·历志》的重要作者之一。

⑥ （清）黄百家：《回回历法》，南京图书馆藏清钞本。陶培培：《南京图书馆藏清抄本〈回回历法〉研究》，《自然科学史研究》，2003年第2期，第117-127页。

⑦ “多禄某”即古希腊天文学托勒密，“厄日多”则是埃及（Egypt）的音译。

⑧ （清）黄百家：《明史·历志》卷2，清钞本，第28b-29a页。

⑨ 陈占山：《梅文鼎的中国回回天文、历法研究》，《汕头大学学报》（人文社会科学版），2011年第1期，第69-74页。

西法即用回回矣，岂有所取舍于其间哉！按：回回古称西域，自明郑和奉使入洋，以其非一国，概称之曰西洋。……今历书题曰西洋新法，盖回回历即西洋旧法耳。①

第二，基于上述认识，梅文鼎根据《西洋新法历书》中的行星运动模型探讨《回回历法》的理论基础。如在讨论托勒密的本轮-均轮模型（梅文鼎称本轮为"小轮"，称均轮为"本天"和"大轮"）时提到"《回回历》以七政平行为中心行度，益谓此也"②，在讨论偏心圆（梅文鼎称之为"不同心天"、"不同心轮"或者"不同心圈"）能够反映日月五星距离的变化时提到"其一为高卑之距，即《回回历》影径诸差是也"③，等等。

第三，根据对《回回历法》行星运动模型的理解，梅文鼎发现和纠正了唐顺之和周述学所犯的错误。例如，针对前文提到的唐顺之和周述学对"最高行度"的错误理解，他就毫不隐讳地指出：

荆川亦不知最高为何物，（唐荆川曰："要求盈缩，何故减那最高行度？只为岁差积久，年年欠下盈缩分数，以此补之"云云，是未明厥故也）若云渊，则直以每日日中之晷景当最高，尤为臆说矣。④

另外，在《五星纬度》一文中，周述学还说"五星……其自行度，即各星离太阳之黄道度也"⑤，把《回回历法》中的行星"自行度"解释为行星离太阳的黄道度数。这一解释在当时得到其他一些历法家的接受⑥，但是梅文鼎却发现了这种理解的错误之处，并在《历学疑问》的"论回回历五星自行度""论回回历五星自行度二""论回回历五星自行度三"三章中专门进行了讨论。

《回回历法》中的五星经度算法和相关的历表是以托勒密的行星运动模型为基础的，其原理大体可表示如图2⑦。其中大圆为均轮，中心在 G；小圆为本轮，中心在 C；O 为观测者（地球），E 为均分点（equant point），$GE=GO$；F 为行星远地点方向，即《回回历法》中所说的"最高行"；H 为小轮上的远地顶点，P 为行星；S_o 是外行星运动模型中的平太阳方向，S_i 则是内行星模型中的平太阳方向；EY 为春分点方向，永远固定。本轮中心 C 沿均轮运动，其角速度相对于均分点 E 均匀变化，运动周期为行星的近点运动周期。P 沿本轮运动，其角速度相对于本轮中心 C 均匀变化，运动周期为行星与太阳的会合周期。对于外行星，PB 连线始终与平太阳所在的方向 OS_o 保持平行。而对内行星来说，均分点与本轮中心的连线 EC 永远与平太阳所在的方向 OS_i 保持平行。《回回历法》中所说的"自行

① （清）梅文鼎：《历学疑问》卷1，清《梅氏丛书辑要》本，第15a-15b页。

② （清）梅文鼎：《历学疑问》卷3，清《梅氏丛书辑要》本，第6a页。

③ （清）梅文鼎：《历学疑问》卷3，清《梅氏丛书辑要》本，第8b页。

④ （清）梅文鼎：《历学疑问》卷1，清《梅氏丛书辑要》本，第15b-16a页。

⑤ （明）周述学：《神道大编历宗通议》卷13，载《续修四库全书》（第1036册），上海古籍出版社2002年影印本，第20a-20b页。

⑥ 《回回历法》中的这个概念确实有点难以理解，以至于有现代研究者都认为"自行度一词在计算太阳经度时是指太阳距太阳远地点的平黄经差，但在行星运动中却表示行星距太阳的平黄经差"（陈久金：《回回天文学史研究》，广西科学技术出版社1996年版，第210页）。

⑦ Neugbauer O, *The Exact Sciences in Antiquity*, 2nd ed., Dover Publications, Inc., pp. 199-200.

度”是行星在本轮上的运动，也就是$\angle PCH$；“小轮心度”是本轮中心C到远地点的角距离，也就是$\angle AOC$；“本轮中心行度”则是本轮中心C到春分点Y的角距离，也就是$\angle CEY$。

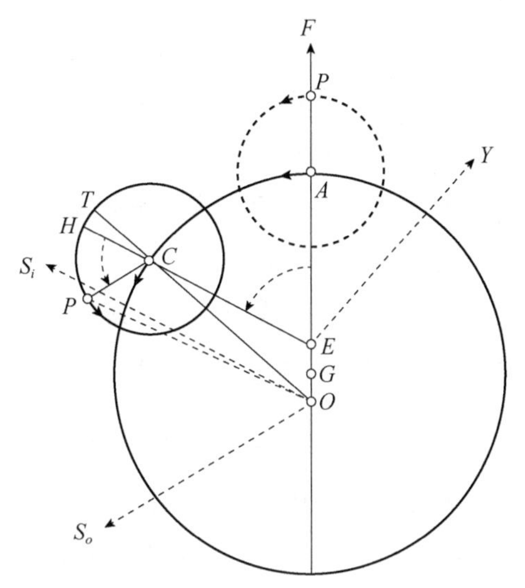

图2　托勒密行星运动模型示意图

梅文鼎正确地指出，“自行度”虽然是由行星到太阳的距离决定的，但并不是行星距离太阳的度数（“自行度生于距日远近，然非距日之度”），原因是：行星的运动速度与方向时刻都在变化，所以它到平太阳的黄道角距离（图2中的$\angle POS_o$和$\angle POS_i$）不可能均匀变化（“星在黄道，有顺有逆，有疾有迟，其距太阳无一平行”）；但是，自行度的值却永远是均匀变化的，因为它对应的是行星相对于太阳的会合运动（“合伏之行”），而不是它们的“距日之度”。接着，他用本轮-均轮模型对此作了进一步说明：《回回历法》中用一个本轮（“小轮”）来描述行星相对于太阳的会合运动，本轮的中心沿着均轮（梅文鼎此处将其等同于均轮“黄道”）运动，而行星本身并不是沿着均轮运动的；在合伏前后（也就是图2中行星经过远地点之前和之后的一段时间），行星沿本轮的上半周运动，方向与本轮中心运动方向一致，所以可以看到它在恒星背景上向东运动，速度较快；而在与平太阳相距180°（“冲日”）前后，行星则沿本轮下半周运动，方向与本轮中心运动方向相反，因此在恒星背景上出现迟留甚至向西退行的现象；用360°除以行星的会合周期，得数就是行星平均每天在本轮上运动的度数（“轮周每日星行之平度”），这就是“自行度”的来历（“是之谓自行度也”）。梅文鼎的这些分析全部符合托勒密模型的实际情况，说明他对《回回历法》理论基础的理解确实已经达到很高的水平。

五、文化臆想的形成与发展

从明末到清初，随着历法中西之辩的发展，“西学中源”的论调盛行一时。持此论调的人认为，西方天文学等科学起源于上古中国，在传到西方后得到重视和进一步发展，最终逐渐超越了中国本土的水平，并被传回到中国。

一般认为，这种论调是由清初的一些明遗民始作其俑，经康熙皇帝提倡，再由梅文鼎阐扬，最终成为一套学说大行其道①。不过，刘钝已经注意到，梅文鼎对“西学中源”历史图景的构建与唐顺之《稗编》关于《回回历法》起源的以下论述有关②：

> 汉《律历志》曰：“三代既没，五伯之末，史官丧纪，畴人子弟分散，或在夷狄。”夷狄之有历，亦自中国而流者也。然东夷、北狄、南蛮皆不闻有历，而西域独有之。盖西域诸国当昆仑之阳，于诸夷中为得风气之正，故多异人。若天竺梵学、婆罗门伎术，皆西域出也，自隋唐以来已见于中国。今世所谓《回回历》者，相传为西域马可之地，年号阿剌必时，异人马哈麻之所作也。……元之季世，其历始东。逮我高皇帝之造大统历也，得西人之精乎历者。于是命钦天监以其历与中国历相参推步，迄今用之。③

不过，根据唐顺之自己的标注，这段话录并非他自己所作。按照《稗编》的万历刻本，该段是转自《余东绪录》，而《文渊阁四库全书》本所注则变成了《余冬序录》④。《余东绪录》史书无考，而《余冬序录》则有嘉靖七年（1528年）刻本⑤，其作者为何孟春（1474—1536）⑥。朱荃宰⑦在天启六年（1626年）序刻的《文通》中转录上述文字时，也是以“何燕泉曰”开始的⑧。但是，对《余冬序录》现存的嘉靖刻本进行通检，却没有发现任何有关《回回历法》的文字。而在对《回回历法》早期历史的研究中，石云里则把这段文字的源头追溯到了宣德年间的名臣徐有贞（1407—1472）那里⑨。

徐有贞，字玉元，江苏苏州人，宣德八年（1433年）进士，官至华盖殿大学士、兵部尚书，封爵武功伯，是当时一位影响力极高的政治家⑩，与当时在钦天监担任夏官正的

---

① 参见全汉昇：《清末的“西学源出中国”说》，《岭南学报》，1935年第2期，第57-58页；李兆华：《简评“西学源于中法”说》，《自然辩证法通讯》，1985年第6期，第45-49页；刘钝：《清初历算大师梅文鼎》，《自然辩证法通讯》，1986年第1期，第59-62页；张永堂：《明末方氏学派研究初编》，台湾文镜文化有限公司1987年版，第109-172页；江晓原：《试论清代“西学中源”说》，《自然科学史研究》，1988年第2期，第101-108页；刘钝：《清初民族思潮的嬗变及其对清代天文数学的影响》，《自然辩证法通讯》，1991年第3期，第42-58页；王扬宗：《“西学中源”说在明清之际的由来及其演变》，《大陆杂志》，1995年第6期，第39-45页；王扬宗：《康熙、梅文鼎和“西学中源”说》，《传统文化与现代化》，1995年第3期，第77-84页；王扬宗：《明末清初“西学中源”说新考》，载刘钝等：《科史薪传》，辽宁教育出版社1997年版，第71-83页；韩琦：《从〈明史〉历志的纂修看西学在中国的传播》，载刘钝等：《科史薪传》，辽宁教育出版社1997年版，第61-70页；韩琦：《白晋的〈易经〉研究和康熙时代的“西学中源”说》，《汉学研究》，1998年第1期，第185-201页；韩琦：《康熙帝之治术与“西学中源”说新论——〈御制三角形推算法论〉的成书及其背景》，《自然科学史研究》，2016年第1期，第1-9页。

② 刘钝：《从“老子化胡”到“西学中源”：“夷夏之辨”背景下外来文化在中国的奇特经历》，载《法国汉学》丛书编辑委员会：《法国汉学·第六辑》，中华书局2002年版，第538-564页。

③ （明）唐顺之：《荆川先生稗编》卷54，明万历九年刻本，第22a-23a页。

④ （明）唐顺之：《稗编》卷54，文渊阁四库全书本，第26a页。

⑤ （明）何孟春：《余冬序录》，《四库全书存目丛书》，齐鲁书社1995年版，子部第101册，第556-785页，子部第102册，第1-206页。

⑥ 何孟春，字子元，号燕泉，郴州（今湖南省郴州市）人，弘治六年（1493年）进士，官至吏部尚书。

⑦ 朱荃宰，字咸一，黄州人，崇祯十二年（1639年）辟举，授武康知县。

⑧ （明）朱荃宰：《文通》卷7，明天启刻本，第18b-19a页。

⑨ 石云里、魏弢：《元统〈纬度太阳通径〉的发现——兼论贝琳〈回回历法〉的原刻本》，《中国科技史杂志》，2009年第1期，第31-45页。

⑩ （明）王鏊：《姑苏志》卷60，明正德刻嘉靖续修本，第27b-29b页；（明）王世贞：《武功伯徐公有贞传》，载（明）焦竑：《国朝献征录》卷10，明万历四十四年徐象枟曼山馆刻本，第31a-35b页。

刘信[1]是朋友。刘信精通《回回历法》，著有《西域历法通径》一书，并请徐有贞为之作序。在这篇《西域历书序》[2]的一开始，徐氏首先对《回回历法》的起源进行了一番追溯，其文字与上述唐顺之所录文字之间基本上没有差别，只不过其中“夷狄之有历，亦自中国而流者也。然东夷、北狄、南蛮皆不闻有历，而西域独有之”这两句，徐氏的原话是：“异域之有历亦自中国而流者与？然东北南三域皆不闻有历，而西域独有之，何也？”可见，在后续版本中，徐氏原来所带的一点点假设性口气已经荡然无存了。

中国自身有着强大的知识与文化传统，因此在接受外来知识与文化时总是会需要一些“药引”或者“佐料”，就像当初接受佛教时会出现“老子化胡”的故事一样[3]，引进《回回历法》并将其纳入官方历法系统只不过是其中的又一个例子。所以，出现徐有贞所说的这个故事并不奇怪。

徐有贞所讲的这个故事不久就几乎原封不动地出现在了黄瑜（1425—1495）《双槐岁钞》的“西域历书”条中，只不过文字上已经完全变成了唐顺之所转录的那个样子。并且，这篇“西域历书”条在上述故事之后又多出了一段新的考证：

> 今按岁之为义，于文从步从戌[4]，推步从戌起也。白羊宫于辰在戌，岂推步自戌时见星为始故与？《御制文集》有“授翰林编修马沙亦黑马哈麻敕文”，谓“大将入胡都，得秘藏之书数十百册，乃乾方先圣之书，我中国无解其文者。闻尔道学本宗，深通其理，命译之。今数月，测天之道甚是精详”。时洪武壬戌十二月也。二人在翰林凡十余年，岂所译者即此历书与？当竢知者考诸。[5]

黄瑜，字廷美，自号双槐老人，广东香山（今广东省中山市、珠海市、广州市等）人，景泰七年（1456年）举人[6]，成化五年（1469年）以举人授长乐知县[7]。其《双槐岁钞》自序于弘治八年（1495年），落款自称“七十迂叟”。作为一位远离政治中心的低级官员，他著作中出现了“西域历书”这一条目，表明这个问题在当时可能还是颇受关注的。

黄氏“西域历书”条后来变成了这个故事的一个“标准版本”，相继出现在唐顺之《稗编》、朱荃宰《文通》“历”以及孙承泽[8]（1593—1676）《春明梦余录》“回回历”等明朝文献中，基本上一字未改。稍有不同的是，唐顺之所转文字的后面紧接着还有一段出自《新唐书》“历志”的《九执历》介绍：

> 唐志[9]：“《九执历》者，出于西域，开元六年诏太史监瞿昙悉达译之。断取近距，

---

① 刘信，字中孚，安福县人，精通天文学，承德郎及钦天监夏官正，正统十二年十一月曾参与正统十四年随车驾北行，死于土木堡事件中。

② （明）徐有贞：《武功集》卷2，文渊阁四库全书本，第21a-23a页。

③ 刘钝：《从“老子化胡”到“西学中源”：“夷夏之辨”背景下外来文化在中国的奇特经历》，载《法国汉学》丛书编辑委员会：《法国汉学·第六辑》，中华书局2002年版，第538-564页。

④ 岁的繁体字为“歲”。

⑤ （明）黄瑜：《双槐岁钞》卷2，清《岭南遗书》本，第5a-6a页。

⑥ （明）朱国祯：《涌幢小品》卷13，明天启二年刻本，第18b页。

⑦ （明）杨宗甫：《惠州府志》卷16，明嘉靖刻本，第22b页。

⑧ 孙承泽，字耳北，号北海，山东益都（今淄博市境内）人，崇祯四年（1631年）进士，官至刑科给事中。清顺治元年（1644年）受起用，官至吏部右侍郎。

⑨ 即《新唐书·历志》。

以开元二年二月朔为历首。……陈玄景等持以惑当时，谓一行写其术未尽，妄矣。”[①]

尽管关于《回回历法》的故事从一开始就已经提到“天竺梵学、婆罗门伎术，皆西域出”，但是这一段文字则更加明确地把这个故事同《九执历》联系到了一起。

到了清初，当梅文鼎尝试为“西学中源”说建构出一幅历史图景时，上述这个故事成了他能找到的最好的一个蓝本，并加以改造。首先，他由此提出了一个关于“西历”或者“西法”“进化”的关系链条：

> 西法亦由积候而渐至精密耳。隋以前西历未入中国，其见于史者在唐为《九执历》，在元为《万年历》，在明为《回回历》，在本朝为西洋历新法。然《九执历》课既疏远，《万年历》用亦不久，《回回历》明用之三百年后亦渐疏。欧罗巴最后出，而称最精。岂非后胜于前之明验欤？[②]

其次，他还需要在中国古代找到一个西法的知识源头。对此，他在综合明末清初学者还有康熙皇帝观点的基础上大加发挥，认为这个源头就是《周髀算经》，因为在他看来其中已经含有地圆说、寒暑五带说、三角八线说、浑盖通宪说等欧洲天文学说的雏形，并且“《周髀》所传之说必在唐虞以前”，年代久远[③]。

以上述这些基础，梅文鼎就开始对明朝的“西学中源”故事进行“扩写”了。他把明朝故事中的“汉《律历志》曰”改成了出典更早的“太史公言”[④]，又把“中学西传”的可能时间上推到了《尧典》的故事上，并就此作了一番绘声绘色的演绎：

> 太史公言：幽、厉之时，畴人弟子分散，或在诸夏，或在四裔。盖避乱逃咎，不惮远涉殊方，固有挟其书器而长征者矣。然远国之能言历术者多在西域，则亦有故。《尧典》言“乃命羲和，钦若昊天，历象日月星辰，敬授人时”，此天子日官在都城者，盖其伯也。又命其仲叔分宅四方，以测二分二至之日景，即测里差之法也。羲仲宅嵎夷曰旸谷，即今登莱海隅之地。羲叔宅南交，则交趾国也。此东南二处皆滨大海，故以为限。又和叔宅朔方，曰幽都，今口外朔方也。地极冷，冬至于此测日短之景，不可更北，故即以为限。独和仲宅西，曰昧谷，但言西而不限以地者，其地既无大海之阻，又自东而西气候略同内地，无极北严凝之畏。当是时唐虞之声教四讫，和仲既奉帝命测验，可以西则更西。远人慕德景从，或有得其一言之指授，一事之留传，亦即有以开其知觉之路，而彼中颖出之人，从而拟议之，以诚其变化，固宜有之。考史志，唐开元中有《九执历》，元世祖时有扎马鲁丁测器，有西域《万年历》，明洪武初有马沙亦黑、马哈麻译《回回历》，皆西国人也。而东南北诸国无闻焉。可以想见其涯矣。[⑤]

---

① （明）唐顺之：《荆川先生稗编》卷54，明万历九年刻本，第23b-24a页。

② （清）梅文鼎：《历学疑问》卷1，清《梅氏丛书辑要》本，第18b-19b页。

③ 王扬宗：《康熙、梅文鼎和“西学中源”说》，《传统文化与现代化》，1995年第3期，第77-84页；（清）梅文鼎：《历学疑问补》卷1，第1a-19b页。

④ 司马迁在《史记·历书》一开始也讲了《汉书·律历志》中的那个故事：“幽厉之后，周室微，陪臣执政。史不记时，君不告朔。故畴人子弟分散，或在诸夏。或在夷狄。”

⑤ （清）梅文鼎：《历学疑问补》卷1，第3a-4b页。

鉴于印度、阿拉伯和欧洲历学的传入分别与佛教、伊斯兰教和天主教的传入相同步，梅文鼎还“顺手”把宗教变成了这个“扩写版”故事中的情节，使它们与历学一起最终统归于中国上古的《周髀》之学：

> 佛书言须弥山为天地之中，日月星辰绕之环转，西牛贺州、南瞻部州、东胜神州、北具庐州。居其四面。此则亦以日所到之方为正中，而日环行，不入地下，与《周髀》所言略同。然佛经所言，则其下为华藏海，而世界生其中，须弥之顶为诸天而通明，故夜能见星。此则不知有南、北二极，而谓地起海中，上连天顶，殆如圆塔圆柱之形，其说难通。而彼且谓天外有天，令人莫可穷诘。故婆罗门等，（婆罗门即回回）。皆为所笼络，事之唯谨。（《唐书》载回纥诸国多事佛，回纥即回回也。）然回回国人能从事历法，渐以知其说之不足凭，故遂自立门庭，别立清真之教。西洋人初亦同回回事佛。（唐有波斯国人，在此立大秦寺，今所传景教碑者，其人皆自署曰僧。）回回既与佛教分，而西洋人精于算，复从回历加精，故又别立耶稣之教，以别于回回。（观今天教中七日一斋等事，并略同回教。其历法中小轮心等算法，亦出于回历。）要皆盖天《周髀》之学，流传西土，而得之有全有缺，治之有精有粗，然其根则一也。①

至此，最初那个关于西域历法源自中国的故事终于发展成为一幅完整的“西学中源”的历史画面，并在主流的中国知识界得到广泛流传。

结语

从实际功能上来讲，中国古代历学与起源于古希腊的西方古代数理天文学具有极大的相似性。但是，从知识结构上来说，二者之间却存在巨大差别。西方数理天文学是一个既有理论又有应用、应用与理论密切结合的系统。其中的理论主要讨论日月五星运动模型以及利用观测数据构建这些几何模型的方法，而应用则是利用模型和历表开展实际天象计算的算法。与之相比，中国古代的历学著作则往往是以应用为中心，主要只讲实际的天象算法，而很少涉及相关理论的探讨。尽管唐代的《大衍历议》与元代的《授时历议》和《授时历草》算是一些例外，但其理论性与托勒密《至大论》这样的西方天文学著作相比还是相差甚远。

在16世纪之前，中国古代出现过两次对西方数理天文学的引进，即隋唐时期对印度天文学和元明时期对阿拉伯天文学的引入。但这些引进的重点也毫无例外地集中在中国历学所关注的实际天象的算法方面，对相关理论则基本未有涉及。唐代翻译的印度历法《九执历》②是如此，明初翻译的《回回历法》更加如此。当然，除了缺乏理论探讨的传统外，在自身历学系统显得足够强大的情况下，古代统治者和历法家们大约也没有太大的动力去深究这些外来历法系统背后的理论性内容。

---

① （清）梅文鼎：《历学疑问补》卷1，第14ab页。

② [日]薮内清：《九执历研究》，《科学史译丛》，1984年第4期，第1-16页。

这种不对称的知识引进确实不利于中国历法家对这些外来知识的消化与吸收，更难指望他们对外来知识进行修正和发展。例如，唐代僧一行虽然在《大衍历》中参考了一些印度历法内容，但在开元二十一年（733 年）却出现了印度裔历法家瞿昙譔与陈玄景联名上书皇帝，指责“《大衍历》写《九执历》，其数未尽，太子右司御率南宫说亦非之”[①]的公案。这段公案的掀起固然有其特殊原因和目的[②]，但在不了解这些外来历法理论基础的情况下，中国历法家的借鉴大概也只能止步于“其数未尽”的状态。再如，明正德十三年（1518 年）钦天监漏刻博士朱裕上疏请求对《大统历》和《回回历法》进行修改，礼部详议后的结论是：“星历之学，必得明天人之理如郭守敬许衡之流，斯可以任考验之责。今裕及钦天监官历法未必皆精，难遽委以是任。”[③]这一结论虽然难免保守之嫌，但应该也点出了当时钦天监官的实际水平。如朱裕的奏疏中居然还建议“可准回回科推验西域《九执历法》”[④]，竟然将《九执历》与《回回历法》混为一谈，至少说明他对《回回历法》所知确实有限。

在钦天监外，这种知识不对称所造成的后果甚至更加严重。尤其在一些中国历法家有了“历理”的观念，并像唐顺之、周述学等人那样想了解这些外来历法的“历理”的时候，问题就更加暴露无遗。尽管他们二人非常努力，开展了大量的工作，但最终还是因基础知识的缺乏产生了许多错误的理解，他们所试图构建的行星运动几何模型更给人以“画虎不成反类犬”的感觉。而对陈壤、袁黄这种试图融合中西的历法家来说，面对《回回历法》中的这堆“死数”，他们也只能做出一些生搬硬套的事情。

对于历史上本土与外来历法中所存在的重法轻理的问题及其危害，接受过西方科学熏陶，并主持崇祯改历的徐光启有着十分清楚的认识。在规划《崇祯历书》的内容时，徐光启之所以强调要设立专论基本天文与数学理论的“法原”部，以达到既能言其当然之法，又能言其所以然之理的目的，应该就是吸取了这样的前车之鉴。《崇祯历书》这部分内容的列入的确是中国历法史上的一大创举，不仅为中国人学习和吸收书中的天文学知识提供了必要基础，也最终帮助梅文鼎等清代历学家解开了《回回历法》在基础理论上的谜团。

如果说基础理论知识的缺乏会阻碍中国历法家对外来历法的理解与吸收，那么相关历史和文化背景知识的缺乏则会导致更加微妙的后果。由于这种知识的缺乏，明朝很早就出现了印度历法和回回历法都是传自中国的臆想。还是因为这种知识的缺乏，明末欧洲数理天文学知识系统传入之后，这个简单臆想在清初居然发展成了“西学中源”的一整套“学说”。不过，这还不是这个故事的最微妙的地方。更加微妙的是，在黄百家已经在《明史·历志》稿中明确指出“西洋新法，其初与回回历同传于厄日多国多禄某”之后，梅文鼎仍然会任自己的文化臆想膨胀下去。

梅文鼎是《明史·历志》的重要参编者，肯定看到过黄百家的这些文字，也应该是因此而得出了“《回回历》与欧罗巴历同源异派”的结论。但在康熙四十四年（1705 年）享受到

---

① 《新唐书》，中华书局 1975 年版，第 587 页。

② 钮卫星：《从“〈大衍〉写〈九执〉”公案中的南宫说看中唐时期印度天文学在华的地位及其影响》，《上海交通大学学报（哲学社会科学版）》，2006 年第 3 期，第 46-51、57 页。

③ （明）俞汝楫：《礼部志稿》卷 97，文渊阁四库全书本，第 18b 页。

④ （明）俞汝楫：《礼部志稿》卷 97，文渊阁四库全书本，第 18a 页。

皇帝运河召见的荣恩，并在次年读到"《御制推三角形论》言'西学实源中法'"的观点之后，他的态度则出现了微妙的变化，不仅赋诗"论成《三角》典谟垂，今古中西皆一贯"，发出"大哉王言！著撰家皆所未及"的欢呼[①]，并且还在《历学疑问补》中系统推出了自己关于"西学中源"的一整套歪理邪说[②]。

这件事不仅仅体现了科学与政治挂钩后所发生的微妙化学反应，还体现了古代科学传播中文化议题的微妙——科学基础的问题最终都可以凭借相关知识的传入得到解决，因为这类知识的对错终究可以凭借逻辑和实证作出判断；而与科学相关的历史与文化问题常常不是单靠知识的传入就能解决的，因为在古代信息不便的情况下，这类知识的征信没那么容易，再加上文化心理的催化作用，这就给臆想者们留下了充足的发挥空间。

（原载《中国科技史杂志》2019年第3期；
石云里：中国科学技术大学人文学院教授。）

① （清）梅文鼎：《绩学堂诗文钞》，何静恒、张静河点校，黄山书社1995年版，第325-326页。
② 王扬宗：《康熙、梅文鼎和"西学中源"说》，《传统文化与现代化》，1995年第3期，第77-84页。

刘岳云《测圆海镜通释》补证与解读

李兆华

摘　要：《测圆海镜》记载的勾股测圆术是中国古代数学的一项重要成果。晚清数学家又将这一成果予以发展和完善。其中，刘岳云的《测圆海镜通释》具有独到的见解。因传本缺少必要的解说，兼有文字脱误，故准确地理解该书的内容存在困难。本文在校正原文的基础上，依据计算结果，就其难点予以分析，试图阐明其理论与方法，从而说明在晚清勾股测圆术的研究中，刘岳云的理论建树。

关键词：测圆海镜；勾股测圆术；校正；比例线段；等量关系

据李治（1192—1279）《测圆海镜》（1248年）可知，勾股测圆术包括圆城图式、识别杂记与10个容圆公式、已知2事运用天元术建立方程求得圆径等三部分内容。第三部分已臻完善，而前两部分尚有明显的不足。此不足之处，遂成为晚清算家研究之重点。

19世纪70年代至20世纪初，《测圆海镜》的研究是一个活跃的课题。30余年间成书10余种。[①]其中，李善兰（1811—1882）、刘岳云（1849—1917）、王季同（1875—1948）[②]等均有深刻的工作面世。李善兰于同治七年（1868年）任教京师同文馆直至去世。其间曾传授《测圆海镜》，并以该书内容命题考试，且将部分试题与解答收入《算学课艺》（1880年）以广传播。又为京师同文馆集珍版《测圆海镜》作序（1876年）以表彰其成就。所著《九容图表》不分卷，后来收入《古今算学丛书》（1898年）。《九容图表》将圆城图式予以增删并确定为十三率勾股形。相应地，将识别杂记中的有关内容予以增删且编为十三率勾股形等量表。[③]虽然传本《九容图表》遗议尚多，但是李善兰的研究与教学成果以及"合中西为一法"[④]的教学思想，对此期《测圆海镜》的研究具有重要影响。刘岳云《测圆海镜通释》四卷（1896年）与王季同《九容公式》不分卷（1898年）各有所长而意向不同。王季同意在运用汉译代数符号简化勾股测圆术的圆径算法。[⑤]刘岳云则将识别杂记有关的内容"分别条理，为立数表"以构建勾股测圆术的理论并用于求解圆径。李善兰与刘岳云关于"九容"问题的主张不同，刘岳云之名因之多次见于有关论述中。然而，《测圆海镜通释》迄无专题的讨论，此即本文之关注所在。

因稿本遗失，刘岳云仅以"残帙"付梓，即今传《测圆海镜通释》四卷，光绪二十二年（1896

---

① 李俨：《测圆海镜研究历程考》，载李俨、钱宝琮：《李俨钱宝琮科学史全集》（第8卷），辽宁教育出版社1998年版，第37-40页。

② 郭金海：《王季同与〈四元函数的微分法〉》，《中国科技史杂志》，2002年第23卷第1期。

③ 李兆华：《李善兰〈九容图表〉校正与解读》，《自然科学史研究》，2014年第33卷第1期。

④ 李治：《测圆海镜〈李善兰序〉》，京师同文馆集珍本1876年版。

⑤ 钱宝琮：《有关〈测圆海镜〉的几个问题》，载李俨、钱宝琮：《李俨钱宝琮科学史全集》（第9卷），辽宁教育出版社1998年版。

年）成都尊经书局刊本。①刘岳云认为是本“大略已具”，故尚可据以了解其主要工作。因该书内容有所缺失及文字脱误，故本文就其要点予以补证，文字脱误凡有关算理者一并校改，并就其难点予以分析和说明，以期较为准确地阐明其“比例之理，相等之数”的意义与运用，并借以了解勾股测圆术在晚清的发展与变化。

一、成书过程与内容梗概

刘岳云，字佛卿，江苏宝应（今属扬州市）人。光绪十二年（1886年）进士。历官户部主事等。②光绪三年（1877年）“于金陵算学书局教习生徒”③。光绪二十二年（1896年）主讲成都尊经书院。④刘岳云与李善兰、吴嘉善（1820—1885）⑤均有学术交往。“二十岁（1868年），至金陵谒李壬叔（善兰）先生、吴子登（嘉善）先生，遂得并通代数。”⑥光绪六年（1880年）李善兰将当年出版的《算学课艺》一部赠予刘岳云。⑦稍后，刘岳云将所著的《格物中法》书稿寄示李善兰。⑧《格物中法》载曾纪泽（1839—1890）识语称，“君为吴子登编修高第弟子，宜其精深博大也”⑨。刘岳云的数学著述不少，而付印者不多。除《测圆海镜通释》外，尚有《算学丛话》不分卷（1896年）、《喻利算法》不分卷（1896年）及《五经算术疏义》二卷（1899年）。⑩关于刘岳云与西学中源说，近年已有评述，可以参考。⑪

今传本《测圆海镜通释》四卷是一个残帙。自原稿初成、遗失以至残帙刻成，先后经历20余年。以下两段引文清楚地记述了这一过程。

> 予成此书在甲戌年。及丁丑于金陵算学书局教习生徒，其提调杭州丁乃文以同文馆李先生题见示，有大中垂线、明勾股和求城径一题。⑫因又以垂线、方边配合各勾股率，增二卷。后李先生赠《算学课艺》一部，内无此题，而有大中垂线、虚勾股和求城径

---

① 高红成博士代为查阅北京大学图书馆藏民国元年存古书局本。据两书的版式、字体、图式、误文对勘，知存古书局本正文系据尊经书局本原版重印。李迪《中国算学书目汇编》记有“民国元年（1912年）四川存古堂刊本一册（四川，重）”，疑即存古书局本。

② 朱彭寿：《清代人物大事纪年》，北京图书馆出版社2005年版，第1609页。

③ 刘岳云：《算学丛话》，测圆海镜通释附刊本1896年版。

④ 刘岳云：《测圆海镜通释〈自序〉》，尊经书局刊本1896年版。

⑤ 高红成：《吴嘉善与洋务教育革新》，《中国科技史杂志》，2007年第28卷第1期。

⑥ 李俨：《李善兰年谱》同治八年（1869年）条，载李俨、钱宝琮：《李俨钱宝琮科学史全集》（第8卷），辽宁教育出版社1998年版。

⑦ 李俨：《李善兰年谱》光绪六年条，载李俨、钱宝琮：《李俨钱宝琮科学史全集》（第8卷），辽宁教育出版社1998年版。

⑧ 严敦杰：《李善兰年谱订正及补遗》光绪六年（1880年）条，载梅荣照：《明清数学史论文集》，江苏教育出版社1990年版。

⑨ 刘岳云：《格物中法》卷首，载林文照：《中国科学技术典籍通汇·综合卷》（第7册），河南教育出版社1995年版。

⑩ 李俨《近代中算著述记》载：“《课徒算草》二卷。刘岳云撰，已刻（北）。”经查未见。

⑪ 张明悟：《刘岳云的“西学中源”论及其构建的科学知识体系》，《自然科学史研究》，2012年第31卷第2期。

⑫ 查《算学课艺》《测圆海镜通释》均无此题。记大（通）中垂线（弦上的高线）为h，明和α，半径x。可得方程$4x^5-10hx^4+2h(4h-3\alpha)x^3-2h^2(h-4\alpha)x^2-2\alpha h^2(h-\alpha)x-\alpha^2h^3=0$。

取《测圆海镜》卷一附李锐新设第一率，通勾股形360，480，600，$\alpha=140$，$h=\dfrac{360\times480}{600}=288$，代入，解得$x=120$。以上方程的建立用到“中垂线勾股形”，其和和（三事和）为大中垂线h，弦为半径x。见李兆华：《李善兰〈九容图表〉校正与解读》，《自然科学史研究》，2014年第33卷第1期。

题。[①]然两题之难易悬殊矣，其合勾股、断勾股即余之高平和、高平较。盖是书必添设二勾股率，其理乃备。李先生固早知也。近年阅上海石印《中西算学大成》中有刘惺庵名彝程兴化人所作海镜二表[②]，乃全同余说而稍变其面目，其诸人心之同然耶？[③]

辛巳年，家叔俛兄以稿寄四川学使朱君肯夫，许为代刻。会肯夫卒于学使任，书未及刻。癸未年，叔俛兄亦卒，遂无从询颠末。……儿子启瑞于旧稿中搜得残帙，略分四卷，写一清本。余心气不逮曩时，不能补为之。顷主讲成都尊经书院，冯生书以第四卷重为排比算校，并前三卷交院中梓人刻成。[④]

据此可知以下三点：①原稿本成于同治甲戌年（1874 年），光绪辛巳年（1881 年）定稿并寄出付刻，不意丢失。光绪二十二年将残帙略作整理刻于尊经书院。②定稿寄出之前，于光绪丁丑年（1877 年）见到李善兰“有大中垂线、明勾股和求城径一题。因又以垂线、方边配合各勾股率，增二卷”。查尊经书局本并无所增内容。定稿寄出之前一年，收到李善兰所赠之《算学课艺》，并指出“其合勾股、断勾股即余之高平和、高平较”。是知刘岳云见到《算学课艺》之时，高平和、高平较二形已先有定名。③至于陈维祺“海镜二表”，有证据表明，受到李善兰《九容图表》的影响。[⑤]谓之“全同余说而稍变其面目”，似属过当。故《测圆海镜通释》四卷的内容当为刘岳云独立的工作，且 1881 年可视为工作完成的时间。

该书的内容梗概如下。

卷一，共 12 项，除勾股九容表外，其余为《测圆海镜》卷一内容的增删与重建。主要包括圆城图式、诸率差等表、诸率等数表、勾股十三事加减表、勾股相乘等数表、勾股九容表[⑥]与副表[⑦]、圆径幂等数表以及诸率加减表等。

卷二，边股，共 12 题，有边股与另形的 1 事求圆径。《测圆海镜》卷三边股，原 17 题。将第 9 题、第 14 题并入第 1 题，第 6 题并入第 5 题，第 16 题并入第 11 题，第 8 题归入通弦类移入卷四。共得 12 题成卷。

卷三，通股，共 16 题，有通股与另形的 1 事求圆径（第 15 题另事为明股叀勾和）。《测圆

---

① 此系《算学课艺》卷三第 26 题。记大中垂线为 h，虚和 α，半径 x。原题给出方程 $\frac{2x^2}{h}+\alpha=2x$，仍取李锐新设第一率，$\alpha=140$，$h=288$，代入，解得 $x=120$。依新设第一率，明虚二形全等，明和等于虚和，前题即本题。

② 陈维祺、叶耀元：《中西算学大成》一百卷，光绪十五年（1889 年）陈维祺序，有上海同文书局石印本，另有辛丑（1901 年）重校本。封面署“兴化刘省庵先生鉴定”。卷四十一署“嘉善陈维祺纂”，卷内载有“各率和较泛积表”“各率和较加减校数表”。引文内“所作”二字当为“鉴定”。见钱宝琮：《有关〈测圆海镜〉的几个问题》，载李俨、钱宝琮：《李俨钱宝琮科学史全集》（第 9 卷），辽宁教育出版社 1998 年版。

③ 刘岳云：《算学丛话》，测圆海镜通释附刊本 1896 年版。

④ 刘岳云：《测圆海镜通释〈自序〉》，尊经书局刊本 1896 年版。

⑤ 李兆华：《李善兰〈九容图表〉校正与解读》，《自然科学史研究》，2014 年第 33 卷第 1 期。

⑥ 《测圆海镜》卷二前 10 题，每题给出一个容圆公式。李善兰《天算或问》认为当删去勾股容圆（第 1 题），所余 9 式为“洞渊九容”。其理由是，“勾股容圆系古法，非洞渊所创，故不在内”。刘岳云《算学丛话》则认为当删去弦上容圆（第 5 题）。其理由是，“其用数既不相同，而图式亦无此线”。迄今两说并存。按弦上容圆（第 5 题）的弦过圆心且与通勾股形的弦不平行，其截通勾、通股成一勾股容方图，方边等于半径。所给公式实即勾股容方术，方边$=\frac{勾\times股}{勾+股}$。刘钝在《大哉言数》（辽宁教育出版社 1993 年版，第 401 页）中已经指出此点。勾股容圆与勾股容方均出自《九章算术》勾股卷，均非洞渊所创。勾股容圆既不能列入九容，勾股容方亦自不能。李善兰删去勾股容圆理由不足。本文从刘说。参见下文表 1 序号 1～8、序号 11 所示。

⑦ 副表给出高、平、高平和（合）、高平较（断）四形的圆径公式。其高平较用明叀较定义，亦是。

海镜》卷五大（通）股，原 18 题。将第 11 题并入第 8 题，第 12 题并入第 9 题。共得 16 题成卷。

卷四，通弦，共 25 题，有通弦与另形的 1 事求圆径（第 23 题另事为全径虚弦和，第 24 题另事为边勾底股和）。本卷第 1 题至第 20 题为新增（第 13 题由《测圆海镜》卷三第 8 题移入）。第 21 题至第 24 题、第 25 题分别为《测圆海镜》卷九上大（通）斜第 1 题至第 4 题，卷十一杂糅第 16 题（卷十二之分第 7 题、第 8 题以“书旨不同故未及”）。共得 25 题成卷。

卷二至卷四共 53 题。其中，卷四的内容比较详细，每题之下分列“释曰”“术曰”“草曰”三项。

书名所谓通释并非《测圆海镜》的逐题疏解，而以识别杂记为之重点。《算学丛话》载：

> 识别杂记约五百条，多未经审定。故于大小勾股所以比例及相等之故，仍未能融会贯通。李四香意在阐立天元，故于比例及相等之故亦未及核。余读此书时，取杂记分别条理、为立数表。然后比例及相等之故洞然明白。……于是，不循敬斋次第，别为一书，名之曰《测圆海镜通释》，专明大小勾股比例[及相等]①之理。

其门人冯书的跋文称：

> 细绎先生各表，始于其中比例之理、相等之数，靡弗用之吻合。

门人杨骏跋文亦称：

> 丙申岁，宝应先生主讲尊经书院……及读先生书，穷究一月，颇能贯通等数、比例之理。

显然，刘岳云之目的在于求故明理。对照该书内容可知，“比例”即相似勾股形的比例式，“等数”即十三率勾股形 169 事的等量关系及勾股恒等式（20 个）。“比例之理、相等之数”是勾股测圆术的理论概括。比例无须详述，而等数则由“分别条理、为立数表”之诸率差等表与勾股相乘等数表给出。

二、《测圆海镜通释》图式

在圆城图式中，刘岳云添加过圆心且与弦平行的线段 PR，如图 1 所示。此线原为虚线，今改实线。4 条虚线原为实线。线段交点原用汉字表示，今改字母。各直角顶点右侧的数字表示十三率勾股形在本文的序号。圆城图式原有 16 个勾股形。下高 Rt△MUH、上平 Rt△GXN、虚 Rt△GTH 分别有全等形 Rt△ASM、Rt△NWB、Rt△HEG。又，黄广 Rt△AVH、黄长 Rt△GYB 分别有边长减半形 Rt△ASM、Rt△NWB。将 Rt△MUH 及 Rt△AVH 等 5 个勾股形删去。将上高 Rt△ASM、下平 Rt△NWB 分别平移至 Rt△PKO、Rt△OLR。共得 11 个勾股形。增加高平和 Rt△PCR、高平较 Rt△PDQ。共得 13 个勾股形。此即刘岳云的十三率勾股形。高平和形、高平较形，李善兰分别称之为合勾股形、断勾股形。本文皆以合、断名之以求简便。十三率勾股形与圆的位置关系如表 1 所示。

---

① 此处疑脱“及相等”三字，“比例及相等之故”上文凡三见。据补。

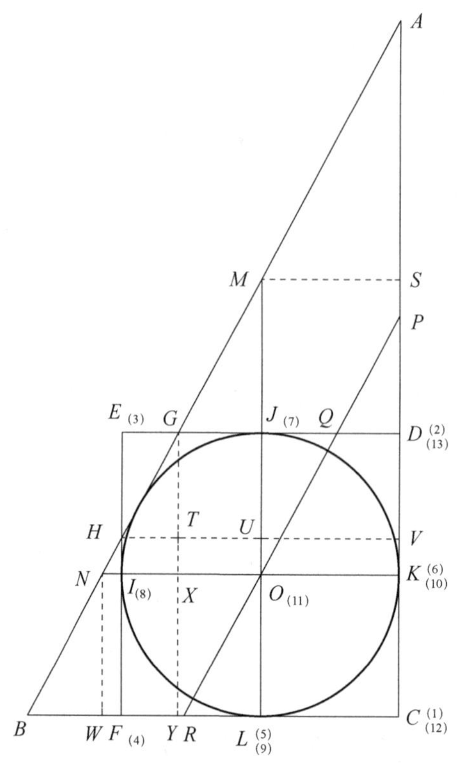

图 1 《测圆海镜通释》图式

表 1 十三率勾股形与圆的位置关系*

序号	勾股形	位置关系	序号	勾股形	位置关系
1	通 *ACB*	勾股容圆	8	叀 *HIN*	股外容圆半
2	大差 *ADG*	勾外容圆	9	平 *OLR*	股弦上容圆
3	虚 *HEG*	弦外容圆	10	高 *PKO*	勾弦上容圆
4	小差 *HFB*	股外容圆	11	极 *MON*	勾股上容圆
5	底 *MLB*	股上容圆	12	合 *PCR*	弦上容圆
6	边 *AKN*	勾上容圆	13	断 *PDQ*	弦上勾外容圆
7	明 *MJG*	勾外容圆半	—	—	—

*平形、高形与圆的位置关系依极形之例补。断形与圆的位置关系依梁绍鸿《初等数学复习及研究（平面几何）》（人民教育出版社 1978 年版，第 77 页）补。其他均依刘岳云勾股九容表及副表。

十三率勾股形的确定使“九容”发展为“十三容”，勾股测圆术的内容随之形成系统。十三率勾股形具有如下的性质：①十三率勾股形均相似。②十三率勾股形的和和与通形的 13 事一一对应相等。③由十三率勾股形的任一形求圆径皆倍其勾股相乘积除以本形定率。后两个性质详见本文第四节、第七节。

三、诸率差等表与勾股相乘等数表

识别杂记的研究需要解决两个问题：①勾股形等量关系之确定；②圆径幂公式（包括半段径幂公式、半径幂公式）及各率勾股形的圆径公式由来之解释。

每个勾股形有 13 事，十三率勾股形共 169 事。在 169 事中，存在 2 事相等、1 事等于另 1 事 2 倍的情形。显然，若所给 2 事相等或为倍半则不能据以求得圆径。若作等量代换运算则需确知 2 事相等或为倍半。169 事，必先厘清其等量关系，而后始可付诸应用。又，十三率勾股形的圆径公式以及圆径幂公式的应用较多。由诸公式的结构可以概括出，已知满足条件的 2 事，运用有限次五则运算（加、减、乘、除、开平方）可以表示圆径。据此可以回答“勾股测圆术是什么”这一问题，而诸式的依据并不清楚。解释其由来即以阐明其依据，俾有所取信。以上两个问题之解决，皆赖本节标题所指二表之应用。

诸率差等表，如表 2 所示。原表横行，今改竖列。原表黄广形、黄长形今删。表 2 的左半与右半结构相同。兹以左半为例说明其意义。通形由底形与高形构成。高形由虚形与明形构成。底形由小差形与高形构成（亦由平形与极形构成）。小差形由平形与叀形构成。平形由叀形与虚形构成。对照图 1，显然正确。再考虑到表 2 的右半，可得

平 = 叀 + 虚　　高 = 虚 + 明　　小差 = 2叀 + 虚

极 = 叀 + 虚 + 明　　大差 = 虚 + 2明　　底 = 2叀 + 2虚 + 明

边 = 叀 + 2虚 + 2明　　通 = 2叀 + 3虚 + 2明

此外，

合 = 高 + 平 = 叀 + 2虚 + 明　　断 = 高 − 平 = 明 − 叀

表 2　诸率差等表

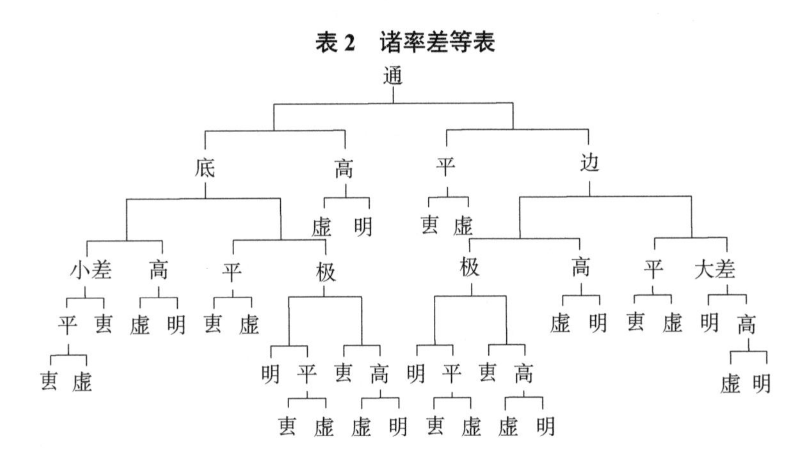

由此可知，在十三率勾股形中，叀形、虚形、明形可以作为基本的 3 形表示其他 10 形。上述各式稍显复杂，不便入算，可简化如下。由

$$\begin{cases}\text{叀}+\text{虚}=\text{平}\\ \text{虚}+\text{明}=\text{高}\\ \text{叀}+\text{虚}+\text{明}=\text{极}\end{cases}\quad \text{得}\quad \begin{cases}\text{叀}=\text{极}-\text{高}\\ \text{虚}=\text{高}+\text{平}-\text{极}\\ \text{明}=\text{极}-\text{平}\end{cases}$$

因而，亦可用极形、高形、平形表示其他 10 形：

通 = 高 + 平 + 极　　大差 = 高 − 平 + 极

虚 = 高 + 平 − 极　　小差 = 极 − 高 + 平

底 = 极 + 平　　边 = 极 + 高

明 = 极 − 平　　叀 = 极 − 高

合 = 高 + 平　　断 = 高 − 平

以上 10 式对勾、股、弦均成立。例如，

通勾 = 高勾 + 平勾 + 极勾

通股 = 高股 + 平股 + 极股

通弦＝高弦＋平弦＋极弦

由识别杂记又可知，极形、高形、平形的勾、股、弦之间的关系：

极弦＝高股＋平勾　（“极弦乃高股平勾共”。识别杂记，诸弦）

高弦＝极股　（“日之于心与日之于山同”。识别杂记，诸杂名目）

平弦＝极勾　（“川之于心与川之于月同”。同上）

高勾＝平股　（均等于半径）

如图 2，过切点作半径$O\zeta$（刘岳云称之为极垂线）。Rt△MON、Rt△$M\zeta O$、Rt△$O\zeta N$分别是极形、高形、平形。上列 4 式显然成立。

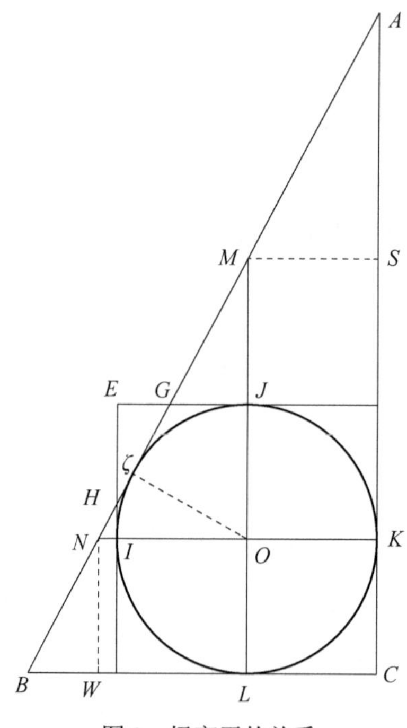

图 2　极高平的关系

以上关于极形、高形、平形的 14 个等式用于计算 169 事的等量关系。

勾股相乘等数表，即勾股恒等式表，如表 3 所示。[①]原表竖列，今改横行。原表“大差”“二小差”，差字均改作较以与 13 事名称一致。设通形的三边分别为a, b, c。其中，$a<b<c$。表内各项的字母表示一并列入。[②]原表后载明，“右表斜相当。如二勾乘股等于较较乘较和，又等于和较乘和和之类”[③]。将表 3 的各式依次写出共得 36 式，删去重复者 15 式，余 21 式。在 21 式中，

表 3　勾股相乘等数表

二句　$2a$	较较　$c-b+a$	和较　$b+a-c$	二小较　$2(c-b)$
较和　$b-a+c$	股　b	大较　$c-a$	和较　$b+a-c$
和和　$b+a+c$	小和　$c+a$	股　b	较较　$c-b+a$
二大和　$2(c+b)$	和和　$b+a+c$	较和　$b-a+c$	二句　$2a$

① 本表与勾股十三事加减表始见于吴嘉善：《算书二十一种・勾股》，同治二年（1863 年）自序，白芙堂算学丛书本。刘氏此二表当出于此。

② 表 3、表 4、表 5 中字母意义同此，不再说明。

③ 凡四项呈矩形状者，对角两项乘积相等。

$$和较\times和和=较较\times较和$$

可由

$$二勾\times股=和较\times和和 \qquad 二勾\times股=较较\times较和$$

导出，亦删去之，共余20式。为了下文讨论之便，兹将20个勾股恒等式的顺序稍作调整，排列如下：

（1）$勾\times和和=大和\times较较$	（2）$勾\times较和=大和\times和较$
（3）$勾\times和较=小较\times较和$	（4）$勾\times较较=小较\times和和$
（5）$二勾\times小和=较较\times和和$	（6）$二勾\times大较=和较\times较和$
（7）$股\times和和=小和\times较和$	（8）$股\times较和=大较\times和和$
（9）$股\times和较=大较\times较较$	（10）$股\times较较=小和\times和较$
（11）$二股\times大和=较和\times和和$	（12）$二股\times小较=较较\times和较$
（13）$二股\times勾=和较\times和和$	（14）$二股\times勾=较较\times较和$
（15）$和和^2=二大和\times小和$	（16）$较和^2=二大较\times大和$
（17）$和较^2=二小较\times大较$	（18）$较较^2=二小较\times小和$
（19）$勾^2=小较\times大和$	（20）$股^2=大较\times小和$

以上20个勾股恒等式对十三率勾股形的任一形均成立。下文不止一次运用之。

四、十三率勾股形的等量关系补证

等量关系可以分为基本的与主要的两类。诸率等数表①给出十三率勾股形的基本等量关系。《算学丛话》又概括为如下的规律：

> 通、边、底、大差、小差、高、平（倍高即广、倍平即长、故不数）②、极、虚、明、叀、合、断（即高平和、高平较二率），凡十三率。通得各率之和和，边得各率之大和，底得各率之小和，大差得各率之较和，小差得各率之较较，高得各率之股，平得各率之勾，极得各率之弦，虚得各率之和较，明得各率之大较，叀得各率之小较，合得各率之和，断得各率之较，互为比例。故不增高平和、高平较二率，其理不备也。

诸率等数表及以上的规律，初读不得其详。为了准确理解，兹将该表内容逐项写出，如表4。在表4中，十三率勾股形的顺序有所调整以与表1一致，而规律不变。例如，“通得各率之和和”，即十三率勾股形的和和与通形的13事一一对应相等。“边得各率之大和”即十三率勾股形的大和（股弦和）与边形的13事一一对应相等。

由表4可见，左上至右下对角线上共13事，每格内均标注短线，表示该事无等量（自身相等）。此13事，晚清支宝枬（1854—1912）称之为本形定率。③例如，通形的定率是和和，大差形的定率是较和。对角线下方78事，每事的等量写在相应的格内，共得78个等量关系。本文称之为基本等量关系。对角线上方的78个等量关系与下方的78个一一对应相同。兹以大

① 删去黄广形、黄长形及明叀和形。

② 括号内文字系原文的双行夹注。下同。

③ 支宝枬：《上虞算学堂课艺》卷下，经正书院刊本1901年版，第17题。

差和和为例说明其计算过程。其他各事仿此可得。

大差和和＝通较和

大差和和＝大差股＋大差勾＋大差弦
＝高股－平股＋极股　　（大差＝高－平＋极）
＋高勾－平勾＋极勾
＋高弦－平弦＋极弦
＝高股－高勾＋高弦　　（高勾＝平股
＋平股－平勾＋平弦　　高弦＝极股
＋极股－极勾＋极弦　　平弦＝极勾）
＝通股－通勾＋通弦　　（高＋平＋极＝通）
＝通较和

此即大差和和与通较和两格的内容。

除基本等量关系外，《测圆海镜通释》还用到不见于表4的另一些等量关系。例如，卷四第20题，

通和和＝2边小和

此外，卷二第8题、第12题，卷三第2题、第7题，卷四第1题、第14题、第17题、第18题等均有其例。此类等量关系，刘岳云曾否集中列于卷一，今不得知。

此类等量关系本文称之为主要等量关系，共有20个。其原始记载散见于识别杂记各节。运用基本等量关系的算法，并注意到

极弦＝高股＋平勾

即可求得之，其规律随之可见。由表4可知，只需计算对角线下方的78事即可。显然，除极形、高形、平形外，合形与断形均不含极弦亦无须考虑。故只需对其余7形施以上述代换。兹将计算结果列为表5。在表5中，凡格内标注短线者，表示该事的等量与表4的结果相同，视为在本表无等量。粗实线弦折形内共28事。其中8事无等量，余20事有之，计有20个等量关系。弦折形外共27事。其中8事无等量，余19事有之，而高勾有等量2事，亦有20个等量关系。弦折形内外各有20个主要等量关系且一一对应相同。表4对角线下方78事各有等量1事，而其中的20事还有另1事，故此20个等量关系称为“主要的”，以示区别。兹仍以大差和和为例说明之，其他各事仿此可得。

大差和和＝2高大和

大差和和＝大差股＋大差勾＋大差弦
＝高股－平股＋极股　　（大差＝高－平＋极）
＋高勾－平勾＋极勾
＋高弦－平弦＋高股＋平勾　　（极弦＝高股＋平勾
＝高弦＋2高股＋极股　　高勾＝平股

$$=\begin{cases}\text{2高弦}+\text{2高股} \\ \text{2极股}+\text{2高股}\end{cases}$$

平弦＝极勾
高弦＝极股）

$$=\begin{cases}\text{2高弦}+\text{2高股} \\ \text{2极股}+\text{2高股}\end{cases}$$

（平弦＝极勾
高弦＝极股）

$$=\begin{cases}\text{2高大和} \\ \text{2边股}\end{cases}$$

（极+高＝边）

高大和在表5对角线下方，取2高大和入表。此即大差和和与高大和两格的内容。边股在对角线上方，2边股暂不入表。

表 4　十三率勾股形基本等量表

十三事／等量／三事和	1. 和和（$b+a+c$）	2. 较和（$b-a+c$）	3. 和较（$b+a-c$）	4. 较较（$c-b+a$）	5. 小和（$c+a$）	6. 大和（$c+b$）	7. 大较（$c-a$）	8. 小较（$c-b$）	9. 勾（a）	10. 股（b）	11. 弦（c）	12. 和（$b+a$）	13. 较（$b-a$）	十三事／等量／勾股形
1. 通（$b+a+c$）	—	大差和和	虚和和	小差和和	底和和	边和和	明和和	叀和和	平和和	高和和	极和和	合和和	断和和	通（ACB）
2. 大差（$b-a+c$）	通较和	—	虚较和	小差较和	底较和	边较和	明较和	叀较和	平较和	高较和	极较和	合较和	断较和	大差（ADG）
3. 虚（$b+a-c$）	通和较	大差和较	—	小差和较	底和较	边和较	明和较	叀和较	平和较	高和较	极和较	合和较	断和较	虚（HEG）
4. 小差（$c-b+a$）	通较较	大差较较	虚较较	—	底较较	边较较	明较较	叀较较	平较较	高较较	极较较	合较较	断较较	小差（HFB）
5. 底（$c+a$）	通小和	大差小和	虚小和	小差小和	—	边小和	明小和	叀小和	平小和	高小和	极小和	合小和	断小和	底（MLB）
6. 边（$c+b$）	通大和	大差大和	虚大和	小差大和	底大和	—	明大和	叀大和	平大和	高大和	极大和	合大和	断大和	边（AKN）
7. 明（$c-a$）	通大较	大差大较	虚大较	小差大较	底大较	边大较	—	叀大较	平大较	高大较	极大较	合大较	断大较	明（MJG）
8. 叀（$c-b$）	通小较	大差小较	虚小较	小差小较	底小较	边小较	明小较	—	平小较	高小较	极小较	合小较	断小较	叀（HIN）
9. 平（a）	通勾	大差勾	虚勾	小差勾	底勾	边勾	明勾	叀勾	—	高勾	极勾	合勾	断勾	平（OLR）
10. 高（b）	通股	大差股	虚股	小差股	底股	边股	明股	叀股	平股	—	极股	合股	断股	高（PKO）
11. 极（c）	通弦	大差弦	虚弦	小差弦	底弦	边弦	明弦	叀弦	平弦	高弦	—	合弦	断弦	极（MON）
12. 合（$b+a$）	通和	大差和	虚和	小差和	底和	边和	明和	叀和	平和	高和	极和	—	断和	合（PCR）
13. 断（$b-a$）	通较	大差较	虚较	小差较	底较	边较	明较	叀较	平较	高较	极较	合较	—	断（PDQ）

注：高勾、平股均等于半径。虚和和、小差较和、通和较、大差较较均等于圆径。

表 5　十三率勾股形主要等量简表

三事和 \ 等量 \ 十事	1. 和和（$b+a+c$）	2. 较和（$b-a+c$）	3. 和较（$b+a-c$）	4. 较较（$c-b+a$）	5. 小和（$c+a$）	6. 大和（$c+b$）	7. 大较（$c-a$）	8. 小较（$c-b$）	9. 勾（a）	10. 股（b）	十事 \ 等量 \ 勾股形
1. 通（$b+a+c$）	二边小和										通（ACB）
2. 大差（$b-a+c$）	二高大和	二明大和									大差（ADG）
3. 虚（$b+a-c$）	二高勾	二平大较	二叀大较								虚（HEG）
4. 小差（$c-b+a$）	二平小和	二高勾	二高小较	二叀小和							小差（HFB）
5. 底（$c+a$）	—	高和和	高较较	—	—						底（MLB）
6. 边（$c+b$）	—	—	平较和	平和和	半通和和	—					边（AKN）
7. 明（$c-a$）	高较和	—	—	高和较	高股	半大差较和	—				明（MJG）
8. 叀（$c-b$）	平较较	平和较	—	—	半小差较较	平勾	半虚和较	—			叀（HIN）
9. 平（a）	边较较	边和较	叀较和	叀和和	半小差和和	—	半虚较和	—	叀大和		平（OLR）
10. 高（b）	底较和	明和和	明较较	底和较	—	半大差和和	—	半小差和较	半虚和和　半小差较和	明小和	高（PKO）

表 6　十三率勾股形主要等量表

十事 / 等量 / 三事和	1. 和和 （$b+a+c$）	2. 较和 （$b-a+c$）	3. 和较 （$b+a-c$）	4. 较较 （$c-b+a$）	5. 小和 （$c+a$）	6. 大和 （$c+b$）	7. 大较 （$c-a$）	8. 小较 （$c-b$）	9. 勾 （a）	10. 股 （b）	十事 / 等量 / 勾股形
1. 通 （$b+a+c$）	二边小和 二底大和	二高大和 二边股	二高勾 二平股	二平小和 二底勾	—	—	高较和 大差股	平较较 小差勾	边较较 小差大和	底较和 大差小和	通 （ACB）
2. 大差 （$b-a+c$）	二高大和 二边股	二明大和 二边大较	二平大较 二明勾	二高勾 二平股	高和和 通股	—	—	平和较 虚勾	边和较 虚大和	明和和 通大较	大差 （ADG）
3. 虚 （$b+a-c$）	二高勾 二平股	二平大较 二明勾	二叀大较 二明小较	二高小较 二叀股	高较较 小差股	平较和 大差勾	—	—	叀较和 大差小较	明较较 小差大较	虚 （HEG）
4. 小差 （$c-b+a$）	二平小和 二底勾	二高勾 二平股	二高小较 二叀股	二叀小和 二底小较	—	平和和 通勾	高和较 虚股	—	叀和和 通小较	底和较 虚小和	小差 （HFB）
5. 底 （$c+a$）	—	高和和 通股	高较较 小差股	—	—	半通和和	高股	半小差较较	半小差和和 半通较较	—	底 （MLB）
6. 边 （$c+b$）	—	—	平较和 大差勾	平和和 通勾	半通和和	—	半大差较 和	平勾	—	半大差和和 半通较和	边 （AKN）
7. 明 （$c-a$）	高较和 大差股	—	—	高和较 虚股	高股	半大差较和	—	半虚和较	半虚较和 半大差和较	—	明 （MJG）
8. 叀 （$c-b$）	平较较 小差勾	平和较 虚勾	—	—	半小差较 较	平勾	半虚和较	—	—	半小差和较 半虚较较	叀 （HIN）
9. 平 （a）	边较较 小差大和	边和较 虚大和	叀较和 大差小较	叀和和 通小较	半小差和 和 半通较较	—	半虚较和 半大差和 较	—	叀大和 边小较	半虚和和 半通和较 ｜ 半小差较和 半大差较较	平 （OLR）
10. 高 （b）	底较和 大差小和	明和和 通大较	明较较 小差大较	底和较 虚小和	—	半大差和和 半通较和	—	半小差和较 半虚较较	半虚和和 半通和较 ｜ 半小差较和 半大差较较	明小和 底大较	高 （PKO）

如前所述，弦折形内外各有20个主要等量关系且一一对应相同。弦折形之外的20个分布在平形一行上6个，高形一行上8个，对角线上6个。为了讨论之便，以此为序将20个主要等量关系逐一写出（系数有半者化整），即

（1）平和和=边较较	（2）平较和=边和较
（3）平和较=叀较和	（4）平较较=叀和和
（5）二平小和=小差和和	（6）二平大较=虚较和
（7）高和和=底较和	（8）高较和=明和和
（9）高和较=明较较	（10）高较较=底和较
（11）二高大和=大差和和	（12）二高小较=小差和较
（13）二高勾=虚和和	（14）二高勾=小差较和
（15）通和和=二边小和	（16）大差较和=二明大和
（17）虚和较=二叀大较	（18）小差较较=二叀小和
（19）平勾=叀大和	（20）高股=明小和

为了运用的方便，表5需作两点补充。（1）在各格所记的1事之下，依表4补入该事之等量。例如，大差和和格记有二高大和，其下补二边股。而边小和格记有半通和和，其下无可补。通和和为本形定率，无等量（自身相等）。此种情形共有6格。将对角线上及其下方当补者如法补足。（2）将对角线下方各格内容补入上方相应各格。例如，大差和和格之二高大和、二边股补入通较和格。凡在表5无等量者仍标注短线。补充的结果形成表6。

表4与表6统称为“十三率勾股形等量表”。两表可合并写成一表，兹从略。合并后的表与李善兰“十三率勾股形等量表”[①]比较：虚和和、小差较和、通和较、大差较较、高勾、平股等6格有所不同。李善兰表后原有补识：“大和较，大差较较，虚和和，小差较和均等圆径。平股，高勾均等半径。”据此，将李善兰表上述6格内容稍作改动则两表全同。

表4对角线上及对角线下方共13+78=91事。表5弦折形内有等量的共20事（亦即20个主要等量关系等号右端的20事），相减，得71事，即所谓独立的71事。[②]再减去表4对角线下方等于半径的高勾，共余70事。此70事无彼此相等、倍半及等于半径者，任取其中2事作为已知条件可得圆径。

五、主要等量关系与勾股恒等式的变换

20个主要等量关系是20个勾股恒等式在十三率勾股形中的表现形式。其原因是两者可以变换。

主要等量关系变为勾股恒等式。为了简便，引入泛积的概念。设通形的第i事为p_i，和和为p_1，第j率勾股形的第i事为p_{ji}，和和为p_j。因十三率勾股形均相似，故

① 李兆华：《李善兰〈九容图表〉校正与解读》，《自然科学史研究》，2014年第33卷第1期，第47页。

② 钱宝琮：《有关〈测圆海镜〉的几个问题》，载李俨、钱宝琮：《李俨钱宝琮科学史全集》（第9卷），辽宁教育出版社1998年版，第709页。

$$p_{ji}=\frac{p_j p_i}{p_1}$$

晚清陈维祺称 $p_j p_i$ 是 p_{ji} 的泛积[①]，$i, j=1, 2, \cdots, 13$。因十三率勾股形的和和与通形的 13 事一一对应相等，故 p_j 亦即通形的第 j 事。据此，由通形的勾、股、弦即可求得十三率勾股形 169 事的泛积。一如上文，通形的三边分别为 a，b，c，将 20 个主要等量关系依次写成泛积式如下：

（1）$a(b+a+c)=(c+b)(c-b+a)$　　（2）$a(b-a+c)=(c+b)(b+a-c)$

（3）$a(b+a-c)=(c-b)(b-a+c)$　　（4）$a(c-b+a)=(c-b)(b+a+c)$

（5）边小和 = 通弦 + 半径 $=\alpha+x$　　（6）$2a(c-a)=(b+a-c)(b-a+c)$

（7）$b(b+a+c)=(c+a)(b-a+c)$　　（8）$b(b-a+c)=(c-a)(b+a+c)$

（9）$b(b+a-c)=(c-a)(c-b+a)$　　（10）$b(c-b+a)=(c+a)(b+a-c)$

（11）$2b(c+b)=(b-a+c)(b+a+c)$　　（12）$2b(c-b)=(c-b+a)(b+a-c)$

（13）$2ba=(b+a-c)(b+a+c)$　　（14）$2ba=(c-b+a)(b-a+c)$

（15）$(b+a+c)^2=2(c+b)(c+a)$　　（16）$(b-a+c)^2=2(c-a)(c+b)$

（17）$(b+a-c)^2=2(c-b)(c-a)$　　（18）$(c-b+a)^2=2(c-b)(c+a)$

（19）$a^2=(c-b)(c+b)$　　（20）$b^2=(c-a)(c+a)$

又将表 3 的 20 个勾股恒等式写成字母表达式，所得与上列 20 个泛积式一一相同。以上说明“系”可变为“式”。

勾股恒等式变为主要等量关系。兹以勾股恒等式（1）导出主要等量关系（1）为例说明之。仿此，其他各式依次可得式（1）

$$\text{勾}\times\text{和和}=\text{大和}\times\text{较较} \tag{1}$$

A. 平形的定率是勾。在平形中，由式（1）有

$$\text{平勾}\times\text{平和和}=\text{平大和}\times\text{平较较}\overset{\text{代换}}{=}\text{边勾}\times\text{平较较}\overset{\text{比例}}{=}\text{边较较}\times\text{平勾},$$

即

$$\text{平和和}=\text{边较较} \tag{A$_1$}$$

又

$$\text{平勾}\times\text{平和和}=\text{平大和}\times\text{平较较}\overset{\text{代换}}{=}\text{平大和}\times\text{小差勾}\overset{\text{比例}}{=}\text{平勾}\times\text{小差大和},$$

即

$$\text{平和和}=\text{小差大和} \tag{A$_2$}$$

B. 通形的定率是和和。在通形中，由式（1）有

$$\text{通勾}\times\text{通和和}=\text{通大和}\times\text{通较较}\overset{\text{代换}}{=}\text{边和和}\times\text{通较较}\overset{\text{比例}}{=}\text{边较较}\times\text{通和和},$$

即

$$\text{通勾}=\text{边较较} \tag{B$_1$}$$

又

① 陈维祺：《中西算学大成》卷 11，辛丑重校石印本 1901 年版。

$$通勾=小差大和 \tag{B_2}$$

C. 边形的定率是大和。在边形中，由式（1）有

$$边大和\times边较较=边勾\times边和和\overset{代换}{=}平大和\times边和和\overset{比例}{=}平和和\times边大和,$$

即

$$边较较=平和和 \tag{C_1}$$

又

$$边较较=通勾 \tag{C_2}$$

D. 小差形的定率是较较。在小差形中，由式（1）有

$$小差大和\times小差较较=小差勾\times小差和和\overset{代换}{=}平较较\times小差和和\overset{比例}{=}平和和\times小差较较,$$

即

$$小差大和=平和和 \tag{D_1}$$

又

$$小差大和=通勾 \tag{D_2}$$

在上列各步中，(B)、(C)、(D) 的步骤有省略，参见（A）自明。在上列 8 个等量关系中，(A_1)、(C_1) 即表 4 平和和与边较较 2 格的内容，(A_1) 即主要等量关系（1）。以上说明“式”可变为“系”。

上列 8 个等量关系即表 5 平和和、边较较、通勾、小差大和 4 格的内容。这一推导方法可用于检验表 5 的正确性。

六、等量关系运用举例

由十三率勾股形的等量关系可以导出以下 4 个常用的辅助关系。

因

$$\left.\begin{aligned}&高股=明小和=明弦+明勾\\&高股=明弦+G\zeta\end{aligned}\right.\ 又由图3,$$

故

$$明勾=G\zeta$$

因

$$\left.\begin{aligned}&平勾=叀大和=叀弦+叀股\\&平勾=叀弦+H\zeta\end{aligned}\right.,\ 又由图3,$$

故

$$叀股=H\zeta$$

因

$$\left.\begin{aligned}&边股=高大和=高弦+高股\\&高弦+高股=A\zeta\end{aligned}\right.,\ 又由图3,$$

故

$$边股 = A\zeta$$

因

$$\left.\begin{array}{l}底勾 = 平小和 = 平弦 + 平勾 \\ 平弦 + 平勾 = B\zeta\end{array}\right.，又由图3，$$

故

$$底勾 = B\zeta$$

以上4式即今之切线长定理。运用该定理可减少代换使运算简化。虚和和、小差较和、通和较、大差较较均等于圆径的证明即其一例。字母表示的4个量不在169事之内，可视为辅助量。

在命题证明、方程建立过程中，等量代换是常用的方法。兹以不在同一勾股形的2事加减为例说明之。以下各例选自识别杂记，运算过程系本文所加。

大差和较 − 小差和较（识别杂记，大小差）

$$\overset{代换}{=} 虚较和 - 虚较较 = 2虚较$$

小差勾 + 平较（同上，诸差）

$$\overset{代换}{=} 平较较 + 平较 = 平弦$$

通股 − 底弦（同上，诸差）

$$\overset{代换}{=} 底较和 - 底弦 = 底较$$

明和 − 虚弦（同上，诸弦）

$$=（明股 + 明勾）-（叀股 + 明勾）$$

$$= 明股 - 叀股 \overset{代换}{=} 高大较 - 高小较 = 高较$$

明和 − 平较（同上，诸差）

$$= 明股 + 明勾 - 平较 \overset{代换}{=} 明股 + 平大较 - 平较$$

$$= 明股 + 平小较 \overset{代换}{=} 明股 + 叀勾$$

识别杂记的个别条目或自注包含等量代换的提示。《测圆海镜》四库馆按亦有个别提示。虽为数极少，但给出命题证明的方向。

七、十三率勾股形圆径诸公式补证

勾股九容表及副表、圆径幂等数表分别给出十三率勾股形的圆径公式与圆径幂公式。副表为刘岳云新增，包括高、平、合、断的圆径公式。其他各式出自《测圆海镜》卷二与识别杂记内诸杂名目节。《测圆海镜》约有半数的题目依上述公式建立方程，而公式的由来并未明示。《测圆海镜通释》有所提示。兹据勾股恒等式，并注意到高勾、平股均等于半径、虚和和、小差较和、通和较、大差较较均等于圆径，试为推导。

以下推导圆径公式，十三率勾股形顺序依表4。

勾股恒等式（13）

$$2股 \times 勾 = 和较 \times 和和$$

对于十三率勾股形均成立。又，通和较、虚和和均等于圆径，任取其一，此取通和较。

在通形中，有

$$2\text{通股}\times\text{通勾}=\text{通和较}\times\text{通和和}$$

即

$$\text{径}=\frac{2\text{通勾}\times\text{通股}}{\text{通和和}}$$

在大差形中，有

$$2\text{大差股}\times\text{大差勾}=\text{大差和较}\times\text{大差和和}\overset{\text{代换}}{=}\text{大差和较}\times\text{通较和}\overset{\text{比例}}{=}\text{大差较和}\times\text{通和较},$$

即

$$\text{径}=\frac{2\text{大差勾}\times\text{大差股}}{\text{大差较和}}$$

在虚形中，有

$$2\text{虚股}\times\text{虚勾}=\text{虚和较}\times\text{虚和和}\overset{\text{代换}}{=}\text{虚和较}\times\text{通和较},$$

即

$$\text{径}=\frac{2\text{虚勾}\times\text{虚股}}{\text{虚和较}}$$

在小差形中，有

$$2\text{小差股}\times\text{小差勾}=\text{小差和较}\times\text{小差和和}\overset{\text{代换}}{=}\text{小差和较}\times\text{通较较}\overset{\text{比例}}{=}\text{小差较较}\times\text{通和较},$$

即

$$\text{径}=\frac{2\text{小差勾}\times\text{小差股}}{\text{小差较较}}$$

依序继续进行，直至在断形中，有

$$2\text{断股}\times\text{断勾}=\text{断和较}\times\text{断和和}\overset{\text{代换}}{=}\text{断和较}\times\text{通较}\overset{\text{比例}}{=}\text{断较}\times\text{通和较},$$

即

$$\text{径}=\frac{2\text{断勾}\times\text{断股}}{\text{断较}}$$

由此可归纳得

$$\text{径}=\frac{2\text{勾}\times\text{股}}{\text{本形定率}}$$

此即十三率勾股形的圆径公式。各式的等量代换及本形定率参见表 4。

由勾股恒等式（14），又，大差较较、小差较和均等于圆径，任取其一，可得同样的结果。

以下推导半段径幂公式：

$$\frac{1}{2}\text{径}^2=\text{小差勾}\times\text{大差股}=\text{小差股}\times\text{大差勾},\quad \frac{1}{2}\text{径}^2=\text{虚勾}\times\text{通股}=\text{虚股}\times\text{通勾},$$

勾股恒等式（17）

$$\text{和较}^2=2\text{小较}\times\text{大较}$$

在通形中，有

$$\text{通和较}^2=2\text{通小较}\times\text{通大较},\text{通和较}=\text{径},$$

即

$$\frac{1}{2}\text{径}^2=\text{通小较}\times\text{通大较}\overset{\text{代换}}{=}\text{小差勾}\times\text{大差股}\overset{\text{比例}}{=}\text{小差股}\times\text{大差勾}$$

此即前式。由勾股恒等式（15），在虚形中可得同样的结果。

勾股恒等式（18）

$$\text{较较}^2=2\text{小较}\times\text{小和}$$

在大差形中，有

$$\text{大差较较}^2=2\text{大差小较}\times\text{大差小和}，\text{大差较较}=\text{径}，$$

即

$$\frac{1}{2}\text{径}^2=\text{大差小较}\times\text{大差小和}\overset{\text{代换}}{=}\text{虚勾}\times\text{通股}\overset{\text{比例}}{=}\text{虚股}\times\text{通勾}$$

此即后式。由勾股恒等式(16)，在小差形中可得同样的结果。

以下推导半径幂公式：

$$\text{半径}^2=\text{叀股}\times\text{边股}\qquad\text{半径}^2=\text{明勾}\times\text{底勾}$$

$$\text{半径}^2=\text{高股}\times\text{平勾}\qquad\text{半径}^2=\text{明小和}\times\text{叀大和}=\text{明大和}\times\text{叀小和}$$

勾股恒等式（19）

$$\text{勾}^2=\text{小较}\times\text{大和}$$

在高形中，有

$$\text{高勾}^2=\text{高小较}\times\text{高大和}，\text{高勾}=\text{半径}，$$

即

$$\text{半径}^2=\text{高小较}\times\text{高大和}\overset{\text{代换}}{=}\text{叀股}\times\text{边股}$$

勾股恒等式（20）

$$\text{股}^2=\text{大较}\times\text{小和}$$

在平形中，有

$$\text{平股}^2=\text{平大较}\times\text{平小和}，\text{平股}=\text{半径}，$$

即

$$\text{半径}^2=\text{平大较}\times\text{平小和}\overset{\text{代换}}{=}\text{明勾}\times\text{底勾}$$

以上为前 2 式。又，

$$\text{半径}^2=\text{高勾}\times\text{平股}\overset{\text{比例}}{=}\text{高股}\times\text{平勾}\overset{\text{代换}}{=}\text{明小和}\times\text{叀大和}\overset{\text{比例}}{=}\text{明大和}\times\text{叀小和}$$

以上为后 2 式。圆径幂公式计有 6 式。各式的等量代换参见表 4 和表 6。

由勾股定理，弦可由勾、股表出，故以上诸式皆以 2 事并五则运算表示圆径，且皆可由勾股恒等式导出。勾股恒等式原为求解与构造勾股形的公式，今用以求解圆径。可见，勾股恒等式是勾股和较术与勾股测圆术共同的理论依据。

晚清算家已注意到圆径公式与圆径幂公式的证明。①然而，或证前者，或证后者，且方法各异。运用勾股恒等式可使证法划一且较简单。由本文下节可见刘岳云运用这一方法的例子。虽仅有两例，但可得到提示。

① 李俨：《测圆海镜研究历程考》第 3 节、第 4 节，载李俨、钱宝琮：《李俨钱宝琮科学史全集》（第 8 卷），辽宁教育出版社 1998 年版。

八、《测圆海镜通释》校改

尊经书局本刊刻不精。存古书局重印本亦未校改。今依校算，就术与草的文字错漏予以校改。凡校改的文字用方括号标出，随文说明理由。算式亦有个别符号、系数错误，依草演算不难改正。以下仅注明“算式有误”，具体算式从略。

（1）卷二第 10 题：边股、明弦求圆径。

第一法演草：“另以……，又与高较和[幂]相乘得……为同数。”

按：“幂”，原文误夺。同数当为

$$(2边股\times半径+高较和^2)\times高较和^2$$

依算校补。算式有误。

（2）卷二第 12 题：边股、叀小和求圆径。

第一法演草：“为小差大较，[与小差大和]相乘得……为半段径幂。寄左。”

按：“与小差大和”凡五字，原文误夺。由勾股恒等式（16）知，

$$小差较和^2 = 2小差大较\times小差大和$$

而小差较和即圆径。故小差大较当与小差大和相乘为半段径幂。上文已求得小差股、小差弦，相加即得小差大和。依算校补。算式有误。

（3）卷三第 15 题：通股、明股叀勾和求圆径。

第三法演草：“立天元一为半径……，置通股，以天元减之得……为[半通较和]。以二之天元乘之得……，合以通大较除之为通勾。”

按：“半通较和”，原文误作“倍通黄”。通股减天元半径等于边股，而倍通黄即四半径，两者无必等之理。通较和等于倍边股，故通股减天元半径与半通较和等。由勾股恒等式（6）知

$$通勾=\frac{通和较\times通较和}{2通大较}$$

又，通和较即圆径，亦即二之天元。以二之天元乘半通较和，除以通大较得通勾，与末句恰符。依算校改。

（4）卷四第 2 题：通弦、明和求圆径。

演草：“另于全径加倍通弦得……为通和和，与[倍]明和相乘得……，内减通弦幂，又加四之半径幂得……，自之得……，为同数。”

按：“倍”，原文误夺。同数当为

$$(通和和\times2明和-通弦^2+4半径^2)^2$$

依算校补。

（5）卷四第 6 题：通弦、大差较求圆径。

术文：“四为[负]隅。开立方得半径。”

按：“负”，原文误作“正”。若为正隅，方程其他各项当正负易号。依算校改。算式有误。

（6）卷四第 7 题：通弦、大差和求圆径。

演草：“为全径。加通弦得……为通和。[再加通弦为通和和。通和]自之得……为通和幂。”

按：“再加通弦为通和和。通和”凡十字，原文无之。演草下文需用通和和、通和幂入算。依意校补。

又，演草：“为通弦乘通和于上，又以通和[和]乘大差和得下式……，以减上得……，自之得……，为同数。”

按：下一“和”字，原文误夺。同数当为

$$(\text{通弦}\times\text{通和}-\text{通和和}\times\text{大差和})^2$$

依算校补。算式有误。

（7）卷四第 9 题：通弦、高小较求圆径。

演草：“为高较较。以半径乘之得下式……为高和和[乘高小较]幂。”

按：“乘高小较”凡四字，原文误夺。由勾股恒等式（4）知，

$$\text{高勾}\times\text{高较较}=\text{高小较}\times\text{高和和}$$

又，高勾即半径。故高和和须与高小较相乘方与下式等。依算校补。

（8）卷四第 11 题：通弦、高和求圆径。

术文：“通弦减倍高和，自乘[于上，高和自乘倍之以减上]为正从。”

按：“于上，高和自乘倍之以减上”凡十一字，原文误夺。正从当为

$$(\text{通弦}-2\text{高和})^2-2\text{高和}^2$$

依算校补。

（9）卷四第 12 题：通弦、高平和之和[①]求圆径。

术文：“倍通弦与[高平和之和]相减，[倍之]为正从。”

按：“高平和之和”，“高”上原衍一倍字。今删。“倍之”二字，原文误夺。正从当为

$$2(2\text{通弦}-\text{合和})$$

依算校改。

（10）卷四第 16 题：通弦、边较和求圆径。

演草：“为通和和，加边较和得……，自之得……，通[较]幂乘之得……为如积。”

按：“较”，原文误作“弦”。如积当为

$$(\text{通和和}+\text{边较和})^2\times\text{通较}^2$$

依算校改。

（11）卷四第 22 题：通弦、通较求圆径。

演草：“为倍通小较，加倍通较得……为倍通大较，与倍通小较相乘得……为[两]段径幂，为如积。”

按：“两”，原文误作“半”。由勾股恒等式（17）知

$$\text{通和较}^2=2\text{通小较}\times\text{通大较}$$

又，通和较即圆径。上式两端各倍之，得两段径幂。依算校改。

---

① 高平和之和即合勾股形之勾股和，亦即合和。

九、“如积同数式”补证

《测圆海镜通释》卷四前 20 题，除第 13 题外，为刘岳云新增。诸题体现了刘岳云建立圆径方程的方法。每题均立天元为半径，计算如积、同数，两式相消得方程。此系天元术常法，无须赘言。其法之难点在于寻求相等的如积与同数。此式为建立方程的依据，而各题均未说明其由来。本文以“比例之理、相等之数”为据，将其中比较典型的如积同数式予以补证以求其立术之由。如积同数式所需各项，散见于原文之“释曰”与“草曰”之内。兹稍加整理、补充，统一置于各式之前。方程均以《测圆海镜》卷一今问正数验证之。

（1）卷四第 5 题：通弦、虚小较求圆径。

记通弦$=\alpha$，虚小较$=\beta$，半径$=x$，则

虚和和$=$径$=2x$，　　通和$=$通弦$+$径$=\alpha+2x$

通和和$=2$通弦$+$径$=2\alpha+2x$，　通较$^2=2$通弦$^2-$通和$^2=2\alpha^2-(\alpha+2x)^2$

如积同数式

$$\text{半径}^2\times\text{通较}^2=(\text{通弦}\times\text{半径}-2\text{半径}^2-\text{虚小较}\times\text{通和和})^2$$

方程

$$2x^4+2\beta x^3+\beta(\alpha+\beta)x^2-\alpha\beta(\alpha-2\beta)x+\alpha^2\beta^2=0$$

依今问正数，$\alpha=680$，$\beta=12$，代入，求得$x=120$。

将如积同数式两端开平方，移项，整理

$$\begin{aligned}&\text{虚小较}\times\text{通和和}\\&=\text{通弦}\times\text{半径}-2\text{半径}^2-\text{半径}\times\text{通较}\\&=\text{半径}\times(\text{通弦}-2\text{半径}-\text{通较})\\&=\text{半径}\times(\text{通小较}+\text{通大较}-\text{通较})\\&=\text{半径}\times(2\text{通小较})\overset{\text{代换}}{=}\text{虚和和}\times\text{通小较}\end{aligned}$$

即

$$\text{虚小较}\times\text{通和和}=\text{虚和和}\times\text{通小较}$$

此式显然成立。且虚和和、通和和及虚小较已由α,β,x表出，只需将通小较表出。逆推即得。

（2）卷四第 9 题：通弦、高小较求圆径。

记通弦$=\alpha$，高小较$=\beta$，半径$=x$，则

通和较$=2$高勾$=$径$=2x$，高和较$=$高勾$-$高小较$=x-\beta$　高较较$=$高勾$+$高小较$=x+\beta$

如积同数式

$$\text{高勾}\times(\text{高勾}\times\text{高较较}-\text{高勾}\times\text{高小较}+\text{高小较}^2)=\text{通弦}\times\text{高和较}\times\text{高小较}$$

方程

$$x^3-\beta(\alpha-\beta)x+\alpha\beta^2=0$$

依今问正数，$\alpha=680$，$\beta=30$，代入，求得$x=120$。

将如积同数式两端同除以高小较，并注意到勾股恒等式（4），

$$\frac{高勾\times高较较}{高小较}=高和和$$

整理，

$$\begin{aligned}&通弦\times高和较\\&=高勾\times\left(\frac{高勾\times高较较}{高小较}-高勾+高小较\right)\\&=高勾\times(高和和-高勾+高小较)\\&=高勾\times(2高弦)\overset{代换}{=}通和较\times高弦\end{aligned}$$

即

$$通弦\times高和较=通和较\times高弦$$

此式显然成立。且通和较、高和较及通弦已由α,β,x表出，只需将高弦表出。逆推即得。

（3）卷四第 14 题：通弦、边和求圆径。

记通弦$=\alpha$，边和$=\beta$，半径$=x$，则

$$边小和=通弦+半径=\alpha+x，\quad 平勾=边小较=边小和-边和=\alpha+x-\beta$$

$$合勾=平勾+半径=\alpha+2x-\beta，\quad 平股=半径=x$$

$$合较和=合大和-合勾=边和-合勾=2\beta-\alpha-2x，\quad 通和=通弦+径=\alpha+2x$$

如积同数式

$$平勾\times通和\times合较和=2半径\times边和\times合勾$$

方程

$$4x^3+4(2\alpha-\beta)x^2+(5\alpha^2+2\beta^2-8\alpha\beta)x+\alpha(\alpha^2+2\beta^2-3\alpha\beta)=0$$

依今问正数，$\alpha=680$，$\beta=736$，代入，求得$x=120$。

将如积同数式两端除以 2 边和，并注意到勾股恒等式（11），

$$\frac{合和和\times合较和}{2合大和}=合股$$

整理，

$$\begin{aligned}&半径\times合勾\\&=平勾\times\frac{通和\times合较和}{2边和}\\&\overset{代换}{=}平勾\times\frac{合和和\times合较和}{2合大和}=平勾\times合股\end{aligned}$$

即

$$半径\times合勾=平勾\times合股$$

亦即

$$平股\times合勾=平勾\times合股$$

此式显然成立。且平勾，合勾及平股已由α,β,x表出，只需将合股表出。逆推即得。

（4）卷四第 17 题：通弦、边和较求圆径。

记通弦$=\alpha$，边和较$=\beta$，半径$=x$，则

$$通和较=大差较较=径=2x，\quad 大差勾=边和较=\beta$$

$$大差小较=大差较较-大差勾=2x-\beta，\quad 大差和较=大差勾-大差小较=2\beta-2x$$

$$通和和=2通弦+径=2\alpha+2x$$

如积同数式

$$通和和\times大差和较\times大差小较=4半径^2\times边和较$$

方程

$$2x^3+2(\alpha-\beta)x^2-\beta(3\alpha-\beta)x+\alpha\beta^2=0$$

依今问正数，$\alpha=680$，$\beta=192$，代入，求得 $x=120$。

将如积同数式两端同除以大差小较，并注意到勾股恒等式（4），

$$\frac{大差勾\times大差较较}{大差小较}=大差和和$$

整理，

$$\begin{aligned}&通和和\times大差和较\\&=\frac{4半径^2\times边和较}{大差小较}\\&=径\times\frac{边和较\times径}{大差小较}\\&\overset{代换}{=}径\times\frac{大差勾\times大差较较}{大差小较}\\&=径\times大差和和\overset{代换}{=}通和较\times大差和和\end{aligned}$$

即

$$通和和\times大差和较=通和较\times大差和和$$

此式显然成立。且通和较，大差和较及通和和已由 α,β,x 表出，只需将大差和和表出。逆推即得。

（5）卷四第 19 题：通弦、边勾求圆径。

记通弦$=\alpha$，边勾$=\beta$，半径$=x$，则

$$平弦=边勾-半径=\beta-x，\quad 边弦=通弦-平弦=\alpha-\beta+x$$

$$通和=通弦+径=\alpha+2x，\quad 平股=半径=x$$

如积同数式

$$通弦\times(平弦\times边勾+半径\times边弦)=平弦\times通和\times边弦$$

方程

$$2x^3+4(\alpha-\beta)x^2+2(\alpha^2+\beta^2-3\alpha\beta)x-\alpha\beta(\alpha-2\beta)=0$$

依今问正数，$\alpha=680$，$\beta=256$，代入，求得 $x=120$。

将如积同数式两端同除以平弦，整理

$$\begin{aligned}&通和\times边弦\\&=通弦\times\left(边勾+\frac{半径\times边弦}{平弦}\right)\\&\overset{代换}{=}通弦\times\left(边勾+\frac{平股\times边弦}{平弦}\right)\\&=通弦\times(边勾+边股)=通弦\times边和\end{aligned}$$

即

$$通和\times边弦=通弦\times边和$$

此式显然成立。且通弦、边弦及通和已由α, β, x表出，只需将边和表出。逆推即得。

（6）卷四第 20 题：通弦、边大和求圆径。

记通弦$=\alpha$，边大和$=\beta$，半径$=x$，则

$$边小和=通弦+半径=\alpha+x，\quad 边和和+边弦=边小和+边大和=\alpha+x+\beta$$

$$通和和=2通弦+径=2\alpha+2x，\quad 通和和+通弦=3\alpha+2x$$

如积同数式

$$[边大和\times(通和和+通弦)]^2=(边小和+边大和)^2\times边大和\times通和和$$

方程

$$2x^3+6\alpha x^2+(6\alpha^2+2\beta^2-4\alpha\beta)x+\alpha(2\alpha^2+2\beta^2-5\alpha\beta)=0$$

依今问正数，$\alpha=680$，$\beta=1024$，代入，求得$x=120$。

将如积同数式两端开平方，并注意到勾股恒等式（15）

$$边和和^2=2边大和\times边小和$$

整理，

$$\begin{aligned}&边大和\times(通和和+通弦)\\&=(边小和+边大和)\sqrt{边大和\times通和和}\\&\overset{代换}{=}(边小和+边大和)\sqrt{2边大和\times边小和}\\&=(边小和+边大和)\times边和和\\&\overset{代换}{=}(边小和+边大和)\times通大和\\&=(边和和+边弦)\times通大和\end{aligned}$$

即

$$边大和\times(通和和+通弦)=(边和和+边弦)\times通大和$$

此式显然成立。且(边和和+边弦)、(通和和+通弦)及边大和已由α, β, x表出，只需将通大和表出。逆推即得。

由以上各题可知，如积同数式化简的结果是一个四项比例式。因而，建立方程的难点是确定式中的各项。据原文之“释曰”“草曰”可以推测，比例四项的确定应由易至难分步进行。首先确定两相似勾股形对应的两项，其次确定第三项。由此可推知比例式。最后确定第四项。以第（1）题为例，据已知条件及所设未知元，先确定虚和和、通和和，次确定虚小较，得比例式，后确定通小较。整理即得如积同数式。已知 2 事求圆径，一题可有多种解法，而刘岳云则多题以一法求解。显然，其意在说明“比例之理、相等之数”的一般性。

《测圆海镜》讨论的问题是《九章算术》勾股容方与勾股容圆的推广。《九章算术》勾股卷第 14 题、第 15 题分别由勾股形的 2 事求其内容方边、内容圆径。[①]《测圆海镜》圆城图式以半径为容方边使容方、容圆集中在一个图形之中，又将勾股形增加至 16 个。圆城图式与识别杂记的主要成果包括：勾股容圆概念的扩充、“九容”的确定、诸勾股形“五和五较”等量关

① 郭书春：《九章算术译注》，上海古籍出版社 2009 年版，第 398-405 页。

系的表述、九容公式与圆径幂公式的建立。在此基础上，又运用天元术建立方程求解圆径。自《九章算术》上述两题的刘徽注文之后，容方与容圆问题的讨论极少。《测圆海镜》丰富了勾股算术的内容，为勾股测圆术的内容形成系统奠定了基础。

十三率勾股形的确定使勾股测圆术的内容形成系统，而以圆城图式添加过圆心且与通弦平行的线段为之关键。圆城图式的16形之中，删去重复者，共得11形。由识别杂记知，极形的13事之中，有11事与此11形的弦一一对应相等。而所载极和为“高弦平弦共”，极较为“明股内去叀勾”。极和、极较并无与之对应的勾股形的弦。又，11形之中，高形、平形与圆均未构成相容的位置关系。这两个问题不解决，十三率勾股形无从确定。在《测圆海镜》中，“弦上容圆”凡两见，即卷二第5题与卷十一第6题。依题目数据推算，前题过圆心的弦与通弦不平行，后题平行。若将后题的弦画在圆城图式上，则高、平、合、断四形各得其位。由此，十三率勾股形容易确定。《测圆海镜》未能完成这一工作的原因，当与中国传统数学缺少明确的平行线概念有关。

勾股测圆术内容的系统化及其理论的概括与运用是晚清数学的一项重要工作。其中，刘岳云的工作如图3所示。

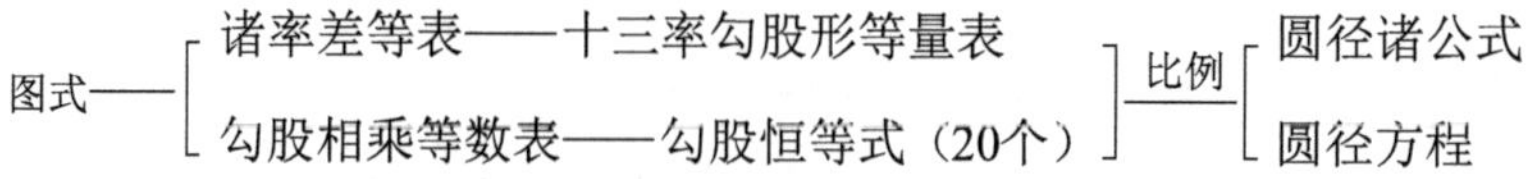

图式——[诸率差等表——十三率勾股形等量表；勾股相乘等数表——勾股恒等式（20个）]——比例——[圆径诸公式；圆径方程]

图3　刘岳云勾股测圆术工作简图

从独立的70事中任取2事作为已知条件求解圆径，所取的2事或在或不在同一率勾股形中。当在同一率勾股形时，解此勾股形，再运用该率勾股形的圆径公式即可。当不在同一率勾股形时，若满足圆径幂公式的条件则开平方即可；若否，立天元建立方程求圆径。故这一简图可以视为“比例之理、相等之数”的诠释，亦可说明勾股测圆术已臻完善。自容方、容圆以至于此，其间的轨迹大致如图4所示。

容方、容圆——九容——十三容——比例、等数——圆径

图4　晚清勾股测圆术工作轨迹图

考察晚清勾股测圆术的工作可见，当时的算家能够比较熟练地运用平行线、中垂线、汉译代数符号等西方数学知识。此为勾股测圆术得以发展与完善的重要原因。

（原载《自然科学史研究》2019年第1期；
李兆华：天津师范大学数学科学学院教授。）

康熙朝经线每度弧长标准的奠立
——兼论耶稣会士安多与欧洲测量学在宫廷的传播

韩　琦　潘澍原

摘　要：因康熙帝的个人好尚和国家治理之需，欧洲测量学知识再次传入。基于中西文献，详细考证了康熙御用教师、耶稣会士安多在地图制作、河道测量，特别是在康熙四十一年（1702年）大地经线1度弧长的测定中作出的重要贡献，此项工作为之后的全国舆地测绘工作奠定了基础。为配合大地测量，安多还曾编纂《测量高远仪器用法》，所述测量方法较明季同类著述多有更新，体现出康熙时代宫廷数学的实用取向。

关键词：大地测量；康熙；安多；耶稣会士；实用几何；《测量高远仪器用法》

明清之际西学输入以崇祯（1628—1644）和康熙（1662—1722）两朝为最，而后一时期高潮迭起，精彩纷呈，更为引人注目。康熙帝出于个人爱好和权术考量，躬身向耶稣会士学习[①]，数学、天文、地理、物理、乐律、医药等知识因而得以传入宫廷。作为康熙朝最大的科学工程，大地测量和舆图绘制最为史家所关注。一般认为，这一工作始自康熙四十七年（1708年），至康熙五十七年（1718年）告成。然而，康熙帝此前已陆续派员开展测量活动，耶稣会士和皇子都参与其中，这为后续全国范围的大规模舆地测绘奠定了基础。本文将结合中西史料和文献，以耶稣会士安多（Antoine Thomas，1644—1709）的相关活动和著作为中心，阐述其所从事的测量实践及其背景，并揭示当时宫廷数学传播的特点和数学著作译撰的复杂情形。

一、明季欧洲测量学知识的传入

测量学在中国源远流长，古代算学以“测望”名之，有“句股”“重差”等类别。[②]《周髀算经》首篇和《九章算术》句股章皆有利用相似直角三角形边长关系推求高深广远的测量知识。利用两表测算日高的“重差”方法，至迟在汉代即已现世。至曹魏末年，刘徽撰作《重差》（后称《海岛算经》），完善其术。唐李淳风（602—670）等注释《周髀》，将“重差”推广至斜面立表。宋秦九韶（1208—约1261）《数书九章》（1247年）以“测望类”专作一章，亦有发明。元中期以后，测量学知识渐趋普及和实用化。晚明程大位《算法统宗》（1593年）“海岛

① 关于康熙帝西学研习与其治术之关系，参见韩琦：《君主和布衣之间：李光地在康熙时代的活动及其对科学的影响》，《清华学报》，1996年第4期，第421-445页；《科学、知识与权力——日影观测与康熙在历法改革中的作用》，《自然科学史研究》，2011年第1期，第1-18页；《康熙帝之治术与“西学中源”说新论——〈御制三角形推算法论〉的成书及其背景》，《自然科学史研究》，2016年第1期，第1-9页。前两篇收入韩琦：《康熙皇帝·耶稣会士·科学传播》，中国大百科全书出版社2019年版，第41-85、116-164页。

② 中国测量学发展的早期考述，参见李俨：《重差术源流及其新注》，《学艺》，1926年第8期，第1-15页。

题解”以下诸题[1]设问浅近，歌诀、图示简洁明了。

作为实用几何学的主要内容之一，欧洲测量学[2]在明末传入中国，经耶稣会士利玛窦（Matteo Ricci，1552—1610）等人的演示与教授[3]，很快引起士人的兴趣，成为经世济民的实学课题。万历三十五年（1607年）《几何原本》（*Elemens de geometrie*）刊印稍后，徐光启（1562—1633）与利氏合作编译晚明首部测量学专论《测量法义》（约1610年出版），主要目的之一就是要“广其术而以之治水、治田之为利巨、为务急也”[4]。崇祯二年（1629年）改历之初，徐光启在条陈修历内容、人员、仪器之外，更提出“度数旁通十事”，期望借此将数学知识应用到关乎国计民生的各方面。

> 度数既明，可以测量水地，一切疏濬河渠、筑治堤岸、灌溉田亩，动无失策，有益民事。……天下舆地，其南北东西、纵横相距、纡直广袤，及山海原隰高深广远，皆可用法测量，道里尺寸，悉无谬误。[5]

随后徐光启、李之藻（1565—1630）与耶稣会士罗雅谷（Giacomo Rho，1593—1638）等人合作译撰《测量全义》（1631年）[6]，其卷二、三“测线”[7]专述大地测量，方法、仪器及理论基础等均较《测量法义》全面。[8]

明季介绍的测量方法不外乎两种。一是利用相似直角三角形直角边对应关系，量取所需长度或比例长度，按比例推算；二是构建包含所求对象在内的平面三角形，量取相关角度和长度，并利用三角函数线长度按比例推算。情况复杂时需多次测量和计算。测量仪器主要有矩度（geometric square）和象限仪。象限仪用以测角，《测量全义》对其配备窥衡或垂线的不同形制和其“平安”“侧置”两种使用方式有详细解说。[9]矩度形为正方板，相邻两边作同等的均匀划分，形成纵横等长而设有分度（比例长度）的直影和倒影，亦使用垂线或窥衡，即《测量法义》所示垂悬式[10]和《测量全义》所示固定式[11]。矩度亦称度高标尺（scala altimetra），常以简化形式影矩（shadow square）附于其他仪器之上[12]，《测量全义》“造矩度法”之“约

---

① 程大位：《直指算法统宗》卷12，康熙丙申年（1716年）海阳率滨维新堂刊本，第16-21页。

② 关于欧洲的实用几何传统及测量学在其中的地位，参见 Baron R, “Note sur les variations au XIIe siècle de la Triade Géométrique Altimetria, Planimetria, Cosmimetria”, *Isis*, Vol. 48, No. 1, 1957, pp. 30-32; Homann F A, *Practical Geometry Attributed to Hugh of St. Victor*, Marquette University Press, 1991, pp. 2-27; L’Huillier H, “Practical geometry in the middle ages and renaissance”, in Grattan-Guinness I, *Companion Encyclopedia of the History and Philosophy of the Mathematical Sciences*, Vol. 1, Routledge, 1993, pp. 185-191.

③ 刘明强：《万历韶州同知刘承范及其〈利玛传〉》，《韶关学院学报·社会科学》，2010年第11期，第5页；利玛窦：《耶稣会与天主教进入中国史》，文铮译，商务印书馆2014年版点校本，第161、244页。

④ 徐光启：《题测量法义》，载利玛窦、徐光启：《测量法义》，天学初函本，第1页。

⑤ 徐光启：《徐光启集》，中华书局1963年点校本，第337-338页。

⑥ 《测量全义》崇祯三年（1630年）九月已成二卷，“系臣光启、臣之藻同陪臣罗雅谷译撰”（徐光启：《徐光启集》，中华书局1963年点校本，第348页）。

⑦ 罗雅谷、龙华民、汤若望等：《测量全义》，测量全义叙目，崇祯四年（1631年）崇祯历书本，第6页。

⑧ 徐光启的学生孙元化（1581—1632）亦曾在兵书《西法神机》中介绍以欧式仪器测量敌营目标距离的方法，参见黄一农：《红衣大炮与明清战争》，《清华学报》，1996年第1期，第38-40页。

⑨ 罗雅谷、龙华民、汤若望等：《测量全义》卷3，第6-8页；卷2，第1、27页。

⑩ 利玛窦、徐光启：《测量法义》，天学初函本，第1-2页。

⑪ 罗雅谷、龙华民、汤若望等：《测量全义》卷3，第9页。

⑫ Kiely E R, *Surveying Instruments: Their History and Classroom Use*, Bureau of Publications, Teachers College, Columbia University, 1947, pp. 68-70, 79, 152, 167-168.

法”①，即介绍如何在象限仪弧内附设矩度，因而兼具分度与角度测量两种功能。②

二、康熙帝的测量学研习与实践

相较晚明的社会需求与实学氛围，康熙时代测量学知识的传播有着更为直接的缘由。康熙三至八年（1664—1669年），杨光先（1597—1669）掀起的反教案给尚在冲龄的康熙帝带来极大触动，成为其历算研习的原始动因。此后他便亲自向耶稣会士南怀仁（Ferdinand Verbiest，1623—1688）求教，学习数学仪器的使用和几何学、静力学、天文学等知识。③1675年5月起，康熙进行了集中而系统的研习，在了解欧几里得几何学、三角学之后，又“以极大的乐趣转向更为令人愉悦的问题上，亦即实用几何学、测地学、区域地图绘制学（Chorography）及其他引人兴味的数学科学”，并期望这些知识能够“当面演示和验证”④。为此，他在观象台设置测天六仪以外，“命造内廷备用测天诸器，如黄赤二道、天体星球、圭表，并测地高低远近等项之仪器”⑤，时常操作象限仪、十字杆（radios astronomicos）、矩度、经纬测角仪（pantometra）等测量仪器⑥，并用作实测：

> 他用仪器测量物体的高度和长度，并绘制区域地图，当看到他的计算如此接近于事物的真实情况和两地之间的实际距离时（因为没有充分的自信，他随即就用量杆和绳索对此加以检验），就非常高兴。⑦

这样的“演示与验证”，显然令康熙对实用几何知识和测量仪器的功用印象深刻。

在数学知识之外，康熙对西方地理、风物也颇感好奇，特别是通过南怀仁等编制的《御览西方要纪》（1669年）和《坤舆全图》（1674年）大大扩展了知识视野，同时更因军事、河流等治理之需，对地图绘制日益关注。康熙二十五年（1686年）《大清一统志》开编之时，他谕示修纂方针，要求将大清疆域山川等“质订图经”，“画地成图”，并称“万几之余，朕将亲览”⑧。

康熙二十七年（1688年）初，洪若（Jean de Fontaney，1643—1710）、张诚（Jean-François Gerbillon，1654—1707）、白晋（Joachim Bouvet，1656—1730）等“国王数学家”到达北京，进呈法国国王路易十四（1638—1715）赠送的各类科学仪器、书籍等礼物30箱，其中有“西洋地理图五张”。⑨此后张诚、白晋留在北京，成为御用教师。1690—1691年，他们频繁进出宫廷，讲授数学、哲学和医药知识，康熙的西学研习达至高潮。1690年3月上旬，张诚、白

① 罗雅谷、龙华民、汤若望等：《测量全义》卷3，第9页。

② 关于晚明自欧洲引入的大地测量仪器的详细考察，参见潘澍原：《明季西方高远测量仪器的引介与影响：以〈测量全义〉之“小象限”为中心》，《自然科学史研究》，2017年第4期，第462-488页。

③ Bouvet J, *Portrait historique de l'empereur de la Chine présenté au Roy*, Michalet, 1697, p. 123-124.

④ Golvers N, *The Astronomia Europaea of Ferdinand Verbiest, S. J. (Dillingen, 1687): Text, Translation, Notes and Commentaries*, Steyler Verlag, 1993, pp. 98, 99-100, 263n91.

⑤ 《熙朝定案》，《熙朝崇正集　熙朝定案（外三种）》，中华书局2006年点校本，第129页。

⑥ Golvers N, *The Astronomia Europaea*, pp. 100, 404. 其中“矩度”依南怀仁原书 quadrata geometrica 译出。

⑦ Golvers N, *The Astronomia Europaea*, p.100.

⑧ 《圣祖仁皇帝实录·卷126》（第5册），中华书局1985年版，第342-343页。

⑨ 《熙朝定案》，《熙朝崇正集　熙朝定案（外三种）》，第169页。

晋开始向康熙讲解欧几里得《几何原本》的命题；3 月下旬，由于康熙希望尽快知道最为必要的几何命题，以求理解此前已有所接触的实用几何学，两人选用法国耶稣会数学家巴蒂斯（Ignace-Gaston Pardies，1636—1673）简单明了、易于理解的《几何原本》作为教材，并将其编译为满文和汉文。①事实上，注重实用正是巴蒂斯书的一大特点，其末卷《问题，或实用几何》（*Problems，ou la Geomerie pratique*）的诸多例题也被译出，其中就有运用仪器测绘地形的方法（图 1）。②

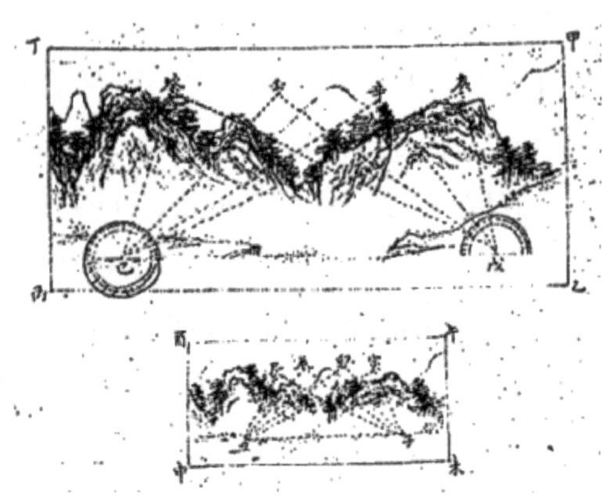

图 1 《几何原本》所示“用仪器画地形图法”及法文原著对应图示③

与此同时，康熙也积极将几何学付诸实践，尤其热衷于测量仪器的操作。1690 年 1 月 15 日，康熙要求张诚等耶稣会士“次日早晨将其住处其他适用于测量地点高度和距离及测取星体距离的仪器带去”；16 日，张诚等呈上仪器，康熙对路易十四之子梅恩公爵（Louis-Auguste de Bourbon，Duc du Maine，1670—1736）所赠半圆仪的精准性称赞有加，要求张诚讲解其功能和使用方法，并和他们一起演练。④白晋曾描述康熙对该仪的青睐和使用：

> 在这个时候，我们必然是把我们住处但凡适合他使用的都呈献给他。其中一件承梅恩公爵先生好意赠予我们，是一座精美硕大且带有窥衡镜片的半圆仪，很适于进行几何操作。除平日在宫廷御花园使用它外，旅途中他也让一名内府官员背着它到处随行，尽管因为背上这一珍贵包袱的重量而行动不便，但这位官员并不因此而感到不体面。他经常使用它，有时是测量某座山的高度，有时是一些引人注目的地点之间的距离，这一切都是在整个朝廷众目睽睽之下。令众人惊异的是，他们的皇帝在进行这些操作时都很成功，与每次旅行都照例伴驾的耶稣会士张诚神父一样。⑤

显然，康熙完全掌握了基于三角学的测量方法。张诚的扈从日记则披露了更为生动的细

① du Halde, J-B, *Description géographique, historique, chronologique, politique, et physique de l'empire de la Chine et de la Tartarie chinoise, enrichie des cartes générales et particulieres de ces pays, de la carte générale et des cartes particulieres du Thibet, & de la Corée; & ornée d'un grand nombre de Figures & de Vignettes gravées en Taille-douce*, Vol. 4. Pairs: P. G. Le Mercier, 1735, pp. 228, 245; P. G. Le Mercier, 1735, Vol. 4, pp. 228, 245; Joachim Bouvet, *Portrait historique de l'empereur de la Chine présenté au Roy*, Pairs: Michalet, 1697, p. 144.

② *Ignace-Gaston Pardies, Elemens de geometrie, Sebastien Mabre-Cramoisy*, 1671, pp. 106-107；张诚、白晋等：《几何原本》卷 7，康熙御批稿本，台北“国家图书馆”藏，资料号：305.405398。

③ 张诚、白晋等：《几何原本》卷 7，第 67 页；Ignace-Gaston Pardies, *Elemens de geometrie*, p. 107.

④ du Halde J-B, *Description ... de l'empire de la Chine et de la Tartarie chinoise*, pp. 218-220.

⑤ Bouvet J, *Portrait historique de l'empereur de la Chine présenté au Roy*, pp. 137-138.

节。[①]如 1691 年 4 月 20 日，康熙召见张诚，希望他下月随驾前往鞑靼地区，并协助进行利用几何学的测量工作，不久张诚便随同康熙北巡。[②]6 月 6 日（康熙三十年五月初十），康熙“驻跸超射峰南”[③]，张诚记述，皇帝射箭超过峰顶：

> 随后他命我用他带来的仪器测量那块岩石的高度。他携带了一件半径半法尺（pied）的半圆仪，它只能用小孔从较远的基点来观测。观测完成之后，他想要我们各自分别计算那块岩石的高度；我们得到结果为四百三十尺（*Ché*）即中国尺。第一次观测后，他仍想对同一块岩石高度再作一次观测，但基点建立在更远的地方。我们当着所有大人的面各自进行推算，他们不禁称赞那些推算是如此一致，数字无一不同；而皇上为了使他们信服，让我一一读出我的两份推算，同时向那些老爷出示他自己的，他们则不断惊叹其精确。皇帝还用几何方法测量了一段距离，在计算并公布结果后，他又命人实地丈量，其结果与计算正相吻合。[④]

可见康熙学习测量颇有成效，并重视实际用途，还时常以此炫学于群臣，令其折服。

三、耶稣会士安多与大地经线 1 度弧长的测定

在初步研习测量学之后，康熙帝在出巡途中经常亲身实践，亦经常遣员实测，耶稣会士安多便是参与这些活动的主要人物之一。安多生于今比利时那慕尔（Namur），早年在耶稣会学院学习，1679—1680 年任教葡萄牙科英布拉（Coimbra）耶稣会学院，其间编成《数学纲要》（*Synopsis Mathematica complectens varios tractatus quos hujus scientiae tyronibus et Missionis Sinicae candidatis breviter et clare concinnavit P. Antonius Thomas è Societate Iesu*，Duaci，1685 年），旨在为初学者和将要前往中国的传教士提供算术、几何、球面三角、天文、地理、力学、光学、音乐、钟表等门类的简要知识。[⑤]1680 年，他从里斯本登船前往印度，1682 年 7 月抵达澳门。康熙二十四年（1685 年）初，南怀仁年老体弱，需要助手，安多因较高的数学水准而应召，十月到京陛见，入钦天监工作。[⑥]

1690 年初，安多帮助康熙复习南怀仁之前教授的几何、算术和仪器知识[⑦]；后来将《数学纲要》的部分内容编译为《算法纂要总纲》，又编写《借根方算法》《借根方算法节要》，向康熙讲授算术、实用几何学和代数学知识。[⑧]同时，在钦天监负责“天文历法、五星凌犯、日食

---

① 博西耶尔夫人依据张诚日记择要概述其八次随行经历（Mme Yves de Thomaz de Bossierre, Jean-François Gerbillon, S. J. (1654—1707): *Un des cinq mathématiciens envoyés en Chine par Louis XIV,* Leuven: Ferdinand Verbiest Foundation, K. U. Leuven, 1994, pp. 29-92），涉及测定某地纬度、测量高远、绘制地图、协助皇帝研习几何学和使用仪器等，所述均较为简略。

② du Halde J-B, *Description ... de l'empire de la Chine et de la Tartarie chinoise*, pp. 251-252.

③ 《清代起居注册・康熙朝》（第 2 册），台北联经出版事业公司 2009 年版，第 761 页。

④ du Halde J-B, *Description ... de l'empire de la Chine et de la Tartarie chinoise*, p. 282.

⑤ 关于该书的缘起、内容、编撰、出版、影响及阅读史的考察，参见 Golvers N, *Antoine Thomas, SJ, and His Synopsis Mathematica: Biography of a Jesuit Mathematical Textbook for the China Mission*, EASTM, no. 45, 2017, pp. 119-183.

⑥ 《熙朝定案》，《熙朝崇正集　熙朝定案（外三种）》，第 157、158 页。

⑦ Bouvet J, *Portrait historique de l'empereur de la Chine présenté au Roy*, pp. 126-127; du Halde J-B, *Description ... de l'Empire de la Chine et de la Tartarie chinoise*, p. 282.

⑧ 韩琦、詹嘉玲：《康熙时代西方数学在宫廷的传播——以安多和〈算法纂要总纲〉的编纂为例》，《自然科学史研究》，2003 年第 2 期，第 150-153 页；Han Q, *Antoine Thomas, SJ, and his Mathematical Activities in China: A Preliminary Research through Chinese Sources*, pp. 108-113.

月食事”[①]，还曾向来京纂修《明史·历志》的黄百家（1643—1709）传播哥白尼（Nicholas Copernicus，1473—1543）的日心说。[②]康熙三十六年（1697 年），康熙征讨噶尔丹期间，安多随行至宁夏，测验闰三月初一（4 月 21 日）日食。[③]初五，康熙谕留守京师的皇太子胤礽（1674—1725）：

> 朕至此地，即以仪器测验，较之京城北极低一度二十分，东西远二千一百五十里。以此付安多照法推算。原谓日食九分四十六秒，乃是日大晴，测验之，食九分三十几秒，并不昏黑见星。自宁夏视京师，在正东而稍北。[④]

并令其寄告京城日食时刻情形。初七，胤礽回奏钦天监用仪器测得结果，又据自身观测称“食不至十分”，康熙朱批“安多与朕亦议，观此地日食情状，即断言京城未必全食，约余数秒，果然应验”[⑤]，透露出对安多的赞赏和信任。

除传授数学和天文测算之外，安多也承担了许多测绘工作。康熙二十四年（1685 年）到京后不数日，安多便收到康熙让他绘制鞑靼地图的要求。[⑥]康熙三十七年（1698 年）三月，直隶巡抚于成龙（1638—1700）等“奉使往视浑河、清河”测量河道[⑦]，十六日，“以浑河图形呈览”，奏称：

> 臣同西洋安多等自霸州入定河一道，自卢沟桥起至霸州药王庙止，尚可由水路丈量。自霸州堤乘马至苑家口，乘船至信安，由信安至丁字沽，看至里郎城，履旧河形，一路丈量到永清、固安。[⑧]

可见安多全程跟随于成龙前往霸州等地测量河道形势，绘制成图。[⑨]康熙三十七至三十八年（1698—1699 年），安多还受命前往南直隶绘制黄河图形。[⑩]

---

① 《熙朝定案》，《熙朝崇正集 熙朝定案（外三种）》，第 170 页。

② 韩琦：《西学帝师：耶稣会士安多在康熙时代的科学活动》，第 55-57 页；Han Q, *Between Science and Religion: Antoine Thomas and the Transmission of Copernican System during the Kangxi Reign*, pp. 71-73.

③ Mme Yves de Thomaz de Bossierre, *Un Belge mandarin à la cour de Chine aux XVIIe et XVIIIe siècles*, p. 84; Davor Antonucci, “Antoine Thomas: A historian of the Qing-Zunghar War”, in Hermans M, Parmentier I, *The Itinerary of Antoine Thomas S J. (1644—1709), Scientist and Missionary from Namur in China*, Ferdinand Verbiest Institute, 2018, pp. 249-250.

④ 温达等纂：《御制亲征朔漠方略》卷 40，康熙四十七年（1708 年）内府刊本，第 32-33 页。康熙《御制文第二集》收有同一谕旨（《御制文第二集》卷 24，清内府刊本，第 13 页，措词略有差异，参见韩琦：《通天之学：耶稣会士和天文学在中国的传播》，生活·读书·新知三联书店 2018 年版，第 184 页）。

⑤ 中国第一历史档案馆：《康熙朝满文朱批奏折全译》，中国社会科学出版社 1996 年版，第 161 页。

⑥ Mme Yves de Thomaz de Bossierre, *Un Belge mandarin à la cour de Chine aux XVIIe et XVIIIe siècles*, p. 67. 又，1689 年《尼布楚条约》签订以后，安多曾绘制两幅亚洲地图寄往罗马，参见 Sardo E L, *Antoine Thomas and George David's Maps of Asia*, pp. 83-84.

⑦ 《清代起居注册·康熙朝》（第 11 册），台北故宫博物院所藏，第 6279-6281 页。

⑧ 《清代起居注册·康熙朝》（第 11 册），台北故宫博物院所藏，第 6298-6299 页。同日《实录》记载（《圣祖仁皇帝实录》卷 187，第 996 页）稍略，参见 John W. Witek, *The Role of Antoine Thomas, SJ, (1644—1709) in Determining the Terrestrial Meridian Line in Eighteenth-century China*, p.102.

⑨ 当年七月于成龙疏言“霸州等处挑濬新河已竣”，康熙赐名“永定河”（《圣祖仁皇帝实录·卷 189》（第 5 册），第 1007 页）。值得指出的是，此前康熙曾数至霸州视察浑河、清河，之后康熙三十八至四十一年（1699—1702 年），更是每年皆至霸州一带巡视河堤（《清代起居注册·康熙朝》，台北故宫博物院所藏，第 14 册，第 7487-7496、7782-7786、7933-7935 页；第 15 册，第 8511、8514、8519-8520 页；第 17 册，第 9248-9250 页）。

⑩ Mme Yves de Thomaz de Bossierre, *Un Belge mandarin à la cour de Chine aux XVIIe et XVIIIe siècles*, pp. 67-68；康熙四十一年（1702 年），安多还曾前往俄罗斯馆索取俄国地图，然未能获得，事见安双成编译：《清初西洋传教士满文档案译本》，大象出版社 2015 年版，第 282 页。

在讨论安多测量大地经线1度弧长的工作[①]之前，我们先简单回顾一下相关背景。希腊化时期数学家埃拉托色尼（Eratosthenes，约前276—前195）根据地圆学说和日影观测估算周长、每度弧长、半径等地球尺度，之后学者屡有改订。唐代中土虽无地圆观念，僧一行等亦通过实测和校算得出北极出地高度差1度而南北相距351里80步，实与经线每度弧长相当。[②]晚明地圆说自欧洲输入，传教士皆以中国里数给出大地每度弧长，或因换算误差，数值不尽相同。[③]万历二十六年（1598年）南京刊印《山海舆地全图》之际，利玛窦重新设定地球每度为250里[④]，尔后《乾坤体义》《浑盖通宪图说》《表度说》《简平仪说》《天问略》《职方外纪》《崇祯历书》等西学著作，以及南怀仁《坤舆图说》（1674年）均沿袭此值。

康熙帝曾于康熙三十五年（1696年）行军途中测定喀伦北极高度与京师相差5度，认为"以此度之，里数乃一千二百五十里"[⑤]，仍从1度250里之说；及至1698年12月查看西鞑靼地图，发觉按纬度推算的距离与此前实测不符，遂向安多咨询缘由。1702年冬南巡期间，他委派皇三子胤祉（1677—1732）带领人员实施测量，安多作为这次活动的主持者，将详细经过写成《关于1702年12月在中国直隶进行的地球一度的测量》（*De dimensione unius gradus Orbis Terrae Facta in Prov（incia）Pekinensi Regni Sinarum Anno 1702，Mense Decembri*）的专题报告寄往欧洲。[⑥]

在此稍前，欧洲已有类似的大地测量活动。其中法国天文学家、测地学家皮卡尔（Jean Picard，1620—1682）的工作最为重要。作为1666年法国皇家科学院的创始成员，皮卡尔于1668—1670年为法国皇家科学院主持测量索姆和塞纳-马恩两地间的经线弧长以获得更为精确的地球半径值，后将这次测量的仪器、方法、经过等汇集在《地球测量》（*Mesure de la terre*，1671年）一书[⑦]中出版。在测量之前，他首次为象限仪等测角仪器配备望远镜，这一革新大大提高了观测的准确性。他以13个大三角形组成的三角测量网得出两地的间距，并根据起讫点纬度差推算大地经线1度弧长为57 060 笃亚斯（toise），由此导出的地球半径曾被牛顿（Isaac

---

① 翁文灏、李约瑟等曾述及康熙朝舆地测绘以安多所测经线每度里数为标准，参见翁文灏：《清初测绘地图考》，《地学杂志》，1930年第3期，第4页；Beer A, Ping-Yü H, Gwei-Djen L, et al., "An 8th-century meridian line: I-Hsing's chain of gnomons and the pre-history of the metric system", *Vistas in Astronomy*, Vol. 4, 1961, p. 27; Needham J, *Science and Civilisation in China*, Vol. 4, *Physics and Physical Technology*, pt. 1, Physics, Cambridge University Press, 1962, pp. 54-55.

② Beer A, Ping-Yü H, Gwei-Djen L, et al., "An 8th-century meridian line: I-Hsing's chain of gnomons and the pre-history of the metric system", pp. 3-28.

③ 今井溱：《乾坤体義雑考》，薮内清・吉田光邦：《明清時代の科学技術史》，京都大学人文科学研究所1970年版，第37-38页；孙承晟：《明末传华的水晶球宇宙体系及其影响》，《自然科学史研究》，2011年第2期，第172、174页；孙承晟：《观念的交织：明清之际西方自然哲学在中国的传播》，广东人民出版社2018年版，第39-40、43-44页。

④ 洪煨莲：《考利玛窦的世界地图》，《禹贡》，1936年第3/4期，第37-38页；黄时鉴、龚缨晏：《利玛窦世界地图研究》，上海古籍出版社2004年版，第21-22页。关于南京所刻《山海舆地全图》的年份，参见汤开建、周孝雷：《明代利玛窦世界地图传播史四题》，《自然科学史研究》，2015年第3期，第307页。

⑤ 温达等纂：《御制亲征朔漠方略》卷22，第33页。亦见《御制文第二集》卷19，第7页，参见韩琦：《通天之学：耶稣会士和天文学在中国的传播》，生活・读书・新知三联书店2018年版，第184页。

⑥ Bosmans H, *L'oeuvre scientifique d'Antoine Thomas de Namur, S. J. (1644—1709)*, Annales de la société scientifique de Bruxelles, tome 46, 1926, pp. 154-181; Mme Yves de Thomaz de Bossierre, *Un Belge mandarin à la cour de Chine aux XVIIe et XVIIIe siècles*, pp. 111-114; John W. Witek, *The Role of Antoine Thomas, SJ, (1644—1709) in Determining the Terrestrial Meridian Line in Eighteenth-century China*, pp. 92-100. 报告节译参见本文附录。

⑦ Picard J, *Mesure de la terre*, Imprimerie Royale, p.1671.

Newton，1643—1727）用于验证其地心引力理论。①

1702 年 11 月中旬，胤祉派员在北京周边寻找适合测量的平原地域，最终选定在顺天府霸州至河间府交河县之间。12 月 2 日从霸州城外开始，以长度为 1 标准里的铁线逐里丈量，并设桩立杆，以仪器窥望相准，确保其沿经线方向连续取直。如此量取 200 里，全程基本在同一经线之上。随后测量南北两端北极高度及正午太阳高度、日影长度等，为尽可能获得精确的结果，所用仪器均专门调制以保证水平稳固，天文象限仪则仿照皮卡尔的方法设置精密望远镜。通过数次细致观测，确定两端北极高差 1°1′32″，推出经线 1 度弧长 195 里 6 步。为简便计算，康熙将该值取整为 200 里。②又按 1 里=360 步（180 丈）和角度 60 进制换算，1′对应 1200 步（600 丈），1″对应 20 步（10 丈），亦皆为整数，极便推算。

关于这次测量，中文史料也有记载。据官方文献，四十一年康熙南巡，十月初四（11 月 24 日）到达德州，初五至二十日（11 月 25 日—12 月 8 日）因皇太子患病，驻跸行宫③。《榕村续语录》亦载，康熙“至德州，东宫病作，驻跸焉”，继而叙述其在此期间与时任直隶巡抚李光地（1642—1718）谈话，提出“明初营造尺竟是古尺”，并论述如何利用“西法”（以单摆计量炮声每秒里数）和累黍予以验证，之后谈道：

> 又历家云，天上一度，抵地上二百五十里。朕虽未细测，觉得有二百五十里。刻下已叫三阿哥自京中细细量来。三阿哥算法极精，如今至德州，虽少偏东，用钩股法取直量来，钉桩橛以记之，再无不准者。④

十月二十一日（12 月 9 日），康熙起程回京，对李光地说：“三阿哥已量来了，恰好天上一度，地上二百里。”李光地以为，若按周尺为当时八寸换算，“恰是二百五十里当一度也”。康熙对此表示肯定，曰：“正是。余此行大有所得。少知得算法，又考求得明尺即古尺，存古人一点迹，亦是好的。”⑤二十四日（12 月 12 日）回銮途中，康熙又谕示随行的张玉书（1642—1711）和李光地：

> 用仪器测量远近，此一定之理，断无差舛。万一有舛，乃用法之差，非数之不准。以此算地理、算田亩，皆可顷刻立辨，但须细用工夫，方能准验，大抵不离三角形耳。三角形从前虽无此名，而历来算法必有所本，如勾股法亦不离三角形，是此法必自古流传，特未见于书，故不知所始也。⑥

康熙对使用仪器测量远近距离的准确性予以充分肯定，这显然与他早年就此学习、操作、推算的亲身经历以及当时进行的测量活动不无关系。

这次测量和康熙的相关谕示给李光地留下深刻印象。他后来在《历象本要》中论及由地理

① Taton J, Taton R, “Jean Picard”, in Gillispie C C, *Dictionary of Scientific Biography*, Vol. 10, 1974, pp. 595-597; Konvitz J W, *Cartography in France, 1660—1848: Science, Engineering, and Statecraft*, University of Chicago Press, 1987, pp. 4-5.

② 依安多报告所言，里、步等长度单位皆应相应缩短为原长的 39/40。但此一变更实际曾否进行，尚存疑问。

③ 《清代起居注册·康熙朝》（第 17 册），台北故宫博物院所藏，第 9621-9662 页。

④ 李光地：《榕村续语录》卷 17，《榕村语录·榕村续语录》，中华书局 1983 年点校本，第 813 页。

⑤ 李光地：《榕村续语录》卷 17，《榕村语录·榕村续语录》，中华书局 1983 年点校本，第 813 页。

⑥ 《御制文第三集》卷 5，清内府刊本，第 4-5 页。

经度不同造成的“里差时刻”，指出“北极高下殊，而地有南北之纬差；时刻早晚异，而地有东西之经差”，并附记往事：

> 壬午冬，銮舆南巡，命皇子领西洋筹人自京城南至德州，七百余里，立表施仪，密加测望，淹历旬月，乃得星度道里之真，计地距二百里而极高差一度。旧说云二百五十里者，大疏阔矣。然所用者今工部营造尺，或古尺当今八寸，则未可知尔。臣地实扈从与闻之。[①]

对照西文材料，此处所称“皇子”即胤祉，“西洋筹人”即安多[②]，而“立表施仪，密加测望”正是对使用仪器测量的描述。[③]

对于康熙四十一年（1702 年）大地每度里数的测定结果，康熙颇为自得，后来在不同场合反复提及。康熙四十三年（1704 年）十月，他同大学士等谈论尺度和量制规范时指出：“天之一度，即地之二百里。但各省地里有以大尺量者，有以八寸小尺量者，画地理图稍有不合者，职此故也。”[④]康熙五十年（1711 年），借朝鲜人越境杀人案审理之机，他密令穆克登（1664—1735）勘定中朝边界，同时将此前传教士未能前往的长白山一带详加测绘，五月就此事与大学士等谈话[⑤]：

> 天上度数，俱与地之宽大吻合。以周时之尺算之，天上一度，即有地下二百五十里；以今时之尺算之，天上一度，即有地下二百里。自古以来，绘舆图者俱不准照天上之度数推算地里之远近，故差误者多。朕前特差能算善画之人，将东北一带山川地里，俱准照天上度数推算，详加绘图视之。[⑥]

这段谕示强调经线度数与弧长的对应关系对舆地测绘的根本性作用，亦表明经线每度里数标准在康熙四十八至康熙四十九年（1709—1710 年）满洲测绘时确在遵行。约在此前后，康熙所撰《量天尺论》亦言及天地度数相应，再次指明“地之一度，以周尺测验，得二百五十里而无余；以今尺测验，得二百里无余”。冠有“御制”之名的《数理精蕴》，下编“首部”开篇规定“度量权衡”，其“里法”中便载入此一标准。[⑦]康熙五十五年（1716 年），据全国测绘结果制作的《大清中外天下全图》，经纬线每半度交错形成网格，图说则称：“用仪器考北极高度，绘中外舆图，每方百里。自北距南二百里，则北极高一度；自南距北二百里，则北极

---

① 李光地：《历象本要》，康熙刊本，第 44-45 页。

② Han Q, “Cartography during the times of the Kangxi emperor: The age and the background”, in Ribeiro R M, O’Malley J W, *Jesuit Mapmaking in China: D’Anville’s ‘Nouvelle Atlas de la Chine’ (1737)*, Saint Joseph’s University Press, 2014, pp. 54-55; 韩琦：《通天之学：耶稣会士和天文学在中国的传播》，生活 • 读书 • 新知三联书店 2018 年版，第 185 页。

③ 约康熙五十二年至五十三年（1713—1714 年），魏廷珍（1669—1756）等奉旨将其乐律知识的学习概要写给李光地，后者见到“古尺当今营造尺八寸”的谕示，再次重提旧事：“忆前岁皇上遣官立表量地，自京师至德州，约极高移一度而地差二百里，合之古人二百五十里而差一度之说，正为古尺得今之八寸也。”（李光地：《命魏廷珍等寄示学习乐律所得覆奏札子》，《榕村全集》卷 29，乾隆元年（1736 年）序刊本，第 17 页。）

④ 《圣祖仁皇帝圣训》卷 53，乾隆六年（1741 年）内府刊本，第 7 页。

⑤ 李花子：《清朝与朝鲜关系史研究——以越境交涉为中心》，延边大学出版社 2006 年版，第 93-100 页。

⑥ 《清代起居注册 • 康熙朝》（第 19 册），台北故宫博物院所藏，第 10670-10671 页。同日《实录》记载（《圣祖仁皇帝实录 • 卷 246》（第 6 册），第 440 页）基本相同，个别字词略异。

⑦ 《数理精蕴》下编卷 1，清内府铜活字本，第 5 页。与此相应，《数理精蕴》编入《算法纂要总纲》例题时亦将有关里数予以更正。《算法纂要总纲》第 6 节“三率求四率之法”有题曰：“有地球二度，系五百里。今七度，该里数若干？”（《算法纂要总纲》，《故宫珍本丛刊》（第 403 册），海口：海南出版社 2000 年版，第 117 页），《数理精蕴》改题设为“设如天上二度，当地面四百里”（《数理精蕴》下编卷 3，第 7 页）。

低一度；距百里，则半度。余各有差。”①康熙五十八年（1719 年）二月，《皇舆全览图》告成，康熙命九卿大臣观看，诸臣的赞语中也有“极高差一度，为地距二百里”之辞。②此后该标准逐渐为人所知，如曾在蒙养斋学习的算学家梅瑴成（1681—1764）不仅在自己的论著中采用新测里数，还据之改订乃祖梅文鼎（1633—1721）的旧作。③

四、康熙时代测量学知识在宫廷的传播：《测量高远仪器用法》

康熙时代宫廷内曾翻译、编纂有多种历算书籍，如《几何原本》《算法原本》《算法纂要总纲》《测量高远仪器用法》《比例规解》《八线表根》《勾股相求之法》《借根方算法》《借根方算法节要》《比例表用法》《数表用法》等著作及各类实用算表。它们最初是供康熙帝学习的讲义和参考用书，后来则成为纂修《数理精蕴》的基础。④其中，《测量高远仪器用法》为测量学专论。所谓“测量高远”，即间接测量高程（含高度、深度）与远距（含长度、广度、斜距等）的直线长度，是实用几何学和测量学的基础。

（一）《测量高远仪器用法》的内容

《测量高远仪器用法》篇首为凡例，其后内容即各种测量方法的 23 题（表 1），可大体分为 3 类。前 14 题使用“仪器”，其中题 1—8、题 13—14 只需简单的比例推算，并设有比例规用法，或用“平分线”代三率法，或用“测量线”代查八线表及三率法⑤；题 9—12 相对复杂，需要利用三角学多次测算。题 15—20 及题 23 使用水碗、测杆等器具测量，而皆以相似直角三角形边长作比例推算。题 21、题 22 是不借助器具估算远距的方法。⑥

表 1 《测量高远仪器用法》各题和所用仪器或用具

<table>
<tr><th>序号</th><th>题设</th><th colspan="2">测量仪器或用具</th><th colspan="2">计算仪器或用具</th></tr>
<tr><td>1</td><td>有知远不知高求知高之法</td><td rowspan="3">矩度</td><td rowspan="3">象限仪</td><td rowspan="3">比例尺</td><td>八线表</td></tr>
<tr><td>2</td><td>又一法</td><td></td></tr>
<tr><td>3</td><td>有知高不知远求知远之法</td><td>八线表</td></tr>
</table>

① 白鸿叶、李孝聪：《康熙朝〈皇舆全览图〉》，国家图书馆出版社 2014 年版，第 88-90 页。

② 《圣祖仁皇帝实录 • 卷 283》（第 6 册），第 765 页。

③ 梅瑴成《里差论》有注“地差二百里，则天顶差一度”（梅瑴成：《操缦卮言》，《宣城梅氏历算丛书辑要》卷 62，乾隆十年（1745 年）承学堂刊本，第 21 页）。梅文鼎《历学疑问补 • 论周髀所传之说必在唐虞以前》言“北极高一度，则地面差数百十里”，下注“屡代所测微有不同，今定为二百五十里”（梅文鼎：《历学疑问补》卷 1，雍正二年（1724 年）兼济堂刊梅氏历算全书本，第 12 页），梅瑴成改订里数为“二百”（梅文鼎：《历学疑问补》，《宣城梅氏历算丛书辑要》卷 49，乾隆十年（1745 年）承学堂刊本，第 12 页）。

④ 关于康熙时代宫廷编撰的数学书籍，李俨在 20 世纪 30 年代初已留心考察北平图书馆、故宫图书馆等馆所藏，并认识到《数理精蕴》系据此修正而成，文献参见李俨：《中国算学史导言》，《学艺》百号纪念增刊 1933 年版，第 158-160 页；《二十年来中算史料之发现》，《科学》，1933 年第 1 期，第 12-13 页；《中国数学大纲》（下册），科学出版社 1957 年版，第 403-404、463 页。韩琦在《康熙时代传入的西方数学及其对中国数学的影响》中系统考察了这些宫廷数学著作，后又发掘里昂所藏诸书，考察《算法纂要总纲》诸本异同，揭示宫廷数学著作编纂的复杂过程，参见韩琦：《康熙时代传入的西方数学及其对中国数学的影响》，中国科学院自然科学史研究所博士学位论文，1991 年，第 22-43 页；韩琦等：《康熙时代西方数学在宫廷的传播——以安多和〈算法纂要总纲〉的编纂为例》，《自然科学史研究》，2003 年第 2 期，第 147-154 页。

⑤ 具体算例可参考题 1“有知远不知高求知高之法”（《测量高远仪器用法》，清抄本，中国国家图书馆藏，资料号：A02726，第 1-2 页）。除版本比较外，本文引注《测量高远仪器用法》，皆据此本。

⑥ 题 23“不用仪器求高远之法”实际需要“手执一尺”（《测量高远仪器用法》，第 23 页）。

续表

<table>
<tr><th>序号</th><th colspan="2">题设</th><th colspan="2">测量仪器或用具</th><th colspan="2">计算仪器或用具</th></tr>
<tr><td>4</td><td colspan="2">有高远俱不知求知之法</td><td rowspan="5"></td><td rowspan="2">象限仪</td><td rowspan="5"></td><td rowspan="2">八线表</td></tr>
<tr><td>5</td><td colspan="2">在高处不用下地可知其高之法</td></tr>
<tr><td>6</td><td colspan="2">在高处不用下地可知其高又一法</td><td rowspan="2"></td><td rowspan="2"></td></tr>
<tr><td>7</td><td colspan="2">求井深之法</td></tr>
<tr><td>8</td><td colspan="2">求河宽数之法</td><td>象限仪</td><td>八线表</td></tr>
<tr><td>9</td><td colspan="2">测量离远两物彼此相距几何之法</td><td rowspan="6"></td><td rowspan="6">象限仪</td><td rowspan="4"></td><td rowspan="6">八线表*</td></tr>
<tr><td>10</td><td colspan="2">测高不能退步作如何之法</td></tr>
<tr><td>11</td><td colspan="2">在高测高不能前进亦不能后退求高之法</td></tr>
<tr><td>12</td><td colspan="2">在高测高前后左右不能移仪器下移仪器求高之法</td></tr>
<tr><td>13</td><td colspan="2">不用作直角测远之法一</td><td rowspan="2">比例尺</td></tr>
<tr><td>14</td><td colspan="2">不用作直角测远之法二</td></tr>
<tr><td>15</td><td colspan="2">水平测法（知远不知高）</td><td colspan="2" rowspan="3">水碗、测杆</td><td rowspan="2">比例尺</td><td rowspan="3"></td></tr>
<tr><td>16</td><td colspan="2">水平测法（知高不知远）</td></tr>
<tr><td>17</td><td colspan="2">水平测法（高远俱不知）</td><td></td></tr>
<tr><td rowspan="2">18</td><td rowspan="2">水平测法</td><td>以远测高（从水平面以上定高）</td><td colspan="2"></td><td></td><td></td></tr>
<tr><td>从两所测山之高</td><td colspan="2"></td><td></td><td></td></tr>
<tr><td>19</td><td colspan="2">用杆测高远法</td><td colspan="2">测杆</td><td></td><td></td></tr>
<tr><td>20</td><td colspan="2">用日影测高远法</td><td colspan="2">立木</td><td></td><td></td></tr>
<tr><td>21</td><td colspan="2">不用仪器测远法</td><td colspan="2"></td><td></td><td></td></tr>
<tr><td>22</td><td colspan="2">测远望去有如与地平相等之云法</td><td colspan="2"></td><td></td><td></td></tr>
<tr><td>23</td><td colspan="2">不用仪器求高远之法</td><td colspan="2">尺（鞭干、木）</td><td></td><td></td></tr>
</table>

* 此六题实际使用八线表，只是题中未明确言及。

通观全篇，“仪器”诸题均以“有高远俱不知”“求井深”“测高不能退步”等已知情形或求解对象为名；其他题名则大多点明所用测量手段或工具，如“水平测”“用杆测高远”等。由此表明，所谓“仪器”并非泛称，应是特定的一种。关于此仪形制，仅有凡例中的简略说明：“此书之用，俱是照仪器高线、地平线之三十分数录者。但仪器或有三十分，或有五十分，而至百分等等不同，随造仪器之便。”①再看其具体用法：

> 安仪器于所立之处，将地平直线坚定，稳住仪器勿动，将测表眼与塔尖相对，取必直一线中，察表与高线几分相交，假如与二十五分相交，则以地平线为一率，相交二十五分为二率，离远八十丈为三率……②

从比例算法可以推知，“三十分”“二十五分”均是仪器之上的分度（即比例长度），据此判断，所谓“地平线”“高线”当即前揭固定式矩度的直影与倒影③，“测表”则指窥衡。同题另法又称“看测表与仪器周围度线几度几分相交”④，其值用八线表正弦入算，“几度几分”显系角度，而“周围度线”应即象限弧。总之，书中径称的“仪器”具备分度与角度测量

① 《测量高远仪器用法》，第1页。

② 《测量高远仪器用法》，第1页。

③ 明季《测量全义》介绍的固定式矩度形制“立边书高深，平边书远”（罗雅谷、龙华民、汤若望等：《测量全义》卷3，第9页），与此略同。

④ 《测量高远仪器用法》，第1页。

功能，应是矩度、象限仪内外嵌套的组合仪器。值得指出的是，使用此仪的14题中，有6题以矩度和象限仪分别测量，而推算结果一致，可以互为验证，有利于初学者的理解。

相较明季传入的测量学知识，《测量高远仪器用法》在方法上有不少更新之处。如题10“测高不能退步作如何之法”（图2）：

> 设有如一远山，欲测其高，不能退步，亦不能前进。欲求高数若干，则先邪安仪器于丁，不动表对丙，转表对甲，察测表得几度，假如得八十度，为甲丁丙角之数。将丁与丙横线有几丈量准，假如得十丈。再移仪器，邪安于丙，将不动表对丁，转表对甲，察测表得几度，假如又得六十八度，为甲丙丁角之数。……得丙甲丁角三十二度。用三十二度之正弦为一率……得十八丈五尺，为甲丙线数。[①]

前揭《测量全义》象限仪用法有平置或侧立两种方式，此处则用“斜安”以测量斜面角[②]，即以所测远处高点与平地两点在斜向平面构造三角形，测量其平地边长及相邻两角，以求得一边斜远。《测量法义》曾介绍“以平镜测高”[③]，即利用镜面反射的测量方法，但仅用一次，限于高远互求；该书的“水平测法”则首次引入“高远俱不知”“从两所测山之高”（图3）[④]等两次利用的方法。又题21测湖宽、题22测云距并不借助器具，实因所测目标相距较远而须“取圆式”[⑤]，即考虑地面曲率，方法新颖，亦有助于地圆学说的理解。[⑥]在编撰风格上，该书也较明季同类著作表现出更为鲜明的实用特征。如题目名称中的“在高处不用下地可知其高”“在高测高不能前进亦不能后退”“在高测高前后左右不能移仪器”等表述，显示出编者尽可能将这些方法置于实际场景以解决具体难题的考量。书中还注意指出某些方法在实际情形中的适用性，如强调“大凡用日影测法，若高远俱不知，不便于午时”，并解释缘由，测湖宽则注明“此法远六七里之外者可用之，近者不便”[⑦]。

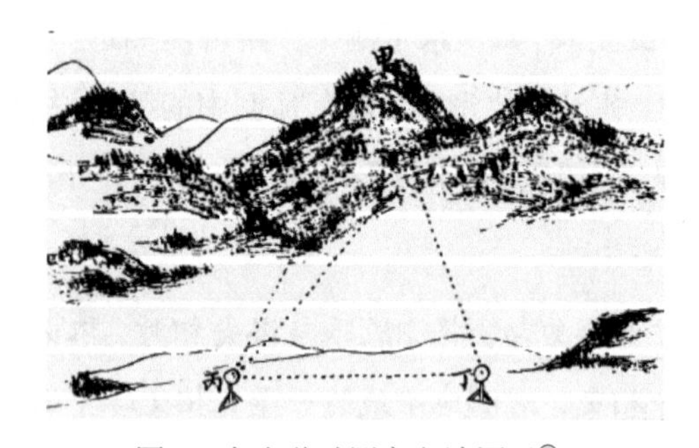

图2　左右移动测高之法图示[⑧]

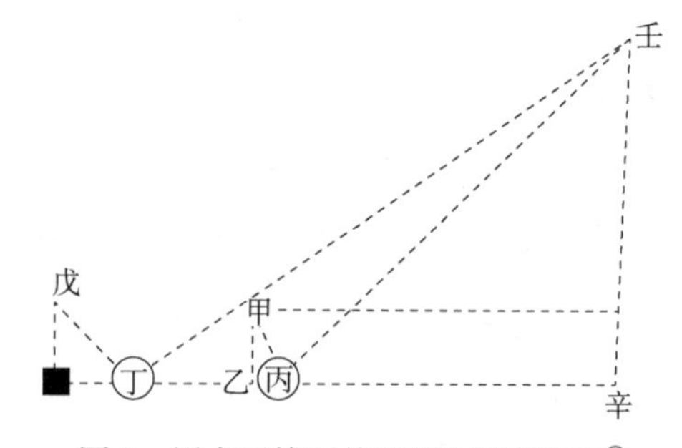

图3　用水平镜面前后两次测高图示[⑨]

---

① 《测量高远仪器用法》，第11-12页。

② 事实上，《测量全义》介绍的某些方法需要斜置象限仪测量或设置角度，但未予明确说明。

③ 利玛窦、徐光启：《测量法义》，第17页。

④ 《测量高远仪器用法》，第18-19页。

⑤ 《测量高远仪器用法》，第22页。

⑥ 在此之前，南怀仁在《灵台仪象志》中已经介绍某些考虑地球曲率的测量问题，参见冯立昇：《中国古代测量学史》，内蒙古大学出版社1995年版，第261-266页。

⑦ 《测量高远仪器用法》，第21-22页。

⑧ 《测量高远仪器用法》，第11页。

⑨ 《测量高远仪器用法》，第19页。

（二）《测量高远仪器用法》的编纂

就目前所知，《测量高远仪器用法》现有四种抄本存世（表2）。北京故宫博物院图书馆藏一部[①]；中国国家图书馆藏一部，为康熙十三子怡亲王胤祥（1686—1730）安乐堂原藏，后为孔继涵（1739—1783）收藏；又法国里昂市立图书馆藏有两部，为康熙年间来华的法国耶稣会士巴多明（Dominique Parrenin，1665—1741）寄回。[②]经查对，四种抄本分属于两个版本系统，即（甲）国图藏本与里昂藏本一（Ms. 82-90 D）；（乙）故宫藏本与里昂藏本二（Ms. 75-80 D）。诸抄本均不分卷，共23叶，半叶13行，行15字。其文本内容亦大体相同，唯甲类抄本叶22“不用仪器测远法”（图4）和“测远望去有如与地平相等之云法”各多一段简短附语：

> 此地半径，用九万里变丈尺求径，半之即地半径也。径折半毕，以一百八十丈乘之。
> 此地半径，用九万里求径，折半即地半径也。[③]

所谓“九万里”即地球周长，合1度250里。[④]又甲类两本皆与《比例规解》《八线表根》同在一册；乙类两本皆与《比例规解》同在一册，其后皆有《地平线离地球（圆）面表》（故宫藏本在同册，里昂藏本二在后册），该表系依照“二百里为一度，三里零六十丈为一分，十丈为一秒”[⑤]编制。图示方面，甲类抄本相对简略，乙类抄本更为精细，特别是“用日影测高远法”之图，甲类抄本全无楼宇等实景，仅以几何虚线表示其高（图5）。综合考量，甲类抄本当系初稿，其成书应在前所述康熙四十一年修正地球经线每度里数以前。乙类抄本定稿较晚，当是康熙四十一年以后略加删订，并附《地平线离地球（圆）面表》。

表2 《测量高远仪器用法》现藏诸本及异同

馆藏及书号	国图藏本（A02726）、 里昂藏本一（Ms. 82-90 D）	故宫藏本（13276-81）、 里昂藏本二（Ms. 75-80 D）
文本内容	[22a]不用仪器测远法 设如一湖……一千六百零五丈也。 此法……不能取圆式也。 此地半径，用九万里变丈尺求径，半之即地半径也。径折半毕，以一百八十丈乘之。 [22b]测远望去有如与地平相远之法 设如有云……三百七十九里也。 此地半径，用九万里求径，折半即地半径也。	[22a]不用仪器测远法 设如一湖……一千六百零五丈也。 此法……不能取圆式也。 [22b]测远望去有如与地平相远之法 设如有云……三百七十九里也。
同册（函）其他著作	《比例规解》 《八线表根》	《比例规解》 《地平线离地球（圆）面表》

① 影印收入《故宫珍本丛刊》（第403册），海南出版社2000年版，第469-480页。

② 陶湘：《故宫殿本书库现存目》卷中，民国二十二年（1933年）故宫博物院图书馆印本，第2页；李俨：《中国算学史导言》，《学艺》百号纪念增刊1933年版，第158页；韩琦等：《康熙时代西方数学在宫廷的传播——以安多和〈算法纂要总纲〉的编纂为例》，《自然科学史研究》，2003年第2期，第148-150页。中国科学院自然科学史研究所另藏一部，系李俨依国图藏本影抄。

③ 《测量高远仪器用法》，第22页。

④ 甲类抄本地球半径“二五七七六〇〇”（步）和“一四三二四里”（《测量高远仪器用法》，清抄本，中国国家图书馆藏，第22页）即据引文算法估算，乙类抄本虽删去地球周长“九万里”两段，但地球半径值[《测量高远仪器用法》，《故宫珍本丛刊》（第403册），第479页]并未相应改订。

⑤ 《地平线离地球圆面表》，清抄本，里昂市立图书馆藏，资料号：Ms. 75-80 E，书衣题签小注。书内所称“远数”即度数对应的经线弧长，一秒、一分、一度“远数”（第1、2、10页）与此规定数值吻合。故宫所藏《地平线离地球面表》影印本[《故宫珍本丛刊》（第403册），海南出版社2000年版，第481-486页]未见书衣，四十一秒至一分四十一秒整叶阙。

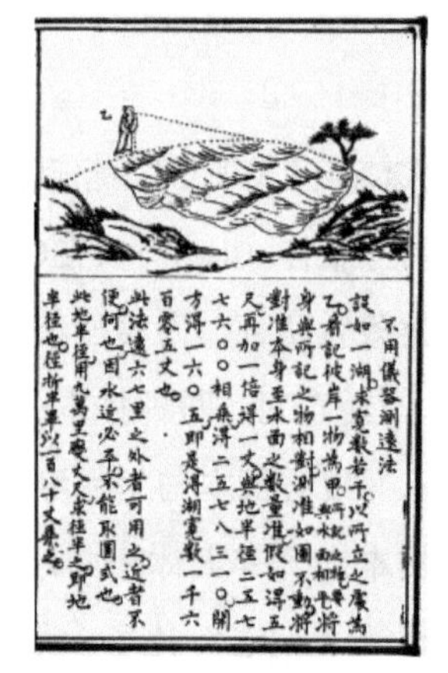

不用儀器測遠法

設如一湖求寬數若干以所立之處爲乙看記彼岸一物爲甲（所記之物要與水面相平）將身與所記之物相對測准如圖不動將對准本身至水面之數量准假如得五尺再加一倍得一丈與地半徑二五七七六〇〇相乘得二五七八三一〇開方得一六〇五即是得湖寬數一千六百零五丈也

此法遠六七里之外者可用之近者不便何也因水近必平不能取圓式也

此地半徑用九萬里變丈又求徑半之即地半徑也徑折半以一百八十丈乘之

不用儀器測遠法

設如一湖求寬數若干以所立之處爲乙看記彼岸一物爲甲（所記之物要與水面相平）將身與所記之物相對測准如圖不動將對准本身至水面之數量准假如得五尺再加一倍得一丈與地半徑二五七七六〇〇相乘得二五七八三一〇開方得一六〇五即是得湖寬數一千六百零五丈也

此法遠六七里之外者可用之近者不便何也因水近必平不能取圓式也

图 4 《测量高远仪器用法》国图藏本（左）和故宫藏本（右）“不用仪器测远法”①

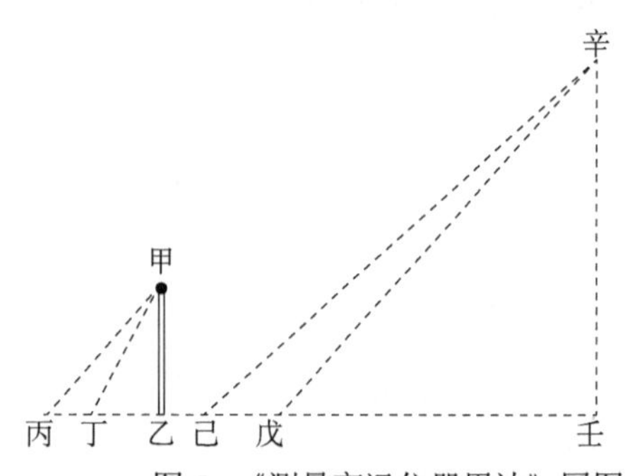

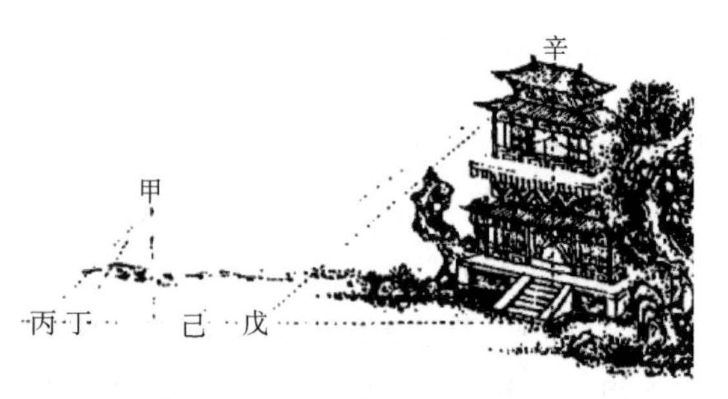

图 5 《测量高远仪器用法》国图藏本（左）与故宫藏本（右）日影测法图示②

《测量高远仪器用法》不著撰人，最有可能是安多编纂。他在编译《算法纂要总纲》《借根方算法》《借根方算法节要》以外，还曾教授比例规用法并编写专论（de usu circini proportionis）③，编制中文的正弦、余弦和正切数表④，故而《比例规解》《八线表根》也可推定为其著作。鉴于安多曾主持大地经线 1 度弧长的实测，《测量高远仪器用法》的测量方法阐述详明，又多用比例规、八线表计算，且与《比例规解》《八线表根》先后合订于同册，应当也是安多所作。⑤

此外，《测量高远仪器用法》所述测量学知识与安多自著《数学纲要》多有相似。《数学纲要》第三章“论实用几何”（De Geometria Practica）共六节，第一节“论直线三角形的解法”（De resolutione triangulorum rectilineorum）、第五节“论面的测算”（De superficierum dimensione）、第六节“论体的测算”（De dimensione solidorum）分别编译为《算法纂要总纲》之“算三角形总法”“算各面积”“算体总法”⑥。其余三节则皆与测量有关：第二节“论几何（测量）仪器”

① 《测量高远仪器用法》，清抄本，中国国家图书馆藏，第 22 页；《测量高远仪器用法》，《故宫珍本丛刊》（第 403 册），第 479 页。

② 《测量高远仪器用法》，清抄本，中国国家图书馆藏，第 21 页；《测量高远仪器用法》，《故宫珍本丛刊》（第 403 册），第 479 页。

③ Golvers N, “The correspondence of Antoine Thomas, SJ (1644—1709) as a source for the history of science”, *Studies in the History of Natural Sciences*, Vol. 33, No. 2, 2014, p. 141.

④ Mme Yves de Thomaz de Bossierre, *Un Belge mandarin à la cour de Chine aux XVIIe et XVIIIe siècles*, p. 57.

⑤ 韩琦之前已有此推断，参见韩琦等：《康熙时代西方数学在宫廷的传播——以安多和〈算法纂要总纲〉的编纂为例》，《自然科学史研究》，2003 年第 2 期，第 150 页脚注①。又据前揭《地平线离地球（圆）面表》与《测量高远仪器用法》的关系，该表亦当是安多制作。

⑥ 韩琦等：《康熙时代西方数学在宫廷的传播——以安多和〈算法纂要总纲〉的编纂为例》，《自然科学史研究》，2003 年第 2 期，第 152 页。

（De instrumentis geometricis）、第三节“论度量”（Mensuris）①是预备知识，第四节“论线的测算”（De dimensione linearum）②即讨论高远测量，除第二、第四款为一些塔和山的高度外，就是阐述具体方法的 19 道命题。《测量高远仪器用法》与《数学纲要》的测量方法可以建立某些对应关系。如前书“测井深之法”即与后书“测量井的深度”（Putei profunditatem metiri）所用仪器、方法相同③；前书“用日影测高远法”中的以远测高之法，亦同于后书“用影子测量”（metiri per umbram）。④又，前书“有高远俱不知求知之法”的矩度与象限仪测法，可分别与后书“用度高标尺测量不能到达的塔的高度”（altitudinem turris inaccessae metiri scalâ altimetrâ）和“当塔不能到达时测量”（meriti，quando turris est inaccessa）的内容对应。⑤

还有例证显示出两书之间的紧密关联。其一是特殊的测量方法。《测量高远仪器用法》测云距之法，要求“有云远望之如与地平相等”（图 6）⑥，如此便可利用视线与地面相切而构成的直角三角形求解；而《地平线离地球（圆）面表》亦据此计算“离数”即相应度数的地表弧线与地平切线之间的离差。《数学纲要》“论线的测算”命题 14“测量山的绝对高度”（Montis altitudinem absolutam metiri）测算原理完全相同，即立于地平平望远处山顶，再利用视线与地径相切测算山峰海拔高度（图 7）。⑦其二是特殊的测量仪器。前揭《数学纲要》第二节“论几何仪器”一节，分为测角仪器（De instrumentis ad angulos metiendos）与测线仪器（Instrumenta ad lineas mentiendas）两款，前者包含天文象限仪（quadrans astronomicus），后者则有矩度（度高标尺，scala altimetra）和比例规（circinus proportionalium）两种。⑧其矩度图示（图 8）内含象限弧，与《测量高远仪器用法》的“仪器”即矩度和象限仪的组合样式相应⑨；将比例规视为测量仪器的归类方式，亦与《测量高远仪器用法》多使用比例规计算的特点一致。

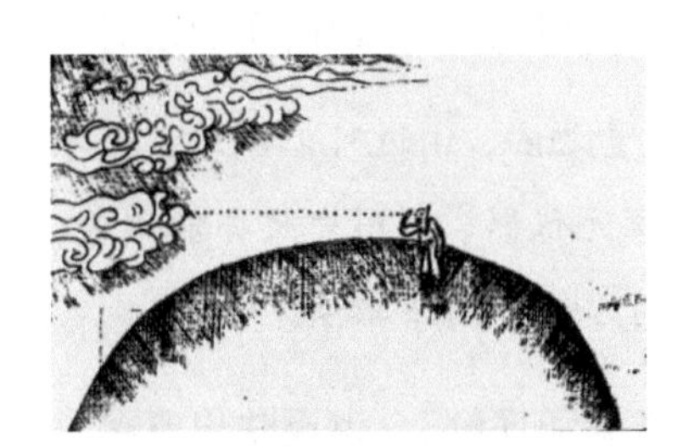

图 6 《测量高远仪器用法》测云距图示⑩

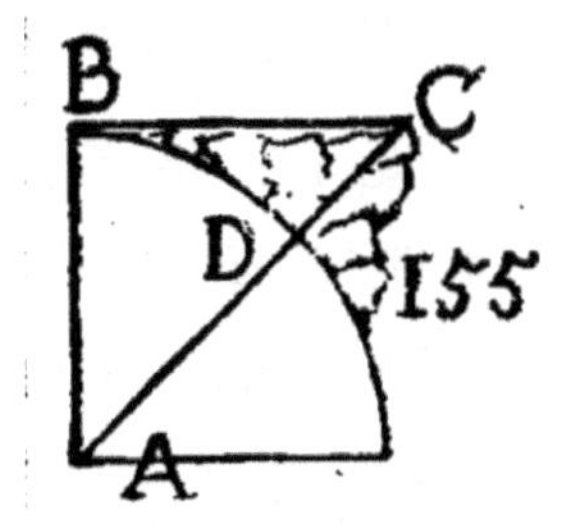

图 7 《数学纲要》所示测山高⑪

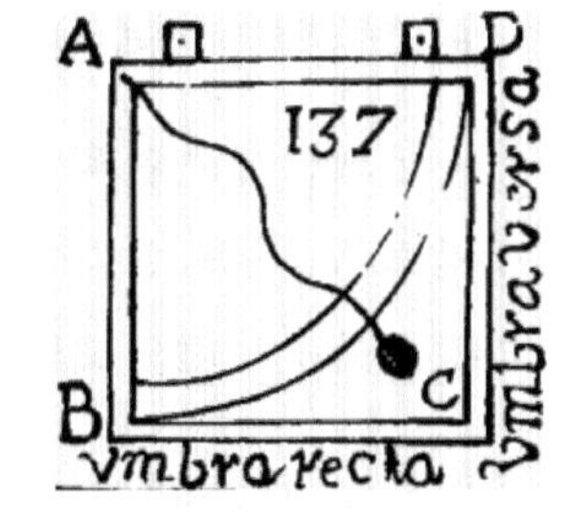

图 8 《数学纲要》所示矩度样式⑫

---

① Thomas A, *Synopsis Mathematica complectens varios tractatus quos hujus scientiae tyronibus et Missionis Sinicae candidatis breviter et clare concinnavit P. Antonius Thomas è Societate Iesu*, Michel Mairesse, 1685, pp. 145-160.

② Thomas A, *Synopsis Mathematica*, pp. 161-181.

③ 《测量高远仪器用法》，第 8 页；Thomas A, *Synopsis Mathematica*, p.181.

④ 《测量高远仪器用法》，第 21 页；Thomas A, *Synopsis Mathematica*, p.162.

⑤ 《测量高远仪器用法》，第 4-5 页；Thomas A, *Synopsis Mathematica*, pp. 164-165, 166-167.

⑥ 《测量高远仪器用法》，第 22 页。

⑦ Thomas A, *Synopsis Mathematica*, p.175.

⑧ Thomas A, *Synopsis Mathematica*, pp. 145-146, 150-152.

⑨ 安多曾受命制作一具名为 pyxis quadrata 的组合仪器，其外部有天文象限仪，内部画有测量（几何）仪器[Golvers N, “The correspondence of Antoine Thomas, SJ (1644—1709) as a source for the history of science”, *Studies in the History of Natural Sciences*, Vol. 33, No. 2, 2014, p. 141]，或即《测量高远仪器用法》所用。

⑩ Thomas A, *Synopsis Mathematica*, Lam. 10.

⑪ 《测量高远仪器用法》，第 22 页。

⑫ Thomas A, *Synopsis Mathematica*, Lam. 8.

以上考察表明，《数学纲要》“论线的测算”一节应是《测量高远仪器用法》的编纂基础。两书讨论的测量学知识多有相关，文本内容、结构、体例则不尽相同。[①]鉴于安多本人的数学素养，他完全有能力在《数学纲要》的基础上增补若干测量方法，并以仪器用法为中心，编纂成一部实用、易解的测量学讲义。

五、余论

作为欧洲实用几何学的重要内容，测量学知识在康熙时代的科学传播中扮演了重要角色。自西学研习之初，康熙帝就对测量学及其仪器操作情有独钟，不仅在耶稣会士的指授下亲自推算和实践，还因军事、河工等治国之需，屡屡派员测地绘图。特别是康熙四十一年（1702 年）自霸州至交河的大地测量，由皇帝策划、耶稣会士安多主持、皇三子胤祉组织实施，在此前法国皇家科学院同类工作的基础上，沿地表经线丈量约 1 度的弧线长度，由此确立每度里数，为全国范围的舆地测绘奠定了标准。

康熙四十一年大地每度里数标准确立之际，康熙帝在向张玉书、李光地谈论“用仪器测量远近”的谕示中，还提出三角法在中国古已有之的论调。次年（1703 年）七月，他就此加以阐发，撰成《御制三角形推算法论》，正式提出“西学中源”说，并不断向臣属论及。[②]康熙四十一年的大地测量活动可说是促使康熙迈向“西学中源”的关键因素之一，引发了深远的历史影响。

大地每度里数测定以后，康熙帝仍对测量知识保持着浓厚兴趣。康熙四十八年（1709 年）四月，正值传教士在满洲测绘之际，他召见算学家陈厚耀（1648—1722），在询问所学之后：

> 午刻，内侍李玉传旨问：汝测量是何法？臣跪对云：测量之法，由近可以测远，由卑可以测高，由浅可以测深。又问：能用仪器否？臣对云：臣家无仪器，只用丈尺亦能测量，与仪器同是一理。仪器以圆测方，须用八线表；丈尺以方测方，直用三率法。[③]

这段君臣对答既体现出陈厚耀对测量方法及其原理的良好掌握和理解[④]，也反映出康熙对这类知识特别是用仪器测量的长期关注。康熙五十年（1711 年）二月，康熙巡阅通州河堤，又携多位皇子和满汉大臣测量河岸距离并示范仪器用法：

> 于是取仪器插地上，令将豹尾枪纵横竖立，上亲从仪器者定方向，遣雍亲王、恒亲王、

---

① 《测量高远仪器用法》总体上以测量仪器与用具为中心，而《数学纲要》则以测量对象为中心，将高度测量与长度、广度、深度的测量分作不同类别；前者各题均有详细步骤并设具体数值测算，而后者各命题一般仅阐述简明方法，并不举例演算（仅 Prop. Ⅷ附有一个演算实例）。

② 韩琦：《康熙帝之治术与“西学中源”说新论——〈御制三角形推算法论〉的成书及其背景》，第 2-4 页。另值得指出的是，康熙四十一年康熙南巡谈论测量话题的同时，李光地亦曾以梅文鼎《历学疑问》进呈御览，次年春蒙批点发还，此后梅氏《三角法举要》《弧三角举要》《堑堵测量》《环中黍尺》等此前多已成稿三角学著作集中在保定校订刊印，很可能与康熙关于三角的论说有关。

③ 陈厚耀：《召对纪言》，《陈氏家乘》卷 10，嘉庆庚午（1810 年）修成刊本，第 30 页。亦见陈传华：《左春坊左谕德显考曙峰公行述》，《陈氏家乘》卷 7，嘉庆庚午（1810 年）修成刊本，第 28 页。关于这两篇文献及其解读，参见韩琦：《陈厚耀〈召对纪言〉释证》，载汤一介等《文史新澜》，浙江古籍出版社 2003 年版，第 458-475 页；韩琦：《蒙养斋数学家陈厚耀的历算活动——基于〈陈氏家乘〉的新研究》，《自然科学史研究》，2014 年第 3 期，第 298-306 页。

④ 陈厚耀曾作《测量法义》一文，概论高远测量的基本原理与方法。

尚书黑硕色、侍郎揆叙分头钉桩，以记丈量之处。又于尽头处立黄伞，以为标准。上席地而坐，命皇太子测报仪器度数，回取纸褾方形仪盘，置于膝上，以尺度量，用针画记，朱笔点之，算毕，令从尽头处丈量至所插仪器处，其丈尺与所算之数吻合，随侍臣工无不称奇。[①]

康熙五十二年（1713年）万寿庆典之际，王鸿绪（1645—1723）呈献的礼物中有“西洋察量远近仪器一个”[②]，迎合了康熙对欧洲测量仪器的喜好。[③]康熙帝终其一生钟情于测量，反映出科技知识在皇权统治中的重要作用。

《测量高远仪器用法》是康熙时代宫廷编纂的测量学专著，该书以一种矩度与象限仪合一、分度与角度兼测的“仪器”为中心，系统解说其在各类实际场景中的用法，而旁及其他测量方法。该书的内容相较明季的介绍多有更新，充分体现了当时宫廷数学教育注重理解、偏向实用的特征。多方证据表明，该书应为安多参考其西文著作《数学纲要》的测量学内容并补充相关材料编纂而成，在康熙四十一年（1702年）大地每度里数测定后略加修订，和《比例规解》《八线表根》《地平线离地球（圆）面表》等著作一道，为后来全国大地测量提供了必备的知识基础。“测量高远仪器”也在舆地测绘中广泛施用，更以康熙“御制方矩象限仪”之名编入《皇朝礼器图说》[④]，成为国家仪制的组成部分。康熙五十二年蒙养斋开馆修书后，《测量高远仪器用法》亦有不少内容融入《数理精蕴》之中，这些知识的后续编纂与完善，尚值得进一步探讨。

附录

关于1702年12月在中国直隶进行的地球一度的测量[⑤]

中国的皇帝康熙曾经命人绘制了整个中国以及他辖下的鞑靼地区的地图，是中国人和鞑靼人用墨线绘制的。地图有不少谬误，皇帝想纠正过来，并且还想在图上增加原本没有的经纬度。之前皇帝曾经和南怀仁神父谈到过这个计划，后者建议他从中国地区入手。然而不久之后南怀仁神父就去世了，而且与厄鲁特部以及噶尔丹也爆发了非常艰险的战争。因此皇帝不再考虑实施这一计划，在接下来的几年之内，他只是埋头于学习数学。

噶尔丹死去、战争胜利之后，皇帝又重新考虑这个计划。他首先派遣了我会的两名神父去往西鞑靼，这一地区在其统治之下未遭战火侵袭。这一漫长艰苦的远征尽管曾使我们面临生命危险，但我们甘之若饴。这是一个极好的让我们走过这片人口稠密的辽阔土地的机会，似乎从未有过福音的宣讲。1698年5月24日，我们出发，三位管理西鞑靼藩王的理藩院高官同行。

---

① 《清代起居注册·康熙朝》（第19册），台北故宫博物院所藏，第10506-10507页。同日《实录》记载（《圣祖仁皇帝实录·卷245》（第6册），第431页）略同，但省去部分细节。

② 王原祁、王奕清纂修：《万寿盛典初集》卷59，康熙五十四至五十五年（1715—1716年）赵之垣刊本，第6页。

③ 关于此次庆典与康熙朝后期宫廷历算特别是蒙养斋算学馆成立的关系，参见Han Q, *1713: A Year of Significance*, lecture, REHSEIS, CNRS, Paris, https://www.academia.edu/8278554[2007-01-09].

④ 蒋溥等纂修：《皇朝礼器图式》卷3，乾隆乙卯年（1795年）刊本，第24页。

⑤ 吴旻据Bosmans H, “L'oeuvre scientifique d'Antoine Thomas de Namur, S. J.（1644—1709）”, *Annales de la société scientifique de Bruxelles*, tome 46, 1926, pp. 160-178译出。

六天行程之后，我们跨越了中国与鞑靼的分界线长城。再走了相同天数，这期间我们遇到了一些村庄以及零星的耕地。然而再往前走，我们就只看到鞑靼人的帐幕以及数量可观的牛羊。我们继续向北偏东方向前进，6 月 30 日，我们在一个名为贝尔（Puyr）的大湖前扎营。在这个湖与另一个名为呼伦（Colon）的大湖之间，各部藩王进行了七天的会盟。这里的北极星高度是 48°3′。我们继续向西行进，沿着游满鱼虾的克鲁伦（Kerlon）河，它穿过牧草丰饶的平原。走过 900 里（stade chinois），沿途一直在测算，每一里是 360 几何步（pas geometrique），我们扎起帐篷，而此地正是 1696 年皇帝扎营驻跸之处，也正是从这里噶尔丹溃逃出去。从这里开始，我们相继遇到了与此事相关的地方。我们最终告别了克鲁伦河，在 8 月 3 日抵达了土拉（Tula）河。我们扎营之处正是在同一年噶尔丹被皇帝的两支军队之一彻底击败的激战之处。当时整个地区荒无人烟。之前在此居住的鞑靼人不是被噶尔丹剿灭就是押往别处。土拉河，水质清澈、鱼虾丰满，它在树木青葱的群山环绕下令人心旷神怡的谷地流淌约 900 里之后流入鄂尔浑（Urgon）河的怀抱。它们的汇合点离厄鲁特城市什尔噶（Siriga）约 300 里。这个汇合点也是第二次藩王会盟的地点，厄鲁特部也过来参加。我们在 8 月 13 日到达此地，并测得北极星高度为 49°3′。几天之后，我的同伴张诚神父，一向身强体健，但这次不适已有几天，突然病重垂危。然而由于天主特殊的恩典，他出乎意料地坚持了下来。他由车子载回北京，最终性命无虞。（译者按：中间写他带了一本天主教的书，试图传教等，略）我们回程往中国地区走了另外一条路，并于 10 月 2 日到达，那是一个名为呼和浩特（Kuku-hoton）的小城西边，北极星高度 40°54′。从这里开始土地有了耕作的痕迹，我们可以看到一些村庄。10 月 10 日，我们从张家口入关至长城以南，再走了 5 天，我们于 10 月 15 日抵达北京。

皇帝不在宫中，正在由东鞑靼地区回京的路上。12 月 8 日我去迎接他。看到西鞑靼地区的图样之后，皇帝表示非常满意，并且计划来年去往东鞑靼地区的行程。他对我说："朕要你从朝鲜边境一直走到东海，然后沿着海岸走到日本的北方边境，那里与东鞑靼仅隔一道很窄的海峡。"这并未让我感到不快，我说明一下：我可以由此对这些地区有更好的认识，也许有一天会对本教有用。皇帝定下了我的出发日期并且发了旨意。但是之后发生了一些事件，服从肯定比牺牲要好。这一旅程被推迟了，之后就被取消了。这一年正值黄河泛滥，皇帝让人画下了堤坝的高度，以及黄河入海的路线，亲自研究治理的方法并且掌控整个事件。

而就在上文说到的那一天（译者按：注释里说是 12 月 8 日），皇帝满怀兴趣长时间看着西鞑靼地图。他发现纬度的距离与之前测量的不符，之前测量过的是从长城直至土拉河由南至北的开放平原。事实上，根据汤若望神父刊印的数学著作，一度相当于 250 里；而根据我们沿途的测算，一度则多数时候等于 200 里。皇帝询问产生差别的原因。我回答说一般中国的里都小于皇帝使用的标准里，比例是 4 至 5。而我自己经过鞑靼平原的时候，比较过北极星高度与官府测定的道路，一度最多也就等于皇家标准的 200 里。皇帝对这个理由表示满意。然而，他也看到良好观测带来的巨大益处，也懂得了为了得到好的观测效果，与一度相关的标准里数应该是确定不变的。为此，在几年以后，即 1702 年的 4 月 25 日，他下令测量准确的一度的距离长度，并且为了完成测量，选定了一块平整的地块，但却把测量的时间定在了秋末，是为了既不因测量影响了秋收使得百姓受损，也不因秋收影响了测量。

10月20日，按照惯例在鞑靼狩猎避暑三个月的皇帝回京，用于测量的仪器被呈至他面前。11月4日，他任命他的第三个儿子，人称皇三子来跟进此事并合作。皇帝曾经在几年间将自己所学亲自传授给他。王爷得益良多，并且成为一位敏锐的观测者与迅捷准确的计算者。当月14日，皇帝出发前往南京，巡视河工及遭遇黄河水患的地区。之后不久王爷就派出自己府里以及钦天监熟悉北京周边的人，寻找合适测量的平原。在200里方圆当中，都是平整的田地，但是长满林木。最后从霸州至交河，他们找到一块空地，平得像海面，一点起伏都没有，大约有200里。当图样拿回来的时候，我们商议了一下，把出发日期定在11月28日。

出发前一天，仪器都被运到王府。王爷的战俘将会负责第一天的搬运，之后会有沿途各府县的挑夫接替运输。为了保证测量的顺利进行，皇帝命令钦天监的满洲监正沿途负责。他带了7个手下监督运送的挑夫。同一道圣旨里，还下令6位其他部院的官员一同随行。他们将随时听命于我们。还有一位宫中的满洲官员赫世亨，他负责找到及征用一切必需品。他雇用了木匠与画工。上文所说的28日，我们离开北京向南行进。王爷第二天乘轿前来，带了大批随从。我们在第三日会合，在听过第二批派出确定情况的人员汇报之后，我们确定在霸州原定地点进行测量。

我们于12月1日抵达霸州，次日早晨，我们在县城东门靠近城门的地方，选择了一座田野当中很显眼的用石头砌成的古建筑作为标志，然后我们从那里开始测量子午线。下面是我们测量的方法：我们拿着一根很直的一里长（即360步长）的铁线。为了避免它偏离子午线，我们每隔120步打一个桩。这些桩都搁在三脚铁上，带有铰链，以便使它们取得并保持垂直状态。为了画出子午线，我们在每一里的前面都配置了最好的调整好的仪器，包括两架望远镜和一个长针罗盘，以便我们在旷野之中利用经过子午线的北极星这一绝佳方法来确定磁偏角。磁偏角度数是2°1/2，与北京一样，在整个测量过程中都没有变过。

我们用180根杆子（或是360中国步）测量第一里，与古罗马步相比就是16至15。然后再测下一里，直到所有的，遵循的是以下方法：在最远处的那根杆下，我们放一个十分精密的仪器，从一边向另一个方向瞄准，可以看到所有的桩都在一条直线上。然后这条直线延长至下一里，三个桩间隔120步。这些桩也放置得与前面的一样在一条直线上。由于这整片地区十分平整，因此仪器的横向的两端也都指向各桩。我们用来测量的铁线，就架在桩上，并且有大量的测量员看着，以防它跑偏。王爷以及随从在场，极大地提高了测量的速度。王爷长时间习惯于摆弄这些仪器，这是一位有着敏捷思维且有远见的年轻人。他用仪器进行观测，他下达的命令，他在各处有效地帮忙，都表明他坚决而带着极大热情地主导这件事。邻近府县的官员都来了，还有大批民众过来帮忙。我们还看到大批木匠待命，随时准备砍伐影响我们测量或是挡住视线的树木。在我的请求下，人们留下了大部分的果树。我们也放过了一些村庄。在整个子午线经过的区域，我们仅仅遇到了三个村庄，而且都是极小的，在这个人口稠密的国家，还是挺让人吃惊的。其中的两个村庄，子午线，即用来测量的铁线两次都经过了罕见低矮的房舍，屋顶是平的，可以在上面行走，并且很方便地安置仪器及桩子。这是测量经过第74里的事情。但是到了5里之外的第三个庄子，我们转了90度，向东一里，然后我们继续测量。最后，到第97里时，我们遇到了一个大湖，但是冰面尚未冻实。这一障碍使得我们不得不转回西面一里，回到我们最初测量的子午线延长线上。

但是，为了不把我们的时间都花在数学测量上，也可作为一个很好的目的。圣沙勿略日（12月3日，原注）由于恶劣天气的阻拦，我们停留在一个叫“苑家口”的大镇上。（……见了教徒做弥撒告解……）我们甚至和教友一起享用了王爷给我送来的宴席。王爷在家宴请了所有随同的官员，但是为了避免我在大雪里奔波，他就把给我的一份送了过来。（……各种传教士，带书去宣教……）

我们来到最平整的地段测量，到199里的时候，我们又遇到一条又宽又深的河，名叫“漳河”，我们就将之作为这次子午线测量的南端。我们在河边架起来一个30步的圭表，压在我们之前刻在另一块水平梁上的子午线上面。这两根水平梁与其他横断部分一起，组成一个大约一里见方的框，这是在北京就做好的。如指针形状竖立起来部分的顶端有一块大的薄铁片，用支撑物和挂钩牢牢固定起来。在方框之内靠近水平梁的地方，有一块扎了眼的铁板，洞眼的直径约半指宽，那里连接着一个由细青铜线挂着的重2法斤（livre）的青铜球。方框的四周用柱子支撑起来，非常稳定，完全不会在风中动摇。而水平梁，平放在子午线的方向，有两根撑杆支持，并且有铰链系统以确保它稳固及与地面平行。为了维持平衡状态，人们挖了两个槽盛放水银，其容量约为120法斤。为了更好地辨识从圭表顶部的小孔透过的阳光，王爷在他的帐篷前面支起了一块很大白色布幕，并且在上面留好了太阳光线通过的必要开口。尽管冬日的坏天气没有让这些精心的安排与准备完全成为幻影，但是结果多少还是不那么可靠。实际上，那天是12月17日，太阳达不到30度的高度。折射光线很亮，太阳光线却很弱，加之有一小股风总在使得吊挂轻轻震荡，尽管它根本没有暴露在风中。尽管做了很全面的准备，但是天体的中心经过的时候，太阳光线只是模糊地投射在子午线上。因此，尽管眼力很好的王爷声称并且确定清楚明白地看到了太阳光线经过了子午线，但是因为我并未清楚确实地看到，对于重复做了两次的这一观测，我留有疑义。

我决定应该更加确定北极星的高度。我用了一个很大的铁与铜精心制作并刻好刻度的象限仪，在北极星经过子午线时测量它的高度。在河边一个挡风的大帐篷里，我连着在三个晴朗的夜晚观测了北极星。

在子午线圈中的北极星高度是地平线上40°21′。

当我们回到我们测量距离最北端，也就是我们测量的起点之时，我们又往北测量了一里，这样测量的两端距离就达到200里，正如皇帝之前命令的那样。在那里，我们也像在南端一样架起一个圭表，遭遇了同样的失败，主要归咎于平整田野中的坏天气。尽管错谬实际上少而又少，但我还是怀疑这一测量。于是我仍然使用上文中提到的天文象限仪，确定北极星通过子午线的高度。经过两晚的观测，我确定其高度为地平线上41°22′30″。

这个象限仪不仅有孔，还有一架精密的望远镜，可以很方便很好地看到北极星。它可以读到至少10″的弧度。由于沿途府县官员的高度警惕，它被装在合适的盒子里由挑夫挑着，一路上没有任何损坏。因此对于在线的两端所作的两次及三次北极星观测，我们相信足够细致与准确，因为我们是非常小心地进行的，并且它们的结果也互相吻合。我们是按照下列方法解决一度经线长度的：

北端北极星高度	41°22′30″
南端北极星高度	40°21′00″
差	1°1′30″
南端折射超出北端折射的部分	2″
实际高度差	1°1′32″

因此，我们就得到 1°1′32″对应 200 里即 72 000 步，由于 1°约为 70 206 步，也就是说 1°为 195 里零 6 步。

值得注意的是，我们用同一个象限仪在南北两端测得的正午太阳高度，并将结果两相比较，得出的一度长度也基本相同，有时稍长，有时稍短，但是差异极小。而在南北两端用圭表所做的观测，可靠度稍逊，确实得出的结果要稍长。这至少说明，几次对于北极星经过子午线的仔细测量，其结果对于一度长度的估算产生的误差极小。它们是 12 月 15—17 日在南端以及 21、22 日在北端所作观测，当时的天气平静晴好。

用于测量的中国步的基准器是刻在大铁尺上的，上面刻有五步。现在它藏于宫中。正如我在前面讲过的，中国步与依据 Villalpando（著作）估算出的古罗马步之比为 16 比 15。因此可以推出一度之中有 74 886 罗马步。已知这一尺度，就很容易推及所有各个国家，只要知道各种度量衡之间的关系。

但是皇帝希望一度回到 200 里的长度，因为这个数字方便计算。因此我们之前用来测量的中国步的尺寸必须被缩短，其比例为 40 比 39。按照新的步数，一度就有 200 里或是 72 000 几何步；其中一秒为 20 步，一分为 1200 步。由此进行的计算非常简便，使用数表也更加简单快捷，不论是地平线与地圆线的间距，或是正割线超出半径的部分。

北京，1703 年 9 月 8 日。安多

（原载《中国科技史杂志》2019 年第 3 期；韩琦：中国科学院大学人文学院教授；
潘澍原：中国科学院自然科学史研究所助理研究员。）

关于秦汉计量单位石、桶的几个问题

邹大海

摘　要：本文进一步证明秦至汉初政府仓储部门曾采用一种特殊的计量制度——石的多值制：根据粟类谷子、稻类谷子、各种米，以及菽、荅、麦、麻等4个粮食类别，相应地用4个体积数据定义了同一单位名称——石。其中，粟、稻两类谷子之石由舂得一石初级米所需谷子的体积来定义。多值石制又衍生出完全对等的多值桶制。多值制中常数的设定与商品交换无关，而是服务于政府公务用粮的管理，可以减少计算量，方便量取，提高工作效率。由于受食者身份不同，多值制对几种精度不同的米之石（桶）采用同一标准而不是多个标准，这可以避免增加不必要的负担、影响工作效率。多值制仍过于复杂、容易混淆，导致它向大石、小石制度转变。大石、小石都有相应的容器，其使用各有侧重。大石、小石制比多值制应用范围扩大，后又向单一的斛制发展。10斗在这几种制度中居于核心位置。

关键词：计量单位多值制；大石、小石制；秦律；《数》；《算数书》

战国秦汉时代，石既作重量单位又作体积（容量）单位。虽然石作重量单位为120斤，鲜有争议，但它在具体文献中是作重量单位还是体积（容积）单位，有时不容易判断。至于石作为体积（容量）单位则相当复杂，又与其他单位如桶（甬）①、斛等交织在一起，所以多有见仁见智之处。本文将对关于睡虎地秦墓竹简《仓律》和张家山汉简《算数书·程禾》的不同解释进行考辨，对秦汉政府粮食管理部门中计量单位石的多值制做进一步论证，指出桶的多值制，分析多值制及其社会背景，论述多值制向大石、小石制的转变，并分析两种制度的特点。在论证时，我们将特别关注证据的效力。

一、对秦简《仓律》和汉简《算数书·程禾》的不同解读

睡虎地秦墓竹简《仓律》中有一条律文：

禾黍一石为粟十六斗大半斗，舂之为粝米一石；粝米一石为糳米九斗；糳米九斗为毁米八斗。稻禾一石为粟廿斗，舂为毁米十斗，十斗毁为粲米六斗大半斗。麦十斗，为䴬三

① “桶”在出土文献中一般作“甬”。为避免繁复，下文（含引文）中的异体字（如“糲”与“粝”）、通假字（如“毁”与“毇”、“甬”与“桶”、“叔”与“菽”、“采”与“菜”、“驷”与“四”、“毋”与“无”、“可”与“何”、“看”与“实”等）一般按通行字书写。

斗。麦、菽、荅、麻十五斗为一石。稟毇粺者，以十斗为石。①

张家山汉简《算数书·程禾》作：

程曰：禾黍一石为粟十六斗泰半斗，舂之为粝米一石，粝米一石为糳米九斗，糳米九斗为毇米八斗。　王

程曰：稻禾一石为粟廿斗，舂之为米十斗为毇，粲米六斗泰半斗。麦十斗，黐三斗。

程曰：麦、菽、荅、麻十五斗一石。稟毇糳者，以十斗为一石。②

彭浩先生提出两者文字"几乎完全相同"，《算数书·程禾》中三处"程曰""都是秦代的法律规定"③。两段文字都涉及单位石之数量标准，但学者们有不同的解读。

《算数书》整理小组（彭浩先生为主要整理者）认为"禾黍一石"和"稻禾一石"中的"石"为重量单位，等于120斤，禾黍为"未脱皮之粟"。④2006年，彭浩先生撰文从"禾"字的使用，说明《仓律》和《算数书·程禾》中"禾黍"与"稻禾"不是籽实，而分别是"带有秸秆的黍穗和稻穗，即从田间收割尚未脱粒的庄稼"，上述律文对禾黍和稻两类粮食从收割、脱粒到舂米的各个环节制定了标准。⑤

笔者起初也认为《算数书·程禾》中"禾黍一石"和"稻禾一石"的"石"是重量单位，后来则认为"禾"可以带秸秆，也可不带，而在这两条中属于后者，并进而主张石作为体积（容量）单位，一般指10斗，但在秦国至汉初政府仓储部门的事务中石具有特殊性，即根据不同的粮食种类有4个不同的标准（详后）。其中各种米，都以10斗（即石在一般意义下作为体积或容积单位的数量标准）为一石；粟类谷子、稻类谷子的一石，各以舂得一石（10斗）初级米所需的数量来定义；麦、菽、荅、麻同用15斗为一石的标准，有部分容重⑥的因素，也有避免标准过于繁多的因素。⑦后来又利用新公布的岳麓书院藏秦简，对这一观点做进一步的论证，并称为多值制。⑧

彭浩先生2012年发文⑨肯定了其前文的观点，并说岳麓书院藏秦简《数》所记"稻粟廿

① 邹大海：《关于〈算数书〉、秦律和上古粮米计量单位的几个问题》，《内蒙古师范大学学报（自然科学汉文版）》，2009年第38卷第5期。其校勘以下述文献为基础：睡虎地秦墓竹简整理小组：《睡虎地秦墓竹简》，文物出版社2001年版，第29-30页；邹大海：《从〈算数书〉和秦简看上古粮米的比率》，《自然科学史研究》，2003年第22卷第4期；彭浩：《睡虎地秦墓竹简〈仓律〉校读（一则）》，载北京大学考古文博学院：《考古学研究（六）》，科学出版社2006年版，第499-502页。

② 邹大海：《从〈算数书〉和秦简看上古粮米的比率》。其中"王"是校对者或抄写者的姓，与正文无关。

③ 彭浩：《中国最早的数学著作〈算数书〉》，《文物》，2000年第9期。

④ 张家山二四七号汉墓竹简整理小组：《张家山汉墓竹简[二四七号墓]》，文物出版社2001年版。

⑤ 彭浩：《睡虎地秦墓竹简〈仓律〉校读（一则）》。

⑥ 容重是粮食学的概念，"指单位容积中所容纳的粮粒的重量"，"用一规定的容器，量取相应体积的谷物样品，而后称重，再用重量除以体积即得该样品的容重"，"根据容重可以进行谷堆重量与体积的换算"。见周世英、钟丽玉：《粮食学与粮食化学》，中国商业出版社1986年版，第91-92页。

⑦ 邹大海：《关于〈算数书〉、秦律和上古粮米计量单位的几个问题》。

⑧ 邹大海：《从出土文献看秦汉计量单位石的变迁》，*RIMS Kôkyûroku Bessatsu B50: Study of the History of Mathematics August 27-30, 2012*, in Ogawa T, Research Institute for Mathematical Sciences, Kyoto University, 2014. 论文的主要观点曾以《对上古时代计量单位石的一些新考察》为题在第十三届国际东亚科学史会议（2011年7月25—29日，合肥，中国科学技术大学）上作报告。

⑨ 彭浩：《秦和西汉早期简牍中的粮食计量》，载中国文化遗产研究院：《出土文献研究》第十一辑，中西书局2012年版，第194-204页。

七斗六升重一石”“黍粟廿三斗六升重一石”[①]，分别多于《仓律》中一石（120 斤）稻禾、禾黍之籽实 20 斗、$16\frac{2}{3}$ 斗的部分是秸秆的重量。考虑到已经收割的带秸秆的庄稼（植株部分）除籽实、茎外，实际还有叶子，这一解释下文简称“带茎叶说”。

带茎叶说已见于张世超先生 2001 年的文章。针对《仓律》“禾黍一石”和“稻禾一石”，他把“禾黍”解释为“带梗谷类”，不限于黍。他还提出石原本为重量单位，一石重带茎叶的禾黍最后得到粝米 10 斗，使得石在战国中晚期的秦国由重量单位转变成表示 10 斗的容量单位。[②]此说下文简称“重石转容石说”，这是带茎叶说的前身。

2015 年，林力娜（Karine Chemla）、马彪教授合著的论文[③]一方面继承了张、彭二先生的带茎叶说，认为“禾黍一石”和“稻禾一石”分别指一石重刚收获未脱粒的禾黍类庄稼和一石重刚收获未脱粒的稻类庄稼；另一方面也认为对于不同类型的粮食（禾黍、稻、菽、荅、麦、麻等）和同一粮食的不同状态（粝米、粺米、毇米等），一石的数量有所不同。这与笔者主张的多值制相同。他们并提出“标准米”（standard husked grain）的名称，认为它把不同类型粮食之间的联系建立起来。这与笔者认为粟类谷子、稻类谷子的一石由舂得一石相应的米所需要的数量决定的观点也非常相似。但他们强调一石不同类别的粮食在价值上都与一石标准米相同，石已经是价值单位，而标准米一石是定义价值的核心。

二、带茎叶说和重石转容石说不成立

上述各家分歧的核心首先在于对《仓律》和《算数书·程禾》中“禾黍一石为粟十六斗大（或泰）半斗”“稻禾一石为粟廿斗”有不同的理解。张世超、彭浩、林力娜和马彪等先生对此持带茎叶说，认为两句中石为重量单位，意思分别是一石重的带茎叶的禾黍打下 $16\frac{2}{3}$ 斗谷子、一石重带茎叶的稻禾打下 20 斗谷子。笔者则认为两句的意思分别为：禾黍一石是指禾黍类谷子 $16\frac{2}{3}$ 斗、稻禾一石是指稻谷 20 斗。我们认为带茎叶说不成立。

前面提到彭文用秦简《数》记载一石重的黍谷、稻谷分别为 23.6 斗、27.6 斗，比《仓律》和《算数书·程禾》中“禾黍一石”对应的 $16\frac{2}{3}$ 斗、“稻禾一石”对应的 20 斗多一些，来证明带茎叶说。如果只是针对定性的情况——一石重黍谷的体积多于 $16\frac{2}{3}$ 斗、一石重稻谷的体积多于 20 斗，那么带茎叶说是说得过去的。但问题在于《数》和《仓律》及《算数书·程禾》提供的都是相当精确的定量数据，这恰好说明带茎叶说和重石转容石说成立的可能性很低。下面做一简单分析。

---

① 朱汉民、陈松长：《岳麓书院藏秦简（贰）》，上海辞书出版社 2011 年版，第 87-88 页。

② 张世超：《容量“石”的产生及相关问题》，载吉林大学古文字研究室：《古文字研究》（第 21 辑），中华书局 2001 年版，第 314-329 页。

③ Chemla K, Ma B, “How do the earliest known mathematical writings highlight the state’s management of grains in early imperial China”, *Archive for History of Exact Sciences*, Vol. 69, No.1, 2015.

石作为体积（容积）单位通常是10斗。[①]由禾黍或稻禾的谷子通过第一道工序舂出的初级米，都是最常见的米。首先，不论是一石重（120斤）带茎叶的禾黍打出的谷子恰好舂出10斗米，还是一石重带茎叶的稻禾打出的谷子恰好舂出10斗米，这些都没有正面或直接的证据。

不要说是在手工使用并不足够锋利的收割工具的2000多年前，就是今天使用机器收割，也做不到使收割下来的庄稼里所带茎叶和谷子的分量之比能比较恒定。所以，除非设定一个让重量1石带茎叶的禾黍或稻所打出的谷子能大体舂出10斗米的目标，通过在收割后的庄稼中选择、添减含茎叶多者或少者，或者割去一部分茎叶等方法来调整，否则古人很难做出这种特例来。但是，《仓律》和《算数书·程禾》作为政府仓储部门日常工作使用的法律标准，自然要具有普遍适用性。不论出土的汉简《算数书》、秦简《数》，还是传世的《九章算术》，都有大量算例基本上遵循同样的数量标准，这说明当时的仓储事务中经常使用这样的标准。[②]所以，这些材料决不能用特例来解释。不论是由一石重带茎叶的禾黍打下的谷子舂出的米，还是由一石重带茎叶的稻打下的谷子舂成的米，其数量变化的幅度都会很大，两者要同时达到相等的10斗的可能性微乎其微，可见重石转容石说成立的可能性很小。

退一步说，就算由一石重收割后带茎叶的两种庄稼打下的谷子，能分别舂出数量比较恒定的初级米，那么不论是哪一种，正好舂得10斗米都是很蹊跷的事。对于这样蹊跷的事件，即使按高概率假设其成立的可能性为1/2，两者同时成立的可能性就只有1/4。[③]这已经是小概率事件了。而如果按正常情况把它们当作蹊跷的事件，尽量按高概率事件对待，比方说每个事件成立的可能性为1/4，那么两者同时成立的可能性就只有1/16；如果每个事件按1/10的可能性（这在巧合事件中也不算低概率了）对待，则两个事件同时成立的可能性只有1/100。所以，带茎叶说的确是很难成立的。

此外，尽管从“石”这个字看，它首先作为重量单位、后来才作为体积（容量）单位的可能性比较大，但是它作为体积（容量）单位与10斗的桶的标准相同，所以不论是名为“桶”还是“石”，属于这一标准的体积（容量）单位比重量单位石晚的可能性也未必能达到50%[④]，毕竟度量一堆颗粒的体积比重量更容易些。

当然，重量单位石与容量（体积）单位石如果由同一出发点来定义，而且所涉及的数量关系好控制，是可以做到让两个单位对应的。但重石转容石说中相对应的带茎叶的庄稼与得到的米，其数量关系极不稳定，很难想象古人会用这种很不标准的方法来定义作为标准的单位。其实，《汉书·律历志》提供了一种数量关系的确定程度较高，可以同时确定长度、体积（容积）和重量单位的方法，正好与重石转容石说形成鲜明的对照：

---

① 比如汉简《算数书》、秦简《数》中的石多数为10斗，除粮食颗粒（如多种米、粟谷、田租等）外，还用来度量刍、稿、炭、盐等。见邹大海：《从出土文献看秦汉计量单位石的变迁》。

② 《算数书》《数》中有一些其他的程，其数量标准有变化，属于另一种类型。

③ 按概率乘法法则：若两个独立事件发生的概率分别为A、B，则它们同时发生的概率为AB。

④ 《史记》说公元前4世纪中叶商鞅变法时“为田开阡陌封疆，而赋税平。平斗桶权衡丈尺”（司马迁：《史记》，中华书局1959年版，第2232页），提到“桶”，未提到“石”。《吕氏春秋·仲春纪·仲春》说：“日夜分，则同度量，钧衡石，角斗桶，正权概。”同书《仲秋》也说：“……正钧石，齐斗桶。”（张双棣等译注：《吕氏春秋译注》（上册），吉林文史出版社1986年版，第32、206页。）既提到“桶”又提到“石”。就笔者所知，商鞅的时代比石用作容量单位的已知文献要早些。另外，在现存文献中用体积单位来描述物品的具体数量时，使用“桶”的用例很少，用“石”字的反而很多。可能在秦统一前后，容量单位“石”已经取代“桶”成为主流名称，但相应的容器主要还称为“桶”。不过，这尚需进一步的证据。

> 度者，分、寸、尺、丈、引也，所以度长短也。本起黄钟之长。以子谷秬黍中者，一黍之广，度之九十分，黄钟之长。一为一分，十分为寸，十寸为尺，十尺为丈，十丈为引，而五度审矣。……量者，龠、合、升、斗、斛也，所以量多少也。本起于黄钟之龠，用度数审其容，以子谷秬黍中者千有二百实其龠，以井水准其概。合龠为合，十合为升，十升为斗，十斗为斛，而五量嘉矣。……权者，铢、两、斤、钧、石也，所以称物平施，知轻重也。本起于黄钟之重。一龠容千二百黍，重十二铢，两之为两。二十四铢为两。十六两为斤。三十斤为钧。四钧为石。①

上文采用音律和度量衡联系的思想，以同一种实物“子谷秬黍中者”（中等大小的黑黍谷子）的量度为基础来定义长度单位、体积（容积）单位和重量单位。一颗这样的黍谷的长度为一分，再按十进依次规定寸、尺、丈、引等长度单位。用1200颗这样的黍谷放在水平容器内，其在容器内所占的体积②规定为龠，2龠定义为合，然后按十进依次定义升、斗、斛，可以算出一斛等于2 400 000颗黍谷堆在一起的体积。与体积（容积）单位的定义相同，重量单位也用1200颗黍谷，只是把其重量定义为12铢（100颗黍谷重一铢），再加倍定义为两，16两定义为斤，30斤定义为钧，4钧定义为石，可以算出一石等于4 608 000颗黍谷的重量。这里定义度量单位时所采用的基准（一颗黍谷的长度定义为分、1200颗黍谷的重量和在容器内所占的体积分别定义为12铢和一龠）中，尽管中等黍谷的大小也会有一个微小的变化范围，但这种方法的确定性远非重石转容石说可比。

张、彭二先生曾提出一些证据证明“禾”是带茎叶的。③如果“禾”一定带茎叶，那就意味着上述条件下的小概率事件就是已经发生的事实。但笔者提出证据证明“禾”可以是带茎叶的，也可以是不带茎叶的。④后来彭浩先生也承认有的地方“禾”也可以是不带茎叶的粟⑤。下面再做一个分析。

首先，如果“禾”是带茎叶的，那么虽然“稻禾一石”可以理解为“一石带茎叶的稻”，但“禾黍一石”要理解为“一石带茎叶的黍”就应该把“禾黍”改为“黍禾”。可是原文作“禾黍”而不作“黍禾”。这是直接的内证。

其次，有的简牍中“禾”只能是不带茎叶的谷子，比如秦简《数》中简C410106+1193+1519说：

> 一牛一羊一犊共食（以）[人]禾一石，问牛、羊、犊各出几何？曰：牛五斗有七分斗之五，▨▨羊出二斗有七分斗之六，犊出一斗有七分斗 之三▨羊直三〈二〉，犊直一而并之，凡求□▨。⑥

由答案中牛、羊、犊所出禾之和，可知题设中“禾一石”只能是“禾十斗”而非“禾重一石”。

---

① 班固：《汉书》，中华书局1962年版，第966-970页。

② 粮食颗粒之间存在缝隙，除非有特殊的需要，我们暂不考虑。古人一般情况下也是不考虑的。

③ 张世超：《容量“石”的产生及相关问题》；彭浩：《睡虎地秦墓竹简〈仓律〉校读（一则）》。

④ 邹大海：《关于〈算数书〉、秦律和上古粮米计量单位的几个问题》。

⑤ 彭浩：《秦和西汉早期简牍中的粮食计量》。

⑥ 朱汉民、陈松长：《岳麓书院藏秦简（贰）》，第97页。首句简左侧残去一小片，“共食以禾”的“以”现存字迹作，不能断定是“以”字，从上下文看，当释为“人”，今校正。

答案中带有“七分斗之三”这样的小数量，如果是带茎叶的禾，那显然不好用容器来量取。所以这里的“禾”只能是不带有茎叶的禾谷。

又如《数》简 0809+0802 说到“禾”舂为米，并错误地按“禾”一石为 10 斗计算，说明其中的“禾”只能是禾谷，而不会是带茎叶的禾。①

既然“禾”可以带茎叶又可以不带茎叶，那么“禾”字的使用就谈不上是支持带茎叶说，更不会支持重石转容石说了。因此，基于很小概率的带茎叶说和重石转容石说的确是很难成立的。

带茎叶说和重石转容石说还存在两个问题。一个是在秦至汉初政府仓储部门关于粮米计量中，用到了粟类谷子一桶（石）为 $16\frac{2}{3}$ 斗②、稻谷一桶（石）为 20 斗（详后）这两个不同于一般以 10 斗为一石的标准，如果“禾黍一石”与“稻禾一石”的“石”是重量单位，那么定义了不同种类型粮米一石标准的《仓律》和《算数书·程禾》却偏偏没有这两个数量特殊的标准，这无论如何都是很反常的事。另一个问题是：在《仓律》与《算数书·程禾》中其他几处“石”都是指体积，并用“麦、菽、荅、麻十五斗为一石。禀毇粺者，以十斗为石”“麦、菽、荅、麻十五斗一石。禀毇糳者，以十斗为一石”一类句式定义石的两种体积标准，带茎叶说和重石转容石说则偏偏把“禾黍一石”“稻禾一石”中的“石”按重量理解，这也是很奇怪的事。这两个问题也说明带茎叶说和重石转容石说是不合理的，与上面关于两说成立的可能性的分析相一致。

因此，将“禾黍一石”“稻禾一石”中的“石”视为体积单位，将两句分别理解对两类粮食的谷子按体积定义一石的数量标准，这才是很自然的。

三、石、桶的多值制

前面说到笔者曾提出秦汉政府采用了一种石的多值制，本文仍坚持这一观点，在此再稍做申论，之后将讨论尚未讨论过的桶的多值制。

“禾”字可以指粟这种粮食作物或粟、黍这类粮食作物，也可以指包括稻在内的一大类粮食作物（“稷”“粢”“黍”“稻”等字皆从禾），还可指收割后尚未打下谷子的植株部分，甚至可以指禾的谷子。在《仓律》和《算数书·程禾》中，“禾黍”和“稻禾”只是粮食的类别，而没有标明其是否带有茎叶。我们判断“禾黍一石”是指禾（粟）或黍的谷子一石，“稻禾一石”是指稻这种粮食作物的谷子一石，依据的不是“稻禾”二字的使用而是后面“为粟多少斗”③的用法。我们认为，《仓律》和《算数书·程禾》含有以下意思。

秦律规定同一个计量单位名称“石”，根据不同的粮食类型，采用四种不同数量的体积（容

---

① 显然 10 斗禾不可能舂出 10 斗米，这是作者把“禾，此一石”中本该为 $16\frac{2}{3}$ 斗的石误解为 10 斗的石造成的。见邹大海：《从出土文献看秦汉计量单位石的变迁》。第五节还将讨论这一材料，引文详见该节。

② 邹大海：《从出土文献看秦汉计量单位石的变迁》。

③ 粟可指粟谷、稻谷等谷子。参考邹大海：《从〈算数书〉和秦简看上古粮米的比率》。清桂馥已注意到这点，见桂馥：《说文解字义证》，上海古籍出版社 1987 年版，第 618、623 页。

积)[①]标准:①粟类(禾、稷、粢、黍等)谷子之石定义为$16\frac{2}{3}$斗;②稻类谷子之石定义为20斗;③由粟类谷子和稻类谷子舂成的各种米,不论何种精度等级,都定义一石为10斗;④菽、荅、麦、麻之石都定义为15斗。这里,各种米之石,都采用10斗为一石的一般标准。

粟类和稻类的谷子之石,都按舂出10斗(一石)初级米所需要的谷子数量来定义。这个标准既和实际的出米率有关,也带有理想成分。稻谷之石定义为20斗,不仅是整数而且是整十,容易计算,这还好理解。粟类谷子之石定义为$16\frac{2}{3}$斗,精确到$\frac{1}{3}$斗,实际中舂出一石米所需的谷子恐怕难以稳定在误差小于$\frac{1}{3}$斗的水平上。这可能是因为按这个标准,出米率为3/5,颇便计算。正是因为带有理想化的成分,所以出土算书中有一些关于计算"益禾"或"益粟"的问题,以应付谷子质量不理想的情况。

桶是斗之上的体积(容积)单位,以前所知都是10斗,与石通常表示10斗相同。既然有石作体积(容积)单位的多值制,按理也应有桶的多值制。在秦简《数》中,我们果然发现了它。

(1)2066号简:"☑粢一石十六斗大半斗⌞。稻一石☑。"

(2)0918+0882+C100102简:"☑〔粢〕桶少稻石三斗少半斗。☑粢桶六之,五而得一□有(又)□□☑☑得一☑以稻桶求。"[②]

粢是粟。(2)说粢桶比稻石少$3\frac{1}{3}$斗,而稻石为20斗,那么粢桶就是$16\frac{2}{3}$斗;同时(1)又明说粢一石为$16\frac{2}{3}$斗,可见粢桶等于粢石,与多值石制的禾黍之石相同。(2)又说到"以稻桶求☑",可见针对稻也有相应的桶。因此,我们推论,前面说的多值石制,其实有时也用"桶"代替"石",成为多值桶制。不过,在现存材料中,多值石制比较常见而多值桶制很少见。后者应该比前者晚,是否具有临时的性质,尚不得而知。

---

① 彭浩先生批评笔者把"容量单位(石、斗、升)与体积单位(立方丈、尺、寸)混同",与《数》"稻粟三尺二寸五分寸二一石,麦二尺四寸一石"不合,"两者单位不同"。见彭浩:《秦和西汉早期简牍中的粮食计量》,彭浩:《谈秦简〈数〉117简的"般"及相关问题》,《简帛》(第八辑),上海古籍出版社2013年版,第269-272页。其实,容积是"容器或其他能容纳物质的物体的内部体积","容积的大小叫做容量"。见中国社会科学院语言研究所词典编辑室:《现代汉语词典》(第5版),商务印书馆2005年版,第1154页。容积用体积定义,其本质就是体积,只是针对物体的内部空间而已。石、斗、升作为容量单位,当然也是体积单位。数量"*A*石*B*斗*C*升",如果是指粮食则是体积;如果是指容器的容量则是容积,亦即容器内部空间的体积。一定量的液体、粮米等都占有一定的空间,自然有其体积,但因为其形状往往不规则而不好计算,所以要放到有刻度的容器内,或利用标准容器来度量其体积,利用容器的容积来确定其体积。"稻粟三尺二寸五分寸二一石,麦二尺四寸【十分寸之三】一石"(原文脱"十分寸之三",当补。详见邹大海:《从出土文献看秦汉计量单位石的变迁》)意思是稻谷一石按"三尺二寸五分寸二"(相当于底为1尺见方的正方形、高为3尺$2\frac{2}{5}$寸的长方体的体积,等于3240立方寸)的体积计算,麦一石按"二尺四寸十分寸之三"(相当于底为1尺见方的正方形、高为2尺$4\frac{3}{10}$寸的长方体的体积,等于2430立方寸)的体积计算,这一描述本身就体现了石作为体积单位的性质。说粮食"*A*石*B*斗*C*升",显然不是指粮食所包围空间的大小,而是指粮堆的体积而非容积。但是由于要用容器量度才便于知晓粮食的多少,有人不严格地把粮食的体积称为容积或容量,在不致引起误会的时候也不必计较。反之,说一个容器内部空间的体积为"*B*立方尺*C*立方寸",同样意味着该容器的容积为"*B*立方尺*C*立方寸",立方尺、立方寸等体积单位照样可以作容积单位。当然,单位的使用有其习惯,石、斗、升等通常作为流体、小颗粒物、粉末的体积单位以及容器的容积单位,而不作为一般立体、堤坝等的体积单位,甚至也不用来描述壕沟、水渠、水库等的容积(尽管要用也没什么错)。

② 朱汉民、陈松长:《岳麓书院藏秦简(贰)》,第90页。

桶不仅仅是容量（体积）单位而且用作量器的名称。既然有稻桶、粢桶之别，则理应各有相应的量器。刘徽在注《九章算术·商功》中粟、米及菽荅麦麻一斛的不同体积标准时说“……故谓此三器为概，而不等于今斛”①，认为这3个数量标准的斛各有相应的量器。《九章算术》中的这几处“斛”其实是将“石”（或“桶”）替换而来的②，因此刘徽的说法提供了不同标准的单位石具有相应量器的一个间接证据。无论如何，米石是通常的石，自然有其量器，在早期应该就是常用的桶。稻石为通常石的2倍，可以通过量两次来实现，也许有其量器，可能就如上引秦简（2）称为稻桶（容20斗），但未能完全肯定。菽、荅、麦、麻之石为15斗，也不能完全肯定是否有对应的量器。不过，稻桶为平常桶的2倍，量取时只需用平常的桶加倍即可，不会增加多少计算量；菽、荅、麦、麻之桶为平常桶的1倍半，稍微麻烦一点，增加的计算量也不很多，心算稍好的人亦可较快算出。最麻烦的是禾黍之桶是平常桶的$1\frac{2}{3}$倍，计算起来比较麻烦。幸运的是，禾黍之桶确实存在实物证据。

内蒙古赤峰蜘蛛山出土了4件形状大小相近的破碎陶量，其中编号T3②：10、T3①：2的两件腹壁有秦始皇二十六年（公元前221年）诏书（字有残损），前者经复原后的容量为31 100毫升，按秦一升为200毫升计算相当于15斗5升半。编号T3②：22的陶量近口处刻有“十六斗黍半斗”，编号T3②：21的陶量近口处刻有“……六斗大半斗”。针对含有分数的刻文，考古报告整理者认为“在陶量出窑后再实测容量刻于器上，因此容量也不一定是整数，还特别标明是用黍测其容量的”③。张世超先生认为这些容器的容积为$16\frac{2}{3}$斗，T3②：22上整理者释为“黍”的字作“■”，当释为“桼”，是“泰”字的源头。④确实，此字上部不作禾，不能释为“黍”，而且刻文“十六斗■半斗”中“■”字夹在“十六斗”和“半斗”两个数量之间，要说刻文是标明用黍测容量，是非常勉强的，刻文就是一个而不是两个数量。另外，张先生认为T3②：21的刻文原本为“十六斗大半斗”，也是正确的，因为正好与T3②：22相印证。那件经复原的陶量T3②：10，后来的实测为32 000毫升，相当于16斗⑤，考虑到误差，结合其他两件陶量的刻文，可以肯定这几件陶器是按$16\frac{2}{3}$斗设定的，这就是多值制中禾黍之石的容器。

四、石、桶的多值制与现实需要

（一）多值制与等值观念和商品交换无关

《仓律》和《算数书·程禾》是表现多值制的核心材料，《九章算术·粟米》开头列出的冠以“粟米之法”的粮食换算常数表也与它们密切相关：

---

① 郭书春汇校：《汇校九章算术》（增补版），辽宁教育出版社2004年版，第191页。

② 邹大海：《从出土文献看秦汉计量单位石的变迁》。

③ 徐光冀：《赤峰蜘蛛山遗址的发掘》，《考古学报》，1979年第2期，第215-243页。

④ 张世超：《容量“石”的产生及相关问题》。亦有把“桼”作为“泰”的异体字者，见《异体字字典》网络版，http://yitizi.guoxuedashi.com/yitia/fra/fra02184.htm。

⑤ 丘光明：《中国历代度量衡考》，科学出版社1992年版，第200页。

粟米之法：

粟率五十	粝米三十
粺米二十七	糳米二十四
御米二十一	小䵂十三半
大䵂五十四	粝饭七十五
粺饭五十四	糳饭四十八
御饭四十二	菽、荅、麻、麦各四十五
稻六十	豉六十三
飧九十	熟菽一百三半
糵一百七十五[①]	

这张常数表贯彻于《九章算术》全书。

钱宝琮先生认为此表列举粮食互换的比率，“价格都相等”[②]。李继闵[③]、沈康身[④]、郭书春[⑤]等先生也都认为它与商业交换有关。那么林力娜、马彪在承认石的多值制的同时，又认为其标准的制定基于各类粮米的价值都等于一石初级米的价值，石已成为价值单位，就是很自然的想法了。如何论证这个想法呢？两位学者提供了源于唐代李淳风为《晋书》和《隋书》所撰的《律历志》作为直接的证据。[⑥]李氏用价值相等解释了《九章算术·商功》的几个问题中为什么同为一斛，针对粟、米和菽、荅、麻、麦采用 3 个不同的数量标准。

《隋书·律历志》说：

> 《九章·商功法》程粟一斛，积二千七百寸。米一斛，积一千六百二十寸；菽、荅、麻、麦一斛，积二千四百三十寸。此据精粗为率，使价齐而不等其器之积寸也。以米斛为正，则同于《汉志》。[⑦]

《晋书·律历志》也有非常接近的话，只是在“积一千六百二十寸”中“十”后衍“七”字。[⑧]李淳风把《九章算术·商功》第 23—25、27—28 题 5 个问题中斛的特殊用法——同是一斛，在粟为 2700 立方寸，在米为 1620 立方寸，在菽荅麦麻为 2430 立方寸[⑨]，解释为要使不同的粮食价值相同就需要采用数量不同的体积标准。

如果此说出自秦汉之际或更早，那肯定是有力的证据。但李淳风去古已有 800 年以上，其说法作为证据就大打折扣。至于他“以米斛为正”，也只是认为《九章算术·商功》给了 3 种斛的数量，不便都用作通用的标准，而应该用其中米的斛作为通用的标准。《汉书·律历志》

① 郭书春：《汇校九章算术》（增补版），辽宁教育出版社、台湾九章出版社 2004 年版，第 69 页。

② 钱宝琮：《中国数学史》，科学出版社 1982 年版，第 37 页。

③ 李继闵：《东方数学典籍〈九章算术〉及其刘徽注研究》，陕西人民教育出版社 1990 年版，第 11 页。

④ 沈康身：《〈九章算术〉导读》，湖北教育出版社 1997 年版，第 189 页。

⑤ 郭书春：《古代世界数学泰斗刘徽》，山东科学技术出版社 2013 年版，第 85 页。

⑥ 《旧唐书·李淳风传》说他“预撰《晋书》及《五代史》，其《天文》、《律历》、《五行》志皆淳风所作也”（刘昫等：《旧唐书》，中华书局 1975 年版，第 2718 页），所以学界认为《晋书》和《隋书》的《律历志》为李淳风所作。

⑦ 房玄龄、令狐德棻：《隋书》，中华书局 1973 年版，第 409 页。

⑧ 房玄龄等：《晋书》，中华书局 1974 年版，第 492 页。

⑨ 这三个数据分别等于多值制中禾黍、各种米和菽荅麻麦之石的标准。

只有一个标准（与米斛相同），所以他后面说“则同于《汉志》”。从上引《律历志》的上下文看，李淳风没有再涉及斛的其他标准，他并没有表达在用“米斛”作为“正”标准的情况下，通过与“标准米”价值相等来定义其他种类粮食的斛之标准的意思。

所以，石为价值单位说是一个尚未证明的假说。当然，未经证明的假说也不见得就不成立。这需要看有没有反证。经过全面的考察，我们发现有几个方面的反证足以证明这个假说不成立。

首先看《仓律》和《算数书·程禾》提供的内证。律文在开头说禾黍1石（$16\frac{2}{3}$斗）舂之为粝米1石（10斗）。显然，1石谷子比1石粝米会多出皮壳，这些皮壳（舂下来后叫糠）当然是有价值的，而加工本身也是有价值的，如果两项价值能抵消的话，可以认为禾黍一石与粝米一石价值相等。但律文接着说：粝米1石（10斗）加工成糳米9斗，糳米9斗加工成毇米8斗，如果假设较粗糙的米多出的碎屑部分的价值正好能抵消较精细的米高出较粗糙的米之价值，那么可以认为在价值上1石（10斗）粝米=9斗糳米=8斗毇米。这样一来，如果石是价值单位的话，那么糳米、毇米一石的标准应分别降为9斗、8斗。可是与此背道而驰是的，《仓律》说“稟毇粺者，以十斗为一石”；《算数书·程禾》也说“稟毇糳者，以十斗为一石”，除了“粺”换成了“糳”（粺与糳是同一精度禾黍之米的不同名称），后者与前者完全相同。也就是说，粺（糳）米和毇米之石都原封不动地保持着粝米的标准。

那么，要维持石为价值单位，就只能假定10斗的粝米、糳米、毇米以及15斗的菽、荅、麦、麻的价值都相等。但这没有证据，也违背常理：加工越精细，费功费力越多，同样体积（10斗）不同精度的米具有相同的价值，这说不过去。当然，常理上说不过去的事，也可能真的发生。那是否如此呢？

睡虎地秦墓竹简《法律问答》说：

> 有稟菽、麦，当出未出，即出禾以当菽、麦，菽、麦价贱禾贵，其论何也？当赀一甲。[①]

如果石是价值单位，那么按《仓律》和《算数书·程禾》，菽、麦只要15斗就值1石，而禾则多达$16\frac{2}{3}$斗才值1石，那么禾自然要便宜些。可是秦简却反过来说“菽、麦价贱禾贵”，甚至还说如果应该发放菽、麦而没有发放，或者应发放（便宜的）菽、麦却错误地发放成了（贵的）禾[②]，则要对责任人罚一副铠甲。照此看来，禾比菽、麦贵并不是一种偶然的现象。

后面我们将谈到，睡虎地秦律和张家山汉简《传食律》都有传驿供给食物的规定，说明传驿接待中针对受食者地位高低的差别，提供不同的食物种类、数量。吃粺米者比吃粝米者地位高些。据此，若要论价值，古人也只会认为10斗粺米比10斗粝米价值高，而不会认为两者价值都等于1石。

还有一个用来说明石是价值单位的证据是用“多少石”表示俸禄（薪资）的数量来给官员定品秩。诚然，这一表示法没有具体说出是“多少石”什么东西，这似乎暗示着其中的石是抽象的价值单位。但如果是这样，那么用石表示的两个俸禄品秩，应与其俸禄数量成比例，比如

---

① 睡虎地秦墓竹简整理小组：《睡虎地秦墓竹简》，第129页。

② 这段引文中的禾、麦、豆都不会包括茎叶，否则无法核定其价格。

2000 石官员的俸禄是 1000 石官员的 2 倍。[①]但在所知史料中，并无这种比例关系。如《汉书·百官公卿表》颜师古注云：

> 汉制，三公号称万石，其俸月各三百五十斛谷。其称中二千石者月各百八十斛，二千石者百二十斛，比二千石者百斛，千石者九十斛，比千石者八十斛，六百石者七十斛，比六百石者六十斛，四百石者五十斛，比四百石者四十五斛，三百石者四十斛，比三百石者三十七斛，二百石者三十斛，比二百石者二十七斛，一百石者十六斛。[②]

根据上述记载，不要说年俸总数与品秩所标称的石数不相等，就是品秩的石数与俸禄数之间也毫不成比例[③]。特别是不少品秩名称中的"多少石"之前还有"中""比"等限定词，同样是"A 石"，而相应的俸禄却各不相同（如中 2000 石、2000 石和比 2000 石的月俸比为 18：12：10，前者比后者竟高 80%）。虽然颜氏所注未必符合早先的实际，但至少给石为价值单位说提供的不是正面而是反面的证据。实际上，即使当初定品秩时完全按品秩名中的石数给予俸禄，也只是按粟类谷子的石数来核定俸禄的多少，谈不上石本身成为价值单位[④]。

所以，无论内证还是外证，都证明用石为价值单位来理解《仓律》和《算数书·程禾》对石的规定，是行不通的。

上面的证据，特别是《法律问答》证明禾谷比菽、麦贵，与《仓律》《算数书·程禾》建立的多值制中之数据相反这一事实，也说明《仓律》和《算数书·程禾》以及《九章算术》中"粟米之法"，都与商业交换无关。

（二）多值制标准的现实背景

前面提到，《仓律》和《算数书·程禾》规定了四种数据的石，但针对不同精度的米，却一致采用常规的 10 斗一石之标准。这是为什么呢？

睡虎地秦墓竹简《传食律》云：

> 御史卒人使者，食粺米半斗，酱四分升一，菜羹，给之韭葱。其有爵者，自官士大夫以上，爵食之。使者之从者，食粝米半斗；仆，少半斗。传食律
>
> 不更以下到谋人，粺米一斗，酱半升，菜羹，刍稿各半石。宦奄如不更。传食律
>
> 上造以下到官佐、史无爵者，及卜、史、司御、寺、府，粝米一斗，有菜羹，盐廿二分升二。传食律[⑤]

律文表明，在传驿接待中，御史卒人使者比其从者的地位要高，前者吃粺米，后者吃粝米。谋人到不更，比上造以下有爵者及无爵者的地位要高，前者吃粺米，后者吃粝米。可见，在秦

---

① 官员的收入还包括其他封赏，这里暂不考虑。

② （汉）班固：《汉书》，中华书局 1983 年标点本，第 721 页。

③ 比如 2000 石和 1000 石，前者品秩的石数是后者的 2 倍，但俸禄只有后者的 $1\frac{1}{3}$ 倍。

④ 前面关于菽、麦比禾便宜，粝、糳、毁米都以 10 斗为 1 石，以及不同地位的人分配不同种类粮食的讨论，也同样适用于反驳官员品秩中石为价值单位的说法。

⑤ 睡虎地秦墓竹简整理小组：《睡虎地秦墓竹简》，第 60 页。

国或秦代的传驿接待中，针对受食者地位高低的差别，提供不同的食物种类、数量；较粗的粝米供给地位相对较低的人，较精的粺米供给地位相对较高的人。这一做法在汉初也有体现。

张家山汉简《二年律令·传食律》亦云：

> 丞相、御史及诸二千石官使人，若遣吏、新为官及属尉、佐以上征若迁徙者，及军吏、县道有尤急言变事，皆得为传食。车大夫粺米半斗，参食，从者粝米，皆给草具。车大夫酱四分升一，盐及从者，人各廿二分升一。食马如律，禾之比乘传者马。使者非有事，其县道界中也，皆毋过再食。其有事焉，留过十日者，禀米令自炊。①

上引汉律的内容与上引秦律不同，但仍说明按地位高低提供不同种类别食物的做法在汉初传驿系统中仍然存在，也表现出享用粺米者的身份仍比享用粝米者的身份要高的规矩。

不光传驿系统的接待中如此，在汉代皇帝的赏赐中也体现这种特点。张家山汉简《二年律令·赐律》亦云：

> 赐不为吏及宦皇帝者，关内侯以上比二千石，卿比千石，五大夫比八百石，公乘比六百石，公大夫、官大夫比五百石，大夫比三百石，不更比有秩，簪裹比斗食，上造、公士比佐史。毋爵者，饭一斗、肉五斤、酒大半斗、酱少半升。司寇、徒隶，饭一斗、肉三斤、酒少半斗、酱廿分升一。
>
> 吏官卑而爵高，以宦皇帝者爵比赐之。
>
> 赐公主比二千石。
>
> 御史比六百石，相☐
>
> 赐吏酒食，率秩百石而肉十二斤、酒一斗，斗食；令史肉十斤，佐史八斤，酒七升。
>
> 二千石吏食糳、粲、糯各一盛，醯、酱各二升，芥一升。
>
> 千石吏至六百石，食二盛，醯、酱各一升。
>
> 五百石以下，食一盛，酱半升。
>
> 食一盛用米九升。
>
> 赐吏六百石以上以上尊，五百石以下以下尊，毋爵以和酒。
>
> 赐酒者勿予食。②

《赐律》说明给予赏赐时，什么职位、地位和什么品秩相当，分别采取什么样的数量和种类的标准。这与《传食律》中根据身份不同供应给不同类别的粮食和物资是相似的。在“二千石吏食糳、粲、糯各一盛，醯、酱各二升，芥一升”中，糳与粺是同一种精度的粟类米，粲是精稻米，糯可能是糯，口感很好的黏稻。地位很高的二千石官吏得到的食物赏赐就是这类较高级的东西。

《传食律》和《赐律》都说明，至少《仓律》和《算数书·程禾》中对粮食精度的区分，在于供应不同的身份和地位的受食者，地位高的人吃精度高的米。多值石制中一石不同粮食采用了四种数量标准，那么为什么针对不同精度的米都采用10斗一石的标准呢？

---

① 张家山二四七号汉墓竹简整理小组：《张家山汉墓竹简[二四七号墓]》，第164-165页。

② 张家山二四七号汉墓竹简整理小组：《张家山汉墓竹简[二四七号墓]》，第173-174页。

如果各种精度的米之石不采用同一标准，那么米的标准将有10斗一石（粟类的粝米、稻类的毇米）、9斗一石（粟类的粺米或称糳米）、8斗一石（粟类的毇米）、$6\frac{2}{3}$斗（稻类的粲米）四种，多出三种标准。记住和使用这些标准，将会增加很大的负担。由于不同精度的米受食者的身份不同，一般情况下不存在用这种精度的米代替那种精度的米这类问题，所以多增加3个数量标准起不到减少换算工作量的作用，却会导致增加三种标准的量具，同时凭空增加斗数换算成石数的工作量。例如，假设某传驿在17天内平均接待不更以下到谋人及宦奄共7人，那么需要调拨的粺米数为1斗×17×7=119斗。量取119斗粺米，如果用9斗一石的粺米之桶来量取，则要先用9除119斗化为13石2斗，然后用粺米的桶量13石，再用斗量2斗。这比用平常10斗一石的标准（马上就知道119斗是11石9斗），反而多了很多麻烦。所以，在不同精度的米供应给不同身份的人的情况下，古人都采用通常的10斗作为各种精度的米之石的标准，实为明智之举。否则不仅没有便利，反而会增加管理者的执行难度，降低工作效率。

《仓律》和《算数书·程禾》属于政府仓储部门的规定，说明这是针对公务用粮或向由政府管理的人员供粮而设置的。尽管其细节我们知之不多，但上引秦汉《传食律》和汉初《赐律》说明，在政府仓储部门的公务中，粮食的供给种类、数量与受食者的类型挂钩。

政府仓储部门管理的粮食数量是巨大的，如睡虎地秦墓竹简《仓律》提到县级单位收入仓库的粮食就按万石一堆存放，而首都咸阳仓库竟达10万石一堆：

> 入禾仓，万石一积而比黎之为户。县啬夫若丞及仓、乡相杂以印之，而遗仓啬夫及离邑仓佐主稟者各一户以饩，自封印，皆辄出，余之索而更为发户。……入禾未盈万石而欲增积焉，其前入者是增积，可也……万石之积及未盈万石而被出者，毋敢增积。栎阳二万石一积，咸阳十万一积，其出入禾，增积如律令。长吏相杂以入禾仓及发，见屡之粟积，义积之，勿令败。①

《仓律》也说明，当时公务用粮是常见的：

> 隶臣妾其从事公，隶臣月禾二石，隶妾一石半；其不从事，勿稟。小城旦、隶臣作者，月禾一石半石；未能作者，月禾一石。小妾、舂作者，月禾一石二斗半斗；未能作者，月禾一石。婴儿之无母者各半石；虽有母而与其母冗居公者，亦稟之，禾月半石。隶臣田者，以二月月稟二石半石，到九月尽而止其半石。舂，月一石半石。隶臣、城旦高不盈六尺五寸，隶妾、舂高不盈六尺二寸，皆为小；高五尺二寸，皆作之。②

这里提到“舂作者”和“舂”，其他地方还有“城旦舂”，应是把谷子加工成米的工种，《仓律》对不同精度的米之比例做出规定，应是针对政府仓储部门的粮食加工管理而言的，并不是为把不同精度的米作为商品交换时规定交换比率。

上引秦律对公事活动中隶臣、隶妾、小隶妾、小孩等各种不同身份的人之粮食供应，按不同的情况和时间规定了标准。上述两段律文与前面关于石的规定都属于《仓律》，可见它们的

① 睡虎地秦墓竹简整理小组：《睡虎地秦墓竹简》，第25页。
② 睡虎地秦墓竹简整理小组：《睡虎地秦墓竹简》，第32页。

适用场合相关。在这样的公事活动中，需要进行大量的计算①，而秦律关于石的规定，可以减轻计算量，方便量取，比如用同样石数的粝米代替禾谷、同样石数的稻米代替稻谷，也可以根据需要反过来，这样就避免了来回换算，有利于公事活动的进行。特别是在奖励耕战、大兴徭役、修建各种工程的秦国或秦代，《仓律》设立这种计量制度的优越性会更加明显。

上面的分析也说明，虽然是多值制却不设立更多标准，也是为了适应现实的需要。

五、从多值制到大石、小石制

多值制虽有上述优点，但同一单位名称的标准太多，容易混淆。秦简《数》简 0809+0802 上的问题能说明这一点，笔者曾有论及②。下面再做分析。

> 秏程。以生实为法，如法而成一。今有禾，此一石舂之为米七斗，当益禾几何？其得曰：益禾四斗有七分斗之二ᒻ，为之术曰：取一石者十之，而以七为法ᒻ，它秏程如此。③

这个问题默认，在理想状态下 1 石（$16\frac{2}{3}$斗）禾谷会正好舂出 1 石（10 斗）米。而当禾谷不理想时，为了得到一石米，古人就要增加一些禾谷。本问题是已知 1 石禾谷只舂出 7 斗米，远低于 1 石米的理想标准，作者应该是这样计算的：

应增禾谷=1 石×10÷7−1 石 （术文中省去了减去 1 石这一步）

这里 1 石为禾谷，本是 $16\frac{2}{3}$斗，但作者无意中误作 10 斗，结果得出错误答案 $4\frac{2}{7}$斗。正确答案是 $7\frac{1}{7}$斗，按原文的表达方式即“七斗有七分斗之一”。

这个问题说明即使在多值制盛行的秦代（或秦国），多值制的弊病就已显现出来。大概正是为了克服多值制过于复杂、容易产生混淆的缺陷，在西汉中期出现了大石、小石制。

20 世纪中期，居延汉简中大量关于“大石”“小石”的用例受人关注，之后陆续有学者加入讨论，并发现有新的资料。这种材料集中在西汉中期至王莽时代，并延及东汉。这方面的研究很多④，笔者曾有总结。⑤这里强调三点。

（1）大石和小石各有更低级别的单位斗、升，从升到斗到石都采用十进方式。两个系列同一级别的单位之间都具有相同的比率 5∶3。

（2）在多值制中石的四个标准数值都以相同量值的下级单位（斗、升）为计量单位，都是同一个量值斗的若干倍。小石采用多值制中米的标准——10 斗一石的普遍标准。大石以多值

---

① 邹大海：《睡虎地秦简与先秦数学》，《考古》，2005 年第 6 期。

② 邹大海：《从出土文献看秦汉计量单位石的变迁》。

③ 朱汉民、陈松长：《岳麓书院藏秦简（贰）》，第 37 页。

④ 如杨联陞：《汉代丁中、廪给、米粟、大小石之制》，《国学季刊》，1950 年第 7 卷；宇都宫清吉：《汉代社会经济史研究》，弘文堂 1955 年版，第 203-237 页；Loewe M（鲁惟一），“The Measurement of Grain during the Han Period”, *T'oung Pao*, vol. 49, 1961；高自强：《汉代大小斛（石）问题》，《考古》，1962 年第 3 期；陈梦家：《关于大小石、斛》，载陈梦家：《汉简缀述》，中华书局 1980 年版，第 149-151 页；张寿仁：《汉代米与粟及大石与小石之换算与秦数用六关系之推测》，《简牍学报》，1980 年第 7 期；王忠全：《秦汉时代“钟”、“斛”、“石”新考》，《中国史研究》，1988 年第 1 期；杨哲峰：《两汉之际的“十斗”与“石”、“斛”》，《文物》，2001 年第 3 期；等等。

⑤ 邹大海：《从出土文献看秦汉计量单位石的变迁》。

制中粟类谷子的一石为标准。小石的斗、升分别继承了早先斗、升的标准，而大石的斗、升则分别增大到原来斗、升标准的$\frac{5}{3}$倍。

（3）尽管大石和小石分别取早先粟类谷子和由之舂出的粝米一石的数量为标准，但它们不限于度量粟系列的粮食。在居延汉简、敦煌汉简、肩水金关汉简、香港中文大学文物馆藏简牍（以下简称“中大简”）等中，小石也常用来计量其他粮食。如肩水金关汉简 73EJT10：11 简：“☐出粟小石二石五斗☐”[①]，居延新简 E.P.T52：89 简：“入麦小石百八石三斗……”[②]

这里，我们还要提出以下值得注意的几点。

（1）大石和小石都有相应的量器。前面所述赤峰的陶量为多值制时代的粟类谷子之石，自然可以继续作为大石的量器，小石本是普遍的石，有其量器自然不成问题。在居延汉简、敦煌汉简、中大简中有大量形如“入（或‘出’、‘稟’等）粮食大石 B 石 C 斗 D 升，为小石 E 石 F 斗 G 升”或“入（或‘出’、‘稟’等）粮食小石 b 石 c 斗 d 升，为大石 e 石 f 斗 g 升”的用例，前者说明是用大石量器量取的粮食，要折算成小石的数量；后者则相反。

（2）将用大石计量的数量化为小石计量的数量，其用例明显多于反过来的用例。比如中大简《奴婢稟食粟出入簿》[③]中，除少量有缺损的外，文字清晰的大量用例中，由大石表示的数量化为用小石表示数量的有 134 例，而反过来的只有 2 例。在居延汉简、敦煌汉简和肩水金关汉简中，有或多或少的转化用例，但总数远少于 134 例。

这些统计数据很可能说明，小石（即平常的石）是人们心目中衡量体积（容积）多少的更稳定的单位；而转化用例中量取未舂粮食时用大石更多，则是因为用它量取未舂粮食时所得的石数，可以马上与初级米的石数对应起来，而衡量一个人的食量，米的数量是更基础的数据。不过，这只说明大石量器在量取未舂的粮食时是很常用的，但不说明用小石计量米的情况就少。事实上，我们很难看到计量米时采用大石或小石的用例，而几乎全是用石（或斛）、斗、升等。这似乎说明，用普遍的石（等于大石、小石制时代的小石，多值制时代的米石）来衡量米是由来已久、不言而喻的，不用大石也不必标明是用小石。[④]

（3）与多值制主要用于政府的粮食管理事务不同，大石、小石制度不仅在政府部门使用，也用在其他地方。例如中大简中，就有很多关于大户人家的奴婢稟、入或用粮食的记录，用到这一制度。如 131 号简正面：

> 君告根稟得家大奴一人，大婢一人，小婢一人，凡三人，用粟大石四石五斗，为小石七石五斗，九月食。

又 132 号简正面：

---

① 甘肃简牍保护研究中心、甘肃省文物考古研究所、甘肃省博物馆等：《肩水金关汉简（壹）》（下册），中西书局 2011 年版，第 129 页。

② 甘肃省文物考古研究所、甘肃省博物馆、文化部古文献研究室等：《居延新简　甲渠候官与第四燧》，文物出版社 1990 年版，第 233 页。

③ 陈松长：《香港中文大学文物馆藏简牍》，香港中文大学文物馆 2001 年版。

④ 不排除存在现场只有大石量具的特殊情况下用大石量度米的可能性。

利家大奴一人，大婢一人，小婢一人，稟大石四石五斗，为小石七石五斗，十月食。[①]

在西汉中期及以后的文献中没有发现单位石针对不同的粮食有 3 种以上量值的情形，这意味着多值石（桶）制已被大石、小石制所取代（尽管不排除还存在这种遗迹的可能）。大石、小石制又向单一的斛制发展，公元前 1 世纪中叶编成的《九章算术》在这一转变过程中有重要作用，而公元 1 世纪初期新莽计量制度的颁行，则是这一过程的里程碑，但斛制的完胜仍需要假以年月。[②]这些内容已另文论述，此处不再赘言。

结语

综上所述，睡虎地秦墓竹简《仓律》和张家山汉简《算数书·程禾》只是说明，政府部门出于公务活动中收支粮食的方便，设置了石的多值制：按照粟类（禾、黍、稷、案等）谷子、稻类谷子、各种米（粝、糳或粺、毇、粲等），以及菽、荅、麦、麻等四个粮食大类，分别采用四个按体积核算的数量标准来定义同一单位名称石。

在多值制中规定的比例常数，并不是为商品交易服务的。粟、稻两类谷子一石的标准，由舂得一石（10 斗）初级米所需谷子的体积定义。这种数量关系不是利用收割下来带茎叶的庄稼之重量与能得到的初级米的体积来确定的，也不用来把重量单位石转化为容量单位石。石也并未成为价值单位，不同数量的几种粮食都作一石，并非因为它们的价值相同，而只是为政府公事中收支粮食的工作减少计算量，方便直接量取，提高工作效率。不同精度的米用来供应给身份不同的人，所以几种类型的米一石的体积标准都相等，并不是因为它们的价值都等于一石，而是一种自然的做法。如果不采用这种自然的做法而让不同精度的米之石的标准不同，那么只会多添几个数量标准，增加管理的难度，影响工作效率。

桶是斗之上的容积（体积）单位和相应的标准容器名，理应与石的多值制相配合，秦汉时期也有桶的多值制，两者数量标准相同。在现存实物中，除普通的 10 斗一石的容器外，已有粟类石的容器。

石、桶的多值制数量标准太多，容易产生混淆，这一缺点导致了多值制向大石、小石制度的转变。大石、小石制度的应用范围更大，除了国家的公务，至少亦用于大户人家针对家奴的粮食收支。大石、小石都有对应的容器，前者多用于未舂的粮食。大石、小石制最后又向单一的斛制发展。在整个过程中，10 斗这一标准总是居于核心的地位。

（原载《中国史研究》2019 年第 1 期；
邹大海：中国科学院自然科学史研究所研究员。）

---

① 陈松长：《香港中文大学文物馆藏简牍》，第 54、57 页。

② 简牍中还有几个“大斛”或“小斛”的用例，应是从大石、小石制衍生而来的，当属过渡时期。又，《九章算术》有斛的多值制，这是耿寿昌整理《九章算术》旧题时不了解早先石的多值制而把“石”简单替换成“斛”的结果。参考邹大海：《秦汉量制与〈九章算术〉成书年代新探——基于文物考古材料的研究》，《自然科学史研究》，2017 年第 36 卷第 3 期。

文化遗产与技术史

水运仪象台复原之路：一项技术发明的辨识

张柏春　张久春

摘　要：北宋苏颂和韩公廉于1092年主持制成水运仪象台。20世纪50年代，刘仙洲、李约瑟等科技史学家研究《新仪象法要》，分析这套装置的构造原理及其擒纵机构。王振铎在1958年春制成1：5的水运仪象台复原模型。英国学者康布里奇和日本工程师土屋荣夫先后在1961年和1993年，分别就“受水壶”和“天关”提出新的复原方案，从而充分读懂了中国的擒纵机构。80年代以来，基于上述研究成果，若干个团队对水运仪象台做了不同比例的复原，包括原大尺寸的复原品。

关键词：水运仪象台；擒纵机构；复原

水运仪象台是北宋苏颂和韩公廉于1092年主持制成的一套大型天文装置。它集计时、演示和观测为一体，综合运用了水轮、漏壶、秤漏、连杆、齿轮传动、链传动、凸轮传动、筒车、浑象和浑仪等多种技术，借助水轮-秤漏-杆系擒纵机构控制水轮运转，称得上一项系统创新，代表着中国古代机械设计制造技术的高水平。[①]本文旨在梳理80多年来中外学者对水运仪象台的辨识和复原，尤其是解析其核心装置，即一种特殊的擒纵机构。

一、初识北宋的水运仪象台

到20世纪30年代初，《新仪象法要》及其所记载的水运仪象台已进入中国第一代科技史家的视野。朱文鑫在1935年出版的《天文学小史》中简要描述了水运仪象台的构造，并将其计时装置与钟表发展相联系。他认为：“机械之制作甚精，后世钟表之法，不能出其范围。”苏颂“集各家之善，而别出心裁”“得韩公廉之巧思，而机械益精”[②]。也许是受专业背景所限，朱先生未解析水运仪象台的机械构造。

科技史学家了解水运仪象台主要得益于苏颂的《新仪象法要》的详细图说（图1、图2）。宋代形成了以“图”和“说”的形式表达技术知识的传统[③]，出现了《营造法式》《武经总要》《新仪象法要》等科技要籍。《新仪象法要》宋刻本至少在明末清初时还流传于世。清乾隆朝将三卷本《新仪象法要》收入《四库全书》，其底本是明末清初藏书家钱曾的《新仪象法要》影

① 张柏春：《机械技术》，载路甬祥：《走进殿堂的中国古代科学技术史》（下册），上海交通大学出版社2009年版，第172-215页。

② 朱文鑫：《天文学小史》，商务印书馆1935年版，第48-49页。

③ 张柏春、田淼：《中国古代机械与器物的图像表达》，《故宫博物院院刊》，2006年第3期，第81-97页。

宋抄本。[①]除了《四库全书》本及由此派生出的《守山阁丛书》本、《万有文库》本和《丛书集成初编》本，还有若干清抄本以及早于《四库全书》本的《仪象法纂》一卷。这些版本成为人们研究水运仪象台的基本依据。朱文鑫在《天文学小史》中引用的正是《万有文库》本的《新仪象法要》。

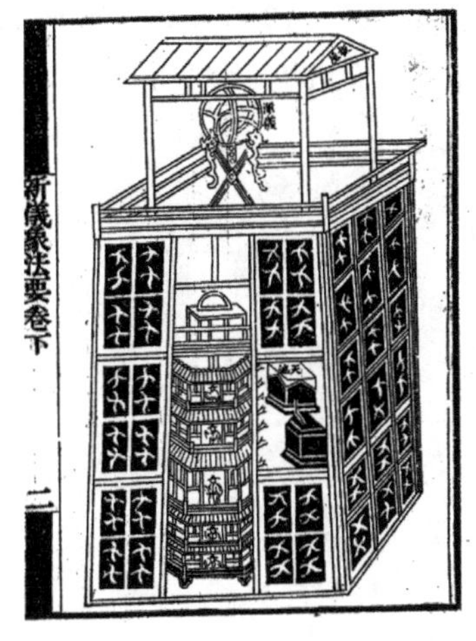

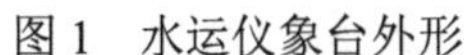
图1　水运仪象台外形

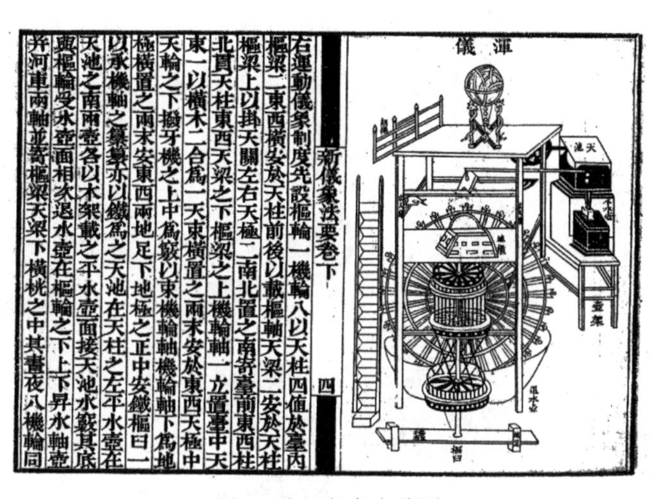
新儀象法要卷下　四

右運動儀象制度先設樞輪一機輪八以天柱四植於臺內樞梁二東西橫安於天柱前後以載樞軸天梁二安於天柱樞梁上以掛天關左右天極二南北置之南寄臺前東西柱北貫天柱東西天梁之下樞梁之上機輪軸一立置臺中天東一以橫木二合為一天束橫置之兩末安於東西天極中天輪之下撥牙機之上中為轂以束機輪軸機輪軸下為地極橫置之兩末安東西兩地足下地極之正中安鐵樞臼一以承機輪之纂纂亦以鐵為之天池在天柱之左平水壺在天池之南兩壺各以木架載之平水壺面接天池水轂其底與樞輪受水壺面相次退水壺在樞輪之下上下昇水軸壺幷河車兩軸並寄樞梁天梁下橫桄之中其晝夜八機輪同

图2　水运仪象台总图

1935年，清华大学刊印机械专家刘仙洲辑录的《中国机械工程史料》，其中包括《新唐书》关于僧一行和梁令瓒造水运浑象和计时装置的记载，但不涉及《新仪象法要》。到1953年和1954年，刘先生先后发表有关《新仪象法要》等典籍的文章，分析水运仪象台如何借助齿轮传动、链传动等方式，使得枢轮（水轮）同时驱动计时装置、浑象和浑仪的天运环。他指出：水从平水壶（漏壶）中以恒定的流量流出，注入枢轮的受水壶（图3）[②]；天衡使得枢轮转动的角度和仪器各部分的运动都有等时性（图4）。[③]

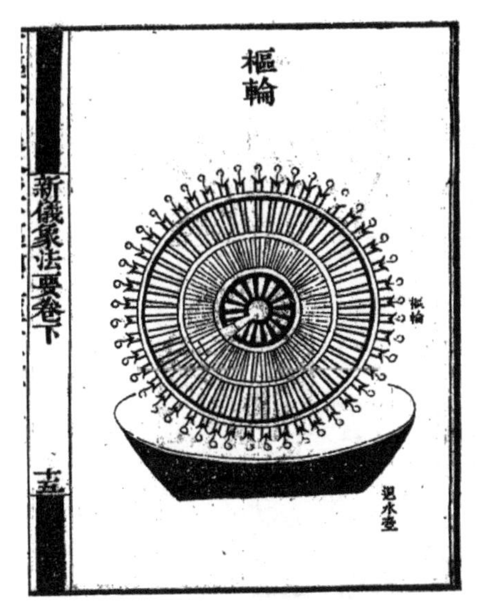

图3　枢轮

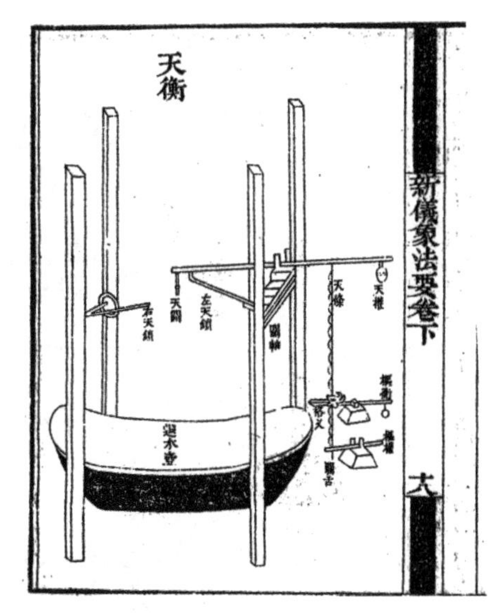

图4　天衡

① 刘蔷：《新仪象法要》，载张柏春、李成智：《技术史研究十二讲》，北京理工大学出版社2006年版，第69-76页。
② 刘仙洲：《中国在原动力方面的发明》，《机械工程学报》，1953年第1卷第1期，第3-33页。
③ 刘仙洲：《中国在传动机件方面的发明》，《机械工程学报》，1954年第2卷第2期，第2-37页。

李约瑟（Joseph Needham）特别关注水运仪象台在世界科技史上的地位。他和王铃、普拉斯（Derek J. Price）在1956年3月31日的《自然》上发表他们合写的《中国的天文时钟机构》，认为“中国天文时钟机构（clockwork）的传统和欧洲中世纪后期机械钟的祖先有更为密切的联系”[①]。他们给出水运仪象台的机械传动图（图5），强调控制枢轮转动的机构是一种特殊的擒纵机构（图6）。席泽宗将该文译成中文，发表在《科学通报》上[②]，1986年再发表时做了修订[③]。不过，译文删掉了原文中的两幅关于机械传动和擒纵机构的插图。

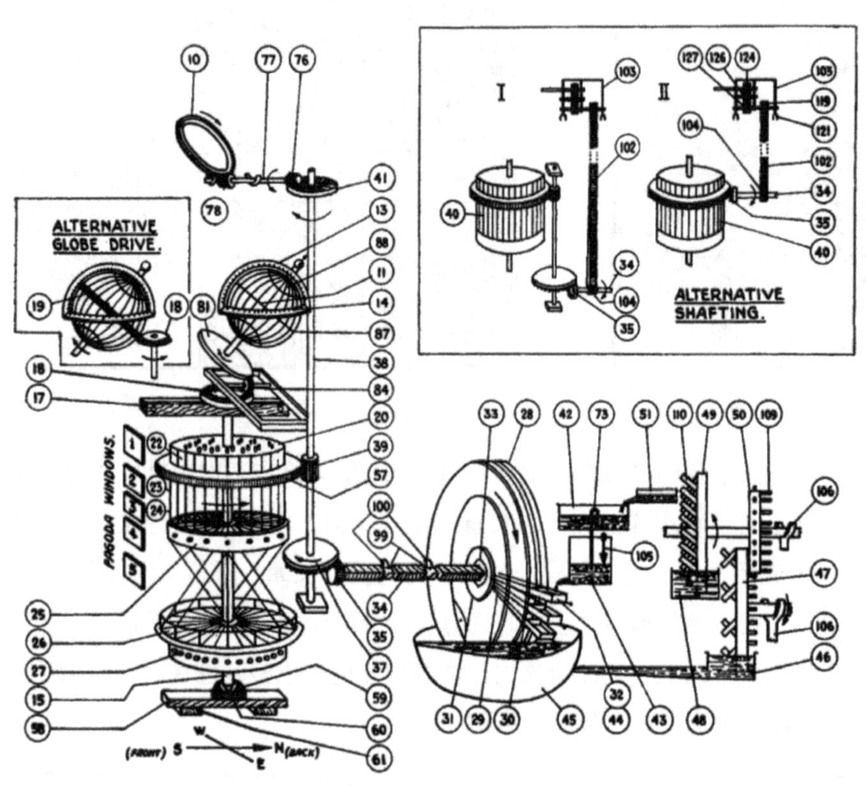

图5　李约瑟、王铃和普拉斯推测的机械传动

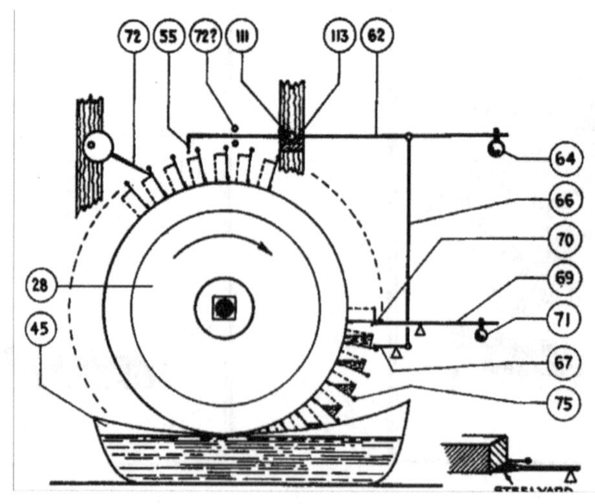

图6　李约瑟、王铃和普拉斯推测的枢轮和擒纵机构

① Needham J, Ling W, Price D J, “Chinese astronomical clockwork”, *Nature*, Vol. 177, 1956, pp. 600-602.

② 李约瑟、王铃、D. J. 普拉斯：《中国的天文钟》，席泽宗译，《科学通报》，1956年6月号，第100-101页。

③ 潘吉星：《李约瑟文集》，辽宁教育出版社1986年版，第497-499页。

刘仙洲对古代计时器做了专题研究，并于1956年7月和9月先后在中国自然科学史讨论会（北京）和第八届国际科学史大会（Ⅷ Congresso Internationale di Storia Delle Scienze，佛罗伦萨）上宣读《我国古代在计时器方面的发明》。这篇文章的两个修订本分别发表在1956年12月的《天文学报》第4卷2期和1957年11月的《清华大学学报》第3卷第2期上。刘先生认为苏颂的更大贡献是写了《新仪象法要》。他在文章中解说了枢轮如何做间歇运转："当受水壶内的漏水不到一定的重量的时候，天关、左天锁、关舌和格叉等都阻住枢轮不使转动；到达一定的重量的时候，关舌及格叉等受压下降，天关和左天锁被上提，枢轮即可转动。转过一壶以后，关舌和格叉等处上升，天关和左天锁下落，枢轮又被阻住。图上右天锁相当一个止动卡子，有防止枢轮倒转的作用。"[①]在佛罗伦萨开会期间，刘仙洲与李约瑟进行了交流，并且使李约瑟接受天条是链条的观点。[②]

二、制作水运仪象台的复原模型

水运仪象台因金人攻破北宋都城（开封）而被拆劫。宋高宗南渡临安，有意再造浑仪，却没人能利用苏颂留下资料成就此事。水运仪象在元、明、清三朝已经不是官方支持研制的天文装置，到20世纪却成为科技史家及关注历史的科学家和工程师们探讨的对象。

文博与科技史家王振铎是第一个主持复原水运仪象台的实践者。1956年科学规划委员会与中国科学院召开研讨会，提出有必要复原北宋的水运仪象台。1957年1月，中国科学院与文化部文物局指定王振铎负责复原工作。王先生主要根据《新仪象法要》的图说进行复原的设计和推算。不过，有些图"常令人感到有难于索解之苦"，以至于王先生"在几个关键问题上走过弯路"[③]。复原团队经过反复试验，才找到模型的运转规律，使"水轮能转动起来"[④]。王先生还利用了其他文献和考古资料。例如，台体的结构和彩画参考传世古建筑和《营造法式》，司辰木人制作参考宋墓出土的木俑。1958年春，1∶5的模型终于成形（图7），陈列在北京的中国历史博物馆。复原期间，王先生及其团队得到故宫博物院、中央自然博物馆、中国科学院自然科学史研究室的协助。30多年后，王先生将带有成套图纸的论文《宋代水运仪象台的复原》收入他的《科技考古论丛》[⑤]。

王振铎所说"水轮能转动起来"的含义比较模糊，似乎并不意味着枢轮能持续地做等时转动。在王先生和李约瑟的复原方案里，每个受水壶（水斗）都被固定在枢轮上，不能与轮辐发生相对的运动。也就是说，枢轮和受水壶形成一个刚体。当左天锁抵住枢轮时（参见图4和图6），受水壶不能因逐渐注满水而下移，也就不可能压下格叉和关舌；关舌不被压下，天条就不会通过天衡向上提左天锁，枢轮当然不能转动。胡维佳在1994年发表文章探讨过这

① 刘仙洲：《中国在计时器方面的发明》，《天文学报》，1956年第4卷第2期，第219-233页。

② Needham J, Ling W, Price D J, *Heavenly Clockwork: The Great Astronomical Clocks of Medieval China: Chinese Astronomical Clockwork*, Cambridge University Press, 1960, p. 57.

③ 王振铎：《揭开了我国"天文钟"的秘密——宋代水运仪象台复原工作介绍》，《文物》，1958年第9期，第1-9页。

④ 王振铎：《揭开了我国"天文钟"的秘密——宋代水运仪象台复原工作介绍》，《文物》，1958年第9期，第1-9页。

⑤ 王振铎：《宋代水运仪象台的复原》，载王振铎：《科技考古论丛》，文物出版社1989年版，第238-273页。

个问题[①]。实际上，《新仪象法要》并没有明确说明受水壶是怎样固定在枢轮上的，后人须做出具体的结构推测[②]。

在英国，李约瑟、王铃和普拉斯扩充《中国的天文时钟机构》一文，在 1960 年出版专著《天文时钟机构——中世纪中国的伟大天文钟》[③]，书中有克里斯琴森（John Christiansen）帮助绘制的复原图（图 8）。他们引用了刘仙洲在 1953—1956 年发表的关于古代原动力、传动机件和计时器的三篇文章。在 1965 年出版的《中国科学技术史》（*SCC*）的机械工程分册中，李约瑟终于引用王振铎的《揭开了我国“天文钟”的秘密》一文，认为控制枢轮做间歇运动的“水轮联动式擒纵机构”（water-wheel linkwork escapement）是世界上最早的擒纵机构[④]，这种装置应该是僧一行和梁令瓒在 723 年发明的。李约瑟在 1974 年发表的《中国古代和中世纪的天文学》中提到英国学者康布里奇（John H. Combridge）为伦敦科学博物馆（London Science Museum）复原的一座水运仪象台模型（图 9、图 10）。[⑤]他还为利物浦市博物馆（Liverpool City Museum）和美国罗克福德市区的时间博物馆（Time Museum）复原过枢轮和擒纵机构的 1∶2 模型[⑥]。

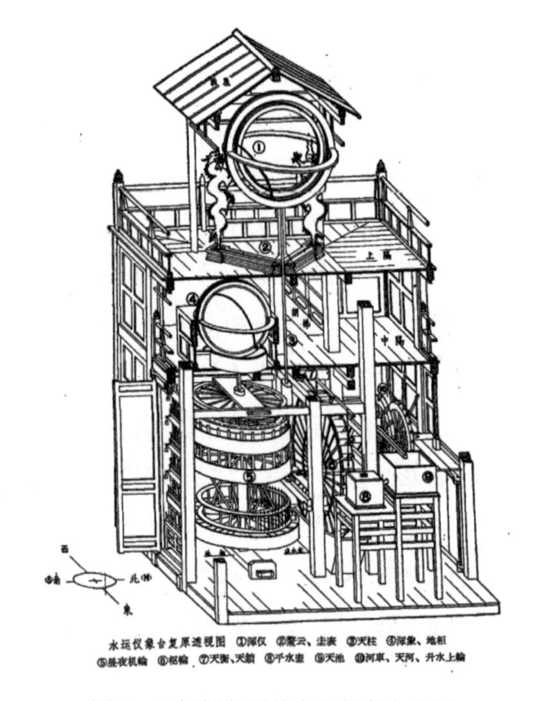

图 7　王振铎复原的水运仪象台总图

图 8　李约瑟推测的水运仪象台

① 胡维佳：《新仪象法要中的“擒纵机构”和星图制法辨正》，《自然科学史研究》，1994 年第 13 卷第 3 期，第 244-253 页。

② 2010 年前后，有的学者继续采取“受水壶”在“枢轮”上不可转动的方案，但不得不用现代技术手段来克服古代难题，这就背离了复原古代技术的原则，将关键技术的复原变成了现代机械设计。

③ Needham J, Ling W, Price D J. *Heavenly Clockwork: The Great Astronomical Clocks of Medieval China: Chinese Astronomical Clockwork*, Cambridge University Press, 1960, p. 58.

④ Needham J. *Science and Civilisation in China*, Vol 4, Part 2: Mechanical Engineering, Cambridge University Press, 1966, pp. 435-462.

⑤ Needham J. “Astronomy in ancient and medieval China”, *Philosophical Transactions of the Royal Society of London, Series A, Mathematical and Physical Sciences*, Vol. 276, No.1257, 1974, pp. 67-82.

⑥ Combridge J H. “The astronomical clocktowers of Chang Ssu-Hsun and hist successors, A.D. 976 to 1126”, *Antiquarian Horology*, Vol.9, No.3, 1975, pp. 288-301.

图 9　康布里奇复原的水运仪象台模型

图 10　康布里奇复原的枢轮和擒纵机构模型

三、改进复原方案与校注《新仪象法要》

王振铎的团队解决了枢轮、漏壶、天衡、齿轮传动、报时装置、浑象和浑仪等方面的复原问题，制作出第一个复原模型。然而，正如上文所述，如果受水壶不能与轮辐发生相对的运动，在左天锁抵住枢轮时，枢轮不可能正常运转。1961 年，康布里奇制作了水运仪象台的擒纵机构复原模型。[①]它以细砂作为产生动力的流体，能够精确地运转，计时精度为每小时误差在正负 10 秒到 20 秒之内。[②]康布里奇所做的关键改进是：每个受水壶都通过一根短轴装在枢轮的辐板上，能够相对于轮辐在一定角度范围内转动（图 11）。在左天锁抵住枢轮的状态下，当注入受水壶的水的重量足以压下格叉时，受水壶便相对于枢轮下转，转到一定的角度，就向下撞击关舌；关舌向下拉天条，天衡将左天锁拉起，枢轮得以转动。这个转动式的受水壶方案有效克服了王振铎模型的弊端，使水运仪象台的复原实现一个突破。

苏颂的故乡福建同安县（1997 年改为厦门同安区）对水运仪象台格外关注。1988 年同安县科学技术委员会委托陈延杭和陈晓制作水运仪象台模型。陈氏父子以《新仪象法要》以及刘仙洲、李约瑟和王振铎等人的研究工作为基础，并且采用转动式受水壶的设计方案（图 12）[③]，在 1988 年 11 月制成 1∶8 的水运仪象台模型（陈列在苏颂科技馆），后来将复原经验整理成文发表。[④]陈氏父子还为北京古观象台、南京紫金山天文台各制作过一个水运仪象台模型。

---

① Needham J, *Science and Civilisation in China*, Volume 4, Part 2: Mechanical Engineering. Cambridge University Press, 1966, pp. 459-461.

② Needham J, *Science and Civilisation in China*, Volume 4, Part 2: Mechanical Engineering. Cambridge University Press, 1966, p. 459.

③ 管成学、邹彦群：《苏颂水运仪象台复制与研究》，吉林出版集团有限责任公司 2012 年版，第 50 页。

④ 陈晓、陈延杭：《苏颂水运仪象台复原模型研制》，载庄添全、洪辉星、娄曾泉：《苏颂研究文集》，鹭江出版社 1993 年版，第 51-62 页；陈晓、陈延杭：《水运仪象台及其复原与调试》，载周济、管成学：《苏颂研究文新集》，中国文化出版社 2009 年版，第 100-106 页。

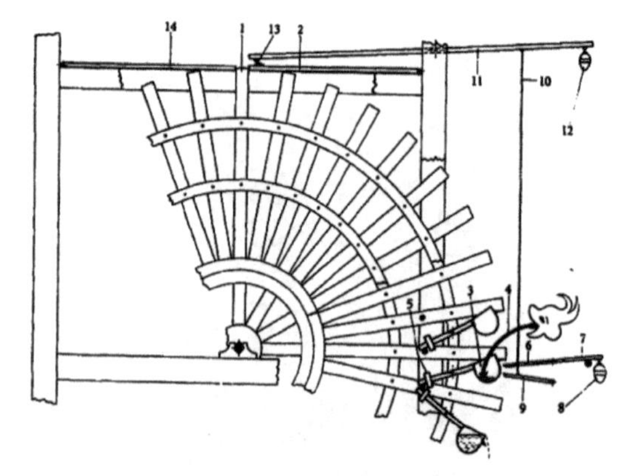

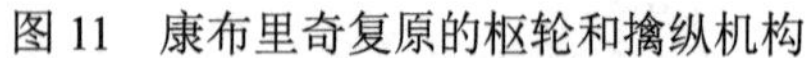

图 11 康布里奇复原的枢轮和擒纵机构

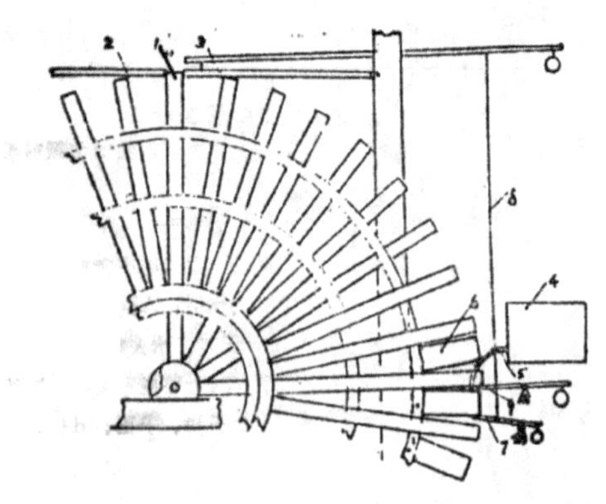

图 12 陈延杭和陈晓复原的枢轮和擒纵机构

20 世纪 90 年代，《新仪象法要》的研究和校注取得新进展。管成学及其合作者于 1991 年出版了《苏颂与〈新仪象法要〉研究》[①]和《〈新仪象法要〉校注》[②]，后者是《新仪象法要》的第一个标点注释本。1997 年，辽宁教育出版社刊行胡维佳译注的《新仪象法要》，而东京新曜社出版了山田庆儿和土屋荣夫的《复原水运仪象台：11 世纪中国的天文观测计时塔》，后者的第二部分是山田庆儿和内田文夫所做的《新仪象法要》的日文译注本。陆敬严先生于 20 世纪 80 年代就在胡道静先生的鼓动下准备译注《新仪象法要》，后因病一再推迟完稿，到 2007 年才由上海古籍出版社出版他和钱学英的《新仪象法要译注》。李志超研究了中国历史上的水运仪象，撰《水运仪象志》，解说《新仪象法要》，并对水运仪象台做物理学分析[③]。

关于水运仪象台的尺寸标准，王振铎选用宋代木矩尺，推测整座装置的总高度达到 3 丈 5 尺 6 寸 5 分（合 12 米弱）。王德昌在 2011 年提出应选用天文尺（1 尺=24.5 厘米），据此推算水运仪象台的高度在 873 厘米至 882 厘米之间。[④]改木矩尺为天文尺，就相当于选择制作另一比例的模型。60 年来不同比例的模型制作和学者们的理论测算表明，无论是选取较大的比例，还是选取较小的比例，都能制作出正常运转的水运仪象台模型及其擒纵机构。也就是说，尺寸单位的差异不是复原的障碍。

四、按 1∶1 比例复原水运仪象台

小型复原模型能够运转，这是否意味着原大尺寸的复原也能成功？这是科技史界多年关注的问题。1993 年 8 月，台湾台中自然科学博物馆首次按照 1∶1 比例完成水运仪象台的复原。主持人郭美芳说：“我绝对是踩在别人的基础上做出来的。”[⑤]她的团队搜集和利用了中国大陆学者的研究资料。例如，枢轮和天衡等机构的设计就参考了韩云岑为《中国大百科全书·机械工程Ⅱ》撰写的“中国古代计时器”词条。韩先生描绘了擒纵机构和可转动的受

---

① 管成学、杨荣垓、苏克福：《苏颂与〈新仪象法要〉研究》，吉林文史出版社 1991 年版。

② 管成学、杨荣垓点校：《〈新仪象法要〉校注》，吉林文史出版社 1991 年版。

③ 李志超：《水运仪象志——中国古代天文钟的历史（附〈新仪象法要〉译解）》，中国科学技术大学出版社 1997 年版，第 88-101 页。

④ 王德昌：《苏颂水运仪象台的“尺寸”论证》，《自然科学史研究》，2011 年第 30 卷第 3 期，第 297-305 页。

⑤ 管成学、邹彦群：《苏颂水运仪象台复制与研究》，吉林出版集团有限责任公司 2012 年版，第 235 页。

水壶（图 13）。[①]台北的苏克福先生积极协助复原工作，到中国大陆考察过王振铎、陈延杭等人对水运仪象台的复原，在管成学陪同下拜访中国科学院自然科学史研究所所长陈美东。[②]

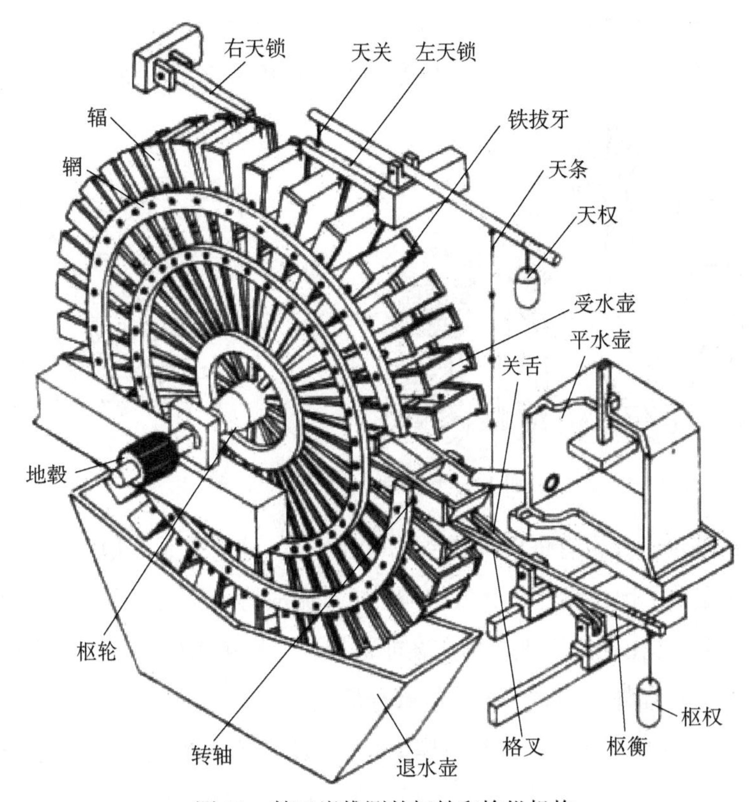

图 13 韩云岑推测的枢轮和擒纵机构

在吉泽大淳先生和日本精工株式会社前董事长的推动下，精工株式会社用 4 年时间，花费 4 亿日元，于 1997 年制作出 1∶1 比例的水运仪象台。它成为长野县諏访湖仪象堂时间科学馆的重要展品。主持复原的工程师土屋荣夫在 1993 年就曾发表过两篇关于复原水运仪象台的文章[③④]，这两篇文章内容差异不大，参考文献都包括王振铎的《揭开了我国“天文钟”的秘密》、李约瑟的《中国科学技术史 • 机械工程分册》以及康布里奇在 1975 年发表的《张思训及其后继者的天文钟塔，976—1126 年》（“The Astronomical Clocktowers of Chang Ssu-Hsun and His Successors，A.D. 976 to 1126”）。4 年后，这篇文章得以充实，辑入山田庆儿和土屋荣夫合著的《复原水运仪象台：11 世纪中国的天文观测计时塔》[⑤]，后来被霍军等学者译为中文。[⑥]土屋荣夫在文章中详细解说他的复原设计，包括可转动的受水壶。最值得称道的是，他将天关解

① 中国大百科全书编辑委员会《机械工程》编辑委员会、中国大百科全书编辑部：《中国大百科全书 • 机械工程 II》，中国大百科全书出版社 1987 年版，第 917-919 页。

② 管成学、邹彦群：《苏颂水运仪象台复制与研究》，吉林出版集团有限责任公司 2012 年版，第 250 页。

③ 土屋栄夫：《水運儀象台の復元》，《日本時計学会誌》，1993 年版，第 56-70 页。

④ 土屋栄夫：《水運儀象台を担元する——中国古代技術の集大成》，《国際時計通信》，1993 年第 34 捲第 7 号，第 243-259 页。

⑤ 山田慶兒、土屋栄夫：《復元水運儀象台：十一世紀中国の天文觀測時計塔》，新曜社株式会社 1997 年版，第 151-225 页及附录。

⑥ 管成学、邹彦群：《苏颂水运仪象台复制与研究》，吉林出版集团有限责任公司 2012 年版，第 50 页。

读为一根短杆铰接一个L形板（图14）[①]，这是与《新仪象法要》的《运动仪象制度》和《天衡》两幅图很接近的推测。左天锁被天衡拉起之后，枢轮转动；枢轮转过一个适当的角度后，轮辐外端的圆头钉撞到L形板的一部分，使L形板的另一部分向下转，从而向下拉天衡，以利于左天锁下落复位（图15）。[②]这样，天关就起着防止枢轮转动过头的作用。至此，现代学者和工程师们就读通了《新仪象法要》的机械图说，逐步解决了水运仪象台复原的主要问题。

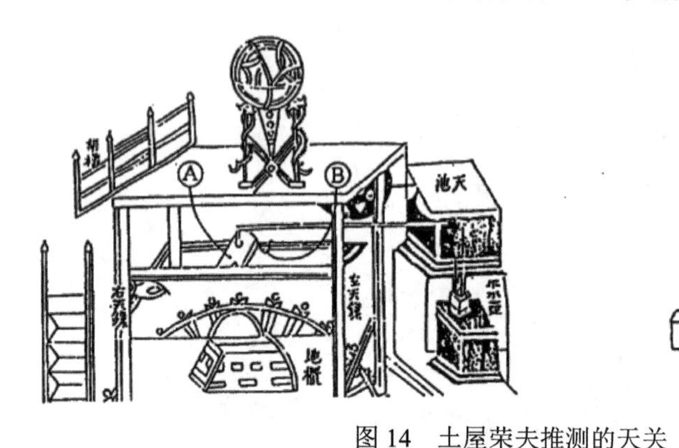

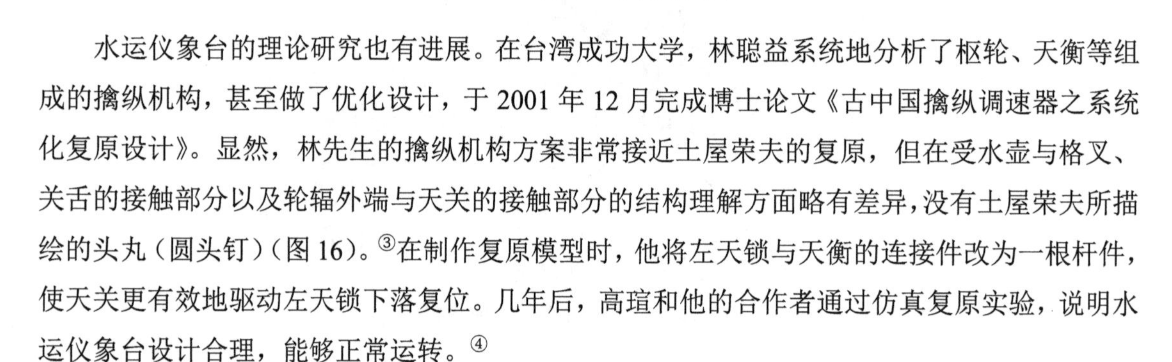

图14　土屋荣夫推测的天关

水运仪象台的理论研究也有进展。在台湾成功大学，林聪益系统地分析了枢轮、天衡等组成的擒纵机构，甚至做了优化设计，于2001年12月完成博士论文《古中国擒纵调速器之系统化复原设计》。显然，林先生的擒纵机构方案非常接近土屋荣夫的复原，但在受水壶与格叉、关舌的接触部分以及轮辐外端与天关的接触部分的结构理解方面略有差异，没有土屋荣夫所描绘的头丸（圆头钉）（图16）。[③]在制作复原模型时，他将左天锁与天衡的连接件改为一根杆件，使天关更有效地驱动左天锁下落复位。几年后，高瑄和他的合作者通过仿真复原实验，说明水运仪象台设计合理，能够正常运转。[④]

苏州市古代天文计时仪器研究所所长陈凯歌在1997年去日本长野县参观了土屋荣夫主持复原的水运仪象台，同年他的团队为河南省博物院制作了一个1∶5的模型，但他们没有采取土屋荣夫的天关复原方案。陈凯歌团队在2000年又为北京的中国科学技术馆制作出1∶5的复原模型，直到2017年他们复原中仍然采用接近康布里奇的天关方案（图17）。之后，陈凯歌团队的钟耘我离开苏州市古代天文计时仪器研究所，加盟崔海玉的苏州育龙科教设备有限公司。崔海玉、钟耘我等人在2007年秋制成1∶4水运仪象台模型，2008年11月为中国科学技术馆新馆制成1∶2模型，2011年3月为厦门同安区苏颂纪念园建造出1∶1水运仪象台[⑤]，2017年又为开封市博物馆（新馆）制成1∶1水运仪象台。崔海玉、钟耘我等先生在复原实践中得出的经验是：尺寸越大，材质越重，运转越稳定[⑥]。须强调的是，苏州市古代天文

① 土屋荣夫：《水運儀象台の復元》，《日本時計学会誌》，1993年版，第56-70页。

② 土屋荣夫，《水運儀象台の復元》，《日本時計学会誌》，1993年版，第56-70页。

③ 山田慶兒、土屋荣夫：《復元水運儀象台：十一世紀中国の天文觀測時計塔》，新曜社株式会社1997年版，第151-225页及附录。

④ 高瑄、陆震、王春洁等：《利用仿真技术对古代水力机械的复原实验》，《清华大学学报（自然科学版）》，2006年第46卷第11期，第1801-1804页。

⑤ 管成学、邹彦群：《苏颂水运仪象台复制与研究》，吉林出版集团有限责任公司2012年版，第220-221页。

⑥ 管成学、邹彦群：《苏颂水运仪象台复制与研究》，吉林出版集团有限责任公司2012年版，第7页。

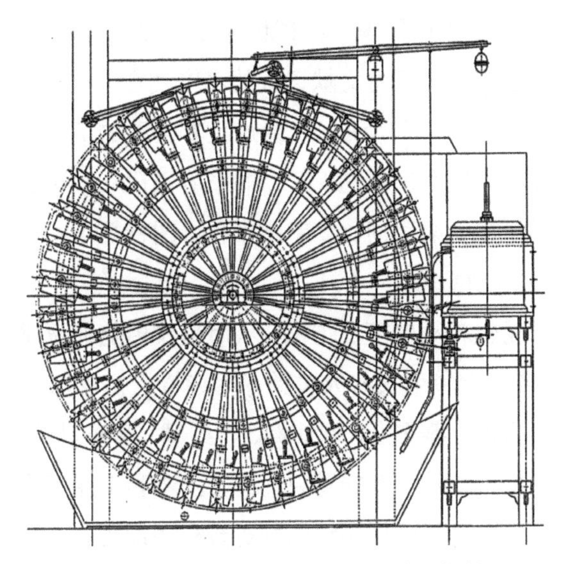

图 15　土屋荣夫复原的枢轮和擒纵机构

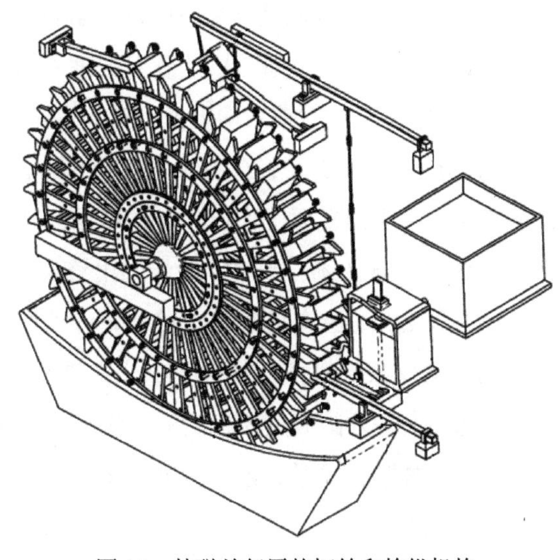

图 16　林聪益复原的枢轮和擒纵机构

计时仪器研究所和苏州育龙科教设备有限公司都充分吸收了前人研究和复原的成果。例如，二者都采用可转动的受水壶方案。苏州育龙科教设备有限公司至少在 2011 年的复原中采用了形似土屋荣夫的天关方案，但 L 形板却没起到帮助天关复位的作用（图 18）。

图 17　陈凯歌复原的天关

图 18　苏州育龙科教设备有限公司复原的天关

复原制作不能停留在原理分析和画示意的阶段，而是要做工程化的具体设计和制造，对可行性要求高。在学者和工程师们读懂《新仪象法要》之后，那些工程化的、可运转的复原模型基本上忠实于原作的工作原理，具体构造大同小异。合理的复原都尽量选择历史上的技术，即接近原型所处时代的技术，而不是将古代技术现代化。当然，为了使展示的模型具有较长的寿命和较好的演示效果，复原者也可以适当选用现代的材料和技术。

五、结语

苏颂负责水运仪象台的制造项目，提出了主要的目标和功能要求。韩公廉主持具体的制造，在设计和试制过程中进行必要的计算。《新仪象法要》所描绘的丰富技术内容形成于实际的设计和制造工作，并被苏颂整理成书，其可信度理应高于一般的外行和后人所做的记载。《新仪象法要》这部奇书能够流传至今，使今人得以认识一座大装置，这在古代技术典籍中是不多见的。当然，在科技史家看来，书中的技术信息仍然不够完整，需要以推测和求证来弥补，这也是史学研究的魅力所在。

水运仪象台的复原是一个不断深入解读文献、分析工作原理和尝试设计的过程。这期间，还须做谨慎的推测和验证，以达到对原理、构造、工艺的认识与文献记载的高度契合。研究表明，《新仪象法要》对技术问题做了客观的描绘。正如王振铎所说："经过反复实践的证明，图中的一点一线都是有着它的意义，绝不是信笔拈来，任意挥毫的。""书中所记尺寸数字的准确精细，给我们复原工作以科学的根据。只要抓住在术语用词、数字计算和绘图特征上的规律，将这三个条件统一起来，就能制出符合原物的复制品来。"①

王振铎之后，康布里奇提出受水壶可以相对于轮辐转动的复原方案，从而制作出能够正常运转的水运仪象台模型，这是一个非常重要的突破。土屋荣夫将天关解读为连接天衡和L形板的一根短杆，为圆满复原枢轮的控制机构做出了贡献。事实上，刘仙洲、李约瑟、康布里奇、土屋荣夫、林聪益等学者或工程师并未过度解读《新仪象法要》的图说。康布里奇和土屋荣夫都对《新仪象法要》做了补充性的结构推测，但是，他们所推测的结构既符合机械原理，又与苏颂的图说不矛盾。

有学者相信，水运仪象台制成后的两年多时间里未曾准确运转，理由包括找不到关于它的"实际水运情况"的任何记述。②管成学认为，要求古籍记载一台仪器的具体运行情况并保留至今，这就太苛求古人了。③随着全尺寸的水运仪象台的成功复原，此类争论应该休止了。换一个角度试想，苏颂不惜冒欺君之罪的风险，谎称造成仪器，并且撰写内容不实的《新仪象法要》，虚构一座很复杂的水运仪象台，而现代人居然依据这些图说成功地复原一座真能实际运转的装置。我们无法想象古人有如此高超的构思或造假能力。其实，没有证据能够否定水运仪象台是实际存在过的。

中国与欧洲有着不同的机械钟技术传统。欧洲机械钟需要一个擒纵机构，让垂重或发条缓慢地驱动齿轮系，带动指针转动。张衡的水运浑象可以利用减速齿轮系实现缓慢运转。水运仪象台以漏壶中稳定流出的水注入受水壶④，产生驱动枢轮的力矩，以枢轮驱动齿轮系。同时，擒纵机构直接控制枢轮，使其做间歇的转动。"枢轮-受水壶-格叉-关舌-天衡-左天锁"联动的控制装置可以称作"水轮-秤漏-杆系擒纵机构"。显然，水运仪象台的计时效果以漏壶的精度为基础。枢轮、天衡、齿轮系等机构自身都要产生误差，这必然会降低整座装置的计时精度。因此，水运仪象台以机巧的方式报时，具有很好的观赏性，但在计时精度方面低于为它注水的漏壶。

（原载《自然辩证法通讯》2019年第4期；张柏春：中国科学院自然科学史研究所研究员；
张久春：中国科学院科技战略咨询研究院研究员。）

① 王振铎：《揭开了我国"天文钟"的秘密——宋代水运仪象台复原工作介绍》，《文物》，1958年第9期，第1-9页。
② 胡维佳译注：《新仪象法要》，辽宁教育出版社1997年版，第14-15页。
③ 管成学、邹彦群：《苏颂水运仪象台复制与研究》，吉林出版集团有限责任公司2012年版，第5页。
④ Needham J, *Science and Civilisation in China*, Volume 4, Part 2: Mechanical Engineering. Cambridge University Press, 1966, p. 545.

唐长安城圜丘的天文意义

曲安京　陈镱文

1999年，中国社会科学院考古研究所西安唐城工作队对陕西师范大学校园内的一处古代遗址进行了发掘，该遗址被称为唐长安城圜丘。[①]圜丘，元代以后称作天坛，是古代皇帝郊天的场所。这种重要的礼仪建筑的设计，一定有一些特别的天文意义。

不过，迄今针对唐长安城圜丘的研究，大体上都在说明此圜丘应是史籍上记载的唐代皇帝郊天的圆丘，很少有人对唐长安城圜丘的实测数据与历史文献记录的显著误差产生的原因作出深刻的分析和质疑，也似乎未见有文章对圜丘可能代表的天文模型进行深入的讨论。

一、问题的提出

根据唐长安城圜丘的发掘简报，可知圜丘现存的基本状况。史学界对唐长安城圜丘也有一些专门的论述。[②]关于圜丘的文献记载，在简报和后来的研究论著中都有比较详细的引述，根据这些记载，学者们认定发掘的唐长安城圜丘应该是唐代皇帝郊天的礼制建筑的遗存。[③]

历史上，“圜丘”亦称“圆丘”。由于唐长安城圜丘的实测数据与隋唐时期典籍中记录的圆丘数据，并不是很吻合，为了有所区别，本文在不做特殊声明处，通常用“圜丘”代表陕西师范大学内的发掘遗址，而用“圆丘”代表隋唐时期典籍中描述的礼制建筑。

关于圆丘和方丘的形制与功能的记述，在历代典籍中皆有保存。例如，有关隋唐时期皇帝郊天的礼仪制度，在《旧唐书·礼仪志》等正史中都有详细的记载，从中可见与唐长安城圜丘直接关联的文字：

> 武德初，定令：每岁冬至，祀昊天上帝于圆丘，以景帝配。其坛在京城明德门外道东二里。坛制四成，各高八尺一寸，下成广二十丈，再成广十五丈，三成广十丈，四成广五丈。[④]

根据简报的测算，圜丘遗址距唐长安城明德门东南方950米左右，按隋唐时期的1里约为530米，其位置与文献记载的圆丘接近。这个圜丘的主体由四层同心圆和十二陛构成，其形制与史籍中圆丘的描述也非常相似。《新唐书·礼乐志》也有类似的记录：

---

① 中国社会科学院考古研究所西安唐城工作队：《陕西西安唐长安城圜丘遗址的发掘》，《考古》，2000年第7期。

② 安家瑶：《西安隋唐圜丘的考古发现》，《文物天地》，2001年第1期，第7-10页；赵永磊：《隋唐圜丘三壝形制及燎坛方位探微》，《考古》，2017年第10期，第114-120页。

③ 安家瑶：《唐长安城的圜丘及其源流》，载中国社会科学院考古研究所：《21世纪中国考古学与世界考古学》，中国社会科学出版社2002年版；王仲殊：《论唐长安城圆丘对日本交野圆丘的影响》，《考古》，2004年第10期，第69-81页。

④ 《旧唐书·礼仪志》卷21，中华书局1975年版，第820页。

依古四成，而成高八尺一寸，下成广二十丈，而五减之，至于五丈，而十有二陛者，圆丘也。[①]

学者们据此认定，唐长安城圜丘应该是隋唐时期皇帝郊天的圆丘。由于文献中描述的圆丘的相关尺寸基本上是以“丈”为单位给出的，为了说清楚唐长安城圜丘与文献记载的隋唐圆丘之间的差距，我们需要先介绍隋唐时期尺与丈等单位的换算问题。

按照曾武秀的研究，南北朝时期，有大、小尺两种尺度：1 小尺=0.246 米，1 步为 6 小尺；1 大尺=0.296 米，1 步为 5 大尺。据目前出土的隋唐时期各种材质尺子的实物，当时 1 尺的长度为 29—31 厘米。大致说来，隋及唐初的官定尺长为 29.6 厘米，中唐以后，稍有增加，至晚唐达到 31 厘米左右。这些尺子基本上都是大尺。[②]

由此可知，隋唐时期的标准尺长大体上为 29.6 厘米，这是 1 大尺的长度。由于 1 丈=10 大尺=12 小尺，因此，无论是采用大尺还是小尺，南北朝及隋唐时期 1 丈的长度，基本上都是 2.96 米。

我们知道，《新唐书》等文献中记载的圆丘主体，是由 4 个直径依次为 20 丈、15 丈、10 丈、5 丈的同心圆坛磊叠而成的。由于隋唐时期 1 丈=2.96 米，可据此对上述 4 个尺寸进行换算。如将简报中给出的唐长安城圜丘的四层同心圆直径的实际测量结果，取圜丘每层直径的平均值，与史籍记载的圆丘直径（换算为单位：米）罗列出来，可以对照如表 1 所示。

表 1 圜丘与圆丘主体尺寸对照表

项目	一层	二层	三层	四层
圆丘直径/米	59.2	44.4	29.6	14.8
圜丘直径/米	52.8	40.5	28.4	20.2
绝对误差/米	6.4	3.9	1.2	–5.4
相对误差/%	10.8	8.8	4.1	36.5

令人感到诧异的是：隋唐文献中的圆丘与唐长安城圜丘之第一、第四两层直径的绝误差竟然分别达到了 6.4 米与−5.4 米，而第四层直径的相对误差甚至超过了 35%。

无论是绝对误差还是相对误差，这个结果都远远超过了一个普通的建筑可以控制的精度范围，更遑论皇帝郊天的礼制建筑。但如此显著的误差，居然被人们忽略了。

那么，文献记载与历史遗存之间的这个误差是否是因修缮增补或遗存损毁等历史、自然甚或人为的原因造成的呢？根据简报，因遭自然力的侵蚀破坏，在隋唐 300 余年间曾对唐长安城圜丘进行过多次维修，不过，这些破坏及修缮对圜丘的基本形制，没有产生大的改变。[③]

这就给我们提出了一个问题，既然唐长安城圜丘的主体形制基本上保持了原始的状态，那么，它与隋唐文献记载的圆丘直径所出现的明显的误差，究竟是如何产生的。将此归咎于当初建筑施工不够精确所致，显然是难以令人接受的。

那么，是否有这样的可能，唐长安城圜丘并不是按照《新唐书》等史籍记载的数据构建的。

① 《新唐书・礼乐志》卷 12，中华书局 1975 年版，第 325 页。

② 曾武秀：《中国历代尺度概述》，《历史研究》，1964 年第 3 期，第 174 页。

③ 中国社会科学院考古研究所西安唐城工作队：《陕西西安唐长安城圜丘遗址的发掘》，《考古》，2000 年第 7 期。

如果真的如此，这个圜丘所代表的天文意义是什么，它与史籍中记载的圆丘在天文模型上有什么区别。

二、唐长安城圜丘的基本结构

下面的讨论，是基于这样的基本假设：简报有关唐长安城圜丘的探测数据，大体上反映了这个圜丘的原始建造状态，这个状态在精度上基本上保持了设计者的建筑方案。在此前提下，根据简报提供的数据，试图揭示圜丘设计者的理念究竟是什么？在其设计方案中，是否现存在着一个合理的天文模型？

因此，让我们先看一看唐长安城圜丘发掘简报所提供的信息。

据简报，唐长安城圜丘的形制基本保存完整，圜丘主体的大致形状，是一个四层的同心圆，每层的高度大体相同，各层基本上呈现着正圆的形状（图 1）。我们根据简报，将圜丘各层圆的直径与层高数据列成表 2 所示。

如前所述，根据出土的隋唐时期的各种材质尺子的实物，可以知道唐代的 1 尺，大体上为 29—31 厘米。例如，1956 年出土于河南陕县会兴镇唐墓的一把铜尺，长 29 厘米。①

图 1　唐长安城圜丘②

表 2　唐长安城圜丘主体的基本数据

层	圆径/米	平均/尺	径/尺	半径/单位	层高/米	平均/尺
1	52.45/53.15	182.1	182	13	1.85/2.10	6.8
2	40.04/40.89	139.5	140	10	1.70/1.85	6.1
3	28.35/28.48	98.0	98	7	1.45/1.75	5.5
4	19.74/20.59	69.5	70	5	1.75/2.25	6.9

注：圆径与层高两列数据采自发掘简报；1 尺=0.29 米，1 单位=7 尺。

以下为了方便起见，我们统一采用 1 尺=29 厘米进行归算。有必要指出的是，由于我们关注的是各种数据之间的比例关系，选择标准尺的换算长度，不会影响后面的讨论结果。

根据简报，圜丘各层的圆面直径（圆径）与层高，都给出了一个范围，见表 2 第 2、第 6 列。

① 黄河水库工作队：《一九五六年河南陕县刘家渠汉唐墓发掘简报》，《考古通讯》，1957 年第 4 期，第 15 页。
② 中国社会科学院考古研究所西安唐城工作队：《陕西西安唐长安城圜丘遗址的发掘》，《考古》，2000 年第 7 期。

按照 1 尺=0.29 米，将表 2 中这两列数据的平均值，换算成相应的尺数，分别罗列在第 3、第 7 列，第 4 列给出了圆径的平均值的整数尺数。

简报称，“从残存状况推测，圜丘总高最大可达 8.12 米”[①]。如果换算成尺，以 0.29 除之，得数为 $8.12/0.29=28=4\times7$ 尺。平均每层的高度为 7 尺。现存圜丘各层高度的实测数据，略小于这个结果。如果我们将 7 尺折合为 1 个单位，则圜丘各个层高近似为 1 个单位。

按 7 尺=1 单位，根据表 2 第 4 列圜丘各层圆径的尺数，可以得到相应各层圆面的半径的单位数，如第 5 列所示。

三、圜丘蕴含了一个三圆三方宇宙模型

根据对北大秦简《鲁久次问数于陈起》原文的解读，我们发现，秦汉时期可能存在一个鲜为人知的盖天说的宇宙模型，这个模型不同于《周髀算经》记载的盖天说的七衡六间模型。[②]按陈起的说法，我们称之为“三圆三方模型”。三圆三方模型是由三个同心圆构成的，由于这三个同心圆是通过内接与外切三个正方形彼此嵌套而得到的，因此，按照中国古代数学家“方五斜七”的规定（相当于取 $\sqrt{2}\approx1.4$），可以得到这三个圆的半径之比为 5∶7∶10。

三圆三方宇宙模型的中心为天北极，内圆表示夏至日太阳轨道，中圆表示春秋分日太阳轨道，外圆表示冬至日太阳轨道。

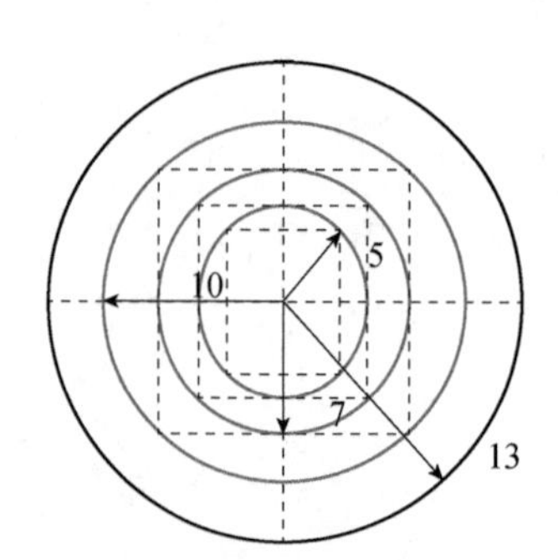

图 2　圜丘四层同心圆的半径比例

根据表 2 中四个圆的半径的比例，可以将唐长安城圜丘的模型绘制如图 2 所示。其中内侧的三个同心圆的半径之比，正好是 5∶7∶10。显而易见，这三个同心圆构成了一个标准的“三圆三方模型”。

在中国古代的传世文献中，未见三圆三方模型的记载。因此，在实际的考古发掘中，考古学者们也很少对相关的文化遗址进行类似的联想。大约只有冯时先生在讨论红山文化圜丘的数学结构时，提到过这个模型。[③]或许是当时尚缺乏出土资料的支撑，冯时的观点没有得到考古学界足够的回应。在汉代以后的大型遗址发掘中，基本上也从未见到有关三圆三方模型的报道。

---

① 中国社会科学院考古研究所西安唐城工作队：《陕西西安唐长安城圜丘遗址的发掘》，《考古》，2000 年第 7 期。

② 陈镱文、曲安京：《北大秦简〈鲁久次问数于陈起〉中的宇宙模型》，《文物》，2017 年第 3 期，第 31 页。

③ 冯时：《红山文化三环石坛的天文学研究——兼论中国最早的圜丘与方丘》，《北方文物》，1993 年第 1 期，第 9-17 页；冯时：《中国天文考古学》，中国社会科学出版社 2010 年版，第 459-480 页。

通过上面的讨论，我们可以看到，唐长安城圜丘内侧的三个同心圆的确是吻合了三圆三方模型，这是不是一种数字上的巧合呢。如果根据三圆三方宇宙模型的意义，将唐长安城圜丘的第二至四层的三个圆，分别看作是代表冬至、春秋分、夏至日太阳的轨道，那么，第一层的圆又代表了什么，它是否体现了圜丘设计方案的某种特殊的含义呢？

这是揭示唐长安城圜丘之天文意义的关键所在。

四、圜丘外圆代表恒隐圈

我们知道，在中国古代的星图画法中，有一种叫做“圆图”。圆图中通常都画出三个同心圆，分别称为内规、中规、外规。其中，中规代表天赤道，或者春秋分日太阳的视运动轨道，其半径约为91°（90°）。内规，表示恒显圈，恒显圈的半径就是北极出地的高度，即所在地的地理纬度 φ。外规，表示恒隐圈，外规之外的星空，在地理纬度 φ 的地区是常隐不现的，因此，可以视为所在地星空视野的边界，或者其宇宙的边界。

一行在《新唐书·天文志》中，给出了中国古代星图之“圆图”的画法：

> 削篾为度，径一分，其厚半之，长与图等，穴其正中，植针为枢，令可环运。自中枢之外，均刻百四十七度。全度之末，旋为外规。规外太半度，再旋为重规。以均赋周天度分。又距极枢九十一度少半，旋为赤道带天之纮。距极三十五度旋为内规。①

据上述画法，我们可知在一行的星图中，内规、中规、外规的半径分别为35°、91.25°、147°。这个结果是按照唐长安地区的地理纬度计算的，如果令中规半径约为91°，则182°≈180°，于是，内规半径 φ=35°，外规半径 182−φ=147°。

根据表2归算的结果，我们可以得到唐长安城圜丘的数据模型。在这个模型中，圜丘各层圆半径的单位数，由外向内依次为13、10、7、5。为醒目起见，我们将这些同心圆半径的单位长度表示如图3。

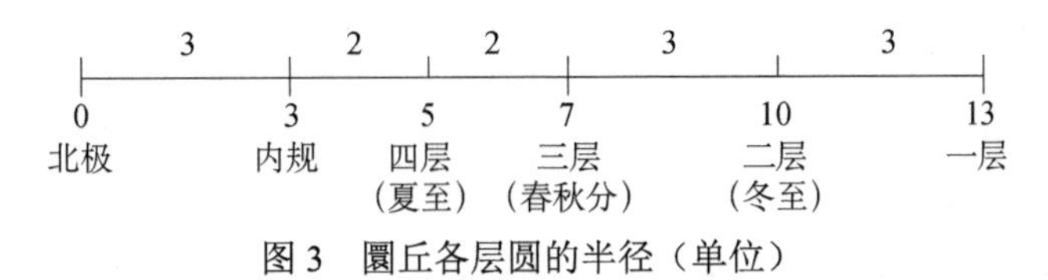

图3 圜丘各层圆的半径（单位）

据此可知，第一层圆与第二层圆的半径差为3个单位，与冬至日到春秋分日太阳轨道的半径差相同。假设在第四层圆的内部存在一个内规，根据对称性，它与第四层圆的半径差，应该与夏至日到春秋分日太阳轨道的半径差相同，均为2个单位。由此可以得到：内规的半径为3个单位。

如前所述，在一行给出的星图画法中，内规，即恒显圈的半径取为35°；外规，即恒隐圈的半径为147°，如图4所示。

假设内规表示恒显圈，第一层圆表示恒隐圈，第二层圆表示冬至圈，第三层圆表示春秋分

① 《新唐书·天文志》卷31，参见中华书局编辑部：《历代天文律历等志汇编》(3)，中华书局1976年版，第713页。

圈，第四层圆表示夏至圈，则恒隐圈到恒显圈的距离，共 10 个单位，于是，春秋分到二至圈的平均距离为 5 个单位。

由于恒显圈的半径为 3 个单位，按照春秋分日太阳轨道半径为 91°，合 8 个单位，由此可以归算出内规的半径如下：

$$\varphi=\frac{3}{8}\times 91=34.125°$$

此计算结果刚好约等于一行给定的唐长安地区的地理纬度——35°，与恒显圈的半径基本吻合。

由于圜丘的第一层圆的半径为 13 个单位，也可归算出第一层圆到北极的距离如下：

$$182-\varphi=\frac{13}{8}\times 91=147.875°$$

此计算结果正与一行给定的中国古代星图中的外规（即恒隐圈）的半径 147°相同。

由此，基本上可以断言，唐长安城圜丘中的第一层圆，应该就是表示的恒隐圈。这一点一旦确认，就从另一个方面支持前面的推断：圜丘的第二、第三、第四层圆分别代表了冬至、春秋分、夏至日太阳的轨道，而且这三条轨道是用三圆三方模型构造出来的，这些同心圆的半径依次为 10、7、5 个单位（图 5）。

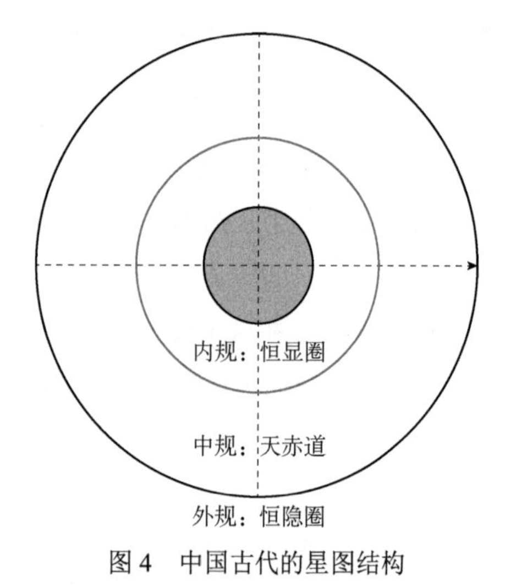

图 4　中国古代的星图结构

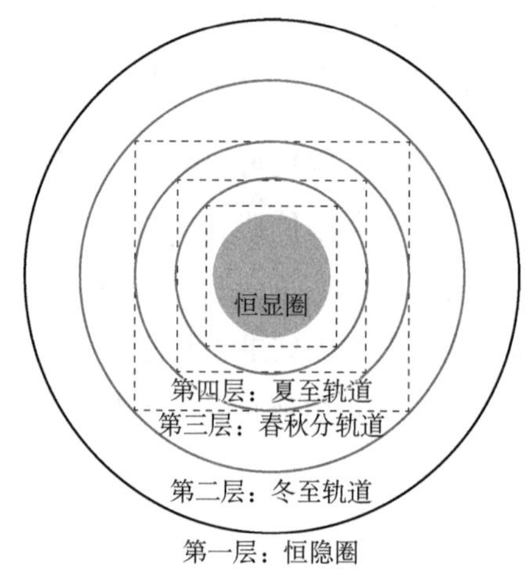

图 5　圜丘模型的天文意义

五、唐长安城圜丘可能不是《隋书》中的圆丘

圆丘与方丘，是古代皇帝郊天的礼仪建筑。圆丘又称圜丘。唐长安城圜丘是现存唯一一座比较完整的宋代以前的都城郊天礼制建筑。关于圆丘与方丘的形制，在古代典籍中多有记载，也有学者对此进行论述。①

如前所述，唐长安城圜丘的探测数据与唐代文献的记录不太吻合。通过上面的讨论，我们可知唐长安城圜丘具有非常明确的天文意义，其天文模型如图 5 所示。那么，历史文献中记载的隋唐时期的圆丘，又体现了怎样不同的天文意义。

① 姜波：《汉唐都城礼制建筑研究》，文物出版社 2003 年版，第 199-205 页。

目前正史中记载的隋唐时期的圆丘与方丘的形制尺度，基本上是一致的。例如，《隋书·礼仪志》有如下的记载：

> 高祖受命，欲新制度。乃命国子祭酒辛彦之议定祀典。为圆丘于国之南，太阳门外道东二里。其丘四成，各高八尺一寸。下成广二十丈，再成广十五丈，又三成广十丈，四成广五丈。……①

根据上述记载，可知隋高祖杨坚称帝后，让国子祭酒辛彦之制定新的皇帝郊天制度。辛彦之设计了圆丘与方丘两个郊天的礼仪建筑，分别在冬至日与夏至日，成为皇帝郊天的场所。

辛彦之设计的圆丘，是由四层圆坛垒叠而成，每层高 8.1 尺，这个尺寸，应是所谓的小尺，即 1 小尺=0.246 米，按 1 大尺=1.2 小尺=0.296 米。将圆坛的层高折合成大尺，每层高度应该是 8.1÷1.2=6.75 大尺。因此，辛彦之设计的圆坛四层高度合计为 27 大尺 = 7.99 米。

如果将唐长安城圜丘四层高度实测值的最大值加起来（表 2），得数为 7.95 米，几乎与之吻合。

不过，辛彦之设计的圆丘，其四层圆径的尺度依次为 5 丈、10 丈、15 丈、20 丈。这个结果与长安城圜丘有明显的差异。那么，圆丘的这四个直径可能代表的意义又是什么呢。

如果我们取黄赤大距为 24°，则根据唐一行的星图（圆图）的画法，将各个节点罗列出来，可以得到图 6。有趣的是，图 6 中最重要的三个数据，35、91、147，都是 7 的倍数，倘若以 7 除以图 6 中的数据，可以得到如表 3 所示的结果。

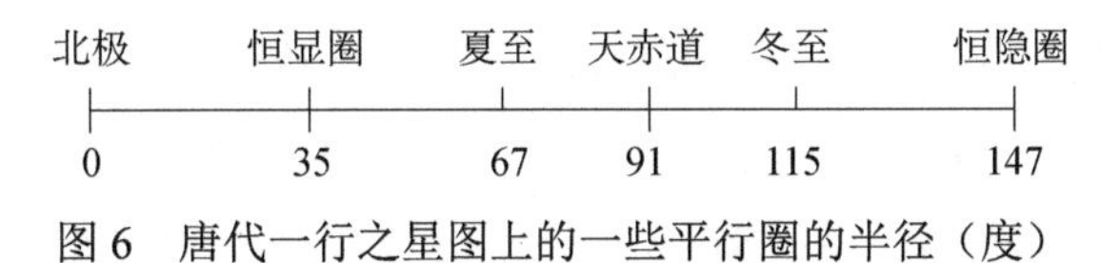

图 6　唐代一行之星图上的一些平行圈的半径（度）

表 3　唐代一行星图的平行圈半径处理结果（除 7）

北极	恒显圈	夏至	天赤道	冬至	恒隐圈
0	35	67	91	115	147
0	5	9.6	13	16.4	21
0	5	10		15	20

其中表 3 最后一行是辛彦之圆丘的直径数，我们可看到，在这组成等差数列的数字中，如果以 5 代表恒显圈的直径，则 20 应是对恒隐圈直径的近似。在确定了这两个数据之后，10 和 15 就可分别近似地表示夏至日与冬至日轨道的直径了。

这个事实表明，辛彦之设计的隋代圆丘中的四个“成广”，与前文讨论的唐长安城圜丘的四个“圜径”，在结构上是不同的。它们所对应的圆是有明显差异的。

因此，隋代辛彦之的圆丘模型，虽在总高度上与唐长安城圜丘的实测结果相当吻合，但在形制上却有着比较大的差异，应是两个不同的建筑，代表的天文模型是不一样的。

唐代的文献应是沿袭《隋书》中辛彦之的设计方案，来描述圆丘与方丘的形制。不过，是否根据辛彦之设计的方案进行了实际建设，暂且存疑。

① 《隋书·礼仪志》卷 6，中华书局 1973 年版，第 115-116 页。

我们据此得出的结论是：现存唐长安城圜丘，可能不是根据辛彦之的设计建造的。换句话说，唐长安城圜丘至少从数据上应不是《旧唐书》或《新唐书》所记录的圆丘，虽然，这个圆丘在地理位置上与唐长安城圜丘大约相近。

六、结论

本文的主要结论有二：第一，复原了唐长安城圜丘的天文模型；第二，唐长安城圜丘可能未按照隋代辛彦之的方案设计建造。

唐长安城圜丘的天文模型（图5）：由外向里，圜丘的第二、第三、第四层圆是一个三圆三方宇宙模型。第一层圆，是恒隐圈，也就是唐长安地区星空视野的边界，在此之外的星空，对于唐长安地区的人们来说，是常隐不现的。因此，这个圆可以视为宇宙的边界。

第四层平台上的恒显圈，与第三层圆和第一层圆，共同构成了中国古代星图中的内规、中规、外规。这三个圆分别代表着唐长安地区星空视野中的恒显圈、天赤道、恒隐圈。它们的半径在数值上与一行在《新唐书·天文志》中给出的数据吻合。

在宇宙模型的构建中，宇宙的边界，即恒隐圈，是重要的。太阳视运动平行圈周而复始的边界，即夏至与冬至日太阳的轨道，是重要的。天赤道，即春秋分日太阳的轨道，是重要的。相较而言，恒显圈所指代的天文现象就不是那么明显可以认证的。这或许是为什么唐长安城圜丘没有内规，只有这四层圆的原因。

值得强调的是，图5中蕴含的三圆三方模型，在中国古代大型的天文遗址中是比较罕见的。在发现北大秦简中描述的三圆三方宇宙模型之前，只有冯时曾经指出，红山文化圜丘具备了三圆三方的结构。[①]这种盖天说的宇宙模型与《周髀算经》的盖天说模型是不同的。文献的记录，目前仅见于北大秦简。在汉代以后的天文遗址中，唐长安城圜丘中蕴含的这个天文模型，应该是迄今为止的首次发现。

在搞清楚了唐长安城圜丘的天文模型之后，就可以看出这个圜丘的历史地位与作用了。不过，由于这个模型与现存古代文献记录的圆丘的模型显然是不一致的，这就引发了一系列值得进一步探讨的问题。例如谁设计了唐长安城圜丘？为什么这个方案在历史文献中没有记录？如果唐长安城圜丘就是唐代皇帝冬至郊天的场所，为什么新旧《唐书》要用辛彦之的方案来描述唐长安城圜丘的形制呢？

（原载《考古》2019年第5期；曲安京：西北大学科学史高等研究院教授；
陈镱文：西北大学科学史高等研究院教授。）

① 冯时：《中国古代的天文与人文》，中国社会科学出版社2006年版，第286-344页。

《水车图说》考
——兼论斯卡奇科夫对中国农业的研究

郑　诚

摘　要：道光四年（1824年），方传恩编著《水车图说》，旨在指导制造、使用翻车，详细讲解三类翻车的构造和安装方法，配有部件图和结构图，是农业机械史方面的重要文献。该书传本极罕，1963年胡道静曾经介绍，后即下落不明，学界无从研究。近期发现俄罗斯国立图书馆所藏《水车图说》道光刻本，是目前所知唯一传本。本文重点考察《水车图说》的编纂背景、内容特色、史料价值，附论该书原收藏者19世纪俄国外交官、汉学家斯卡奇科夫对中国农业的研究及相关藏书。

关键词：水车；机械史；农业史；俄罗斯汉学

1963年，胡道静先生发表《我国古代农学发展概况和若干古农学资料概述》，在“若干新发现的重要古农学资料”一节中，首次介绍“清道光初期编著的农业机械专著《水车图说》”，相关内容如下：

> 王祯的《农器图谱》虽有各种农具及农业机械的形象图，但并没有机械的部件图和工程结构图。这本清道光四年（1824）编成的《水车图说》，是为了指导龙骨车的构造和用法而作，所以图、说都很详尽，是我国古代农业机械方面极其罕见的一种文献。中国农业机械学会理事长刘仙洲校长正在研究这一文献。这书是当时陕督卢坤在关中提倡利用水车灌溉高原农田，委严如熤募南方工匠赴陕打造水车，由经理其事的候补知县方传恩根据工程情况绘写的。[①]

由此可知，《水车图说》史料价值甚高，然而文中未提及原书所在。胡道静和刘仙洲的后续论著中亦无该书踪影[②]。50年来，传统水车研究成果丰富，史料大批公布，然而相关论著大都未涉及《水车图说》[③]。个别述及该书的著作，皆据前引胡道静文取材[④]。《水车图说》既未

---

① 胡道静：《我国古代农学发展概况和若干古农学资料概述》，《学术月刊》，1963年第4期，第22-28页。

② 刘仙洲：《中国古代农业机械发明史》，科学出版社1963年版；刘仙洲：《有关我国古代农业机械发明史的几项新资料》，《农业机械学报》，1964年第7卷第3期，第194-203页；胡道静：《胡道静文集》，上海人民出版社2011年版。

③ 清华大学图书馆：《中国科技史资料选编农业机械》，清华大学出版社1986年版；梁家勉：《中国农业科学技术史稿》，农业出版社1989年版；张春辉：《中国古代农业机械发明史：补编》，清华大学出版社1998年版；陆敬严、华觉明：《中国科学技术史·机械卷》，科学出版社2000年版；张春辉：《中国机械工程发明史》（第二编），清华大学出版社2004年版；周昕：《中国农具发展史》，山东科学技术出版社2005年版。

④ 邢景文：《陕西古代科学技术》，中国科学技术出版社1995年版，第115页；张芳、王思明：《中国农业古籍目录》，北京图书馆出版社2002年版，第57页；方立松：《中国传统水车研究》，中国农业科学技术出版社2013年版，第3页。

见清末民国间书刊引用，亦未见《中国古籍总目》等馆藏书目著录，可知传本极罕。胡道静撰文所据之本下落不明，学界无从参考。

2017 年 8 月，笔者在莫斯科的俄罗斯国立图书馆（Российская государственная библиотека，以下简称俄图）意外发现一部《水车图说》道光刻本。本文首先对《水车图说》的版本特征、成书背景、内容特色略加介绍考证，其次讨论该书原收藏者 19 世纪俄罗斯外交官、汉学家斯卡奇科夫对中国农学的研究及其相关藏书。同时整理《水车图说》并影印插图，供学界利用，全文参见附录一。

一、《水车图说》与陕西水利

《水车图说》不分卷，清方传恩撰，道光四年序刻本，一册，俄罗斯国立图书馆东方文献中心收藏，索书号 ЗВ 2-4/774。半叶九行，行 23 字，白口，单鱼尾，四周双边，无行线，写刻。内框高 20.1 厘米，宽 13.7 厘米。书高 29.8 厘米，宽 16.4 厘米。版心未刻书名，仅刊叶次。书序与正文叶码连续，凡 18 叶。全书总约 4000 字，大小插图 24 幅（8a—12b，15a—16a），详细介绍翻车（龙骨车）部件、结构，以及手车（手摇）、脚车（脚踏）、牛车三类水车的部件尺寸，图文并茂。

书前冠道光四年七月卢坤序（1a—2b）、道光五年二月严如熤跋（3a—4b）[①]。卷首题“水车说”（5a），下署“方传恩”（参见附录一图 14）。正文内两处段落之末同署“道光四年岁次甲申季夏下澣龙眠方传恩六琴氏谨志”（14b，18b）。这本小册子中并没有出现“水车图说”字样。原收藏者斯卡奇科夫自编中文藏书目（约 1873 年）将其著录为“774 水車圖説 1 кн，in 8。”（即一册，八开本）[②]姑且因循此名。或该书原有内封题名，今已缺失。

《水车图说》是卢坤督陕兴修水利的产物。卢坤（1772—1835），字静之，号厚山，直隶涿州人，嘉庆四年（1799 年）进士，官至两广总督。道光二年（1822 年）九月，卢坤由甘肃布政使调改陕西巡抚[③]。上任伊始，卢坤下令陕西各道府疏通拥塞河渠，“檄各道府认真督属，同时举行”。道光四年三月，“各属以修复水利告成详情覆勘”：

> 旋据陕安道严君如（煜）[熤]以所属汉中、兴安山田，疏浚泉流，及咸阳、蓝田、凤翔、陇州、汧扬、华阳六州县，各以开复水田亩数详情覆勘，自数百亩至数千亩不等。此外著名河渠，溉田最广，如咸宁之龙首渠，长安之苍龙河，泾阳之清冶二河，盩厔之涝峪河，湄县之井田渠，岐山之石头河，宝鸡之利民渠，华州之方山河，榆林之榆溪、芹河，均一律深通。其非滨河处所，并无旧渠可引者，则令民制造水车，递相挹注。计是时勘实开复水田十一万九千余亩。[④]

---

① 严如熤：《乐园文钞》，道光二十四年刻本未收此跋。

② 书目稿本藏于俄罗斯国立图书馆写本部，索书号：Ф. 273-10-6。

③ 按卢坤：《秦疆治略》，《中国国家图书馆藏木活字本》自序（未署年月）略云：“因通行各属，令就地方实在情形，详晰禀复。兹择其有关利弊者，辑为此编，名曰秦疆治略。”该书即陕西省情资料，全陕厅州县各占一叶，记四至道里、人口、地理、产业、民风，屡引道光三年查明本县人口数据。参见（清）卢端黼：《厚山府君年谱》，中国国家图书馆藏道光间涿州卢氏刻本，索书号：传 684.375\865: 15a。

④ （清）卢端黼：《厚山府君年谱》，中国国家图书馆藏道光间涿州卢氏刻本，索书号：传 684.375\865: 21b。

严如熤（1759—1826），字炳文、号乐园，湖南溆浦人。乾隆五十四年（1789 年）优贡，嘉庆五年（1800 年）拔贡朝考一等，分发陕西，补洵阳县令（1801 年），升定远厅同知（1804 年）、汉中知府（1809 年）、陕安道（1820 年）、陕西按察使（1826 年）[①]。卢坤对严如熤的政务建言多与采纳，“复以君修复汉中渠百余堰，溉沃万顷，将溥厥利于全秦。檄视沣、泾、灞、浐、渭、洛诸川，郑白、龙首诸废渠，百坠垂兴，万人睽仰”[②]。卢坤下令地方兴修水利，严如熤总管疏通汉中、关中河渠，成绩显著，并有“令民制造水车”之举。

按道光四年七月卢坤《水车图说》序：

> 关中渠道之湮废者，余既督所属疏治之。而原高水低，难于上灌之处所在多有，司事者以为言。因思东南有各种水车之制，虽数十丈悬崖亦可援之使上。爰募工仿造而分颁之，以候补知县方令董其事。方令遂详绘其图，又备申其说，将以泐之成书，盖欲明其式，广其用，而永其传也。

道光五年二月严如熤《水车图说》跋略云：

> 大中丞厚山卢公督楚漕[③]，往来洞庭江淮间，深悉其利。属熤募南中匠作数人，委凤邠道嵩君岫，暨候补知县方令传恩董其事。计挽以手，踏以脚，推以牛骡，得大小数百具。饬属携匠来领，俾仿其制而习其法。落成之日，试诸浐河、沣水，翻翻联联，荦荦确确，萃浪分畴，不三四时，灌旱地数十亩。万众聚观，惊为神妙。公虑僻远州县，未能周知，又属方公绘之图，缀以说，以广其流传。

陕安道严如熤招募南方工匠至陕西制造水车，凤邠道嵩岫参与其事，候补知县方传恩专门负责督造水车，并著为图说。

方传恩（生卒年不详），字六琴，安徽桐城人。顺天宛平县副榜[④]。严如熤《方母吴太宜人寿序》谓方传恩“以副贡生官县丞，分发陕西用军功，保升知县，历署甘泉、平利、洋县、西乡事，所至著廉能声”[⑤]。道光元年春夏间，严如熤受命勘察川、陕、鄂三省交界边境，即曾与方传恩共事[⑥]。道光二年秋暴雨，汉中府西乡县城北磨沟河坝溃绝，城外房屋多冲没。年末方传恩代理西乡知县，捐资浚河、修堤。河堤起自谷口，经城北，达东关，缘城东南引水入木马河，道光三年二月竣工。严如熤巡视属县至西乡，磨沟河堤成，为作碑记。[⑦]

---

① 严如熤生平事迹，参阅《严如熤集》前言部分。按，洵阳县属兴安府，定远厅属汉中府，兴安、汉中二府皆隶陕安道。严如熤在陕西南部的陕安道地区任官 20 余年，传世著作有《乐园文钞》《乐园诗稿》《苗防备览》《洋防辑要》《三省边防备览》等。

② 语出汤金钊：《布政使衔陕西按察使乐园严公神道碑》，参见（清）严如熤：《黄守红标点》，载朱树人校订：《严如熤集》，岳麓书社 2013 年版，第 11 页。

③ 卢坤曾任湖北按察使，故云“督楚漕”。

④ （清）朱子春等纂修：《（光绪）凤县志》，《中国方志丛书·华北地方第 281 号影印光绪十八年刻本》卷 5，成文出版社 1969 年版，第 211 页 13a。

⑤ （清）严如熤：《黄守红标点》，载朱树人校订：《严如熤集》，岳麓书社 2013 年版，第 210 页。

⑥ （清）严如熤：《三省边防备览·三省山内边防备览引》，续修四库全书史部第 732 册影印道光间刻本，第 155 页。

⑦ 按道光《西乡县志稿》：“五渠堰……乾隆以后，山尽开垦，水故为患……道光二年又被灾。三年，代理知县方传恩相度形势，将东沙一渠改挖，河自取直，增高培厚，劝谕后山居民不许垦种，工竣立有碑记。”参见（清）严如熤：《黄守红标点》，载朱树人校订：《严如熤集》，岳麓书社 2013 年版，第 184-185 页；（清）无名氏：《（道光）西乡县志稿》，《中国方志丛书·华北地方第 316 号影印抄本》，成文出版社 1970 年版，第 65-66 页。

道光四年春夏间，方传恩监督工匠，造成翻车大小数百具，分为手摇、脚踏、畜力拖曳三种类型。“南中匠作数人”，当来自水车盛行的江南地区①。严如熤序云卢坤“饬属携匠来领，俾仿其制而习其法”。水车数百具，恐非数人所能速成。如非虚数，或可理解为南方匠人指导本地木工，共成其事。浐河、沣水，分绕西安城外东西，遂在两地河岸，安设新造水车，试用灌溉旱地。按《水车图说》：“四人脚车一架，穷日之力，可灌田二十余亩。”则半日（三四时）“灌旱地数十亩”，不过五六架四人脚车即可。道光四年六月，方传恩编成《水车图说》，刊刻印行，以便僻远州县按式仿行。同年方传恩补凤县知县，在任约一年②。

早在唐代中期，太和二年（828 年）闰三月丙戌朔，唐文宗“内出水车样，令京兆府造水车，散给缘郑白渠百姓，以溉水田”（《旧唐书》卷十七上）。同月，“京兆府奏准内出样，造水车讫。时郑白渠既役，又命江南征造水（军）[车]匠”；文宗以水车式样“赐畿内诸县，令依样制造，以广溉种”（《册府元龟》卷四九七）。以上两条史料关系密切，当即同一事③。道光三四年间，卢坤下令疏通关中旧渠，严如熤招募南方水车工匠入陕造器，与 1000 年前唐人修复郑白渠后，自江南征调水车匠入京兆府（西安），提升灌溉能力，事迹相似。宋元间陕西水车（翻车、筒车）记载极少④。道光初年，关中水车恐已罕见。故此江南常见之物，即引“万众聚观，惊为神妙”。道光四年以降，关中水车推广效果如何，目前尚缺少旁证。

二、《水车图说》内容特色

《水车图说》是一部说明书，介绍翻车结构、部件，安装方法，配图解说，清晰易懂。书中开列五种水车全套部件尺寸，包括四人脚车、二人脚车、二人手车、一人手车、牛车。这些知识看来主要得自工匠传授，而非抄录前人著作。

开篇《水车说》总论翻车结构。首先介绍组成的五种主要部件：水箱、叶子、龙骨、轮、轴（眠杆）。例如龙骨“每节长七寸，作单双卯，使后节之双卯衔前节之单卯。以竹钉横穿之，连络不绝，如环无端”。继而介绍三类水车各自特征，如手车无轴，“用二拐夹于上轮龙头，夹板以运之”；脚车车箱长，“水多力重，非轴不行，横木为之”；牛车尚须添置“小轮一，大平轮一，草亭一”。安装事项，如“安车之法，相度地势，不可直立，宜以半眠。如一丈六尺之车，只可取一丈之水”。换算为车身与地面夹角，当不超过 39°。田高水低之处，“则用车三四架，或五六架，层递而上如梯级焉，虽十数丈高原可缘而上”。

---

① 民国初年，松江青浦县章练塘镇仍有专门从事水车制造的村落。“环章练塘数十村，则又以独善制车名（俗称镶车）。车为田家戽水必需之具，或以人力，或以牛力，形式不一。制作非秘，而他处皆不擅此。制车船约三四百艘，每当东作将兴，櫂舟四出。东至浦东，西达常州以西，皆其营觅之所及，利不亚于力穑，颇亦足以资事蓄焉。”参见张仁静、钱崇威：《青浦县续志》，《中国方志丛书·华中地方第 167 号影印民国二十三年刻本》，成文出版社 1975 年版，第 119 页 24a；方立松：《中国传统水车研究》，中国农业科学技术出版社 2013 年版，第 202 页。

② （清）朱子春等：《（光绪）凤县志》卷 5，《中国方志丛书·华北地方第 281 号影印光绪十八年刻本》，成文出版社 1969 年版，第 211 页 13a。

③ 唐耕耦：《唐代水车的使用与推广》，《文史哲》，1978 年第 4 期，第 73-76 页。

④ 李根蟠：《水车起源和发展丛谈》，《中国农史》，2011 年第 4 期，第 20-47 页。

下文依次为手车图解、脚车图解。四人脚车、二人脚车、二人手车、一人手车四组部件尺。终篇为牛车图解、牛车配件尺寸，后者分车身、平轮、立轮、草亭四部分。

翻车之中，牛车结构最为复杂。《水车图说》介绍者，以畜力牵引六十四齿大平轮（周长一丈九尺二寸），带动十八齿小立轮（周长五尺四寸），立轮与转轴联动，旋转龙骨。大轮中心贯以将军柱，轮上置挂杆八根以附柱。将军柱两端俱锐，裹以铁，下承圆孔石臼，上穿横梁，并作宽大草亭，为牲畜蔽风雨。平轮去地一尺三四寸不等，周旁筑牛行之路，高六寸许，宽三寸许。横穿立轮的眠杆（转轴）“须从平轮下安设，穿牛行路而出”。眠杆之上，“架小石桥一片，俾牛行走。杆由桥下转动”（参见附录一图 12）。

按宋画《柳荫云碓图》（故宫博物院藏）、传南宋李嵩绘《龙骨车图》（东京国立博物馆藏）、明末宋应星《天工开物》牛转翻车图，以及 20 世纪 30 年代路易·艾黎（Rewi Alley）在苏南所摄牛转翻车，形制与《水车图说》牛车图式类似，且更为简易——眠杆（转轴）略高于地面，牛曳轮周旋需从轴上跨过①。这种平轮接近地面、眠杆在牛身之下的畜力翻车，应是古今一贯的通行设计。王祯《农书》中的牛转翻车图则不然，其平轮、眠杆（轴），俱悬于牲畜上方；牛牵长杠扭动立柱，带动平轮②。王祯《农书》于明清间数次重刻，又多为他书取材，其牛转翻车图流传甚广。然而平轮高悬半空，远不如设于近地面处便于安装、使用。《农书》之图，或王祯自出心裁，或刊刻失真，总之为一特例，不宜视作古代牛转翻车的标准图像③。

《水车图说》所述细部设计值得注意。例如刮水板（水叶），并非简单的长方形木块。“剖木为片，作小长方块。面平背凸，中厚而边薄。中厚则坚，边薄则轻而易拨。”图示注明“正面宜平”“背面四坡形”，即刮水板正面平正，背面成四棱台状。刮水板中心开方孔，插入龙骨。按书中脚车部件尺寸，水叶中厚 5 分，边厚 2 分，即可减少刮水板 1/4 的重量。《水车图说》亦有数处提及木料用材：眠杆、龙骨“须坚木”；眠杆两头“须用极坚木作两月牙，乘轴头踏转”；轴身“须用椿木，风不脆，日不裂”；水叶“宜楸木为之，用灰盐水煮透，则能耐久”；手车龙头夹板“必须坚固，宜槐木为之”。

参考《水车图说》所载结构、部件图解，尺寸标准，结合传统翻车制造工艺，对认识、复原 19 世纪初（清代中期）实际使用的三类翻车（手摇、脚踏、畜力）很有帮助。兹列表说明 5 种翻车的主要部件尺寸，参见附录二。

三、斯卡奇科夫的中国农业研究

前述《水车图说》系 19 世纪俄国外交官、汉学家斯卡奇科夫旧藏。康斯坦丁·安德里阿诺维奇·斯卡奇科夫（Константин Андрианович Скачков，汉名孔琪庭，1821—1883），生于

---

① Alley R, Bojesen C C, “Agricultural implements used in Southern Kiangsu”, *The China Journal*, Vol. 26, No. 2, 1937, pp. 87-96. 张柏春、张治中、冯立升等：《中国传统工艺全集·传统机械调查研究》，大象出版社 2006 年版，第 46 页。

② （元）王祯：《王祯农书》，湖南科学技术出版社 2014 年版，第 500 页。

③ 李根蟠讨论王祯《农书》中的水转翻车与牛转翻车，认为后者系自前者改装，二者功能皆不佳，且无旁证，恐系王祯别出心裁、不切实际的设计。参见李根蟠：《水车起源和发展丛谈》，《中国农史》，2011 年第 4 期，第 20-47 页。

圣彼得堡，求学时期受过农学和天文学专业教育。1848 年，斯卡奇科夫加入东正教驻北京第十三届传教团，1849—1857 年旅居北京，主管传教团下设磁力气象天文观测站，学习汉语，研究中国典籍，特别关注中国传统天文学和农业。返俄后，他在外交部亚洲司任职，1859 年、1867 年两次外派来华，先后出任塔城领事（1859—1863 年）、天津领事（1867—1870 年）、通商口岸总领事（1870—1879 年），1879 年最终回国。在津期间，斯卡奇科夫参与处理了同治九年（1870 年）天津教案中的误杀俄人案，以及同治十年、十一年的两起俄商货船受损案①。斯卡奇科夫前后在华 25 年之久，搜集书籍、地图等 1500 余种。这批藏书及其大宗手稿目前都藏于俄图。②

斯卡奇科夫生前在俄国的报刊上至少发表了 22 篇文章，涉及中国历史、地理、农业、天文学、水师、中俄贸易等诸多领域。农业方面，包括《论中国桑蚕的品种》（1856 年）、《中国红薯》（1857 年）、《中国人放养野蚕的树木》（1862 年）、《中国的苜蓿》（1863 年）、《论中国的蝗虫杀灭》（1865 年）、《谈中国农业》（1867 年）③。自从 1849 年初抵北京，中国天文学、中国农业，以及各类工艺技术，便成为他用功最勤的领域。1853 年底，斯卡奇科夫在日记中总结本年学习成绩，即包括农业笔记 104 页，译出《救荒活民书》22 页、《续茶经》24 页。现存斯卡奇科夫手稿中，近 2000 页是关于中国农业的内容。

除了研读、翻译中国农书（如《授时通考》），斯卡奇科夫曾考察京郊农村，实地了解中国农业。他的日记中有一篇长文，题为《农家生活，温泉乡石窝速写》（24 页）。1853 年，斯卡奇科夫开辟试验田，试种 60 种蔬菜、23 种瓜、26 种豆类、16 种谷物、20 种水稻、22 种高粱、7 种草药、17 种根块类草药、26 种果树、90 种野花、40 种家花；同时聘请一位京郊农民，帮助打理试验田，传授农业知识。蚕桑方面，斯卡奇科夫留下约 1000 页相关笔记，在东直门内的俄罗斯馆花园内养蚕，又向圣彼得堡寄送了 1000 枚野蚕茧及白蜡树、柞树种子。此外，斯卡奇科夫还向俄国农业博物馆寄送约 900 千克苜蓿种子，希望能在俄国推广种植。不过俄国国内机构没有积极响应，野蚕和苜蓿都未能成功引种。

正如《俄罗斯汉学史》（1977 年）的作者、同姓学者斯科奇科夫（П. Е. Скачков，1892—1964）所言："斯卡奇科夫的日记全面描写了 19 世纪中叶中国农民的生活，如果得以发表，将会是研究中国农业问题最为丰富珍贵的资料和绝无仅有的民族学资料。"④斯卡奇科夫各类手稿（日记、报告、论著、译文、笔记等）皆藏于俄图写本部，全宗号 Ф. 273，总计 14 795 页⑤。迄今只有一部《政治日记》整理出版，改题为《太平天国起义日子里的北京》（1958 年，记录

① 蔡鸿生：《俄罗斯馆纪事（增订本）》，中华书局 2006 年版，第 62、120、123、165-176 页；陈开科：《俄总领事与清津海关道——从刻本史料看同治年间地方层面的中俄交涉》，《中国社会科学》，2012 年第 4 期，第 161-182 页。

② 本节有关斯卡奇科夫事迹及藏书流传未标注出处者，参见（俄）П. Е. 斯卡奇科夫：《俄罗斯汉学史》，柳若梅译，社会科学文献出版社 2011 年版，第 222-234 页；（俄）李福清：《康斯坦丁·斯卡奇科夫的命运与遗产》，杨军涛译，载朱玉麒：《西域文史》（第十辑），科学出版社 2015 年版，第 253-267 页。

③ （俄）阿夫拉阿米神父：《历史上北京的俄国东正教使团》，柳若梅译，大象出版 2016 年版，第 239-242 页。

④ （俄）П. Е. 斯卡奇科夫：《俄罗斯汉学史》，柳若梅译，社会科学文献出版社 2011 年版，第 226 页。

⑤ 全宗 273 斯氏文书，写本部所用 1960 年编打字稿目录书影参见 dlib.rsl.ru/viewer/01004727602#?page=1（2018 年 5 月 26 日检索有效）。

19世纪50年代北京的街谈巷议和政治新闻，多自《京报》摘录）①。尚有大量未刊资料，有待研究利用。

斯卡奇科夫在华期间大量搜罗图书，成为19世纪俄国首屈一指的中国文献收藏家。俄图现存斯卡奇科夫旧藏中国文献，总计1515号，11 000余册。其中抄本360余号（全宗号Φ. 274）藏于俄图写本部。1974年，麦尔纳尔克斯尼斯编《康・安・斯卡奇科夫所藏汉籍写本和地图题录》（以下简称《题录》）俄文版出版，著录写本部所藏抄本；2010年，《题录》中文译本问世，内容有所增订，较俄文版更为丰富便利②。刻本1150余号（总号ЗВ 2-4）藏于俄图东方文献中心，尚无书目出版。2017年8—9月，笔者访问莫斯科，综合俄图馆藏斯卡奇科夫自编藏书目2种、卡片目录等资料，复核部分原书，编成《斯卡奇科夫旧藏中国文献检索表》（未刊），简略著录全部1515号藏品书名、册数，部分备注版本。这批藏书中未发现宋元古本，明刻及清初刻本约有100部，绝大多数为乾隆至咸丰年间的出版物，另有少量同治光绪年间的新学书刊；近九成图书当得自1849—1857年的北京书籍市场③。

斯卡奇科夫藏书中，新疆地方文献、地图（及天文图）、农书、天文历法、小说戏曲较有特色，清代刻本抄本颇见珍稀之品。从书籍史角度而言，19世纪中叶形成、完整传世的大宗中文藏书亦属罕见，更是宝贵的研究资料。

斯卡奇科夫旧藏中国农业相关书籍总约45种，详见附录三。按内容可分为一般农书、茶事（3种）、蚕桑（9种）、谱录（7种）四类。茶叶为清代中俄贸易大宗，涉及重要商务事宜。斯卡奇科夫所藏《茶事丛书》抄本四册（第559号），乃自30种作品汇抄而成，包括《虎丘茶经补注》《茶经》《试茶录》《大观茶论》《茶谱》《烹泉小品》《罗岕茶记》等（《题录》153号）。桑蚕、中国植物、农业技术，更是斯卡奇科夫的兴趣所在。斯卡奇科夫向俄国读者介绍中国农学知识，显然利用了这批参考资料。例如《中国红薯》（1857年）当依据《甘薯录》、《中国人放养野蚕的树木》（1862年）或参考《樗茧谱》、《橡茧图说》、《论中国的蝗虫杀灭》（1865年）可能编译自《救荒活民书》中有关治蝗的条目。

19世纪50年代，斯卡奇科夫是北京书坊（隆福寺、琉璃厂）的常客，对农学书（非高价古本）随见随收④。经典著作如《齐民要术》《农桑辑要》《农政全书》《耕织图》《广群芳谱》《古今图书集成・草木典》《授时通考》等，搜罗齐备。藏品中尚有不少道光间初刊的新作，例

① Скачков К А, *Пекин в дни тайпинского восстания: Из записок очевидца*, Изд-во вост.лит., 1958.

② （俄）麦尔纳尔克斯尼斯：《康・安・斯卡奇科夫所藏汉籍写本和地图题录》，张芳译，国家图书馆出版社2010年版。

③ 嘉庆道光间，徐松（1781—1848）、张穆（1805—1849）、沈垚（1798—1840）、姚元之（1776—1852）等人聚集北京，形成研讨西北舆地之学的文人群体。这些学者的著作乃至旧藏书籍，部分亦为斯卡奇科夫所得。参见荣新江：《斯卡奇科夫所获汉籍管窥》，载《国际汉学研究通讯》编辑委员会：《国际汉学研究通讯（第一期）》，中华书局2010年版，第131-141页。

④ 斯卡奇科夫旧藏中尚有一册账本形式的书目抄本（《题录》，1179号），大略按四部次序开列1700余种书名及价格，卷首题“东同文堂”，卷末署“道光二十二年夏月写立　胡宫材制”，很可能是1842年北京琉璃厂东同文堂书肆（见于孙殿起《琉璃厂小志》）的售书目录。其农书类凡六种：花镜 一套（按，指函套数，非部数）一钱二分。农政全书 四套 四两。农书 二套 三两。耕织图 二两三钱。棉花图 一两二钱。农桑辑要 一套 三钱。以上各书价格不高，应是通行版本。除《农书》两函者似非斯卡奇科夫所购品种（二册），其余名目皆见诸斯卡奇科夫藏书目。《钦定授衣广训》即《棉花图》之嘉庆增刻本。

如刘祖宪《橡茧图说》(1827 年)、杨名飏《蚕桑简编》(1829 年)、杨屾《蚕政摘要》(1835 年)、郑珍《樗茧谱》(1837) 年、王存《玉屏蚕书》(1839 年)、何石安与魏默辑《蚕桑合编》(1844 年)、吴其濬《植物名实图考》(1848 年) 及《植物名实图考长编》(1848 年) 等，颇能反映传统时代农学最后阶段的面貌。

部分罕见版本，文献价值较高，在此一提：吴璨编《治湖录》一卷续一卷，乾隆四十八年(1783 年) 活字本，保存康熙乾隆间无锡芙蓉湖圩田赋税资料。陆燿《甘薯录》，乾隆五十年(1785 年) 山东布政使缪其吉翻刻本，前冠公文，可知本年奏准毕沅所请推广栽种番薯，应对鲁豫灾荒，山东奉谕劝种，遂配合重刊《甘薯录》。帅念祖《区田编》，道光二年(1822 年) 汤阴知县马应宿刻道光七年增修本，附刊郾城县劝种区田告示(道光七年二月十一日) 等文，可见地方农业实践。《勖士劝农要语》，道光十五年(1835 年) 嘉应州刻本，系嘉应州(今广东梅州市) 知州范某告示汇编，载有劝戒鸦片烟之事①。

方传恩《水车图说》(1825 年) 为陕西官刻小册，估计至多印刷数百部，运达北京分赠者或不过数十部。当时流传即罕，幸为斯卡奇科夫所得，乃成一线之传。

附录

附录一　《水车图说》整理本②

关中渠道之湮废者，余既督所属疏治之。而原高水低，难于上灌之处所在多有，司事者以为言。因思东南有各种水车之制，虽数十丈悬崖亦可援之使上。爰募工仿造而分颁之，以候补知县方令董其事。方令遂详绘其图，又备申其说，将以泐之成书。盖欲明其式，广其用，而永其传也。呜呼，亦可谓存心利济者矣。夫服田力穑，固在农夫，而兴利制宜，上之人亦安辞其责？方令之斯图斯说，足以明其式矣。惟形与器，可久任哉？苟非贤司牧精神念虑，有以融贯于其间，又乌能广其用而永其传耶？因方令之请，用志数语于简端，诚有望于实心民事者。道光四年甲申秋七月涿州卢坤③。

耒阳令曾之谨作《农器谱》三卷，桔槔之制详焉，周益公称其裨益民生者甚大。吴楚闽越，务农之家，家必有数具。滨临江湖，潴而为池塘，分而为泖港，胥藉其用，以济天时地利之穷，故东南之谷产特盛。大中丞厚山卢公督楚漕，往来洞庭江淮间，深悉其利。属煜募南中匠作数人，委凤邠道嵩君岫，暨候补知县方令传恩董其事。计挽以手，踏以脚，推以牛骡，得大小数百具。饬属携匠来领，俾仿其制而习其法。落成之日，试诸浐河、沣水，翻翻联联，荦荦确确，革浪分畴，不三四时，灌旱地数十亩。万众聚观，惊为神妙。公虑僻远州县，未能周知，又属方公绘之图，缀以说，以广其流传。公之恤民隐物，为康济之

① 是书署"特授嘉应州直隶分州兼管水利事务范"，"道光十五年六月奉列宪刊发"。按光绪《嘉应州志》(光绪二十七年刻本) 卷十八官师 (45b—46b)，道光十五年前后知州无范姓者，道光十四年至十八年同知为范光祺。则该书或系范光祺署理知州时所刊。

② 据俄罗斯国立图书馆东方文献中心藏道光刻本(索书号：ЗВ 2-4 / 774) 录文。原书繁体竖排，改作简体横排，重分段落并加新式标点。插图位置随文标注，书影统一置于卷尾。

③ 下刻"按秦/使者"阳文方印、"卢坤/之印"阴文方印。

者至矣。夫治县之难毕张也，非视民事如家事，则古人美意良法，毛举小利害，视为迂阔不可行者有之。然前民利用，惬人心之大同。彼以食为天之民，其愿捍灾御患，以济天时地利之穷，心则罔弗切也，不待督劝而兴行矣。行见秦晋燕齐之间，原隰陇畦，谷产之盛，与东南无异也，则公之志也夫！乙酉仲春溆江严如熤跋①。

水车说　方传恩【图 14（卷首）】

按水车即古桔槔，《庄子》所谓凿木为机，挈水若流者也。其法有手转、脚踏、牛曳之不同。其制则大同而小异。手转、脚踏者，其大端有五：曰水箱、曰叶子、曰龙骨、曰轮、曰轴。所以受水者谓之水箱。长一二丈至八九尺不等。中宽五六寸，高一尺四五寸。脚车长而宽，手车短而狭。三面置板，其形若槽。上横小木，其踈如栏。加以界板，长与水车箱等。箱旁置小柱，亦踈如栏。手车项间并置龙头夹板。此水箱之说也。所以曳水者，谓之叶子。所以贯叶子者，谓之龙骨。叶子剖木为片，作小长方块。面平背凸，中厚而边薄。中厚则坚，边薄则轻而易拨，贯以龙骨，或七八十叶，或四五十叶。量水箱长短，为定龙骨。每节长七寸，作单双卯，使后节之双卯衔前节之单卯。以竹钉横穿之，连络不绝，如环无端。置界板于中，顺界板直排而下。此叶子龙骨之说也。所以转拨叶子者，谓之轮，上下各一。上轮脚车八齿，手车七齿，下轮俱六齿。将叶子套于轮齿上，一齿承一叶。上口叶子在界板上，平面向下。下口叶子在水箱内，平面向上。以次推拨，上下齐转。叶子曳水从下口入箱，向上口喷出。此轮之说也。所以转轮者谓之轴，一名眠杆。手车无轴，用二拐夹于上轮龙头，夹板以运之。脚车箱长，水多力重，非轴不行，横木为之。四人者长八九尺，二人者长五六尺。木须二尺围圆，两头较中三分而杀一，中嵌八齿，以作水箱之上轮，旁按人数贯以踏凳，承以月牙。轴头凹其颈而裹以铁，月牙之内亦须嵌铁，以油膏之，则运转速而人力省矣。轴身须用椿木，风不脆，日不裂。此轴之说也。以上各件，并此外之车篷、车架、扶杆、小脚等式，均分晰绘图，并注明长短厚薄尺寸如左，以便按册而稽。

至安车之法，相度地势，不可直立，宜以半眠。如一丈六尺之车，只可取一丈之水。水箱上口着地，下口着水。水中置一平架，将水箱架住。令水与下轮平，高则受水少，深则恐致漂浮。四人脚车一架，穷日之力，可灌田二十余亩。其田高水低之处，则用车三四架，或五六架，层递而上如梯级焉，虽十数丈高原可缘而上。此手车脚车之大略也。

若牛曳者，以牛运车，不假人力，其法尤便。车箱、龙骨、叶子，其法如前。所添置者，小立轮一，大平轮一，草亭一。小轮须立，故谓之立轮。其形如钟表之时轮，周围置齿十八，使当平轮之齿，中为方凿，以眠杆贯之。眠杆右置拨齿，左贯立轮。龙骨叶子套于拨齿之上。杆之两头，承以石窌。右窌贯其中，左窌作月牙形，置眠杆于其上。大轮须平，故谓之平轮。围圆须二丈，内外置齿六十有四，齿当小轮。其轴俗名将军柱，柱高一丈二尺，杀其上而锐其下，以铁裹之，贯于轮中。轮须近下。轮上置挂杆八根以附柱。柱

① 下刻“严如/熤印”阴文方印、“乐/园”方印（右阳文左阴文）。

下承以石础，凹其中，以当柱之下锐。柱上横木为梁，凿圆孔以管之。梁之两头着草亭之内柱。于平轮之上，系鞘驾牛。盖牛曳大轮，大轮之平齿拨小轮之立齿。小轮转，而眼杆之拨齿随之，叶子龙骨，一齐俱转。箱内之水，自下而上矣。草亭者，所以覆牛以蔽风雨，所以着梁以管平轮之柱也。偏茅覆苇，各从其便。外作六柱以支屋，内作二柱以着梁。屋须宽大，容平轮之外，须留牛行路。牛行当眼杆之处，更须以石板一块作为小桥，以便其行。此牛车之大较也。牛车一架，一昼夜可灌田三十亩。南方多牯牛力大，西北皆犍牛力小，或以骡马代之亦可。各件式样尺寸，俱开列如左。绘图既竟，因为说以弁其端。

【图1】

中心界板式。手车身式：上龙口转轮、下龙口转轮、水箱。手车、脚车，车身同式。去龙头夹板，将叶子套于眼杆转轮，即为脚车。

手车龙头夹板式：夹板系插于车厢之外，昂首向上，以架转轮。卯眼须坚固，宜槐木为之。

【图2】

水叶正面式：正面宜平。水叶背面式：背面四坡形。龙骨穿叶式。水叶正面曳水，必须端平。不宜过厚，过厚沉重难转。然薄则轻脆易损。宜楸木为之，用灰盐水煮透，则能耐久。

龙骨式：双卯。单卯。龙骨接卯式。水车之法，转轮、叶子、龙骨，三者为最。然周身灵快，全在龙骨。双卯向上，单卯纳于双卯之中，分寸停匀，用小竹钉一枚，平中横锁。故长如一线，实节节伶动也。形窄而扁，须坚木秀緻为之。

【图3】

手车双耳带推拐式。手车双推拐式。

【图4】

连二叶式。连三叶式。脚车转轮拨齿式：脚车上轮齿，即于眼杆中安设。手车转轮拨齿式：手车上轮七齿，下轮六齿。

中心界板分底面两层式：面上叶子正面朝下，至下龙口环转入箱，则正面皆朝上，正面平故能曳水。

【图5】

四人踏轮式：车棚、车架式、扶杆、转轮、踏凳、月牙、小脚。

【图6】

二人眼杆式。四人眼杆式。下转轮式。脚车眼杆月牙式。

手车脚车下转轮尺寸不同。拨尺俱系六个，中微丰。故手车上下转轮又名车葫芦。脚车眠杆立二人四人踏转，必须坚木方能承载。左右踏凳，须分前后步，四面四凳，如十字形。按二人四人步位，安置眠杆，架于小脚之上。两头须用极坚木作两月牙，乘轴头踏转。

【图 7】

一人手车式：平水架。

【图 8】

二人手车式。

【图 9】

脚车式。二人四人同此。

【图 10】

层递盘高式。

四人脚车

车身长一丈六尺，宽五寸二分，高一尺四寸。界板长一丈四尺五寸，厚三分，宽三寸。水箱两墙板厚五分，高六寸五分，底板厚一寸五分。水叶子六十九块，中厚五分，边厚二分，高六寸二分，宽四寸。龙骨六十九节，每节长八寸五分。眠杆围圆一尺九寸，长八尺二寸，中安转轮。拨齿八个，高四寸，宽三寸五分。左右踏脚凳八个。车架高五尺四寸。扶杆长一丈。小脚高一尺七寸，宽二尺三寸。下转轮长六寸，围圆一尺。拨齿六个，宽高与上转轮同。

二人脚车

车身长一丈二尺，中宽四寸四分，高一尺三寸二分。界板长一丈零五寸，厚三分，宽二寸五分。水箱两墙板厚五分，高六寸，底板厚一寸二分。水叶子六十三块，中厚五分，边厚二分，高五寸七分，宽三寸五分。龙骨六十三节，每节长七寸五分。眠杆围圆一尺五寸，长五尺七寸，中安转轮。拨齿八个，高四寸，宽三寸五分。左右踏脚凳四个。车架高五尺四寸。扶杆长七尺。小脚高一尺七寸，宽二尺三寸。下转轮长五寸二分，围圆九寸。拨齿六个，宽高与上同。

二人手车

车身长一丈，中宽四寸四分，高一尺三寸二分。界板长八尺五寸，厚三分，宽二寸。水箱两墙板厚五分，高六寸，底板厚一寸。水叶子五十三块，中厚四分，边厚一分八厘，高五寸七分，宽三寸五分。龙骨五十三节，每节长七寸五分。龙头夹板二枝，长三尺四寸。上转轮长六寸四分，围圆一尺二寸。拨齿七个，高三寸四分，宽三寸二分。下转轮长五寸二分，围圆九寸。拨齿六个，宽高与上同。

一人手车

车身长八尺，中宽四寸四分，高一尺三寸二分。界板长六尺五寸，厚三分，宽二寸。水箱两墙板厚五分，高六寸，底板厚一寸。水叶子四十三块，中厚四分，边厚一分八厘，高五寸七分，宽三寸五分。龙骨四十三节，每节长七寸五分。龙头夹板二枝，长三尺四寸。上转轮长六寸四分，围圆一尺二寸。拨齿七个，高三寸四分，宽三寸二分。下转轮长五寸二分，围圆九寸。拨齿六个，宽高与上同。

道光四年岁次甲申季夏下澣龙眠方传恩六琴氏谨志。

【图 11】

牛车式：草亭宜宽，轮盘之旁，留牛行路一道。

【图 12】

安将军柱式：石础。草亭正中二柱，横建巨梁，中凿圆孔。又于亭正中地面安大石础一座，中凿圆孔，深四五寸，与横梁中孔端正相对。将军柱上贯横梁，下着石础，以便平轮旋转。

亭内牛行路并穿路架眠杆式：平轮周旁须筑牛行路一道，高六寸许，宽三寸许，环绕周匝。眠杆须从平轮下安设，穿牛行路而出。亭外架小石桥一片，俾牛行走。杆由桥下转动。

【图 13】

草亭横梁中心圆孔式。平轮式：将军柱、推齿六十四根。挂杆式：挂杆八根，上着将军柱，下着辋面。平轮轮辋式。

立轮式：推齿十八根，中心卯口须方孔。立轮轮辋式。眠杆式：拨齿九个。立轮卯式：立轮方卯，嵌扣结实，转动得力。眠杆安立轮并两头架石卯式。外石卯式：树立亭外，以加眠杆。内石卯式：树立平轮之下，以架眠杆。

牛车尺寸

车身

箱长二丈，宽五寸，高一尺五寸。龙骨九十六个，长五寸。水叶九十六块，宽四寸八分，高六寸八分，厚五分。眠杆头拨齿九个。

按，车身尽可加长加宽，龙骨、水叶即按照尺寸增加，须视水之平陡，牛力健壮与否。

平轮

将军柱高一丈二尺，围四尺。上卯长一尺二寸，围一尺八寸，用铁裹。下卯长四五寸，围一尺，用铁裹，头圆锐如杵。轮辋九块，每辋长二尺一寸三分三厘，宽七寸，厚五寸。齐缝处用铁闩辋。担条九根。挂杆八根。轮盘围圆一丈九尺二寸。推齿六十四根。每齿长一尺一寸，用铁裹，锥入轮辋六寸，外露五寸。离三寸一齿。

立轮

眠杆长九尺，围二尺二寸，两头卯用铁裹。轮辋三块，每辋长一尺八寸，宽六寸，厚四寸。齐缝处用铁闩辋。担条六根。轮盘围圆五尺四寸，推齿十八根。每齿长六寸，用铁裹，锥入轮辋三寸二分，外露二寸八分，离三寸一齿。

按，平轮去地一尺三四寸不等，总须量立轮上半面身势，以推齿相合为制。将军柱下中心石础，可高可低，临时相度斟酌。两轮木植，俱要坚结。

草亭

柱八根，高一丈二尺，围二尺。内正中二根，须三四尺围，以建横梁。横梁须四尺围，中心受将军柱。圆孔须宽六寸有余，上下嵌以铁川口为要。余柱俱有欠方浏脊八根。或竹或木为纬，覆以苇箔。剪谷草自檐口起，周围平铺，层层覆压而上，结以圆顶。

按，草亭之设，所以架横梁，位置轮盘，护惜牛身，驱牛之夫，藉避风雨。大小无定制，中安平轮，轮外留有牛行路，即为合式。惟亭基须相水势地势，水势宜平，地势宜高。大抵牛车一架，经一昼夜，可灌地二三十亩。于地势较高之处安置，则顺势浇灌，易于流通。南方多用水牛力大，西北惟产黄犊力小性缓，似不如用骡马同曳，较为便捷。然马力亦微，又须勤为更换，方可昼夜不息也。

道光四年岁次甲申季夏下澣龙眠方传恩六琴氏谨志。

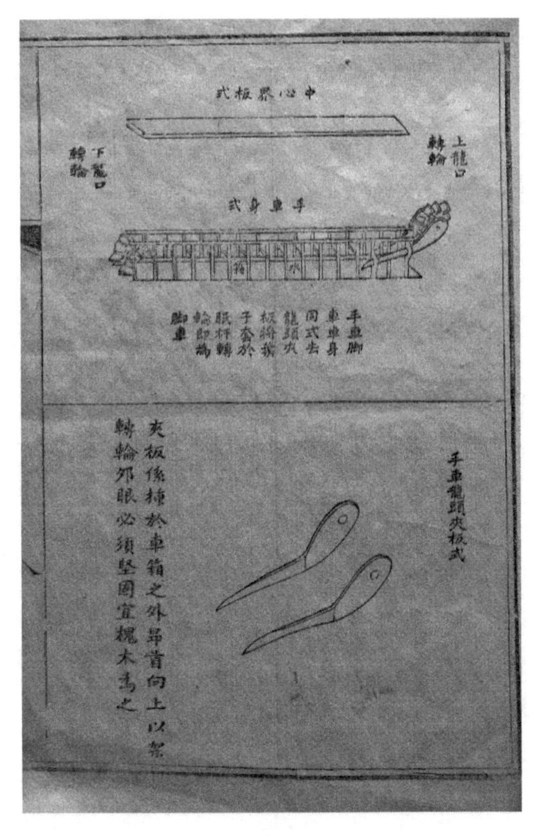

图1

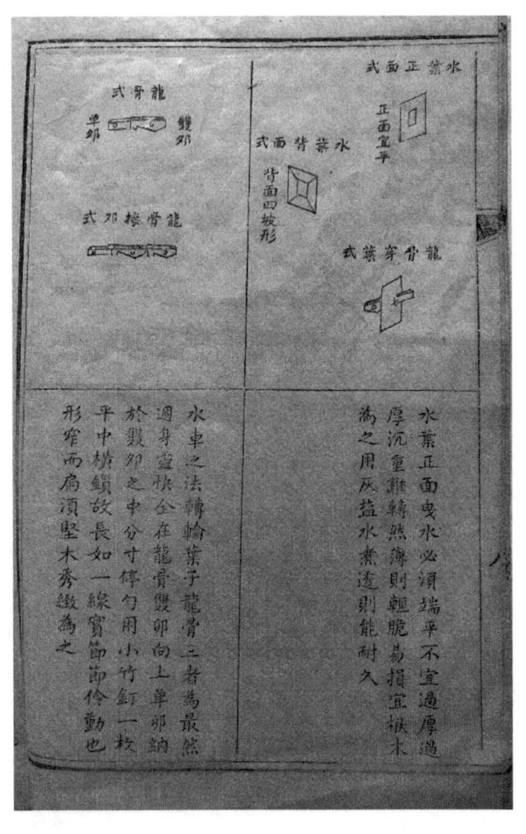

图2

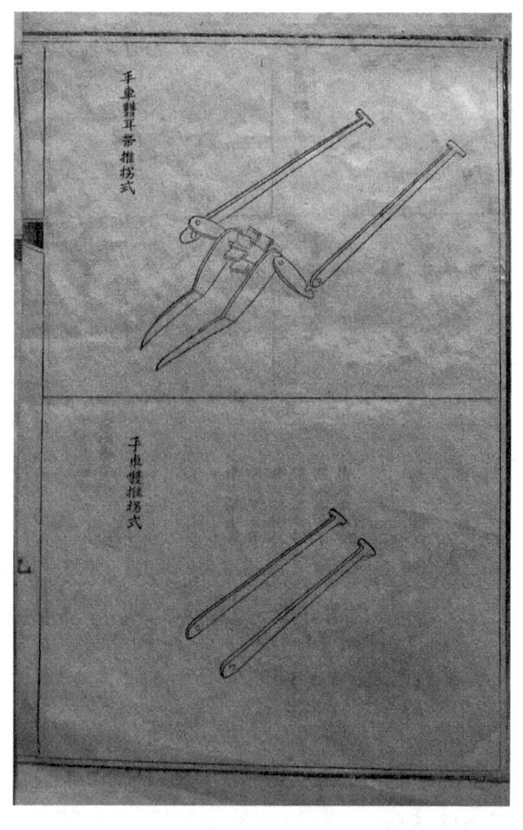

手車翻耳帶推拐式
手車雙推拐式

图 3

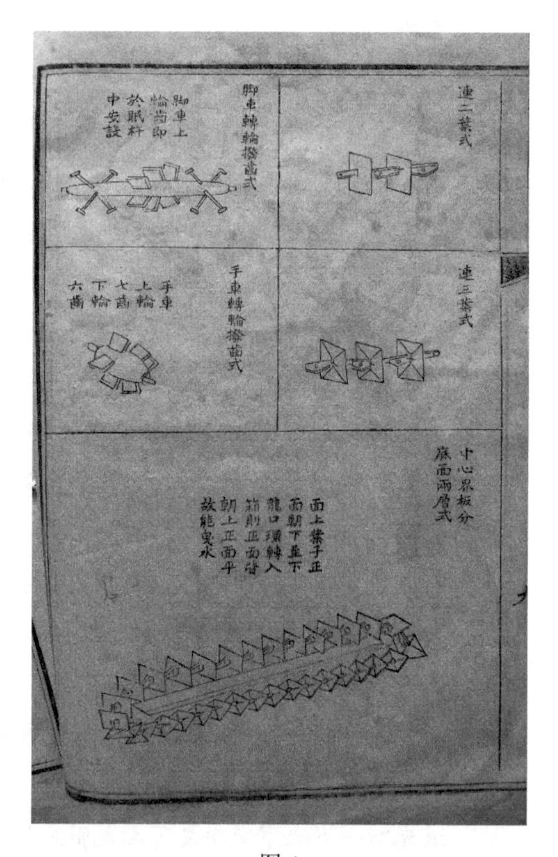

連二葉式
脚車轉輪撥齒式
脚車上輪齒即於眠杆中安設
連三葉式
手車轉輪撥齒式
手車上輪七齒下輪六齒
中心界板分廂兩層式
面上葉子正面朝下垂下龍口環轉入箱則正面背朝上正面平故能戽水

图 4

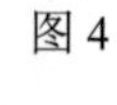

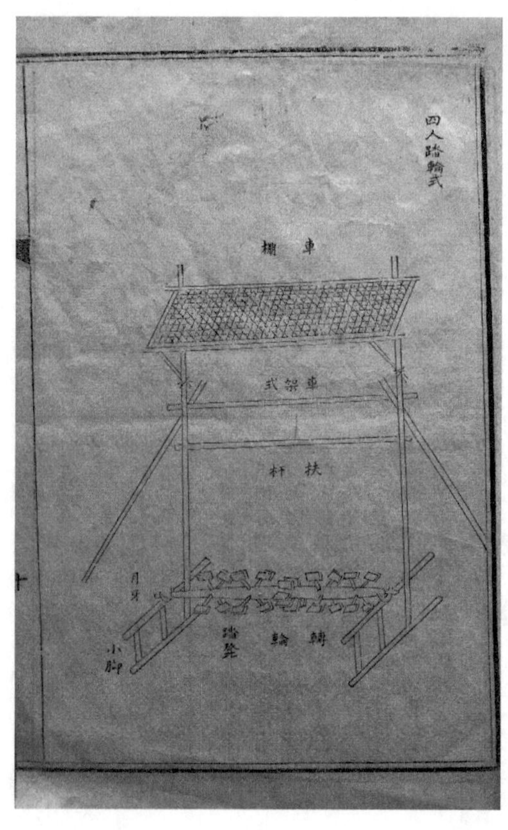

四人踏輪式
車棚
車架式
扶杆
月牙
轉輪
踏凳
小脚

图 5

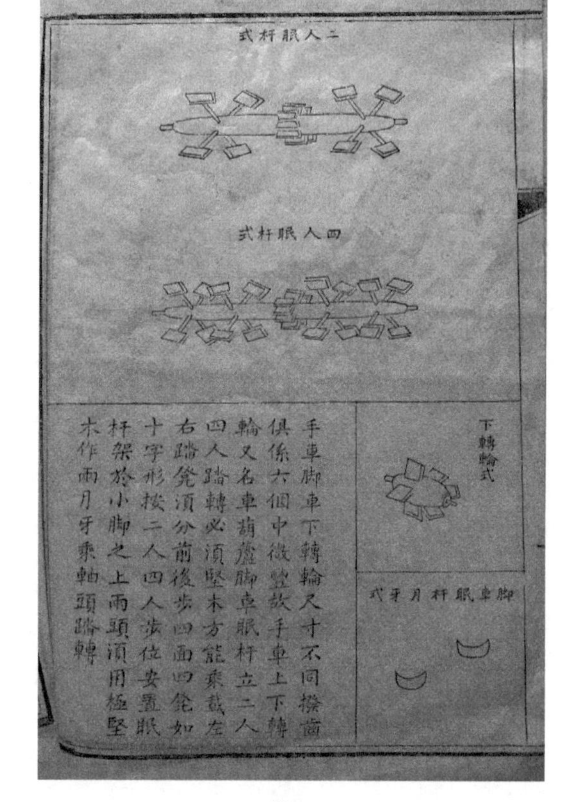

二人眠杆式
四人眠杆式
下轉輪式
脚車眠杆月牙式
手車脚車下轉輪尺寸不同撥齒俱係六個中微彎故手車上下轉輪又名車葫蘆脚車眠杆立二人四人踏轉必須堅木方能乘載左右踏凳須分前後步四面四凳如十字形按二人四人步位安置眠杆架於小脚之上兩頭須用極堅木作兩月牙乘軸頭踏轉

图 6

图 7

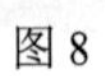

图 8

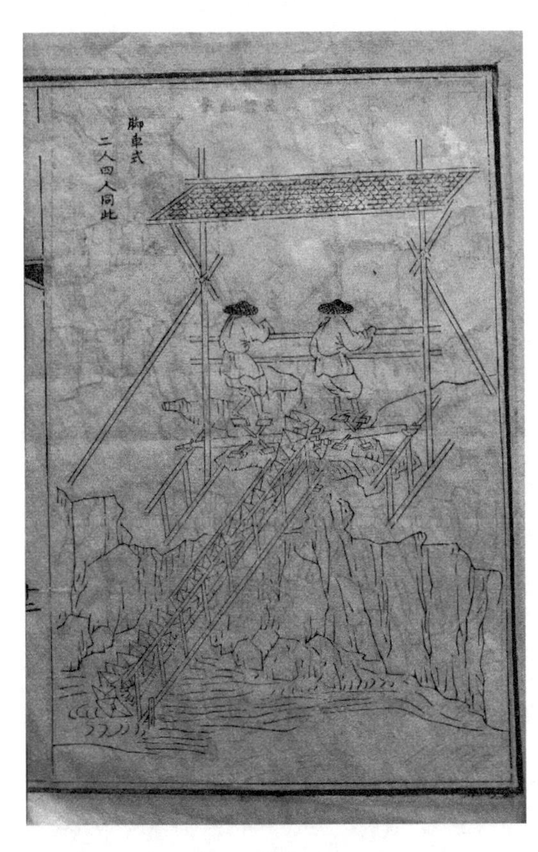

图 9

图 10

图 11

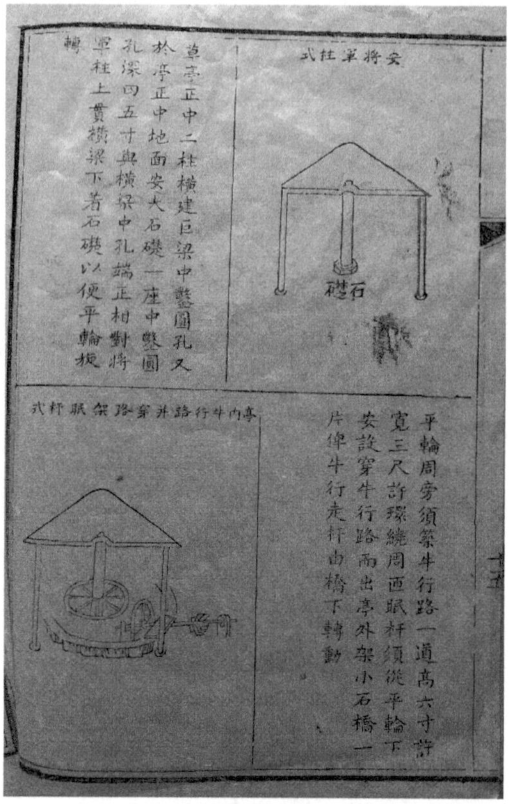

图 12

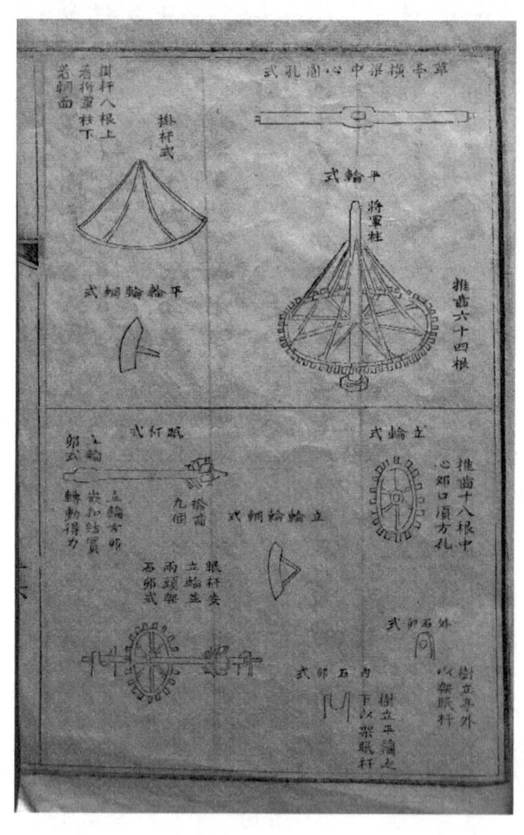

图 13

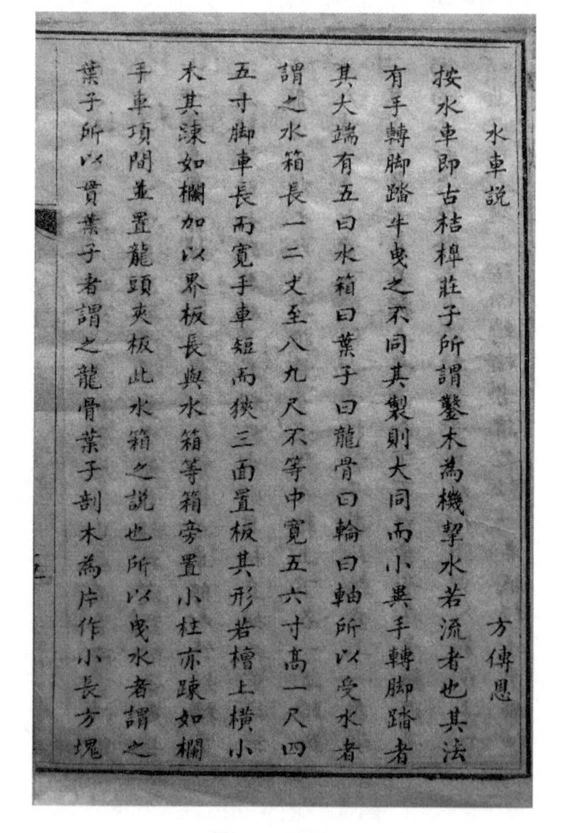

水車說

方傳恩

按水車即古桔槹莊子所謂鑿木為機挈水若流者也其法有手轉脚踏牛曳之不同其製則大同而小異手轉脚踏者其大端有五曰水箱曰葉子曰龍骨曰輪曰軸所以受水者謂之水箱長一二丈至八九尺不等中寬五六寸高一尺四五寸脚車長而寬手車短而狹三面置板其形若槽上橫小木其疎如欄加以界板長與水箱等箱旁置小柱亦疎如欄手車頂間並置龍頭夾板此水箱之說也所以曳水者謂之葉子所以貫葉子者謂之龍骨葉子剖木為片作小長方塊

图 14（卷首）

附录二

《水车图说》部件尺寸表

	牛车*	四人脚车	二人脚车	二人手车	一人手车
车身长	二丈	一丈六尺	一丈二尺	一丈	八尺
车身宽	五寸	五寸二分	四寸四分	四寸四分	四寸四分
车身高	一尺五寸	一尺四寸	一尺三寸二分	一尺三寸二分	一尺三寸二分
界板长	—	一丈四尺五寸	一丈零五寸	八尺五寸	六尺五寸
界板厚	—	三分	三分	三分	三分
界板宽	—	三寸	二寸五分	二寸	二寸
水箱墙板厚	—	五分	五分	五分	五分
水箱墙板高	—	六寸五分	六寸	六寸	六寸
水箱底板厚	—	一寸五分	一寸二分	一寸	一寸
水叶子	九十六块	六十九块	六十三块	五十三块	四十三块
叶子中厚	五分	五分	五分	四分	四分
叶子边厚	—	二分	二分	一分八厘	一分八厘
叶子高	六寸八分	六寸二分	五寸七分	五寸七分	五寸七分
叶子宽	四寸八分	四寸	三寸五分	三寸五分	三寸五分
龙骨数	九十六节	六十九节	六十三节	五十三节	四十三节
龙骨节长	五寸	八寸五分	七寸五分	七寸五分	七寸五分
龙头夹板	—	—	—	二枝	二枝
龙头夹板长	—	—	—	三尺四寸	三尺四寸
眠杆围圆**	二尺二寸	一尺九寸	一尺五寸	—	—
眠杆长	九尺	八尺二寸	五尺七寸	—	—
上转轮围圆	—	—	—	一尺二寸	一尺二寸
上转轮长	—	—	—	六寸四分	六寸四分
拨齿	九个	八个	八个	七个	七个
拨齿高	—	四寸	四寸	三寸四分	三寸四分
拨齿宽	—	三寸五分	三寸五分	三寸二分	三寸二分
踏脚凳	—	十六个	八个	—	—
车架高	—	五尺四寸	五尺四寸	—	—
扶杆长	—	一丈	七尺	—	—
小脚高	—	一尺七寸	一尺七寸	—	—
小脚宽	—	二尺三寸	二尺三寸	—	—
下转轮长	—	六寸	五寸二分	五寸二分	五寸二分
下转轮围圆	—	一尺	九寸	九寸	九寸
下转轮拨齿	—	六个	六个	六个	六个
拨齿高	—	四寸	四寸	三寸四分	三寸四分
拨齿宽	—	三寸五分	三寸五分	三寸二分	三寸二分

* 牛车平轮、立轮、草亭部件尺寸略。《水车图说·牛车尺寸》云："按，车身尽可加长加宽，龙骨、水叶即按照尺寸增加，须视水之平陡，牛力健壮与否。"

** 围圆即周长。

附录三

斯卡奇科夫所藏中国农学文献[①]

编号	书名	册	编号	书名	册
533*	齐民要术（秘册汇函本）	4	558*	宣和北苑贡茶录北苑别录（读画斋丛书本）	1
534	养余月令（1633）	4	559	茶事丛书（抄本）[《题录》153 号：陆羽《茶经》等 30 种作品]	4
535*	重订增补致富陶朱公全书（1678）	2	560*	豳风广义（1740）	4
536*	治湖录（1783，活字本）	1	561*	劝襄阳士民种桑说（1825）	1
537	钦定授时通考全书（1742）	24	562	蚕桑宝要（1818）	1
538	钦定授时通考全书（1826）	24	563	蚕桑简编（1834）	1
539	三农纪（1760）	6	564	蚕政摘要（1835）	1
540*	花镜（文德堂刻本）	4	565	樗茧谱（1837）	1
541	农桑辑要（1773）	2	566	玉屏蚕谱（1839）	1
542	秘传花镜（1783）	4	567	蚕桑合编（1845）	1
543*	甘薯录（1785）	1	687	华夷花木鸟兽珍玩考（1581）	6
544*	区田编（1822）	1	688	佩文斋广群芳谱（1708）	40
545*	重订增补致富陶朱公全书（1840）	2	689	植物名实图考（1848）	38
546*	通艺录·九谷考（1803）	1	690	植物名实图考长编（1848）	22
547	东垣农歌（1800）	1	691	草木图会（三才图会）	10
548	双溪物产疏（1816）	6	692	博物汇编草木典（图书集成，1728）	3
549*	农政全书（1837）	24	693	群芳谱粹言（抄本）[《题录》248 号]	1
550	农政全书水利摘要补注（1829）	1	714	元亨牛马集（1736）	4
551*	农书（张履祥，1839）	2	774*	水车图说（1825）	1
552*	勖士劝农要语（1835）	1	1359*	耕织图（清刻本）	2
553	水利荒政合刻（1845）	1	1360*	耕织图（清刻本）	1
554*	富家宝（1850）	1	1374*	钦定授衣广训（1808）	2
555*	续茶经（1734）	4	1471*	水利荒政合刻（1845）	1
556	茶事丛书（抄本）【《题录》154 号：《虎丘茶经补注》等 7 种，同原 559 号第 1 册】	1	1472*	橡茧图说（1827）	4
557	大观茶论（抄本）【《题录》155 号：《大观茶论》等 11 种，同原 559 号第 2 册】	1	1487*	增订教稼书（乾隆刻本）	1

*经笔者目验者加星号；第 553 号、第 688 号各有两部。

（原载《中国科技史杂志》2019 年第 40 卷第 4 期；
郑诚：中国科学院自然科学史研究所副研究员。）

① 本表内编号、书名、年代、册数四项，主要依据俄图写本部藏斯卡奇科夫自编书目稿本（约 1873 年成书，中文版 Ф. 273-10-6；俄文版 Ф. 273-10-8），略有修订。版本未注明者皆为刻本。表内刻本藏于俄图东方文献中心，索书号为原编号前加 ЗВ 2-4。例如第 774 号《水车图说》，索书号即 ЗВ 2-4/774。抄本藏于俄图写本部，索书号为《康·安·斯卡奇科夫所藏汉籍写本和地图题录》（国家图书馆出版社，2010）新编号，前加 Ф. 274。

生态环境与医学史

中国食物变迁之动因分析
——以农业发展为视角

王思明　周红冰

摘　要：从远古到今天，中国食物发生了诸多变化。寻求充足稳定的食物来源以满足日益增长人口的需求无疑是这种历史变迁的最大动因，农业起源与发展本身就是这一变化的重要表现。此外，农业生产技术的进步使得中国食物种类不断增添和筛选，从而形成了丰富多彩的食物品种。而农业生产核心区域的扩展则使中国食物由北方主导转变为南北并重，最终奠定今日南稻北麦的饮食格局。由于中外农业交流的不断扩大，中国食物种类结构得到不断的补充与完善，这也缓解了明清以来人口激增所带来的农业生产压力。今日中国饮食结构的调整与提升，则离不开农业现代化生产与全球化背景下农业贸易的巨大影响。

关键词：食物变迁；人口压力；农业生产；农业交流；全球化

获取食物是人类历史发展的基本条件。在农业产生前，渔猎采集成为人类获取食物的主要来源。在这一历史时期，世界各地人们的食物来源种类大多一致。蛋白质和脂肪主要来源于捕食动物，而易于人体吸收的碳水化合物则获取较为有限，“野草种子、水果、植物根部和块茎是碳水化合物的主要来源，但其中大多数是季节性食物”①。然而，随着世界人口的迅速增加，单纯依靠采集渔猎所获取的食物已经很难满足人类的需求。人类文明进入新石器时代后，一场关于食物的革命也随之到来。英国考古学家柴尔德认为，农业的出现使得人类控制了自身的食物来源，“人类开始有选择地去种植、栽培可以供人食用的草、根茎和树木，并加以改良”②。因此，农业的出现，特别是种植业为人类提供了可靠而稳定的碳水化合物成分来源。由农业生产所带来的不同动植物资源又推动各地区农业和食物种类的不断变化，“栽培植物属、种和品种的组成明确地证明了所有这些发源地无疑都是独立和互不依赖地发展”③。有学者就认为食物的构成与农业的发展存在重大的联系，不同区域的农业发展情况造就了不同地区人类的饮食结构。例如，公元前6700年左右，近东地区率先进入了完全意义上的农业生产时代，从而确立了当地独特的饮食种类和结构。④

中国作为四大文明古国之一，拥有数千年的文明发展史。其中，传统食物种类和饮食方式

① ［美］保罗·弗里德曼：《食物：味道的历史》，董舒琪译，浙江大学出版社2015年版，第9页。

② ［英］戈登·柴尔德：《人类创造了自身》，安家瑗、余敬东译，上海三联书店2012年版，第53页。

③ ［苏］瓦维洛夫：《主要栽培植物的世界起源中心》，董宇琛译，农业出版社1982年版，第74页。

④ Kiple K F, Ornelas K O, *The Cambridge World History of Food*, Vol.2, Cambridge University Press, 2000, p. 1125.

在中国历史上几经更迭，到清代才最终确定了现代中国人饮食的基本类型。出现这种变化，其实也源于人口压力下的中国传统农业的发展情况。日本学者筱田统认为，“主食作物的种类，往往决定耕作这种作物民族的命运”①。这种说法虽然略嫌绝对，但也深刻表达了农业与食物之间的密切关系。那么如何理解中国历史时期食物变迁的内在规律，从农业角度进行分析将是解决问题关键的突破口。

一、人口压力下的农业发展：食物变迁的最大动因

中国食物在历史上经历了多次的种类变迁，并存在着一个明显的动态变化过程。中国食物的历史变迁在本质上就源于人们对食物来源稳定性与可靠性的追求。特别是人口增长压力下农业的整体发展是促成食物变迁的最大动因。

可以认为，支撑近一万年来世界人口由几百万人到数十亿人扩展的基本动力就源自世界范围内食物和物质资源的生产和快速增长。②而在人类历史发展之初，采集渔猎所能提供的食物来源受到自然环境的极大限制，从而与日益增长的人口需要之间产生了不可调和的矛盾。这种供需上的矛盾最终迫使人类进入了农业生产时代，寻找更为可靠而稳定的食物来源。这种从新石器时代开始的农业生产进程被称为“新石器革命”。在这一过程中，人类也通过农业获得了新的食物获取方式，“新石器革命”也因此被称为“农业革命”。③近来，有学者通过对遗传基因的分析，认为古代非洲人口结构的变动和人口数量的增加就与非洲农业和狩猎采集人口的初步分离存在密切关系。④由此来看，农业的产生为人类提供了较为可靠而稳定的食物来源，从而促进了世界人口的大幅增长和结构转变。

（一）人口压力与中国农业发展

中国作为人类起源的重要中心之一，人口数量在新石器时代以后也呈现出快速增长的态势。在黄河和长江流域的重要文明遗迹中，均显示了中国人口快速增加的历史趋势。例如，从屈家岭文化时期到龙山文化时期，长江中游地区的人口增速达到了每百年15.58%—23.33%。⑤而在北方地区，人口增长的速度也十分迅速，“龙山晚期人口急剧增长，超过仰韶晚期的最高峰”⑥。这一时期人口的快速增长离不开食物来源的相对可靠和稳定。而促成中国食物来源走向可靠和稳定的原因，也正是中国原始农业的产生和发展。进入文明社会以来，中国人口数量不断增加，并长期占据亚洲人口总数的1/3以上（表1）。

---

① ［日］筱田统：《中国食物史研究》，高桂林、薛来运、孙音译，中国商务出版社1987年版，第5页。

② Ehrlich A H, “Implications of population pressure on agriculture and ecosystems”, *Advances in Botanical Research*, Vol. 21, 1995, pp. 79-104.

③ McEvedy C, Jones R, *Atlas of World Population History*, Penguin Book Ltd., 1985, p. 15.

④ Patin E, Quintana-Murci L, “The demographic and adaptive history of central African hunter-gatherers and farmers”, *Current Opinion in Genetics & Development*, Vol. 3, 2018, pp. 90-97.

⑤ 郭凡：《聚落规模与人口增长趋势推测——长江中游地区新石器时代各发展阶段的相对人口数量的研究》，《南方文物》，1992年第1期。

⑥ 乔玉：《伊洛地区裴李岗至二里头文化时期复杂社会的演变——地理信息系统基础上的人口和农业可耕地分析》，《考古学报》，2010年第4期。

表1　公元前200年至公元1900年中国与世界人口统计　　（单位：百万）

分类	公元前200年	200年	1200年	1600年	1800年	1900年
世界人口	150	190	360	545	900	1625
亚洲人口	105	130	250	375	625	970
中国人口	42	63	115	160	225	475

资料来源：McEvedy C，Jones R，*Atlas of World Population History*，Penguin Book Ltd.，1985，pp.122，167，342.

中国人口的快速增长随即引发了对食物需求量的显著增加。值得注意的是，古代中国人食物的摄取多以粮食为主。有学者认为，“对粮食消费的依赖与土地稀缺有关，因为从粮食而不是从动物食品摄取蛋白质和热量，对土地需求要少”①。在这一背景下，农业的发展也就受到了粮食供给的深刻影响。从总体上看，影响中国农业生产的原始动力就是中国人对食物，特别是对粮食的极度需求。先秦时期，中国人以粟（又称小米或谷子）作为主食；进入秦汉后，北方麦作农业逐渐兴起，小麦成为最重要的主粮之一；隋唐之后，南方水稻种植异军突起，迅速成为中国第一大粮食来源。中国主要粮食作物在农业生产领域出现如此大的变动现象，就与不同粮食作物在各个历史时期的种植收益相关。

（二）追求高产过程中的作物轮替

粟作为中国原产的粮食作物，广泛种植于黄河流域及邻近地带，“具有适应性强、抗干旱、生长期短等特征”②。在先秦农业生产力水平较低的情况下，粟耐瘠耐旱、易于成熟的种植特点，使其成为先秦时期最为重要的粮食作物。秦汉之后，得益于农田水利设施的修建以及耕作技术的提高，耐旱能力不如粟的小麦脱颖而出，成为北方最重要的粮食作物。这是因为小麦种植在保证灌溉的前提下，单位产量高于粟。有学者考证，汉代小麦的亩产为120斤左右，粟的亩产已经略低于小麦，大约为116斤。③并且，秦汉时期小麦在原粮成品率上也已经大幅度高于粟。④这就说明，秦汉以后种植小麦比种植粟可以获得更多的粮食。隋唐时期，小麦最终取代了粟在农业生产中的原有地位。到两宋时期，中国人口首次超过1亿，人口激增带来的粮食压力随之迫使农业生产再次出现变革，南方水稻单位产量高的优势凸显出来。在宋代，稻作水田的亩产量达到了北方旱地的3倍，“因之，在水利条件许可下，北方扩大稻田以增加产量”⑤。这种人口压力下的粮食生产决定了中国食物历史变迁的基本规律，即中国人的食物选择从总体上取决于食物来源的最大可靠性与稳定性。换言之，何种作物能够提供最为充足的食物供应，就会获得农业生产中的特殊地位。

这一规律在中国历史上被证明长期有效。例如，明清时期美洲作物传入中国，诸如番薯、玉米等粮食作物加入传统农业的多熟轮作种植格局中，并凭借其耐瘠高产的作物属性，“增加

① ［英］安格斯·麦迪森：《中国经济的长期表现——公元960—2030年》，伍晓鹰、马德斌译，上海人民出版社2008年版，第22页。

② ［日］星川清亲：《栽培植物的起源与传播》，段德传、丁法元译，河南科学技术出版社1981年版，第34页。

③ 周国林：《关于汉代亩产的估计》，《中国农史》，1987年第3期。

④ 吴慧：《中国历代粮食亩产研究》，农业出版社1985年版，第72-73页。

⑤ 漆侠：《宋代经济史》，上海人民出版社1987年版，第137-138页。

了中国粮食作物的种类和产量，满足了日益增长的人口的需求”①。番薯、玉米等也成为中国社会新的主粮来源。中华人民共和国成立后，人口与粮食之间的矛盾依然尖锐。据统计，1949年的小麦平均亩产仅为86斤，水稻平均亩产为252斤。②如此低的粮食亩产很难满足社会需求。因此，在很长的一段时间内，为了满足民众的食物需求，国家不得不奉行“以粮为纲”的政策。为了提高粮食产量，中国开始推行水稻等作物的种植杂交技术。以袁隆平为代表的水稻杂交育种专家，培育出了一系列的高产杂交水稻品种。1974年，中国第一个可大规模推广种植的杂交水稻品种“南优二号”问世。到1976年，“南优二号”的推广面积达到208万亩，其产量比常规稻增产20%。③如今，杂交稻已经成为中国非常重要的稻作品种，“已累计推广80亿亩，累计增产稻谷6000亿公斤以上”④。水稻、小麦等作物的杂交高产在很大程度上提高了中国农业粮食总产量。近年来，为弥补粮食缺口，“海水稻”育种培育工作又成为新的发展方向。“海水稻”是耐碱性水稻的俗称，“海水稻”可以在盐碱滩涂地种植，在不挤占现有耕地面积的同时，还能开发我国沿海内陆数亿亩的盐碱土地，其农业价值巨大。据最近报道，在青岛李沧区“海水稻”试验基地内，“海水稻”最高亩产达到了620.95千克，初步具备了推广种植的条件。⑤这也就为中国粮食生产提供了新的增长空间。

由此来看，中国食物来源及结构上的变化受到了农业生产的极大影响。由于中国人口数量的持续增长，人们对食物需求的迫切程度日益提高，从而使得中国农业生产朝着更加高产、高效的方面发展、转化。因此，种植产量更高的农作物就成为农业生产的首要目的。然而，想要实现农业高产的目标，满足中国人的食物需求，就离不开农业技术进步、中外农业交流等因素对农业生产的影响。此外，中国人口迁徙带来的核心农区的转移以及现代农业全球贸易的快速发展，也都在很大程度上影响了中国农业发展的历史方向。这些方面交织在一起，共同促成了农业生产在食物选择中的决定性地位，成为影响中国食物变迁的关键因素。

二、筛选与优化：农业技术的进步

不同的地区孕育不同的农业生产，“适合各地实际情况的或可能的农业系统，从根本上说，当然是取决于各个地区能够利用的驯化种，和较为适合一定的植物栽培、动物饲养的环境条件”⑥。因此，不同的农业生产状态又催生了迥异于其他地区的食物种类。在农业产生前，中国境内的原始人类与其他地区的原始人一样，过着采集渔猎的生活，食物种类取决于野生动植物种类资源。而在农业产生之后，食物种类的变化则取决于农业生产的发展程度。随着农业生产和加工技术的不断进步，中国人的食物种类呈现出明显的变化趋势。

---

① 王思明：《美洲原产作物的引种栽培及其对中国农业生产结构的影响》，《中国农史》，2004年第2期。

② 中国农业年鉴编辑委员会：《中国农业年鉴1980》，农业出版社1981年版，第35页。

③ 宋修伟：《惟愿苍生俱饱暖——记“中国杂交水稻之父”袁隆平》，《种子世界》，2014年第7期，第5-6页。

④ 朱英国：《杂交水稻研究50年》，《科学通报》，2016年第35期，第3740-3747页。

⑤ 陈雨生、王平、王克响等：《我国海水稻产业发展的战略选择》，《中国海洋大学学报（社会科学版）》，2018年第1期，第50-54页。

⑥ ［加］史密斯：《农业起源与人类历史——食物生产及其对人类的影响》，玉美等译，《农业考古》，1989年第1期，第42-55页。

（一）小麦地位的抬升与大豆的副食化

现今社会，小麦在中国北方是重要的主食来源。而在最初的历史阶段，粟的历史地位则远高于小麦。粟，即今天的“小米”，是原产于中国的重要粮食作物。从先秦到魏晋时期，粟一直是中国北方最为重要的粮食作物和食物来源。人们将粟作为主食，也作为农业生产中最为重要的部分。在秦汉时期，晁错在《论贵粟疏》中认为，“欲民务农，在于贵粟；贵粟之道，在于使民以粟为赏罚”[①]。成书于北魏时期的《齐民要术》也将粟列为第一作物加以叙述。由此可见，粟在秦汉魏晋南北朝时期一直是最为重要的农作物品种，也自然成为民众最为依赖的食物之一。秦汉时期，小麦的种植面积和产量虽然暂时未能超过粟，但已经有了后来居上的趋势，“秦汉时期小麦种植面积扩大，地位逐渐超过大豆，成为与粟并列的主要粮食作物”[②]。到唐代晚期，小麦与粟的地位正式易位，小麦成为北方最为重要的粮食作物。[③]中国北方喜食面食的饮食习惯也由此奠定。

大豆古称“菽”，是先秦时期中国重要的口粮作物。在先秦时期，大豆是人们的主要口粮，一度与粟的地位相当。在一些先秦典籍中，菽的地位甚至还排在粟之前。《墨子·尚贤》中记载，“耕稼树艺，聚菽粟，是以菽粟多而民足乎食”[④]。《孟子》中也记载，“圣人治天下，使有菽粟如水火，菽粟如水火，而民焉有不仁者乎”[⑤]。《管子》记载，“菽粟不足，末生不禁，民必有饥饿之色”[⑥]。从上述记载中可知，大豆在先秦时期是作为主食存在的。不过，秦汉之后，大豆就退出了主食的行列。由大豆加工制成的各类豆制品则迅速成为中国饮食中重要的副食品种。其中，豆腐富含蛋白质且易于消化，在隋唐之后已经成为中原及南方地区民众重要的副食来源。[⑦]明清之后，豆腐的影响区域则进一步扩大，“今四海九州，至边外绝域，无不有此”[⑧]。

（二）农业技术进步的推动

在原始农业产生的初期，食物种类来源相对庞杂。当时，农业生产效率并不高，“因为种植植物所得，在数量上只能维持几个月的需求，无法周年供应”[⑨]。然而，随着中国传统农业步入正轨，一系列优质的种植品种脱颖而出，满足了人们对粮食的需求。并且，随着农业技术的进步，农业种植资源也向优质品种倾斜。有学者通过对商代甲骨文的判读，认为商代的粮食大田作物主要集中在粟、黍、粱、大麦、小麦、稻、稌、大豆、高粱等九种。[⑩]到西周时期，农业作物的种类进一步缩小。主要的农作物集中在黍、稷、稻、麦、菽、麻等六种。[⑪]秦汉以

① （汉）班固：《汉书》卷二十四上《食货志上》，中华书局1962年版，第1133页。
② 何红中、惠富平：《中国古代粟作史》，中国农业科学技术出版社2015年版，第39页。
③ 包艳杰、李群：《唐宋时期华北冬小麦主粮地位的确立》，《中国农史》，2015年第1期，第49-58页。
④ 吴毓江：《墨子校注》卷二《尚贤》，中华书局1993年版，第75页。
⑤ （清）焦循：《孟子正义》卷二十六《尽心上》，中华书局1987年版，第912页。
⑥ （清）黎翔凤：《管子校注》卷五《重令第十五》，中华书局2004年版，第285页。
⑦ 蓝勇、秦春燕：《历史时期中国豆腐产食的地域空间演变初探》，《历史地理》，2017年第2期，第136-145页。
⑧ （清）梁章钜：《归田琐记》，中华书局1981年版，第149页。
⑨ 沈志忠：《我国原始农业的发展阶段》，《中国农史》，2000年第2期。
⑩ 宋镇豪：《五谷、六谷与九谷——谈谈甲骨文中的谷类作物》，《中国历史文物》，2002年第4期，第61-67页。
⑪ 马福生：《西周各地农业开发的先后与农作物的分布》，《中国农史》，1984年第2期，第15-20页。

后，这种大田粮食作物种类的缩减现象则更为突出，同时也由此带来了中国食物种类的相对集中趋势。而推动这一现象出现的原因就是传统农业生产技术的持续发展与进步。小麦地位的抬升以及大豆的副食化皆是这一原因推动下的结果。

小麦原产于中亚一带，在传入中国的最初阶段，其优质的种植特点并没有凸显出来。“冬小麦虽然起源于西亚冬雨区，并不很适应黄河流域冬春雨雪稀缺的自然条件”①，但是到了秦汉时期，中国传统农业进入快速发展时期，以防旱保墒等为特点的农业耕作技术迅速成熟，小麦高产的种植特点也被激发出来。《氾胜之书》中就记载，“凡田有六道，麦为首种”②。小麦秋冬种植、春末夏初收获的种植特性使其受夏季洪涝的影响较小，再加上秦汉农田水利技术的成熟，解决了小麦冬春季节的灌溉难题，政府也开始在洪涝灾害较重的地区推广小麦种植，“遣谒者劝有水灾郡种宿麦”③。西汉农学家氾胜之在任轻车使者时，就曾极力推广小麦种植，并取得了较好的成效，“昔汉遣轻车使者氾胜之督三辅种麦，而关中遂穰”④。此外，农业加工技术的发展，也使得人们对小麦的接受程度提高。从先秦到汉代早期，人们对小麦的食用方式主要是粒食。小麦加工方式的缺失，使小麦在很长时间内被视作“恶食”，自然不具备在种植空间上与粟抗衡的能力。⑤而到秦汉时期，农业产品的加工方式获得巨大提升。有学者考证，中国圆形石磨的使用时间最早可以追溯到秦代，并初步解决了小麦等作物的磨制难题。⑥此后，农业食品加工技术日益提高，“东汉以来石磨、面食加工技术发展，魏晋南北（朝）时期面粉发酵技术也逐渐成熟”⑦。这在很大程度上提高了小麦的食用口感，使其易于为人们所接受。正是由于农业生产和加工技术的持续发展，小麦才在与粟的竞争中逐渐占据优势地位。

同理，大豆的副食化过程也深受农业相关技术进步的影响。正是农产品加工技术的改进，使得人们获得了获得蛋白质的新途径。这也就促成了大豆副食化的历史转变。随着秦汉时期农产品加工技术的进步，如汉代水磨的出现解决了豆腐制成过程中最为重要的磨浆工序。⑧大豆由主食转化为副食由此才成为可能。有学者考证，大豆粒食，人体对蛋白质吸收率只达到60%多，而制成豆腐后蛋白质的吸收率可以提高到90%以上。⑨这对古代缺少蛋白质摄入来源的中国人来说极具诱惑力。因此，中国饮食结构的主食大豆才转变为副食化的豆腐。

由此不难发现，不论是小麦的崛起还是大豆的副食化，都依赖于农业生产的发展与农业相关技术的变革。在中国传统农业不断发展的基础上，中国食物也经历了不断的时空变化。而推动食物来源种类不断变化的重要力量就是农业生产、加工相关技术的不断进步。

---

① 惠富平：《汉代麦作推广因素探析——以东海郡与关中地区为例》，《南京农业大学学报（社会科学版）》，2001年第4期，第63-66页。

② 万国鼎：《氾胜之书辑释》，中华书局1957年版，第109页。

③ （汉）班固：《汉书》卷六《武帝纪》，中华书局1962年版，第177页。

④ （唐）房玄龄：《晋书》卷二十六《食货志》，中华书局1974年版，第791页。

⑤ 韩茂莉：《论历史时期冬小麦种植空间扩展的地理基础与社会环境》，《历史地理》，2013年第1期，第178-213页。

⑥ 卫斯：《我国圆形石磨起源历史初探》，《中国农史》，1987年第2期，第26-29页。

⑦ 王昊：《唐宋河北平原麦作变迁述论》，《河北师范大学学报（哲学社会科学版）》，2016年第4期，第25-33页。

⑧ 应克荣：《豆腐起源考》，《安徽史学》，2013年第3期，第127-128页。

⑨ 杨坚：《中国豆腐的起源与发展》，《农业考古》，2004年第1期，第217-226页。

三、南稻北麦格局：核心农区的转移

农业生产和加工技术的进步为中国饮食的相对固定化铺平了道路。然而，这种食物种类的固定化也深受不同农业生产条件的限制与制约。一般而言，农业核心生产区的食物种类的确定和推广要早于农业非核心生产区；人口高度聚集地区的食物种类传播速度也高于人口数量稀少区。在中国历史上，南北饮食差异悬殊。这种局面的出现就深受上述饮食传播规律的影响。例如，稻麦南北并重的食物格局的最终确立就经过了漫长的时间考验。在这一过程中，中国农业经济重心经历了由北向南的历史转移。除此之外，中国人口重心也呈现出从黄河流域向长江中下游地区转移的历史趋势。可以认为，农业生产核心区域的转移、扩大以及人口重心的南迁，最终奠定了中国食物来源中南稻北麦并重的局面。

（一）水稻地位的历史演进

水稻是中国南方最为重要的粮食作物。湖南道县玉蟾岩洞穴遗址发现了距今 1 万多年的稻谷遗存，“是一种由野生稻向栽培稻演化的古栽培稻类型”[①]。并且，在距今 7000 年左右的河姆渡等遗址中也发现了稻米被大量储存的证据，“不仅发现有米粒，而且普遍存在稻谷、谷壳、稻秆和稻叶等种种堆积，一般厚 20—50 厘米，最厚的甚至超过 1 米”[②]。由此可知，中国南方地区在新石器时代就已经逐步将稻米作为重要的食物来源。

虽然，水稻是南方地区的重要食物来源，但其在隋唐之前却没有获得全国性的食物认同。在先秦时期提出“五谷”概念后，秦汉时期的经学家曾对“五谷”的具体分类进行了探讨。粟（稷）、菽、麦的地位被广泛认同，而水稻则有时未能进入“五谷”行列。有学者就认为，“‘五谷’的说法中，都有稷、菽和麦，至于麻、黍、稻之有无，应是粮食作物构成地区差异的反映”[③]。由此也可以看出，在先秦两汉时期，水稻虽然在南方拥有悠久的种植历史，但其地位并不能与粟、麦等作物相比。汉朝政府也以粟麦等作物作为主要的粮食储备资源。《史记》中就记载，汉武帝时国家殷盛，“太仓之粟陈陈相因，充溢露积于外，至腐败不可食”[④]。此外，有学者考证粟、麦等作物在秦汉魏晋时期也出现了在南方大规模种植传播的趋势。[⑤]例如，《盐铁论》在记载南方荆、扬二州的情况时就指出当地的农业生产，“伐木而树谷，燔莱而播粟”[⑥]。北魏宣武帝也曾下诏称，“缘淮南北所在镇戍，皆令及秋播麦，春种粟稻，随其土宜，水陆兼用”[⑦]。这说明直到魏晋南北朝阶段，水稻的种植地位依然无法与麦、粟等旱作类粮食作物相提并论。

---

① 刘志一：《玉蟾岩遗址发掘的伟大历史意义》，《农业考古》，1996 年第 3 期，第 95-98 页。
② 范毓周：《江南地区的史前农业》，《中国农史》，1995 年第 2 期，第 1-7 页。
③ 张芳、王思明：《中国农业科技史》，中国农业科学技术出版社 2011 年版，第 70 页。
④ （汉）司马迁：《史记》卷三十《平准书》，中华书局 1959 年版，第 1420 页。
⑤ 何红中、惠富平：《中国古代粟作史》，中国农业科学技术出版社 2015 年版，第 38-44 页。
⑥ 王利器校注：《盐铁论校注》卷一《通有第三》，中华书局 1992 年版，第 42 页。
⑦ （北齐）魏收：《魏书》卷八《世宗本纪》，中华书局 1974 年版，第 198 页。

然而，隋唐之后，水稻陡然成为全国性的食物来源。例如，唐初经过漕运输往北方的稻米只有20余万石，后逐渐增加到300余万石，成为国家重要的赋税来源。①中唐之后，稻米在国家赋税体系中的地位日渐突出，南方税赋的主要缴纳方式就变为稻米，“复以两税易米百万石”②。到宋元时期，北方对水稻的依存度也在上升，北方地区的水稻种植也有所推广，“引黄河水淤田种稻”③。《宋史》中记载，“江北之民杂植诸谷，江南专种秔稻”④。同时，南方漕米的大量北运，使北方民众也获得了食用稻米的固定来源。唐宋时期，盛产稻米的江南地区就有了“苏湖熟，天下足”⑤的谚语。明代宋应星在《天工开物》中曾记载，“今天下育民人者，稻居什七，而来、牟、黍、稷居什三”⑥。由此可见，水稻在隋唐之后摆脱了地方区域性食物的属性，转而成为影响力遍及中国的第一粮食作物。

（二）人口南迁与核心农区的转移

水稻在中国食物结构中的地位之所以会出现如此大的变化，其实就源于中国农业核心区域的转移与中国人口重心的南迁。秦汉时期，南方并非农业生产的核心区域，其农业耕作水平也较低。《史记》中就记载，“楚越之地，地广人希，饭稻羹鱼，或火耕而水耨”⑦。在南方很多地区，牛耕的推广也较晚。例如，《后汉书》中记载，任延在担任九真太守的时候，“九真俗以射猎为业，不知牛耕”⑧。王景在担任九江太守时，“先是百姓不知牛耕，致地力有余而食常不足”⑨。在这种局面下，南方较为落后的农业生产水平，使得水稻很难摆脱地方性粮食作物的地位。

同时，南方较少的人口也使得水稻在饮食上的地位难以上升。以两汉时期为例，南方的荆州、益州、扬州、交州等地，其人口总数虽然有较快增长，但直到东汉时期，其人口总数也只占到了全国总人口的2/5左右（表2）。稻米虽然是南方的主食来源，但从全国范围来看，则仍属地方性的农作物和食物来源。中国人口的主要聚居区仍是以黄河流域为中心，北方民众则多以粟麦为主要粮食作物。董仲舒在向汉武帝进言时，就认为粟麦的地位最重，“《春秋》它谷不书，至于麦禾不成则书之，以此见圣人于五谷最重麦与禾也”⑩。《齐民要术》中也记载汉代歌谣，“高田种小麦，稴穇不成穗，男儿在他乡，那得不憔悴”⑪。由此可见，秦汉魏晋时期，粟麦等作物不仅是大多数人口的主食来源，也同时成为饮食文化中影响最为深远的主食。而水稻受制于食用人口较少，一直未能达到与粟麦比肩的食物地位。

---

① 何红中、惠富平：《中国古代粟作史》，中国农业科学技术出版社2015年版，第48页。
② （宋）欧阳修：《新唐书》卷五十三《食货三》，中华书局1975年版，第1369页。
③ （宋）李焘：《续资治通鉴长编》卷二百四十九，中华书局1995年版，第6076页。
④ （元）脱脱：《宋史》卷一百七十三《食货上一》，中华书局1977年版，第4159页。
⑤ （宋）范成大：《吴郡志》卷五十《杂志》，江苏古籍出版社1999年版，第660页。
⑥ （明）宋应星：《天工开物》卷一，广东人民出版社1975年版，第11页。
⑦ （汉）司马迁：《史记》卷一百二十九《货殖列传》，中华书局1959年版，第3270页。
⑧ （刘宋）范晔：《后汉书》卷七十六《循吏列传》，中华书局1965年版，第2462页。
⑨ （刘宋）范晔：《后汉书》卷七十六《循吏列传》，第2466页。
⑩ （汉）班固：《汉书》卷二十四上《食货志上》，中华书局1962年版，第1137页。
⑪ （北魏）贾思勰：《齐民要术校释》卷二《大小麦》，缪启愉校释，中国农业出版社2009年版，第127页。

表 2　两汉时期中国南方人口统计情况

地区	西汉时期人口（所占全国总人口比例）	东汉时期人口（所占全国总人口比例）
荆州	3 597 258（6.24%）	6 265 952（13.08%）
益州	4 784 213（8.30%）	7 242 028（15.12%）
扬州	3 206 213（5.56%）	4 338 538（9.06%）
交州	1 372 290（2.38%）	1 114 444（2.33%）

资料来源：梁方仲：《中国历代户口、田地、田赋统计》，上海人民出版社 1980 年版，第 14、22 页。

真正推动水稻成为全国性食物来源的是魏晋以后北方人口的大量南迁和隋唐之后中国农业重心的南移。从东汉末年到南北朝时期，中国北方长期陷入战乱局面，大量北方人口迁入南方。东晋时期，为了安置北方南迁人口，南方大量设置侨郡县，如仿照北方州郡的建置而设立了南徐州、南兖州、南豫州等侨州郡。《宋书》就记载，“自夷狄乱华，司、冀、雍、凉、青并兖、豫、幽、平诸州一时沦没，遗民南渡，并侨置牧司”[①]。有学者考证，自汉末到南朝刘宋时期，北方涌入南方的人口及其后代的总人数至少达到了 200 万人，在南朝人口最为鼎盛的时期，南北间人口的比例维持在 4 : 6 左右。[②]北方人在迁入南方初期，仍保留着北方饮食习惯，将粟、麦等作为主食来源。然而，南方潮湿多雨的气候环境不利于粟、麦等作物的种植。西晋末年，荆州地区种粟连年歉收，“连年种谷皆化为莠”[③]。有些地区种粟则出现了大规模的病虫害侵扰，“晋末荆州久雨，粟化为虫”[④]。在这种局面下，北方移民逐渐适应了将稻谷作为自己的主食。因此，北方大量人口的迁入，在客观上加速奠定了水稻在中国传统饮食中的主流地位。隋唐之后，南方人口数量持续增加。特别是经历安史之乱后，北方人口为躲避战乱持续南迁。《旧唐书》记载，“自至德后，中原多故，襄、邓百姓，两京衣冠尽投江、湘”[⑤]。由此，南方人口在经历了中晚唐百余年的持续增加后，人口总数大大超过北方，“北方诸道州府共有户 2497884，占全国总户数的 40.9%，南方的江南、剑南、山南、淮南、岭南五道共有户 3610751，占总户数的 59.1%，南北相比仍是南方占有绝对优势”[⑥]。南宋与金对峙期间，北方人口仍大量流入南方，“淮民避兵，扶老携幼渡江而南，无虑数十百万”[⑦]。这种人口上的南重北轻态势一直延续至今。南方持续走高的人口比重也最终推动水稻成为全国性的食物来源。由此可知，食用稻米人口总量的增加最终确立了水稻在中国传统食物中的优势地位。

与此同时，中国农业生产核心区域的转移与扩大则推动水稻地位的进一步巩固、提高。从先秦到魏晋时期，中国农业生产的核心区域一直是在北方的黄河流域。伴随着中国北方人口的大量南迁，南方地区在人口增加的同时，农业生产水平也获得了空前的发展。以稻作技术为例，秦汉时期，江南地区的稻作生产还停留在较为原始的阶段，这种技术上的落后局面一直持续到隋唐时期。《隋书》中就记载，“而江南之俗，火耕水耨”[⑧]。有学者认为，唐代江南地区农

① （梁）沈约：《宋书》卷三十五《州郡一》，中华书局 1974 年版，第 1028 页。
② 葛剑雄：《中国人口史》（第一卷），复旦大学出版社 2002 年版，第 568-569 页。
③ （唐）房玄龄：《晋书》卷一百《王如传》，中华书局 1974 年版，第 2619 页。
④ （宋）李昉：《太平御览》卷八百四十引《述异志》，中华书局 1960 年版，第 3757 页。
⑤ （后晋）刘昫：《旧唐书》卷三十九《地理二》，中华书局 1975 年版，第 1552 页。
⑥ 冻国栋：《中国人口史》（第二卷），复旦大学出版社 2002 年版，第 209-210 页。
⑦ （宋）杜范：《清献集》卷八《便民五事奏札》，文渊阁四库全书本。
⑧ （唐）魏征：《隋书》卷二十四《食货志》，中华书局 1973 年版，第 673 页。

业生产正是借助于北方大量移民才摆脱了“火耕水耨”的影响，形成了稻作农业的秧播与连作技术。[①]与此同时，水稻等农作物的单位亩产也大幅度提高。江南地区唐代水稻的亩产较之魏晋南北朝时期，增长了约1/4。[②]并且，大量农业人口的涌入，也促进了南方农田的开发。农业技术的提高和水稻种植面积的扩大，使得南方地区俨然成为中国农业生产新的核心区域。因此，水稻种植的经济性与食用地位均大幅提高，国家税赋的征收也逐渐向南方的稻米进行倾斜。有学者就认为，“唐朝中后期以太湖流域为代表的江南地区成为国家倚重的基本经济区”[③]。在这种局面下，国家税赋将稻米作为重要的战略物资进行征收，也就强化了水稻在饮食中的地位，从而最终确立了中国南稻北麦的食物格局。

四、引进与融合：中外农业的交流

虽然中国是世界农作物起源中心之一，拥有极为丰富的农作物资源品种，但是今日中国主要食物种类中的很大部分却来自域外。这些来自域外的农作物丰富了中国的食物种类，深刻影响到了中国人原有的饮食习惯。例如，在原始农业产生阶段就已经传入中国的小麦等作物，就成为中国重要的主食来源。从历史过程看，这些域外作物对中国饮食的影响呈现出明显的时段特征。这些特征又与中外农业间的交流存在着直接而紧密的联系，并最终渗透到中国食物的历史变迁过程中。

（一）新作物的引种与饮食结构的丰富

在中外农业交流的历史过程中，外来作物传入主要分为两大阶段：一是两汉直至隋唐时期的陆上农业交流；二是明清时期的海上农业交流。中国食物的历史变迁也正是基于这两次大规模的农业交流，从而在食物种类和饮食习惯上做出了相当大的改变，并最终奠定了中国的传统食物种类。

两汉至隋唐时期，随着陆上丝绸之路的开辟和畅通，一批西亚乃至北非、欧洲特有的农作物品种被传入中国境内。这一时期传入中国的主要是水果、蔬菜以及香料等作物，“此期所引进的作物一般以果树和蔬菜为多，粮食作物引进的种类则很少”[④]。这些蔬菜、水果种类的传入极大地丰富了中国的食物种类。如葡萄、石榴、西瓜等是现今中国最为常见的水果品种，深受人们的喜爱。而菠菜、胡萝卜、黄瓜、大蒜等也成为重要的蔬菜品种。而本土种植的一些蔬菜品种则被取代。例如，在《诗经》中记载先秦时期三种重要的食用植物，“六月食鬱及薁，七月亨葵及菽”[⑤]。鬱即唐棣，薁即野葡萄，葵即葵菜，这三种植物在今日皆不再作为食用植物，转而成为药用或观赏类的植物。特别是葵菜，在古代更是号称“百菜之主”[⑥]。然而，进入隋唐时期，葵菜种植就已经出现了衰落的趋势，到明代，葵菜则彻底退出了食用作物行列，

① 韩茂莉：《论北方移民所携带农业技术与中国古代经济重心南移》，《中国史研究》，2013年第4期，第117-138页。
② 吴慧：《中国历代粮食亩产研究》，农业出版社1985年版，第154-155页。
③ 张芳、王思明：《中国农业科技史》，中国农业科学技术出版社2011年版，第116页。
④ 刘启振、王思明：《陆上丝绸之路传入中国的域外农作物》，《中国野生植物资源》，2016年第6期，第5-11、20页。
⑤ 程俊英：《诗经注析》，中华书局1991年版，第413页。
⑥ （元）王祯：《王祯农书·百谷谱四·蔬属》，王毓瑚校，农业出版社1981年版，第107页。

“古者葵为五菜之主，今不复食之”[①]。由此可见，食用价值更高、口感更好的域外蔬菜、水果类作物成功取代了一批本土蔬菜类作物。经由陆上丝绸之路传播的域外农作物丰富了中国人的饮食，弥补了中国本土所产蔬菜、水果种类较少的饮食缺陷。基于陆上丝绸之路的中外农业交流丰富了中国传统食物的种类，但从整体来看，这一时期的新作物传入并未对中国人的主食结构造成实质上的改变。

真正对中国食物结构产生重大影响和改变的中外农业交流则发生在明清时期，即地理大发现时代的美洲作物传入。美洲作物从广义上指的是美洲地区原产农作物品种的总称。15 世纪末，哥伦布“发现”美洲大陆，开启了旧大陆与美洲之间的农业交流。不同于以往陆路上的农业交流，这一时期的农业交流呈现出规模上的扩大和时间上的集中性，农业成为推动世界交流的主要因素。[②]一大批美洲高产作物开始影响到中国的农业生产。以番薯、玉米等为例，这些粮食作物极大地改变了明清以来中国农业的发展历程，并进而改变了中国的传统食物结构。番薯在引入中国之初，是作为一种救荒作物而存在的。《农政全书》中就记载，在最早引种番薯的福建、广东一带，番薯是重要的救灾农作物，“无患不熟，闽广人赖以救饥”[③]。而进入清代中后期，番薯因其耐瘠高产的种植特点，迅速成为民众重要的主食来源。在某些地区，番薯甚至取得了与“五谷”类似的地位，“（番薯）今则日照抵谷之半矣，根蔓叶皆可食，晒干耐陈，沙瘠倍之”[④]。玉米则适应了中国南方丘陵多山地带的土壤特点，成为新的粮食种植作物，“其后川楚人多，遍山漫谷皆包谷矣”[⑤]。这些作物的高产、耐瘠、耐旱等种植特点，使其迅速成为中国传统农业生产的重要组成部分。

此外，美洲原产的蔬菜类作物也大量传入中国，如辣椒、番茄、南瓜等作物成为中国人新的食物选择。以辣椒为例，这种调味类的蔬菜品种在引入中国后，迅速风靡全国。在某些地区，辣椒成为日常饮食必需品，“每食必用，与葱蒜同需”[⑥]。辣椒所具有的辛辣等特点也满足了人们对饮食多元化的追求，“有辛味，可调理食味，乡人多嗜食之”[⑦]。而南瓜、番茄等美洲蔬菜作物在传入中国后，也纷纷取得了类似的地位。这些蔬菜品种在明清时期获得了广泛传播种植，“经过百余年的引种驯化与本土化发展，深度融入了中国的饮食文化”[⑧]。由此可见，明清时期域外作物的大量传入深刻影响改变了中国原有的食物种类结构。

（二）中外农业交流扩大与明清食物结构变化

明清时期是中国人口数量空前激增的历史时期，中国人口从明初的不到 1 亿，到清代中叶接近 4 亿。在耕地面积增加有限的情况下，中国传统农业遭到巨大的生产压力。然而，高产美

---

① （明）李时珍：《本草纲目》卷十六《草之五》，人民卫生出版社 1977 年版，第 1038 页。

② 周红冰、沈志忠：《20 世纪前全球化进程中的农业因素——从地理大发现到工业革命》，《中国农史》，2018 年第 3 期，第 60-74 页。

③ （明）徐光启：《农政全书》卷二十七《树艺》，中华书局 1956 年版，第 112 页。

④ 光绪《日照县志》卷三《物产》，《中国地方志集成·山东府县志辑》（第 58 册），凤凰出版社 2004 年版，第 375 页。

⑤ 道光《石泉县志》卷四《事宜附录》，《中国地方志集成·陕西府县志辑》（第 56 册），凤凰出版社 2007 年版，第 40 页。

⑥ 乾隆《镇安县志》卷七《物产》，《中国方志丛书·陕西省》（第 53 册），成文出版社 1969 年版，第 281 页。

⑦ 民国《南皮县志》卷三《物产》，《中国地方志集成·河北府县志集》（第 47 册），上海书店 2006 年版，第 75 页。

⑧ 丁晓蕾、王思明：《美洲原产蔬菜作物在中国的传播及其本土化发展》，《中国农史》，2013 年第 5 期，第 26-36 页。

洲作物的传入极大地缓解了这种人口与农业生产之间的矛盾。由表 3 可知，在明清时期人口激增的同时，中国的耕地面积只增加不到 2 倍，而粮食产量增加了 4 倍多，粮食单产增加了近 80%。而促成粮食总产量和单位产量快速增加最重要的原因就是美洲作物的高产。以番薯为例，“即市井湫隘，但有数尺地，仰见天日者便可种，得石许”①。而传统的粮食作物则很难获得如此高的单位产量。正因如此，人口的激增和粮食生产的压力迫使人们迅速接受了美洲作物的食用价值。在某些地区，美洲作物甚至成为贫苦民众主要的食物来源，“种者极多，贫民以为粮”②。在人地矛盾持续加大的情况下，番薯、玉米等高产粮食作物就成为化解粮食短缺的最优选择。正因如此，番薯、玉米等美洲作物也迅速成为中国食物种类中新的组成部分。

表 3 1400—1820 年中国人口、农业情况

年份	人口/百万人	粮食产量/千吨	耕地面积/百万公顷	单产/（公斤/公顷）
1400	72	20 520	24.7	1 038
1650	123	35 055	40.0	1 095
1750	260	74 100	60.0	1 544
1820	381	108 585	73.7	1 840

资料来源：[英]安格斯·麦迪森：《中国经济的长期表现——公元 960—2030 年》，伍晓鹰、马德斌译，上海人民出版社 2008 年版，第 27 页。

美洲作物在中国的传播，又促成了传统农业生产的进步与生产技术的革新，继而巩固了美洲作物在中国食物体系中的地位。有学者考证，多熟种植虽然在宋代之前就已经出现，但真正得到发展源自明清时期美洲作物的传播，“高产、适应性强的美洲作物的引种不仅扩展了农业耕作的区域，很大程度上也丰富了多熟种植的内容”③。美洲作物对贫瘠土地较强的适应能力，又促成了对边际土地的农业开发，从而实现了“广种”而“多收”的农业生产局面。④这不仅为中国传统农业的发展提供了新的增长点，也为粮食产量的提高做出了重要贡献，极大地缓解了人口压力下的粮食危机。因此，在美洲作物进入中国传统农业耕作体系后，其食用价值被愈发放大。

同时，随着中国社会经济的逐渐发展，原有的蔬菜种类已经无法满足人们日益旺盛的蔬菜多样化的食用需求，急需引进新的作物品种充实饮食结构。例如，辣椒、番茄、南瓜等就极大地缓解了中国原产夏季蔬菜不足的问题。有学者考证，中国古代一直存在夏季蔬菜种类较少的难题，为应对夏季“园枯”现象，“中国直接或间接从美洲引进了不少夏季蔬菜，如南瓜、辣椒、笋瓜、西葫芦、番茄、菜豆等，才最终在明清形成了以茄果瓜豆为主的夏季蔬菜结构”⑤。并且，这些农作物的传入又深刻影响到了中国人的饮食文化和口味选择。由此可知，域外作物的大量引种传播深刻改变了明清以来中国的传统食物种类格局和饮食习惯。而推动明清时期中国食物种类发生重大结构变化的原因其实就源于中外农业交流范围的扩大。

① （明）徐光启：《农政全书》卷二十七《树艺》，中华书局 1956 年版，第 114 页。
② 民国《临沂县志》卷三《物产》，《中国地方志集成·山东府县志辑》（第 58 册），凤凰出版社 2004 年版，第 30 页。
③ 王思明：《美洲作物在中国的传播及其影响研究》，中国三峡出版社 2010 年版，第 257 页。
④ 周红冰、王思明：《精耕还是广种：清代沂沭河流域农业集约经营思想的传播困局》，《自然辩证法通讯》，2018 年第 11 期，第 66-73 页。
⑤ 李昕升、王思明：《中国古代夏季蔬菜的品种增加及动因分析》，《古今农业》，2013 年第 3 期，第 50-55 页。

五、食品消费升级：现代农业与全球贸易

明清以来，中国传统农业的作物种类基本确定，传统畜牧业的养殖品种也基本定型。由此，中国人的动植物食物种类也大致固定下来。然而，这些食物在中国人饮食中的地位却经历着一个动态的变化过程。而这个动态的变化过程又受到农业发展水平的制约与影响。特别是近二三十年来，中国人食物种类未发生较大变化，而饮食结构却发生了剧烈变动。这种“动态中的平衡”实则就与中国农业生产的现代化以及全球化贸易的发展密切相关。

（一）食品消费升级与种植结构的转变

从食品消费来看，中国人食物消费经历了由粮食为主型转向肉禽蛋奶复合型的历史转变。改革开放后，中国经济持续快速发展，农业粮食总产量也屡创新高，基本上解决了全国范围内的温饱问题。此后，中国人对食物的要求由吃饱转变为吃好。特别是进入20世纪末到21世纪初，城市人口对粮食的需要量持续下降，对肉禽蛋奶等高营养的食物需求量则显著增加（表4）。有学者推测，中国现今食物消耗模式正由以往的8：1：1（八成粮、一成肉禽鱼、一成蔬果）转变为5：2：3（五成粮、两成肉禽鱼、三成蔬果），未来有可能转变为4：3：3（四成粮、三成肉禽鱼、三成蔬果）。[①]在这种局面下，农业生产结构的变化对食品消耗就起到了决定性的作用。

表4　1990—2010年中国城镇人均购买主要食物量　　（单位：千克）

年份	粮食	猪肉	禽类	鲜蛋	鲜奶
1990	130.72	18.46	3.42	7.25	4.63
1995	97.00	17.24	3.97	9.74	4.62
2000	82.31	16.73	5.44	11.21	9.94
2005	76.98	20.15	8.97	10.40	17.92
2010	81.53	20.73	10.21	10.00	13.98

资料来源：中华人民共和国国家统计局：《中国统计年鉴（2012）》，中国统计出版社2012年版，第350页。

与此同时，中国主要粮食作物的种植结构也相继发生改变。肉禽蛋奶等食物的广泛需求，需要庞大的饲料来源。因此，玉米作为饲料的价值得到凸显，“随着我国居民收入水平的提高，玉米作为直接食用的粮食将越来越少”[②]。作为主要饲料来源的玉米，市场需求量也显著增加。特别是在玉米消费结构上，“饲料和工业消费大幅增长，玉米消费结构发生较大变化”[③]。从20世纪末开始，中国的玉米种植规模呈现出快速增长的态势，并在2010年前后一跃成为中国第一大种植作物。而传统的粮食作物，如水稻、小麦等则种植面积持续下降（表5）。由此来看，玉米种植面积的扩张趋势与中国人均消费肉禽蛋奶增长的趋势近乎同步。这种饮食上的结构转变实则反映了中国农业生产的现代化转型和全球化农业贸易的发达。

① 黄宗智：《中国的隐形农业革命》，载黄宗智：《中国乡村研究》（第8辑），福建教育出版社2010年版，第2页。
② 卜伟、曲彤、朱晨萌：《中国的粮食净进口依存度与粮食安全研究》，《农业经济问题》，2013年第10期，第49-56页。
③ 李想、张剑波：《我国玉米贸易格局变化与粮食安全的关系探讨》，《农业现代化研究》，2012年第5期，第513-517页。

表5 1995—2016年中国主要农作物种植面积比例 （单位：%）

年份	水稻	小麦	玉米
1995	20.51	19.26	15.20
2000	19.17	17.05	14.75
2005	18.55	14.66	16.95
2010	18.59	15.10	20.23
2015	18.16	14.51	22.91
2016	18.11	14.51	22.06

资料来源：中华人民共和国国家统计局：《中国统计年鉴（2017）》，中国统计出版社2017年版，第394页。

（二）现代农业与全球贸易下的食物供给

肉禽蛋奶等虽然是中国传统食物的组成部分，但受传统农业发展水平的制约，在历史上的较长时间一直处在供应量较少的水平。并且，其相对高昂的价格也抑制了人们对肉禽蛋奶的消费量。然而，现代农业生产技术以及全球范围内的农产品贸易，使得肉禽蛋奶等食品的获取成本大为下降，最终促成了现代中国饮食结构的重大转变。

改革开放后，中国农业生产的现代化程度日益提高。在合理施肥、科学灌溉等现代农业技术的广泛影响下，中国的农业生产力水平持续发展。以粮食产量为例，1991年谷物平均每公顷的产量为4206千克，到2010年谷物平均每公顷的产量就增加到了5524千克，在20年间总量提高了31.3%。[①]因此，正是借助于现代农业下粮食作物的持续高产，才使困扰中国人上千年的温饱问题得到基本解决。解决温饱问题后，中国人的饮食需求自然转向较高质量的肉禽蛋奶等食品。现代畜牧饲养业的规模化发展则为市场提供了充足的肉禽蛋奶供应量，“农家以粮食为饲料，规模经营养殖业”[②]。这种规模化的养殖方式显然优于以往小家庭式的散养，也是肉禽蛋奶等食品市场供应量充足的关键所在。而粮食产量的充足，则可以为畜牧饲养行业提供较多的饲料来源，“饲料粮需求是引致性需求，是从肉蛋奶等派生出来的需求”[③]。由此来看，农业的现代化发展为中国饮食结构的转变提供了基本的物质基础。

与此同时，全球化农业贸易程度的加深，为中国食物结构的动态平衡提供了保障。中国人民生活条件改善后，对肉禽蛋奶等食物需求量显著增加，这就对中国的农业生产提出了更高的要求。虽然人均粮食需求量处于持续走低的状态，但依赖于大量粮食饲料的家畜饲养业则消耗了比以往更多的粮食资源。有学者在分析了中国近几十年来的农业粮食生产情况后认为，家畜饲养业会给粮食生产带来一定的危机，“人们的粮食食用量尽管减少了，但对肉蛋奶的消费却增加了，猪和家禽的饲养数量剧增，国内生产的粮食作为饲料，已经远远不能满足饲养业的需要”[④]。可以说，中国有限的耕地资源并不足以支撑这种消费上的持续升级行为。因此，在全球范围内进行农业商品贸易就成为弥补粮食生产短缺的关键所在。有学者认为，现今中国国内

① 中华人民共和国国家统计局：《中国统计年鉴（2011）》，中国统计出版社2011年版，第480页。

② 郭爱民：《20世纪中期以来中国粮食生产、消费与产业分工关系解读：基于Agr与Nagr表达式的分析——兼与日美韩相比较》，载黄宗智：《中国乡村研究》（第14辑），福建教育出版社2018年版，第269页。

③ 毛雪峰、刘冬梅、刘靖：《中国大规模粮食进口的现状与未来》，《中国软科学》，2016年第1期，第59-71页。

④ 郭爱民：《20世纪中期以来中国粮食生产、消费与产业分工关系解读：基于Agr与Nagr表达式的分析——兼与日美韩相比较》，载黄宗智：《中国乡村研究》（第14辑），福建教育出版社2018年版，第270页。

的粮食生产和国际贸易共同构成了一个完整的平衡系统，来确保粮食和饲料在中国的充足供应。①而由国外进口的大豆、玉米等也成为维持这一平衡格局的重要农产品。

玉米与豆粕是中国家畜饲养业主要使用的饲料种类。玉米在取得了第一作物的地位后，中国玉米消费基本维持在自给自足阶段，"在2006年之后，稻谷、小麦和玉米的自给率均在100%以上"②。虽然近些年来进口玉米的数量也在不断增加，但从整体规模上看，玉米的自给率仍维持在较高水平。然而，中国大豆的种植面积一直维持在低位水平，自给率也较低，大豆及豆粕等加工原料则主要依赖于进口。从1996年开始，中国由大豆净出口国转为净进口国，此后净进口量几乎逐年上升，成为全球最大的大豆净进口国③。从2000年开始，中国进口大豆数量就突破了1000万吨，此后进口数量逐年攀升，"2010年突破5000万吨，2015年突破8000万吨，2017年达到9554万吨"④。

虽然2018年大豆进口数量受到中美贸易摩擦的波动影响，但大豆进口总量不断扩大的趋势不会在短时间内改变。在经济全球化高度发展的今天，中国的农业进出口贸易并不依托于某个单一的国家或地区。以大豆为例，美国、巴西、阿根廷同为中国进口大豆的三大来源国。在美国大豆进口数量锐减的情况下，2018年1—10月，中国大豆进口总量仍达到了7693万吨，比上年同期只降低了0.5%。⑤由此可知，大豆进口并未受到中美贸易摩擦过多的影响。这说明经济全球化背景下的全球农业贸易依然活跃，同时也表明中国国内的大豆市场需求的强盛。由此来看，现阶段中国社会对肉禽蛋奶等食物的需求，也离不开国际市场上农业贸易的发展与支持。正是依托于全球范围内农业贸易的大发展，当今中国食物结构的动态转换才得以快速实现。而据相关预测分析，由于对粮食和饲料需求的持续增加，中国的粮食自给率将从2015年的94.5%下降到2025年91%左右，玉米、大豆等农产品将会进一步扩大进口规模。⑥这也表明了现阶段中国食物结构的改变实则深度依托于中外农业贸易的发展。

六、结语

如前文所述，寻求充足而稳定的食物来源是中国古代由原始采集渔猎经济向农业经济转型的最大动因。受生态环境因素的影响，中国先民因地制宜，创造了丰富多彩的农业形态，形成了南北互补、东西融合的农业生产结构。农业技术的进步，提升了食物生产的效率，提高了食物品种的质量。而中外农业交流不断丰富了中国农业的种质资源，提升了土地利用的效率，与中国传统农业融合，很好地应对了人口激增和经济社会发展的需要。经济的转型与现代农业的

---

① Wang X L, Tan K M, Chen Y Q, et al. "Emergy-based analysis of grain production and trade in China during 2000-2015", *Journal of Cleaner Production*, Vol. 193, 2018, pp. 59-71.

② 王运博、许高峰：《经济全球化过程中中国粮食安全问题研究》，《吉林农业大学学报》，2014年第2期，第243-249页。

③ 杨树果、何秀荣：《中国大豆产业状况和观点思考》，《中国农村经济》，2014年第4期，第32-41页。

④ 林学贵：《大豆进口增长成因及对策》，《中国国情国力》，2018年第10期，第53-54页。

⑤ 中华人民共和国海关总署：《2018年1至10月进口主要商品价值表》，http://www.customs.gov.cn/customs/302249/302274/302276/2112851/index.html。

⑥ Huang J K, Wei W, Cui Q, et al., "The prospects for China's food security and imports: Will China starve the world via imports?", *ScienceDirect*, Vol. 12, 2017, pp. 2933-2944.

发展使得世界逐渐融为一体，生产要素，包括食物资源开始呈现频繁的世界性流动。这为中国农业提供了机遇，也使得中国农业面临诸多挑战。然而无论如何变化，与时俱进，寻求和扩大中国稳定可靠、安全和优质的食物来源，以此确保中国人民生存和经济发展，将永远是中国农业努力前进的基本方向。

（原载《江苏社会科学》2019 年第 4 期；王思明：南京农业大学中华农业文明研究院教授；周红冰：南京农业大学中华农业文明研究院博士研究生。）

文献、史料与知识
——古农书研究的范式及其转向

葛小寒

摘　要：自20世纪20年代以来，古农书的整理与研究取得了很大的成果。从整理角度来看，大部分重要的古农书都得到了有效的搜集、编目、校勘与影印；从研究方面来看，前人对古农书的研究形成了科学技术史的研究范式，主导了当时的中国农史研究。但是从21世纪开始，伴随着农史研究的社会经济史转向，古农书研究逐渐地边缘化：一方面，它们不再作为农业文化遗产概念的核心；另一方面，它们也不再是农史学者主要依靠的史料。最近，一些学者开始从知识史角度重新解读古农书，他们更看重一种古农书及其负载的农学知识的生产与传播，这样一种研究取向可能会给古农书研究乃至农史研究带来新的活力与方向。

关键词：古农书；研究范式；学术综述

1920年，万国鼎先生从金陵大学毕业，旋即开始了古农书的整理与探讨，具有近现代意义的中国农史研究便是从这一年发起的。[①]在近百年的农史发展进程中，对于历史时期古农书的研究毫无疑问处于较为核心的位置，正如胡道静先生所言："要了解古代农学发展的过程及其基本情况，最完整的资料还是要依据古农书。"[②]有关20世纪古农书研究的概况，惠富平已有两篇论文进行总结：《中国传统农书整理综论》关注的是现今学者对农书的"搜求、编目、校勘、注释、今译、辑佚、典藏、影印"等方面的古农书整理活动；《二十世纪中国农书研究综述》则分门别类地介绍了诸种农书的相应研究成果，并提出得失与前瞻。[③]但是，以上对古农书研究的概括与反思仍有两点值得补充：第一，古农书研究的发展态势仍值得深入分析，尤其是这一态势背后与农史学科发展之间的关联问题有待揭示；第二，以上两篇论文撰写于20、21世纪之交，因此对21世纪后古农书研究发展的新趋向未给予关注。虽然农史学界也在随后出现了一些对农史研究的总结性论文，但是专门评述古农书的论文则未见。[④]正是基于以上考

---

① 王思明、陈明：《万国鼎先生：中国农史事业的开创者》，《自然科学史研究》，2017年第2期，第180-187页。

② 胡道静：《我国古代农学发展概况和若干古农学资料概述》，载胡道静：《胡道静文集·农史论集·古农书辑录》，上海人民出版社2011年版，第56页。

③ 惠富平：《中国传统农书整理综论》，《中国农史》，1997年第1期，第98-106页；惠富平：《二十世纪中国农书研究综述》，《中国农史》，2003年第1期，第117-124页。

④ 这一时期反思农史研究的论文颇多，例如王思明：《农史研究：回顾与展望》，《中国农史》，2002年第4期，第4-12页；李根蟠、王小嘉：《中国农业历史研究的回顾与展望》，《古今农业》，2003年第3期，第70-85页；田富强、张洁、池芳春：《传统史学的史料开掘与农史研究的题材拓展》，《西北农林科技大学学报（社会科学版）》，2003年第3期，第115-118页；何建新：《从引证分析看中国农史研究（1981～2006）》，《中国农史》，2007年第2期，第130-136页；李根蟠：《农史学科发展与"农业遗产"概念的演进》，《中国农史》，2011年第3期，第121-128页；等等。

量，笔者将在本文中，重新思考近代以来古农书研究中的范式问题，同时接续惠富平的研究，进一步讨论最近出现的古农书研究的转向问题。①

一、文献：古农书研究的基础

古农书首先是一种广义概念上的历史文献。因此，古农书研究的基础性工作便是从文献学角度切入的。对此谈论最多的大概是梁家勉先生，在《利用祖国目录学为农业科学服务的若干问题》《整理古农书的初步意见——简复农业出版社》《整理出版古农书刍议》等论文中，梁先生始终认为编目、校释、辑佚等文献学方法是整理古农书的钥匙。②从实际情况来看，一直到20世纪80年代，古农书的文献整理活动确实取得了相当的成果。惠富平作了如下总结："基本摸清了农书的家底，先秦至明清时的重要农书全部得以校注整理，一些珍本农书被影印出版。"③以上论述点明了古农书整理中的四个重点领域：搜集、编目、校释、影印。由于编目方面的检讨，笔者已有专文论述④，下面就另外三个方向略作讨论。

从搜集情况来看⑤，早在中华人民共和国成立以前，万国鼎先生便在金陵大学主持古农书的搜集与整理活动，"我们想要改进中国的农业，不转载研究外国人发明的科学的农业，而应当做两件工作：第一是从事实地调查中国的农业状况；第二便是从事于整理古农书"⑥。中华人民共和国成立以后，随着中国农业遗产研究室在南京的成立，万先生启动了更为庞大的古农书搜集计划，并先后整理出《中国农业史资料续编》《方志农史资料》《中国农学遗产选集》等农史资料。⑦至于古农书的收藏情况，中国农业遗产研究室藏有较为珍贵的善本农书15种，例如现存国内最早的《齐民要术》（明嘉靖年间马直卿刻本）与《农政全书》的原刻本（平露堂刻本）。另一方面，石声汉和辛树帜两位先生则在西北农学院（今西北农林科技大学）成立古农学研究室，他们同样重视古农书的搜集，辛先生曾经计划用10年以上的时间集中整理农书、农谚与时令⑧，而古农学研究室的藏书也是相当可观，该室除了存有《农政全书》平露堂刻本这样的善本之外，还囊括了现存500余种农书中的280多种。此外，华南农业大学的农业历史文献特藏室大概是全国最为规范的古农书收藏机构，在梁家勉先生的带领下，该室制定了相当完备的农书收藏条例⑨。其收书情况也颇具特色，不同于以上两家专注于中国古农书，农

① 关于本文，还有两点需要强调：第一，由于古农书是相当狭小的研究领域，国外学者关注不多，因此本文的讨论专注于本国学者的研究；第二，本文的目的在于勾勒出古农书研究中的范式转型，属于"粗线条"的探讨，因此本文并不全然等同于古农书研究的文献综述。

② 以上论文均见梁家勉先生论文集，载倪根金：《梁家勉农史文集》，中国农业出版社2002年版。

③ 惠富平：《中国传统农书整理综论》，《中国农史》，1997年第1期，第102-110页。

④ 具体参见拙文：《论古农书的目录》，《中国科技史杂志》，2017年第3期，第98-106页。

⑤ 其实，辑佚活动也是一种古农书的搜集，但是正如肖克之所言，农史学界似乎只有胡道静先生长期沉湎于此，而且"再出一辑佚名家，似不太可能"，因此，有关古农书的辑佚情况，参见肖氏与前揭惠富平的论文即可。具体参见肖克之：《农业古籍版本丛谈》，中国农业出版社2007年版，第188-196页。

⑥ 万国鼎：《整理古农书》，载万国鼎：《万国鼎文集》，中国农业科学技术出版社2005年版，第326页。

⑦ 有关中国农业遗产研究室的古农书整理情况，可参见惠富平：《积石成山 继往开来——1920年代以来中国农业遗产研究室的农业文化遗产整理与保护》，《中国农史》，2010年第4期，第28-34、19页。

⑧ 张曦堃、卜风贤：《辛树帜与中国农史研究》，《农业考古》，2012年第6期，第273-277页。

⑨ 例如《中国农业文献专藏简则》《〈入藏古农书及有关古书的善本目录〉著录条例》等，均可见倪根金：《梁家勉农史文集》，中国农业出版社2002年版，第470-475页。

业历史文献特藏室还广泛收藏了朝鲜、日本等国抄刻的古农书，如日本享保十二年（1727年）精抄《聚芳带图》、文化五年（1808年）养真堂刻印《毛诗名物图说》，等等。[①]农史学界历来有“东西南北”四大重镇之说，而“北”即是指北京农业大学（今中国农业大学），其主要代表人物是王毓瑚先生，王先生也认为古农书的收藏极为重要，并且重视“广泛地搜求较为不经见的农书”[②]，从该校所编的《北京农业大学图书馆藏中国古农书目录》来看，王先生的工作也取得了相当的成绩。[③]除了以上这四大农史研究基地外，中国农业博物馆也是为数不多的古农书专藏单位，根据其网站上的介绍，目前该馆收藏的古农书约有755册，而其中精品、善本的介绍则屡见肖克之的相关论文中，这里不再赘述。当然，各大公立图书馆以及其他古籍收藏单位也多有古农书的搜藏活动[④]，有些单位的古农书藏书量甚至超过以上所介绍的诸家，但是以古农书为专门搜集对象，并在学界产生一定影响的机构大约以上五家足可概括之。

校释是古农书整理方面的最核心工作，它具体又可以分为校勘和注释两个项目。对此，石声汉先生有着更为详细的讨论：

> 将过去钞、刻、排印各种版本中的错漏，改正补足；对某些较难理解的字句章节，作出合理解释；加上新式标点，以便阅读；对全书作些“入门”的分析介绍；对有关栽培技术及品种性能等各方面演进情况，作些探讨；乃至附加语释等等，都是给学习这些历史文献，从事专门研究或应用的人，减少阅读上的障碍。[⑤]

而这一工作在中华人民共和国成立后——尤其是1955年召开的关于整理农业遗产的座谈会之后——得到了迅速发展。根据肖克之所撰的《40年代来农业古籍出版目录》（1950—1990年），这一时期约有121种古农书及其相关古籍整理出版，包括《齐民要术》《王祯农书》《农政全书》等经典古农书。[⑥]迟至20世纪90年代，传统中国最为重要的农书已经全部得到有效的校勘与注释了。因此，21世纪以后，古农书的校释工作也逐渐陷入低潮，这里不妨根据曾雄生所做的《古农书出版情况（1954—2005年）》表格，将历年出版的古农书数量罗列于下（表1）。

表1　古农书出版数量简表（1954—2005年）

年份	1954—1965	1966—1975	1976—1985	1986—1995	1996—2005
数量/本	75	1	39	28	13
占比/%	48	0.6	25	18	8.4
平均每年数量/本	6.25	0.1	3.9	2.8	1.3

资料来源：曾雄生：《中国农学史（修订本）》，福建人民出版社2012年版，第610-629页。

以上可见，除了“文化大革命”十年外，古农书的校释活动是与日递减的，到了20、21世

① 相关情况参见黄淑美：《华南农学院农业历史遗产研究室简介》，《农业考古》，1981年第2期，第159页。

② 王毓瑚：《关于整理祖国农业学术遗产问题的初步意见》，载王毓瑚：《王毓瑚论文集》，中国农业出版社2005年版，第19页。

③ 具体参见北京农业大学图书馆：《北京农业大学图书馆藏中国古农书目录》，油印本。

④ 例如20世纪50年代，各大图书馆均根据本馆所藏农书进行了编目工作，例如南京图书馆所编的《中国古农林水利书目》，云南省图书馆所编的《中国古代农书目录》，浙江图书馆、湖北图书馆、陕西图书馆等编纂的《馆藏中国古农书目》，等等，由此可见，这些图书馆的农书搜藏工作也有一定的成果。

⑤ 石声汉：《石声汉农史论文集》，中华书局2008年版，第192页。

⑥ 肖克之：《农业古籍版本丛谈》，第284-291页。

纪之交，每年出版的农书数量下降到了1本左右。2005年以后，古农书校释的式微并没有好转，目前尚活跃的农史学者几乎不再进行古农书的校释了，就“农史重镇”中国农业遗产研究室来看，近年仅有卢勇对明代水利书《问水集》的校释出版，可见一斑。①但必须要强调的是，在农史学者逐渐不再从事这一活动之时，很多传统史学界的研究者们反而开始重视古农书的校释，他们大多是对专门性的农书进行集中的校勘与注释，例如宋史专家方健着力进行了中国历代茶书的校勘②，中国人民大学清史研究所则组织了一批学者校释了中国历代的荒政书③，文献学者顾宏义主持校订了所谓的《宋元谱录丛编》，其中多有涉及古农书中的花谱。④

最后讨论一下古农书的影印问题。由于古农书数量较多，全部进行校释既无可能，也没有必要，因此影印古农书是我们从事研究活动必不可少的工作。梁家勉先生便曾呼吁：“不少古农书或有关古书，今天国内流传极少，觅致不易。为了把这些罕见的历史资料保存下来，有必要进行影印或重新校刊。”⑤与古农书的其他文献整理活动相比，古农书的影印似乎并未得到应有的重视。从彭世奖先生的介绍来看，中华人民共和国成立以后仅农业出版社曾以“中国农学珍本丛书”为名，影印了一批包括《全芳备祖》在内的珍本农书。⑥至此之后，就不曾有专门的古农书丛书的影印出版了。相较而言，古代医书以及包含医书和农书的所谓“古代科技文献”都有专门的影印丛书问世。⑦但是，笔者倒不认为古农书影印极为缺乏，因为在各种古籍影印丛书中或多或少都有古农书的影子，下面可就笔者较为熟悉的明代农书略作引申。根据王毓瑚先生的《中国农学书录》，明代通计存佚约有124种农书，除去佚失的50种，还有74种。⑧那么，这74种明代农书的影印情况如何呢？请看表2。

表2 《中国农学书录》所录明代农书影印情况简表

影印情况	无影印	无专门影印	有1种影印	有2种及以上影印
数量/种	11	5	22	36
占比/%	15	7	30	49

表2可见，明代农书尚未影印的只有11种，它们中的不少确实是孤本、秘本，例如《农用政书历占》仅见南京图书馆有藏胶卷⑨，又如张应文所撰《老圃一得》亦仅见湖南图书馆有藏。⑩其余60余种农书均有不同程度的影印：有的虽然没有专门影印，但是可在他书中得见，例如陈继儒的《种菊法》，该书未见单独的刻本，亦不存在单独的影印，但是是书内容存于清

① 卢勇：《〈问水集〉校注》，南京大学出版社2016年版。

② 方健：《中国茶书全集校证》，中州古籍出版社2015年版。

③ 李文海、夏明方、朱浒：《中国荒政书集成》，天津古籍出版社2010年版。

④ 顾宏义：《宋元谱录丛编》，上海书店出版社2017年版。

⑤ 倪根金：《梁家勉农史文集》，中国农业出版社2002年版，第487页。

⑥ 彭世奖：《略论中国古农书》，《中国农史》，1993年第2期，第93-100页。

⑦ 例如《中国中医研究院图书馆藏善本丛书》与《中国科学技术典籍通汇》等。

⑧ 有关明代农书的情况，参见王毓瑚：《中国农学书录》，中华书局2006年版，第118-196页。

⑨ 佚名：《农用政书历占》，南京图书馆藏明万历八年（1580年）刻本。

⑩ 根据《中国古籍总目》的介绍，《张氏藏书》现有两个版本，其中抄本仅存《山房四友谱》《茶经》《瓶花谱》《野服考》《朱砂鱼谱》五种，并无《老圃一得》，而万历刻本目前在南京图书馆与湖南图书馆有藏，笔者见南京图书馆藏本仅有五种，不见《老圃一得》，而根据《湖南省古籍善本书目》的介绍，湖南图书馆的藏本却包含《老圃一得》，另在湖南图书馆施文岚女士的帮助下，证实该馆确藏有此书，特此致谢！

人陆廷灿所撰《艺菊志》卷二《法》中，因此实际上也是可以看到的[①]；而在确有影印的58种明代农书中，大部分都有两种以上的影印本，有的甚至有六七种之多，例如《救荒本草》便有至少六种不同的影印本，涵盖了“清文渊阁四库全书本”“明万历十四年（1586年）刻本”“明嘉靖四年（1525年）刻本”等三种版本。[②]从以上讨论来看，如果我们以明代农书的影印情况作为代表的话，完全可以说：虽然至今没有诞生一种全面的古农书影印丛书，但是目前的古籍影印实际上已经涵盖了绝大部分的古农书。因此，古农书影印接下来的工作应该聚焦于那些稀见的孤本、秘本。

综上所述，经过老一辈农史学者几十年的努力，古农书的文献整理活动已经取得了很大的成绩。但是21世纪以来，这样的文献整理与研究已经变得十分稀少了。那么，笔者的疑问是，为何在古农书的整理工作大体有了阶段性成绩之时，对古农书的研究反而越来越少了呢？难道仅仅是因为前人的工作已经很完善而不需要大的调整了吗？笔者认为，古农书研究的范式转型才是回答以上问题的关键。因此，笔者将在下文进一步讨论古农书研究进程中的两种范式的转变。

二、史料：从“科学技术史”到“社会经济史”

上文简略介绍了中华人民共和国成立以来古农书的文献整理情况，但是笔者却回避了一个根本性的问题，即为何要整理与研究古农书？当然，从纯学术的角度来说，古农书的研究是为农史研究所服务的，石声汉先生在《中国古代农书评介》中写道：

> 我们的任务，只是就两千多年来各时代的代表性农书，说明古农书在记载农业生产科学技术知识上的演进迹象。也就是透过古代农书的演变历史，来看我国农业科学技术知识的进展。[③]

不过，正如毛泽东所言：“为艺术的艺术，超阶级的艺术，和政治并行或互相独立的艺术，实际上是不存在的。”[④]同理，全然的学术研究也是不存在，它必定是为一定的对象所服务的。石先生在同书中也写道：“如果我们能够好好地继承这份遗产，加以整理分析，将其中有益的部分，发扬光大起来，使它们‘古为今用’，肯定可以为现在和未来的大众，作出更大贡献。”[⑤]换言之，古农书的整理与研究说到底是为今人服务的，而这样一种认识广泛弥漫在老一辈的农史学者思维中，例如胡道静先生也认为：“整理农学遗产，从农业技术角度看，是要吸收其中

---

① （清）陆廷瓒：《艺菊志》，《续修四库全书》（第1116册），上海古籍出版社2002年版，第398-399页。

② 关于该书的影印情况如下：《景印文渊阁四库全书》（第730册）收“清文渊阁四库全书本”；《中国古代版画丛刊》（第2册）、《中国科学技术典籍通汇·生物卷》（第2册）和《四库提要著录丛书·子部》（第132册）收“明嘉靖四年刻本”；《中国中医研究院图书馆藏善本丛书》（第12册）和《原国立北平图书馆藏甲库善本丛书》（第489册）收“明万历十四年刻本”（《中国中医研究院图书馆藏善本丛书》题为“万历二十一年（1593年）刻本”，经笔者目验，此版本信息有误，应仍为“万历十四年刻本”）。

③ 石声汉：《中国古代农书评介》，农业出版社1980年版，第8页。

④ 毛泽东：《在延安文艺座谈会上的讲话》，载毛泽东：《毛泽东选集·第3卷》，人民出版社1967年版，第822页。

⑤ 石声汉：《中国古代农书评介》，农业出版社1980年版，第1页。

对今天农艺仍然有用的部分，使之为生产服务。”①因此，早年古农书整理活动的目的几乎都是服务于现代农业科学，像是王毓瑚先生编撰的《中国农学书录》，王氏自序：“这个目录首先是供农业科学工作者检查之用。”②而中国农业遗产研究室整理的《中国农学遗产选集》也是“为着使各地专家们，可以方便地利用古书中的有关资料，结合实地调查研究，对祖国农学遗产加以适当的整理、利用和发扬，为增加农业生产和促进科学研究服务”③。甚至对于古农书的校释活动也是如此，夏纬英先生在《吕氏春秋上农等四篇校释》的后记中写道：“在重视祖国农学遗产的号召下，我为它作了校释，以便农学家的研究。”④从以上讨论来看，不是因为古农书的研究从而建立了以农业科学技术史为核心的农史学科，而是前辈学者们一开始就是以为农业科学技术服务为导向的，由此进行古农书的研究。

据惠富平的分析，“文化大革命”以前与改革开放之后的20世纪八九十年代是古农书研究的“黄金时期”。这一“黄金时期”可从以下两个角度进行理解：第一，古农书的文献整理活动取得了较大的成果（即本文第一节的讨论）；第二，古农书研究在农史研究中占据着中心位置。下面就第二点略作探讨。

大多数对农史研究反思的论文都指出，20世纪80年代以前农史研究的中心是农业科学技术史，例如李根蟠等认为改革开放前的农史研究“农业科技史和农业生产史的专题研究亦已开展”，而到了八九十年代，“农业科技和农业生产是新时期农史研究的中心”⑤。笔者上文指出，古农书研究与农史研究形成这样的“科学技术史”研究范式是与农史学科建立之初的前辈们对古农书与农史的认识分不开的。既然古农书研究是为农业科技服务的，那么农史研究也自然是为此目的展开的，叶依能先生在中国农业遗产研究室成立三十周年庆祝会上的讲话可以说概括了当时农史学者们的认识：“加强农史研究，把丰富的农业历史经验挖掘出来，加以整理、总结，分析研究使之系统化、条理化、科学化，更好地为农业现代化服务，这是农史研究者责无旁贷的职责。”⑥如何挖掘古代农业中的科学技术价值呢？彭世奖先生在另一篇论文中做了更为详细的介绍：

> 一、运用史料，探索各种自然现象之间的相互关系和发展规律；
> 二、提供信息，让农业科技人员能在前人经验的基础上总结创新；
> 三、根据需要，发掘和提供失传了的农业科技知识以供参考利用；
> 四、根据史料，为动植物资源的开发利用提供线索。⑦

而以上所谓的史料、信息说到底就是“农业遗产”，“农业遗产中，我国传统的旧农书，是一个很显著的项目”⑧。换言之，古农书正是探索古代农业科学技术的最佳入口：

---

① 胡道静：《胡道静文集·农史论集·古农书辑录》，上海人民出版社2011年版，第67页。

② 王毓瑚：《中国农学书录》，“序”，第1页。

③ 陈祖槼：《中国农学遗产选集·甲类第一种·稻（上编）》，中华书局1958年版，“中国农学遗产选集总序”，第1页。

④ 夏纬英校释：《吕氏春秋上农等四篇校释》，农业出版社1956年版，第119页。

⑤ 李根蟠、王小嘉：《中国农业历史研究的回顾与展望》，《古今农业》，2003年第3期，第70-85页。

⑥ 叶依能：《加强农史研究 更好地为农业现代化服务——在中国农业遗产研究室成立三十周年庆祝会上的讲话》，《中国农史》，1986年第1期，第3-8页。

⑦ 彭世奖：《农史研究与现代农业科技的发展》，《中国农史》，1997年第3期，第109-113页。

⑧ 石声汉：《石声汉农史论文集》，中华书局2008年版，第190页。

农书系统记载了我国古代的农业技术经验和生产知识，内容涉及土壤耕作、粮食油料作物栽培、果树蔬菜、花卉药材、畜牧兽医、水利、农具、救荒、农学理论、农业经营管理、农村生活等各个方面，是唯一系统反映出传统农业历史特点的古典文献，对于研究与利用我国传统农业文化具有重要价值。①

因此，正是在上述背景之下，古农书研究才走向了农史研究的中心位置。犁播所编的《中国农学遗产文献综录》和中国农业博物馆资料室编的《中国农史论文目录索引》分别收录了1981年与1991年以前的与农史相关的论文与专著，这就为我们考察20世纪90年代以前古农书的研究情况提供了很好的参考。②略检其中提到的论文，大体可以分为古农书文献整理与考证、概括性的介绍、科学技术史取向的研究与其他诸如成书背景、思想观念、社会经济方面的探讨，研究对象则多以“四大农书”为主。这里就笔者所见说明之：第一，《氾胜之书》，该书专门的研究倒并不多见，主要是万国鼎、石声汉先生的两种辑释以及由此引发的论战③。第二，《齐民要术》，这是当时研究最为深刻的一种农书，除了有石声汉、缪启愉两种点校本以外④，相关论文近百篇，其中内容大多均为介绍书中的农业科学技术⑤，并且旁及生物科学与食品科学领域⑥，有意思的是，即便是在“文化大革命”时期，对于该书的研究虽然套上了所谓“儒法斗争”帽子，但是强调其中的科学技术却是一以贯之的⑦。第三，《王祯农书》，该书虽然篇幅巨大，但是专门讨论的论文却不及《齐民要术》那般多，这可能是由于该书“错误很多”且长期没有较好的点校本问世⑧，不过就仅有的论文来看，学者们也主要关注书中所记载的农业技术，例如杨宽专门讨论了农具水排的问题⑨，朱活则在一篇论文中详细论述了书中的农业生产技术，并认为：“对于当前发展社会主义新农业，王祯《农书》有很多可以作为借鉴的地方。”⑩第四，《农政全书》，石声汉先生与康成懿先生在文献校勘与引文探源方面做了相当

---

① 惠富平、牛文智：《中国农书概况》，西安地图出版社1999年版，第1页。

② 具体参考犁播：《中国农学遗产文献综录》，农业出版社1985年版，第5-34页；中国农业博物馆资料室：《中国农史论文目录索引》，中国农业出版社1992年版，第74-100页。

③ 具体参见万国鼎校释：《〈氾胜之书〉辑释》，中华书局1957年版；《〈氾胜之书〉的整理和分析兼和石声汉先生商榷》，《南京农学院学报》，1957年第2期，第145-174页；石声汉校释：《〈氾胜之书〉今释（初稿）》，科学出版社1956年版；《从〈氾胜之书〉的整理工作谈起：读万国鼎教授〈《氾胜之书》的整理和分析兼和石声汉先生商榷〉》，《西北农学院学报》，1957年第4期，第99-107页。

④ 具体参见石声汉校释：《〈齐民要术〉今释》，科学出版社1958年版；缪启愉校释：《〈齐民要术〉校释》，农业出版社1982年版。

⑤ 较为经典的论文有万国鼎：《论〈齐民要术〉——我国现存最早的完整农书》，《历史研究》，1956年第1期，第79-102页；石声汉：《从〈齐民要术〉看中国古代的农业科学知识——整理〈齐民要术〉的初步总结》，《西北农学院学报》，1956年第2期，第5-10页；等等。

⑥ 例如门大鹏在《微生物学报》上发表了多篇关于该书“豆豉”“酿醋”方面技术探讨的论文，具体参见门大鹏：《〈齐民要术〉中的酿醋》，《微生物学报》，1976年第2期，第98-101页；《〈齐民要术〉中的豆豉》，《微生物学报》，1977年第1期，第5-10页；《〈齐民要术〉中的乳酸发酵》，《微生物学报》，1977年第2期，第83-88页。

⑦ 柯为民：《从〈齐民要术〉看法家路线对我国古代科学技术发展的促进作用》，《湖北林业科技》，1975年第5期，第1-4页。

⑧ 相较于前两种农书在20世纪50年代就已经出现了较好的校释本，《王祯农书》直到1981年才由王毓瑚先生出版了第一种校释本，尔后到了90年代才由缪启愉先生出版了更为完善的校释本，具体参见王毓瑚校：《王祯农书》，农业出版社1981年版；缪启愉译注：《〈东鲁王氏农书〉译注》，上海古籍出版社1994年版。至于该书存在的问题，参见缪启愉：《错误很多的〈东鲁王氏农书〉》，《古今农业》，1990年第2期，第28-37页。

⑨ 杨宽：《再论王祯〈农书〉“水排”的复原问题》，《文物》，1960年第5期，第47-49页。

⑩ 朱活：《王祯及其〈农书〉》，《文史哲》，1961年第2期，第19-26页。

重要的贡献[①]，而其余的研究以一般性的介绍为主，这种介绍自然也是以书中的农业科学技术为核心的[②]，另有一些论文强调该书是所谓的“农业百科全书”[③]，由此可见，对于该书研究的关注仍在“科学技术史”层面。

通过以上简要的梳理，不难看出20世纪90年代以前，农史学者们对古农书的研究，除了基本的文献整理与考证之外，便是将其作为农业科学技术史的一种主要史料，来考察某一历史时期的农业科学技术。因此，笔者认为这一时期的古农书研究呈现出“文献+科学技术史”的研究范式，而这一范式形成原因与老一辈学者“为现代农业科学服务”的意识有着重要的关系。

以上这种研究范式确实为作为一门新兴学科的农史学界提供了较为基本的研究方法指引。但是，立足于古农书的农业科技史研究并不能完全等同于农史研究。尤其是20世纪90年代以后，一方面随着古农书中的科技价值被挖掘殆尽，另一方面农业科学朝着更为专业化的方向发展，古农书研究或农史研究能为农业科学提供的帮助已经越来越狭小了。[④]在这一背景之下，成长于改革开放后的学者们开始重新思考农史研究的方向，例如王利华便较早地提出农业文化的研究理念，而这一呼吁可以说开了最近农业文化遗产研究的先声。[⑤]不过，就笔者所见，这一时期最为深刻的反思集中在李成贵的论文中，李氏一改其他学者论文中的乐观情绪[⑥]，棒喝式地指出：“客观地讲，农史研究已处于内外交困之中，面临着衰荣兴废的重大选择，这样的判定绝非故作惊人之语，也非什么‘杞人无事忧天倾’式的妄论。”而造成这一局面的原因，李氏归结为：“农史界一直有一个偏向，就是过度地向农业技术史倾斜，对技术史的描述性解释构成了农史研究的绝对主体，而对农业史的丰富内蕴多有力所不及或疏忽的地方。”[⑦]换言之，迟至90年代，农史研究的旧有范式（科学技术史）在很大程度上已经限制了这一学科的发展，不少学者都呼吁拓展农史研究的方向。那么，在这一前提之下，农史研究又迎来了怎么样的转变，古农书的研究又有怎么样的发展呢？

首先来看农史研究的变化趋势。正如上文所言，农史研究的建立及其早期发展都有着强烈的“为农业科学发展服务”的意识，而这样一种目的论在20世纪90年代以后则不再萦绕于农史学者的脑海中，相反，这一时期的农史学者更加强调对社会经济问题的关注。王思明在其总结与反思意义较强的论文《农史研究：回顾与展望》中，不仅延续了李成贵的看法，指出“以

① 石声汉校注：《农政全书校注》，上海古籍出版社1979年版；康成懿：《农政全书征引文献探源》，农业出版社1960年版。

② 这一时期介绍《农政全书》的论文数量颇多，且大同小异，一一列出并无意义，这里仅提供一篇论文，以供参考，谢仲华：《论徐光启及其〈农政全书〉》，载华南农学院农业历史遗产研究室：《农史研究》（第2辑），农业出版社1982年版，第141-145页。

③ 胡道静：《十七世纪的一颗农业百科明珠：〈农政全书〉》，《辞书研究》，1980年第4期，第221-229页；吴旭民：《我国古代的农学百科全书〈农政全书〉》，《文史知识》，1983年第6期，第25-28页。

④ 例如农史大家游修龄先生在一篇访谈中便谈到当今农史的意义不在于为农业科学服务，而“主要在文化方面”，参见杜新豪、游修龄：《农史学家游修龄教授访谈录》，《农业考古》，2011年第1期，第397-404、424页。

⑤ 王利华：《农业文化——农史研究的新视野》，《中国农史》，1989年第1期，第31-37页。

⑥ 例如张波在李文诞生的8年前也曾写过类似反思的论文，但那时对农史研究尚抱着极为乐观的态度，张氏在文中写道：“农史研究全盛时期的到来将不会十分遥远。”具体参见张波：《我国农史研究的回顾与前瞻》，《中国农史》，1986年第1期，第20-26页。

⑦ 李成贵：《价值、困境和出路：对农史研究的几点看法》，《农业考古》，1994年第1期，第166-168页。

往的工作过多地偏重于内史研究，且集中在对古代农业生产和技术的分析上”，而且提出农史新的时代关注不在于“为农业科学发展服务”，而在于对社会经济问题的关注，他写道：“农史研究应当关注经济与社会发展中的重大问题，将历史与现实问题结合起来，充分发挥学科交叉的优势。”①而在随后建立的《中华农业文明研究院文库》的序言中，王氏对这一视角进行了进一步阐释：

> 研究农业历史，眼光不能仅仅局限于农业内部，还要关注农业发展与社会变迁的关系、农业发展与经济变迁的关系、农业发展与环境变迁的关系、农业发展与文化变迁的关系，为今天中国农业与农村的健康发展提供借鉴。②

由此以后，农史研究的目的论发生了转变，从为科学技术服务转化成为社会经济服务。与此同时，农史研究的重心也从科学技术史转向了社会经济史。关于以上论点，我们也可通过一些学者的研究来证明。例如朱磊与卜风贤的论文对1995—2004年的农史论文发表情况做了详细的数据分析，研究显示农业科技史方面的论文占到全部发文量的51.5%，而“农业社会经济史”的论文则有31.2%。虽然从数据来看农业科技史仍占据着主导地位，但是两位研究者却认为：“随着我国经济发展，农业经济史研究逐渐成为农史领域的热门话题，农史研究者尽量将研究方向向经济史领域靠拢，从而出现了农业经济史研究的高超，经济史文献量大增。”③2004年以后，这种社会经济史在农史研究中的发展越来越猛烈，以农史最为权威的期刊《中国农史》为例，中国知网显示，这一刊物在2007年左右形成了较为稳定的三个主要栏目，即“农业科技史”“农业经济史”“农村社会史”，而该刊物近10年的“农业科技史”论文有约200篇，而“农业经济史”与“农村社会史”的论文合计有341篇，远超过前者。当然，以上的数据统计不可能精确，但是作为一种农史研究变化的趋势，还是值得参考的。即便我们把问题缩小到某一时期，像是李昕升对于明清以来“农业、农村、农民”问题研究综述的讨论，还是可以得到相同的结论，“对明清以来的‘三农’研究，近三十年以来农村、农民研究居多，主要体现在农村经济史、社会史；对农业研究相对偏少，且以对农业经济史研究为主，农业科技史研究很少”④。因此，笔者认为，社会经济史取代科学技术史是20世纪90年代以来农史研究转向的一个最重要标识，在这一大背景改变之下，古农书研究也必然发生改变。

前揭惠富平的论文对20世纪90年代后的古农书研究有着如下观察：

> 90年代中期以后，由于社会经济发展以及学科建设的需要，农史学科研究层面进一步拓宽，研究重点再次发生转移。农业经济史、近代农业史、传统农业文化、区域农业史、农业灾害史等的研究受到更多关注，农业科技史以及农业历史文献学成为学科的重要基础，研究步伐趋于平缓，深度增加，总结性提高，有关刊物上发表的农书研究论文相应有

---

① 王思明：《农史研究：回顾与展望》，《中国农史》，2002年第4期，第4-12页。

② 李昕升：《中国南瓜史》，中国农业科学技术出版社2017年版，第3页。

③ 朱磊、卜风贤：《近十年中国农史研究动向的计量分析》，《农业考古》，2007年第1期，第39-44、65页。

④ 李昕升、王思明：《明清以来“三农”研究：近三十年文献回顾与述评》，《农林经济管理学报》，2014年第3期，第333-340页。

所减少，每年约在五六篇上下。①

换言之，古农书研究随着农史研究重心的转移而逐渐减少。21世纪以后，古农书研究式微的态势并未得到好转。根据笔者不完全的统计，2000—2015年，国内学人公开发表的涉及农书研究的论文有约769篇，按年代分配的话，大体上2006年以前的各年度的论文在三四十篇，而从2007年开始，各年度发表的论文则接近40—60篇。但是，这种数量上的上升并非农书研究升温的结果，而在一定程度上与研究生扩招和整个史学研究队伍的壮大有关。②为了探讨农书研究在农史研究中的实态，笔者又统计了《中国农史》《古今农业》两个农史代表性刊物中所发表的关于农书的研究情况。总体看来，《中国农史》在21世纪以来共发表了57篇关于农书的论文，《古今农业》则只有29篇。从年度分析来看，两个刊物都呈现出21世纪前几年中所发表的关于农书的论文多的情况：《中国农史》在2003年之前，每年发表关于农书的论文均在6—7篇，而2003年之后最多年份也只有5篇；《古今农业》则在2002年以前每年发表的关于农书的论文在4—5篇，而此之后则未有某一年发表的论文超过4篇。至于在农史论文中所占的比例也更为狭小了，例如21世纪后《中国农史》每年的论文数量在80—90篇，而古农书研究的论文仅占6%—7%左右，相较而言，王永厚在1996年的相同研究中却认为："在各类论文中，以'农史文献及农学家'为最多，有140篇，占全部论文的16.4%。这就说明，这一类是农史研究的重点项目，也是《中国农史》所着力宣传报道的内容之一。"③接下来的问题是，为什么农史研究发生了社会经济史转向之后，古农书的研究呈现出下降甚至边缘化的态势呢？

第一，21世纪以后，农史研究愈发地注重为社会经济服务，这在行动上面的表现便是所谓"农业文化遗产"的概念的提出。④在老一辈的农史学家观念中，农业遗产几乎就可以等同古农书，但是随着农业文化遗产研究与应用的逐渐展开，有的学者开始从概念上质疑原有农业遗产的范畴，强调之前的农业遗产是固态的，对于当今的价值已经不大了，相反，还有着活态的农业遗产，它们才是可以为当前社会经济服务的。⑤这些活态的农业遗产正是农业文化遗产，但是在农业遗产与农业文化遗产接轨的过程中，有些学者却在有意无意之间将古农书边缘化，而将研究的重点转向具有社会经济价值的"农业系统、农业技术、农业物种、农业景观与农业文化"⑥。

第二，前揭王思明的论文大概是农史研究的社会经济史转向一个标志。该文发表在2002年，而在随后的2003年田富强等发表了《传统史学的史料开掘与农史研究的题材拓展》一文，这篇文章虽然短小且颇为简要，但确是农史学界较为少见的从史料上反思的论文。⑦在笔者看

---

① 惠富平：《二十世纪中国农书研究综述》，《中国农史》，2003年第1期，第116-123页。

② 我国是在1999年前后开始研究生扩招的，并在2004年之前以每年扩招20%的速度增长，具体参见杨颉：《对研究生教育的扩招以及发展的若干思考》，《中国高等教育研究》，2004年第5期。

③ 王永厚：《〈中国农史〉载文的统计分析》，《中国农史》，1996年第4期。

④ 相关概念及其阐释，可参见王思明、沈志忠：《中国农业文化遗产保护研究》，中国农业科学技术出版社2012年版；李明、王思明：《农业文化遗产学》，南京大学出版社2015年版。

⑤ 李根蟠：《农史学科发展与"农业遗产"概念的演进》，《中国农史》，2011年第3期。

⑥ 闵庆文、孙业红：《农业文化遗产的概念、特点与保护要求》，《资源科学》，2009年第6期。

⑦ 田富强、张洁、池芳春：《传统史学的史料开掘与农史研究的题材拓展》，《西北农林科技大学学报（社会科学版）》，2003年第3期。

来，王文与田文的先后发表并非偶然，它预示着那时的学者由于开始了社会经济史转向而急需拓展史料。显然，与前辈学人的以“古农书为切入点的基础性创造工作”相比，社会经济史研究的史料需求远远超过了古农书所承载的内容。因此，方志、文集、笔记小说开始广泛地出现在农史论文与论著的征引中，而这一改变势必造成作为科学技术史研究范式中的主体史料古农书的边缘化。

综合以上两点来看，无论是农史学界介入社会经济以后形成的“农业文化遗产”研究，还是社会经济史转向后农史重心的变动，古农书在这一过程中都呈现出“去中心化”的态势，它不再是农业遗产以及农业文化遗产的主要项目，也不再是农史学者利用的主体史料。大部分学者对这种变化是持乐观态度的，他们认为现在的农业文化遗产保护正是接续了前人的农业遗产整理与研究的事业。但是笔者认为，这种过度强调活态或社会经济价值的农业文化遗产概念最终会稀释甚至排斥以古农书为主体的“农业遗产”概念，关于这一点，农史学者必须要警惕。另一方面，21 世纪以来的古农书研究也在一定程度上顺应了农史学界的社会经济史转向，不少学者不再考察古农书中的科学技术价值，而试图通过它们窥视历史时期的社会经济活动。这里不妨以这一时期仍持续关注古农书的两位学者为例说明：第一位是对《补农书》颇有研究的周邦君，周氏大概在 2007 年开始着力于该书的研究，先后发表了多篇论文，并汇集成《〈补农书〉新解》一书，略检是书目录，分为《伟人思想与农学杰作》《农业技术与农村经济》《生态环境与社会调适》《农业活动与灾害防治》《农业实践与乡土文化》五篇，仅看题目便可发现作者对《补农书》的关注不在科学技术而在社会经济①；第二位是长期关注清代蚕书的高国金，高氏本身就具有社会经济史的学术背景，他有关蚕书的研究，除了具体的文献考辨之外，便是有关蚕书在社会中的流转以及蚕书诞生的社会背景的讨论②，目前，高氏又转向了“蚕桑局”的研究，更加凸显了社会经济史转向在古农书研究中的影响。总体来看，这一时期古农书的整理与研究同时陷入了低潮，原来“文献+科学技术史”的研究范式也难以维系，部分古农书的研究者开始往社会经济史靠拢，但是由于社会经济史的史料需求大大超过古农书的承载，古农书研究的“文献+社会经济史”的研究范式也就不可能完全成立。

三、知识：古农书研究的新方向

通过上文的分析，笔者大体勾勒出了中华人民共和国成立以后古农书研究的变迁，这里可以略加总结：20 世纪 90 年代前的古农书研究是农史研究的中心，而挖掘其中的科学技术价值，则是古农书研究重点，因此这一时期的古农书研究范式可以概括为“文献+科学技术史”；90 年代以后农史研究的中心转向了社会经济史，而古农书在这一转向中从“农业遗产”概念中被“去中心化”，又从农史的主体史料中被边缘化，在很大程度上失去了自身的研究价值与研究方向。对于以上这一趋势，笔者还有如下两点观察：第一，古农书研究发生如上转变，说明了

---

① 周邦君：《〈补农书〉新解》，巴蜀书社 2011 年版。

② 相关研究参见高国金、曾京京、卢勇：《道光至光绪年间（1821—1908）农书创作高潮现象分析——以蚕桑著作为例》，《古今农业》，2010 年第 3 期；高国金：《同光之际劝课蚕书的撰刊与流传》，《中国农史》，2013 年第 4 期；等等。

这一领域研究的兴盛与否是与整个农史学界的变动有着密切关系的，换言之，21世纪以来，古农书研究的衰落并不能用该领域研究已经成熟来简单概括，它仅仅是当时学者视野转换的结果，古农书研究本身实际谈不上成熟[①]；第二，无论是以古农书为核心的科学技术史研究，还是将其逐渐边缘化的社会经济史研究，它们都是将古农书视作史料而非研究的对象，那么，在文献整理与考辨以外，我们如何从事以古农书为对象的研究呢？以上两点观察旨在说明古农书研究在当前仍然具有相当的价值，这种价值既表现在该领域研究的不成熟，也表现在该领域研究应有新的方向。当然，文献研究中的不成熟只能通过传统的方法检讨，这里不做详细讨论。但是，笔者所谓新的方向又是什么呢？

2007年，德国马普科学史研究所与中国科学院自然科学史研究所成立了“伙伴关系”并且召开了相应的学术研讨会，关于他们合作的重点与今后研究的方向，韩毅研究员随后发表了论文予以介绍。[②]单纯从引用率来看，这篇论文并未得到广泛的关注，但是就笔者所见，该文之于农史的意义实际上指出了一个不同于科学技术史与社会经济史的研究方向。韩氏的论文首先介绍伙伴小组成立后的主要关注点：

> 在未来的五年中，伙伴小组的重点将放在不同知识领域的交界以及科技与社会文化的交互作用之上，探讨技术知识在中国发生、传播、增长、创新的文化与社会因素，重构中国人用什么方式、通过什么途径传播技术知识，哪些技术知识是公开的，哪些是秘密的，在中国古代如何表现出来？从而为构建多元世界文明史的图景做出贡献。

具体到农史研究方面，该文也有着具体的讨论：“伙伴小组将运用‘知识群’的概念探讨农业知识与技术发生的社会文化环境，研究不同时期农业知识的内容、种类及其跨界传播，探究技术知识创新的社会文化环境。”由此不难看出，这篇论文的实质是希望通过将知识史引入农史研究，从而超越作为内史的科学技术史与作为外史的社会经济史的纠结。随后，中国科学院自然科学史研究所的同人着力于这一知识史取向的古代科学技术研究，相关成果多见之于该所主办刊物《自然科学史研究》与《中国科技史杂志》，其中农史方面的则多由曾雄生研究员及其学生杜新豪进行探讨。

曾雄生对这一问题的关注大概是从他对徐光启的遗文《告乡里文》的研究开始的，在关于该文的两篇论文中，曾氏将研究的重点放在了“农学知识的传播”与“农业技术的地域交流”之上[③]，而并没有率先讨论与科学技术和社会经济密切相关的稻作问题。[④]在这之后，曾氏对“农学知识传播”的关注仍在持续，一方面，他本人通过苏轼为个案讨论了宋代士人的“农学

---

① 笔者所说的古农书研究的“不成熟”无意否定前辈学者的贡献，但是，假如我们对照与古农书同属于所谓“古代科学技术文献”的古医书的话，就会发现古农书整理与研究其实仍在一个相当初步的阶段。我们至多对几种经典农书作了相当的了解，但是对于流散在日韩的农书、藏在秘阁的农书、已经佚失的农书等关注远不如古医书研究者来的多。

② 韩毅：《边界与接点：中国传统科技与社会的多元交汇——德国马普科学史研究所-中国科学院自然科学史研究所伙伴小组成立暨国际学术研讨会综述》，《自然科学史研究》，2008年第2期。

③ 曾雄生：《〈告乡里文〉：一则新发现徐光启遗文及其解读》，《自然科学史研究》，2010年第1期；《〈告乡里文〉：传统农学知识建构与传播的样本——兼与〈劝农文〉比较》，《湖南农业大学学报（社会科学版）》，2012年第3期。

④ 曾氏对于稻作问题的解读迟至2017年才发表，具体参见曾雄生：《〈告乡里文〉所及稻作问题》，《中国经济史研究》，2017年第3期。

知识的获取与传播”[①]，另一方面，在他的指导之下，他的学生杜新豪在这一问题上也作出了相应的阐发。与其老师不同，杜新豪开始便是通过传统古农书讨论这一问题的，他的若干关于明代“农学知识北传”的论文几乎都是以《宝坻劝农书》为主要史料进行分析的。[②]而除了地域传播之外，杜氏最近的论文《〈便民纂〉与〈便民图纂〉关系考》，在传统的文献考证基础上，讨论了官刻的《便民图纂》被书坊翻刻成《便民纂》，由此完成了农学知识的跨阶层传播，作者本人也将自己长期的学术定位瞄准在这一问题之上。[③]

大约是受到了中国科学院自然科学史研究所研究取向的影响，不少学者的古农书研究都开始从传播角度进行讨论了。颇有意思的是邱志诚的论文，邱氏先在《中国农史》上发表了《宋代农书考论》一文，主要从传统文献学的角度对宋代农书进行了分析，但是该文在随后又被修改成《宋代农书的时空分布及其传播方式》发表在《自然科学史研究》刊物上，而与前者相比，后者正在传播之上颇有新见。[④]笔者的论文《明代官刻农书与农学知识的传播》则将关注点转换到了明代，并吸收曾、杜二人的研究成果，进一步讨论官方在农书及其农学知识流传中的若干特点。[⑤]当然，这种仅仅对于传播方式的讨论并不能完全等同于知识史的研究，例如前揭高国金关于蚕书的论文其实也有提到，但高氏本人却对知识传播的概念颇为警惕。可就在高氏转向蚕桑局研究之时，2017 年同时诞生了两篇关于清代蚕桑知识的论文。[⑥]在李富强的论文中，他以清人杨屾所撰的农书《豳风广义》《知本提纲》等为例，讨论了当时农桑知识形成的原因，以及知识的传播与表达；而在李氏与曹玲合作的论文中，他们将视野扩大到整个清代前期，强调蚕桑实践之外，文献编辑也是蚕桑知识形成的重要手段。笔者认为，这两篇论文的价值并不在曾、杜二人已经有所发明的农学知识传播方面，而在于他们有所忽略的农学知识形成方面。

不过，回到前揭韩毅的论文，文中除对于“农学知识生产与传播”颇为强调之外，也希冀讨论“不同时期农业知识的内容、种类”，换言之，传统中国是如何定义农学知识这一范畴的呢？相关讨论其实在曾雄生的著作中以“中国农学概念的演变”为题做了一定的阐发，曾氏通过古典书目的分类指出了古代农学概念实际上是不断变动的。[⑦]那么，这一变动是否有一定的线索可寻呢？关于这一问题，也可略微介绍一下笔者不成熟的研究。近年来，笔者一直试图探讨古典书目中的农书分类情况，这样做的目的是把握历史时期农学知识范畴的变化。就目前对唐、宋、明三代的研究来看，古代农学知识概念变化的一个重要线索便是官方与私人的矛盾，简言之：在官方的书目中，古农书被限制在一个较小以农桑为核心的领域里；而在私人书目中，古农书往往包含了更为广阔的园艺、茶、饮食等领域。由此可见，农学知识在时间层面是变化

---

① 曾雄生：《宋代士人对农学知识的获取和传播——以苏轼为中心》，《自然科学史研究》，2015 年第 1 期。

② 杜新豪、曾雄生：《经济重心南移浪潮后的回流——以明清江南肥料技术向北方的流动为中心》，《中国农史》，2011 年第 3 期；《〈宝坻劝农书〉与明代后期江南农学知识的北传》，《农业考古》，2014 年第 6 期。

③ 杜新豪：《〈便民纂〉与〈便民图纂〉关系考》，《古今农业》，2016 年第 3 期。

④ 邱志诚：《宋代农书考论》，《中国农史》，2010 年第 3 期；《宋代农书的时空分布及其传播方式》，《自然科学史研究》，2011 年第 1 期。

⑤ 葛小寒：《明代官刻农书与农学知识的传播》，《安徽史学》，2018 年第 3 期。

⑥ 李富强：《18 世纪关中地区农桑知识形成与传播研究——以杨屾师徒为中心》，《自然科学史研究》，2017 年第 1 期；李富强、曹玲：《清代前期我国蚕桑知识形成与传播研究》，《中国农史》，2017 年第 3 期。

⑦ 曾雄生：《中国农学史（修订本）》，福建人民出版社 2012 年版，第 12-18 页。

的，在空间层面则是多元的。[①]

以上简要的梳理大体反映了目前农史学界的一些新动向（并不是全部），而这些新动向的特点大概可以归结为以知识史为研究取向，由此区别于之前的科学技术史与社会经济史取向。而且，这种有着知识史色彩的论文都有一个共通之处，那就是以具体的文本为研究对象。进而言之，对于农学知识的研究来说，这一作为对象的文本便是古农书。那么，如果以上农史研究中的知识史取向都够继续进行下去的话，古农书研究势必能重新焕发出活力。就笔者所见，知识史带来古农书研究的复苏大概会在以下两个方面发轫：第一，目前农学知识研究颇为流行的是对其传播的研究，而农学知识的传播会在空间上形成地域流动，也会在阶层上实现上下流动，如此便要求我们既挖掘不同地域，甚至不同国家（尤其是东亚）的古农书，也要挖掘那些非经典的、日常的、大众的古农书（许多通书），由此古农书及其相关文献的整理亟待重新出发；第二，知识史研究虽然其对象是农学知识，但是并没有（或少有）抽象的、脱离本文的农学知识存在，大部分可供研究的农学知识都是已经文本化了的，也就是古农书，换言之，所谓知识史的研究，说到底就是古农书的研究，对于农学知识范畴、生产、传播与接受的研究，就是对古农书的范畴、生产、传播与接受的研究。由此可见，农学知识的研究不单是农史研究的一个新方向，而且可以极大地促使农史学者重新关注到古农书。当然，这一研究取向才刚刚展开，从事这一方面研究的学者不多，且不少都是相对年轻的学者，在他们的论文中难免存在不足与缺陷。例如有学者质疑笔者的论文混淆了学科分类与书籍分类之间的差异，也有学者质疑这种文本的流传能否真正代表农学知识的传播。但是，笔者认为这些批评都是具有建设性的，任何一种学术的进步都离不开不同意见的相互交流。略检前文提到的若干论文，虽然多在传播问题上有所讨论，但是都忽略了“农学知识的接受”这一问题。换言之，古农书在各地的传播与刊刻能否实际地深入当地社会中呢？笔者认为，对于此问题的回答是我们深化农学知识研究的关键。笔者的建议是，不妨从阅读史的领域率先入手解决，因为所谓农学知识的接受，其实也正是不同地区的士人或百姓阅读古农书的过程，而此过程中形成的按语、序、跋其实正为我们提供了探讨这一问题的钥匙。

综上所述，作为“历史文献”的古农书在中华人民共和国成立以后得到的有效整理是有目共睹的，随之带来的研究则是以“文献+科学技术史”的研究范式进行的。但是20世纪90年代后，随着农史学界的社会经济史转向，古农书的整理与研究都逐渐地边缘化。最近兴起的农学知识研究则大有重回文本、重回古农书的趋势。诚然，内史与外史的张力或许是作为所谓科学技术史的农史研究中所难以解决的问题，而文献整理与历史研究方面的冲突也是我们处理古农书研究中不可回避的难点。不过，知识史研究的思路在一定程度上为我们统合内史与外史、文献整理与历史研究方面提供了可能：一方面，技术知识是通过文本（古农书）进行生产与传播的；另一方面，技术知识的生产与传播离不开整个社会经济条件的支撑。当然，笔者并不认为目前存在着发生农史研究的农学知识研究转向的可能，它毋宁说是在众声喧哗之中的一席之地。但它对古农书研究的意义却是重大的，至少从本节的梳理来看，农学知识研究十分依赖于

① 相关研究参见拙文：《唐北宋官修书目所见农学观念》，《自然辩证法研究》，2016年第2期；《南宋官私书目所见农学观念》，《科学技术哲学研究》，2017年第3期；《明代的多元农书观》，《西南大学学报（社会科学版）》，2017年第5期。

传统古农书的挖掘。最后，笔者还想强调的一点是，本文并非对古农书研究事无巨细的梳理，因此有许多重要的古农书研究成果，笔者并未提及，换言之，本文只有笔者个人对于古农书研究学术史的观察，其中漏误之处谨望方家指正。

（原载《中国农史》2019 年第 2 期；
葛小寒：北京师范大学历史学院助理研究员。）

当梅威令遇到李鸿章：西医将行于中国?
——由晚清三场医学考试引发的讨论与思考

高　晞

摘　要：医学教育是西医在华传播的重要组成部分，但哪种教学模式更有利于西方科学医学在华发展呢？本文以英国梅威令率领三位华人医学生在香港、上海参加医学考试，并在李鸿章的军营表演"车营救治死伤之法"的事件为例，考察了梅威令教学模式与当时盛行的医学传教模式间的差别，揭示出19世纪的中国还出现过世俗的医学教育，分析了两者之间的分歧与矛盾；通过史料辨析，本文梳理了梅威令与李鸿章相见的史实。笔者提出只有在医学教育的世俗环境形成、医学进入国家体制和华人医生的身份获得认同时，西医才能行于中国。

关键词：梅威令；李鸿章；医学考试；医学传教；华人医生身份认同

引言

1887年9月14日《申报》发出"论西医将行于中国"的宏论，起因是直隶总督李鸿章居然"虚心延接"英籍医生梅威令（William Wykeham Myers，1846—1920），李相"详加询问该医生如何开设医学之馆，如何招华人习学西医，如何明定章程"。在听得详细介绍之后，李鸿章"欣然有喜色，谓中国有人得此医术，则将来以一传十，以十传百，以百传千，愈学愈多愈推愈广"。《申报》作者期望当"良医"梅威令遇到"良相"李鸿章后，西医的"活人之道"可以推而广之以至"活国"，并借李鸿章之口说出："西医之法将大行于中国。"①

此时，距梅威令来华将近20年。一年前，他还是一位籍籍无名、在台湾打狗（现高雄）海关和当地慕德医院（David Manson Memorial Hospital）工作的医生。1868年，梅威令毕业于英国格拉斯哥大学，1869年抵华，被清海关总署总税务司赫德聘任为芝罘海关的医生（1869—1877年），进入海关关医的第一批名录。②1877年调任温州瓯海关，1878年台湾打狗海关关医万大卫（David Manson）在福州突然去世，1879年梅威令被派往台湾接替他的工作。在海关行医期间，梅威令一边治疗温州和台湾的鸦片瘾者，一边参与传教士关于鸦片隐患和治疗方法的讨论③，业余时间帮厦门海关名医万巴德（Patrick Manson，1844—1922）做丝虫病实

---

① 《论西医将行于中国》，《申报》，1887年9月14日，第1版。

② Hart R, "Inspector general circular No.19 of 1870", *Custom Gazette* (*CMR*), No. X, April-June 1871, p. 5.

③ Myers W W, "Report on the health of Takow for the two years ended 31st March 1881", *CMR*, No. 21, March 1881, pp. 60-66.

验，学术论文发表在英国的伦敦传染病协会学报上。[①]

梅威令由无名小卒到声名鹊起，源自他率其所培养的中国学生参加三场医生资格考试，分别是 1886 年在香港、1887 年和 1888 年在上海，这是在中国第一次公开举行的华人西医资格考试。按西制，医生资格考必须由独立的考试委员会主持，三场考试委员会成员由当时在华的英、法、德等国名医和驻华英军军医等共计 19 人组成[②]，每场人数不能少于 7 人。相对如此强大而豪华的阵容，华人学生就显得极其渺小，最多一次是 3 名学生（1888 年），最少一次只有 1 名学生（1887 年）。每场试毕，梅威令均安排隆重的颁证仪式，由当地政府最高等级的官员（如香港代理总督和上海道台）出面亲自给华人学生颁发证书。

1887 年上海考试结束，媒体传出了梅威令赴津晋见李鸿章的消息，触发记者一系列的跟踪报道、联想与期望。1888 年 7 月上海最后一轮考试结束，梅威令即刻领学生北上天津，8 月 27 日午师徒 4 人手持军刀、臂佩红十字袖章，在李鸿章的武备学堂操场表演了“车营救治死伤之法”，现场云集了数百位中外嘉宾观看。[③]

华人医学生跨省考试、李鸿章接见洋人医生这两个相关的事件，激发了当时中外媒体浓厚的兴趣，《申报》着眼于渲染梅威令津沽谒见李鸿章后可能产生的社会效果，发表《西医将行于中国》《国医篇》等多篇报道。西文《德臣西报》（*China Mail*）、《字林西报》（*The North-China Daily News*）和《中国时报》（*Chinese Times*）不仅详细地记录了考试的所有经过，将全部考题公之于众，甚至以梅威令在医学教育之成功经验批评医学传教士长期以来所把持的医院教育，只考虑培养学徒或助手的狭隘与保守态度，引发“同行相嫉”（professional jealousy）的争论。[④]《英国医学杂志》（*The British Medical Journal*）甚至分三次报道梅威令的“华人医学教育”。[⑤]经媒体的推动，梅威令和他的学生们成为轰动一时的新闻人物。据不完全统计，19 世纪前媒体关于梅威令率徒由台湾跨海赴港并北上申城参加考试的报道逾 50 篇，报道持续将近 10 年，最晚至 1904 年，《申报》还在提及梅威令的考试和学生的去向。[⑥]如此密集的报道，在新闻事业尚处萌芽期的晚清社会，实属罕见。

当年的新闻报道，经百余年的沉淀已转变为丰富的历史档案，记者妙笔生花的记录和描述可以让当代研究者直接回到历史现场，透过文字和照片了解西医传入之初的社会反响，追忆梅威令的良苦用心。目前关于这项历史事件的研究，基本集中在台湾学者圈中。苏精最新出版的《西医来华十记》中有专章的描述，作者从纷繁复杂的史料中梳理出了清晰的史实，复原了当年考试的经过，并分析了梅威令医学教育的方法和成败的缘由。[⑦]杨明哲在《李鸿章与近代西

---

① Myers W W, “Observation on Filaria Sanguinis Hominis in South Formsa”, *CMR*, No. 21, March 1881, pp. 1-25. 该文于 1883 年复见刊载：Myers W W, “Observation on Filaria Sanguinis Hominis in South Formsa”, *Transactions, Epidemiological Society of London*, No. 1, 1883, pp. 126-147.

② 第一场 7 位委员，第二场 8 位委员，第三场 9 位委员，其中 6 人是第二场的委员，3 位是新人。第二场时，梅威令另请驻沪英军军医参监考，实际参与人数为 19 人。

③ 《录用医生》，《申报》，1888 年 9 月 4 日。Myers W W, *Report to the Subscribers to the Medical Education Scheme (RSMES)*, American Presbyterian Mission Press, 1889, pp. 54-59.

④ “Professional jealousy”, *The North-China Daily News*, 10th August 1888-08-10, p. 167.

⑤ “Medical education in China”, *The British Medical Journal*, 1886-07-17, p. 116; 1887-10-22, p. 898; 1889-07-20, p. 142.

⑥ 媒体报道的具体信息详见附表。

⑦ 苏精：《西医来华十记》，台湾元华文创 2019 年版，第 223-253 页。

方医学在中国的传布》叙述了李鸿章曾考虑留用梅威令通过考核的4名学生的故事。[①]尽管朱玛珑的《同行相嫉：梅威令医生与其他洋医关于中国人西医教育的争议》只有一篇摘要，未见论文正式发表，但作者通过标题清晰地表达了自己的观点和态度。[②]这些文章利用上述资料全面地回溯了梅威令的西医教育经验，对其计划实施过程中遭遇的挫折进行了讨论。大陆学者对梅威令的关注则集中在其率徒在上海和天津所进行的“车营救治死伤之法”的演示，这三次现场表演被认为是中国红十字会的起源。[③]此外，亦有学者从海关医生角度对梅威令的医学活动和教育做了介绍。[④]那么，这个题目是否还有值得研究的空间和可能？

王国维说：“人间总是堪疑处，惟有兹疑不可疑。”在这个事件中存在着两个匪夷所思的不平等。第一，考官与考生之间的社会等级可谓天壤悬隔；第二，梅威令与李鸿章之间的地位差异更是有天渊之别。如此的等级落差，使整个事件显得极为反常，从当时的政治环境和社会等级制度而言，这两组人群相遇的可能性几乎是不存在的，但事实是，这样的事情真的发生了。当年《字林西报》也提出同样的疑问，在七月酷热的上海，为什么会有数百位政要名流聚集在租界内最热的一个房间里，见证三位华人学生获得医学资格，而此事在社会上更是“一石激起千层浪”。[⑤]

就目前既存的丰富的资料来看，梅威令考试与谒见李鸿章事件有着三个不同的叙述角度：梅威令的陈述、中文记者的观察和西文媒体的报道。中外媒体报道虽存在着内容的重叠和互译的部分，但呈现的是中外记者对此事件的不同观照。西文媒体侧重西医教育在华推广方式与方法，中文媒体则思考西医教育的经验和西医知识对中国医学的冲击。至于梅威令本人的陈述，则由两部分组成：自1881年至1886年，梅威令在《海关医报》中陆续报告了其创办医学教育的设想、初拟的教学规章，以及正在实施的情况[⑥]；1889年上海美华书馆出版梅威令所撰之《呈医学教育计划报告书》（*Report to the Subscribers to the Medical Education Scheme*）（下文简称《呈报告书》，英文简称*RSMES*）。在这本78页的小册子里，作者翔实地报告了自1879年起开始的十年华人学生医学教育计划，以及各界捐款和经费核算。梅威令有选择性地将主流媒体的部分报道纳入报告，并贴上当年所摄之活动现场照片，一并呈现给公众，以报捐款者之善意。值得一提的是，册中所附的十张照片并非印刷品，而是梅威令采用晒蓝法复制的照片，手工一张一张贴在每本小册子内。目前不清楚该册子的发行量，但无疑是一件费时费工且价格昂贵的事情，梅威令愿意如此不计工本地做此事，定是有他的用意。[⑦]

这三方面的材料由此构成该事件叙事的三个不同面向。若将这些史料放在当时的历史大背

---

① 杨明哲：《李鸿章与近代西方医学在中国的传布》，《长庚人文社会学报》，2009年第2期，第320页。实际上后来李鸿章并没有留用梅威令的学生。

② 2011年台湾义守大学举行的《第九届科学史研讨会会议日程及论文摘要》中收有朱玛珑文章之摘要。至今未见有未正式发表的文章。

③ 周秋光、曾桂林、向长水等：《中国近代慈善事业研究》，天津古籍出版社2013年版，第479-480页。

④ 詹庆华：《全球海关视野：中国海关洋员与中西文化传播（1854—1890）》，中国海关出版社2008年版。

⑤ “Note of Kung Tao Tai’s visit to Dr. Myers, and a leader on the Medical Education Scheme”, *The North-China Herald*, 1888-08-04, pp. 121-122.

⑥ “Dr. W. W. Myers’s report on the health of Takow”, *CRM*, No. 23, March 1882, pp. 18-29; No. 28, Sept. 1884, pp. 22-49; No. 32, Sept. 1886, pp. 39-49.

⑦ 感谢北京摄影史研究者徐家宁先生无私地提供技术帮助，以及对照片的辨认。

景之下做进一步考察，会发现存在一些疑问。第一，令中文媒体极度兴奋的“良相遇良医”事件，在李鸿章的年谱和各种文献中均未发现有相关记录，为何 1888 年 8 月 27 日下午的这场活动，在李鸿章的史料中没有留下一丝痕迹？第二，苏精研究指出，梅威令分别于 1882 年和 1889 年发表的两份报告，内容略有删改，日期亦有倒填之嫌疑。[①]他为什么要这样做？作者试图遮蔽的是什么？第三，梅威令供职于台湾慕德医院，开展医学教育受到台湾长老会医学传教士马雅各（James Laidlaw Maxwell，1836—1921）的影响，在执教过程中又与本地医学传教士有良好的合作与互动。[②]1887 年梅威令在上海组织考试时期，正值博医会（医学传教士学术共同体）在沪刚成立，这个新生团体考虑的重点发展方向是“对中国学生提供专业的医学教育”[③]。而梅威令组建的考试委员会成员中半数以上是博医会成员。然而如此声势浩大的医学考试，西文媒体又极尽渲染之能事，最终均未被博医会接受，也未进入其医学传教和医学教育的书写史中。更为蹊跷的，梅威令的计划从初始至完成均以培养本地医学生、传输医学知识为目的，最终梅威令却以红十字会最早的传播者而留载史册。[④]其中的转向是如何发生的？

梁漱溟曾以科学家研究猴子心理为例，指出：“要将问题放在意识深处，而游心于远，从容以察事理。”本文试图在既有的文献基础上，将事件放到 19 世纪 80 年代的时代大背景之下，希冀透过对历史文本重新梳理和组织，小心剥开被遮蔽的叙事者的真实心情，发现当年历史舞台上发生的究竟是什么。以此考察李鸿章对待发展军事卫生事业的态度取向，揭示包裹在医学教育策略背后的医学传教士的真实思想，试图回答 19 世纪“西医是否可行于中国”这个命题，并进一步探讨医学传教史料的采信与使用问题。

因为有梅威令自述、英文和中文媒体三种可以对照的原始材料，要复述三场考试和面见李鸿章的经过，其实并不很难。

一、教育计划：以考试为导向

1878 年居住在台湾和厦门地区的外国士绅和商人为纪念万大卫对台湾医疗事业的贡献，募捐资金在其原先工作过的医院增建一幢新楼，并将医院重新命名为慕德医院。1879 年梅威令抵台，不久便参与到医院扩建的事务中，担任医院管理委员会委员。旧医院专收治本地患者，过去十年里接待患者逾 20 000 人；新院建成后，同时接受中外患者，两年内接待患者逾 3900 人。[⑤]现有资料显示，梅威令在芝罘海关和温州瓯海关任职期间，从未考虑过培养华人学生的问题。梅威令滋生培养中国学生的念头是在来台湾之后，并在医院建设期间着手尝试。之后，与其医学教育相关的活动，他均以慕德医院的名义展开，并自称是慕德医院医学馆馆长（Director of Studies in the Medical School）。有必要指出的是，慕德医院前身是马雅各创办的教会医院，他退休后由万大卫兄长万巴德接替其职，万巴德是海关医生而非医学传教士，因此他

① 苏精：《西医来华十记》，台湾元华文创 2019 年版，第 236 页。

② “Dr. W. W. Myers' report”, *CRM*, No. 23, Sept.1882, pp. 18-29.

③ Boone, “The Medical Missionary Association of China—Its future work”, *The China Medical Missionary Journal (CMMJ)*, Vol. 1, No.1, March 1887, pp. 3-4.

④ 周秋光、曾桂林、向长水等：《中国近代慈善事业研究》，天津古籍出版社 2013 年版。

⑤ “Dr. W. W. Myers' report”, *CMR*, No. 21, March 1881, pp. 59-60；苏精：《西医来华十记》，第 223-253 页。

被认为是当地第一位社区医生。[①]万巴德主持医院工作期间，主要由西人公司资助，慕德医院的主要资助亦来自西人和外国公司，而非传教团。人们往往会将慕德医院与教会医院混为一谈，其实它是一所西人和外国公司集资兴办的医院，非纯粹的教会医院。[②]这点可从梅威令以慕德医院名义发表的多份医学教育计划中得到证实，从中很难找到医学辅助传教的字眼，闻不到丝毫宗教的气息。此类单纯直接的非宗教表述在19世纪中国的医院报告中几乎是不可能出现的。

梅威令兴办华人医学教育的初衷，是杜绝岛上日渐盛行的江湖医生，维护西医的科学性。[③]19世纪80年代的台湾游走着不少会操西医术的华人医生。按梅威令的陈述，他们自称曾追随西医生学过医术，这些人手持仿造的西式医疗器械，如听诊器和治眼设备，给当地人治疗；或采用不良疫苗给孩童接种，曾导致众多小孩死亡，成为当地轰动一时的事件。[④]江湖医生造成的社会隐患，不仅给民众带来了灾难，亦对先前医学传教士开拓的医学事业带来了不良的影响。[⑤]慕德医院的建立，为梅威令实施科学计划创造了契机，这所世俗非教会控制的医院，可使他的医学教育计划远离医学传教的话语体系，向西方医学教育体制靠近。梅威令在报告中暗示了他对医学传教士教育的不信任，说他们带出来的学徒医学知识有限，仅会进行简单的治疗和药物使用。[⑥]梅威令的目标是培养华人“西医生”（western physician），学习解剖学和生理学等知识，辅以临床训练。他相信经过适当教育（duly instructed）的华人西医生，不仅可以消除江湖医生的隐患，还可担当起医学传播的角色，起到知识传播和技术传授的作用。[⑦]

梅威令试图培养的是华人西医生，而不是医院助手或学徒的价值取向，为日后他与医学传教士的冲突与矛盾埋下了伏笔。

初拟教学计划时，梅威令认真思考过医学教育会面临的问题。一是语言。当时社会上已有几部汉译医学教科书，如合信（Benjamin Hobson，1816—1873）的《西医五种》和嘉约翰（John Glasgow Kerr，1824—1901）编译的多种临床医学著作，解剖学方面已有柯为良（Dauphin William Osgood，1845—1880）的《全体阐微》和德贞（John Dudgeon，1837—1901）《全体通考》，德贞还有临床学和生理学译文发表在《万国公报》上。梅威令认为西方的医学教育是用英文、法文或德文进行的，因此决定选择自己最有把握的英文教学。二是解剖学。鉴于中国的社会习俗和律法不允许尸体解剖，梅威令计划借鉴医学传教士已施行多年的方法，采用蜡质人体模型、解剖图谱和骨骼架等教具教授人体知识。“梅君又穷思极想忽得一法，以蜡为人之身体，如其长短大小，其中骨、筋、络纤毫毕备，可以装，可以拆。以此教学生，令其详审而熟记之，则与人身无异。”[⑧]同时他考虑利用医院特有的厂检机会，带学生到现场观察以辅助教学，变相地让学生接受实体解剖知识。1884年梅威令的医院报告显示，该医院曾进行过心脏

① “Dr. W. W. Myers' report”, *CMR*, No. 21, March 1881, pp. 59-60.
② “Dr. W.W. Myers' report”, *CMR*, No. 21, March 1881, pp. 59-60.
③ “Dr. W.W. Myers' report”, *CMR*, No. 21, March 1881, pp. 59-60.
④ “Dr. W.W. Myers' report”, *CMR*, No. 23, March 1882, p. 22.
⑤ “Dr. W.W. Myers' report”, *CMR*, No. 23, March 1882, p. 22.
⑥ “Dr. W.W. Myers' report”, *CMR*, No. 23, March 1882, p. 22.
⑦ “Dr. W.W. Myers' report”, *CMR*, No. 23, March 1882, p. 22.
⑧ 《述台湾打狗慕德医院办理原由》，《申报》，1887年7月28日，第1版。

的尸检。[①]

由以往医学传教士的报告和论述考察，一般会认为，解剖教学是阻碍医学教育开展的关键，然而梅威令的实际操作经验告诉我们，语言才是最大的障碍。1879 年梅威令招了两位台湾本土的学徒，签下 3—4 年的合约，先完成英文课程再学专业。[②]两年之后，梅威令发现学生的语言学习能力无法达到自己的要求，遂决定放弃教授英文，转而考虑招收有英文基础的学生。

1883 年 11 月，梅威令从香港招到两位华人学生：广东番禺人李荃芬和广东东莞人陈呈桀。1886 年，梅威令再得一名学生：福建海登人吴杰模。[③]前两位学生是香港中央书院应届毕业生[④]，吴杰模毕业于马来半岛槟榔屿官立中学，后在广州博济医院实习过一段时间。[⑤]这三位学生的英文水平都非常出色，可直接进入医学课程教育。梅威令与李荃芬和陈呈桀签下合约，两人自愿追随梅威令学习，梅威令免收他们学费，慕德医院提供膳食与住宿，要求他们勤奋学习。[⑥]吴杰模出身富裕家庭，系自愿上门求学，他的一切费用由自己承担。[⑦]

1884 年前后，梅威令参考苏格兰大学医学院的教学制度拟定了一个学习与考试计划。第一年学解剖学、生理学、化学基础和系统外科学。完成基础学习后，先不进入临床学习，而是安排学生前往香港或上海参加笔试和口试，组建专门的考试委员会（Medical Board）主持评判，成员必须是持有医生资格证书的专业人员，要求成员由多国医生组成。学生通过考试，可获得考官签名的证书，该证书非行医执照，仅证明学生完成相关课程。持证学生回到台湾，进入临床学习期。第二年学习妇产科、临床医学、外科学、药物学和药理学。然后，易地再考，重新组建独立的考试委员会。[⑧]事实上，此时他的方案与苏格兰地区的医学教学方案还是有一定距离的。按爱丁堡医学院的规定，医学生学制四年，分为临床前与临床医学两个阶段，课程包括解剖学、生理学、博物学、化学、医学理论、药物学和药理学、妇产科、外科和一些选修课。梅威令制定的学制是两年，相同的是学生都必须在拿到某些基础课的“入场券”后，方能进一步学习。[⑨]

1886 年 5 月，梅威令第一次率学生在香港考试时，向媒体公布其教学方案，这份计划与爱丁堡医学院的培训方案已很接近了。一是学制更改为四年，分两期完成，每期两年。二是明确两次考试地点必须在不同地方，若第一次在香港，第二次必须要在上海，反之亦然，考试委员会成员也必须更换。学生通过尾考后，将获得由医院颁给以中、英、拉丁文书写的证书。[⑩]同年 9 月梅威令回台后，初拟一份 12 条招生与考试规则，其中对考试委员会成员有了进一步

---

① “Dr. W. W. Myers’ report”, *CMR*, No. 28, Sept. 1884, p. 26.

② “Dr. W. W. Myers’ report”, *CMR*, No. 23, March 1882, p. 22.

③ Myers, *RSMES*, No. Pagination, “Photography II: Copy of Final Diploma”.

④ “Dr. W. W. Myers’ report”, *CMR*, No. 28, Sept. 1884, p. 33.

⑤ Myers, *RSMES*, pp. 5, 9; “Dr. W.W. Myers’ report”, *CMR*, No. 32, Sept. 1886, p. 48.

⑥ “Report of examination (primary professional) of an extra Takow student of medicine”, *The North-China Daily News*, 19th July 1887, p. 3.

⑦ “Dr. W. W. Myers’ report”, *CMR*, No. 32, Sept. 1886, p. 48.

⑧ “Dr. W. W. Myers’ report”, *CMR*, No. 28, Sept. 1884, p. 33.

⑨ Entin M A, “Edinburgh Medical College at the end of the end of eighteenth century and the training of North American doctors”, *The Journal of the Royal College of Physicians of Edinburgh*, No. 82, 1998, p. 221.

⑩ “Report of primary professional educations in medicine of Takow medical student”, *The China Mail*, 20th May 1886, p. 3.

明确，要求他们是合法合格的行医者，每次人数不能少于 6 人，成员结构至少来自两个国家。尽管如此，这依然是一份不成熟未完成的规则，其中第 9 条为空白。①

1887 年 8 月 28 日的《申报》刊载《照译台湾打狗慕德医院学院例则》：

> 第一款，凡学生未谙英国文艺者不准收留；第二款，凡学生须习“全体阐微”、“全体功用”、化学并外科渊源四艺，两年之久，领有该院掌教二年实学荐书，著明该学生果能熟此四艺，方准赴考头场，该院掌教须领有本国医员职衔，例合该院掌教生徒；第三款，凡学生经头场中式者，须回院再行学习“西医总论”、“西药全书”、“内科分症”、“外科分症”、“妇科接生”并“用药用器”等法，历学二年之久，领有该院掌教之荐书（如第二款），并其头场中式执照，人据两符，方准赴考尾场；第四款，如尾场再能中式例给执照一纸，内有头尾两场各同考官的笔签字并其批评等；第五款，如学生考试被黜者，须回院再学一年，领有该教师荐书（如第二款），著明该学生被黜后，果已再学一年之久，方准再考原场；第六款，如学生有抄袭等弊，一经查出任由试官究办。②

目前没有发现梅威令的计划有中文版，“照译”很有可能是媒体所为。1889 年梅威令在《呈报告书》中收入一则英文版的慕德医院学习与考试章程，时间标识为 1879 年 10 月。③对照此两种文本，中西文内容如出一辙，两份章程的规则都是 6 条，中英版中均无对考试委员会要求部分。苏精认为这份标识为 1879 年英文版计划书的日期是在 1889 年撰《呈现报告书》时倒填的。④

通过《申报》公之于众的慕德医院学馆例则，已是一份完整严谨几近严苛的考试规则，它清晰地透露出梅威令的教学理念，就是以考试为核心展开的，考试的概念、考试的形式和考试的标准构成教育计划的重要组成部分。这个以考试为导向的教育方案，目的是让华人学生完成与欧洲医学院相同的课程，有能力通过同等考试。⑤如此，可使全程在中国接受西医学教育的华人学子，其专业素养不被怀疑，他们的医学资格可达到西方国家对一般医学从业人员的要求。⑥所谓：“华人欲学西医，不必远至外国，即在中国亦可学成西医。”⑦

慕德医院第一年学基础医学，梅威令没列出选用的教材，由其报告分析可知，解剖学和生理学课程应该采用的是中文教材，解剖学是柯为良的《全体阐微》，生理学是德贞的《全体功用》。⑧解剖学教学方案是按梅威令当时设计的模式展开的，他用苏格兰教友的捐款从巴黎邮购了一具价值 60 英镑的蜡质人体模型，结合自己所有的解剖图谱和一具可拆装的骨骼，作为

---

① “Dr. W. W. Myers’ report”, *CMR*, No. 32, Sept. 1886, p. 47.

② 《照译台湾打狗慕德医院学院例则》，《申报》，1887 年 8 月 28 日，第 2 版。

③ Myers, *RSMES*, pp. 3-4。

④ 苏精：《西医来华十记》，第 236 页。

⑤ “Report of primary professional examinations in medicine of Takow medical students, held at Hong Kong”, *The China Mail*, May 20th 1886, p. 3.

⑥ “Dr. W. W. Myers’ report”, *CMR*, No. 32, Sept. 1886, p. 47.

⑦ 《述台湾打狗慕德医院学生考试情形》，《申报》，1887 年 7 月 29 日，第 1 版。

⑧ 《照译台湾打狗慕德医院学院例则》，《申报》，1887 年 8 月 28 日，第 2 版。此外，德贞的《全体功用》并未见到正式出版，但他 19 世纪 80 年代在《万国公报》连载诸篇生理学文章，是为同文馆教材。高晞：《德贞传——一个英国传教士与晚清医学近代化》，复旦大学出版社 2009 年版。梅威令在其报告中多次提到德贞的译作和同文馆的医学教学。

教具讲解人体结构。

每天清晨 7 点，两位学生到梅威令家上课学习，中午有 1 小时午餐休息时间，晚上 7 点放学。教学方式是以师生对话讲解知识点为主，辅以个别学生专门指导，每次每门课程教 1 小时。[①]不过，这种教学方式存在着不合理的方面。梅威令 1886 年海关报告显示，这期间他一直在与万巴德合作，进行丝虫病和橡皮病的人体实验，采样的数据量非常大，同时他还要撰写实验报告。此外，每天还有众多患者治病、手术和定期的尸检及其研究。是否真如梅威令所言，每天 12 个小时教学生上课，难道他分身有术？

二、跨省科考：梅威令设定的国际标准

梅威令毕业于英国最古老的大学之一——格拉斯哥大学，自称求学期间受教于当时英国外科名师、近代外科消毒技术发明者李斯特（Joseph Lister，1827—1912），如此学术背景造就出来的人才，即便志向不够高远，起码算是见识过一流的学术标准和国际顶级规格的。按《字林西报》的描述，梅威令的考试“完全照搬欧洲的模式”[②]。

梅威令曾经提到，养成“华人西医生”的最好办法是送中国学生去欧洲国家学习医学，让华人学生直接进入西医的话语体系，通过正规训练完成医生身份的构建，获得国际医学界的认同。当时正值清政府突然中断幼童留洋计划，召回已留洋近 10 年的全部华人学生，引起国际社会一片哗然。梅威令清楚这种方式在中国并不现实，转而考虑自己在华培养医学生。[③]然而，即便他能提供与欧洲学校相同的课程，他也无法决定学生能否获得与欧洲学生同等的地位。梅威令选择带学生离开台湾到香港和上海进行考试，是因为英国在香港实行殖民统治，考试委员会必须遵循港英政府的法规，正式登记注册。梅威令选上海公共租界，并以工部局场馆为考试的主场，亦是基于同样的道理。《字林西报》明确提到，只有在上海才有可能找到理想的、专业的考试委员会成员，全部照搬欧洲考试。[④]按照当时在华的西方医生的说法，这样标准和规格的考试委员会成员在英国也难寻觅。[⑤]

慕德医院考试分为季考、头考与尾考。自 1886 年始，慕德医院学馆学生在梅威令的带领下越过台湾海峡，奔赴香港、上海和天津，开启跨省的科考和演示，全程 5000 千米，持续三年。

季考：台湾慕德医院

李荃芬和陈呈桀入学仅三个月，梅威令便出题考试。

第一季度（1884 年 2 月 27 日、28 日）

化学初级：3 个小时笔试，10 道题必须完成 8 道题（27 日）

解剖学：4 个小时，8 道题必须完成 6 道题（28 日）

---

① “Dr. W.W. Myers' report”, *CMR*, No. 28, Sept. 1884, p. 34.

② “Report of the final professional examination passed by the Takow medical students before the board of examiners”, *The North-China Daily News*, 1888-07-27, p. 104.

③ “Dr. W. W. Myers' report”, *CMR*, No. 23, March 1882, p. 22.

④ “Report of the final professional examination passed by the Takow medical students before the Board of Examiners, Shanghai”, *The North-China Daily News*, 1888-07-27, p. 104.

⑤ “Medical education of Chinese in China”, *The North-China Daily News*, 1887-07-22, p. 102.

第二季度考试（1884年5月31日至6月4日）

解剖学：9个小时，10道题必须完成（5月31日）

生理学：8个小时，10道题必须完成（6月1日）

化学初级：5个小时，6道题必须完成（6月4日）

系统外科学：5个小时，6道题必须完成（6月4日）①

梅威令曾将学生的答题寄到上海，请江海关关医哲玛森（R. A. Jamieson）查看，哲玛森医生表示学生答卷“惊人地良好”，他在上海的学生还达不到此水准。②

头考（Ⅰ）：香港立法会会议厅

两年之后，1886年5月，梅威令医生带着李荃芬、陈呈桀两位港籍学生回到香港，进行了第一轮的考试，即头考。梅威令先与香港的医生商定委员会名单和考试日期③，随后成立了由香港英军军医、港英政府医员、海关医生和当地开业医生组成的7人考试委员会，其中德国和华人医生各占1名。

主任：英国驻港军医处副处长亨格福德（Hungerford）；

解剖学：外科医生普勒斯顿（R. N. Preston）和海关医生万巴德；

外科学：外科医生艾尔斯（P. B. C. Ayers）和格拉克（C. Gerlach）医生；

化学与生理：何启（Ho Kai）和杨医生（Wm. Young，M. D.，C. M.）。

香港代理总督马殊（William H. Marsh）借出立法会的会议厅作为考场。

1886年5月13日、14日两天笔试，15日口试，由何启和普勒斯顿负责监考。

考试科目：

生理学：7道题，3个小时。

例题：如何理解术语“分泌”和“排泄”——列出主要的分泌和排泄器官。

解剖学：10道题选答6道题，4个小时。

例题：描述肾脏，它的尺寸、形状、结构和血管分布。

化学：7道题，3个小时。

例题：如果将硝酸银溶液加入氯化钠溶液中，沉淀物的性质和颜色是什么？给出反应式。

外科：12道题选答10道题，4个小时。

例题：描述水囊肿、阴囊疝气、血囊肿和精索静脉曲张。④

考试结果，李荃芬的总分为74.6分，其中解剖学90分；陈呈桀总分为70.5分，其中化学85分。⑤

1886年5月28日，及格证书颁发典礼定在两位学生毕业之香港中央书院的礼堂进行，马殊亲自颁发证书并致辞。香港的《孖剌西报》（*Hong Kong Daily Press*）和《德臣西报》都做

---

① “Dr. W. W. Myers’ report”, *CMR*, No. 28, Sept. 1884, pp. 36-37.

② “Dr. W. W. Myers’ report”, *CMR*, No. 28, Sept. 1884, pp. 36-37.

③ 《述台湾打狗慕德医院学生考试情形》，《申报》，1887年7月29日，第1版。

④ “Report of primary professional examinations in Medicine of Takow medical students, held at Hong Kong”, *The China Mail*, 1886-05-20, p. 4.

⑤ “Report of Primary professional examinations in Medicine of Takow medical students, held at Hong Kong”, *The China Mail*, 1886-05-20, p. 4.

了报道。《德臣日报》评论此事预示着“终于有人尝试着给中国学生进行彻底实用、详尽而健全的系统性医学教育了”[①]。千里之外的上海媒体闻之感慨：“西医学之所以异者，以西医必须考试数次，由国家给予凭证，而后可以行道。中国之医生无此一考，故滥竽者众而不及西医之精。”[②]不久，上海《点石斋画报》刊《考验医生》一文，警告江湖医生“相传有考试医生之说，凡非赴考录取者，概行斥禁嘘”[③]。

头考（Ⅱ）：上海工部局议事大厅

1887年7月12—16日，梅威令带领学生吴杰模到上海参考。吴杰模是中途插班进来的，1886年香港考试见报后，其父是通过媒体了解到香港医学考试之事，并向梅威令表示愿将儿子送到他那里求学，吴杰模只用了一年时间便完成了基本学业。[④]此番考试，参考人仅一位，但测考的成员却多达8人。

主任：公济医院的加拜医生（Little）[⑤]；

解剖学：加拜与仁济医院梅医生（Milles）；

生理学：工部局医官兼任仁济医院医生的柏医生（Edward Henderson）[⑥]和伯奇医生（Burge）；

外科学：麦克劳德（MacLeod）和江海关关医新郭部（Zedelius）；

化学：江海关关医哲玛森和毕顺（L. Pichon）负责。

考试地点：上海公共租界工部局议事大厅

梅威令特请驻沪英国海军军医佩顿（Peyton）医生现场监考。

考试科目与时间：

①解剖学（7月12日下午3—6点），6道题必答。

例题：描述正中神经的路线和相互关系，以及它在前臂中的分支。

②外科学（7月13日下午3—6点），8道题选答6道题。

例题：简要描述伤口的不同形态。伤口治愈的第一期愈合是什么意思，如何保证安全？

③化学（7月14日下午3—6点），10道题必答。

例题：描述任意两种配备氧气的方式。也要描述配备氨气的方式。用化学式阐释。

④生理学（7月15日下午3—6点），8道题选答6道题。

例题：脊髓的反射作用是什么意思。为这一作用举一例，并陈述当你完全切断脊髓上产生上述现象的关键点时，会产生什么影响？

此外，另有一天口试。同样是头考，吴杰模的题目比香港的那场考试难度大多了。考试委员会主任加拜医生表示，他对吴杰模回答的问题非常满意，尤其是解剖学考试，因为吴杰模只通过图谱和模型学习了解剖学知识，没有任何实体解剖经验。当吴杰模出色地通过了考试委员

① “Report of primary professional examinations in Medicine of Takow medical students, held at Hong Kong”, *The China Mail*, 1886-05-20, p. 4.

② 《论中西医学之所以不同》，《申报》，1886年11月20日，第1版。

③ 《考验医生》，《点石斋画报》第四册，2001年版，第151页。

④ Myers, *RSMES*, pp. 5, 19; “Dr. W. W. Myers’ report”, *CMR*, No.32, Sept. 1886, p. 48.

⑤ 本文所用西医生中文名称均取自《字林西报》所编之《行名录》，没有中文名称的就以意译代之。

⑥ Edward Henderson，工部局医官兼任仁济医院医生，他的中文译名有多种，近人采取“韩德森”，《申报》当时译为“俺特生”，查当时《字林西报》的“行名录”，Edward Henderson此时注册用名为柏医生，故本文均采“柏医生”一说。

所要求的现场解剖考试时，在场监考的加拜和梅医生分外吃惊。[①]“比及考试，医员果问及于此，幸先有蜡人之教在于胸中，学生等乃随问随答，一无讹误。”[②]吴杰模考试成绩为总平均分 73.25 分，其中解剖学 70 分、外科学 70 分、化学 80 分、生理学 73 分。《英国医学杂志》认为吴杰模的成绩令人称道。[③]

对此，西媒评论道：“（梅威令的华人医学教育）尽管只是迈出了一小步，但开始是必需的。梅威令的事迹证明了在中国是能够对华人学子进行必要的教育。他播下的一颗种子，经过长时间的培育已长成一棵大树，它将会给中国带来无可估量的好处。”[④]

尾考：再回上海

1888 年 7 月，梅威令领着李荃芬、陈呈桀和吴杰模再次来到上海参加期终考试，即尾考。此时，李荃芬、陈呈桀学医已逾 4 年，吴杰模也有 2 年的学历了。梅威令组建的第三届委员会由来自英、德、美、法 4 个国家的医学专家组成，这是一支真正的国际团队。[⑤]

主任：柏医生；

内科医学：毕顺和同仁医院立德医生（Reid）；

临床医学：同仁医院哲玛森医生；

妇产科：柏医生和萨隆医生（Sloan）；

外科与临床外科学：新郭部和梅医生；

治疗与药物学：同仁医院文恒理（H. W. Boone）和伯奇医生；

红十字会救护：柏医生、梅医生、萨隆医生和立德医生。

考试场地：笔试与口试在工部局议事大厅，内科临床在上海公济医院（General Hospital），外科与手术在仁济医院（Chinese Hospital），“车营救治死伤之法”演示在河南路老巡捕房。

尾考分为笔试、口试和医院临床考试。

考试科目与时间：

①妇产科（1888 年 7 月 13 日下午 3—6 点），6 道题必答。

例题：如果婴儿的头部在引产的过程中被出口处软组织的硬度所阻挡延迟，你会采用什么方法加快生产过程？你会如何保卫软组织不被撕裂，并且如果在你的照料下，会阴还是被撕裂了，你会如何处理这个情况？

②内科（1888 年 7 月 16 日下午 3—6 点），5 道题必答。

例题：一位患者抱怨身体出现寒战，并伴随咳嗽后右胸疼痛，第二天有轻微黏质咳出物；呼吸频率为每分钟 32 次，脉搏频率为每分钟 118 次，完整且有跳跃；脸红，体温为 103 华氏度。你觉得患者患了什么病？采用什么方法是令人满意的？陈述在胸腔检查时你希望发现什么，你会用什么治疗方法。

---

① "Medical education of Chinese in China: Presentation of certificate", *The North-China Herald*, 1887-07-29, p. 127.

② 《述台湾打狗慕德医院办理原由》，《申报》，1887 年 7 月 28 日，第 1 版。

③ "Medical education in China", *The British Medical Journal*, 1887-10-22, p. 898.

④ "Medical education of Chinese in China", *The North-China Herald*, 1887-07-22, p. 102.

⑤ "Report of the final professional examination passed by the Takow medical students before the board of examiners, Shanghai", *The North-China Daily News*, 1888-07-27, p. 104.

③药物学与治疗（1888 年 7 月 18 日下午 2—6 点），6 道题，4 道题必答。

例题：说明主要的药典配备汞的方法，并说出其用途和剂量。汞的过氯化物如何配备，它的不兼容物是什么？

④外科解剖学、外科学的原则与实践（1888 年 7 月 19 日下午 3—6 点），6 道题，4 道题必答。

例题：充分描述动脉出血导致的心脏停止中所发生的变化。

⑤临床考试：要求医学生要对医院提供病案书写病历、做出诊断、在床边仔细问诊以及内科医学和外科学手术的考试。

内科：公济医院；外科：仁济医院。

⑥1888 年 7 月 21 日工部局议事大厅：最后通考。①

《申报》记者现场实况报道："经俺特生（柏医生）等著名医士历试数日，又至各医馆看视病人，考其脉络、询其渊源、究其治理，而该学生一一应之。"②

⑦1888 年 7 月 21 日下午 5 点半，众人移至河南路老巡捕房花园草地观看"车营救治死伤之法"演示。

在身着制服的柏医生、萨隆医生和立德医生的监考下，梅威令亲自上阵，与陈呈桀、李荃芬、吴杰模以及慕德医院学徒林玑璋，在美、法、德、英等国领事及中外政要数十人的见证下，演示了中国历史上第一次的红十字战地救护。③

> 梅威令君及四学生俱衣青灰布号衣，革带跨刀，先演在战场舁回受伤将士，继演绑扎诸法，令多人装作受伤状，或伤臂、或伤足、或伤头面、或则浑身受伤，一一医调，无不合法。演毕四学生一字排列。④

演示结束后，柏医生代表考试委员会发言："医术之获益良多哉，当两军交绥之际，血飞肉薄惨目伤心，医者固宜手敏心灵。而舁回时尤当平稳，今诸君悉心体会，固领悟良多。"⑤

持续 9 天的考试核定出最终的成绩：李荃芬平均分 60 分；陈呈桀平均分 64 分；学习时间不足 3 年的吴杰模获最高分，平均分 72 分，其中内科 90 分、临床医学 85 分。综合头尾两场考试评分：李荃芬 66 分，陈呈桀 68 分，吴杰模 72 分。⑥梅威令对此成绩非常满意。⑦

这样的结果，论证了梅威令预设按西方标准对华人进行医学教育的可行性是存在的，也是可操作的，尤其是梅威令轻易地克服了医学传教士认为极为困难的解剖学教育。⑧正如《申报》所言："西医梅威令先生教授医法于华学生三人业已成功。"⑨

---

① "Medical education of Chinese in China", *The North-China Herald*, 1888-07-27, p. 104.
② 《论梅威令医生教习之认真》，《申报》，1888 年 7 月 28 日，第 1 版。
③ "Medical education of Chinese in China", *The North-China Herald*, 1888-08-04, pp. 137-139.
④ 《试演医伤》，《申报》，1888 年 7 月 22 日，第 3 版。
⑤ 《试演医伤》，《申报》，1888 年 7 月 22 日，第 3 版。
⑥ "Medical education of Chinese in China", *The North-China Herald*, 1888-07-27, p. 104.
⑦ "Medical education of Chinese in China", *The North-China Herald*, 1888-07-27, p. 104.
⑧ "Medical education of Chinese in China", *The North-China Herald*, 1888-07-27, p. 104.
⑨ 《书本报领凭志盛事后》，《申报》，1888 年 8 月 7 日，第 1 版。

三、领凭志盛：华人学子的身份认同

外国医生在华教中国人西医技术始于1806年[①]，美国公理会医学传教士伯驾（Peter Parker，1804—1888）在广州新豆栏眼科医局以师带徒方式教会关韬等中国年轻人诸种外科手术。19世纪40年代关韬已可在医院独当一面，独立完成眼科手术。1843年美北浸礼会医学传教士玛高温（Daniel Jerome Magowan，1814—1893）在宁波初建华美医院时，由法国购置蜡质人体解剖模型和解剖学图谱，以讲座形式给中国人教授解剖学知识。[②]19世纪50年代后，广州博济医院医学班的解剖学课由海归的华人医生黄宽教授。[③]教会医院在院内设医学班，外国医生教中国学徒西医技术和基本的医学知识，在80年代已是很普遍的现象。从最早刊载广州和香港教会医院报告的《中国丛报》、60年代始创的《教务杂志》、70年代的《中西闻见录》、80年代的《格致汇编》，到1887年出版的《博医会报》，都可以找到大多数教会医院培育中国本地医生和考核的零星记录，甚至有报道说，嘉约翰教出的学徒已逾40人，医院给学生考试并颁给结业证书。[④]梅威令和台湾慕德医院虽在台湾近代医学史上有一定的影响，但在同时期的中国社会，与其他医学传教士和教会医院相比，梅威令和医院的知名度都是偏低的。然而，同样是以医院为基地对中国学子进行医学教育，为什么梅威令考试会在当时社会产生如此大的社会影响力呢？

因为梅威令走了一条与医学传教截然不同的道路。他并不想让他的学生变身为医学传教士，成为教会医院培育的助手或学徒。梅威令立志养成的是华人“西医生”，他要求给华人学生一张文凭，一张可以证明自己医生资格的证书，与西医生并驾齐驱。与已开展医学教育多年的教会模式相比，梅威令的教学有三大特点：一是系统教育，二是公开考试，三是授予学生证书。1887年他通过媒体表述他的设想：

> 李陈二生明年当来上海考取尾场，吴生当于后年赴香港考取尾场，考而得中，则给以大执照，由主试诸人签字加以批读，叙明邦族、姓名、年岁、籍贯，并印该医生之照相于照纸之角上，以杜混冒等弊。盖西国之于医生如是其郑重也。既有此照，即成为西医，无论中国外国均可随地行医矣。按香港及外国并各属地之医生，莫不各有执照，姓名登于各处地方官簿籍之上，方可行道，否则当科以假冒之罪。今梅君之门人亦均给有执照，则与西国医生无异，到处可以通行……即与西医一律，而到处可以行道也。梅君之所以造就人才者，其用意可谓至矣。[⑤]

梅威令携徒越洋跨海从偏于一隅的台湾来到香港和上海，组建以西人为主的考试委员会，

---

① “China’s first foreign medical benefactor, Dr. Alexander Pearsons”, *The Chinese Repository*, 1848-05-01, p. 246; 1832-12-26, p. 36.

② Macgowan D J, “Extracts from the report of the Medical Missionary Society”, *The Chinese Repository*, 1848-05-01, p. 246.

③ *Report of the Medical Missionary Society in China*, 1869, p. 15.

④ Boone, “Professional jealousy”, *The North-China Daily News*, 1888-08-10, p. 167.

⑤ 《述台湾打狗慕德医院学生考试情形》，《申报》，1887年7月29日，第1版。

寄希望于当地“赫赫有名”的西医生能论证华人学生的资格，使他们有可能在港英政府或上海工部局注册，因为在西人实行殖民统治的区域内，可变相地使华人学子获得与西方医生同等的资格。[①]从方案设计、计划实施，到华人学生完成向“西医生”的身份转换，梅威令始终采取一个策略，充分利用台湾、香港和上海的中外政要的社会影响力、在华各国“著名岐黄”的专业判断力为三位华人学生的资格背书。为此，梅威令以慕德医院的名义为学生设计了两份证书，一为头考结业证明，不可充作行医资格；一为毕业证书，在该证书上标明：

> 凡所荐之人，其姓名邦族年纪，俱以唐字英字辣丁字，群著纸上并其小像照在纸角上，加本医院钢印，此印制自英国，此纸亦以西国羊皮制成。[②]

他认为如果证书获得官方认可，就可以被赋予某种特权，对中国士大夫而言“不仅是财产上的优势，更是一种荣誉”，梅威令相信这可以吸引更多的中国人加入这个行列。[③]与证书相匹配的是梅威令筹划的隆重而烦琐的授证仪式，它构成梅威令完善计划中最闪亮也是最关键的一个环节。在颁证现场，学监和老师身着学术长袍，首配冠帽，模仿欧洲医学院的颁证仪式，遍邀名人政要和媒体共同见证“荣显事”，由学生、老师、学监和中外嘉宾共同配合完成一场欧式的颁证秀。由此制造能吸人眼球的新闻，影响社会以至达到引起晚清高层如李鸿章之流关注的目的，为学生最终获得合法的身份创造条件。

1886 年 5 月 28 日，头场考试的颁证仪式在香港中央书院礼堂举行，香港代理总督马殊、港英政府辅政司史钊域（Frederick Stewart，1836—1889）、考试委员会成员、海关医生万巴德，香港的外科医生、华人医生及其他中外政府等要员应邀参加颁证仪式。梅威令首先介绍了他的教学计划和慕德医院实施情况，马殊亲自给两位学生颁发证书，恭喜两位学生通过考试并祝愿他们能在上海通过最终的考试，寄语梅威令之经验能使最先进的医学教育在中国境内推广。[④]香港《孖剌西报》报道仪式全过程。消息迅速传到上海，6 月 12 日《申报》以“论中国习西法所以致弊之由”为题探讨华人习西学的方法，议到香港总督亲自给华人学生颁证时，不免感慨道：

> 中国之官绝未闻有亲自传考颁给执照，使得行道之举而必仰执照，于港督不亦异乎说者？[⑤]

一年后，吴杰模来沪考试，《申报》再次提到香港的颁证仪式“其执照由香港总督亲手递与，多官陪从，颇称荣显事”[⑥]。前有香港总督的颁证仪式，那上海的规格和等级自然就不能降低，跟随香港的风格与规格，上海的颁证仪式放在上海工部局议事大厅举行。1887 年 7 月 23 日下午 3 点，上海工部局总董伍德（A. G. Wood）主持举行盛大的颁证典礼，出席者有在沪英

---

① “Report of examination (primary professional) of an extra Takow student of medicine”, *The North-China Daily News*, 1887-07-22, p. 102; “Medical education of Chinese in China, presentation of certificate”, *The North-China Herald*, 1887-07-29, p. 128.

② Myers, *RSMES*, photograph I. Copy of Official Diploma, p. 40.

③ “Dr. W. W. Myers' report”, *CMR*, No. 28, Sept. 1884, p. 35.

④ *Hong Kong Daily Press*, 1886-05-29, p. 2.

⑤ 《论中国习西法所以致弊之由》，《申报》，1886 年 6 月 12 日，第 1 版。

⑥ 《述台湾打狗慕德医院学生考试情形》，《申报》，1887 年 7 月 29 日，第 1 版。

国最高法院首席法官雷尼（R. T. Rennie）、美国总领事侃（Kennedy）、英国总领事许士（P. J. Pughes）、法国总领事德尚廷（M. L. Dejardin）、美国驻宁波领事佩特斯（Thos. F. Pettus）、丹麦领事凯瑟克（J. J. Keswick）、江海关总税务司好博逊（H. H. Hobson）、传教士慕维廉和林乐知、英军驻沪军医和上海各医院的医生，以及上海道台龚照瑗。考试委员会全体成员出席颁证仪式，主任加拜医生和老师梅威令更是身着制服，首佩冠帽，站立在伍德的身边。

典礼由伍德致开幕词，他首先批评之前医学教育的成果不尽如人意，然后复述了梅威令在台湾的教学情况、两位学生在香港的头考和吴杰模在上海的考试情况。伍德表示：为远在台湾的慕德医院医学馆的一名学生举办这样一场颁证典礼，这是上海没有过的创举。梅威令致力培育中国西医生的行为令人感佩，工部局乐于提供会议厅作为试场，并举行颁证典礼。相信观礼者都乐见将来会有更多的中国青年出现在同样的场合等。①

梅威令接续畅谈他的计划，对一路走来支持与关心他的香港大法官、香港辅政司以及台湾的同道们表示感谢。考试委员会主任加拜介绍了吴杰模的考试情况，特别称赞他的解剖成绩，加拜正式将“这位成功的学生，最聪明的中国青年”引介给伍德，伍德代表上海工部局向吴杰模颁以头考证书，预祝他顺利通过尾考，完成学业。随后，美国总领事侃致辞，他说自己驻沪已多年，见证了这个城市的巨变和今天的庆典，他认为中国学生进入医学领域，这不是“个人的进步，而是对一个国家进步的承诺”②。最后，上海道台龚照瑗通过翻译表示，40 年前，中国人认为最好的医生在日本，自从李鸿章夫人得西医治疗后，中国人了解到西医外科技术的高明，他感激梅威令为培养中国学生所做的善事。③

据媒体报道，吴杰模的证书上有上海工部局的钤章，并写有“请各西官及西商之体面者，并请上海关道龚仰蘧观察公，同给予头场中式执照，工部局复钤印于照上”字样。④上海工部局总董在颁证典礼上表示相信，梅威令的学生通过尾考之后，可以在香港注册。⑤

上海颁证典礼的规模远比香港的盛大，这场中外名流政要云集的盛会是专为吴杰模，一位极普通的中国青年学子设计的，他所享受到的待遇与荣耀远超他的师兄们。事实上，上海颁证仪式的场面之隆重、级别之高大上，与吴杰模的学识和地位是不匹配的，即便西方人能够如传统中国人那样礼贤下士，但如此不对等的仪式，还是会令人生出疑问。细究颁证仪式，就会发现在整个流程中缺少一个步骤——被授予人的答谢，这个颁证仪式中重要的环节，在香港和上海的两场颁证仪式上都被忽略了或根本就不存在。众所周知，三位中国学生都能流利地用英文表述谢词，因此，问题肯定不在语言。显然，在这个貌似完全复制西方的颁证仪式上，中国学生只是一个道具而已。香港和上海两地名医名流集结一堂共襄盛举是为了见证梅威令教育模式的成功，这成为梅威令个人的秀场。这点可以从同时期所有媒体以梅威令为核心展开的报道得以证实。

---

① 此段译文转引苏精：《西医来华十记》，第223-253 页。

② Wood A G, “Report of presentation of certificate to Goh Kit Moh, on his passing the ‘primary professional’ examination before the Board of Examiners in Shanghai”, *The North-China Daily News*, 1887-07-25, p. 83.

③ 上海颁证仪式的详细过程，引文同上。

④《述台湾打狗慕德医院学生考试情形》，《申报》，1887 年7 月29 日，第1 版。

⑤ “Medical education of Chinese in China”, *The North-China Herald*, 1887-07-29, p. 127.

1888 年 8 月 1 日，第三场颁证仪式再次在上海工部局议事大厅举行，与会者有上海道台龚照瑗、美国总领事佩、英国总领事许士、法国总领事华格臬（Wagner）、德国副领事西堡（von Syburg）、丹麦领事马基高（J. MacGregor）、比利时领事戈贝尔（Max Goebel）、江海关总税务司好博逊、考试委员会成员、海关医生、海关税务司和传教士等人。非但阵容不输前场，梅威令与弟子又增演了一场“车营救治死伤之法”，将现场气氛推向高潮。

典礼依然由伍德主持，《申报》以“领凭志盛”为题做现场报道：

> 梅君挈生徒至英工部局，少选苏松太兵备道龚观察带同徐翻译，呜驺而至，招商局陈马两总办，及各国领事、工部各董事、各医生皆在座，生徒则鹄立于前。医生首领俺特生语座客，曰：“此番考试规例极严，诸学徒皆能缕析条分，详细答对，是非工夫精到乌克如斯”。随向学徒朗朗高宣，谓君等今已学业有成矣，想从前四年励志，何等辛勤，至今日而领取文凭，可以行道，既堪欣喜，合致贺忱。①

三位学生如约收到由柏医生颁发的文凭，文凭签发者是慕德医院。那么，台湾医院的章印是否有法律效力？这三位华人学子的身份能否如梅威令所愿获得社会和医界的认同，在香港或上海地方政府进行注册，完成身份转换，成为合格的“西医生”？

柏医生当场宣布李鸿章已允诺接收这几位华人学生入驻他的军队，担任外科医生，并表示：“有如此尊贵的人物作为你们的介绍人和赞助人，谁还会最终怀疑你们的成功呢？你们将有幸成为帝国第一批接受过西方医学科学训练的华人医生。”②

上海中西文媒体在一月内刊发《医学教育》《试演医伤》《国医篇》《书本报领凭志盛事后》等数篇报道，评论梅威令“车营救治死伤之法”的演示与中国军队建设之重要关系，并披露梅威令将率徒入津的各种信息。比如李鸿章将兑现一年前给梅威令的允诺，学生通过考试后将会被授予功名，学生可在李鸿章的军营中获得一官半职，三位华人西医生身份即将获得国家的认可等。③媒体和众嘉宾对三位学生的光明前景充满信心，并告诫道：“君等既蒙李傅相垂青，他日派入各营济人利物，还期黾勉莫负初心。”④

四、良医见良相：梅威令的独角戏

> 良医者，所以补良相之所不足者也。梅威令津沽之行，以良医而遇良相，吾知以活人之道推而广之以至活国，而受其惠者且不止千百人矣。
>
> ——《申报》（1887 年 9 月 14 日）

良医梅威令率徒进津谒见良相李鸿章，演示“车营救治死伤之法”，这件事在媒体的推波

---

① 《领凭志盛》，《申报》，1888 年 8 月 2 日，第 1 版。

② “Report of the public meeting held in Municipal Council Board Room, when the Takow students were presented with diplomas by A. G. Wood”, *The North-China Herald*, 1888-08-04, p. 138.

③ “Report of the public meeting held in Municipal Council Board Room, when the Takow students were presented with diplomas by A. G. Wood”, *The North-China Herald*, 1888-08-04, p. 138.

④ 《领凭志盛》，《申报》，1888 年 8 月 2 日，第 1 版。

助澜下，将梅威令培育中国人才活动推向最后的高潮。但故事中的另一位人物——李鸿章是如何看待此事件的呢？西医真能通过李爵相的这一渠道在中国盛行吗？

让历史学家失望的是，在李鸿章的历史记忆簿中，梅威令事件是阙如的，即这个人是根本不存在的，1888 年 8 月 27 日下午在武备学堂演示的“车营救治死伤之法”也从未进入武备学堂的档案。[①]或许梅威令只是李鸿章每日接见的无数人员中的一人，微不足道。[②]良医补良相之不足，从一开始就只是媒体一厢情愿的想象，或者说，李鸿章是被拉入此计划，被动地成为故事的一部分。

为什么会是李鸿章？首先，李鸿章对西医有好感。[③]李鸿章因夫人疾患被传教士治愈，接受传教士的建议，资助传教士在天津施医养病院（俗称总督医院）。[④]其次，在梅威令事件通过媒体在公众亮相前，李鸿章对军队卫生建设的重要性早已有基本认知。1881 年 12 月 15 日开津施医院新设“医学馆”，培养近代医生以供其军队所需。医学之于军队建设的重要意义，是围绕在李鸿章身边的传教士说服他开办医学馆的理由之一。[⑤]此事一直在华西人中传为美谈。医学馆被认为是中国第一所官办的西医学校。最后，授予华人西医生功名，在李鸿章的医学馆已有先例。1885 年医学馆第一届 8 名学生毕业，分别被授予九品文官，领五品或六品衔。两名高才生留校充任教师，其余派往陆军或海军。[⑥]

1879 年，当梅威令开始在台湾构筑自己的医学教育梦想时，只简单地希望以正规的医师替代岛上盛行的江湖医生，传播科学的医学。随着越来越多的医生和政要参与他的计划，他的理想开始变大，目标逐渐清晰，他的志向也开始越出偏于一隅的台湾小岛，所以他的教育计划和策略一直在不断地调整和修改。数年内他通过各种途径和方式向社会和相关人员解释自己的梦想，以期得到支持和认同。

1884 年梅威令形成的一个基本思路是让西医考试等同于中国的科举考试，通过考试的学生可获得功名，以得到社会的承认。[⑦]他发现中国正在大力发展军队建设，走军事医学的途径有助于他达到目标，他对这个尚处在“胚胎的计划充满乐观，相信现代医生的培养计划应该是一项对国家有利的计划，满足国家发展的潜在需求”[⑧]。给学生争取功名，走李鸿章的门路显然是梅威令的最佳途径。

其实，从整个事件考察，梅威令的成功固然与他的执着有关，但围绕在梅威令教育计划周围的相关人物，他们的参与和赞助直接影响到了梅威令计划的执行实施。其中有大量的政界、外交界和商界人士，这些人士与媒体有着或多或少的关联，与李鸿章之间存在着各种沟通渠道，

---

① 中国第一历史档案馆：“光绪朝各省设立武备学堂档案”，《历史档案》，2013 年第 2 期，第 4-6 页。

② 《国医篇》，《申报》，1888 年 9 月 29 日。

③ 袁媛：《中国西医教育之发端：天津总督医学堂》，《自然辩证法通讯》，2010 年第 1 期，第 63-69、127 页。

④ 艾约瑟：《李爵相建立医院》，《万国公报》，1879 年第 555 期。

⑤ Mackenzie J K, "'Victory's' Hospital Medical School", *CMMJ*, Vo. 1, 1887-09-03, p. 106.

⑥ Mackenzie J K, "'Victory's' Hospital Medical School", *CMMJ*, Vo. 1, No. 3, Sept. 1887, p. 108. 彭宪译自 K. Biggerstaff, *The Earliest Modern Government Schools in China*, pp. 68-69，转引自朱有献：《中国近代学制史料・第一辑》（上册），华东师范大学出版社 1983 年版，第 491 页。

⑦ "Dr. W. W. Myers' report", *CMR*, No. 28, Sept. 1884, p. 33.

⑧ "Dr. W. W. Myers' report", *CMR*, No. 28, Sept. 1884, pp. 34-35.

比如慕德医院赞助者，梅威令多年的合作伙伴万巴德曾给李鸿章治过病。[①]最早将李鸿章与梅威令教学联结起来的是香港代理总督马殊。1886 年他在颁证仪式致辞时表示听说李鸿章对西医学印象深刻，“当慕德医院的学生通过考试，获得令人满意的成绩后，我相信他一定会给学生极大鼓励的”[②]。

香港总督此番话语可能还有更深一层的含义，因为天津总督医院医学馆的主要生源与梅威令的两名学生来自同一所学校——香港中央书院[③]，所以慕德医院医学馆与天津总督医院医学馆之间还存在某种渊源。1883 年梅威令通过香港首席大法官费利浦爵士（George Philippo，1833—1914），找到香港辅政司史钊域[④]帮忙推荐懂英语的学生。史钊域是香港中央书院首任院长，他再请该书院现任校长胡礼（George H. B. Wright），招到李荃芬和陈呈桀两名学生。天津总督医院医学馆则在 1883 年和 1884 年分别从香港中央书院招入 4 名和 12 名学生。换而言之，梅威令的学生与天津总督医院医学馆的学生曾为同窗。

当月的《申报》在翻译马殊致辞时，又进一步拓展了梅威令与李鸿章合作的可能性：

> 近来中国既竞学西法，凡行军诸务悉效泰西之所为，彼泰西于医学一事最视为□中之要务，无论水师陆军师，行必以医从，设有疾疫以及受伤等事，随时可以疗治，其医生之在军中者，薪俸亦厚。故西人之习医者，殊不乏人，一经考验给有执照，即可以此谋生，终身衣食之不尽。今中国行军既用西法，安得无西法之医，以为军中之备？[⑤]

当时，关注或者说是想插手清政府正在兴建的新军和水师卫生建设的西人不乏其人。1886 年台湾驻军军医吕斯（L. W. Luscher）致信《北华捷报》，明确提出建一所官方的“中国军事医学院”，费用国家承担，学制为 3—4 年，考试委员会由京师同文馆的教习组成，学生通过考试后授予证书。吕斯提到目前国际盛行的战地救护和日内瓦红十字会等新概念和新方法值得引进中国，而他本人愿意为中国效力。[⑥]

显然，1886 年的香港考试之行，受政要的意见和社会环境的驱使，梅威令考虑投靠李鸿章，以稳固或提升他的医学教育计划。回台湾后，他有针对性地更改教育策略，培训学生军事医学的技术。“梅君教人不独教以寻常医术，并制造药水及药水各种情形用法，遇有战事受伤之人如何医疗，手下相助之人如何调度，旁及水雷、电报，凡用药水之事，莫不寻根究底，一一指授。”[⑦]

1887 年 7 月 23 日在上海颁证典礼上，梅威令首次公开表示李鸿章和曾纪泽是晚清政府中

---

① 姜鸣：《秋风宝剑孤臣泪：晚清的政局和人物续编》，生活·读书·新知三联书店2015 年版，第187-190 页。

② “Report of presentation of certificates to Takwo medical students by H. E. acting governor of Hong Kong”, *Hong Kong Daily Press*, 1886-05-29, p. 2.

③ Mackenzie J K, “Victory’s Hospital Medical School”, *CMMJ*, Vo. 1, No. 3, Sept. 1887, p. 106.

④ 史钊域，苏格兰人，1861 年应港英政府广告应征香港中央书院掌院暨视学官，1887 年，史钊域升任香港辅政司，任内，他被推举为西医书院掌院，他被誉为“香港公立教育之父”。

⑤《论中国习西法所以致弊之由》，《申报》，1886 年6 月12 日，第1 版。

⑥ Luscher L W, “A Chinese Army-Surgeon School”, *The North-China Herald*, 1886-01-27, p. 99.

⑦《述台湾打狗慕德医院学生考试情形》，《申报》，1887 年7 月29 日，第1 版。

少有的对医学科学持信任与支持态度的官员。[①]美国驻沪领事侃进一步附议，若国家的陆军和海军部伍中没有医生是无法正常运行的，目前中国的军队就存在这样的问题。当他说到今天学有所成的年轻人，将有助于这个国家的启蒙时，赢得全场一片喝彩。[②]

事实上，此时梅威令已通过英国驻天津领事璧利南的介绍[③]，结识了李鸿章的英文幕僚罗丰禄[④]，并经罗丰禄之手敲开了李督相的大门，将其教学大纲递送到了李鸿章的案桌上。[⑤]1887年7月底，梅威令在考试结束后，即刻赴津谒见李鸿章。8月18日，《字林西报》快讯"由天津同行处获知梅威令受到李鸿章的接待和鼓励"[⑥]。8月27日，再报梅威令已两次受到李鸿章的接见。[⑦]

当梅威令有机会直面李鸿章时，他已清楚自己的权利诉求：为学生追求身份认同并实现自身的价值。在他提交给李鸿章的计划中，梅威令充分懂得如何使用民族国家建构的道理打动李鸿章，获取理解与支持。他的教学方案开始转向军事医学，并试图引进最新的红十字会战地救护的新概念和新方式，以适应李鸿章建军的需求。

1887年8月22日，梅威令拟就《梅威令第一次拜见李鸿章呈医学教育计划书备忘录》（简称《备忘录》），开宗明义表示现呈上的详细计划书是受李鸿章授意写的。[⑧]《备忘录》围绕着"科学"医学知识的教育展开，陈述了慕德医院教育创建的缘起、面临的困难和处理方式，以及学生考试经过和获得的优异成绩。梅威令煞费苦心地将所有媒体报道收集起来并逐一译成中文，一并提交给李鸿章，以此论证社会各界对自己工作的认可。那么，梅威令对李鸿章的具体需求是什么？

《备忘录》中有详细的描述。第一，梅威令分析了中外医学教育的区别，他认为西方国家医学的考试等于中国的科举考试，医学生通过考试便可如中国士大夫一般获得功名，而中国医生在完成后学业科考后，却没有这个权利。梅威令希望李鸿章能确认两人交谈时允诺的给予他的学生适当的功名。

第二，提议李鸿章考虑建立一个专业独立的医学部门，设置负责人，聘请职员，制定规章制度，推广医学教育并组织活动。军医部再细分为外科、军医等部门。梅威令以拿破仑为例，指出军医部门应当由国家来承担建设费用。考虑到李鸿章在天津已设有总督医院和医学堂，梅威令请李鸿章函嘱台湾巡抚刘铭传办理，再以李鸿章极为信任的英国军医马格里（Halliday

---

① Wood A G, "Report of presentation of certificate to Goh Kit Moh, on his passing the 'primary professional' examination before the Board of Examiners in Shanghai", *The North-China Daily News*, 1887-07-25, p. 138.

② "Report of presentation of certificate to Goh Kit Moh, on his passing the 'primary professional' examination before the Board of Examiners in Shanghai", p. 138.

③ 璧利南（Byron Brenan，1847—1927），1885年任英国驻天津和北京领事，与李鸿章关系极好。英国海军亦通过他与李鸿章沟通。Parkinson J, *The China Station, Royal Navy: A History as seen Through the Careers of the Commanders in Chief, 1864—1941*, Matador, 2018, p. 132.

④ 罗丰禄1880年留学欧洲归国后，被李鸿章奏请担任天津大沽船坞第一任总办。刘传标：《中国近代海军职官表》，福建人民出版社2004年版，第63页。人物研究参见杜志明：《罗丰禄研究》，福建师范大学硕士学位论文，2012年。

⑤ "English version of Dr. Myers' Memorial to H. E. Li. Hung Chang, when introducing the scheme to H. E.'s notice for the first time in August,1887", Myers, *RSMES*, Appendix E, p. 25.

⑥ *The North-China Daily News*, 1887-08-18, p. 167.

⑦ "The medical education of Chinese in China", *The North-China Daily News*, 1887-08-25, p. 243.

⑧ "English version of Dr. Myers' Memorial to H. E. Li. Hung Chang, when introducing the scheme to H. E.'s notice for the first time in August, 1887", Myers, *RSMES*, Appendix E, p. 25.

Macartney，1833—1906）为例[①]，说明任用外国医生担当军医是有先例可循的。梅威令本人愿意承办台湾军医部门之建设。

第三，强调国家对医学教育发展的责任，他以印度、日本为例，指出几十年前日本还是跟在别国后面，近年的医学发展使日本的医学已能昂首骄傲地独立于世界；而印度在英国政府的支持下，建立化学实验室，现在该国在公共卫生和医院管理领域已卓有成效。他希望李鸿章能从官方的层面支持他扩大招生。

第四，请李鸿章给予梅威令适当的幕僚名义，便于办事。[②]

李鸿章被梅威令说服了吗？

1887年8月25日的《字林西报》抢先报道了李鸿章对梅威令提议的答复：第一，允诺给学生功名，并且“保证他们的职业”；第二，允许他组建一个以阵地救护人员为核心的小型公司，带到天津演示给他看；第三，让台湾巡抚刘铭传协助他开展工作。并要求梅威令按其旨意撰写详细的计划书。

1887年8月31日，李鸿章颁发梅威令“医学随员”札帖，同时赠梅威令一张与孙子的合照[③]，梅威令在照片上签署的日期1887年9月3日，应当是他收到照片的日期。[④]

1887年9月13日，《申报》才译载了李鸿章接见梅威令的消息。“西医美威令至津曾经列报，兹闻该医生晋谒李傅相，傅相殷殷垂询，极为详尽，不胜嘉许。言及战时随地调治等法，傅相亦乐为相助，俾得奏功……傅相许以所教学生，如考验已毕，得有执照之后，中国亦当给予凭据，作为文生，并以手书至刘林二钦差，嘱为助理并以该医生收入门下。”[⑤]第二天，《申报》对梅威令拜见李鸿章，以及李鸿章对梅威令的承诺做了详细的报道。此时，媒体充分发挥舆论导向作用，成功地将梅威令的教学引向军事医学，并直接指向李鸿章水师的筹建：

> 中国此时正在讲求海军，募练水师，一兵船中兵数以百计，一铁甲船兵以数百计，大者或以千计。人数既多，安保其不偶生疾病。虽有中国之医救治，犹恐不给，且恐不如西医之易见速效，得梅君所教之三生而外推而广之，则习之者多，而用之者亦不虞不足。……苟有事变，则两军相接，岂无死伤？死者已矣，伤者所当急治，而治之之法则华医又不及西医之捷，盖华医每营中不过一二人，而西医则另成一队，专事救伤，人手多而施治速，故其效神也。得梅君专心教习，或亦仿西人之法，俾医生独树一帜，则军行有恃而不恐，其所裨当非浅鲜也。[⑥]

中西文报道的内容差别不大，中文报道强化了西医之于中国军事医学发展的重要性，介绍西方军队中除了军中常配医生，还有专司救护的“医疗队”负责战场救伤。西文则明

---

① 马格里，又译马凯尼，字清臣。生于苏格兰，出身马戛尔尼家族。原为英军军医，第二次鸦片战争时随军来华。其后加入“常胜军”。马格里逐渐得到李鸿章赏识，督办铸造火炮。1875年，因金陵制造局铸造的火炮爆炸被撤职。后被李鸿章推荐到中国驻英使馆。马格里于1877年到达伦敦，此后30多年间一直在伦敦为清政府效力。

② Myers, *RSMES*, p. 30.

③ 据徐家宁研究，该张照片常被李鸿章和夫人用作赠送外国友人的礼物，关于此张照片的研究参见徐家宁：《李鸿章的儿子还是孙子》，http://jiuyingzhi.com/antiquephotos/6077.html.

④ Myers, *RSMES*, p. 46.

⑤ 《西医行程》，《申报》，1887年9月13日，第1版。

⑥ 《论西医将行于中国》，《申报》，1887年9月14日，第1版。

确记载了李鸿章要求梅威令为其军队培养战地救护人员。为军队培养战地救护队这项内容，在梅威令 1889 年发表的《呈报告书》中已不复存在了。该报告书记载了李鸿章对梅威令 4 项要求的答复。第一，同意只要三名学生通过复试，即授予功名及任职，又进一步希望是第二年学生通过复试后，由梅威令带到天津相见；第二，认可建军医部门的必要性，当即写信给台湾巡抚刘铭传，对梅威令提供必要协助；第三，对梅威令扩大教育的建议不置可否；第四，李鸿章任命梅威令为北洋大臣与直隶总督行辕“医学随员”称号。①显然，这是梅威令事后根据实际发生的情况做出的调整记录，他强调了李鸿章允诺授予功名和学生任职一事。

回台湾后，梅威令按计划筹建军医部门，却没有获得刘铭传的全力支持，只能作罢。按照与李鸿章的约定，梅威令调整学生培养策略，组建了“阵地担架救护队”，并请来驻台英军军医帮他训练学生，该军医应当就是 1886 年给《字林西报》写信倡议办“中国军事医学院”的吕斯。②待 1888 年 8 月梅威令率弟子再次回到上海时，隆重的颁证盛典和李鸿章的承诺经媒体宣传，梅威令的知名度达到顶点，连媒体都发出为何梅威令的一场小小考试会“一石激起千层浪”的疑问。③

1888 年 7 月 21 日和 8 月 1 日，梅威令在毕业典礼前后两度表演“车营救治死伤之法”：

> 梅君率其徒三人，并有佐助者一人，合为四人，如法试演，奔救援拯，其捷如风，其应如响，其平日之教练认真，于此可见。观该学生等之究心艺事，克底有成，亦足多焉。故与考诸医生无不啧啧称美。④

该届委员会主席、上海滩最有影响力的柏医生在颁证致辞时说：“今诸君学业有成，李傅相既许为之提携，想他日定必派赴各营医疗，军士头衔宠锡在指。诸君勉旃！他日遇有聪明颖异之人，尚祈衣钵相传，俾医学大兴于中土，岂第吾等之所深幸哉。”⑤

上海工部局总董伍德、医生霍奇、柏医生和梅威令在颁证仪式上均表示，3 位学生已获得李鸿章承诺，若通过考试，便可去他军营工作。⑥1888 年 8 月 3 日，上海道台龚照瑗在伍德和柏医生的陪同下来到梅威令师生下榻的公信洋行，拜访“致谢医生”，表示梅威令师徒演示的“车营救治死伤之法”令他印象深刻，听说梅威令要入津晋见李鸿章，亲笔写了介绍信给津海关道台，方便梅威令在天津活动。⑦龚照瑗礼贤下士，热心地对待一位来自台湾的小医生，决不是因为他们表演的“车营救治死伤之法”而感动，显然是听说梅威令的“阵地救护队”要在李鸿章面前表演，才表现得百般殷勤。因而在两人会面期间，龚照瑗大谈他对上海城市自来水

---

① Myers, *RSMES*, pp. 7, 46.

② Myers, *RSMES*, p. 7.

③ “Note of Kung Tao Tai’s visit to Dr. Myers, and a leader on the Medical Education Scheme”, *The North-China Herald*, 1888-08-04. p. 137.

④ 《论梅威令教习之认真》，《申报》，1888 年 7 月 28 日。

⑤ 《试演医伤》，《申报》，1888 年 7 月 22 日，第 2 版。“Medical education of Chinese in China”, *The North-China Herald*, 1888-07-27, p. 104.

⑥ “Medical education of Chinese in China”, *The North-China Herald*, 1888-08-04, p. 99.

⑦ 《致谢医生》，《申报》，1888 年 8 月 4 日，第 2 版。“Medical education of Chinese in China”, *The North-China Herald*, 1888-08-04, p. 99.

发展的设想，这个项目原本就是在李鸿章的关心下发展起来的。[①]龚照瑗此举之意不在梅威令，而在梅威令将要见的李鸿章，此为官场常态，实不足为奇。慕德医院学生终考的消息完全被“车营救治死伤之法”的演出和进津表演的新闻所覆盖，从政要到媒体所有的关注点都从考试和颁证仪式转向李鸿章的承诺及其军营。

此时，媒体、上海政界、医界甚至商界人士都确信，梅威令的 4 人“救护队”完全是为李鸿章的军营量身定制的，他们的职业去向也已确定。《申报》甚至以《录用医生》的标题报道梅威令师徒的天津之行。

1888 年 8 月 27 日下午 5:30，“日内瓦旗帜”第一次在中国军营——天津武备学堂——中飘扬。

> 傅相亲临武备学堂，众官及学堂中学生等咸往视之。搭一台，傅相登台观该医生带领学生演临阵救治受伤军士诸法，喜形于色。演毕令梅医生登台，深为嘉许，并云此三人者已列名军籍，将来可得其用。又以英佛百番与梅医生，为襄助医院之费，亲列名于簿上。想自此，中国军营医生必将日渐增多，设或军行受伤，有人医治可望痊愈，大半日后仍得效命于疆场，其所裨者岂浅鲜哉。[②]

现场百余名中外嘉宾云集观看。[③]西媒评述这标志着红十字会的理念和“车营救治死伤之法”被中国政府承认和接受。[④]柏医生则敏锐地意识到“这支队伍注定要在帝国的军队中掀起一场医疗和外科实践的革命。”[⑤]

关于当天李鸿章亲临现场观看梅威令师徒表演的历史记录多是侧面的，除了媒体竞相报道，媒体或梅威令事先安排了专业摄影师，从迎李鸿章入场、梅威令排队准备操演，到现场演示，摄影师将活动现场全景式地记录下来了。[⑥]据津海关总税务司英籍德国人德璀琳（Gustav von Detring，1842—1913）与英商怡和洋行总理笳臣（Alexander Michie）集资创办的《中国时报》报道，李鸿章对师徒表演非常满意，甚至注意到表演受伤的苦力也似乎受过专业训练。李鸿章指示道台和武备学堂将 4 位学生都收入军队[⑦]，其中林玑璋并没有完成学业，也没有毕业证书。有文字有图像，梅威令向各界承诺的李鸿章会授予学生功名和招纳入营似乎是铁板钉钉的事了。

然而，表演结束一个月之后，学生们还未获得梅威令在媒体上所公布的李鸿章的承诺。梅威令多次辗转联系李鸿章，无果。最后，梅威令通过丁韪良询问李鸿章的意见，得到的答复是

---

① “Note of Kung Tao Tai’s visit to Dr. Myers, and a leader on the Medical Education Scheme”, *The Norther-China Herald*, 1888-08-04, p. 137.

② 《录用医生》,《申报》，1888 年 9 月 4 日，第 1 版。

③ 《录用医生》,《申报》，1888 年 9 月 4 日，第 1 版。Myers, *RSMES*, pp. 54-59.

④ Myers, *RSMES*, p. 10.

⑤ “Medical education of Chinese in China”, *The North-China Herald*, 1888-07-27, p. 104.

⑥ Myers, *RSMES,* Photograph III, “Waiting for H. E. Li Hung Chang”; Photograph Ⅳ, “Arriving of viceroy”; Photograph Ⅴ, “The detachment at drill”, pp. 54-59.

⑦ “Report of the official review of medical candidates, acting as a cadet detachment medical staff corps, by H. E. Li Hung Chang, at Tientsin in August, 1888”, *Chinese Times*, 1888-09-04; 转引自 Myers, *RSMES*, pp. 41-42.

“尚未闻有所位置之三徒”①。在焦虑等待中，梅威令曾进京求助曾纪泽。②1888 年 9 月 29 日（阴历八月二十四日），曾纪泽日记中记到英医迈也尔来久谈。③但曾纪泽对梅威令只能抱以同情之心，却无法助他达到目的。两个月后梅威令给自己找了个台阶——李鸿章工作繁忙，而官僚系统办事不力，只能让学生先回台湾。④1889 年梅威令还在《呈报告书》中表态，他会继续向李鸿章争取给学生的承诺，或许让学生先回家待两三个月，再征召他们，给予适当的职位。1888 年 9 月至 1889 年 6 月，《申报》多次刊文，甚至以《国医篇》为题，将梅威令的方法上升到“救时之良策、医国之神方”⑤，并一再代梅威令向李鸿章传达“诸学徒拭目俟之”的信息。⑥1889 年 7 月《申报》载两名学生被英国北婆罗门洲公司招去北婆罗门照料当地受伤染病的华人⑦，从此杳无音讯。

整个事件的最后走向完全出人意料，《申报》《字林西报》均发出“人才之可惜”的叹惜，遗憾三名学生没有如愿以偿进入李鸿章的军队，为国家军队的卫生建设做贡献，真是“有材而不之用，欲用而又患无材，有心人能不扼腕深之也哉”⑧。

事与愿违的结果当然令人遗憾，问题是李鸿章的承诺是否真的存在？因为在梅威令向李鸿章提出的 4 条诉求中，唯一兑现的是梅威令取得“医学随员”的札帖，至于授予学生功名、保证学生职业和创建医学教育部门，都无疾而终。问题的提出是基于，在整个事件中，李鸿章只是一个影子，他所有的观点和态度都是通过梅威令来表达的。尽管梅威令拿出李鸿章赠送的照片、武备学堂演示的照片，但是这些都只能证明李鸿章接见过梅威令。担任直隶总督又肩负国家外交事务的李鸿章接见西人，在当时是很正常的事，就连记者都知道“夫李傅相之于各西人，固欲常常而见之，故源源而来或谈矿务或论枪炮，大都通商之事居多，傅相无不随时接见，深相款洽”⑨。这样的相见，已是李鸿章工作的常态，梅威令可通过媒体无限放大，李鸿章却没必要记录在档。目前唯一可见的与此事相关的当事人记录是曾纪泽日记，可以确认梅威令曾求助于他。我们无法从李鸿章处获得任何相关信息，致使李鸿章的承诺成为一个无法证实的疑案。

李鸿章的承诺最早见诸媒体是在 1887 年梅威令第一次进津晋见李鸿章，8 月 25 日《字林西报》即刻报道李鸿章答应保证学生的职业（their careers were assured），之后《申报》等媒体跟进报道。但仔细查核 1887 年 8 月 22 日梅威令应李鸿章要求撰写的《备忘录》中并无此项要求，1889 年梅威令在回顾事件经过时才加上李鸿章的承诺，但使用的语句却是引用两年前媒体的报道（careers were assured）。不可思议的是，当时《教务杂志》《万国公报》等教会媒体对此事全部噤声，中文官方媒体亦未见报道，《申报》的早期报道均译自西报。1888 年梅威令

① 《国医篇》，《申报》，1888 年 9 月 29 日。

② Myers, *RSMES*, p. 10.

③ 《曾纪泽日记》（下），岳麓书院出版社，1998 年版，第 1725 页。

④ Myers, *RSMES*, p. 10.

⑤ Myers, *RSMES*, p. 10.

⑥ 《天津来信》，《申报》，1888 年 10 月 18 日，第 1 版；《书梅威令医士清册后》，《申报》，1889 年 6 月 8 日，第 3 版；《论人才之可惜》，《申报》，1889 年 6 月 29 日，第 1 版。

⑦ 《论人才之可惜》，《申报》，1889 年 6 月 29 日，第 1 版。

⑧ 《论人才之可惜》，《申报》，1889 年 6 月 29 日，第 1 版。

⑨ 《国医篇》，《申报》，1888 年 9 月 29 日，第 1 版。

率弟子入津前，李鸿章的承诺是通过上海工部局总董、考试委员会成员等西人之口传出，成为既定事实，再出口转内销传到上海道台的耳中。

众所周知，在梅威令进津前，李鸿章早有自己的军医教育系统——天津总督医院医学馆，由伦敦会医学传教士马根济（John Kenneth Mackenzie，1850—1888）主持。1881 年清政府突然招回留洋学生，美国驻天津署理领事毕德格（W. N. Pethick）和马根济向李鸿章建议，招收回国的学生进入医学馆。12 月 12 日署天津海关道周馥报告由第二、三批学生中内选了 8 人交医学馆习业，成为该馆第一批学生。另在天津施医院隙地，照中国式房屋添建五六间，以做学生住房。[①]1883 年和 1884 年，两批来自香港中央书院的学生加入医学馆。该校教习是李鸿章总督府的医生马根济、伊尔文（J. O. Malley Irwin）以及津海关关医法类思（J. Frazer）三人，医学馆教材选用欧洲最新教科书（英文版），如《格氏解剖学》（*Gray's Anatomy*）、《克氏生理学》（*Kirke's Physiology*）、《贝氏化学》（*Buckmaster's Inorganic Chemistry*）、《罗氏内科学》（*Robert's Medicine*）和《葛氏药物学》（*Garrod's Materia Medica*）；教学用讲座形式，解剖学教具是津关道周馥捐资从美国购买来的人体标本，学生通过医院验尸方式了解实体解剖知识。考试分初级与终级，毕业学生都获得由考试委员会成员签署，盖有官印的证书。迄自 1885 年，医学馆源源不断向李鸿章北洋水师及其兵营输送医生。所以，梅威令在见李鸿章前，应该是清楚医学馆的情况，那如何能获得李鸿章的注意与重视，在技术上突出自己教育的优势，避免与马根济教育的同质化？1887 年 8 月首次晋见李鸿章的梅威令是有备而来的，他向李鸿章推荐了欧洲刚兴起的“车营救治死伤之法”：

> 梅君之举，则固傅相所见诸西人中所绝无而仅有者也，傅相深知梅君之有裨于时事，当此整顿海军，添设练勇、讲求边备防患未然之际，随营不可无医生，中国虽与西国之法不同，而近来仿效西法，既日见其众，则此事亦系当务之急，故傅相当时收之门下，许以相助为理。[②]

梅威令说服李鸿章接受他组织培训“医疗救护队”，以供军队使用。1887 年 8 月 4 日，《字林西报》指出梅威令的战场医疗队，是第一次将 19 世纪欧洲刚兴起的日内瓦红十字会的理念介绍给了中国，他的工作引起了中国上层官员的高度关注。[③]8 月 25 日梅威令通过《字林西报》对外宣布李鸿章允诺他可以先办“医疗救护队”。

差不多同时，1887 年 9 月，上海一份发行不到半年的医学杂志——《博医会报》同时刊发两篇与梅威令考试相关的文章，作者竟是同一人——马根济。在《在华医学教育》一文中，马根济先称 1887 年 7 月 19 日《字林西报》报道的梅威令考试读来让人感觉有点像“小说”，接着他质疑考试学生的成果与资格，认为凭医学传教士多年的教学经验可知，中国学生即便懂英文，也难过医学英语的关，比如英文教科书的阅读，比如接触最新医学刊物发表的论文等。文章剑指梅威令的学生用的是医学传教士所译之中文教科书，而非正规教科书，如此如何能获得与欧洲相等的文凭？最后，马根济表示目前中国军队需要的医生，必须经过完整的培训，而

① 姜鸣：《秋风宝剑孤臣泪：晚清的政局和人物续编》，生活·读书·新知三联书店 2015 年版，第 180 页。
② 《国医篇》，《申报》，1888 年 9 月 29 日，第 1 版。
③ “Medical education of Chinese in China”, *The North-China Herald*, 1888-08-04, p. 99.

不应依靠一个反复无常的司令官的奇思妙想。①

《天津总督医学馆》一文直接地表达了马根济对梅威令行为的警觉,有针对性地介绍了“医学馆”，包括成立缘起、学员来源、师资结构、教学内容与方式，公布考试委员会成员名单和学生最终获得的功名。马根济详细叙述了第一届8位毕业学生的去向，两人留校继续任教，其余进入李鸿章军队工作。他宣布医学馆已申请建立一个7人外科医生组建的“救护队”，配备所有必需物资，一旦交战，便可上战场。②比较之下，慕德医院医学馆的一人教育模式与教学成果无论体量、质量和结果都不及天津总督医院医学馆。马根济无非是想提醒梅威令，呈交给李爵相的教学计划，天津总督医院医学馆已在实施中，而且成效更大。显然，梅威令试图接近李鸿章的举动令马根济很是不安。这两篇文章在1887年9月面世，马根济想阻止梅威令渗透李鸿章兵营的心思非常明显。

此时的《博医会报》还是一份发行量很少的行业内刊，在社会上几乎没有影响力。但由于梅威令与医学传教士的密切关联，他不会不知道马根济和其他医学传教士的想法和态度。当时还有传教士质疑梅威令对医学传教士的态度和教育方法,认为他对传教士在医学教育上的贡献做出不公正的评价,对他的“一人教学法”和非讲座式教育提出了批评，并为医学传教士开创的医学传教事业辩护。③

从1887年8月至1888年9月，梅威令一边在台湾开展弟子战地救护训练，一边持续通过媒体影响，扩散李鸿章已认可的信息，制造既成事实，并不时地对医学传教的教育方式和结果提出批评，医学传教士则奋起反驳之。梅威令与医学传教士关于医学教育这场论争，成为梅威令与以马根济为首的医学传教士为争取李鸿章的支持与认可而进行的一场博弈。最终，梅威令败下阵来。

1889年尘埃落定后，梅威令出版《呈报告书》解释自己的计划，不仅将自己的计划时间提前，并修改相关内容，又收入所有与李鸿章的承诺相关的内容。《呈报告书》中没有直接将失败的原因归之于医学传教士,仅是委婉地批评医学传教模式的局限。即便是这样软弱的反抗，医学传教士还是不能接受。汉口医学传教士霍奇在评论《呈报告书》时，直接将梅威令与马根济相提并论，强调马根济对医学教育付出远比梅威令多，并揶揄说，“我们很高兴地注意到梅威令对合信、嘉约翰和德贞以及其他医学传教士工作的感谢，但是他的评价是不公正的”④。

1888年8月27日之后究竟发生了什么变化，限于资料的匮乏，李鸿章对待梅威令学生去留的真正态度，媒体、梅威令和今天的研究者都无法知道了。但有个细节值得重视，1888年9月24日，梅威令前往曾纪泽家求助，同天，上海《申报》发文认为李鸿章的爽约不禁让人心疑，“岂有人焉从中阻挠，如鲁之臧仓者乎”⑤。疑由何处生来，或许只有梅威令心知肚明。李鸿章对梅威令学生的所谓承诺，可能从头到尾就是一场乌龙事件。在媒体的配合下，梅威令

① Mackenzie J K, “Medical education in China”, *CMMJ*, Vol. 1, No. 3, Sept. 1887, pp. 128-129.

② Mackenzie J K, *CMMJ*, Vol. 1, No. 3, Sept. 1887, p. 106.

③ “Hongkong College of Medicine for Chinese”, *The China Mail*, 1888-08-13, p. 3; Review S R H, *CMMJ*, Vol. Ⅲ, No. 3, 1889, pp. 120-122.

④ Review S R H, “RSMES”, *CMMJ*, Vol. Ⅲ, No. 3, Sept. 1889, pp. 120-122.

⑤ 《国医篇》,《申报》，1888年9月29日，第1版。

自编自导自演了一场独角戏。在这场梅威令与医学传教士的博弈中，李鸿章被媒体裹挟进了梅威令的故事中，成为戏中永远不会出现，但一直存在的影子人物。在 1889 年梅威令一张一张手工贴在《呈报告书》上的照片中，有一张标明“静候李傅相入场”，实际画面中李鸿章并没有出现。图像可以自明，不需要各种解释。

结语：西医将行于中国?

经过 5 年精心栽培、三番越海跨省、14 场笔试、3 场口试和 2 场临床考试，在三组高级别高规格的国际评委监考下，3 位华人学子顺利地完成了 10 门课程的考试，梅威令对成绩很满意，媒体也很兴奋，发出“西医将行于中国”的预言，但最终功亏一篑。

那么，梅威令的教育模式能否将西医导入中国?

首先，要梳理梅威令与医学传教之间的关系，辨识两种模式的不同。两者的冲突在表面是医学传教士想阻止梅威令的渗透，本质上是两种教育理念和目标的差异。19 世纪西医在华传播是由传教士主导与开创的，早已成为近代史研究的共识，这样的历史背景往往会让人忽略梅威令的非传教士身份，他的正式职业是受雇于清政府海关。[①]梅威令的世俗身份决定他的教学不需要为教会医院服务，必然不受教会的束缚。他明确表示他的医学教育是非官方的，即未受托于任何组织或部门。[②]梅威令的教育模式和诉求与医学传教是截然不同的，不仅如此，梅威令对医学传教士前期所做教学工作评价并不高，认为他们只教给中国学生简单使用药物的方法和医疗器具操作的技巧。[③]1886 年马殊在表彰梅威令的成果时，指出传教士做了许多工作，但未建立起一套系统的教育制度，医学教育成果不能令人满意。《字林西报》1887 年就直接批评在华医学传教士对中国学徒的训练相当薄弱，学徒们在被灌输了基本的入门知识后，就被派往各地乡村贩售药品、分发宗教书籍。[④]

医学传教士并非没有考虑华人学生的教育问题，也曾培养出一些著名的本土医生，如广州的关韬和上海仁济医院的黄春甫。[⑤]1887 年正当梅威令在上海成为媒体宠儿时，博医会在上海成立，确立华人医学教育为其重要任务，但医学传教士总体的想法是“在可以实施解剖、拥有可与世界匹敌的医学院校之前，最好放弃教医学的尝试。中国人没有学医的欲望，我们必须等到他们想要学习了再教，否则医学传教士的努力就变得徒劳无用，他们是在浪费自己的时间”[⑥]。对于如何开展华人医学教育，医学传教士一直犹豫不决，缩手缩脚。梅威令世俗教学模式的成功，势必会威胁到医学传教的目标，这让医学传教士不舒服了。医学传教士将社会舆论的批评称为“同行相嫉”，并从技术上对梅威令的教育模式进行攻击，比如“一人教学法”

---

① 1895 年梅威令离开海关，任职英国领事馆并主持慕德医院，1900 年梅威令离台至上海，转道北上天津与北京任军医。1901 年回海关，由赫德派遣到福州海关罗星塔锚地做关医，并兼任当地英国驻华副领事一职，1920 年梅威令在福州去世。海关关医在梅威令的职业生涯中占了重要位置。

② *The North-China Daily News*, 1887-07-25, p. 137.

③ Myers, *RSMES*, p. 10.

④ “Medical education of Chinese in China”, *The North-China Herald*, 1887-07-22, pp. 102-103.

⑤ 苏精有专文讨论黄春甫的事迹，前揭苏精书，第191-222 页。

⑥ Boone H W, “The Medical Missionary Association of China—Its future work”, *CMMJ*, Vol. 1, No. 1, March 1887, pp. 3-5.

不专业、英语教学的局限等，并强调半个世纪以来，医学传教士对中国社会的贡献。①当梅威令赢得媒体和地方官员的高度赞赏时，当初支持梅威令的医学传教士柏医生、多年合作的伙伴万巴德在香港西医书院开办后都站在马根济一边②，而这群人本身又与李鸿章有着千丝万缕的联系。

正如马根济在分析梅威令教育模式时指出的，教育就是一桩生意，这个市场需要什么，什么样的生意才会产生效益，这才是决定教育模式的关键。③19 世纪 80 年代前后，中国医学教育的主场还处在教会医院势力范围内，中国医学教育的世俗市场还未形成，华人学子的身份认同还有待时日。但是，当梅威令的考试在上海赢得一片喝彩时，预示着教育市场的竞争对手出现了，医学传教与世俗医学之间的张力与摩擦开始出现了。至少，让医学传教士产生了某种危机感，他们重印了梅威令的《呈报告书》，赠送给教中同道，因为“梅威令的聪明才智使他彻底地战胜了这种困难，他以一种如此愉快的方式取得了胜利”④。

其次，医学体制与国家关系的确立。“上医医国”是中国医生追求的最高境界，中国历史上每位医生都希望自己是医国手。晚清有不少著名西来医学传教士被封为医国手，梅威令当然也想当医国手。他懂得使用民族国家建构的道理，谋求李鸿章的支持和媒体的认同。他的方式是现代的、西式的，由国家赋予华人学子“西医生”的身份，医生为国家和军队的卫生建设服务，梅威令告诉如此养成的医生可以“以一生三，以三生万，其有裨于中国者”⑤。当梅威令遇到李鸿章时，西医知识的传播就由医学传教的单一渠道衍变出多种可能，可以是世俗的个人教学，可以由军事医学切入；医生身份不只有医学传教士一种，可以是国家授予功名的医生，或者是军医，或者是获得政府认证的华人西医生。

梅威令的努力虽最终失败了，却开拓出一种新型的医学教育模式：一是世俗的目标；二是科学的标准；三是国家医学意识，即将医学纳入国家（军队）的管理体制。中国媒体人敏锐地察觉到两人相遇可能带来的影响：医学与国家关系的确立。当华人学子进入政府体制，成为国家认可的“西医生”时；当国家培养出的华人学生，服务于社会与国家建设时，当两者互为因果时，西医便可以行于中国。

最后，医学知识生产与媒体传播。梅威令前期的成功有一半功劳要归于香港、上海和天津的媒体，尤其是上海的中西文媒体，在此次事件中起的推动作用和社会教育工作。所谓“西人之行医者，未有无凭据者也，梅威令先生怀大才、挟大术、具大愿，欲行大道于中国，搜罗中国人才而引之于医亦既有年矣”。当年媒体制造了诸多话题，良医与良相、中西医学理论和方法的不同、西医教育的必要性和可行性、西医教育的方法论问题、红十字会在华传播等信息均通过媒体传达到社会，西医知识体系和医生资格考试获得社会认同，为西医在华传播奠定了基础。20 世纪初，中国红十字会成立，梅威令与李鸿章相见事件被媒体重新挖掘出来，再次发

---

① “Professional jealousy”, *The North-China Daily News*, 1888-08-10, p. 167. 关于“同行相嫉”的具体分歧与冲突，前揭苏精的文章有详细论述。

② “Professional jealousy”一文的作者就是柏医生，万巴德后来在香港建立香港西医书院，对梅威令的教学方法提出了批评。

③ Mackenzie J K, “Medical education in China”, *CMMJ*, Vol. 1, No. 3, Sept. 1887, p. 129.

④ S R H, Review “RSMES”, *CMMJ*, Vol. Ⅲ, No. 3, Sept. 1889, pp. 120-122.

⑤ 《国医篇》，《申报》，1888 年9 月29 日，第1 版。此原话来自梅威令的医学计划书。

酵，记者不满李鸿章“笑而却之”的态度。[①]十年间，媒体对李鸿章由期待转向指责，认为他错失良机，延迟了中国军事医学的发展。

在探讨近代中国医学新知识生产时，媒体（报纸与杂志）的力量是不容忽视的。在梅威令事件产生社会效应的过程中，媒体不只是一个旁观者，众多媒体参与其中，承担了医学知识生产、传播与接受的三重角色，媒体的活动构成整个历史事件的一个部分。因而，报纸杂志留给历史学家的不只是客观的史料，而是有态度的和有价值判断的历史文献，需要历史学家仔细辨析，揭示出隐藏在文字背后的历史实相。

1887年当梅威令遇到李鸿章时，《申报》曾预示西医将行于中国。有可能吗？历史证明不可能。只有当因此事件而引发的上述诸问题都解决了，达到天时（医学进入国家体制、华人医生的身份认同）、地利（医学教育的世俗环境形成）、人和（社会对西医学知识的普遍认可）时，西医才必行于中国。

附录

附录一　英文报刊所载梅威令考试之新闻与评论

文章名	报刊名	卷期、时间
Dr. W. W. Myers's Report on the Health of Takow for the Years Ended 31st March 1882	*Custom Medical Reports*	No. 23,1882
Dr. W. W. Myers's Report on the Health of Takow for the Years Ended 30th Sept. 1884	*Custom Medical Reports*	No. 28,1884
Dr. W.W. Myers's Report on the Health of Takow for the Years Ended 30th Sept. 1886	*Custom Medical Reports*	No. 32,1886
Report pf Primary Professional Examinations in Medicine of Takow Medical Students, Held at Hong Kong	*China Mail*	1886-05-20
Report of Presentation of Certificates to Take Medical Students by H. E. The Acting Governor of Hong Kong	*Hong Kong Daily Press*	1886-05-29
Medical Education in China	*The British Medical Journal*	1886-07-17
A Chinese Medical and Surgical Staff	*The North-China Herald*	1887-01-26
Report of Examination（Primary Professional）of an Extra Takow Student of Medicine	*The North-China Daily News*	1887-07-19
Medical Education of Chinese in China	*The North-China Herald*	1887-07-22
Medical Education of Chinese in China	*The North-China Daily News*	1887-07-25
Medical Education of Chinese in China: Presentation of Certificate	*The North-China Herald*	1887-07-29
We Are Glad to Learn from Our Tientsin Contemporary That the Viceroy Has Given Dr. Wykeham Myers a Very Encouraging Reception	*The North China Daily News*	1887-08-18
The Medical Education of Chinese in China	*The North China Daily News*	1887-08-26
The Medical Education of Chinese in China	*The North-China Herald*	1887-08-27
Miscellaneous: Medical Education of Chinese in China	*The North-China Herald*	1887-08-27
Myers' Fruit	*The North-China Herald*	1887-10-01
The New College of Medicine for Chinese in Hong Kong	*The North China Daily News*	1887-10-10
We are Glad to Know that the Viceroy Li Has Given a Marked Proof of His Interest in Dr. Myers' Medical School	*The North China Daily News*	1888-03-05
The Medical Education of Chinese in China	*The North China Daily News*	1888-07-23

① 《劝助行营医院经费说》，《申报》，1895年2月10日，第1版。

续表

文章名	报刊名	卷期、时间
Medical Education of Chinese in China	*The North-China Herald*	1888-07-27
The Ceremony of Presenting the Final Certificates of Competency in Medicine and Surgery to Dr. Myers' Chinses Students	*The North China Daily News*	1888-07-30
Medical Education in China	*The China Medical Missionary Journal*	1887-09 Vol.1, No.3
We Remind Our Readers that the Public Ceremony of Presenting Their Certificates to Dr. Myers's Medical Pupils	*The North China Daily News*	1888-08-01
The Medical Education of Chinese in China	*The North China Daily News*	1888-08-02
Miscellaneous: Medical Education of Chinese in China	*The North-China Herald*	1888-08-04
Professional Jealousy	*The North-China Daily News*	1888-08-08
Professional Jealousy	*The North-China Herald*	1888-08-10
Hongkong College of Medicine for Chinese	*The China Mail*	1888-08-13
Reports of the Official Review of Medical Candidates, Acting as a Cadet Detachment Medical Staff Corps, by H.E. Li Hung Chang, at Tientsin in August,1888	*Chinese Times, Tientsin*	1888-09-04
Tientsin: Medical Cadet Detachment	*The North-China Herald*	1888-09-07
We Have Received from Dr. Wykeham Myers a Handsome Quarto Pamphlet of Some Fifty Pages.	*The North China Daily News*	1889-06-01
The Medical Education of Chinese in China	*The North China Daily News*	1889-06-04
Review: The Medical Education of Chinese in China	*The North-China Herald*	1889-06-08
Dr. Li Tsun-fan will be Remembered as Being One of Dr. Myers' Pupil's, Pupil's, Who Passed Such a Good Examination Here	*The North China Daily News*	1889-11-07
Medical Education in China	*The British Medical Journal*	1887-10-22, Vol.2, No.1399
Patrick Manson, The Science and Practice of Western Medicine in China—An Inaugural Address, Delivered at the Opening of the College of Medicine for Chinese, Hongkong （October 1st 1887）.	*The China Review*	1888, No.16
Review' Report to the Subscribers of the Medical Education Scheme by W. Wykeham Myers	*The China Medical Missionary Journal*	1889, Vol. 111, No.3
Medical Education in China	*The British Medical Journal,*	1889-07-20, No.1490
Dr. Li Tsun-fan will be Remembered as Being of Dr. Myers' Pupils	*The North China Daily News*	1889-11-07

附录二 《申报》所载梅威令考试之新闻与评论

文章名	时间	版次	备注
论中国习西法所以致弊之由	1886-06-12	1	注：此文梅威令名为马尔斯
论中西医学之所以不同	1886-11-20	1	
译西报述考试医学事书后	1887-07-21	1	
述台湾打狗慕德医院办理原由	1887-07-28	1	
试场例则	1887-07-28	2	
述台湾打狗慕德医院学生考试情形	1887-07-29	1	
照译台湾打狗慕德医院学院例则	1887-08-28	2	
西医行程	1887-09-13	1	注：此文中梅威令为美威令
论西医将行于中国	1887-09-14	1	
试演医伤	1888-07-22	2	
论梅威令医生教习之认真	1888-07-28	1	
领凭志盛	1888-08-02	1	

续表

文章名	时间	版次	备注
致谢医生	1888-08-04	2	
书本报领凭志盛事后	1888-08-07	1	
录用医生	1888-09-04	1	
医国篇	1888-09-29	1	
天津西信	1888-10-18	1	
书梅威令医士清册	1889-06-08	3	
论人才之可惜	1889-06-29	1	
种蔗制糖说	1891-02-04	1	
行医以医生为要说	1894-12-19	1	
劝助行营医院经费说	1895-02-10	1	
创兴红十字会说	1898-05-09	1	
中国宜入红十字会说	1904-03-05	1	

（原载《医疗社会史研究》2019年第4卷第2期；
高晞：复旦大学历史学系教授。）

“基本药物”的历史
——权利与利益之争

苏静静　张大庆

摘　要：1975年，世界卫生组织首次提出了“基本药物”的概念，旨在解决各国普遍存在的药物成本过高和跨国制药企业在发展中国家药物倾销等问题。本文在行动者网络理论的视域下，将基本药物的概念和实践置于发达国家、发展中国家、制药企业、不同国际组织和非政府组织等不同行动者所构成的网络情境中，全面回顾世界卫生组织基本药物的历史，梳理在不同阶段塑造基本药物理念和实施的语境、不同行动者及其作用，从而检视其关涉伦理、权利、利益甚至国际关系与政治的复杂性，为理解基本药物制度的形成和当下依然存在的争论提供更为清晰的路线图。

关键词：世界卫生组织；基本药物；行动者网络理论；语境

1975年，世界卫生组织（World Health Organization，WHO）总干事哈夫丹·马勒（Halfdan Mahler，1923—2016）在世界卫生大会（World Health Assembly，WHA）上首次提出了“基本药物”（essential drugs）的概念[①]，旨在解决各国普遍存在的药物成本过高和跨国制药企业在发展中国家的药物倾销等问题。基本药物涉及药物目录的制定、生产供应、采购配送、合理用药、价格管理、支付报销、质量监管、监测评价等，既关乎人们享有健康的权利，又关系到制药企业的利益。此概念提出伊始，在获得患者支持的同时，就遭到了制药行业和欧美国家的激烈反对。80年代末，在各种因素的影响下，WHO地位下降、发展战略调整，基本药物逐渐退步为一项仅限于发展中国家公立部门的药物政策，并无多大实际意义。直到90年代末，随着艾滋病和其他“被忽视的疾病”受到非政府组织和慈善基金会的关注，药物可及性和卫生公平性成为全球卫生领域讨论的焦点，在非政府组织的推动下，基本药物的概念再次受到关注，不过其定义、遴选方式及其原则均已发生改变。如今，历经40多年的曲折发展，基本药物已成为诸多国家卫生政策的一项重要内容。比如中国早在20世纪80年代初开始颁布基本药物目录，经过多年反复，终在2009年宣布建立国家基本药物制度，将其作为新一轮医改的四项基本制度之一。

尽管已有学者围绕基本目录的遴选、相关政策制定机构以及具体药物品种的变化进行过较为详尽的研究，但仍有待于更加深入地考察基本药物政策形成和发展过程中更为广泛的社

---

① 因drug有毒品之意，后在2000年更名为essential medicines。

会、政治、经济与文化因素及其互动关系。[①]因此，在行动者网络理论的视域下，将基本药物的概念和实践置于发达国家、发展中国家、制药企业、国际组织和非政府组织等不同行动者所构成的网络情境中，可以为理解制度的形成和当下依然存在的争论提供更为清晰的路线图。

本文旨在通过全面回顾世界卫生组织基本药物的历史，梳理在不同阶段塑造基本药物理念的不同行动者及其作用，在社会、政治、经济、文化乃至国际格局等历史语境中，厘清影响基本药物定义、遴选原则、方式以及实施情况的各种语境因素，从而检视它关涉伦理、权利、利益甚至国际关系与政治的复杂性。探讨基本药物的发展历程中，WHO 与国家政府、国际组织[联合国儿童基金会（United Nations International Children's Emergency Fund，UNICEF）、世界贸易组织（World Trade Organization，WTO）、世界银行、非政府间组织以及医药行业之间是如何相互协商的，又是如何在不同政治、经济、商业以及卫生公平之间取舍的。

一、基本药物提出的背景

政治和经济环境对政策发展的影响已被广泛认同。WHO 基本药物概念的提出有其特殊的历史语境。由于 1972 年的石油危机，各国预算紧缩纷纷将目光投向药品，药物成本的问题变得十分突出，尤其在发展中国家，药物支出占到卫生总支出的 20%—50%，个别甚至达到 60% 以上。[②]很多国家采取了限制基本药物品种的政策来降低药物支出，这为 WHO 基本药物的概念提供了较为成功的示范。比如，巴布亚新几内亚在 20 世纪 50 年代引入了类似基本药物的药品目录政策；斯里兰卡 1959 年也为公共部门建立了类似的药物目录，并在 1972 年将其纳入私营部门；古巴、秘鲁和莫桑比克也在 60—70 年代建立了基本药物目录。

除了药物的高成本，公众舆论对制药行业的反对声浪日益高涨。在新独立的第三世界国家，药物倾销现象严重，跨国药厂甚至将在发达国家无法上市的药品出口到这些国家，而在监管不力与缺失的情况下，药品质量无法得到保证，医生无法获得有关药品的疗效、适应证、成本效益等的客观信息，同时又要面对各种营销、游说甚至贿赂，以致“大处方”、不良反应事件频发。1962 年的“反应停”事件、1972 年的 SMON 事件引发了大众舆论的广泛讨论，制药行业行为不端的丑闻也屡见报端。

WHO 在 1950 年开始推行的疟疾根除计划遭遇失败，于是基于单一目标的技术进路（又称“垂直路径”）被重新反思，而经由“社会进路”（又称“水平路径”）来消弭不同人群之

① Laing R, Waning B, Gray A, et al., “25 years of the WHO essential medicines lists: Progress and challenges”, *The Lancet*, No. 9370, 2003, pp. 1723-1729; Howard N J, Laing R O, “Changes in the World Health Organization essential drug list”, *The Lancet*, No. 8769, 1991, pp. 743-745; Quick J D, Ogerzeil H V, Velásquez G, et al., “Twenty-five years of essential medicines”, *Bulletin of the World Health Organization*, Vol. 80, No. 11, 2002, pp. 913-914; The Royal Tropical Institute, the London School of Hygiene and Tropical Medicine, *An Evaluation of WHO's Action Programme on Essential Drugs*, Vol. 1-2, Submitted to the Management Advisory Committee, The Action Program on Essential Drugs; Greene J A, “Making medicines essential: The emergent centrality of pharma-ceuticals in global health”, *BioSocieties*, Vol. 6, No. 1, 2011, pp. 10-33.

② Zacher M W, Keefe T J, *The Politics of Global Health Governance: United by Contagion*, Palgrave Macmillan, 2008, pp. 107-109.

间的不平等受到学界和国际组织的关注。[①]20世纪70年代，以往靠增加投入来实现现代化的发展模式因忽视民生导致受益不均，开始遭到诟病。1974年，国际劳工办公室（International Labor Office）开始推行满足基本需求的发展进路。恰逢其时，WHO新上任的总干事马勒也开始提倡更全面的政策改变，强调提高基础卫生服务的质量和覆盖率，特别是在一直被忽视的农村地区。20世纪70年代末，WHO与UNICEF共同提出的“初级卫生保健”（Primary Health Care）战略与“2000年实现人人享有卫生保健”（Health for All by 2000）的目标，成为WHO政策转向的标志。

正是在这样的背景之下，WHO提出了“基本药物”的概念。在1975年WHA上，马勒呼吁各国关注药物支出高昂的问题，并指出这种问题在发展中国家和发达国家都普遍存在。他分析了跨国制药企业在发展中国家不道德甚至非法的营销行为，之后提出：“我们迫切地需要确保最必要的药物有合理的价格和充足的供应，鼓励研发那些真正满足发展中国家健康需求的新药。我们呼吁建立起覆盖药物部门的国家药物政策，根据社会和经济发展制定国家卫生规划，并将药物需求作为其中的健康优先事项。”[②]并为基本药物给出了定义：“人们健康需要中最重要的、最基本的、必要的、不可缺少的药物。”[③]

可见，基本药物的提出可以说是多种力量共同作用的结果，发展中国家对药物成本不断上扬的担忧；坦桑尼亚等国采用基本药物目录的成功经验为全球推广提供了模板；着眼于初级卫生保健和公平的发展模式成为新的前沿；对制药企业倾销活动和药物恶性不良反应事件的严厉批判。

二、多重行动者的协商：基本药物被迫走向国家层面

为了推行基本药物的理念和政策，WHO在诊断、预防和治疗物质司（Division of Diagnostic，Prophylactic and Therapeutic Substances）成立药品政策与管理处（Drug Policy and Management Unit，DPM）[④]，负责召集遴选基本药物示范目录的专家委员会，并为其采集信息和起草讨论稿。1976—1977年，DPM广泛调研了分属4个地区的25个国家，对各级卫生部官员、医生和药剂师进行了大量的访谈。[⑤]另外，为研讨制定基本药物政策的问题，DPM还与其他关心药物问题的联合国专门组织（如联合国贸易和发展会议、联合国工业发展组织）召集了三次大规模会议，分别是在日内瓦举行的药物政策咨询会，在柬埔寨和马尼拉召开的两个地区会议。

1977年，WHO颁布第一个基本药物示范目录，其中包含186种药品，之后平均每两年修

① Cruickshank P J, *The Teleology of Care: Reinventing International Health, 1969-1989*, Harvard University, Department of the History of Medicine, Ph. D. Dissertation, 2011.

② WHA28. 11., *Director General Report*, Geneva: The World Health Organization, 1975.

③ WHA28. 66., *Prophylactic and Therapeutic Substances*, Geneve: The World Health Organization, 1975.

④ 在推行基本药物之前，WHO负责的仅是药物的标准等技术问题，并未涉及相关药物政策的制定。当时该司只有一个分管药品事务的药物处（Pharmaceutical Unit），药物处在20世纪50年代主要负责药典的编写和药品通用名的标准化，60年代后主要关注药品安全和疗效以及质量控制。

⑤ WHO的总部设在日内瓦，分六个地区委员会和地区办事处，分别为西太平洋区、非洲区、欧洲区、美洲区、东南亚区、东地中海区。

订一次。1978年，WHO和UNICEF在阿拉木图共同召集了影响深远的国际初级保健会议，即阿拉木图会议，与会的134个成员国一致通过了会上正式发布的《阿拉木图宣言》，重申健康作为一项基本人权的重要地位，药品不再仅仅是一种商品，基本药物被作为一个适用于全球的概念，摆在了与食物、水、住房相同的地位，成为实现人类基本权利的公共健康品，是实现“2000年人人享有卫生保健”战略目标的八个基本要素之一。[①]1981年2月，应WHA的要求，DPM被重组，成立了专门分管基本药物的行政机构——基本药物行动规划司（Drug Action Programme on Essential Drugs，DAP）。1982年，WHO召开专门会议，探讨在肯尼亚和坦桑尼亚推行基本药物规划的可能性，后在丹麦国际开发署和UNICEF的支持下，坦桑尼亚成为第一个实施国家基本药物规划的国家。

由于在基本药物概念中，essential有“必要的、本质的、基本的、精华的”之意，加之马勒对它的定义，因此基本药物的理念甫一提出，立即遭到了制药企业的激烈反对，制药企业宣称药物不存在所谓的“必要”与“不必要”之分，所有药物都是人类健康必不可少的。即便是接受药物有必要和非必要之分，要在技术层面上区分二者也是不可行的。[②]

20世纪70—80年代中期，制药行业在WHO层面进行游说的主要代表当属国际制药商协会联合会（International Federation of Pharmaceutical Manufacturers Association，IFPMA），其总部设在苏黎世，1971年与WHO正式建立联系。在国家药物政策和基本药物目录的推广方面，IFPMA与WHO展开了激烈的争论，并且很快得到了美国制药商协会的支持，是一股非常强大的游说力量。以1986年为例，IFPMA已拥有47个国家药物制造商协会会员，一年的营业额高达1000亿美元。[③]WHO为了消除他们的成见和反弹，缓和与制药行业的关系，试图将制药行业的代表吸收到制定基本药物目录的队伍中，1976年12月，IFPMA派出主席麦克斯·蒂芬巴赫尔（Max Tiefenbacher）等五人出席了在日内瓦召开的WHO咨询会，商讨WHO基本药物示范目录的起草。在会上，尽管IFPMA多次“感谢”WHO参与到与制药行业的对话中，但是他们还是多次对WHO推广基本药物目录提出了反对意见。一方面，他们担心基本药物示范目录被纳入发展中国家药物政策中，会妨碍自由竞争，伤害私有企业在发展中国家的利益；另一方面，他们更担心发达国家社会保障部门会因此而调整药物报销制度，毕竟制药行业在发达国家的利润额占全球总额的76%，销售额更是占到80%左右。[④]在制药行业看来，挪威、丹麦和荷兰的立法部门对“非基本药物”的“遏制”正是基本药物政策侵害制药行业利益的铁证。他们声称基本药物规划的提出实际上是WHO不支持制药行业发展的表现。意大利制药行业对于基本药物政策的回应更为直接，“如果他们要把意大利变成第三世界国家，那这么做就

① WHO, UNICEF, Declaration of Alma-Ata, www.who.int/hpr/NPH/ docs/declaration_almaata.pdf[2017-10-15].

② “World pharmaceutical news”, *Script*, No. 258, 1977, p. 7. 值得一提的是，essential medicine引入中国时，官方翻译是“基本药物”，而不是参考essential amino acid（必需氨基酸）中essential的译法译为“必要药物”或“必需药物”。基本药物的中文含义较为模糊，基本多解释为“基础、起码”等，从“必需/必要”到“基本”这一措辞的变化，悄悄改变了政策的内涵，也巧妙地打消了制药企业的质疑，避免了像WHO推行政策时那样受到制药企业的反对，同时又给医生和患者留下了这样的印象，即所谓基本药物就是给那些买不起好药的穷人用的国产的、便宜的仿制药。

③ The Royal Tropical Institute, the London School of Hygiene and Tropical Medicine, *An Evaluation of WHO's Action Programme on Essential Drugs*, Vol. 1-2, p. 14.

④ Ford N, “The enduring crisis in neglected diseases”, in Clare J, Illingworth P, Schuklenk U, *The Power of Pills: Social, Ethical, and Legal Issues in Drug Development, Marketing & Pricing*, Pluto Press, 2006, p. 110.

对了"。正是在这样的背景下，IFPMA 主席蒂芬巴赫表示，WHO 的基本药物概念"是对西方民权的侵害，它可能可以强制执行，但是在一个自由社会中，它既不可行也不实用"，是"完全无法被制药行业所接受的"[①]。出于同样的原因，将基本药物规划统一应用于医药公立部门和私立部门，更是遭到了医药行业的极力反对。因此，在当时各大有关基本药物会议上，WHO 与制药行业的关系成为重要议题之一。1981—1982 年，WHO 工作人员和各个利益相关团体召开了大量的协商会议。

除了制药行业，WHO 还要面对来自国家政府、消费者组织、非政府组织的压力，在多种行动者之间斡旋与协调，不断修订和明晰基本药物的内涵和适用范围。

在欧美发达国家，特别是美国，医药行业具有深刻的影响力。在基本药物提出后，欧美发达国家很快就表达了严重的关切。在 1982 年 WHO 执行委员会会议上，各成员国围绕基本药物行动规划的发展方向展开了争论。主要欧美国家指出：WHO 对药物政策的干预已经超出了《组织法》中对所限定的职责范围；在推广基本药物概念的过程中，WHO 可以发挥统筹协调的作用，但是考虑到基本药物政策涉及定价、采购、分配和质量保证等诸多方面，WHO 恐怕无法提供面面俱到的技术支持，因而应将工作重点放在鼓励和帮助各国制定基本药物政策上，而基本药物政策制定过程中更为核心的技术部分应由医药行业主导。会后，经过 WHO、医药行业和欧美发达国家之间广泛的接触和协商，最终同意由 WHO 指导 1—2 个国家建立和实施基本药物规划。

在 WHO 方面，DAP 在 1984 年之前一直饱受资金不足之苦。DAP 成立于 1981 年，在美国的压力之下，WHO 1982 年的正规预算被冻结，导致 DAP 在 1980—1981 年和 1982—1983 年的正规预算被限，四年累计的正规预算尚不足 100 万美元，预算外经费也只有来自法国捐赠的区区 40 万美元。[②]1982 年提交 WHO 执行委员会的发展报告中就指出，资金缺乏是造成 DAP 执行不力的主要原因。1984 年开始，随着 WHO 同意将工作重点转向为一两个国家提供基本药物规划实施方面的支持，DAP 的正规预算虽然一直是象征性的每年 100 万美元，但 DAP 开始得到来自制药公司和欧洲发达国家捐赠的规划外预算，由于数额较高，WHO 预算办公室还为其单设了一个预算外账户，并且应捐赠方的要求，给 DAP 留出了较大的财务自由。1986 年，DAP 划归总干事办公室直接管辖，以期摆脱 WHO 组织结构对管理和资金的控制。1988—1989 年 DAP 的预算外经费已增加到 2000 万美元；DAP 工作人员的数量也从 1982 年的 9 人增加到了 1988 年的 17 人。为在国家层面宣传基本药物，DAP 自 1985 年开始发行信息周刊，并给各国提供相关的技术支持（包括咨询、指南、研修班、评价、奖学金和培训），组织地区间、地区和国家研修班。

在消费者组织方面，在 WHO 层面颁布相应的行为守则，规范制药公司不合理的营销甚至倾销活动一直是消费者组织关心的议题，并在其游说之下，被纳入了 WHO 基本药物政策内容之中。20 世纪 70 年代开始，制药行业的活动开始受到消费者团体的注意。到了 20 世纪 80 年代，来自发展中国家的消费者协会越来越多地加入原本活跃于发达国家的国际消费者联盟组织

---

① "World pharmaceutical news", *Script*, No. 259, 1977, p. 23.

② Godlee F, "WHO in retreat: Is it losing its influence?" *British Medical Journal*, Vol. 309, No. 6967, 1994, pp. 1491-1495.

（International Organization of Consumer Unions，IOCU），IOCU 开始为规范制药行业在第三世界的跨国营销行为积极奔走。此时，IOCU 已成长为跨国企业的制衡力量，并且已有通过游说影响 WHO 卫生政策的成功经验。1979 年，IOCU 发起成立国际婴儿食品行业委员会，通过开展大量的消费者运动，利用媒体舆论造势，尽管代表婴儿配方奶制造商利益的国际婴儿食品行业委员会和美国政府极力反对，但最终在 1981 年的 WHA 上，除美国外的所有成员国一致通过了规范奶粉业在第三世界市场营销活动的《国际母乳代用品销售守则》。

有奶粉业的前车之鉴，制药行业十分担心 WHO 会颁布类似严格的销售守则，当然，这份担心也并非多余。在 1968 年的第 21 届 WHA 上，提出药品广告应当遵循一些基本的伦理和科学准则。[①]在 1981 年的 WHA 上，消费者团体、非政府组织和制药行业都展现了高超的游说能力，由 IFPMA 提交的《制药行业营销活动准则》草案被列入了会议议程，这一反常之举足见 WHO 对规范制药企业营销活动的重视和决心。1981 年，由 IOCU 牵头，来自 27 个国家的约 50 个非政府组织在日内瓦成立国际健康行动组织（Health Action International，HAI），成员包括消费者、医生以及 IOCU、无国界医生组织、乐施会（Oxfam）、国际红十字会等，总部设于日内瓦，其目标之一是确保全世界药物安全，并合理和经济地使用……贯彻实施 WHO 基本药物行动规划。HAI 麾下的消费者团体通过组织有力的舆论游说，成为基本药物在国家和国际层面上的重要推动者。80 年代中期，无国界医生组织、乐施会和国际红十字会等非政府组织都已在卫生援助工作中采用基本药物目录。在 1982 年的联合国贸易和发展会议上，IOCU 介绍了由 HAI 起草的国际制药实践准则草案，这份草案要比 IFPMA 在 1981 年所提议的草案严格得多。在 1982 年 1 月召开的 WHO 执行委员会会议上，有些成员国（主要是第三世界国家）继续敦促 WHO 颁布相应的销售守则。

这种由多种行动者共同参与 WHO 政策制定的情况，尤其是非政府组织所发挥的影响力，对于 WHO 政策制定者来说可谓全新的经验。多方协商的结果最终体现在 1985 年内罗毕会议达成的“共识”中：WHO 应帮助成员国制定基本药物制度，但也对制药企业做出了让步，明确提出基本药物政策将只限用于公立部门；与此同时，WHO 的药物政策开始由强调国家政府统筹制度安排的基本药物政策向强调规范医生个人行为的合理用药（rational use of medicines）转移；在制药企业的营销规范方面，明确了 WHO 的职责之一是制定药物营销的伦理准则，承诺将组织专家审核和修订第 21 届 WHA 上制定的制药企业营销伦理准则，并起草适宜的行为指南。认为在发展中国家，由于政府往往未能承担起约束药物营销行为的责任，因此跨国制药企业应当更加自律，同时委婉地指出 IFPMA 所提出的准则是过于无力和无效的。并且对医药企业的处方药广告、营销方式、医药代表、发放药物样品、组织和赞助研讨会的界限等方面，大致提出了一些指导意见。[②]在 1986 年 WHO 修改药物战略之后，虽然一些欧洲发达国家（如英国）也开始在一些公立部门采用限制性的基本药物目录，但基本药物政策已逐渐被建构为一个仅适用于最落后的国家和公立部门的概念。

---

① WHA 21.41., *Pharmaceutical advertising*, World Health Organization, Seventeenth Plenary Meeting, 1968.

② WHO. *The Rational Use of Drugs*, Report of the Conference of Experts, Held in Nairobi, Kenya, Geneva: World Health Organization, 1987.

总干事对 WHO 基本药物规划总结道：“WHO 所要发挥的是国际组织而不是超国家组织的角色。WHO 是一个成员国合作的机构，其政策应当由成员国来制定。这对于评价政府和 WHO 在药物和其他领域的作用是至关重要的。WHO 负责制定政策，但 WHO 并不会强迫各国实施某项政策。”①

但是美国对基本药物的反对态度始终强硬，因不满内罗毕会议上达成的“共识”，美国在 1986 年的 WHA 上提交议案，要求限制 WHO 的活动，指出其应当退回到 50—60 年代的传统职能上，即关注传染病疫情通报、药物标准化，而不应当干预药物这一商品的相关政策。如前文所述，除了药物，WHO 与欧美国家在奶粉、烟草等问题上早已矛盾重重。美国以自由贸易之名对 WHO 展开了激烈的讨伐，推迟缴纳 1986—1987 年的 WHO 会费，只缴纳了联合国会费的 1/5 以通过联合国进一步对 WHO 进行施压。值得注意的是，在 WHO 和联合国，每个国家缴纳会费的比额虽有一套复杂的计算公式，但基本是按照本国的 GDP 核算的，美国所应缴纳的会费占 WHO 总预算的 25%，美国明显是借推迟缴纳会费来给 WHO 施压。直到 1988 年，WHO 新任总干事中岛宏上任，美方才恢复缴纳会费；可以想象，美国的这一系列举措给经费紧张的 WHO 造成了巨大的压力。美国的做法并不难理解，1976—1990 年，美国在制药市场所占的份额每年都雄踞第一，并且优势呈逐年扩大的趋势。②

在 WHO 药物政策悄悄发生转移的同时，WHO 和 UNICEF 在基本药物上的联盟也不复存在。UNICEF 与 WHO 在阿拉木图会议上共同提出了初级卫生保健战略，肯定了基本药物的地位，双方在 1981 年共同启动了基本药物联合规划，以推动基本药物规划在国家层面的实施。但面对各种质疑和阻碍，UNICEF 与 WHO 在初级卫生保健如何实施上逐渐出现了分歧。出于现实可能性的考虑，UNICEF 逐渐开始推崇“选择性的初级卫生保健”（selective primary health care），其中最广为人知的就是 GOBI（发育监测、口服补液盐治疗、母乳喂养和免疫接种）和 GOBI-FFF（GOBI 加上计划生育、妇女教育和食品强化）。但在 WHO 看来，这些项目重点关注的往往是妇女、儿童、贫困人口，对其他人群的基本卫生服务需求缺乏响应，所谓选择性也不过是“选好摘的果子摘”，远离了“综合性”初级卫生保健（comprehensive primary health care）的初衷。甚至有争议说，口服补液盐疗法的推广实际上阻碍了部分地区获得安全卫生水的进程，进而使更多人遭受了本来可以避免的健康威胁。③

在此期间，UNICEF 的药物战略也发生了变化，在 1987 年 WHO 非洲区会议上，UNICEF 发起了旨在复兴非洲初级卫生保健战略的《巴马科倡议》（*Bamako Initiative*）。④其内容是由 UNICEF 为初级水平的母婴保健机构和诊所提供基本药物，药物所带来的收入作为卫生工作人员的薪水或初级卫生服务建设所需的费用，1987 年后，UNICEF 对药物供应的关注逐渐转向

---

① WHO, *The Rational Use of Drugs*, 1987.

② 齐谋甲：《中国医药年鉴》，中国医药科技出版社 1991 年版，第 310 页。

③ Cueto M, “The origins of primary health care and selective primary health care”, *American Journal of Public Health*, Vol. 94, No. 11, 2004, pp. 1864—1874; Litsios S, “The long and difficult road to Alma-Ata: A personal reflection”, *International Journal of Health Services*, Vol. 32, No. 4, 2002, pp. 709-732; Garner P, “The Bamako Initiative”, *British Medical Journal*, Vol. 298, No. 6694, 1989, pp. 277-278.

④ Brown T M, Cueto M, Fee E, “The World Health Organization and the transition from ‘international’ to ‘global’ health”, *American Journal of Public Health*, Vol. 96, No. 1, 2006, pp. 62-72.

药物政策的制定。1989年，UNICEF的执行委员会同意为《巴马科倡议》提供200万美元作为一般规划预算，并把《巴马科倡议》作为国家药物政策的一部分为特定的国家项目募集约3000万美元的预算外资金支持。

对此，WHO专门成立了研究《巴马科倡议》的工作组，调研后认为倡议实施的可行性太低，并且可能会助长“大处方”，带来新的伦理和道德问题，甚至会在根本上瓦解基本药物政策。大卫·维尔纳（David Werner）曾尖锐地指出，UNICEF之所以迅速地转向选择性的初级卫生保健是迫于美国政府的压力。[①]虽然UNICEF与WHO非洲区办事处在倡议的实施中建立了密切的合作关系，但是UNICEF并没有与DAP围绕《巴马科倡议》开展及时有效的协调和合作。由于WHO和UNICEF之间整体发展战略的分歧，缺乏及时有效的沟通，以及倡议本身的不够清晰，这两个机构在推进初级卫生保健战略和基本药物政策上逐渐出现了裂痕。

1988年，中岛宏当选总干事，DAP被移回药物部门，不再由总干事办公室直接管辖，标志着基本药物政策走向没落，初级卫生保健战略的第一阶段也正式告一段落。[②]

三、走向低调的基本药物

20世纪80年代末至90年代初是WHO在国际卫生格局中被逐渐边缘化的阶段，其原因是多方面的。WHO与欧美发达国家在药物、奶粉等问题上纠葛多年，积怨已深，在欧美国家的会费施压之下，WHO愈加捉襟见肘、无所作为。而另一方面，UNICEF、UNDP、世界银行、慈善基金会大幅增加了在全球卫生领域的资金投入，影响力迅速攀升，相形之下WHO的地位愈加下降。[③]总干事中岛宏1993年的贿选疑云以及他个人的能力问题等更使得WHO备受争议，成为众矢之的。1994—1995年，《英国医学杂志》主编菲奥娜·高德利（Fiona Godlee）发表系列文章，批判WHO存在机构官僚化、人员冗杂、内耗过多、效率低下等问题，引起广泛的讨论。[④]

从表面上看，的确如同WHO、DAP工作人员所说的，20世纪80年代末至90年代初堪称基本药物的“国家年”：围绕基本药物的国际争论逐渐弱化；DAP与多个国家开展了积极的技术合作，帮助他们建立基本药物目录，并在目录的基础上加强药物的采购、分配、合理使用和质量保证。[⑤]1986年，WHO总干事有关基本药物行动规划的进展报告提出，80个国家拟定了国家基本药物目录，40个国家建立了国家基本药物政策。但实际上，正如1988年《世界药物形势报告》中所指出的，在所谓拟定国家基本目录的国家中，41个尚处于基本药物政策

---

① Werner D, Elusive promise, whatever happened to “health for all?”, http://www.newint.org/issue331/elusive.htm[2017-10-15].

② Buse K, Gwin C, “World health: The World Bank and global cooperation in health: the case of Bangladesh”, *The Lancet*, No. 9103, 1998, pp. 665-669.

③ Buse K, Gwin C, “World health: The World Bank and global cooperation in health: the case of Bangladesh”, *The Lancet*, No. 9103, 1998, pp. 665-669.

④ Godlee F, “WHO in retreat: Is it losing its influence?”, pp. 1491—1495; Godlee F, “WHO in Europe: Does it have a role?”, *British Medical Journal*, Vol. 309, No. 6969, 1994, p. 1636.

⑤ Holloway K A, Henry D, “WHO essential medicines policies and use in developing and transitional countries: An analysis of reported policy implementation and medicines use surveys”, *PLoS Medicine*, Vol. 11, No. 9, 2014, p. e1001724.

制定的初级阶段，45 个将基本药物目录用于实际的药物管理工作中，而只有 25 个国家拥有完整的国家药物政策。

此外，如前文所述，真正推动基本药物政策在国家层面实施的动力是源于组织外，是 WHO 与制药企业协商的结果。实施国家基本药物规划带有明显的试点性质，DAP 为这些国家争取到预算外经费的支持，成为继续实施和发展基本药物规划的种子基金。这些资金主要来自丹麦、瑞典、瑞士等少数欧洲国家和世界银行，由 WHO 直接提供的经费支持微乎其微（表 1）。这一时期，建立国家基本药物规划的国家也是最为贫穷的第三世界国家，这些国家内部并不存在足够的激励机制，政策的实施和维持都依赖外来捐赠。一项提交 WHO 基本药物行动规划管理咨询委员会的调研报告指出，制定基本药物目录或政策的国家几乎都是依赖外来资金的支持，并且"在可预见的未来这种支持还将继续存在，捐赠者也将继续影响项目的制定"①。

表 1　部分国家基本药物规划所获得的外来捐赠（1979—1988 年）

国家	捐赠方	金额
柬埔寨	EEC、 WHO	1 500 000 欧元、 200 000 美元
尼日利亚	世界银行*	65 000 000 美元
坦桑尼亚	丹麦	30 000 000 美元
肯尼亚	丹麦、瑞典	11 250 000 美元
津巴布韦	丹麦、WHO	1 000 000 美元
莫桑比克	意大利、 瑞典	250 000 美元 N/A
布隆迪	盛亚医药/瑞士、 WHO	1 000 000 瑞士法郎 100 000 美元
也门共和国	荷兰	2 260 000 美元
苏丹	荷兰	2 791 000 美元
也门民主人民共和国	WHO	761 194 美元
孟加拉国	WHO、UNICEF、UNDP、瑞典、丹麦、 世界银行、USAID、亚洲开发银行	N/A N/A
印度尼西亚	WHO、UNDP、UNICEF、日本、USAID、 意大利、联邦德国	N/A N/A
越南	瑞典、 WHO、 UNICEF、 UNDP、UNIDO	85 000 000 SEK 1 369 019 美元 1 411 451 美元 N/A

注：*贷款。

资料来源：J. W. 哈尔梅耶：《世界卫生组织基本药物规划评估报告》(*An evaluation of WHO's Action Programme on Essential Drugs*)。

以中国为例，1991 年中国作为西太平地区的国家代表入选 WHO 基本药物行动委员会，WHO 授予中国时任卫生部部长陈敏章（1931—1999）初级卫生保健领域的最高荣誉——"人人享有卫生保健"金质奖章，中国从 1992 年开始为期四年的大规模基本药物遴选，但其动力并非源自国内药品监管或卫生体制改革的内在激励，更多的是为了履行相应的政治承诺的需

① The Royal Tropical Institute, the London School of Hygiene and Tropical Medicine, *An Evaluation of WHO's Action Programme on Essential Drugs*, Vol. 1-2.

要，是中国渴求参与国际卫生机制的外部驱动。[①]

四、新基本药物的复兴

艾滋病的全球蔓延给拉丁美洲、撒哈拉以南的非洲和东南亚造成了严重的疾病负担。然而，新型抗逆转录病毒药物的出现，使得艾滋病已从一种不治之症成为一种可以管理的疾病，专利制度作为一种结构性暴力，已将药物可负担性和全球卫生的公平性变得愈加严峻。[②]20 世纪 90 年代末开始，艾滋病解放动力联盟（ACT-UP）、HAI、乐施会、无国界医生组织等非政府组织开始严厉批评基本药物目录对艾滋病的关注不足。同时，知识产权与基本药物可及性的关系也逐渐受到国际卫生领域各种行动者的关注和讨论，在此过程中，一种新的基本药物理念在 WHO 外部逐渐酝酿和复兴。

WTO 在 1995 年颁布《与贸易有关的知识产权协定》（Agreement on Trade-Related Aspects of Intellectual Property Rights，TRIPS），要求所有国家都必须执行至少 20 年的专利保护，专利为制药公司提供了一段合法的垄断期，允许药品以远高于正常竞争所决定的市场价格出售，保证制药公司丰厚的利润。虽然专利为制药企业投入新药研发提供了激励机制，开发一种新药往往需要花费数千万美元，似乎尤其需要这样的机制，但是专利药与仿制药之间的差价也是惊人的。例如，购买受专利保护的抗逆转录病毒药物，每个患者每年需花费 10 000 美元，而若是购买印度生产的仿制药，则每年仅需花费 350 美元。[③]又如，艾滋病药物氟康唑，在印度尼西亚购买其专利药的价格是仿制药的 15 倍。[④]

与此同时，专利制度能否真正构成药物研发的激励机制也开始受到关注。WHO 的一项研究发现，在 1982—2002 年，药物专利保护的强度大大增加，但对于大多或者只存在于热带地区贫困人群的“被忽视的疾病”（neglected diseases）来说，这类药物的研发并没有增加。1975—1999 年，有 1393 种新药上市，其中 13 种治疗热带病，3 种治疗结核病，而热带病和结核病占总疾病负担的 11.4%。[⑤]无论有无专利制度，受利润驱使的跨国制药公司所瞄准的市场始终是那些有能力购买高价药物的人群，这部分人群主要分布于较为富裕的国家，而专利制度并没有激励它们去为占人口大多数的穷人们研发他们所必需的药物。

那么专利制度又是如何被应用到全球制药行业的呢？美国政府自始至终都是知识产权游说的大本营，以激励药物研发和保护研发者的利益为名，成功说服欧盟和日本予以支持，在他

---

① 苏静静、张大庆：《基本药物在中国：从国际理念到国家制度》，《自然辩证法通讯》，2017 年第 5 期，第 63-71 页。

② Farmer P, *Pathologies of Power: Health, Human Rights and the New War on the Poor*, University of California Press, 2004; Trouiller P, Olliaro P, Torreele E, et al., “Drug development for neglected diseases: A deficient market and a public health policy failure”, *The Lancet*, No. 359, 2002, pp. 2188-2194.

③ WHO Regional Office for South-East Asia, *Access to Medicines and Vaccines: Implications of Intellectual Property Protection and Trade Agreements*, 23rd Meeting of Health Ministers of Countries of SEAR, Colombo, Sri Lanka, 4-5 September 2005.

④ Sykes A O, “TRIPS, pharmaceuticals, developing countries and the doha ‘solution’”, *Chicago Journal of International Law*, Vol. 3, No. 1, 2002, p. 47.

⑤ Trouiller P, Olliaro P, Torreele E, et al., “Drug development for neglected diseases: A deficient market and a public health policy failure”, *The Lancet*, No. 359, 2002, pp. 2188-2194.

们的游说之下，知识产权问题不再停留在“过于弱势、对发展中国家过于同情”的世界知识产权组织内，在长达八年的乌拉圭回合（Uruguay Round，1986—1994 年）谈判中，他们逐渐形成了强大的联盟，直接导致了 WTO 和 TRIPS 在 1995 年的诞生。

在此之前，很多国家并没有专利保护制度，尤其是在科技和经济落后的发展中国家。1996 年，WHA 请求 WHO 报告 TRIPS 对国家药物政策和基本药物的影响，以及 WHO 如何在健康与贸易问题上与 WTO 开展合作。[①]当时，WHO 参与国际贸易相关的问题受到极大的争议，将公共健康需求置于贸易或者知识产权之上被认为是对产业的威胁，药品也不例外。不过，深受专利制度和艾滋病之苦的发展中国家首先做出了反击。1996 年，巴西开始为所有艾滋病患者提供免费的艾滋病药物，并以较低的价格提供足量的艾滋病仿制药，很快，巴西因违背专利法而遭到了一些发达国家的经济制裁。1997 年，南非颁布了世界上第一个有关基本药物的强制许可（compulsory license）——《药物与相关物质修订法案》，允许从印度和巴西进口较为便宜的仿制药物。旋即，该法案遭到美国的强烈反对，南非遭受到来自美国严厉的双边经济制裁，包括被列于美国贸易特别 301 条款的观察名单，部分出口商品被取消普遍优惠待遇，并遭到来自制药企业强大的游说攻势。1998 年，WHO 首次发布 TRIPS 实施指南，指导成员国如何降低专利保护对药物可及性的负面影响。1999 年，无国界医生组织掀起了“基本药物可及性运动”（Access to Essential Medicines Campaign）。无国界医生组织在 1995 年获得诺贝尔和平奖，是当时全世界最有影响力的非政府组织之一，这场运动对南非和巴西给予了有力的支持和声援。2001 年 2 月，美国要求 WTO 成立委员会来审核巴西政府的行为是否违背了 TRIPS 的相关条款；4 月，联合国人权委员会通过了由巴西政府提交的议案，即在世界大流行中，面对公众健康危机，应保证药物的可及性以保护人类的基本权利。很快，在肯定基本药物作为实现基本人权的要素之一的前提下，药物能够作为一种普通的商品而适用于专利保护制度在全球引起了广泛的讨论，在舆论和非政府组织的压力之下，出于国家形象的考量，美国于 6 月撤回了审核巴西政府的请求，但作为条件，要求巴西政府在计划使用强制许可时提前知会美国。可以说，南非和巴西分别赢得了这场有关药物的斗争，成为其他发展中国家争取自身权利的成功示范。

2001 年 9 月，“9・11”恐怖袭击事件发生，美国和加拿大受到炭疽病毒的生物恐怖袭击。德国拜尔公司专利药品西普罗（Cipro）是美国食品药品监督管理局（FDA）批准的唯一一种炭疽病治疗药物，但价格高达每剂 399 美元。面对生物恐怖袭击威胁和国内民众恐慌的双重压力，加拿大率先宣布强制许可由本国公司生产仿制药物。考虑到维护专利制度完整性和连续性对本国制药业有着重要意义，美国在与拜尔公司谈判无果后，以强制许可生产西普罗为威胁，逼迫拜尔公司降低药价。虽没有真正实施强制许可，但美国“双重标准”的做法引起了世界舆论的强烈抗议，尤其是许多发展中国家的质疑。迫于国内外的压力，以及推动 TRIPS 协议的大局考量，在同年 11 月于卡塔尔多哈召开的 WTO 第四届部长级会议上，美国决定在“TRIPS 协议与公共健康”的谈判中作出适当的让步。本次大会通过的《关于 TRIPS 协议与公共健康

---

① WHA 49.14., *Revised Drug Strategy*, World Health Organization, 1996.

问题的宣言》，即《多哈宣言》，被认为是国际贸易的分水岭，是发展中国家的一次胜利。按照宣言，发展中国家可最大限度地利用以促进公共健康为前提的 TRIPS 协议灵活性条款，包括有权实施"强制实施许可"和有权认定何种情况构成"国家处于紧急状态或其他极端紧急的情况"（艾滋病、疟疾和结核病）等条款。

在各方游说和协商下，尽管美国十分反对，2002 年 1 月 WHO 执行委员会上通过了新的药物战略，其核心是药物的可及性，而不再是药物的可负担性，并重申其在基本药物问题上的立场：获得基本药物是人类的权利；基本药物不仅仅是一种普通的商品；专利保护对新药的研发是一种有效的激励机制；但专利制度的实施应当不偏不倚，既要保护专利持有者的利益，又要捍卫公共健康的基本原则；WHO 支持所有提高基本药物可及性的措施，包括"TRIPS 附加条款"。基本药物被重新定义为"那些满足人群卫生保健优先需要的药品"，并且依据"公共健康相关性、药效、安全性以及成本效益"采取循证的方法进行基本药物的遴选。[①]同年，在 2003 年，WHO 基本药物目录加入了抗逆转录病毒药物。2007 年，加入甲肝疫苗和轮状病毒疫苗等新药。

随着全球结核病卷土重来、新发传染病增加以及疾病谱的变化，批判和反思垂直路径的声音日益尖锐。大卫·维尔纳指出："正是国际社会未能解决健康的决定因素问题，才导致了发展中国家在 1991—1996 年因营养缺乏致儿童死亡率的飙升，以及霍乱、结核病和鼠疫的复燃。"[②]世界卫生组织的发展战略在这一时期再次向社会进路转向，重新强调健康的社会因素，这也为基本药物这个概念的复兴提供了土壤。WHO 总干事李钟郁 2005 年 3 月发起了健康的社会决定因素委员会（Commission on the Social Determinants of Health），旨在帮助成员国和全球卫生伙伴克服造成疾病与不公平的社会因素；在 2007 年，陈冯富珍担任 WHO 总干事之后，回归初级卫生保健战略的倾向就更为明确了。2008 年，陈冯富珍在《柳叶刀》上发表了关于初级卫生保健的重要文章——《回归〈阿拉木图宣言〉之路》[③]；同年，WHO 发表了世界卫生报告——《初级卫生保健：过去重要，现在更重要》。2016 年 11 月 8 日，《柳叶刀》杂志发表委托报告《实现全面卫生覆盖的基本药物》，势必会引起新一轮的讨论。[④]

五、结论

行动者网络理论认为，科学和技术成果在最终产生之前是有多种存在的可能性的，而这种可能性存在于行动者对其他众多不同类型的行动者的不同的转译活动之中。在转译活动中，核心和其他行动者不同的价值观、价值判断和选择，以及不同的审美理念都会产生完全不同的转译方向和路径，因而最终的成果也就具有了多种的可能性。[⑤]

---

① Regan T, *The Case for Animal Rights*, California: University of California Press, 2004, pp. 116-117.

② Werner D, *Elusive Promise, Whatever Happened to "Health for All?"*. Brown T M, Cueto M, Fee E, "The World Health Organization and the transition from 'international' to 'global' health", *American Journal of Public Health*, Vol. 96, No. 1, 2006, pp. 62-72.

③ Chan M, "Return to Alma-Ata", *The Lancet*, No. 9642, 2008, pp. 865-866.

④ Wirtz V J, Hogerzeil H V, Gray A L, et al., *Essential Medicines for Universal Health Coverage*, Commissioned by Lancet, 2016.

⑤ Latour B, *Reassembling the Social: An Introduction to Actor-Network-Theory*, Oxford: Oxford University Press, 2005.

基本药物的概念是伴随着初级卫生保健战略的制定而提出的，但在实施过程中，随着WHO优先事项在社会进路或技术进路的偏重，基本药物政策或被重视或被边缘化，它的含义和内容不断地被多种行动者的协商所重塑，其中包括WHO、UNICEF、WTO、世界银行、制药产业、国家政府、非政府组织、慈善基金会等。与此同时，基本药物的政策也受到政治、经济、社会和医学发展的制约，以及疾病谱变化（如艾滋病的流行、结核病的卷土重来）的影响，反过来基本药物政策又影响着WHO的战略选择，甚至其在国际卫生领域的地位。

讨论基本药物的话语和机制不仅不是价值中立的，而且也不是透明的，尤其在围绕公共健康与知识产权之间的纷争上，负载着丰富的价值内涵。一方面是欧美国家竭力反对基本药物政策，认为其不利于知识产权的保护，侵犯了研发新药科学家、制药企业及其所属发达国家的利益；另一方面是买不起专利药的穷人和相对落后的发展中国家，以及可能从生产仿制药中获利的国家，期寄通过基本药物政策实施获取好处。不同行动者纵横捭阖、争议协商，包括WHO、WTO与美国等积极推进知识产权的欧美国家；巴西、印度、南非等因仿制药和艾滋病流行而深陷产权旋涡的发展中国家；为患者争取权利的无国界医生组织。如何平衡知识产权、创新激励机制与健康权利、生命价值之间的争论依然在继续。

“过去”是为“当下”的语境，通过研究政策的历史可以加深我们对当今卫生政策和医疗实践的理解。我们梳理基本药物概念的历史，思考基本药物政策演变背后的冲突和协商过程，分析参与其中的不同行动者及其立场和视角的差异，可以发现在科学理念转变为公共政策的进程中多重因素错综复杂的交互作用。

（原载《自然辩证法通讯》2019年第41卷第3期；
苏静静，北京大学医学人文研究院、北京大学科学史与科学哲学研究中心讲师；
张大庆，北京大学医学人文研究院、北京大学科学史与科学哲学研究中心教授。）

科学史理论与应用

性别之眼：帝国博物学家玛丽安·诺思的思想及其冲突

姜　虹

摘　要：玛丽安·诺思是19世纪帝国博物学的女性代表，她的足迹遍布世界各地尤其是热带地区，探险途中完成的800多幅博物绘画在邱园的诺思画廊永久展览。在性别视野下探讨帝国博物学，可以发现诺思的帝国思想和性别观念与传统女性相背离，却又呈现出矛盾的一面。她将自己当作权威的博物学家，与博物学家精英圈子保持密切的联系，时常流露出英国子民的身份优越感和帝国主义思想，其探险和个人画廊都受益于帝国博物学网络。诺思的帝国野心里夹杂着浪漫主义的自然情怀，她拒斥以婚姻和家庭为中心的传统女性生活，崇尚独立和自由，却又反对女权运动，其博物油画精确却不遵从传统的水彩植物绘画风格和图式。从诺思身上也可以一窥帝国博物学中的女性角色以及性别意识在其中的影响。

关键词：帝国主义；浪漫主义；社会性别；博物探险；诺思画廊

博物学（尤其是植物学）堪称17—19世纪的“大科学”，与欧洲海洋贸易、帝国主义扩张形成多角互动关系。[①]博物学与帝国主义的紧密联系，让“帝国博物学”（imperial natural history）、“植物学帝国主义”（botanical imperialism）、“帝国/殖民地植物学”（imperial/colonial botany）成为科学史界普遍接受的概念。帝国博物学史已成为显学，女性主义科学史也快速发展，然而将性别纳入帝国主义博物学的研究却不多见。本研究借用隆达·施宾格（Londa Schiebinger）的“性别之眼”（gender eyes）的提法[②]，在性别视野下探讨帝国博物学的女性参与者玛丽安·诺思（Marianne North，1830—1890），着重剖析她的帝国思想和性别观念，尤其是两者中体现出的矛盾和复杂性以及背后的原因。

在英国，约瑟夫·班克斯（Joseph Banks）利用英国皇家学会主席和邱园实际掌门人的身份，把邱园建设成帝国博物学网络的神经枢纽，将博物学与帝国扩张的合作模式推向了顶峰。[③]之后，邱园从皇室私家花园变成了英国官方植物园，在胡克家族[④]的领导下，植物学帝国主义

① 范发迪：《清代在华的英国博物学家：科学、帝国与文化遭遇》，中国人民大学出版社2011年版，第4页。

② Schiebinger L, “Feminist history of colonial science”, *Hypatia*, Vol. 19, No. 1, 2004, pp. 233-254.

③ 李猛：《启蒙运动时期的皇家学会：数理实验科学与博物学的冲突与交融》，《自然辩证法研究》，2013年第2期，第103-108页。

④ 在班克斯的提携下，威廉·胡克（William Hooker，1785—1865）成为第一任园长，他的儿子约瑟夫·胡克（Joseph Hooker，1814—1879）及其女婿希斯顿-戴尔（William Turner Thiselton-Dyer，1843—1928）相继接任，胡克家族掌管邱园长达半个多世纪。

得到快速发展，老胡克在 15 年间引种到邱园的植物数量就达此前一个世纪引种的 6 倍。[①]诺思因为父亲结识老胡克，后与小胡克一直保持良好的朋友关系和植物学往来，成为植物学帝国主义的参与者。在父亲的影响下，诺思从小热爱博物学和旅行，从 1871 年到 1885 年足迹遍布全世界，到过美国、加拿大、牙买加、巴西、日本、新加坡、婆罗洲、爪哇、斯里兰卡、印度、澳大利亚、新西兰、南非、塞舌尔、智利等，在人迹罕至的荒野中去寻找奇花异草。她与邱园保持着紧密联系，为其采集了不少植物和木材标本，并且自己出资在邱园修建了“诺思画廊”，现在这个画廊里依然挂着她 800 多幅作品。除了这些画，她厚厚的回忆录里记录了大量在世界各地的荒野丛林里寻找植物和画画的故事。诺思作为帝国博物学中的女性代表，对她的研究可以抛砖引玉，为帝国博物学的女性和性别研究提供参考。

图 1　诺思在锡兰

资料来源：维基共享资源网（Wikimedia Commons）
注：茱莉娅·卡梅隆（Julia Cameron）拍摄于 1877 年

一、帝国版图中的博物探险和个人画廊

英国在多个殖民领地建了卫星植物园，如加尔各答、孟买、新加坡、悉尼、毛里求斯、特立尼达岛（Trinidad）等，总共有大约 30 个，而邱园则是英国国内植物园和卫星植物园所构成的植物园网络的神经中枢。名义上，这些植物园由殖民政府建立和管理，但植物园的管理者其实都由邱园园长选定，并执行邱园的指令。[②]植物园网络在帝国扩张中扮演着重要角色，植物、资源、资本和知识通过这个网络在全世界流转，大量的植物标本被运到邱园，活体植物被引种和栽培。殖民地种植园为帝国的经济植物提供了适宜的种植环境和廉价的劳动力，而在殖民地与植物相关的所有采集和种植等活动都是在邱园领导下由当地的卫星植物园来操刀。西方植物学的扩张模式被描述为科学精英们组成的“无形学院”（invisible college），国内外的植物学家

---

① Barui S, “Kew Garden and the British plant colonisation in the 19th century”, *Vidyasagar University Journal of History*, Vol. 1, 2012-2013, pp. 223-232.

② Brockway L H, “Science and colonial expansion: the role of the British Royal Botanic Gardens”, *American Ethnologist*, Vol. 6, No. 3, 1979, pp. 449-465.

们彼此联系，并得到政府和商业机构的全力支持。[①]诺思也是这个无形学院的一分子，与其他植物学家保持着广泛而紧密的联系。

在母亲去世、妹妹结婚后，诺思和家人的大陆休闲旅行变成了父女俩的博物探险。艰苦的旅途并没有吓到诺思，反而让她积累了丰富的野外经验，并学会了在旅途中画画，这为她之后一个人的全球探险打下了基础。在诺思 20 多岁时，父亲就经常带她去邱园，有一次老胡克送了她一束产自缅甸名为“华贵璎珞木”（*Amherstia nobilis*）的花，这种植物以旅行家阿默斯特女士（Lady Sarah Amherst，1762—1838）命名，首次在英国开花，阿默斯特的故事和这种美丽的植物激发了她去热带原始生境看植物的梦想。[②]在她 39 岁（1869 年）时，父亲去世，继承的遗产让她获得经济上的独立，而未婚又让她免除了各种家庭负担，她从此开启了属于自己的自由生活模式。诺思与邱园一直保持着密切联系，虽然她从来没有画过邱园和它的游客，但她每到达英国的一个殖民地，总是带着园长的介绍信去拜访邱园的卫星植物园，带去邱园的问候。[③]

大英帝国在世界各地为海外的英国上层社会人士精心建造了舒适的住宅，这些人统治着当地的劳动力，采集当地商品，他们很乐意将诺思纳入其中，传播英国文化，支持英国知识的扩散。[④]这为诺思独自旅行提供了不少便利，她所到之处总是带着英国重要人士的介绍信，证明自己的身份，总能得到热情款待。在诺思首次从北美准备去巴西和西印度群岛时，她就事先准备了一些重要人士的介绍信，如著名的牧师和历史学家查尔斯·金斯利（Charles Kingsley，1819—1875）。[⑤]在巴西首都里约，诺思带着她的画和英国皇家学会第 30 任主席爱德华·塞宾（Edward Sabine，1788—1883）爵士的介绍信拜见了巴西国王和王后，国王还告诉她不知道的一些本地植物名字和特点。[⑥]这样的介绍信成了诺思的旅行法宝，她不仅随身带着英国政要和科学家们的介绍信，所到之处在得到当地重要人物认可和接待后，也借机索要新的介绍信，为去下一个目的地提供便利。最典型的是她在印度和爪哇的旅行：她在茂物植物园待了一个多月后启程去雅加达，带着总督写给所有官员（包括本地官员和荷兰殖民官员）的介绍信，让他们为自己提供食宿，并协助她去任何想去的地方；去帕基斯（Pakis）时，她带着在托萨利（Tosari）的房东写给当地酋长的信，让后者送她去玛琅（Malang）；在巴图（Batoe），一个头目在石板上磨尖铅笔帮她写信，让酋长为她找一匹马，那个头目花了几个小时才写完这封长信。诺思坦言，自己总是带着各种人物写的介绍信，在爪哇的每个城市享用官员居住的房子。[⑦]毫不夸张地说，诺思所使用过的众多介绍信俨然已成了帝国主义网络的另一种呈现形式。

---

① Brockway L H, “Science and colonial expansion: the role of the British Royal Botanic Gardens”, *American Ethnologist*, Vol. 6, No. 3, 1979, pp. 449-465.

② Agnew E, “‘An old vagabond’: Science and sexuality in Marianne North’s representations of India”, *Nineteenth-Century Gender Studies*, Vol. 7, No. 2, 2011, pp. 1-17; North M, *Recollections of a Happy Life: Being the Autobiography of Marianne North*, Vol. 1. Macmillan, 1894, p. 31.

③ Ros A C, *Marianne North (1830-1890): Amateur Women Botanists Imagining Aesthetics of Domesticity in the Tropics*. Central European University, 2015, pp. 37-38.

④ Morgan S, “Introduction”, in North M, *Recollections of a Happy Life: Being the Autobiography of Marianne North*, University of Virginia Press, 1993, pp. xxxiv-xxxv.

⑤ North M, *Recollections of a Happy Life*, Vol. 1, p. 39.

⑥ North M, *Recollections of a Happy Life*, Vol. 1, p. 184.

⑦ North M, *Recollections of a Happy Life*, Vol. 1, pp. 259-260, 266-267, 270.

诺思到世界各地旅行探险最显赫的成果便是邱园留存至今的诺思画廊。1879 年《帕尔摩街公报》（*Pall Mall Gazette*）提议为诺思的画在邱园找个归属，她便向小胡克提议建立自己的画廊，并为参观者提供茶点。虽然小胡克认为邱园游客太多，提供茶点不现实，但同意了建画廊的提议[①]，小胡克和邱园对她的认可程度可见一斑。诺思亲自监督了画廊的设计和建设，作品也是她亲自挑选和编排的，现在画廊展出的作品数为 833 幅，按地理分布排列[②]。诺思画廊与 18、19 世纪的博物收藏文化实质是一致的，这些博物绘画就如同她的战利品，只不过她更多的是通过绘画把全世界的奇异植物收集到一起，而不是在珍奇柜里堆满标本。在博物学的鼎盛时期，除了为研究而采集的职业博物学家和自然科学家，还有大批业余采集者，热心为前者采集动植物标本，诺思也扮演了这样的角色，她为职业植物学家小胡克贡献了大量标本。[③]原本在画廊开业时只有 600 多幅作品，为了让自己的作品地理分布覆盖范围更广，她在 1882—1883 年又去了南非和塞舌尔，1884—1885 年穿过麦哲伦海峡去了智利，才完成了她全部的旅行，并为画廊又增添了 200 多幅作品。[④]有学者认为诺思建立画廊是为了实现维多利亚社会中一位未婚女性的社会职责，是无私、慈善和社会公德的体现。[⑤]这样的解释显然有些牵强，她在自传中时常流露出的冷漠和客观，以及她将自己认定为权威的博物学家，都足以反驳她有这样的动机，即便有也微乎其微。因此，这个画廊更多是她作为帝国博物学家的成果展示，进一步将自己置于 19 世纪科学帝国主义的核心位置。[⑥]

二、帝国傲慢与浪漫情怀

作为“先进、文明”的英国人，诺思的身份优越感和帝国思想随处可见。例如，她讲述了自己曾遭到袭击的危险时意识到，即便是位淑女——“出生自由的英国女人”，如果没有男性的保护也难以避免所有女人所面临的危险。[⑦]言下之意，自己作为高贵的英国白人女性，似乎就不应该遭遇这样的危险，她对自己的身份优越感可见一斑。在她所到之处，经常会有当地人把采集到的植物或昆虫送给她，但她似乎并无感激之情，在“采集”这个词上打上引号以表示他们并非让她满意的采集者，还觉得他们冒冒失失，经常会吓人一跳，如丑陋的黑人妇女事先也不打个招呼，突然从窗户朝她傻乎乎地嘟哝，给了她一只奇怪的螳螂[⑧]，言语中满是鄙夷。

不管是在她的绘画里还是在她的回忆录里，本土居民和奴隶更像是动物，与当地的自然环境融为一体。例如，她描述印第安人小学的“小孩们是值得一看的风景”，下苦力的“妇女带着鼻环和手镯，就好像一道风景”，那些黑奴男孩“看上去很开心，他们似乎很乐意被人

① North M, *Recollections of a Happy Life*, Vol. 2, Macmillan, 1894, pp. 86-87.

② 这个数字在各种文献中有细微差别，这里使用的是邱园官网的数据：https://www.kew.org/kew-gardens/attractions/mariannenorth—gallery[2018-12-04].

③ Gladston L H, *The Hybrid Work of Marianne North in the Context of Nineteenth—Century Visual Practice(s)*, University of Nottingham, 2012, pp. 270-273.

④ Gardens K R, *Official Guide to the North Gallery*, 5th ed., Eyre and and Spottiswoode, 1892, pp. vii-ix.

⑤ Sheffield S L M, *Revealing New Worlds: Three Victorian Women Naturalists*, Routledge, 2013, p. 87.

⑥ Agnew E, "'An old vagabond': Science and sexuality in Marianne North's representations of India".

⑦ Sheffield S L M, *Revealing New Worlds: Three Victorian Women Naturalists*, p. 93.

⑧ North M, *Recollections of a Happy Life*, Vol. 1, p.150.

养肥”。[①]牙买加种植园主曾邀请英国画家将他们的种植园描绘成风景如画的地方，诺思也是其中的画家之一[②]，但她对种植园奴隶的凄惨生活视而不见，毫无怜悯之心，甚至认为黑人还不如动物，因为他们丧失了照顾亲子的善良本性，“所有婴儿生来是自由的，但他们的母亲不会照顾他们，因为她们认为现在的小孩一文不值。在‘美好的往日’，即黑人婴儿还能拿来卖钱的时候，主人就会好好照顾他们，变得自由后他们的母亲反而不理解为啥要劳烦自己去照顾他们”[③]。她带着强烈的社会达尔文主义，认为黑人和印度人不仅低于人类，甚至还不如猴子，至少猴子还会关心和照顾后代。给一个朋友的信中她直接将印度穷人称为猴子，“我希望你能为更像你自己的人行善——远离猴子们”，劝解朋友不要再救济印度的穷人。[④]

在她的画里时不时会出现奴隶或土著居民，但他们通常被画得很小，更像是风景画里的点缀。有学者认为尽管诺思眼里的本地人愚昧、不思进取，但她在绘画中画他们只是因为她觉得当地人比白人与自然更为和谐。[⑤]结合她各种歧视言论，这样的辩护多少显得有些牵强。而对于奴隶制度和买卖，她认为解放黑奴的立法者不应该那么着急，不该盲从黑奴是“人类和兄弟”的荒唐想法，也认可家庭主妇们雇佣黑奴的行为，甚至觉得奴隶的待遇很好，他们过得很开心：

> 雇佣一个努力工作的男奴一年花费不少于30英镑，除此之外每天还得花3便士供他吃穿（奴隶的服装样式）；干家务活的女奴一年收入是15英镑，外加两套衣服和杂七杂八的礼物，以此让她保持好心情，免得她逃跑，回到她的主人那。黑奴待遇不好的想法是错误的，我所到之处见到的奴隶都像宠物一样被宠爱，经常开心地哼着小曲。[⑥]

与对待人时明确的种族歧视不同，诺思对待自然的态度是矛盾的。一方面，她和男性博物学家一样，认为欧洲从根本上讲才代表着文明，知识在个人层次上被塑造成简单的中立行为，殊不知他们在生产科学知识时从根本上就是和欧洲帝国扩张联系在一起。[⑦]小胡克在诺思画廊手册的序言中对她称赞道：

> 因为早先的定居者或殖民者的斧头、大火、开垦和放牧，（植物王国的这些奇观）已经在消失或注定很快会消失，大自然永远无法恢复这些风景，一旦消失后也没人能够通过想象再将它们描绘出来，除了这位女士所呈现给我们和后代的这些作品。我们有足够的理由感激她作为旅行者的坚忍不拔，作为艺术家的天赋和勤奋，以及她的慷慨和公益精神。[⑧]

作为当时世界植物学研究中心的掌门人，小胡克显然认为诺思和她的成果具有完全的合法性和正当性，丝毫不会觉得博物学家也是帝国扩张的参与者，对这些自然奇观的消失也负有责任，诺思自然也只会觉得自己在做有益的事。另一方面，她与男性博物学家主流思想不同的是，

---

① North M, *Recollections of a Happy Life*, Vol. 1, pp. 55, 106, 157, 247.

② Ros A C, *Marianne North (1830-1890)*, p. 17.

③ North M, *Recollections of a Happy Life*, Vol. 1, p. 148.

④ Morgan S, “Introduction”, p. xxxvi.

⑤ Sheffield S L M, *Revealing New Worlds: Three Victorian Women Naturalists*, p. 126.

⑥ North M, *Recollections of a Happy Life*, Vol. 1, pp. 120-121.

⑦ Agnew E, “‘An old vagabond’: Science and sexuality in Marianne North’s representations of India”.

⑧ Hemsley W B, *The Gallery of Marianne North’s Paintings, Descriptive Catalogue*, 4th ed., Kew Gardens, 1886, pp. v-vi.

她的帝国思想里不时又夹杂着维多利亚时期典型的浪漫主义自然情怀，享受着原始、壮美自然风光里的自由生活，并批判工业化和帝国扩张对自然的破坏。例如，她在给一个朋友的信中写道：

> 我就是这样一个老流浪汉，我承认自己很高兴再次拥有完全的自由——孑然一身，没有固定的日程，没有特定的目的地，也没有一个仆人跟着我，独自坐在山顶的长凳上看云卷云舒，快乐地任思绪肆意飞舞——如果不是饿极了，怎么都不想下山——就这么任时间一个小时又一个小时地流逝……①

虽然她如此戏谑地将自己称为奔波、孤独的流浪汉，但更多的却是在表露对完全自由生活的陶醉和欣喜，以及对自然的热爱并沉醉其中。她也在传记里批判道，“文明人在短短几年里就把野蛮人和动物在几百年都不曾伤害过的宝贵财富（北美红杉）给毁掉了”，呼吁西米棕榈应该受到法律保护而不是作为粮食来源，批判可怕的工厂烟囱和煤烟把孟买变得跟工业化的利物浦一样丑陋。②由此可以看到，两种博物学传统——阿卡狄亚式和帝国式的③——在诺思身上的矛盾和统一，前者是维多利亚的浪漫主义情怀，欣赏和歌颂原始和狂野的自然美，并希望这样的自然能够被保护；后者是帝国博物学家的征服和掠夺野心，以及身份的优越感。两者对她来说都很重要，前者是浪漫、自由和诗性的理想化个人生活追求，后者则从属于博物学的帝国野心，为她在男性主导的博物学网络中获得一席之地，也为浪漫理想的实现创造必要的条件。对原始自然风光的欣赏与维多利亚时期的浪漫主义情怀一脉相承，她在写作和绘画中将这种原始状态塑造成田园牧歌的自由天堂。但必须看到的是，诺思作为大都市经验主义者（metropolitan empiricist），带着了解和开拓非工业化原始自然的使命，展示着帝国的权威性和合法性，她也认可并积极参与19世纪帝国主义的科学议程，不断为邱园采集未发现的新植物，这本身就是当时西方植物学的核心任务之一。④五种以诺思名字命名的植物、她为邱园采集的植物和木材标本、诺思画廊的博物绘画，都是她作为帝国博物学参与者的证据，也是她帝国思想强有力的证明。她在批判“文明人”的破坏时，把“野蛮人和动物”并列，已经将自己列为欧洲“文明人”之列，这个细节也暴露了她思想上的矛盾。

三、不彻底的性别逃离

诺思出生在维多利亚时期的上层社会，她对当时社会的性别观念、传统女性的角色定位等必然有所了解。诺思从小就和父亲更亲近，对母亲的安分守己和枯燥乏味的生活甚为不屑，在母亲去世时，她轻描淡写地说道“母亲去世了”，“她没有遭罪，但也没有过乐趣，沉闷了一生”⑤。

① 转引自 Agnew E, “‘An old vagabond’: Science and sexuality in Marianne North’s representations of India”.

② North M, *Recollections of a Happy Life*, Vol. 1, pp. 211, 238, 336.

③ 此处借用了沃斯特在《自然的经济体系：生态思想史》里的提法（[美]唐纳德·沃斯特：《自然的经济体系：生态思想史》，侯文蕙译，商务印书馆1999年版，第3页），虽然沃斯特谈论的是生态学，但鉴于博物学与生态学的渊源和密切联系以及维多利亚博物学的实际情况，这样的区分也适用于博物学。

④ Agnew E, “‘An old vagabond’: Science and sexuality in Marianne North’s representations of India”.

⑤ Sheffield S L M, *Revealing New Worlds: Three Victorian Women Naturalists*, p. 78; North M, *Recollections of a Happy Life*, Vol. 1, pp. 29-30.

在妹妹准备结婚时，她和父亲并不赞成，妹夫和他们在一起的时候不受他们两人待见，诺思的传记原本还有不少家庭生活的负面评论，尤其是对妹妹乏味婚姻的评价，只是妹妹在编辑时删掉了这些内容。[①]诺思也亲身经历了女性普遍受到的限制和偏见，如自己欣赏的画家拒绝给她当绘画老师[②]，父亲在参加社交活动时因为不方便带她，她只能从门缝里偷看[③]，参观画廊的男观众不相信她的画是出自女性之手[④]，等等。当她在巴西遇到德国姐妹被禁止独自在路上行走，不能和当地人接触时，她感叹道她们太可怜，生活太无趣。[⑤]诺思毫不掩饰她对女性受到的各种限制和传统的家庭生活的不满，而从小和父亲到处旅游、和母亲的疏远等经历让她在独立后想逃离女性世界，自然也在情理之中。

诺思从小就被当成男孩养，其昵称“波普”（Pop）就是证明，长大后她努力摆脱自己的女性身份，采用两种去女性化的方法：一是拒绝家庭活动，展现出帝国主义的傲慢、英国人的利己主义、对居家生活的厌恶和超强的忍耐力；二是频繁访问植物园这样的公共场所，并且多是在知名男性的陪同和保护下。[⑥]的确，诺思的那些旅行经历和传统女性的行为准则格格不入，无须赘述。除此之外，诺思努力摆脱自己女性身份的另一个表现是权威博物学家的自我身份认同。她首先是通过公众的无知来显示自己的权威性，然后是通过与男性博物学家的广泛联系并得到他们的认可，竭尽全力参与到男性主导的博物学网络中。在自传中，诺思将自己塑造成严谨的博物学家：独立勇敢且身体强健，有着敏锐的观察力，对万物保持客观而超然的中立态度。[⑦]她曾在传记里写道：“我利用在英国的最后几个星期，整理了我借给他们[肯辛顿博物馆（Kensington Museum）]的 500 幅画的目录，并尽可能多地附上这些植物的基本信息，因为我发现普通大众对博物学一无所知，看过我的画的人中，十个有九个都以为可可是从椰子树来的。”[⑧]诺思对人们的无知显然有些夸大，这样的误解不过是英国人对热带植物不那么了解，也可能只是因为可可（cocoa）和椰子（cocoa-nut）相似的拼写而如此猜测罢了。她也常常因为别人把她的画倒着看而感到沮丧，这些经历让她觉得自己的作品对公众了解世界各地的植物、搭建公众与科学家之间植物学知识的桥梁有着重要意义。[⑨]从中也可以看出诺思对其在博物学知识的权威性上的自我认可，并将自己置于教育者的角色定位。

诺思也竭力与博物学圈子里的权威人士们建立密切联系。1883 年她给植物学家奥尔曼（George James Allman，1812—1898）的信中写道：

> 我想奥尔曼夫人会原谅我把上面这幅我自己的速写[⑩]寄给你而不是她。我觉得你会更

---

① Moon B E, “Marianne North’s Recollections of a Happy Life: How They Came to be Written and Published”, *Journal of the Society for the Bibliography of Natural History*, Vol. 8, No. 4, 1978, pp. 497-505; Morgan S, “Introduction”, pp. xxi-xxii.

② North M, *Recollections of a Happy Life*, Vol. 1, p. 27.

③ Sheffield S L M, *Revealing New Worlds: Three Victorian Women Naturalists*, pp. 81-82.

④ North M, *Recollections of a Happy Life*, Vol. 2, pp. 211-212.

⑤ North M, *Recollections of a Happy Life*, Vol. 1, p. 120.

⑥ Murphy P, *In Science's Shadow: Literary Constructions of Late Victorian Women*. University of Missouri Press, 2006, pp. 146, 155-158.

⑦ Morgan S, “Introduction”, pp. xxxi-xxxii.

⑧ North M, *Recollections of a Happy Life*, Vol. 1, p. 321.

⑨ Sheffield S L M, *Revealing New Worlds: Three Victorian Women Naturalists*, pp. 85-86.

⑩ 这封信的正文上方，有一幅自画像速写，画的是诺思为了更好地观察椰子，爬上高高的巨石，在上面近距离画画。

加理解我当时的喜悦之情，对我来说我怎么爬上去又怎么下来到现在还是个谜——要不是有个钳子钩住我，恐怕你就见不到你的朋友了，因为四周都是30英尺[①]左右高的陡峭巨石。[②]

诺思如此选择收信人，既是在宣称自己是植物学家精英中的一员，也表明她自知其形象必然不符合一般女性的行为规范。[③]她和胡克父子尤其是小胡克保持着长期紧密的联系，他们不仅为她到邱园在世界各地的卫星植物园写介绍信，也把她当作帝国博物学网络中重要的采集者和博物画家，接受了她从世界各地采集的标本，最重要的是支持她在邱园修建了永久的个人画廊。她和达尔文（C. Darwin）也有通信和会面，她甚至在达尔文的鼓励下，到澳大利亚画了大量的本土植物。因为达尔文认为“澳大利亚的植物同其他任何国家都很不相同”，她把达尔文的建议当成皇室命令（royal command）[④]，并随即动身去了澳大利亚、新西兰和塔斯马尼亚岛（Tasmania）等地。当她把澳大利亚的画给达尔文看时，74岁的达尔文很仔细地反复翻看，在诺思离开时小心翼翼亲自把画包好放在马车里，并写信称赞了她的画。[⑤]维多利亚时期著名的博物画家李尔（Edward Lear，1812—1888）称赞她为“伟大的绘图员和植物学家，非常聪明，讨人喜欢”[⑥]。在生命的最后几年里，她在乡下的庭院里不仅种植了来自邱园和众多植物学家送她的形形色色的植物，也经常和植物学家们在这里见面，甚至包括远道而来的美国植物学家格雷（Asa Gray，1810—1888）夫妇。[⑦]

然而，诺思从女性世界的逃离并不彻底，她身上不但表现出女性传统守旧的一面，也表现出与男博物学家不同的博物学实践。首先，虽然她对传统的家庭生活不屑一顾，但她自己在母亲去世后的14年里，一直扮演着女主人的角色，尤其是对父亲无微不至的照顾并乐在其中，体现着她贤惠的一面。父亲在经济、智识、情感、生活上都成了她的支柱和动力，是理想的同伴、亲人、朋友和偶像。另外，她的逃离也是因为父权制为她提供了独立的条件（经济、社交网等），她其实是这种制度的受益者，所以她并不抵制和反抗父权制，而是努力跻身到男性世界中。因此，她反对女权主义者所做的抗争，在给朋友的信里写道：“什么都不要做！不管妇女有没有选举权，世界也不会有什么改变——在妇女想工作的地方……她们可以工作……”“意志坚强的妇女正变得暴躁……很可惜聪明的妇女让她们自己被嘲笑，我认为没必要说太多——安静点显得更女人……”[⑧]她甚至还站在男性的角度去看婚姻的负面影响，认为“婚姻对男人来说是个可怕的实验，女人就好像男人的猫，他喂养她，给她住所——但如果男人有头脑，尤其是对他的妻子抱着浪漫主义的伴侣幻想，他们会发现和妻子毫无共同语言”[⑨]。

---

① 1英尺=0.3048米。

② 转引自Ryall A, “The world according to Marianne North, a nineteenth-century female Linnaean”, *Tijdschrift voor Skandinavistiek*, Vol. 29, No. 1&2, 2008, pp. 195-218.

③ Ryall A, “The world according to Marianne North, a nineteenth-century female Linnaean”.

④ North M, *Recollections of a Happy Life*, Vol. 2, p. 87.

⑤ North M, *Recollections of a Happy Life*, Vol. 2, pp. 215-216.

⑥ 转引自Agnew E, “‘An old vagabond’: Science and sexuality in Marianne North’s representations of India”.

⑦ North M, *Recollections of a Happy Life*, Vol. 2, p. 335.

⑧ 转引自Sheffield S L M, *Revealing New Worlds: Three Victorian Women Naturalists*, p. 104, note 95.

⑨ 转引自Morgan S, “Introduction”, p. xxxii.

诺思去女性化不彻底的表现还来自她的博物实践和绘画。在博物探险中，诺思并没有像男博物学家那样被雇佣或资助从而遵照特定的命令或任务安排，只是遵从自己的喜好，按自己的想法，花自己的钱去旅行。诺思的博物画与传统的博物画也很不一样，她没有像传统的植物绘画那样在空白背景中呈现完美的植株图式，并配上器官分解图，或者为了让动物肖像不显得那么呆板而刻意增加一点植物或背景进行装饰。在这点上，亲临现场的写生观察优势突显出来，她的画真实地反映了动植物关系或自然环境，即使站在现代的生态学角度，也具有参考价值。虽然她画了不少动物，但从来没有像男博物学家那样背着猎枪，靠屠杀和掠夺去实践博物学，而是跟那个时代大部分观察动物的女性一样，在自然中观察和描绘。跟她同时代的著名鸟类学家古尔德（John Gould，1804—1881）可以作为对比，其工作室堆满了鸟类尸体，剥制标本被固定成希望的造型让画家去画。古尔德的《蜂鸟科专论》（*Monograph of Trochilidae* or *Family of Humming-birds*，1849—1861 年）有 360 幅插图，其中 208 幅里的植物花卉部分或全部从《柯蒂斯植物学杂志》（*Curtis's Botanical Magazine*）借用过来，有些纯粹只是为了装饰效果，丝毫不考虑动植物之间的真实关系。①

就绘画的定位而言，诺思确实与维多利亚时期大部分女性把画画当作娱乐不同，她们只把画画当成娱乐爱好，而她把绘画当成毕生的事业，投入了全部精力和时间。而且，她也脱离了艺术领域对女性的传统定位，不是画被认为更适合女性的水彩画，而是转向了难度更高、被认为是男性专利的油画。然而，她的绘画生涯却游离在女性化的业余活动和男性化的职业绘画之间：她因为兴趣而画，不以卖画为生，但这种兴趣又带着使命感和强制性，而且她也公开展览画作；她以个人的名义旅行和绘画，但又得到了大英帝国各种直接或间接的支持；她画画既是自我满足，又具有植物学价值。②综合诺思身上的矛盾和复杂性，可以看出她并非女权主义者，只是对传统的女性世界不感兴趣，并利用父权制创造的条件努力跻身到男性主导的博物学精英圈子里，逃离女性世界，尽管这种逃离不彻底。

图 2　红嘴长尾蜂鸟（*Trochilus polytmus*）和垂穗山姜（*Alpinia nutans*）

资料来源：邱园诺思网上画廊（Marianne North Online Gallery）

注：绘于牙买加

① Lambourne M, "John Gould, Curtis's Botanical Magazine and William Jameson", *Curtis's Botanical Magazine*, Vol. 16, No. 1, 2010, pp. 33-45.

② Murphy P, *In Science's Shadow*, p. 150.

四、余论

女性在科学史研究中的缺席一直存在，对于充满征服和掠夺野心的帝国博物学研究，女性的缺席似乎更加理所当然。然而，在帝国博物学中，女性并非真正缺席，她们作为殖民官员的妻子，独立的博物探险家、博物收藏者、园艺学家等角色，成为帝国博物学不可或缺的参与者或受益者。诺思这样的女性探险家虽然不像男性探险家那样人数众多，但也并非个案，在她之前的荷兰画家梅里安（Maria Sibylla Merian，1647—1717）早就创造了博物探险和绘画的传奇故事，格雷厄姆（Maria Graham，1785—1842）作为殖民官员的女儿和妻子在守寡后继续勇敢无畏地在印度、智利和巴西等地进行植物探索，等等。诺思作为典型的女性代表，在思想上受到帝国主义的浸染，自我的身份优越感和帝国扩张的野心显露无遗，在实践上她也实实在在参与到帝国博物学中，并受益于帝国扩张带来的种种便利，即便是博物学家的浪漫情怀和看似友善的自然保护观念，也无法掩藏更无法抹去她身上的帝国主义痕迹。而作为维多利亚女性，诺思对传统的婚姻家庭生活的排斥并努力跻身于男性主导的科学公共领域，与她维护父权制和反对女权运动也充满矛盾。她的帝国博物学和性别意识相互影响，受益于父权制和帝国扩张的博物学成就让她对性别采取逃离躲避的行为，而不是反抗，再结合当时的社会性别意识形态和诺思的成长经历，她身上表现出来的这些矛盾也就不足为怪了。

女性通过她们的旅行书写、博物绘画、博物收藏、与博物学家的通信或为其采集异国物种等多种方式参与到帝国博物学中，她们的参与也不可避免受到性别的影响。施宾格曾发问："假如航海者都是清一色的男性（在 18 世纪，可能只有两三位女性博物旅行家），在欧洲人将自然知识全球化中，是否还能去探讨性别动态（而不是单一的男子气概）？"她的回答是，引入性别视角，便能在方法论和认识论上点燃新的火花。[①]她的著作《植物与帝国》（*Plant and Empire*，2004 年）就是这样的一个研究典范，将性别引入跨文化碰撞、语言帝国主义、知识转移等多个主题中。在性别研究的"边缘人群"视野下，施宾格发问中的假设并不存在，因为帝国博物学中关涉的女性必然不只是诺思和梅丽安这样传奇的个别案例，但她的理念和方法对帝国博物学的女性和性别研究的启发意义不言而喻。诺思只是帝国博物学中一个典型而显性的例子，如果将性别理论引入帝国博物学的研究中，必将会揭示出更加丰富而多元的帝国博物学图景。

（原载《自然辩证法通讯》2019 年第 11 期；
姜虹：四川大学文化科技协同创新研发中心助理研究员。）

---

① Schiebinger L, "Feminist history of colonial science".

法国《自然》杂志上的徐家汇观象台
——作为人类福祉和国家荣誉的海外科学活动

吴　燕

摘　要：徐家汇观象台是由来华耶稣会士于1873年在上海建立的，其在华科学工作是当时西人海外科学活动的一部分。对于这一机构，法国《自然》杂志在报道时，特别强调正是通过像徐家汇观象台这样的海外科学机构的工作，科学带来的福利被散播到世界各处，即海外科学活动的开展是用科学造福于当地民众及其国家之举，同时这些工作也彰显了法国荣誉。这一态度在当时的西人媒体中是具有代表性的，也反映了彼时对科学的认识。基于对科学的相同认识，当时的中国研究者对徐家汇观象台表现出一种矛盾的态度，即既赞赏徐家汇观象台所做工作在科学研究上的价值，但又对此类工作由外国人在中国境内完成感到遗憾。

关键词：法国《自然》杂志；加斯东·蒂桑迪耶；徐家汇观象台；西人在华科学机构

徐家汇观象台（简称徐台）是清末来华耶稣会士于1873年在中国上海建立的一家研究机构。自创建至1950年被军事管制委员会接管，77年时间里，该台一直由耶稣会士主持，它是1814年耶稣会重建后，耶稣会士们在世界各地建造的多家观象台之一。由于耶稣会的科学教育传统，在该台工作的传教士也多接受过正规的科学训练，从而有能力在当时的中国完成大量观测研究活动，涉及气象、天文、地磁、重力、地震等多个领域，其成果以多种形式出版后也成为当时世界科学界研究进展的重要组成部分。

尽管徐台是由耶稣会传教士建立并运行的，但法国政府于1857年获得了天主教在东方的保教权，天主教在华传教活动也因此成为法国在华活动的一部分。而早在1841年耶稣会重返中国从事传教事业之时，科学院（Académie des Sciences）和地理学会（Société de Géographie）都对未来天文台的方向做出了指示。最早被派赴中国重启传教工作的三名耶稣会士均来自法国，他们随行携带的天文仪器是经由法国经度局校正过的，三名耶稣会士之一的南格禄（Claude Gotteland，1803—1856）行前曾跟随经度局的天文学家拉尔热托（C. L. Largeteau）学习过天文学，后者还为他编写了《中国教区实用天文学》（*Astronomie pratique à l'usage des missions de Chine*）。[①]此后被派赴徐台的多位耶稣会士，例如雁月飞（Pierre Lejay，1898—1958）、卫尔甘（Edmund de la Villemarqué，1881—1946）等都曾在巴黎天文台接受过学术训练，该台所取得的成果（尤其是测量结果）曾在法国报告或出版过，从而成为法国科学研究进展的重要组成部

① J. de la Servière J S J, *Histoire de la Mission du Kiang-Nan*. Zi-Ka-Wei, Shanghai: Imprimerie de la Mission Catholique, Orphelinat de T'ou-Sè-Wè, 1914, pp. 42-43.

分。在 1926 年和 1933 年的两次国际经度联测期间，巴黎天文台兼尼斯天文台天文学家法耶（Fayet）都曾携带仪器参加了徐台在中国的联测工作。因此，徐台在中国进行的研究工作也成为法国海外科学活动的一部分。

有关这一机构，此前已有的研究主要集中在对该机构及其科学工作本身历史的研究上。① 笔者在查阅当时西人媒体时发现，它们对这家法国的海外科学研究机构多有报道，而这些报道中也体现了当时西人媒体对该机构的态度。此前的研究对此虽有提及，但大多只作为研究徐台史的旁证，而对媒体中反映出的这种态度以及与之相关的对科学的理解尚未做出充分研究。因此，本文以法国《自然》杂志为中心，分析该杂志在报道徐台时对该台工作意义的阐释以及其中体现出的相应态度，并与当时在沪的英文报纸以及中国科学研究者的态度加以比较。

一、法国《自然》杂志及其对徐家汇观象台的报道

法国《自然》（*La Nature*）杂志全称为《自然：科学及其在技艺与工业上的应用杂志》（*La Nature:revue des sciences et de leurs applications aux arts et industrie*），创刊于 1873 年 6 月 7 日，是一份面向公众的科普类刊物。最初为周刊，每期 16 页；自 1927 年起改为半月刊，每月 1 日和 15 日出版，每期 48 页。该刊创办人加斯东 • 蒂桑迪耶（Gaston Tissandier，1843—1899）是 19 世纪法国化学家、科学作家、气球飞行的爱好者。自创刊以后，加斯东 • 蒂桑迪耶即担任该刊主编，至 1896 年，此后由科学作家帕维尔（Henri de Parville，1838—1909）接任。

加斯东 • 蒂桑迪耶在为该刊第 1 期所撰写的序言中对《自然》杂志的设想就是“做一份科学新闻刊物，有专门的写作者在画家协助下在此探讨不同的话题”；它应该是一份科普刊物，其意图是“尽力让所有人都明白，科学研究的土地远非枯燥冰冷，而是正相反，它肥沃富饶，热情好客——真正的应许之地，总是向勤勉的头脑开放”②。同时，他还十分强调图画对科普的重要功用，认为这一刊物应采用图文结合的方式，正如他所说，“如果诉诸视觉的铅笔画没有和直击心灵的文本相伴而行，那么对某一只昆虫、贝壳、植物的说明总是苍白无力且缺乏生机的”，“木版画以及图解之于写作者，如同黑板之于教师”③。基于这一考虑，从第 1 期开始，《自然》杂志即邀请了多位插画家共同合作，其中一位即为加斯东的哥哥阿尔贝 • 蒂桑迪耶（Albert Tissandier，1839—1906），他是法国旅行家，也是一位气球飞行者、插画师。

因此，从加斯东对该杂志的定位以及杂志作者与插画师的合作方式可见，《自然》是一份由对科学具有相同兴趣或热情的人士（科学家或科学爱好者）合作撰写编辑并面向公众的科普刊物，它以一种图文并重的方式进行科普。不过，《自然》杂志所刊载的文章并不只限于静态

---

① 阎林山、马宗良：《徐家汇天文台的建立与发展（1872—1950）》，《中国科技史料》，1984 年第 2 期；沈祖耀：《1926 年上海徐家汇经度测定试验》，《中国科技史料》，1983 年第 2 期；吴燕：《科学、利益与欧洲扩张：近代科学地域扩张背景下的徐家汇观象台（1873—1950）》，中国社会科学出版社 2013 年版；吴燕：《徐家汇观象台与近代气象台网在中国的建立》，《自然科学史研究》，2013 年第 2 期；Udías A, *Searching the Heavens and the Earth: The History of Jesuit Observatories*, Kluwer Academic Publishers, 2003, pp. 158-167；王皓：《徐家汇观象台与近代中国气象学》，《学术月刊》，2017 年第 9 期。

② Tissandier G, “Préface”, *La Nature: revue des sciences et de leurs applications aux arts et industrie*, Vol. 1, No. 1, 1873, p. Ⅶ.

③ Tissandier G, “Préface”, pp. Ⅴ-Ⅵ.

的知识普及，还有相当一部分为作者们在世界各地旅行或进行科学考察后所撰写的行记或考察报告，其中也包括在中国的旅行和考察所形成的文章。除了对植物、动物、中国工艺等的兴趣之外，还有一类文章主要关注在中国的研究机构及其科学考察工作。徐台也是这些研究机构之一。

法国《自然》杂志与徐台创办于同一时期。笔者在该刊上找到介绍徐台的文章 9 篇（表 1）。其中最早的一篇发表于 1879 年，最晚的一篇发表于 1933 年，这也就意味着《自然》杂志几乎从徐台初创时即注意到它的工作，此后数十年中一直对它保持着关注。

表 1 《自然》杂志上发表的与徐家汇观象台有关的文章

时间	篇名	内容	作者	涉及的工作
1879-07-12	徐家汇观象台	摘录徐台 1877 年公报上的内容，介绍该台的气象工作	马尔戈雷（E. Margollé）	气象
1885-02-14	上海的信号台与电力照明（中国）	转载读者复制并寄送的中文画报《点石斋画报》中的画作，并以此为由头介绍了徐台的工作	加斯东·蒂桑迪耶	气象 天文（报时）
1891-07-04	记一次环球旅行	阿尔贝·蒂桑迪耶的行记，记述了他于 1887—1891 年的环球旅行期间在上海徐家汇的见闻与观感	阿尔贝·蒂桑迪耶	气象
1895-06-22	徐家汇观象台（中国）	选录了时任台长的蔡尚质神父寄去的一封短笺，简要介绍徐台的科学工作。文末附有加斯东的评论	加斯东·蒂桑迪耶	气象 天文（计划）
1899-04-29	徐家汇观象台	简要介绍徐台当时正在开展的工作	雅克·莱奥塔尔（Jacques Léotard）	气象 天文
1905-08-19	徐家汇观象台	介绍了徐台到当时为止的发展情况、历任台长等（多图）	亨利·科德（Henri Corder）	气象 天文 地理等其他
1930-09-15	远东科学成果——徐家汇观象台	引用台长雁月飞的一本小册子中的内容，介绍了台风预报、气候学、报时、天文学、地震学工作以及未来发展（多图）	A. 布塔里克（A. Boutaric）	气象 报时 天文 地震
1932-05-01	重力加速度：其测量的实际效用及用新型荷—雁摆进行的快速测定	介绍荷一雁摆及其对重力加速度的测量	雅克·布瓦耶（Jacques Boyer）	重力测量
1933-01-01	“台风神父”劳积勋	介绍人称“台风神父”劳积勋在徐台的科学工作	维尔日勒·布朗迪古（Virgile Brandicourt）	气象

从对表 1 以及文章内容的初步统计与分析可以看到，这些发表在《自然》杂志上的文章呈现出以下两个明显的特点。

一是在内容上，9 篇文章中有 8 篇均提及徐台的气象工作，其中，除 1 篇引述徐台科学报告专门讨论徐台的气象观测之外，其他所谈主要为徐台的公共气象预报服务；5 篇文章谈及天文（或报时）工作；1 篇文章与重力测量有关，虽然数量仅为 1 篇，但为专文介绍。因此，仅从数量和篇幅上来看，《自然》杂志对徐台科学工作的关注兴趣依次为气象研究及公共气象预报服务、天文学、重力测量。此外，这些文章中对徐台的地震、地磁、地理等工作也有提及，但多为一般性介绍或约略提到。

《自然》杂志对徐台的上述兴趣分布也正反映了徐台的主要工作及影响所在。气象研究是徐台在正式创建之前即已开展的工作，在收集气象资料的同时，徐台还开展了公共气象预报服务，主要服务对象为海上的船只以及上海口岸的居民。相比于徐台开展的其他领域科学工作，气象工作不但持续时间长、积累最多，而且从旁观者的角度来看，气象服务也是徐台最受普通公众关心的工作。在天文学方面，徐台最初主要做日常天文观测以及测时和报时工作；在专门的天文台圆顶于1901年在佘山正式落成之后，徐台在包括太阳研究、天体力学等方面的研究全面展开；1926年和1933年，徐台更是作为全球三大基点参加了国际经度联测。至于重力测量工作，则是徐台后来逐渐拓展的研究领域，尤其是20世纪30年代由雁月飞神父参与的重力摆改进以及雁月飞主持的全球重力加速度测量等工作，也成为徐台最具代表性的科学研究之一。

二是在文章写作所依据的材料上，阿尔贝的文章（文章3）系作者亲身的旅行所见，其他文章虽不是旅行笔记，但在介绍徐台的工作时，除却一般性的介绍之外，还广泛引用了其他出版物上的文章或当事人的文字。它们的来源主要有三：一是读者寄送的其他媒体内容，例如文章2；二是徐台工作人员来信以及徐台科学报告，例如文章4；三是杂志编者自行摘录编发法国其他出版物上的文字，例如文章1和7。

由此可知，一方面，作为一家海外科学研究机构，徐台在当时的确在包括《自然》杂志出版者在内的法国不同人群中受到一定程度的关注；而且它与《自然》杂志之间也有联系。另一方面，这些文章所依据的材料均来自徐台科学工作的亲历者或见证者的描述，这也就使得发表在《自然》杂志上的这些文章能够更大限度地接近信息源，从而避免了转述中可能产生的误差，尤其对科学工作的描述更是如此。

除了表1所列专门介绍徐台的文章之外，《自然》杂志还发表有徐台神父撰写的观测报告，例如能恩斯（Marc Dechevrens，1845—1923）神父撰写的《中国的地磁扰动与地震》①《在中国观测到的奇异火流星》。②《1886年8月14日中国的台风》③一文介绍了能恩斯神父寄送的有关这次台风的观测。还有几篇文章并非关于徐台的专文，但与之有关，例如《中国和日本的气象学》④一文提到刚刚收到徐台出版的气象月报，并告知读者又有13个气象台站进入徐台的气象台网。《中国气象台》⑤和《中国的地磁变化》⑥二文为法国科学院会议简报内容，前者提到法国天文学家法耶在科学院会议上根据在徐家汇所做的气象观测得到的结果，后者简要介绍了徐台卜尔克（Maurice Burgaud，1884—1977）神父在中国西南进行的地磁测量的结果。这些文章虽然并非对徐台的专门介绍，但作为旁证，它们都可以表明徐台与《自然》杂志之间的联系以及该台在法国所受到的关注。

---

① Dechevrens M, "Perturbations magnétiques et tremblements de terre en Chine", *La Nature: revue des sciences et de leurs applications aux arts et industrie*, Vol. 10, No. 474, 1882, p. 70.

② Dechevrens M, "Bolide extraordinaire observé en Chine", *La Nature: revue des sciences et de leurs applications aux arts et industrie*, Vol. 13, No. 614, 1885, p. 214.

③ "Le typhon en Chine du 14 août 1886", *La Nature: revue des sciences et de leurs applications aux arts et industrie*, Vol. 14, No. 700, 1886, p. 343.

④ "La météorologie en Chine et au Japon", *La Nature: revue des sciences et de leurs applications aux arts et industrie*, Vol. 9, No. 399, 1881, pp. 118-119.

⑤ "Météorologie chinoise", *La Nature: revue des sciences et de leurs applications aux arts et industrie*, Vol. 8, No. 346, 1880, p. 111.

⑥ "Variations magnétiques en Chine", *La Nature: revue des sciences et de leurs applications aux arts et industrie*, Vol. 63, No. 2955, 1935, p. 571.

因此，无论是《自然》杂志本身的性质和它对科学进展的关注度，还是它与徐台的关系以及广泛的信息来源，都使发表在《自然》杂志上的这些文章可以在一定程度上代表当时法国旅行者以及媒体对徐台这家海外科学研究机构的主要兴趣所在。以下结合具体文章分析《自然》杂志在介绍徐台及其海外科学研究工作时的主要兴趣与对意义的阐释。

二、航海者的福利：徐台的台风天气预警

作为海外科学研究机构，徐台除逐日观测收集气象、地磁等领域的数据之外，也在建立后不久即在上海港开展了公共气象预报服务和报时服务，其中尤其重要的部分是为航海者提供灾害天气（特别是台风）预报。这也是徐台最有影响的工作，包括《自然》杂志在内的西人媒体在报道徐台时对此最为关注。

1879 年的《自然》杂志曾经引述徐台 1877 年公报中的气象观测，介绍徐台到当时为止所开展的气象观测活动，引用内容均为徐台所观测到的天气现象。在陈述撰写该文的主要目的时，作者也提到徐台计划开展的公共服务：

> 我们希望引起对一家遥远的新的气象台站的建立的关心。在这家气象台站，研究在坚韧不拔地坚持开展着，并且每年都更为深入，这些研究为科学进展做出了贡献。此外，综合由教会收集的海岸主要测点的资料，按照能恩斯所表达的希望，他们终有一天将会为在中国海危险的沿岸海域的航行提供名副其实的服务。①

从这段文字可以看到，作者本人注意到徐台的工作并且希望引起更多公众对它给予关注，不仅因为该台气象研究在科学上的意义，也有实用性方面的考虑，即该台的工作可望为行驶在中国海的船只提供气象预警。

有关在中国海航行的危险，尤其是台风季航行的危险，《自然》杂志早在 1874 年下半年即发表了法国驻广州领事戴伯理（P. Dabry de Thiersant，1826—1898）的来信，描述了他于 1871 年 9 月 22—23 日在澳门亲历的一次台风。根据他的记述，此次台风不但有房屋损坏，还造成了人员伤亡。他称此次台风期间“所发生的一切几乎难以言表”，甚至在信中援引媒体评论说台风次日的“澳门成了一座废墟与死亡之城”②。

台风是热带气旋的一种，后者是指海温高于 26 ℃的热带海洋上形成和发展的热带低压、热带风暴、强热带风暴和台风的总称。③法国地处温带，本土并无台风，因此本土居民若无热带航行经历，则很难体会台风的巨大破坏力。从戴伯理的信中可以大致看到他在亲历过台风后的震惊。也正是通过这段文字，《自然》杂志向它的读者展示了这种陌生的灾害天气的破坏力。

中国海的台风发生频繁且破坏力巨大，不利于各路船只的航行，包括商用和军用船只，这并不利于法国在中国的拓殖。这也是徐台创建公共气象预报服务的首要意义。从《自然》杂志

---

① E. Margollé, “L'observatoire de Zi-Ka-Wei”, *La Nature: revue des sciences et de leurs applications aux arts et industrie*, Vol. 7, No. 319, 1879, p. 82.

② de Thiersant P D, “Le typhon de la mer de Chine.—22 septembre 1871”, *La Nature: revue des sciences et de leurs applications aux arts et industrie*, Vol. 2, No. 78, 1874, pp. 414-415.

③ 陈瑞闪：《台风》，福建科学技术出版社 2002 年版。

文章来看，这一实际应用价值正是该杂志所关心的。分析《自然》杂志文章可知，对这一意义的呈现是通过对细节的描述而实现的，尤其是通过引用徐台台长的书信或陈述，以当事人或见证者的视角描述了徐台公共气象预报服务的工作细节。

1895 年，《自然》杂志编发了时任徐台台长蔡尚质（P. S. Chevalier）的信，其中即简要介绍了该台“自愿且无偿提供的公共服务”，这包括正午报时服务和每日天气公告。①

与蔡尚质的书信相比，1930 年出版的一期《自然》杂志所援引的雁月飞对徐台的介绍则更为详细且细节生动。在这篇文章中，作者首先在耶稣会海外传教史以及世界科学整体进展的背景下对徐台及其科学工作做出评价，称该台是“耶稣会士在上海附近的徐家汇重建其 16 和 17 世纪的前辈们的科学传统”之举，并指徐台是“世界最好的观象台之一，并且正处于发展之中”。在给出这一评价之后，文章随后分别介绍了徐台的台风预报、气候学、报时、天文学、地震学工作以及未来发展。这里尤其值得注意的是，该文在介绍徐台的气象工作时所使用的小标题是“台风预报”，据此或可认为，在作者看来，徐台气象工作中最重要的部分即为台风预报，这也是气象研究中最具实际应用意义的内容：

> 在这家观象台最出色的成就中，必须要提到的是对于远东气象信息的专注。数百家气象台站形成了完全可与欧洲气象网相匹敌的网络，每天两次传送它们的观测结果。得益于这一由中国海关占有重要位置的组织，也得益于由太平洋的船只定时发送的大量信息，徐家汇观象台每天两次发布天气图，从而能够预报大气状况极其迅速的变化，尤其是中国海如此令人生畏的台风的来临。在我们所处的地区，很难想象这些暴风雨的迅疾与猛烈，几乎没有船只能经受得住。②

从这段文本可以看到作者特别关注的两个要点：一是已经注意到徐台所处的社会关系对其公共气象预报服务得以实现的重要性。由于有中国海关的帮助与协调，徐台与各地大量的气象台站以及航行在太平洋上的船只保持着密切关系，并从它们那里接收大量气象信息，从而有可能使对天气规律的把握更为准确；同时徐台所发送的气象预报也会使这些船只避免可能的损失。二是在台风预报的实际意义上，作者尤其强调它对航海者的意义，即为航行在中国海的船只提供信息，以确保航行安全。

对于这两个方面，文章作者随后便引用了雁月飞撰写的小册子中的一段记述，通过一次在暴风雨发生期间徐台神父的具体工作场景来呈现细节：

> 焦急的船长们来讨主意；张贴在法国码头的天气公报对此语焉不详；而过载的电话也无法满足需要。一位神父这时来到测候所，只要有危险存在，他就待在这里，以便口头直接提供最精确的信息。
>
> 幸运的是，更多资讯抵达该台；尚在海上的船只已收到危险警告，而他们也视发出尽可能完整的信息为己任。

---

① G. T. “L'observatoire de Zi-Ka-Wei (Chine)”, *La Nature: revue des sciences et de leurs applications aux arts et industrie*, Vol. 23, No. 1151, 1895, pp. 50-51.

② Boutaric A, “Une œuvre scientifique en Extrême-Orient: L'observatoire de Zi-Ka-Wei”, *La Nature: revue des sciences et de leurs applications aux arts et industrie*, Vol. 58, No. 2841, 1930, p. 268.

> 对负责预报的神父来说这是动人心魄的片刻。此时，他深感责任的分量。当在图上看到台风在海岸登陆或是逼近之时，他要求“口岸指挥”发出例行炮声，该警报信号以巨大低沉的声音宣布甚至在河流上也存在危险，任何船只都不得离开。①

雁月飞的这段文字记述了徐台的一次灾害天气预报工作。尽管不长，但其中包含了至少两层意味：一是以实际场景介绍了徐台神父在台风季节的工作方式，即离开观象台办公室来到建在法租界的信号台，随时口头发布最新的天气预报——这是基于从各方收集到的信息而做出的判断；二是通过细节描绘出徐台神父工作时的状态，即在灾害天气来临时仍然有条不紊、冷静沉着地分析气象信息，并据此发出指令，对危险做出预警。

这种对徐台神父个人魅力的勾勒在1933年发表的《“台风神父”劳积勋》一文中还延伸到科学工作之外。该文作者的儿子约瑟夫（Joseph）曾于1931年与刚回到法国不久的劳积勋（Louis Froc，S. J.，1859—1932）神父有过一面之缘，他后来对作者描述此次会面时说：“我仅此一次荣幸走近了劳积勋，但我一辈子都保存着此公给我的深刻印象，他的接待如此和蔼可亲，他的眼睛和微笑如此美好，还有他那非常俏皮的法国特色的精致笑话。”而在文章最后，作者更转引一份英文报纸的评价说，“对于中国海岸的所有航海者来说，劳积勋的名字就是所有善行的同义词”②。

劳积勋神父来自法国，1897年起担任徐台台长。他在气象方面的工作最为突出，这为他赢得了“台风神父”（Père des Typhons）的美誉，上海法租界公董局会议为此而决定自1927年1月1日起将天文台路更名为“法禄格神甫路”（Rue de Pere Froc）。③前引雁月飞文字中所提到的神父，从年代推测应指劳积勋神父。

无论是暴风雨来临之际徐台神父的冷静判断与准确预报，还是“台风神父”劳积勋的谦和待人、幽默俏皮，上述文章中的细节都力图传递出这样的意味，即现代气象学，尤其是台风预报，对于航行在中国海的水手们来说无疑是借由科学实现的善行，而承担这项行善事业的人谦和智慧、和蔼可亲，可谓善行的代言人；同时这种善行所造福的人群并不只是法国人，而是所有航行在中国海和居住在中国开埠口岸的人。上述作者在转述英文报纸的评价时其实是也将之作为一条旁证来加以引用的。

三、科学带来的现代生活：对中文杂志的转载与解读

徐台在上海口岸开展的公共气象预报服务和报时服务，对当时的中国公众来说是一个新鲜事物。到1884年，位于法租界的外滩信号台正式投入使用。每天，徐台根据观测及收集到的各地气象信息绘制两张天气图表，分别于清晨和下午张贴在外滩信号台；并且在外滩信号台以旗语发布天气状况。徐台的授时服务最初逢周一、周五于正午12点鸣炮示意，到1884年外滩

① Boutaric A, “Une œuvre scientifique en Extrême-Orient: L’observatoire de Zi-Ka-Wei”, pp. 268-269.

② Brandicourt V, “Le père des typhon, Le R. P. Lou S Froc”, *La Nature: revue des sciences et de leurs applications aux arts et industrie*, Vol. 61, No. 2896, 1933, pp. 22-23.

③ 《法租界天文台路将更名》，《申报》，1926年11月27日，第15版。

信号台建成使用之后，正午鸣炮报时改为在信号台升降电动球报时。外滩信号台的建成与使用很快引起当地居民的关注。

发表于 1885 年的《上海的信号台与电力照明（中国）》一文主要介绍了该信号台的建立及运行情况，但与其他文章不同的是，它也注意到当地居民对建立该信号台的反应，并借此表达了作者对科学带来的现代文明生活的赞赏态度。

该文发表在当期有关“远东的科学”的栏目中，它以一件来自中文期刊的图画作品引出话题。根据该文作者加斯东·蒂桑迪耶所说，这幅画作是随读者来信寄送的；而按照寄信者所说，这件画作原发表于“《画报》（*Houa-pao*），上海的一份画报”。笔者经过查证，这里所提到《画报》即为当时上海有名的中文画报《点石斋画报》①。

《自然》杂志转载的图画作品名为《日之方中》（图 1），于 1884 年发表在《点石斋画报》第 22 期上，该画作者田英（字子琳）是“吴友如画室”的重要成员②。正像《点石斋画报》上的其他作品一样，《日之方中》除画作本身之外，还配有简要说明文字。而在《自然》杂志读者寄送给《自然》杂志的信中，也附上了由彼时法国驻中国公使馆的翻译吉耶（Guillier）先生翻译的这段说明文字。

图 1 《日之方中》

注：作者田英，原载《点石斋画报》1884 年第 22 期

这里将原图所配文字与《自然》杂志所刊载的译文依次引述如下，以做比较。

【原文】本埠法租界外洋泾桥堍于秋间新制验时球与报风旗。按旗于每日之上午十点钟扯起，递报吴淞口外风信，其视风之所向或大或细或晴或雨，随时改悬各旗传报。至球，

① 《点石斋画报》随《申报》附送，由英国人创办于 1884 年 5 月 8 日，但图画的作者均为中国人（见刘曦林：《二十世纪中国画史》，上海人民美术出版社 2012 年版）。根据该刊创刊号所说，《画报》内容是由“精于绘事者择新奇可喜之事，摹而为图，月出三次，次凡八帧。俾乐观新闻者有以考证其事，而茗余酒后展卷玩赏，亦足以增色舞眉飞之乐”（见《点石斋画报》，1884 年第 1 期，第 2 页）。这些“新奇可喜之事”涉及的范围很广，政治、经济、文化、社会生活等均包括在内，而当时与科学技术有关的新事物也经常被捕捉到并以画作形式得到表现。

② 当时，画师吴友如（嘉猷）被《点石斋画报》聘为绘画主笔，吴氏又先后组织了一批画家设立了“吴友如画室”，专为《点石斋画报》绘制时事新闻风俗画，此举被认为“开创了中国时事新闻图画的一代流派”。见徐昌铭：《上海美术志》，上海书画出版社 2004 年版，第 195 页。

则每日十一点三刻钟时升起半杆，十一点五十五分钟时升至杆顶，至十二点钟，球即落下，以便居民验对时刻。兄称奇。制旗无定形定色，但视风之趋向力量以为准，未易摹绘，故舍旗而存球。①

以下为翻译文字：

【译文】在法租界与其他外国公共租界交界的地方，秋天时竖起了一个指示时间和风的信号杆。每天 10 点升起一个约定的信号旗，显示长江口外海上的风讯。每天 11 点 3 刻，球被升至半杆。11 点 55 分，球被升至杆顶。正午时分落下球。用这一方式，所有的上海居民都可以知道精确的时间。信号旗的形式、数量和颜色根据风向和风力而变化。这确实是个很好的事物。②

比较两个文本可以看到，译文基本表达了原文文字给出的信息，对上海法租界新建的信号台做出了大致介绍。但值得注意的是译文对原文的删减（即原文中画线部分）与修改（即译文中画线部分），正是这些删减和修改使得图像的功能发生了变化。

原文文字的主要功用是对图画绘制的说明，因此在原文最后有“制旗无定形定色，但视风之趋向力量以为准，未易摹绘，故舍旗而存球”一句。从整个句子来看，这句话的意图是在说明绘画者何以没有画出信号旗而只描绘了信号球的原因，即因为信号旗需要根据风向风力进行调整，并不容易在一幅画作中加以呈现，故而画家“舍旗而存球”，作为一种艺术处理方式。由此也可以推断，从原作来看，无论是画者还是杂志编者，都很清楚地意识到这幅作品只是一件画作，也就是说画家会根据需要有选择地处理其所描摹的对象，而非严格写实的史料证据。

译文删去了这句有关图像绘制时内容取舍的说明，从而使得这段文字的主要功能转变为借助图像向《自然》杂志的读者介绍信号台在报时和预报天气时的工作方式。如果将这句话未删减的前半句单独剥离出来，则失去了原来对细节取舍之原因的说明功能，而仅具有图像描述功能，而“制旗无定形定色，但视风之趋向力量以为准”在描述的意义上与前文中的“其视风之所向或大或细或晴或雨，随时改悬各旗传报”其实是一致的，这也就可以解释何以译文中删去了“其视风之所向或大或细或晴或雨，随时改悬各旗传报”一句。值得注意的是，译文中删去“未易摹绘，故舍旗而存球”一句不仅改变了说明文字的功能，也使图像的功能发生了改变，即当译者对说明文字做此处理时，他其实已经忽略了画作对现实的艺术处理，而将它作为一个呈现实际场景的图像证据来加以解说了。

译文对原文的另一处删改是，原文以“兄称奇”一句表现上海当地居民对该信号台的反应，即将它视为一件新奇之物；而译文则删去此句，代之以“这确实是个很好的事物”，从而成为文本翻译者对信号台的直接评价。

通过上述对文本的比较可见，《点石斋画报》的原作将上海法租界新建的信号台作为一个新鲜事物来加以呈现，同时也表现了当地居民对该事物的反应；画者本人知道并且提示读者该

---

① 田英：《日之方中》，《点石斋画报》，1884 年第 22 期，第 4-5 页。

② Tissandier G, “La sémaphore et l’éclairage électrique de Shanghaï (Chine)”, *La Nature: revue des sciences et de leurs applications aux arts et industrie*, Vol. 13, No. 611, 1885, p. 176.

画是一个经过艺术处理的作品。而译文尽管在大意上与原文相差不大，但翻译过程中的删改已使原文转变成为第三方的转述，并且将该作品作为一个图像证据来加以使用。

尽管译文并未能完整转述原文及其意图，但从加斯东对这幅图像的使用来看，他的确捕捉到画家通过这幅作品想要实现的意图，即呈现身边出现的新奇事物以及普通公众对此事物的反应。①

加斯东在文章中以该画作引出话题，在展示了译文以及该幅画作之后，加斯东即以文字简要介绍了徐台的气象预报工作。该文对图像内容的解说仅有两处，均为提醒读者注意图中呈现的细节，而此两处细节都可以表现某种社会心态。一处是“左侧呈现的是信号台和眼睛盯着即将升至杆顶的信号球的中国人”。尽管未做更多解说，但可以看出，加斯东对画作内容的使用主要集中在呈现社会人群的反应，即通过这件画作表明，对于徐台开展的公共气象预报服务与报时服务，也就是作者所称“科学带来的好处”，当地居民显然都表现出了浓厚兴趣——无论他们仅仅将之作为一个有趣的新事物来加以围观，还是通过它来校准时间或了解可能的天气变化趋势。另一处是“在这张图上还能看到，信号台后面散步的地方安装有杆子，装在毛玻璃球里的电灯固定在其顶部……我们不能不指出这一点，即电灯照亮了中国的道路，我们却还徒劳地在巴黎林荫大道上寻找它！”在这里，电灯可以视为一种借由科学实现的便利的现代生活，当作者感叹“电灯照亮了中国的道路，我们却还徒劳地在巴黎的林荫大道上寻找它”时，这句话也可以理解为作者对这一便利的生活方式及其在欧洲以外地区应用的赞誉，这也正呼应了作者在该文一开始时所写的：对于这些“建在远东的物理学装置”，“我们很高兴地看到科学带来的好处一点点地散播到全世界”②。

第一处对细节的提示主要呈现了法国本土之外的人群对科学带来的生活方式的关注；而第二处提示则在对科学在异国的应用表示赞赏之余，也对它在本土尚未得到应用表示遗憾，这是作者本人态度的直接呈现。两处对细节的提示说明，无论是在海外，还是在本土，两个不同人群对科学技术及其带来的现代文明生活方式都表现出大致相似的态度。

四、国家利益与荣誉的体现

在《自然》杂志对徐台及其研究工作的介绍中，国家利益与荣誉也是关注点之一。虽然徐台传教士并非由法国政府派出，但无论是徐台神父个人的表述，还是媒体的报道与评论，都提到科学活动和国家利益与荣誉之关系。例如前述《“台风神父”劳积勋》一文中曾提到，劳积勋对退休返国前夕受到法租界公董局、工部局董事会以及多国领事馆相送的盛情曾表示说：“离开上海时，让我特别感动的是在我动身之时所有那些赞赏和感激。当然，这不是为我个人，而

① 图像史研究者彼得·伯克（Peter Burke）认为，对于史学家而言，图像既是一种不可或缺的史料，但又带有欺骗性，这一欺骗性的原因在于艺术有自己的传统表达手法，既要遵循内部发展的轨迹，又要对外部世界做出反应。但尽管如此，图像证据仍然是重要而不可或缺的，尤其是对心态史学家来说更加如此（见[英]彼得·伯克：《图像证史》，杨豫译，北京大学出版社 2008 年版，第 33 页）。笔者认为，彼得·伯克的这一见解也同样适用于普遍意义上的图像解读。这也为研究《自然》杂志如何使用图像给出了线索。

② Tissandier G, “La sémaphore et l’éclairage électrique de Shanghaï (Chine)”, p. 175.

是因为法兰西。”[①]这也就在以科学造福人类与法兰西的荣誉之间建立了关联。

科学技术的进步与国家利益的关系，在台风预报为行驶于中国海的各国商船与军舰提供安全保障一事中呈现得最为明显。与之相比，重力加速度测量中所隐含的这一重意义并没有如此明显，尤其对于普通读者来说更是这样。但在《自然》杂志的文章中，作者捕捉到了这一意义，并在其知识科普中向读者传递了这种意义。

1932 年发表的《重力加速度：其测量的实际效用及用新型荷—雁摆进行的快速测定》以专文介绍了由徐台神父雁月飞与物理学家荷尔威克（Fernand Holweck，1890—1941）合作研制的用于快速测量重力加速度的新型弹性摆。

文章首先从介绍重力加速度的知识入手，以使读者对测量重力加速度以及通过改进仪器从而更精确地测量该值的意义有所了解。这种意义体现在两个方面：一是有助于人们认识地球形状与结构，丰富关于地球的知识；二是在矿产资源调查中的可能作用，但要使这一作用得以实现，必须要有高灵敏度的仪器。因此，在以重力加速度的知识引出话题之后，该文即先后介绍了卡文迪什重力秤（La balance de Cavendish）和赫尔（Heyl）的扭秤，随后便对荷—雁摆做出了详细的介绍，并将它与此前的设备进行了比较，从而显示出该重力摆小巧、结实耐用、安装与测量方便且更为精确等优势。[②]在文章最后，作者以实例陈述了通过重力测量进行地球资源勘探这一方法的成功应用：

> 在俄罗斯库尔斯克地区，有人用类似方法在长达 250 千米的区域内确定了一个大厚度铁矿床的轮廓，而后来实施的钻探则显示了用摆所做预报的精确性。在阿尔萨斯和美国，一些工程师也在井盐——它比地层平均值轻——的探查中使用了相同的勘探方法。最近，g 值的测定使得英波石油公司（Anglo-Persian Oil Company）在美索不达米亚的石油区定位了批准区域，它还因此为矿井钻探节省了大量费用。[③]

由此可知，作者并未停留在对静态知识的介绍上，而是及时捕捉到当时世界各国在资源勘探领域应用重力测量方法所取得的最新进展，在丰富文章内容的同时，也为重力摆改进的意义给出了事实证据。从当时的国际背景来看，世界多国已经在这一领域形成了竞争态势。以石油勘探为例，现代石油工业诞生于 19 世纪中叶。进入 20 世纪，飞机在第一次世界大战中的使用和汽车工业的勃兴都刺激了世界石油需求。与此同时，世界石油市场的瓜分格局也随着《阿克纳卡里协定》在 1928 年的签订而初步形成。在这一过程中，地球物理勘探技术的诞生在其中起到了助推作用，它甚至被认为是世界石油工业第一次技术革命的最重要标志，而测量仪器的

---

① Brandicourt V, “Le père des typhon, Le R. P. Lou S Froc”, p. 22.

② 从对文章的比较可以发现，该文在介绍这种新型摆时可能主要参照了荷尔威克和雁月飞二人于 1930 和 1931 年发表在《法国科学院周刊》（*Comptes rendus des séances de l'Académie des Sciences*）上的几篇文章写成，包括 Holweck F, Lejay P, “Un instrument transportable pour la mesure rapide de la Gravité”, *Comptes rendus des séances de l'Académie des Sciences*, No. 190, 1930, pp. 1387-1388; Holweck F, Lejay P, “Perfectionnements à l'instrument transportable pour la mesure rapide de la gravité”, *Comptes rendus des séances de l'Académie des Sciences*, No. 192, 1931, pp. 1116-1119; Holweck F, “Nouveau modèle de pendule Holweck-Lejay. Valeur de la gravitè en quelques points de la France continentale et en Corse”, *Comptes rendus des séances de l'Académie des Sciences*, No. 193, 1931, pp. 1399-1401.

③ Boyer J, “L'accélération de la Pesanteur-L'utilité pratique de sa mesure et sa determination rapide par le nouveau pendule Holweck-Lejay”, *La Nature: revue des sciences et de leurs applications aux arts et industrie*, Vol. 60, No. 2880, 1932, pp. 392-396.

改进则是这一技术革命的重要内容。①

分析《自然》杂志的这篇文章可知，作者已经明确意识到仪器的改进对资源勘探的意义。尽管在文章最后所提及的重力测量方法的成功应用中尚未包括荷—雁摆在资源勘探中所取得的成果，但该文已经呈现出明显的逻辑线索，即重力测量方法已经在资源勘探中取得了一系列成功，而荷—雁摆是当时性能最好且使用方便的重力测量仪器，因此可望在未来的资源勘探中发挥重要作用，对之加以应用则有可能在当时的国际资源竞争中占据优势。

与重力测量相比，天文学的实用价值并不明显，但从对《自然》杂志文章的分析可见，即使看来似乎是纯科学研究领域，它的开展也仍然关乎国家荣誉和利益。

在《自然》杂志上，对徐台天文学研究的介绍散见于多篇有关徐台的文章中，多为概述式介绍。其中最为重要的两篇分别来自阿尔贝•蒂桑迪耶的行记和时任徐台台长蔡尚质神父写给该刊主编加斯东•蒂桑迪耶的信件。

作为一名旅行家，阿尔贝•蒂桑迪耶在1887—1891年的环球旅行是其旅行生涯中很重要的一次经历。他在出版于1892年的《环球旅行：印度与锡兰，中国与日本》（*Voyange Autour du monde：Inde-Ceylan. Chine et Japon*）一书中完整记述了他的行程。而在此前一年，阿尔贝即把在徐家汇的行记写作完成，并发表于当年的《自然》杂志上。

在这篇行记中，阿尔贝介绍了徐家汇和徐台的基本情况以及他本人在徐台的见闻。在对徐台当时已经开展的气象服务给予充分赞誉之后，阿尔贝对该台尚未开展天文观测表示遗憾，并认为这一研究领域的拓展意义重大：

> 观象台特别建址于此是基于气候条件的考虑。天空无比纯净，并且在冬天空气几乎完全干燥，这保证了工作的成功。由于这些特殊的条件，即使是对裸眼来说，银河的亮度也增加一倍；此外太阳升起在地平线上比欧洲早七到八个小时，能够进行有效的观测。在这里从事天文研究有更特别的意义。②

对于因观测仪器的缺少而造成的这一欠缺，时任徐台台长蔡尚质神父也曾致信《自然》杂志，表达了相似的遗憾情绪。他在信中写道：

> 由于缺少天文研究专用仪器，我们已经看到很多的学者以及我们的海军军官对此表示惋惜，无论是从科学的角度，还是从法兰西荣誉的角度。……目前担任海军部长的贝纳尔（Louis Charles Gustave Besnard，1833—1903）上将曾经不止一次向我表达说，在他指挥远东舰队期间，他非常遗憾地看到徐家汇观象台在如此重要的领域被同一地区的其他观象台甩在了后面。③

从当时的学术史背景来看，天文学界在观测组织方面已经发生了变化。天文学刊物的大量涌现和天文学家组织的纷纷兴起使得国际天文学界的交流更为紧密，全球合作观测研究的开展

① 王良才：《世界石油工业140年》，石油工业出版社2005年版，第25-30页。

② Tissandier A, “Souvenir d’un Voyage Autour du Monde”, *La Nature: Revue des sciences et de leurs applications aux arts et à l'industrie*, Vol. 19, No. 944, 1891, pp. 76-77.

③ Tissandier G, “L’observatoire de Zi-Ka-Wei”, *La Nature: revue des sciences et de leurs applications aux arts et industrie*, Vol. 23, No. 1151, 1895, p. 50.

则成为比交换刊物更为直接的合作方式。天文观测受到地域和时间上的限制，但全球合作可以消解上述限制，既能提高观测效率，延长观测时间，所获得的观测资料也可供全球天文学界共享。

在此背景下分析上述二文可知，阿尔贝也正是在这一全球合作的背景下对徐台传教士在海外开展天文学研究的意义加以审视，从而认识到通过在位于地球不同地理经度的地点进行观测，可以延长有效观测时间；而且，由于徐台所在地的气候条件，这里也的确适合进行天文观测，而如果不能充分利用，不免令人遗憾。与此不同，作为军方人士的贝纳尔上将所考虑的则是另一个层面的问题：当时与徐台同处远东地区的还有青岛、香港、马尼拉等地的观象台，尽管它们的主要用途也仍然是气象观测与预报，但也正是同地多家观象台的格局，使得在异域建立一家天文台进行观测上升到国家荣誉的层面。

五、西人媒体与中国学者对徐台的态度分歧

如前所述，作为西人海外科学研究机构，徐家汇观象台以其科学工作以及气象（尤其是台风）预报服务受到西人媒体的广泛关注，法国《自然》杂志发表多篇文章介绍了该台在多个领域的工作。这些文章表现出对科学本身以及西人海外科学活动的赞赏态度，正如主编加斯东在1895年刊发介绍徐台的文章中所说的，“我们很高兴地看到科学带来的好处一点点地散播到全世界”[①]。同时，《自然》杂志编发这些文章也是希望“所有那些爱好科学并且重视以和平与人道主义事业的发展来提高法国在全世界的声誉的人们，都关心徐台，并且帮助该台获得其所必需的物资”[②]。

科学活动给人类带来福祉和现代文明生活方式，并为国家赢得声誉，因此有必要提供资助以推进这项事业的发展，这一从《自然》杂志文章中反映出的态度在当时的西人媒体中是具有代表性的。以19世纪70年代至20世纪上半叶在沪的英文报刊为例，笔者以《北华捷报及最高法庭与领事馆杂志》（*North China Herald and Supreme Court and Consular Gazette*）、《大陆报》（*The China Press*）以及《上海时报》（*The Shanghai Times*）三份报纸作为样本进行粗略计数，共找到600余篇与徐台相关的报道。除其中一部分为天气资讯之外，对徐台的报道尤以气象方面的相关内容为最多，其次是关于雁月飞改进的重力摆以及重力测量，再次是关于经度联测以及天文工作的报道。而在气象方面的报道中，很大一部分与人物有关，例如徐台早期气象服务的开创者能恩斯神父、“台风神父”劳积勋以及后来接任从事气象预报的龙相齐（Ernesto Gherzi，S. J.，1886—1976）神父。

不仅在关注的兴趣点上与《自然》杂志大致相似，这些在沪英文报纸所载文章中所表现出的态度也与《自然》杂志基本一致。例如《北华捷报及最高法庭与领事馆杂志》曾刊发一封编辑部收到的来稿，对能恩斯神父有关中国海岸气象服务的改进与发展计划表示赞赏并进而评论道：

---

① G. T., “L’observatoire de Zi-Ka-Wei (Chine)”, p. 175.

② Boutaric A, “Une œuvre scientifique en Extrême-Orient: L’observatoire de Zi-Ka-Wei”, p. 272.

……气象观测在远东所要实现的最大目标——伴随着正在增长的商业利益——将是提供预知天气变化所必需的数据，发出风暴警报，并让水手保持警惕，以便将生命与财产损失减到最小。……“天气公告”是文明社会人所共知的一种需要，提供每日“气压、风及降水”状况是商业世界大部分政府以及其他那些资源依赖于与农业有关的季节年景的政府自愿承担的一项职责……中国基本上是一个农业国家，与季节年景、天气以及农作物报告有关的信息将会惠及耕者，对于这个国家也极有好处。①

分析这段文字可知，在该文作者看来，耶稣会士在上海口岸开办气象服务的意义主要有三个方面：①利用新兴学科进行天气研究，特别是恶劣天气预警，从而为欧洲在远东的航行提供气象服务，这将有助于在远东地区商业利益的实现。②正如上述引文所说，“‘天气公告’是文明社会人所共知的一种需要”，提供天气报告是政府的职责。该文还提到印度政府当时已批准建立一个天气信息采集系统，并认为这对中国政府来说是一个可供借鉴的样本。从这个意义上来说，徐台及其气象服务是作为现代文明生活方式而被引入中国的。③在中国这样一个农业国家开办气象服务，将造福于中国的农民以及整个国家。

再以重力加速度测量一事为例，当时在沪英文报纸曾多次对之加以报道。其中既有对测量活动本身的动态报道②，也有对雁月飞的专访③提及此事，还有对重力加速度的专题深度报道。④在这些文章中，尤以《大陆报》1933 年发表的《徐家汇台长发明新仪器以便完成中国地图绘制》一文最为全面详细，因此以下即以该文为例分析这些报道中体现出的主要兴趣点。

从这些报纸的报道中可以发现，它们所关注的问题大体可以概括为三个方面：一是仪器改进与测量活动本身，例如上述提到的动态报道文章正是围绕这一内容展开的，而《徐家汇台长发明新仪器以便完成中国地图绘制》一文也详细交代了新的仪器所能达到的测量精度、测量效率以及测量人员成本的减少等优势。二是重力加速度测量在科学上的意义，这主要体现在对地壳构造的认识上。《大陆报》的报道援引雁月飞的话称，这项工作将会终结美国有关地壳结构的补偿理论。三是重力测量在实际应用层面的意义，对此，《大陆报》的文章写道：

就经济方面而言，重力调查工作对任何国家来说都是至关重要的。它长期以来已被公认为一种寻找大型矿藏和油田的科学方法。在美国，旧式重力摆多年来在油田得到使用，以帮助定位钻取石油的地点。

相似地，它在德国被成功用于发现矿产资源。

---

① “The meteorological service”, *North China Herald and Supreme Court and Consular Gazette*, 1882-03-01, p. 236.

② “Gravity measurements in china described”, *The China Press*, 1934-02-28, p. 4; “Shanghai scientist’s invention-gravity measurements being made in China”, *The North-China Herald and Supreme Court & Consular Gazette*, 1934-03-07, p. 369; “Local scientists invention Fr. Lejay’s observations read to French Academy”, *The North-China Herald and Supreme Court & Consular Gazette*, 1934-08-08, p. 204; “Father Lejay makes report on his work”, *The China Press*, 1934-08-03, p. 14.

③ “Local scientist on gigantic task: Father Lejay measuring earth’s surface: Twentieth finished: Sicca wei Head returns to resume post”, *The North-China Herald and Supreme Court & Consular Gazette*, 1937-01-20, p. 104.

④ “Ziccawei Director invents new instrument to facilitate complete mapping of China—Father Lejay perfects gravity pendulum to speed up survey work, cut down number of workers needed; plan to map country free of cost is presented to Chiang Kai-shek”, *The China Press*, 1933-08-29, pp. 9, 12.

在任何给定区域的航空摄影可以开展之前，都必须要了解这一特定区域的地球曲率。这要通过重力测量来获得。[①]

可以看出，《大陆报》的文章和《自然》杂志的文章在写作风格上存在一些差异：一是在提到重力测量的科学意义时，《大陆报》的文章采用了雁月飞本人的讲解，而《自然》杂志上的文章则是运用相关的科学知识进行讲解；二是在提到重力测量的实际应用价值时，《大陆报》只是简短概括要点，而并未像《自然》杂志一样充分展开说明。造成上述差异的原因有二：一是新闻资讯类报纸与科普类杂志的性质与功能有差异，《大陆报》的文章属于新闻报道，《自然》杂志的文章则系科普文章；二是两篇文章发表的时间先后与文章重点的不同，《自然》杂志的文章发表于 1932 年，主题是介绍雁月飞等人所改进的重力摆，此时雁月飞在中国的重力测量尚未展开；而《大陆报》的文章发表于 1933 年 8 月，此时雁月飞已经在中国境内完成了一些测量点的重力测量，因此也能够结合实际的测量结果向报纸的读者阐释测量工作及其意义。

除却这些行文上的不同之外，两篇文章所表现出的对重力测量的态度基本上是一致的，即都认为重力测量在科学研究以及实际应用层面都具有重要意义。这里值得注意的是，《大陆报》的文章在讨论重力测量在经济方面的意义时将其论述置于小标题“对中国的重要性”之下，而在文章开始的时候则提到“雁月飞神父在匆忙的牯岭之行之后于上周晚些时候回到上海，他在牯岭与军事委员会主席蒋介石进行了磋商，相当详尽地阐释了绘制中国地图的可行性”[②]。由此可知，正如上述有关气象服务的评论一样，雁月飞在中国进行的重力测量被认为是将一种快速有效的测量方法引入中国，而这将有助于中国的矿产与石油资源的勘探调查，也将成为中国航测绘制地图的基础，对中国经济有着重要意义。

从上述分析可见，当时的西人媒体对科学本身以及西人海外科学机构与科学活动的认识可以归纳为，科学为人类造福，给人类带来现代文明生活方式，它在实际应用层面具有重要价值，它服务于国家利益，并且是国家荣誉的体现；在海外开展这些科学活动也是用科学造福于当地民众及其国家之举。这是当时对科学的理解与态度，也是当时的科普文章所力图向公众传递的理念。

但也正是基于对科学本身的相同的认识，中国的科学研究者对徐台所开展的研究以及公共服务则表现出一种矛盾的态度。一方面，当时的中国研究者已经注意到徐台的研究工作在科学上的重要意义，并且对徐台在中国所开展的工作颇为赞赏。例如时任中央观象台台长的高鲁就曾于 1916 年向教育部提议向劳积勋等人颁授五等嘉禾章，原因是“天文气象重在观测，而观测事项尤必以已往之成绩为现在之研究。本台自开办以来，凡关于事实之调查，学术之商榷，藉助于上海佘山、徐家汇等处西人所设之天文台、气象台者为多。徐家汇气象台台长法国人劳积勋、佘山天文台台长法国人蔡尚绩[③]热心毅力技术精深，历经各国元首给予勋章宝

---

① “Ziccawei Director invents new instrument to facilitate complete mapping of China—Father Lejay perfects gravity pendulum to speed up survey work, cut down number of workers needed; plan to map country free of cost is presented to Chiang Kai-shek”, *The China Press*, 1933-08-29, pp. 9, 12.

② “Ziccawei director invents new instrument to facilitate complete mapping of China—Father Lejay perfects gravity pendulum to speed up survey work, cut down number of workers needed; plan to map country free of cost is presented to Chiang Kai-shek”, *The China Press*, 1933-08-29, p. 9.

③ 原文如此。

星”①。但另一方面，彼时中国的研究者对如此重要的研究由外国人完成这一事实也甚感遗憾。究其主要原因，一是关乎国体。气象学家竺可桢在撰文论述“气象台与国体”时写道：“我国滨海各处飓风所经之地，全赖香港及徐家汇气象台之探测。各国轮舶之寄泊于我国沿海各港者，其进退行止，往往须视香港或徐家汇气象之报告而定。夫英法各国，非有爱于我也，徒以为其本国之海运谋安全计，不得不有气象台之设置耳。我国政府社会既无意经营，则英法各国即不能不越俎而代谋。……夫制气象图乃一国政府之事，而劳外国教会之代谋亦大可耻也。”②对于徐台在中国开展的气象工作，气象学家蒋丙然也有大致相似的评论，即认为徐台的气象工作“虽属越俎代庖，而成绩卓著，可以在远东气象界树一帜……若谓其能为中国气象事业树一基础，亦非虚誉”③。原因之二是与实际应用相关的测量活动以及取得的相关数据往往涉及国家安全与利益，此前的研究已表明，中国科学界对外国人在华进行经度、重力等测量活动的态度也正基于这一考虑。④

六、结论

上文以法国《自然》杂志上有关徐家汇观象台这家西人海外科学机构的文章为中心，并以当时在沪英文报纸的报道为参照与旁证，分析了西人媒体对海外科学机构及其科学活动的态度。从上述分析可知，法国《自然》杂志在报道徐台时，特别强调通过像徐台这样的海外科学机构的工作，科学带来的福利被散播到世界各处，即海外科学活动的开展是用科学造福于当地民众及其国家之举，同时这些工作也彰显了法国荣誉。在这一态度中也体现出对科学价值的一种认识，即科学为人类造福，也是现代文明生活方式，它服务于国家利益，并且是国家荣誉的体现。这种态度与认识在当时的西人媒体中是具有代表性的。从《自然》杂志本身来说，其所力图向公众传递的理念或者说该刊所理解的科普的意义也正在于此。

《自然》杂志创办于普法战争之后。杂志第二任主编、作家帕维尔后来在回忆加斯东以及杂志的创办时曾写道：“我们身处战后。人们到处都在说，我们输给了‘德国的教师’。……法国科学促进会（Association française pour l’avancement des sciences）刚刚成立。它采用了一个意味深长的口号：‘为祖国，为科学。’”⑤与此背景相呼应，在《自然》杂志创刊号的序言中，主编加斯东·蒂桑迪耶在提到当时英国科学家所开展的科普工作时也曾写道：“他们意识到一个国家的伟大取决于它所能计数的有学问的头脑数量之多寡；他们知道，散播光明、驱散黑暗之举不仅是为科学而工作，还是对国家福祉的直接贡献。”⑥这一表述中所包含的态度已经在

---

① 《本部奏山东办学出力人员金朝珍等拟请奖给勋章折附奏请奖上海天文暨气象台台长劳积勋等嘉禾章折（洪宪元年三月一日）》，《教育公报》，第3卷第4期，第1-2页。

② 竺可桢：《论我国应多设气象台》，《东方杂志》，1921年第15期。

③ 蒋丙然：《四十五年来我参加之中国观象事业》，载《庆祝蒋右沧先生七十晋五诞辰纪念特刊》，1957年；此处转引自杜元载：《革命人物志（11）》，“中央文物供应社”1973年版，第279页。

④ 吴燕、江晓原：《雁月飞1930年代在中国进行的重力加速度测定及其评价》，《自然科学史研究》，2007年第3期；吴燕：《近代科学地域扩张背景下的国际经度联测——以中国境内的测量为中心》，《自然科学史研究》，2011年第4期。

⑤ de Parville H, “Gaston Tissandier”, *La Nature: revue des sciences et de leurs applications aux arts et industrie*, Vol. 27, No. 1372, 1899, p. 227.

⑥ Tissandier G, “Préface”, p. Ⅶ.

上述《自然》杂志有关徐台的报道中得到体现，尽管加斯东自 1896 年起不再担任该刊主编，但这种对科学的认识以及相应的科普理念在该刊一直得到延续。

也是因为对科学的大致相同的认识，中国的科学研究者大多对徐台在中国开展的研究与公共服务工作表现出一种矛盾态度——既赞赏徐台在中国开展的这些工作在科学研究上的意义与实用价值，同时也认为如此重要且涉及国家安全的研究不应由外国人来完成。而这也在一定程度上反映了当时中国研究者对于西人在华科学调查活动的一种较为普遍的态度。既然对于这些科学活动本身，双方有着大致相同的认识，态度上的分歧主要来自不同立场的差异与维护各自所属国家的利益的需要，那么当时中国的科学研究者在具体的科学研究活动中与徐台以及徐台神父合作，就很容易理解了。例如当时中国科学研究者在地磁、经度、重力等的测量中都曾与徐台的神父合作，并在此过程中学习以及借助西方技术。从当时的一些具体个案来看，这的确是将西方科学研究方法、仪器以及技术引入中国的一种快速且有效的模式。有关这一点，实有必要另做专文加以论述，在此不再赘述。

（原载《自然科学史研究》2019 年第 2 期；
吴燕：内蒙古师范大学科学技术史研究院副研究员。）

近代实验科学的中世纪起源
——西方炼金术中的技艺概念

晋世翔

摘　要：亚里士多德在“自然/技艺”间设立的决然区分阻碍了一种以技艺建构、人工控制为主要特征的近代实验思维的诞生。与之相对，中世纪晚期“微粒炼金术”带来的悄然变革为突破这一思想壁垒提供了丰富的理论与实践支持。在对抗亚里士多德主义自然哲学正统观念的过程中，微粒炼金术士吸收了古代微粒论思想，依托基督教神学教义，实质性地瓦解了建立在质形论传统之上的自然世界图景，极大地提升了人工技艺的地位。

关键词：中世纪炼金术；人工技艺；自然；微粒论；近代实验科学

关于近代实验科学的本性及其与古代科学思想间的关系问题，一直是科学史和科学哲学界普遍探讨的话题。自20世纪初，法国科学史家迪昂（Pierre Duhem）提出近代科学的中世纪起源问题后，学界就开始关注实验科学与欧洲中世纪晚期、文艺复兴时期思想之间的联系。特别是，围绕中世纪晚期思想如何能够为突破亚里士多德哲学在“自然/技艺”间设立的决然区分，进而为人工控制为主导的实验观念的诞生提供思想资源这一线索展开了深入探究。

科学史家纽曼（William Newman）近年的工作发现，13世纪晚期拉丁世界的微粒炼金术大幅度地提升了人工技艺的理论与实践地位，为弥合亚里士多德主义自然哲学中自然与人工之间的鸿沟提供了可能。微粒论传统中的中世纪炼金术同近代早期机械论自然观以及玻意耳实验哲学之间存在着一条隐秘的观念联系。

一、希腊世界对人工技艺的警惕

自然与技艺间的张力在古希腊诗人对人工技艺持有的狐疑态度中就初见端倪。韦尔南（Jean-Pierre Vernant）从赫西俄德的文本中辨识出希腊诗人在人工技艺问题上存在的矛盾心理：“普罗米修斯既是伊阿佩托斯正直的儿子，人类的恩惠者，也是狡黠的造物，是人类不幸的源泉。”[①]人不得不依赖技艺生存，但同时技艺又使人出离自然，掌握了某种挑战神的能力。在关于普罗米修斯盗火的神话中，技艺的获得有赖于狡计和欺骗，技艺的施展意味着自然馈赠的收缩。代达罗斯与伊卡洛斯父子的传说同样表现出上述张力。无论是木质的母牛，还是石蜡制成的翅膀，这些精巧的技艺都以戏耍、欺诈的方式仿制自然，忤逆神的权威。神话中传递出的

① Vernant J, *Myth and Thought among the Greeks*, Zone Books, 2006, p. 264.

是希腊人对自身是否能完全依凭技艺宰制自然、改变命运或必然性的犹疑。

上述疑虑、焦虑同样体现在当时流行的嘲讽诗中。现存希腊诗集中差不多有36首都与著名雕塑家米隆（Myron，前5世纪）塑造的青铜牛有关。其中多数都是在讽刺这位有“第二普罗米修斯”之称，《掷铁饼者》的作者。米隆用青铜铸成的一头母牛置于城市广场，因为过于以假乱真，使得牧人试图驱它回圈，牛犊想去跪乳，公牛意欲交媾。诗人们以这尊铜牛为例，嘲讽米隆窃取了自然的力量。同样的情形也发生在大画家宙克西斯（Zeuxis，前5世纪）身上。他绘制的葡萄，栩栩如生，吸引鸟儿啄食。简言之，从存世的文献来看，艺术家运用神乎其神的技巧所希望达到的目的之一就是模仿自然、以假乱真，同时则伴随着自夸、炫耀和戏耍的心态。[①]

古希腊诗人对技艺的嘲讽气息在柏拉图、亚里士多德那里被上升到哲学层面。柏拉图将技艺理解为模仿，即一种对巨匠造物主造物的模仿。从著名的“线喻”中可以看出，人造物位于可见世界的第二段，其真实程度仅高于影像，远低于可知世界。与通达可知世界存在物的理论性探究相比，创制人工制品的技艺位阶较低。具体技术物被制造之前，存在有关这些事物的理念。工匠们是依据、模仿这些先在的形象制作个别、具体的技术物。相应地，艺术家的工作，则是对工匠作品（对形象模仿）的再一次模仿，即模仿的模仿。[②]简言之，工匠的技术物是对理念形象的模仿，而艺术家则又是对模仿的模仿。无论是工匠还是艺术家，他们都是在模仿高于自身、更为真实的东西。与关注于理念的知识相比，技艺和艺术的地位非常低。

亚里士多德在自然和人工间做的严格界定，对西方自然哲学体系的建立产生了深远影响。他指出，物理世界的存在者可以分为两类：一类来自自然，另一类出自包括技艺在内的其他原因。从自然而来的存在者包括动物、植物和四元素。在上述划分的基础上，他又指出自然物与人工物之间有着根本区别：“自然物在自身之中有其运动或静止的‘本原’，或者是位置的变化，或者是增长、缩小，或者是性质变化。”但是，像衣服、鞋帽等这些人工物在“‘其偶然的称呼所规定范围内’就没有这个内在的‘推动’”[③]。比较可知，自然物单凭自身就可以运动，而人工物则在就其偶然成为自己的意义上没有内在推动。也就是说，自然物的称呼不是偶然的，而是对自己成为自己有着内在规定的。如柳树种子长出柳树，而不能长成被称呼为马的东西来。相较之，人工物无论被称呼为何物，它都没有完成位移等偶性运动的自身推动，更不会自己成为自己。[④]

对自然进行严格界定后，亚里士多德以医生将自己的疾病治愈为例，重申了技艺与自然之间的分别。他强调，为什么说健康是自然而技艺不是呢？因为健康是人自身成为自身不可或缺的部分。医生治病，去除的是抑制健康的病症，为的是让人本有的健康重现，而不是要制造出健康。医疗是技艺，健康是自然。如果碰巧医生自己生病了，自己把自己治疗好了。这种治疗技艺也不属于自然，因为这个人作为医生是偶然的，但是作为具有健康的人却是人成全自身，

---

① Newman W, *Promethean Ambitions: Alchemy and the Quest to Perfect Nature*, The University of Chicago Press, 2004, pp. 11-14.

② ［古希腊］柏拉图：《理想国》，王扬译，华夏出版社2012年版，第357-359页。

③ Aristotle, *Aristotle's Physic: A Guided Study Masterworks of Discovery*, Sachs J(tran.), Rutgers University Press, 1998, p. 49.

④ Aristotle, *Metaphysics*, Sachs J（tran.）, Green Lion Press, 1999, p. 122.

本己地包含的。总之，“技艺要么完成自然所不能完成者，要么就是在模仿自然”[①]。以人的自然健康为基础，医疗技艺在于去除障碍，让健康重现，完成原本难以呈现的自然。与之类似，建筑技艺则是克服自然元素的自然倾向，呈现出自然难以出现的形式、结构和状态。其他类似绘画技艺的艺术创造则主要是对自然的模仿。所以，人类的众多创制技艺大体可以归为上述两个行列：完成自然不能完成的东西与模仿自然。如医生和建筑师都是依赖自然本性，恢复自然或完成自然自身不能完成的事情；后者如画家、雕塑家都是在模仿自然。

在自然与技艺二分之上，亚里士多德指出沉思自然与具有技艺分属两个不同的知识领域。那些试图理解自然的人是自然哲学家，而那些掌握技艺的人则是技师或工匠。具体来说，人类的知识体系可以区分为如下三种：静观的（理论的）、创制的（技艺的）、实践的（伦理的）。“物理学是一种静观的知识，是关于能够被运动的存在者静观的知识”；“可创制的东西的本原内在于创制者之中，或是心灵，或是技艺，或是一种能力”；“可实践的东西的本原内在于实践者之中，即选择”。以这三种区分为基础，亚里士多德延续了柏拉图关于人类知识地位等级秩序的基本划分，不仅强调“静观的知识比其他知识更可取”[②]，而且技艺是所有通向真的道路当中最低的一种。[③]

古希腊思想中对待人工技艺的疑虑与贬损态度在整个希腊化、罗马时代也有显著的体现。伪托亚里士多德名下，公元前 3 世纪左右的《机械问题》开篇就曾重申技艺与自然间的关系，并对“完成自然不能完成的东西”做了进一步阐释：出于人类的利益，用机械胜过自然，即在特定材质的东西上，添加一组新的性质，以不同于其自然倾向的方式行为。[④]所谓人工技艺或机械装置胜过或违反自然，主要是指通过技艺的介入，由四元素构成事物本来依凭本性应该产生的运动，发生了某种改变。“机械”一词的核心在于它能够让事物不按照其自然而行事，用一种“外在目的”，去违背、干预、掌控组成事物诸元素的“内在目的”，而非让自然事物的内在本性更充分地呈现出来。“机械学，如同木工和绘画一样，并非一种完成性的技艺，因为它并不作用于那些基本属性，使得事物成就各自内在确定的目的。”[⑤]

此外，老普林尼（Pliny the Elder）也曾在《自然志》上疾呼，让人类运用各种技艺让自然完成其所不能者是人类对奢靡的追求。无论是制香，还是印染技艺的发展都出自人类对奢侈生活的追求，都是运用自己的目的在驾驭自然。名医盖伦（Galen）也写道，就雕塑作品而言，被装饰的仅是那些能够触摸到的材质的外部，雕像的内部则完全没有受到技艺的修饰与作用，因为技艺并不能穿透外表，深入内里。帕普斯（Pappus of Alexandria）在讨论机械学性质时也指出，“人造物依旧保持着它的原材料成分。撇开外观不论，它并没有真正地‘变成’它所要代表的那个东西”[⑥]。总之，无论是绘画、雕塑这些模仿自然的技艺，还是违背、驾驭自然的

① Aristotle, *Aristotle's Physic*, p. 66.

② Aristotle, *Metaphysics*, pp. 109-110.

③ 廖申白：《亚里士多德的技艺概念：图景与问题》，《哲学动态》，2006 年第 1 期。

④ 我们如今称之为“力学”（mechanic）的希腊词源是 mēchanikē。它来自希腊名词 mēchanē（mēchanomai 动词），其含义十分广泛，既有机械工具装置之义，也有技巧、方法巧妙的设计之义，但这些含义大都在消极的意义上使用，通常与某种以欺骗为目的的设计和发明活动相关。

⑤ Newman W, *Promethean Ambitions*, p. 22.

⑥ Newman W, *Promethean Ambitions*, pp. 19-24.

技艺，都并非为事物赋予某种自己成为自己的内在倾向和目的。无论如何逼真的绘画、雕塑作品也只是接近“真”，再精巧的机械装置、技术物也只是达到某种目的的工具。

综上所述，以亚里士多德为代表的希腊思想家在自然与人工之间设立的决然区分，以及对手工技艺的鄙夷，同近代早期实验科学诞生时期在手工操作为基础上建立起的新实验传统——“要求制约大自然，强使自然在那种没有人的有力干预便不会出现的条件下显示自己”[①]，是彻底背离的。科学史家罗西（Paolo Rossi）对两种思想范式发生转变的原因做了精要的总结：“培根关于‘科学作为自然的仆人，协助其运作，通过狡猾手段秘密迫使其服从人的统治这一观念；以及知识就是力量的观念’，都可以追溯到魔法和炼金术传统。”[②]

二、早期炼金术中“自然-技艺”之争

就有明确文字记录来看，试图通过人工技艺将一些贱金属转变为贵金属的想法，是公元3世纪左右发生的事情。在炼金术作为一门具有理论基础和实践内容的学说体系出现之前，与它密切相关的很多人类技艺已十分繁荣，比如冶炼金属、制造玻璃、制备染料、酿酒和制醋，以及通过提纯矿物和动植物进行疾病的治疗等。特别是在埃及，包括冶炼黄金在内的青铜浇铸技术与钾玻璃的熔制工艺，极大地迎合了善于制造、装饰陵墓的埃及人的需求。制造精巧的金属器皿和绚烂的玻璃饰品毕竟是极其花费财力和精力的事情，故而埃及人在工匠实践中总结了很多仿制、造假的配方和方法。11世纪的拜占庭学者汇编的一本名为《希腊炼金术文集》的文献是帮助了解炼金术早期历史的关键。其中一篇手稿曾详细记录了将羊毛染成紫色，以及仿造、变造贵金属和宝石的多种技巧。[③]从这篇代表早期炼金文献的手稿可以发现，当时炼金实践关注的核心问题是如何仿制贵重材质的东西。这一点与古希腊传统中技艺是对自然的模仿的理解基本匹配，同时附着之上的则是对技艺的怀疑与指责，认为它是戏耍、欺骗的代言。

上述主导炼金早期实践的观念，在公元3世纪时得到了一次更新：如何使用一些秘密配方对贱金属的表面进行染色，使其看起来像黄金的思路，被转变为通过特定技艺，让贱金属发生质的变化，成为真正的贵金属。将一种金属转化成另一种金属的一般工序被定义为“嬗变”。从此炼金术士们有了一个清晰、明确的目标：物质嬗变。[④]嬗变意味着技艺不仅要模仿自然，使事物在外观与被模仿的形象类似，更渴望通过改变构成事物的诸多内在部分的固有倾向，让它呈现出某种新的形式。从此刻开始，“不同于绘画、雕塑和自动装置的制造，炼金术作为一门试图再现自然物所有品质的技艺，不仅试图造出一个表面上的仿品，而更要与医疗技艺相类似，成为一门‘完善性技艺’。当然，它与医疗技艺也有不同，它的目标是创造一个自然物，而不是赢获一种自然状态（健康）”[⑤]。较早前混杂了各种工匠技艺的伪造实践，有明确目标指导的西方炼金实践开启了理论化进程。工匠技艺传统与希腊自然哲学关于物质的思辨解释逐

① ［美］库恩：《必要的张力：科学的传统和变革论文选》，范岱年、纪树立、罗慧译，北京大学出版社2004年版，第48-49页。

② ［荷］科恩：《科学革命的编史学研究》，张卜天译，湖南科技出版社2012年版，第383页。

③ ［美］普林西比：《炼金术的秘密》，张卜天译，商务印书馆2018年版，第11-12页。

④ ［美］普林西比：《炼金术的秘密》，张卜天译，商务印书馆2018年版，第15-16页。

⑤ Newman W, *Promethean Ambitions*, pp. 24-25.

步融合到一起，形成一门有着理论指导，区别于其他工匠群体行为规范的思辨学说——“炼金术”。

公元3世纪左右，希腊化埃及的炼金师佐西莫斯（Zosimos of Panopolis）提出一种运用人工技艺改变材质本性的理论尝试。他借用斯多亚派术语，认为金属由两个部分组成：不可挥发的部分（身体）与可以挥发的部分（精神）。所有金属中，身体都是相同的，它们各自的规定性和个别性来自精神。蒸馏、升华等高温技术不但可以将金属的精神与身体分离，亦可让被分离的精神与身体结合，嬗变出一种新的金属。①他提出的整套程序性技艺大幅度提升了炼金术的理论意义。炼金技艺不仅可以模拟自然进程，甚至可以转变这个进程。

更加成熟、思辨地为人工技艺赋予重要位置的炼金理论是由贾比尔·伊本-哈扬（Jābir ibn-Ḥayyān）在720年左右完成的。贾比尔综合前辈炼金理论提出了两个重要的理论模型：“金属生成的汞-硫理论”与“嬗变转化剂理论”。

首先，以亚里士多德《气象学》中矿石生成理论为基础，贾比尔提出金属生成的汞-硫理论。亚里士多德认为，大地受太阳热烘后，会有两种“嘘出物”出现：冷且湿的蒸汽与热而干的烟气。大地在吸收阳光的加热后，之所以能够从中升出烟气和蒸汽，说明它具有成为火与水的潜能。②“嘘出物”的产生，搅动了原本有可能依照“火—气—水—土”自然秩序排列的月下天。大地并非由纯净的土元素构成，其他各元素圈的情况亦与之类似。简言之，“加热”和“嘘出物”概念的提出为元素间的相互转化提供了理论基础。贾比尔吸收了上述理论，认为所有金属都是由汞（蒸汽）和硫（烟气）这两种本原复合而成的。它们在地下凝结，以不同比例和纯度结合产生出各种金属。最精细、纯净的硫和汞按照比例结合就会产生贵金属。如果汞或硫不精细、不纯粹，或者两者以不协调的比例混合就会产生出贱金属。如果所有金属都是由这两种成分混合而成的，那么调整金属中的汞和硫的比例，就可以产生其他金属。③

其次，贾比尔还依据亚里士多德关于四种基本性质与四元素间的关联，构造了金属嬗变理论的哲学基础，提出嬗变转化剂理论。在亚里士多德看来，火、气、水、土四种元素各自具有热、冷、湿、干四种基本性质。当这些性质成对与质料结合时，便产生了具体的火、气、水、土，即：热和干结合产生火，冷和湿结合产生水，冷和干结合产生土，热和湿结合产生气。④基于这一思路，贾比尔试图通过人工技艺（如蒸馏）得到冷、热、干和湿四种纯粹性质。这四种性质能够与其他东西结合，给被结合者带来某种变化。如果控制结合比例，就会得到希望制备的东西。比如在金中，热和湿占主导地位，而在铅中，冷与干占主导地位。因此，如果将铅转化为金，就要为其加入更多的热和湿，或减少冷和干。如果能够分离出某种单纯的热或单纯的湿，炼金师就可以运用它们来促使其他物质转化。⑤

上述两套理论相互配合为炼金实践提供了某种亚里士多德式哲学解释和操作方式。汞-硫

① [美]普林西比：《炼金术的秘密》，张卜天译，商务印书馆2018年版，第20页。

② Aristotle, *Meteorology*, in Barnes J, *The Complete Works of Aristotle*, the revised Oxford Translation, Vol. 1, Princeton University Press, 1985, p. 559.

③ [美]普林西比：《炼金术的秘密》，张卜天译，商务印书馆2018年版，第49-50页。

④ [美]林德伯格：《西方科学的起源》，张卜天译，湖南科技出版社2013年版，第57-58页。

⑤ [美]普林西比：《炼金术的秘密》，张卜天译，商务印书馆2018年版，第54-55页。

理论解释了一切金属的构成结构，而嬗变转化剂理论则为纯汞和纯硫的获得提供了理论上的可能。相较佐西莫斯的方案，贾比尔炼金理论的自然哲学特征更强，更具实践指导意义，在阿拉伯炼金术乃至整个西方炼金术传统中产生了巨大影响。也正因此，围绕炼金术理论中人工技艺所扮演角色的讨论也被推进到哲学层面。伊本·西那（Ibn-Sīnā，约980—1037）的加入使得争论达到白热化程度。

在《治疗之书》中，伊本·西那详细表达了自己对人工技艺能够完成嬗变的批判立场，他写道：

> 技艺弱于自然，无论付出多少努力，都无法胜过后者。应该让炼金术士知道，金属的种类是不可改变的。……我认为，不可能通过某种技艺抹去“种差”，因为这些[偶性]的变更并不等于复合物被转变为另一个。这些可感东西不是能让种发生变化的东西，变化的只是偶然性质。由于金属的种是不被认识的，只要种差不被认识，何以能够知道是否它被移除或是它是如何能够被移除？……此外，一个复合物是不能嬗变为另一个的，因为实体复合的比例不尽相同，除非它被还原为原初质料，即它成为某物之前之所是。然而，仅凭熔炼是不可能做到这一点的，它只是为该事物添加了某些外在的东西。①

伊本·西那谙熟亚里士多德思想，故而他准确地指出，“不可能通过人工技艺抹去‘种差’”。因为亚里士多德认为，支配个别事物生成的实体（是其所是）是先在的、不生不灭的。“形式，或者无论什么应当称作在这个可感物之中的样式的东西，不被生成，生成不属于它，也不属于‘是其所是’（因为这是在某物中，或按照技艺，或依照自然，或某一潜在得以呈现的）。”②所有依凭技艺生成的东西都是具体质形复合物，而非形式本身。技艺既不能生成质料，也不能生成形式，只能依赖于具有潜能的质料，在可能的现实与潜能之间建立起关联，推动整个创制活动发生。③追随亚里士多德，伊本·西那进一步指出，种差是特定金属的实体形式。由于技艺活动不能生成形式和质料，故而种差是不可能被一个具体的技艺活动所抹除的。

当然伊本·西那与亚里士多德之间也存在着分歧。对亚里士多德而言，形式虽然不能和质料分离，但却是逻辑上先在的，是世界可理解性的前提；而对于伊斯兰神学背景中的伊本·西那来说，形式则是人类软弱的理智永远也无法理解的上帝的心灵。有鉴于此，在引文中他强调“金属的种是不被认识的”。人类的感觉只允许人们感知浮在表面的，金属表现出的偶性性质，例如味道、颜色和重量等。金属最为本质的种类规定性则是不为人知，潜藏在感官数据之下的。既然人们根本无法知觉金属之间的种差，何以抱希望能通过技艺促使它们发生嬗变呢？④

除形而上学批评，他还延续了亚里士多德对合成物的自然哲学理解，并运用于对炼金术的批评当中。在《论生灭》中，亚里士多德区分了“并置”与“混合”，强调真正的混合是指混合物的各部分相互联系为一个整体，成为一个绝对同质体。据此，伊本·西那进一步认为，从

---

① Pseudo-Geber, *The "Summa Perfectionis" of Pseudo-Geber: A Critical Edition, Translation and Study*, Newman W, Brill E J(trans.), 1991, pp. 49-50.

② Aristotle, *Metaphysics*, p. 130.

③ 聂敏里：《存在与实体》，华东师范大学出版社2011年版，第346页。

④ Newman W, *Promethean Ambitions: Alchemy and the Quest to Perfect Nature*, p. 38.

简单并置到真正的混合要求新实体形式加入，真正让某事物成其为自身，而非简单地将一堆元素并置堆放。简言之，“四元素，热、冷、湿、干四种‘基本性质’自身并不能合成为新的混合体。它们只不过是做好了接收由形式提供者给予新实体形式的准备而已”①。

伊本·西那运用亚里士多德哲学的基本观点系统批驳了贾比尔的嬗变转化剂理论，打击了以后者为代表旨在提升人工技艺地位的炼金理论。随着以阿维森纳（Avicenna）之名为拉丁世界熟识的伊本·西那的大量著作翻译为拉丁文。他的这部手稿被误认为亚里士多德的作品被广泛传播。随着亚里士多德在13世纪的拉丁世界思想地位的逐渐上升，“技艺弱于自然，无论付出多少努力都无法胜过后者”几乎成了经院学者的共识。

三、拉丁微粒炼金术中的技艺

13世纪初拉丁世界流行的一部名为《赫尔墨斯之书》的炼金文献曾提出一种与阿维森纳针锋相对的技艺观：

> 人工造物在很多地方都与自然造物是相同的。这一点将在如下火、气、水、土、矿物、树木、动物中被阐明。雷电引燃之火与燧石取得的火都是相同的火；自然流通的气与沸腾产生的气都是气……技艺的协助并未改变事物的本性，因此人工造物按其本质而言是自然的，按其制作方式而言是人工的。……关于种差，诸金属在其种上并没有不同，都在同一个定义之下，即“火中被熔炼的复合物、是不可燃的、仅在锤砸下具有可延展性”②。

《赫尔墨斯之书》的作者首先通过列举人工造物品质上并不亚于自然物的例子，反驳阿维森纳的基本观点。但接下来的讨论十分晦涩，需要充分理解前文涉及的形式先在性的形而上学争论。阿维森纳追随亚里士多德认为，与事物“是其所是”密切关联的“定义”是该事物本己的独特性或种差，它们是先在的，与质料无关的，不受生成活动的影响。“形式不仅实际支配着生成，而且更重要的是，形式是在先的。生成不是通常所理解的那样，是从质料开始的，相反通过更为细致地分析却发现，生成是从形式开始的，是‘健康从健康被生成’、‘房屋从房屋被生成’，从而形式先于整个生成过程，构成了生成实际的起点。”③所谓技艺只不过是在先的形式通过在工匠灵魂中的呈现并被赋予质料当中。④因此，无论人工技艺如何改变质料，以及附随其上的偶然属性，都不会对这种逻辑上在先的种差产生影响。简言之，炼金师们无论怎样改变金属偶然属性，都无法改变将这些属性统一起来、让其成其为自己的，那个本己的“独特性”即“这一个性”，即：人工技艺无法真正地完成让这一个成为那一个的实体性嬗变，除非回到还未曾区分出这一个与那一个的原初质料状态，然而这种还原、重组的工作，在阿维森纳看来，只有天主才能完成。

《赫尔墨斯之书》针对上述形而上学责难的回应是：诸金属在种上并没有不同，都在同一

---

① 聂敏里：《存在与实体》，华东师范大学出版社2011年版，第346页。

② Pseudo-Geber, *The 'Summa Perfectionis' of Pseudo-Geber*, pp. 11-12, 55. A Clitical Edition, Translation and Study. Leiden: Brill E J., 1991. pp. 11-12、55.

③ 聂敏里：《存在与实体》，华东师范大学出版社2011年版，第294页。

④ Aristotle, *Metaphysics*, p. 129.

个定义之下。例如金、银、汞等金属之间并不存在严格意义上的种类差别，它们都是金属，有着类似的共性：可熔锻、不可燃，具有延展性。通过强调金属基本性质程度的差别，将它们统一到更一般的定义或属下，《赫尔墨斯之书》回避了阿维森纳提出的人工技艺无法抹杀具体种差的责难。整体来看，《赫尔墨斯之书》的根本立场与亚里士多德主义传统是一致的：人工技艺不能抹杀种差。只是在具体的反驳中，通过对种或定义做出新的界定，强调炼金师并不要求改变“逻辑-形而上学”意义上的种或定义，在金属定义不变的前提之下，具体金属个体形式的变化并不会改变金属的共性。①

在这一反驳思路启发下，大阿尔伯特（Albertus Magnus）开始有意识地将逻辑与实在、形而上学与自然世界剥离开，将阿维森纳所说的金属的种限定为一种“规定某一金属特定种类性质，内在于该金属实体当中的形式”。相对于逻辑上的种，个别金属的具体形式是可以接受人工技艺的干预，完成自然不能完成的工作。通过上述转化，大阿尔伯特重新界定炼金术金属生成理论的争论焦点，以金属定义的属种为基础的“逻辑-形而上学”讨论被转变为一种以质料形式复合物为核心的“自然哲学”讨论。②

托名盖伯（Geber，Jābir 的拉丁转写）的方济各会修士塔兰托的保罗（Paul of Taranto）充分吸收了《赫尔墨斯之书》与大阿尔伯特的基本思路，将人工技艺放置到他构造的微粒炼金术体系的皇冠位置。

在《理论与实践》一书中，保罗采取了一个相对保守的姿态，通过界定一门真正的炼金术的基本内涵与实现方法，尝试为炼金技艺正名。保罗重申了当时流传较广的新柏拉图主义者的观点：自然服从于神圣理智，认为这一关系就如同“单凭自然的运动并不能让手完成书写的，是理智通过技艺规范了手的书写”。进一步，作为上帝造物的人被注入了类似于神的理智，因此人的理智亦能掌控自然。自然是理智运用技艺操控的工具，好似书写技艺中被操控的手和笔。于是，保罗认为，雕塑家、农学家、医生等技艺工作者莫不如此，都是以为自然事物加诸形式的方式来运用自然。③

基于上述澄清，保罗将技艺划分为两类：一类技艺关注“技艺形式”，仅给事物施加一个偶然的、外在的形式，例如绘画、雕塑、建筑等；另一类技艺则重视“自然形式”，聚焦于实体性、内在形式的完成，例如农业和医疗技艺都旨在帮助事物本有的形式成就出来。此外，保罗还延续了经院哲学关于两种性质的区分：第一性质是四元素具有的冷、热、干、湿；第二性质则包括黑、白、甜、苦……。在上述区分之上，保罗将那些仅改变第二性质的技艺称为“纯粹人工的技艺”。故而，摆弄事物第二性质的技工并不能真正对事物的本性产生作用。他们的工作仅针对人们的感官。显然，这类技艺是针对希腊人所说的以模仿、机巧、欺骗为特征的人工技艺而谈论的。相较之，还存在一种“完善性技艺”其作用对象是第一性质，如医生调理四种基液的平衡，农学家利用种子和果实的自然本性，帮助它们成长。这类技艺的目标是帮助自

① Newman W, *Atoms and Alchemy: Chymistry and the Experimental Origins of the Scientific Revolution*, The University of Chicago Press, 2006, p. 14.

② Newman W, *Atoms and Alchemy: Chymistry and the Experimental Origins of the Scientific Revolution*, The University of Chicago Press, 2006, p. 20.

③ Newman W, *Promethean Ambitions*, p. 69.

然本性的完成，是真实的、有效的。[①]炼金术正是这类技艺的代表。

保罗并没有止步于为炼金术正名。较于《理论与实践》中相对保守的立场，在《完善大全》中他采取了积极的进攻姿态，试图彻底回应阿维森纳从形而上学层面上提出的批评。通过放弃运用实体形式来界定事物之统一性和同一性的亚里士多德主义基本原则，保罗依凭彻底的感觉经验重新定义了什么是黄金，从而巧妙地绕开了围绕实体嬗变与否展开的哲学争论。他写道：

> 我们认为，金是一种具有金属性质、黄色的、不活泼、有夺目光泽的东西。它在大地的“子宫”中被缓慢蒸煮，受矿水的长时间冲刷；可被锻打，亦能熔融，而且还可以经受住灰吹法和分庚法的试测。由此应该认识到，除非黄金定义中列出的所有原因和差异，就没有什么称得上是黄金。不管用什么方法，任何让金属变黄、具有相等性质、使之净化，就是从任意一种金属中制出了黄金。[②]

引文可见，作为一种自然物，金维系自身之所是，并不需要设定一个逻辑上先在的、是其所是的形式或种差。所谓金仅仅是一种具有特定颜色、性质，通过试金检验标准的东西。无论用什么方法，只要让一种金属通过上述经验性标准的测定和验证，就可以认为是真金。

在关于金的全新认知体系下，保罗运用微粒学说对四元素理论做了全新的解读，进一步澄清了人工技艺在炼金实践中的具体作用原理。首先，他指出土、水、气、火四元素是以微粒的形式存在的。例如土微粒彼此紧密地聚集，形成较大的土微粒。虽然结合很紧密，但原初的小微粒在较大微粒中仍然保持着自己的特性。接着，这些较大的土微粒以各种比例与其他元素的较大微粒紧密聚集，形成金属由以构成的材料。金属的属性既可以归因于原初的小微粒，也可以归因于较大的聚集。[③]其次，“火”作为可以普遍施加的动因是人工技艺的核心。合理运用火，可以再现上述自然生成的过程，使得金属与构成它们的组分和元素间相互转化。但是，保罗强调转化的规律并非如先前思想家所预想的那样，金属被直接分解为简单元素或原初质料，而是向着临近的“矿物或金属本原或组分”分解。金属一旦在炼金活动中失去现有的形式，就会分解为金属的组分或微粒，一旦这些组分或微粒在炼金师的坩埚中获得熔炼和净化，就有可能引发新的性状，完善金属的品质，进而炼出经得起试金检验的真金。[④]

四、小结

保罗为人工技艺所做理论辩护无疑是成功的，他不但完成了对人工技艺正当性的捍卫，而且为弥合亚里士多德主义者在“自然/人工”间设立的割裂带来了希望。首先，通过区分“纯粹人工的技艺”与“完善自然的技艺”，他成功地将以炼金术为代表的人工技艺从欺骗和幻相的责难下解救出来；其次，为了回应亚里士多德主义者的批评，保罗成功发展出经验主义哲学

---

① Newman W, *Promethean Ambitions*, pp. 70-71.

② Pseudo-Geber, *The 'Summa Perfectionis' of Pseudo-Geber*, p. 671.

③ [美]林德伯格：《西方科学的起源》，张卜天译，湖南科技出版社 2013 年版，第 322 页。

④ Newman W, *Atoms and Alchemy: Chymistry and the Experimental Origins of the Scientific Revolution*, The University of Chicago Press, 2006, p. 41.

雏形，将人类经验永远无法企及的实体形式请出了炼金术论域，为嬗变提供了哲学支持；最后，关于金属嬗变的微粒论解释，极大地提升了人工技艺的地位。知识不再是亚里士多德主义主张的那样，是对形式因的静观，而是使微粒聚合、分解的人工技艺的掌握和运用。

保罗经验主义立场上的微粒炼金术影响十分深远。借助于17世纪的医生兼炼金士森纳特（Daniel Sennert，1572—1637）的发展，影响了近代早期机械论实验哲学的形成。玻意耳（Robert Boyle）在《依照微粒哲学的形式与性质的起源》中的文字便体现出其中隐秘的关联：

> 不仅一般炼金师，就连各类哲学家，甚至是经院学者自己都认为贱金属向黄金的嬗变是可能的。据称，如有人能够将任何一小份物质变为黄色、可延展、有重量，且在火中烧结，经得住检测，不溶于强酸，并且那些人们从真金那里辨别到的性质同时呈现其上，他们就会毫不犹豫地将之理所当然地视为真金。在这种情况下，大多数人就会将关于炼金技艺制成的人工物体是否具有金的实体形式的争论留给经院博士们。①

（原载《自然辩证法通讯》2019年第8期；
晋世翔：北京科技大学科技史与文化遗产研究院讲师。）

---

① Boyle R, *Selected Philosophical Papers of Robert Boyle*, Stewart M A (ed.), Hackett Publishing Company, p. 38.

谁是近代化学之父
——化学革命的三种叙事

李文靖

摘　要：传统科学史对近代化学革命的描述为拉瓦锡推翻燃素论、重建基础物质体系并引导化学走上数学化的道路，然而自 20 世纪 80 年代以来兴起的新化学史学则将一批过去默默无闻的化学家引入人们的视域，关注其对“化合”“化合物”等概念的贡献，寻找化学作为一门分支学科不依赖于自然哲学而独立发展的历史线索。本文对新、旧两种编史学纲领进行评述与分析，并提出一种新的编史方法——从早期化学家的基本诉求和关键难题入手，追溯与分析“火”这一特定概念在早期化学思想中的意义变迁与角色作用。

关键词：化学革命；火；化学编史学；化学思想史

论及近代化学之父，绝大多数科学史著述以及科普作品都指向法国 18 世纪化学家拉瓦锡（Antoine-Laurent de Lavoisier，1743—1794）。从 18 世纪末美国费城化学会的年度报告①，到 19 世纪末有机化学家兼化学史学家贝特洛（Marcellin Berthelot，1827—1907）所著的《化学革命》②，再到 2000 年之后的不列颠百科全书③，莫不如此。但是自 20 世纪 80 年代以来，伴随新化学史学的发展，17—18 世纪拉瓦锡之前的一批化学家被带入人们的视域，化学革命的实质与意义也得到不同以往的阐释。新、旧两种编史纲领在目标、方法上构成张力，各有建树，却都存在理论困难，令原本有着明确答案的化学奠基人问题变得富有争议。

一、拉瓦锡、燃素论和化学数学化——经典化学革命叙事及其困难

长时间以来，科学史界对近代化学革命的基本认识是：在拉瓦锡之前，18 世纪欧洲化学家以斯塔尔（Georg Ernst Stahl，1659—1734）为代表普遍持有燃素论，认为物质表现出可燃性是因为物质中含有一种特殊的火物质，亦称燃素（phlogiston）。物质燃烧时释放燃素，由于燃素具有负重量（levity）而燃烧产物增重。18 世纪最后 1/4 个世纪，随着气体化学的发展以及对化学过程称量要求的提高，燃素论逐渐失去其解释力。最终，拉瓦锡提出现代意义上的燃烧理论，取消了燃素的物质实在性，并重新定义化学基础物质的概念，建立起新的化学物质体

① Smith T P, *A Sketch of the Revolutions in Chemistry*, Annual Oration Delivered before the Chemical Society of Philadelphia, 1798.

② Berthelot M, *La Revolution Chimique*, Félix Alcan, 1890.

③ “Antoine-Laurent Lavoisier”, in *Encyclopædia Britannia online*, http://global.britannica.com/EBchecked/topic/332700/Antoine-Laurent-Lavoisier/218480/The-chemical-revolution[2014-10-27].

系。就此，化学领域发生了迟于16、17世纪自然哲学的另一场“科学革命”。化学革命的实质则是化学从一门传统的经验技艺经由自然哲学或者物理学的影响而逐步实现数学化，最终转变成为一门独立的科学学科。[①]随着拉瓦锡革命叙事的流传，“拉瓦锡之前的化学”（pre-Lavoisian chemistry）也成为早期化学的代名词。

经典拉瓦锡革命叙事的相关著述瀚若烟海。早期代表性著作有贝特洛的《化学革命》，该书作者对化学革命进行了这样的概括：

> 有关物质组成的新概念形成了，自古希腊哲学家以来占据统治地位的四元素说土崩瓦解了。四元素中的两个元素气和水，原来被看做是简单物质，现在已经证明可以分解；土曾是一个独特而让人疑惑不解的元素，现在被看做是我们可以精确定义的多种简单物质的经验混合物；火的本质发生了变化，它不再被当做一种特定的物质，而是成为一种现象、状态。最终，学者们以及追随他们的哲学家认识了物质，这些物质在火的作用下服从一个可以应用于整个自然界的区分原则，即可称重、符合平衡原理的物质区别于不可称重、即时逸出的流体。[②]

20世纪上半叶，怀特的《燃素史》[③]和帕廷顿的《对燃素理论的历史研究》有较大影响。[④]怀特指出，拉瓦锡之前的化学界存在着燃烧和煅烧两大问题。化学家观察到燃烧和煅烧的产物重量大于反应物的重量，为了坚持燃素论有关燃素从物质中逸出的原理，只好提出燃素具有负重量的解释。后来拉瓦锡改燃素逸出为氧与物质结合，从而解决了负重量的问题。帕廷顿则详尽地梳理燃素负重量的概念如何从古典时期、中世纪一直到18世纪逐步演变，即以广阔思想史观照化学的发展过程。

怀特与亨廷顿二人的工作将化学革命聚焦在燃素问题上，又将燃素问题集中在负重量问题上，其他科学史学家则希望获得更开阔的画面、发掘更深层的线索。于是，化学如何吸收自然哲学的机械论成为一个研究重点。不过，一旦如此，拉瓦锡的化学奠基人地位就在一定程度上受到动摇。例如，玻意耳于17世纪60年代写作《怀疑的化学家》一书，率先将机械论引入化学。库恩（Thomas Kuhn，1922—1996）的《玻意耳与17世纪的结构化学》[⑤]和博厄斯（Marie Boas）的《玻意耳与17世纪的化学》都对玻意耳的开创性贡献进行了深入的研究。[⑥]18世纪上半叶著名的化学家、莱顿大学教授布尔哈弗（Herman Boerhaave，1668—1738）对化学吸收机械论也有突出贡献。麦茨格在《牛顿、斯塔尔、布尔哈弗与化学理论》中对此有研究。[⑦]而多纳文在《苏格兰启蒙中哲学化的化学——库仑与布莱克的论述与观点》中则又突出了苏格兰科学家库仑（William Cullen，1710—1790）和布莱克（Joseph Black，1728—1799）的贡献。

化学吸收机械论并不必然带来化学的数学化，因为至少在19世纪初道尔顿建立原子论之

---

① Lavoisier A L, *Elements of Chemistry*, Kerr R(tran.), Edinburgh, 1790, p. xxvi.

② Berthelot M, *La Revolution Chimique*, 1890, p. 4.

③ White J H, *The History of the Phlogiston Theory*, E. Arnold & Co., 1932.

④ Partington J R, *Historical Studies on the Phlogiston Theory, Series: Development of Science*, Arno Press, 1981.

⑤ Kuhn T, “Robert Boyle and structural chemistry in the seventeenth century”, *Isis*, Vol. 43, No. 1, 1952, pp. 12-36.

⑥ Boas M, *Robert Boyle and Seventeenth Century Chemistry*, Cambridge University Press, 1958.

⑦ Metzger H, *Newton, Stahl, Boherhaave et la Doctrine Chemique*, Félix Alcan, 1930.

前的相当一段历史时期，机械论对化学反应的解释停留在想象中的物质小颗粒的聚合或分离上。由于这些被称为基本粒子的小颗粒的性状、大小均无从得知，化学家也就无法将其与实际化学实验的称量结果直接关联起来。但是，机械论为化学提供了量化的观念。这就又回到拉瓦锡这里，因为是他较早提出化学数学化的目标。格拉克在《拉瓦锡的关键年——1772年燃烧试验的背景与起源》中研究了拉瓦锡和拉普拉斯如何对热进行测量以此实现化学数学化的过程。[①]因此，尽管玻意耳、道尔顿以及其他化学家的贡献不可低估，但在数学化的研究框架下，拉瓦锡的奠基人地位仍保持稳固。

经典拉瓦锡革命叙事是脉络严整而富于成果的，但是却在一些关键问题上存在漏洞。例如，贝特洛预设，拉瓦锡革命之前亚里士多德四元素说和燃素论占据统治地位，燃素论是对四元素之一的“火”的更具体、精细的表述。但是实际上，18世纪60、70年代法国化学界首推鲁埃勒（Guillaume-François Rouelle，1703—1770）的四元素理论。鲁埃勒只是沿用亚里士多德的元素名称，却认为元素是具体、有形的基础物质，并且既是元素又是化学工具，这与亚里士多德的理论已经有本质的区别。[②]

有关燃素论式微的叙述十分常见，但是早期化学家有多注重化学过程中的称重问题尚不得而知。西格弗里德不无犀利地追问，燃烧和煅烧两大问题究竟是历史上化学家面对的难题还是后来化学史学家臆想历史人物需要面对的难题。[③]

数学化的线索也有问题。霍姆斯指出，拉瓦锡的原文笔记反映出其并没有严格执行数学化纲领。[④]实际上早在18世纪末，与拉瓦锡论战的英国化学家柯万（Richard Kirwan，1733—1812）便在《论燃素》中证明其论证过程的数学精度高于拉瓦锡。当时另一位化学家、柯万著作的翻译者尼克尔森（William Nicholson，1753—1815）则指出，拉瓦锡的量化数据不过是一种让真相愈加不明的“炫示”。[⑤]也就是说，拉瓦锡在何种意义上完成了化学数学化并不明确。倘若人们再追问：数学化能否足以建立起当时化学家所需要的知识合理性和合法性？化学数学化是不是早期化学发展的唯一趋向？化学数学化的历史叙事则面临更大挑战。

在拉瓦锡革命叙事中，拉瓦锡是横空出世的英雄，他扭转了化学领域一片忙乱无序的局面，而其他化学家的工作如果没有指向数学化结果的话便显示不出历史研究的价值。霍姆斯批评这种研究倾向时说：

> 科学史学家发现很难不将18世纪的化学看做是科学革命上演的舞台，他们强烈倾向于将现代化学的到来等同于拉瓦锡于1771—1789年建立的化学体系。结果在此之前发生

---

① Guerlac H, *Lavoisier, the Crucial Year: the Background and Origin of His First Experiments on Combustion in 1772*, Cornell University Press, 1961.

② Rouelle G F, *Cours de Chymie,* 1757-1780, pp. 23-62; Bibliothèque numèrique medica Cote MS 5021. http://www2.biusante.parisdescartes.fr/livanc/?cote=ms05021_23x01&p=14&do=page[2014-11-19].

③ Siegfried R, “From elements to atoms: a history of chemical composition”, *Transactions of the American Philosophical Society*, Vol. 92, No. 4, 2002, pp. 101-120.

④ Holmes F L, *Lavoisier and the Chemistry of Life: An Exploration of Scientific Creativity*, University of Wisconsin Press, 1985, pp. xv—xx.

⑤ Kirwan R, *An Essay on Phlogiston and the Constitution of Acids*, J. Johnson, 1789, pp. ii—xii.

的所有事件总是被看做高潮事件上演前的序幕。①

二、寻求化学独立发展线索的新编史纲领

自 20 世纪 80 年代以来，霍姆斯（Frederic Lawrence Holmes，1932—2003）、克莱因（Ursula Klein）、西格弗里德（Robert Siegfried）和金（Mi Gyung Kim）等科学史学家开始重写化学革命史。他们避免将近代化学的出现描述为传统化学被动接受自然哲学和物理学方法的过程，跳出拉瓦锡、燃素论和化学数学化的叙事方式，转而寻找特定化学概念的变化过程。

“亲和力”（affinity）和“盐”（salt）成为新的研究热点。对于早期化学家来说，寻找微粒或者元素的工作尚处于假想的阶段，酸、碱、盐却是具体可操作、可辨识的实实在在的化学物质。所以，这些科学史学家提出，早期化学家有关酸碱中和和金属置换等过程的认识中暗含着他们对化学反应本身的基本认识。经由这些研究者的工作，历史上一批化学家如翁贝格（Wilhelm Homberg，1652—1715）、莱默里父子（Nicolas Lémery，1645—1715；Louis Lémery，1677—1743）、布尔哈弗、鲁埃勒、马凯（Pierre Joseph Macquer，1718—1784）等人开始进入人们的视野。

霍姆斯较早指出，化学作为一门学科，其发展过程并不限于几个历史人物头脑中对化学理论的建构，而是“认识、操作、组织、社会和文化等各个层面所形成的一个网络”②。从这一观点出发，他将研究重点转向拉瓦锡之前十分活跃且日渐成熟的盐溶液研究以及硫酸和苏打的工业生产，并提出应注重“中盐”（middle salt，即酸性物质和碱性物质中和的产物）这一化学概念的出现。

克莱因在霍姆斯的思路上更进一步，在《“化合物”概念的起源》一文中分析了日夫鲁瓦（Etienne François Geoffroy，1672—1731）于 1718 年在巴黎科学院《论文集》（*Memoires*）上发表的《亲和力表》（*Table des rapports*）。该表列出当时化学家熟知的酸、碱、金属等物质，按照这些物质之间的“亲和力”（rapport）大小来排序，实质上是给出了大量置换反应和复分解反应发生的可能性。例如：AB+C→A+BC，这一过程被解释为 A 和 B 之间的亲和力弱于 B 和 C 之间的亲和力，因而三者之间发生了重新组合。继日夫鲁瓦之后，化学家不断扩充和修改《亲和力表》，18 世纪出现的类似表格有 30 多个，此类研究一直延续到拉瓦锡之后。

在传统化学史中，《亲和力表》仅仅被视为对经验知识的总结。“亲和力”概念要么被看作对牛顿有关物体之间作用力的简单套用，要么被看作对炼金术中“爱与憎”观念的直接沿袭。但是，克莱因打破了这一点，她论证指出《亲和力表》暗示出三个基本概念：①纯化学物质；②分析和合成中的物质守恒原理；③物质之间存在有规律的联系。而这三个概念结合起来，便是化学反应中“化合物”（chemical compound）的概念。③这样一来，近代化学出现的历史时段就被向前推至 18 世纪早期，而化学之父似乎也成为这位皇家花园的化学教授日夫鲁瓦。

---

① Holmes F L, *Eighteenth-century Chemistry as an Investigative Enterprise*, University of California Press, 1989, p. 3.

② Homles F L, *Eighteenth-century Chemistry as an Investigative Enterprise*, 1989, p. 126.

③ Klein U, “Origin of the concept of chemical compound”, *Science in Context*, Vol. 7, No. 2, 1994, pp. 163-204.

克莱因本人并未道明这一点，但是却指出，由于“化合物”概念的三层意思不是来自机械论，而是来自16世纪的制药和17世纪的冶金业，因此近代化学是否源自自然哲学的机械论值得商榷。

西格弗里德同样强调要关注早期化学家对化学反应本身的认识，并指出：亚里士多德的元素理论预设变化是一种连续变化，即反应物与产物是同质而不是异质的，而真正意义上的化学变化是生成异质物，发生了一种物质实在性的断裂。他关注“化学合成”（chemical composition）概念的形成，将“化学合成”定义为两方面含义：①化学意义上“简单物质”的存在；②与传统的“分析”概念（analysis）相对的“合成”（composition）概念。西格弗里德提出：拉瓦锡不过是化学开始向这两方面演变的起点，而道尔顿提出原子理论才是“化学合成”概念成熟的标志。[①]换言之，该研究者用“去物理学”的研究方法得出了以物理学的物质理论为中心而可简单推知的结论，即道尔顿是近代化学的奠基人。

新化学史学的集大成之作当数金的《亲和力：那抓不住的梦》。[②]该著作以盐化学的发展为线索，重新叙写从帕拉塞尔苏斯到拉瓦锡的化学史，完全突破了传统的拉瓦锡革命叙事。金的一个基本观点是：化学分为哲学、理论和实践三个层面，盐化学作为化学理论将化学哲学和化学实践联系在一起，其出现和日臻完善才是近代化学产生的要素。

然而，新化学革命史在论证方面的弱点是明显的。它一方面将研究对象向外拓展，增加了对大量化学实践的描述；另一方面却仍然坚持寻找某些基本概念的微妙变化，这两个研究目标难以同时实现。霍姆斯、克莱因和金等人对化学实践的具体描述和对基本概念变化的分析两方面内容只显示出十分薄弱的联系。他们虽然打破了传统的拉瓦锡革命叙事，却未找到足够有说服力的化学思想演变线索；他们在对拉瓦锡和其他化学家的评价方面显示出公正的态度，可是却没有在各历史人物之间建立起比时间线索更加紧密的联系；他们强调化学作为一门科学分支的独立性，可是展示给读者的依然是该领域大量的实践内容和薄弱的理论建构，这反倒印证了“化学更接近于一门技术”这一传统印象。

三、早期化学家的难题与“火”概念

科学史学家的困难恰恰折射出历史上科学家的困难。是暗含于科学史的矛盾和张力而不是具有确定性的知识累积、实验操作和理论表述提供了科学内部根本性概念转折的条件和背景。正是化学家前后不一致、含糊歧义的表述而不是他们传递给历史学家言之凿凿的定论反映出这一深层的概念变化。要理解早期化学思想及其转折，应该从历史上化学家的基本诉求和困难入手。

现代化学用物质的内部组成即分子、原子或者原子团来命名一个化学物质，但是早期化学中物质的名称来自其原产地、历史传统、与其他有着更为明显的公认特征的物质之间的联系、制取方法或者物质本身的表观性质。例如，“锑”一词（拉丁文 antimonium，或者法文

① Siegfried R, *From Elements to Atoms: A History of Chemical Composition*, 2002.

② Kim M G, *Affinity, That Elusive Dream: A Genealogy of the Chemical Revolution*, The MIT Press, 2008.

antimoine）是“杀死僧侣”（早期炼金术士很多是僧侣）或者“拒绝独处”（未发现不呈合金态）的意思。“硫华”（fleur de sulphur）便是以硫的结晶状而得名。“酸”（acides）是因为释放出像醋一样的酸味而得名，“酸精”（esprits acides）指酸蒸馏后得到的挥发性产物。“油”指不溶于水、可燃、滑腻的油脂类物质。“土”指一般反应后的残存物，如煅烧后的金属渣或者蒸馏后的残存物。早期化学家认为“土”具有惰性，因而反应后被残存下来。“固定碱”（alcali fixe）指不具有挥发性、具有苦涩味一类盐物质。

表观性质往往不稳定，因而早期化学家对物质的鉴定与分类不容易达成一致的看法。化学家很难在一个物质变了还是没变、此物质非彼物质这一根本性问题上做出确定性的判断。一个化学家可以仅仅从直觉判断出发来选择和公布他所认为的最好成果。18 世纪 30 年代布尔哈弗任莱顿大学化学教授作题为《论化学如何清除其谬误》的演讲时便指出：由于化学家通过肤浅的观察得出草率结论，化学界派系林立。[①]拉瓦锡也指出，化学要成为一门真正的科学，必须实现语言、事实和思想三个层面的统一。[②]

然而，从 16 世纪中期帕拉塞尔苏斯派兴起到 18 世纪 80 年代拉瓦锡的活跃丰产时期，化学恰恰经历了一个不断寻求其知识的合理性和合法性的过程。帕拉塞尔苏斯派倡导“化学化的哲学”（chemical philosophy），在浓重的宗教色彩掩映之下将化学的认识意义带入欧洲知识界。玻意耳提倡“哲学化的化学”（philosophical chemistry），主张用微粒哲学改造化学，令其真正成为自然哲学的分支。18 世纪的化学家受到玻意耳的微粒哲学和笛卡儿“统一科学”思想的共同影响，努力将化学知识变成与物理学和天文学一样具有确定性的知识。但是与此同时，他们也强调化学的“自治”。18 世纪的化学家一改从前粗笨的作坊工人和古怪的炼金术士一类不佳形象，跃居知识金字塔的顶端，变成令人尊敬的科学院院士、大学教授或皇家医生。他们一方面要借助物理学的成功，在物质理论方面与物理学分享确定性；另一方面则要表明：他们能够理解化学过程区别于物理过程的本质，能够回答变与不变和变成什么这类问题。

这样一来，用表观性质解决变与不变问题的方式与寻求理解化学反应本身的诉求构成了早期化学中“理想与现实的矛盾”。这一矛盾反映为早期化学家不断寻求但却始终难以得到一个有关化学反应过程的明晰、一以贯之的基本理解图式。早期化学家从三个不同的维度来理解化学变化过程。[③]第一，传统的亚里士多德四元素和帕拉塞尔苏斯三基质以及经过改造的 18 世纪早期的五基质；第二，组成物质的最小单位即微粒；第三，酸、碱、盐溶液和亲和力。

由于一个明晰的、一以贯之的化学反应基本图式既是早期化学家的诉求却又求而不得、隐而不现，研究早期化学应着眼于一个新的考察框架和概念工具。早期化学家理解化学反应的不同层面即四元素或者三基质、微粒、酸碱盐溶液尽管呈现分裂的状况，但是却都暗示出化学反应基本图式的两个基本要素：物质体系和化学反应机制。其中，物质体系可以分为两个领域：基础物质和由基础物质组成的普通物质。化学反应机制可以分为三个方面：动因、反应条件、

---

① Boerhaave H, “Dissertatio de chemia suos errores expurgante”, in Brill E J, *Boerhaave's Orations,* Leiden University Press, 1983, pp. 180-214.

② Lavoisier A L, *Elements of Chemistry*, Edinburgh, 1790, pp. xiii-xv.

③ Duncan A, “Particles and eighteenth century concepts of chemical combination”, *The British Journal for the History of Science*, Vol. 21, No. 4, 1988, pp. 447-449.

反应方式。对于一个特定的化学反应过程，反应物、生成物、动因、反应条件和反应方式这几个基本要素构成了化学家理解它的基本图式。对于早期化学家来说，若要建立化学知识的合理性和合法性，则须建立严整的物质体系，同时还需要对化学反应机制进行明确而前后一致的说明。化学家要对于一个特定的化学反应进行正确的说明，意味着他要对反应物、生成物、动因、反应条件和反应方式几个要素之间建构起来一种稳固的关系。这一稳固关系是化学理论确定性的来源。

与现代化学相比，早期化学家的化学反应图式中几个要素相互提供合理性的倾向更加明显。例如，在早期化学课本中，“化学工具”部分是与物质体系（通常分为植物和动物物质、矿物和金属，后来包括酸、碱、盐部分）并立的一部分内容。早期化学家的“化学工具”概念包含有“化学动因”和“反应条件”两方面意思。这一事实暗示出早期化学家意识到单凭物质理论是不够的，只有建立起包括物质体系和动因在内的一系列要素的稳固联系，才能保证化学知识的合法性和确定性。恰恰由于早期化学家在无法深入物质内部结构而建立物质命名和分类体系、在实验中无法找到基础物质、无法通过表观性质变化，所以需要通过对变化的动因和条件的说明来支持他们有关特定反应物生成特定产物的说明。

无论传统编史学还是新编史学纲领都已经对化学基础物质的概念和化学物质体系的建立过程进行了大量的研究，而对于化学反应机制、化学工具、动因与条件、反应方式的关注较少。然而实际上，后者不仅仅是化学家进行具体实验操作的历史现实条件，更是化学家对化学反应过程本身的基本理解的重要组成部分。因此，理解早期化学思想及其转折，应寻找与后者有关的新概念工具。

其中，“火是令变化反应发生的动因”便是这类有价值的概念工具之一。

科学史学家对“火”这一概念的价值评估往往局限于历史人物对燃烧现象的认识或者历史上围绕燃素的物质实在性的争论。但是实际上，“火”概念的影响不限于化学史，在化学史上的影响也不限于燃素论。“火”这一特定概念贯穿于广阔而漫长的思想史，在古典哲学、基督神学、科学革命以及启蒙运动等不同阶段都被赋予特殊的认识意义，例证并影响了这些特定的思想情境。近代早期以来，火的认识意义更为实在地反映为早期科学人头脑里新旧观念交替的困顿与矛盾之中。继承传统“火”概念的各个分支学科在基本理论形成之初都曾发生过围绕“火”问题的争论。“火”作为一个传统的哲学概念携带着一些传统的预设而进入早期各个分支学科远未成熟的概念框架，塑造并标识出基本概念框架的形成过程。而这一互动过程绝不是经验事实累积而推翻原有预设那么简单，早期的科学人对观察和事实的模糊界限保持着甚至高于今天的警觉性，他们在接受统一的概念框架之时显得矛盾重重、取舍不定。尤其是在拉瓦锡之前的化学中，“火”问题引发的研究兴趣和理论矛盾同时凸显出来。

在近代化学形成的过程中，化学家除了解释燃烧现象和寻找燃素之外，还研究火的动因作用。与其他接管“火”概念的分支学科不同，化学自古以来便是“火的技术”（pyrotechnie）。[①]

① Lemery N, *Cours de chymie , contenant la manière de faire les opérations qui sont en usage dans la médecine par une méthode facile, avec des raisonnements sur chaque opération*, Paris, 1675, p. 2. https://gallica.bnf.fr/ark:/12148/bpt6k739985/f33.item.r=Nicolas%20Lemery.zoom[2019-03-20].

从古代到至少18世纪中期之前，蒸馏、燃烧、煅烧和发酵等火分析方法主宰着化学的实践领域，占据了化学实践者的几乎全部视觉体验。但是，长时间以来，“火引发化学变化”，这只是化学操作者熟视无睹的一个实验情境，并不是化学家要建构化学理论时所必须阐明的一个理论概念，或者在化学操作者的观念中至多存在着一个高度形象化、具有神性的火。

然而，自16世纪帕拉塞尔苏斯派兴起至18世纪最后1/4世纪拉瓦锡掀起化学革命这一历史时期，“火引发物质变化”这一观念开始成为化学家研究、发表、宣讲和争论的一个问题。早在玻意耳之前，当16、17世纪化学尚未从医学、制药业中分化出来之时，围绕这一观念的广泛而激烈的争论已经发生。玻意耳在《怀疑的化学家》中用相当一部分篇幅回应了这一争论。翁贝格、莱默里父子、布尔哈弗、马凯等人都有关于这一问题的论述或者专著。包括拉瓦锡在内的几乎所有化学家都承认火有两种特性或者存在两种火，即火作为动因引发化学反应过程和火作为物质参与化学反应过程。在他们构建化学理论的努力中，包含着对于两者同时的理性化。

曾经被视而不见或者高度神化的火动因变成一个需要被研究的问题，这是一个值得关注的历史现象。如果考虑拉瓦锡之前化学家建立其知识体系合理性和合法性的需要，则可以发现火作为化学动因在物质体系尚不成熟的条件下帮助稳固化学头脑中理解化学反应本身的基本图式。

另外，对火的物质实在性和动因作用的认识在拉瓦锡之前化学中显示出一种张力。“火”作为一种元素从亚里士多德开始便具有物质性。亚里士多德指出火是热与干两种性质结合的有形物质体现，尽管这里的火元素并不是真正具体、有形的如火焰状的东西，但是只有在早期化学兴起之后，火作为一种化学物质的意义才逐渐显示出来，即通过化学反应过程与其他物质发生联系、相互转化。例如，根据帕拉塞尔苏斯派的物质理论，“硫”是令物质具有可燃性质的基础物质，即普通物质分解后它所含有的硫基质表达出来。尽管帕拉塞尔苏斯派的“硫”还不是具体、有形的物质内部组分，而是半精神、半物质的“基质”，但是普通物质与硫基质通过反应变化过程联系在一起这一观念是得到承认的。再例如，日夫鲁瓦的《亲和力表》中，“油基质或者硫基质”（principe huileux ou soufre principe）是一种可以得到实验证据支持的与其他不同物质具有不同的亲和力的实在物质。①由于对火物质的研究已经比较充分，因此可以为对火的“动因”含义的研究提供资源。反过来，对后者的研究也必将拓宽对前者的既有研究所设定的历史视野。

火是一种运动变化的基质，这一观念自古有之。火的特殊的“动因”意义与历史上“火”概念所承载的神性意义联系在一起。火的神性的消解一般被归因于近代早期的自然哲学。但是，传统哲学中的“火”概念的“动因”意义在早期化学中并没有消失。相反，由于化学家建立一个化学反应图式的需要，这样一个动因的要素在化学家的工作与表达中得到了突出。特别是在物质体系不成熟的前提下，化学说明中需要用动因这一要素来保证特定的反应物生成特定的产物并确定反应的方向，这一倾向在化学家的陈述中十分明显地表现出来。例如，帕拉塞尔苏斯派提出火令所有的物质分解还原为三种基质。基础物质是寻而未见的，而火这种特殊动因的使

---

① Geoffroy E F, “Table des differents rapports”, *Histoire de l'Académie royale des sciences avec les mémoires de mathématique & de physique tirez des registres de cette Académie*, 1718, p. 212.

用保证了反应物是三种基质（至少是三种基质的表达形式）这一结论的合理性。

火的物质实在性和火的特殊动因意义这两个主题交织在一起，同时出现在拉瓦锡之前的众多有影响的化学家的著述中。例如，翁贝格进行透火镜煅烧金属实验，试图因此找到组成物质的最小微粒。[①]但是同时他又提出，令金属增重的原因是穿过火镜、与原来金属结合在一起的火物质。再例如，当化学吸纳了微粒哲学之后，火是一种极其精微的粒子几乎是所有化学家都承认的论断。那么，既然精微到可以穿透一切物质的孔隙，又如何对其他一般物质发生作用？翁贝格、莱默里、布尔哈弗都试图建构一个合理的火作用于其他一般物质的机制。还有，拉瓦锡之前鲁埃勒的元素-工具理论也令火的两重意义构成一种张力关系。如果详加分析这两个主题分别在某一位化学家的具体工作中的分量和意义，便可能理解“火”概念在一个日渐明晰的化学反应图式中所扮演的角色。若将多位化学家的“火”概念关联起来，可以从多层面、深层次理解早期化学思想的变迁，为重述化学革命提供一个新的视角。

综上所述，围绕近代化学之父系何人的问题，经典拉瓦锡革命叙事和新化学革命史各执一词、莫衷一是，构成有关近代化学起源问题的有趣争论。“火是令反应发生的动因”等一类概念则有可能加入这一争论，提供对早期化学思想及其转折点的深入理解。无论争论的结果如何，未来研究化学革命的方向都将是首先承认化学这一学科的特殊性和多样性。

（原载《中国科技史杂志》2019 年第 1 期；
李文靖：中国社会科学院世界历史研究所助理研究员。）

---

① Homberg W, “Observations faites par le moyen du Verre ardent”, *Histoire de l’Académie royale des sciences avec les mémoires de mathématique & de physique tirez des registres de cette Académie*, 1702, pp. 141-149.

论 点 摘 编

科 学 史

论吴文俊院士的数学史遗产

李文林

吴文俊（1919—2017）院士从20世纪70年代中期开始介入中国数学史研究，先生在逼近花甲之年，以战斗的姿态和科学的热情，古为今用，开创了数学机械化的崭新领域；同时以战斗的姿态，亲自深入数学史研究，以揭示历史本来面目为己任，为弘扬中国古代数学文化做出了巨大贡献。

一、“古为今用”——开创数学机械化的新领域

根据吴文俊的自述，他的“数学机械化”思想与早先尝试几何定理的机器证明，主要有三个方面的历史来源。

（一）中国传统数学中的几何代数化

正如吴文俊本人所说：“几何定理证明的机械化问题，从思维到方法，至少在宋元时代就有蛛丝马迹可寻。虽然这是极其原始的，但是，仅就著者本人而言，主要是受中国古代数学的启发。”

（二）笛卡儿“通用数学”的机械化思想

吴文俊多次在讲演与论文中征引笛卡儿未完成的著作《指导思维的法则》中的所谓“通用数学”计划。笛卡儿计划是将一切问题化为代数方程问题，最终将代数方程组化为单个代数方程并用机械化的方法求解。笛卡儿的计划远远超越了时代，直到20世纪70年代，求解非线性多项式方程组的机械化算法才取得重要突破，这就是吴文俊建立的“三角化整序法”，国际上称为“吴方法”。吴方法是在现代代数几何的基础上发展中国古代“四元术”消去法而取得的成果，是吴文俊“数学机械化”思想的基石。

（三）希尔伯特《几何基础》中的机械化定理

《几何基础》一直以来都被奉为现代公理化方法的经典，然而其中却包含算法化的思想。吴文俊也从中获得了几何定理机械化证明的思想借鉴。

吴文俊创立数学机械化理论是当代研究与历史借鉴完美结合的范例。其创新过程是值得数学史与数学工作者认真研究和探讨的课题。

二、“数学主流性”——开拓中国数学史研究新阶段

大约从1975年起，吴文俊发表了一系列中国数学史研究论著，这些论著自始至终贯穿着中国古代数学对世界数学主流的贡献这一重大主题。

（一）论证中国古代数学的“主流性”

在吴文俊看来，数学发展的主流有两种模式，一种是公理化（演绎）模式，一种是机械化（算法化）模式，前者以希腊演绎几何学为代表，后者以中国古代解方程为中心的代数学为代表，两者相互平行、相互交织，共同促进世界数学的发展。就对促进近代数学产生的贡献而言，后者的意义绝不亚于前者，甚至更有利于近代数学的产生。吴文俊这一论断，颠覆了以往西方数学史学者的数学史观。

（二）倡导“古证复原”的数学史研究方法

作为严谨的数学史家，吴文俊特别重视历史研究的实证与客观性，为此他特别提出了研究古代数学史的几条方法论原则，后来将其提炼为两条最基本的原则：

原则Ⅰ：所有研究结论必须在幸存至今的原著的基础上得出。

原则Ⅱ：所有结论必须利用古人当时的知识、辅助工具和惯用的推理方法得出。

（三）“出入相补”等原理的精辟提炼

吴文俊通过对重差术与天元术的关系的研究，揭示出中国古代数学家在“出入相补原理”引导下，将几何问题转化为代数方程求解的规律，从而发现了中国传统数学中“几何代数化”这一更为本质的特征，与希腊演绎几何形成鲜明的对照。

三、“丝路基金”——吴文俊数学史思想和理念的集中体现

吴文俊“数学与天文丝路基金”的宗旨是调查、考察、澄清沿丝绸之路国家和地区之间的数学与天文学交流的情况，进一步发掘各古代文明的数学与天文遗产，探明近代数学的源流。笔者认为，丝路课题可以说是凝聚了吴文俊最主要的数学史思想和理念：他关于数学发展主流的观点和古为今用、自主创新的理念等。在2000年前后，吴文俊提出这样的丝路课题，可见他非同一般的远见与卓识！

四、“准备战斗”——继承、捍卫、发展吴文俊数学史遗产

吴文俊在发表第一篇数学史论文时就掷地有声地发出了“准备战斗”的壮语！

（一）是不是具有民族主义倾向？

与狭隘的民族主义截然不同，吴文俊在肯定中国古代数学的价值及其对世界数学发展主流

的贡献的同时，坚持认为数学研究的两种主流“对数学的发展都曾起过巨大的作用，理应兼收并蓄，不可有所偏废”。在吴文俊的著述中不乏类似论述，说明了他对数学史的客观与科学的态度，也说明了他对不同文化传统兼容并蓄的博大胸怀。而他的数学机械化理论，恰恰是中西融合的闪亮的金块。

（二）是否夸大了中国古代数学的成就与意义？

如果深入认真了解了赵爽、刘徽、祖冲之父子、朱世杰等人的工作，就绝不会认为吴文俊夸大了中国古代数学的成就。即使到目前，就总体而言，中国古代数学并不是被不恰当地高估了，而是期待着进一步的挖掘与更充分的认识。

总之，吴文俊是第一位明确提出与希腊演绎式数学相并行的另一条数学发展主流线索的数学家，并且深入探讨了这条主线的特征，分析了近代数学兴起中东方元素的作用。这无异于在科学史研究领域提出了新的价值标准与评价体系，将中国数学史的研究推向了一个新阶段。

吴文俊院士为我们留下了宝贵的数学史遗产！我们要以他为榜样，以战斗的姿态，继承这笔遗产，捍卫这笔遗产，发展这笔遗产！

（摘自《上海交通大学学报（哲学社会科学版）》2019 年第 1 期；
李文林：中国科学院数学与系统科学研究院研究员。）

和算成就对吴文俊中算史观的诠释

徐泽林

吴文俊认为数学发展的主流并不像以往有些西方数学史家所描述的那样只有单一的希腊演绎模式，还有与之平行的中国式数学，而就近代数学的产生而言，后者甚至更具有决定性的（或者说是主流的）意义。他抓住近代数学两个核心领域——解析几何与微积分的思想方法展开分析，通过分析中算重差术与天元术关系，认为出入相补原理引导中算家将几何问题转化为代数方程求解，从而逐步形成几何代数化，而几何代数化在近代数学的形成过程中发挥了重要作用。学界一般认为微积分只是在古希腊数学的基础上发展起来的，是古希腊数学严密推理模式的产物，但吴文俊认为近代数学中必不可少的完善的实数系、代数化与解决实际问题的算法化，主要是中国式数学的传统。然而，中算无穷小算法在祖冲之（429—500）父子之后停滞不前了，几何代数化与数学机械化在朱世杰（1249—1314）之后随天元术的失传而衰微了，明代数学甚至出现了倒退。中算的历史发展并没有出现吴文俊所说的结果，那么吴文俊对中算的分析与评价是否夸大其词、言过其实呢？学界对吴文俊的观点还存在一些误解或争议。

我们无法假设明末之后若中算不受西方数学影响的后续发展结果，但可将历史考察的视野扩大到汉字文化圈来审视吴文俊对中算的认识，而且他也在多种场合措辞用的是“中国式”数学，非限指中国数学。汉字文化圈数学起源于中国的先秦，奠基于两汉，充实于魏晋唐，精进于宋元，延续于明代，分化于17—19世纪（清代数学、和算、东算）。和算作为宋元数学在江户日本的延续发展，保持了汉字文化圈数学的根本性而与清代数学的中西融合状况不同。其成就反映在解代数方程、采用文字代数并建立了消元法、代数化几何的繁荣、无穷小算法的发达，以及构造性、机械化算法的丰富等方面，某些成果达到了欧洲近代数学水准。和算成就有力地旁证、诠释了吴文俊的中算史观。文章从三个方面予以分析和论述。

中算的几何代数化与数学机械化传统在和算中获得发展。和算家通过《算学启蒙》接受了天元术，并将其改进为所谓傍书法的符号代数方法，从而形成所谓“演段”的推演多项式方程式的代数演算方法。为求解多元高次方程组，关孝和创立了名为解伏题的消元法，其实质是对多元高次代数方程组整序以化成三角形方程组的机械化程序，作为副产品，在消元过程中创立了行列式 Sarrus 展开算法。建部贤弘（1664—1739）、井关知辰（18 世纪）改进关孝和展开法的缺陷，采用 Vandermonde 展开法；久留岛义太（？—1757）改用 Laplace 展开法。行列式算法是和算走向近代数学的重要标志性成果之一，其产生的背景与西方行列式产生的背景迥异，而且时间也都早于西方。和算家在消元法方面的成就印证了吴文俊的精辟论断，解伏题正是朱世杰四元术的发展，而推动其发展的决定性因素正是在天元术基础上发展起来的文字代数方法。由于解多元高次方程组的算法获得突破，《算学启蒙》中几何图形计算的传统在17世纪以后的和算中日益得到强化。和算在代数分析与数学机械化方面的成就与笛卡儿的解析几何东西辉映，而且相较于19世纪以前欧氏几何知识的很少增长，和式几何丰富了初等几何的内容，丰富了世界数学文化的内容。

以和算圆理成就来印证吴文俊对中算无穷小算法的观点。圆理指计算圆周率、圆面积、弧长、球体积，以及其他曲线、曲面体的算法。近代数学无穷小分析的起源有物理学和几何学两方面背景，东亚传统知识中物理知识比较贫弱，无穷小计算主要反映在几何求积方面。关孝和将《授时历》的招差术推广为一般化的累裁招差法和混沌招差术（牛顿插值公式）并应用于圆理计算，用碎抹术（无穷分割）求圆周率、球体积、球冠积、畹背（阿基米德螺线）、弧长，开和算无穷小算法之先河。建部贤弘创立了Richardson外推法以求圆周率与弧长，成功地将弧长展成矢 h 的无穷级数；其“薄皮馒头法”求球表面积反映的是微分思想，将球视作顶点在球心的无限个锥体所形成，锥底面是球表面的微元，与17世纪欧洲数学家开普勒求圆面积和球体积的思想一致；受《授时历》中月离表的启发建立了求多项式函数极值的方法。久留岛义太、松永良弼（?—1744）等人建立了无穷级数的代数运算与级数反演运算，推演出许多相当于三角函数与反三角函数的无穷级数展开式。松永良弼将关孝和求球体积方法推广到无穷情形而确立了定积分方法。安岛直圆（1733—1800）采用定积分算法求弧长的无穷级数展开式，其“二次圆理缀术”相当于二重积分法，使圆理算法实现了跨越性进步。和田宁（1787—1840）建立了被称作“圆理豁术”的一般化方法（4种基本分割法：截径法、截弦法、截矢法、截弧法）以解决各类复杂图形的求积，并制作了一系列“叠表”（统称为圆理表）用于各种复杂的曲边形体的求积等。和算家明确使用“极限”概念，圆理算法有赖于娴熟的数值分析，这得益于采用10进制位值记数法而构成的完整实数系。体现了吴文俊所认为的，中国和印度古代数学中的数系比较先进和完整，比西方古代数学更能促进欧洲近代数学的发展。圆理成就让我们看到了中算如何走向微积分的自然、合理、通畅的路线图。

和算中精彩的“术”体现了东亚传统数学的程序化与构造性。中算的算法在和算中都获得了发展，程序性较强的有关孝和的累裁招差法、关孝和的混沌招差法、关孝和与建部贤明（1661—1716）的零约术（有理逼近算法）、关孝和的穷商术（求方程实数根的牛顿迭代法）、久留岛义太的平方零约术（二次无理数的有理逼近法）、久留岛义太的执中法（牛顿二分法）、建部贤弘的累遍增约术（Richardson外推法）等。和算中绝大多数算法的程序都十分精致，循环、迭代程序十分普遍。构造性数学主要是构造解决具体问题的算法，忽视解的存在性，一些算法也存在缺陷。

和算成就表明东亚传统数学在代数学、微积分学的形成上并不逊色于西方数学，有力地旁证了吴文俊对“中国式”数学的评价。至于近代数学诞生于文艺复兴后的欧洲，还主要是由于特定的社会因素的作用。

（摘自《上海交通大学学报（哲学社会科学版）》2019年第1期；
徐泽林：东华大学人文学院教授。）

基础科学研究：基于概念的历史分析

张九辰

基础科学研究，是科学体制化以后出现的概念，并逐渐成为衡量一个国家科学技术总体水平和综合国力的重要标志。虽然目前尚无统一的定义，但在科技文献与社会语境之中，它经常与应用研究、技术开发、社会公益性研究等作为一个概念群，出现于各种文献当中。

文章首先从基础科学研究的概念表述入手，考察其含义和使用方式的变化，分析不同历史时期人们对它的认知。从历史上几个科技发展长远规划的文字表述来看，“基础科学”与“基础研究”虽然都可以归纳为“基础科学研究”，但两者之间有着细微差别。规划中“基础科学”基本上等同于“基础学科”，从而有意无意地把科学技术的各门学科归属为不同类别，即把数学、物理、化学、天文学、地质和地理学、生物学等作为基础学科，并与技术学科区别开来。“基础研究”的提法要宽泛很多，更强调各门学科之中都有基础性工作，而与应用性研究相区别。

进入 20 世纪 90 年代的长远规划中，又出现了“基础性研究”的概念。从内容分析，这里的基础性研究包含了基础研究和应用基础研究，比“基础研究”的提法涵盖范围更加广泛，使用也更加灵活。进入 21 世纪以后，“基础科学研究”的提法越来越多。但是在科技政策领域，这个概念使用还不普遍，国际上也鲜有这种提法或概念。但是，由于基础科学研究包容了基础科学、基础研究和基础性研究，因此在中国的社会语境中，这个词语的使用越来越频繁。

在不同的政策文本中，基础科学研究的内涵也存在着差异。《1963—1972 年科学技术规划纲要》和 1964 年制定的《中国科学院工作条例（自然科学部分）》对基础科学研究的定义较为详尽。从上述两个文本中“基础科学”与“基础研究”虽然定义的内涵、出发点和角度不同，但两个概念存在着重叠与交叉。在“文化大革命”后的政策文本中，《1978—1985 年全国科学技术发展规划纲要》将“基础科学”划分为三种类型：①对自然界及其规律进行系统、深入的探索和研究；②为国民经济和国防建设的战略需要进行基础研究，开辟各种新途径，以便解决建设发展中可能出现的各种问题；③由基础研究向应用研究转化，发展新型技术科学，同时又不断地从广泛应用的实践中总结、提高，不断上升为新的理论。换言之，就是哪个方面都有基础性工作。

1985 年全国科技普查工作给出的“基础研究和基础性应用研究”定义包括了三类工作：以探索未知、认识自然为主要目的，无明显应用背景的纯基础研究；有广泛应用背景或应用目的，但以获取新知识、揭示新规律、发现新原理和新方法为目标的定向性研究；对基本科学数据、资料和信息进行系统的收集、鉴定和评价、积累和综合分析，以探索基本规律的研究。这个定义对基础科学研究的工作内容做了具体的界定。

与“文化大革命”前的两个文本相比，改革开放后的两个文本中“基础科学”与“基础研究”有着更大的重叠。与此同时概念的使用也更加多样，出现了“基础理论研究”“基础科学理论”等多种提法。虽然名称略有差异，但核心概念大体相同，即都是基础性的工作，即基础科学研究。重叠与交叉的不仅仅是“基础科学”与“基础研究”等相近的概念，甚至基础科学研究与其对应的概念，例如与应用科学之间，也有交叉。

基础科学研究的概念不是孤立存在的，而是与其他术语共生而成为概念群。在早期国家长远规划的文本中，与基础科学研究相对应的概念，有《1956—1967 年科学技术发展远景规划纲要（修正草案）》中的“技术科学”和“应用科学”、《1963—1972 年科学技术发展规划》中的“技术科学”和“工程技术”等。中国科学院制定的《中国科学院工作条例（自然科学部分）》（简称“三十六条”），明确区分科学研究的性质及其比例。该条例将科学研究划分为基础研究、应用基础研究、应用研究、推广研究四种。该条例规定了宏观调控各类研究任务的比例关系：基础研究为 15%—20%，应用基础研究为 35%—45%，应用研究为 30%—40%，推广研究为 5%—10%。进入 20 世纪 90 年代以后，对科学研究的类型划分越来越细，相应的概念也更加多样化。

与政策文本更注重概念的内涵与界定不同，在社会语境中，科技和社会各界讨论更多的是概念的定位与作用问题。从《人民日报》《光明日报》等报刊的词汇统计来看，“基础研究”和“基础科学”等词汇，从 1949 年到“文化大革命”结束出现得并不多；而在改革开放以后，出现次数有了陡然的增长。概念使用数量上的变化，与对基础科学研究的定位密切相关。本文通过对调查报告、工作会议和新闻报道中“基础科学研究”的分析可以看出，随着新的领域不断出现，大量新兴交叉学科为学科属性的划分带来了挑战，也让大家意识到基础科学研究的重要性。人们对基础与应用之间关系的认识也更加理性和客观。两者之间逐渐由相互对立的简单的线性关系，转变为同一研究过程的两个侧面，而不是两个极端。

从基础科学研究这一概念在中国科技事业史上的表现形态和内涵的演变可以看出，不同的历史时期、不同的社会语境，对基础科学研究的认知、定义与期待经历了复杂的演变过程。这个过程反映出政策制定者、科学共同体、社会公众等不同群体对其认识的差异。尽管对于基础与应用之间关系的认识尚未达成共识，但从历次科技政策的内容分析来看，两者之间的动态关系已经引起了广泛的重视，它们正在由各自独立走向相互融合。随着基础与应用研究之间界限的逐渐模糊，对于科学研究类型的概念也更加丰富和多样化。

进入 21 世纪以后，中国政府加大了对基础科学研究的投入。基础科学研究进入新的发展阶段。但是，对历史的梳理不会因此而失去意义。相反，对历史的全面反思，将会对今后基础科学研究的政策制定起到重要的支撑作用。

（摘自《自然科学史研究》2019 年第 2 期；
张九辰：中国科学院自然科学史研究所研究员。）

印度库塔卡详解及其与大衍总数术比较新探

吕　鹏　纪志刚

古代印度数学中的“库塔卡”既指一次不定问题，又指解决此类问题时的一套算法。库塔卡来源于天体会合周期的计算，最早见于5世纪阿耶波多（Āryabhaṭa）的《阿耶波多历算书》（*Āryabhaṭīya*），但其中只有算法未给出问题，也无使用库塔卡一词。7世纪初的婆什迦罗一世（Bhāskara Ⅰ）在《〈阿耶波多历算书〉注释》（*Āryabhaṭīyabhāṣya*）中称其为“库塔卡拉”（kuṭṭākāra），同时代的婆罗摩笈多（Brahmagupta）在其《婆罗摩修正体系》（*Brāhmasphuṭasiddhānta*）中称这种算法为“库塔卡拉”或“库塔卡”（kuṭṭaka）。此后的印度数学家，如施利大剌（Śrīdhara，8世纪）、婆什迦罗二世（Bhāskara Ⅱ，12世纪）等则主要使用“库塔卡”一词。库塔卡拉和库塔卡同义，均衍生自表示“研磨、粉碎”的梵语动词词根kuṭṭ。作为算法的名称可直译为“粉碎法”，如科尔布鲁克（H. T. Colebrooke）将其英译为pulverizer。由于这种算法的关键在于要取除数和余数进行辗转相除，因此也可将其意译为“互除法”。库塔卡所要解决的一次不定方程问题在文献中通常表达为：已知某整数N被除数a除后有余数R_1，然而又被除数b除后有余数R_2，求此整数N。式子表示为

$$N \equiv R_1 \pmod{a} \equiv R_2 \pmod{b}$$

或

$$N = ax + R_1 = by + R_2 \quad (0 \leqslant R_1 < a,\ 0 \leqslant R_2 < b)$$

若有$R_1 - R_2 = c$，则上式可变形为

$$y = \frac{ax + c}{b}$$

然后求满足此方程的一组解（x，y）。上面第一种情形叫做“伴有余数的库塔卡拉”（sāgrakuṭṭākāra），下面的情形则叫做“不伴有余数的库塔卡拉”（niragrakuṭṭākāra）。对于这种不定方程，阿耶波多是通过不断取除数和余数互除的方法将方程中较大的系数a、b还原成一组较小的系数，即将原方程化简成一个通过试商就能求解的形式。婆罗摩笈多的方法也大致相同，不过他还着重介绍了一种被称为“固定库塔卡”（sthirakuṭṭaka）的方法，即令不伴有余数的库塔卡中的c项等于±1，解形如$y = \dfrac{ax \pm 1}{b}$的不定方程。自9世纪马哈维拉（Mahāvīra）开始，规定将库塔卡的互除操作一直持续到使余数变成1为止。这样虽然会使得计算过程变得冗长，但却可以使求解更加简单和机械化。

数学史家对库塔卡算法的兴趣还在于其与中算不定问题解法的比较上。19世纪伟烈亚力（A. Wylie）在《北华捷报》上不仅将秦九韶的“大衍术”介绍给西方，他还将印度库塔卡和

中算大衍术联系在一起，认为两者“相差不远”。沈康身考察了库塔卡与“大衍求一术”的关系，指出两者数学意义、问题情景和辗转相除方法上的“平行性”。李倍始（U. Libbrecht）借助现代数学分析指出库塔卡本质是一种迭代解法，不同于大衍术使用的连分数解法，所以两者毫无联系。

然而，从解不定分析问题这个目的来看，库塔卡的真正比较对象并不应局限于大衍求一术，而应该是它的“母体”大衍总数术。库塔卡和大衍总数术一样，都是设计出用来解含有多个模数（除数）的一次同余式组：从婆什迦罗一世开始，印度人就已采取反复使用库塔卡来解决；中算虽有孙子的特殊情况（模两两互素）时的解法，但系统化的算法还需等到13世纪秦九韶的大衍总数术。换句话说，库塔卡虽然在算法上和大衍求一术有相似性，但它的解题能力其实等同于大衍总数术。为此我们试用库塔卡解秦九韶的大衍题，发现用库塔卡来解秦九韶题更为简单便捷。这主要是因为用库塔卡时可以直接对除数和余数进行约化，因而无须考虑模数的互素性。并且，印度数学家能熟练使用0和负数进行计算也是库塔卡算法优于大衍术的一个重要因素。

基于库塔卡与大衍总数术展开的“中印同余问题”的比较研究能够发现：首先，库塔卡的一种特殊类型，即“固定库塔卡”确实与大衍求一术存在着算法结构上的相似性和数学原理上的等价性。然而大衍求一术却是大衍总数术中的一个环节，与它之前的模数约化，以及之后用“孙子定理”求解的环节都紧密相连。换句话说，库塔卡可以看作是能对模数进行约化处理的大衍求一术，其中接连使用联立同余式的方法则可看成是“孙子定理”的一种表达。因而，库塔卡和大衍总数术在总的结构上没有可比较之处，也不存在印度学者所主张的大衍求一术单独借鉴库塔卡的可能性。

再者，印度库塔卡于5世纪首先出现在《阿耶波多历算书》中以后，算法层面上基本没有太大的变化，并且在一开始就有处理任意一次同余问题的能力。中国先是在3—4世纪时有处理模数两两互素的同余问题的方法，但之后很长时间没有发展，直到13世纪秦九韶补充上了约化和求乘率（大衍求一术）的规则形成大衍总数术后，才可以处理任意一般问题。因而库塔卡和大衍总数术各自的发展历史也是大不相同。

最后，也是在上述两点的基础上认为，即便库塔卡（固定库塔卡）和大衍求一术有相似性或等价性，但它不能说明中印在此问题上有过交流。这里的相似性很可能是不同文明数学发展过程中的一种巧合，因为两者的母体——库塔卡和大衍总数术——之间无论是从结构上还是历史上来说都有着更加明显的差异。并且，这种差异还体现在了计算便捷性上，文中所举例子表明了库塔卡要优于大衍总数术，就这点来讲也很难想象出两者间有过传播或借鉴。

当然，库塔卡与大衍总数术的相互独立性，并不能否认中印之间在其他数学知识和文化上存在相互交流与影响的可能性。

（摘自《自然科学史研究》2019年第2期；
吕鹏：上海交通大学科学史与科学文化研究院讲师；
纪志刚：上海交通大学科学史与科学文化研究院教授。）

《圆率考真图解》注记
——曾纪鸿有没有计算出 π 的百位真值?

高红成

《圆率考真图解》(一卷)是研究圆周率的专著，首版(1874年)收入《白芙堂算学丛书》，主创人员是曾纪鸿(1848—1877)，左潜和黄宗宪参与了计算和证明。该书的核心内容是，通过 π/4(四十五度弧)的二分公式或五分公式结合反正切函数的幂级数展开式计算出 π 的 100 位真值。

曾纪鸿通过正切的差角公式得到 π/4 的二分公式和五分公式

$$\frac{\pi}{4}=\arctan\frac{1}{2}+\arctan\frac{1}{3} \tag{1}$$

$$\frac{\pi}{4}=\arctan\frac{1}{4}+\arctan\frac{1}{5}+\arctan\frac{5}{27}+\arctan\frac{1}{12}+\arctan\frac{1}{13} \tag{2}$$

另外中算家已经知道的反正切函数的幂级数展开式

$$\arctan x=x-\frac{x^3}{3}+\frac{x^5}{5}-\frac{x^7}{7}+\cdots \qquad (-1\leqslant x\leqslant 1) \tag{3}$$

方法一是(1)(3)结合，方法二是(2)(3)结合，都可得到 π/4 的数值，进而得到 π 值。方法二是曾氏的创新，他认为比方法一好，收敛速度快。为此，他给出了 π/4 的 24 位真值演算细草作为示例。将式(2)右边 5 个分数依次代入式(3)得到 5 个分角，均计算到小数点后 25 位停止，分别需算到 37 次幂、33 次幂、31 次幂、21 次幂、21 次幂，最后两位为存疑数字，求和后取前 24 位作为 π/4 真值。

曾纪鸿称三人“以月余之力”，“推得圆率百位”。即

$$\frac{\pi}{4}=0.78539\ 81633\ 97448\ 30961\ 56608\ 45819\ 87572\ 10492\ 92349\ 84377$$
$$64552\ 43736\ 14807\ 69541\ 01571\ 55224\ 96570\ 08706\ 33552\ 9266_{99}$$

依次乘以 4、2、8 后得到 π、π/2、2π 等 3 个数值，然后得到其他 9 个数值：十度弧(π/18)、十分弧、十秒弧、十微弧、十纤弧、十忽弧、十芒弧、十尘弧、圆径率(1/π)。其中圆周率为

$$\pi=3.14159\ 26535\ 89793\ 23846\ 26433\ 83279\ 50288\ 41971\ 69399\ 37510$$
$$58209\ 74944\ 59230\ 78164\ 06286\ 20899\ 86280\ 34825\ 34211\ 7067_{97}$$

注意，这 13 个数值“以百位为限”，实有 102 位，“百位”指的是前 100 位为真值，最后两位尾数原文用双行夹注字号小写区别，意为误差数字，可称为“存疑数字”。

曾氏所得圆周率的百位真值在 19 世纪 70 年代不是最先进的成果，但难能可贵，在我国数学史乃至东方数学史上是一个飞跃。

1927年，钱宝琮（1892—1974）得到崔朝庆（1860—1943）的提醒，“曾氏推算周率，其二十四位细草已有疏舛，决不能准至百位”，开始对曾纪鸿是否计算出百位真值有了怀疑。1939年，钱宝琮经过仔细校对，发现《圆率考真图解》白芙堂本中24位真值细草有4处错误，认为“固见疏误如崔先生言，其得四十五度弧背准至二十四位，盖偶合耳”。此外，曾氏书中还有其他失实之处。加之当时欧洲数学家已得到 π 的700位真值，“有传入之可能，曾氏之周率百位岂亦有所本耶？”1964年，钱宝琮主编《中国数学史》时引用前面的论述，并且比较两种方法的计算量，指出法二不比法一高明，觉得“π/4的二十四位数字是偶合”，“曾纪鸿有没有算出 π 的一百位有效数字是可以怀疑的”，给后学留下继续探讨的问题。

文章沿着钱宝琮指出的方向，通过一些新的发现加以史料佐证，认为曾氏的确计算出了 π 的百位真值。

第一，我们发现《圆率考真图解》的古今算学丛书本（1898年），该本对白芙堂本进行了校对，给出了“勘误表”。与钱宝琮的校对比较，这个版本校对出其中的3个，但增加了一个失误。这说明，与曾氏同时代的人能发现并校算出这些的错误，白芙堂本的失误很有可能是校对或者刊刻时造成的。

第二，曾氏给出102位的 π/4、π/2、π、2π 等4个数值的最后两位存疑数字，依次是99、98、97、94（表1）。验算可知，99依次乘以2、4、8后，不能同时得到后面三个两位存疑数字。曾氏所给的数据应该是经过优化的。

表1　曾氏所给 π/4、π/2、π、2π 等4个数值的尾数

4个数值	π/4	π/2	π	2π
最后5位尾数	266_{99}	533_{98}	067_{97}	135_{94}

式（2）是5个数值的和，要得到 π 的百位真值，需将 π/4 最少计算到小数点后102位（共103位），留取最后3位尾数作为存疑数字。分析可知，π/4 最后的存疑尾数是3位并且只有是990—999十个数中的993时，依次乘以2、4、8后，末尾三位数依次是986、976、944，舍去最后一位，才能与表1中 π/2、π、2π 的末尾两位存疑数字同时相符。

另一方面，借助Mathematica数学软件，依据两种算法，将 $\arctan\frac{1}{2}$ 等7个值计算到小数点后103位、102位、101位，截取最后几位尾数，并求出它们的和（即 π/4 的尾数），如表2所示。

表2　两种方法所得 π/4 的尾数

π/4的尾数 \ 两种算法	法一 $\arctan\frac{1}{2}+\arctan\frac{1}{3}$	法二 $\arctan\frac{1}{4}+\arctan\frac{1}{5}+\arctan\frac{5}{27}+\arctan\frac{1}{12}+\arctan\frac{1}{13}$
计算到小数点后103位	5565+4390=9955	3638+1126+0654+3784+0751=9953
计算到小数点后102位	556+439=995	363+112+065+378+075=993 △
计算到小数点后101位	55+43=98	36+11+06+37+07=97

表2与表1两相对照，要同时得到表1中各量中的存疑数字，级数各项需计算到小数点后

102位，π/4的存疑尾数为993，只能通过法二得到。

第三，经过比对，曾氏给出的102位 π 值实际上前101位与真值相符，因为计算方法和误差估计，他们自认为只是得到“百位真值”。如果有更好的结果作为参考，完全可以说得到“101位真值”。

第四，1876年黄宗宪随郭嵩焘出使欧洲，1877年在伦敦一家博物馆看到了π的158位真值，他说：“于博物馆天算书中觅得圆率真数一百五十八位，即翻行箧，检昔日与曾、左两君所推得百位者校之，一一吻合，何快如之！不但能证旧刻无布算之讹，且从此确知圆率真数已成铁案矣。谨录一纸寄归中华，想果师（指丁取忠）与栗兄（指曾纪鸿）见之当亦欣喜。”这条史料可以作为他们计算出圆周率百位真值的佐证。

综上，本文认为曾纪鸿的确是计算出圆周率的百位真值，这个值是由自己发现的π/4五分公式结合反正切函数的幂级数展开式计算得到。5个级数各项均计算到小数点后102位，求和得到π/4的103位数值（包括整数位），依次乘以2、4、8之后得到π/2、π、2π的数值，取前100位作为各量的真值，最后一位舍去，剩余2位数作为存疑数字，双行夹注字号书写区别。曾氏所给π值实际上有101位真值。

（摘自《中国科技史杂志》2019年第2期；
高红成：天津师范大学数学科学学院副教授。）

北宋初年天文机构中的成员构成

王吉辰

历朝建国之初，新政权往往需要征召大量天文人才来维持官方天文机构的运行，除了使用前朝旧臣，新政权也不得不启用那些非官方、非世业的民间天文人才。而国家法典规定民间禁止私习天文，此一禁令的存在使民间学者不具备合法性。因此研究与分析易代之际国家对于民间天文人才的起用及其后果有利于认清“天文禁令”的实际执行效果，并可有助于重新审视民间天文学与官方天文机构之间的关系。本文通过分析北宋太祖、太宗和真宗三朝，司天监和翰林天文院中的人员出身、发迹过程以及知识来源，为王朝兴替之际天文机构的人员组建提供一重要案例，并尝试解析天文禁令之下，北宋王朝对民间天文人才的实际态度，以及梳理民间天文人才在唐宋易代之际对天文学的重要贡献。

文章首先讨论了北宋初年，朝廷对后周与十国天文技术类伪命官的继承情况。晚唐以来，历经战乱的官方天文机构出现了“畴人子弟分散”的严峻境况。经五代十国的王朝更替，至宋初时，只有偏安政权下的岭南与巴蜀地区与继承自晚唐的中原地区集中了较多的天文人才。其中，周氏与冯氏同为五代至周初岭南地区显赫的天文世家，冯郎和周茂元先后担任了南汉和北宋的天文官。但两家至真宗时均已退出天文官行列。赵温珪发迹于蜀，曾与唐昭宗时期的司天少监胡秀林共仕王蜀，其子赵延义先后担任了前蜀、后唐、后晋、后汉、后周五朝的天文官职，其中在后四朝中他都担任过最高级别的天文官。赵延义病逝后，后周司天监发生改革，进士出身的文人王朴提领司天监事务，并本着“夷夏大防”的原则，将西域历算的技术甚至人员从司天监中涤除干净。此时，凭借天象鼓动郭威造反的赵修己，以及与王朴交好的王处讷成为后周天文学的生力军。王处讷之子王熙元仍任天文官，但其专长不在于历法。

文章在第二部分中详细讨论了北宋初年天文学机构中的新生势力。太祖时期的苗训、太宗时期的马韶都在皇权的争夺中因有功而受封赏，丁文果因善射覆，讨得太宗欢心。三人属于凭借特殊功绩而跻身天文机构的新贵，但三人均不擅长历算，也未能形成有影响力的天文世家。北宋天文学机构中真正依靠的中坚力量却来自向民间征辟的草泽人。太平兴国二年，宋太宗“大索明知天文术数者”，这在过去被认为是“天文历禁”证据之一，但它实际上也是一次征召民间天文学者的官方行动，在被征召的351人中，有68人被纳入司天台为官。其中有负责《仪天历》编修的史序，以及制造了北宋首架浑仪与浑象的韩显符与张思训。《仪天历》的计算采用了曹士蔿《符天历》和边冈《崇玄历》中的高次函数计算法，张思训浑象与唐代一行、梁令瓒所造的浑仪及《水运浑天俯视图》也有技术沿承关系。可见民间途径已成为北宋官方接续晚唐皇家天文学知识技术的关键所在。除去规模化地征召，地方官亦可以举荐的方式为朝廷网罗地方上的专门人才，比如历学人才杨皞。同样，自荐也不会给自身带来麻烦，楚芝兰和祝庶几都因科举不第凭借占卜才能进入司天监，楚衍则经过考试，得以补司天监学生，后迁保章正。回人马依泽和通晓西域文化的楚衍进入司天监，很大程度上形塑了北宋天文历法发展的技术路径，并解释了晚唐中央天文知识如何通过民间渠道重回司天监。大量民间天文人才的涌入彻底改变了中央天文机构的风气，迫使后周王朴对国家天文机构的改革至宋初戛然而止。

文章第三部分讨论了民间天文学的涌入对宋初乃至整个两宋时期官方天文学发展的影响。要言之，其一，北宋初年进入官方天文机构的民间天文学者水平素质参差不齐，知识结构不均衡，这一内在缺陷因宋代的巫卜之风而加剧，天文人才重占验而轻历法与观测，制约了北宋天文机构整体水平的提高；其二，征召民间天文人才消解了天文禁令的威慑作用，使朝廷吸纳民间天文人才成为有理可循的祖宗之法，推动了两宋时期频繁的布衣进历活动；其三，凭借有技术特长的民间天文学者，遏制了“夷夏之防”思想对科学传播与交流的负面影响，也为北宋继承晚唐天文仪器制造技术和天文知识奠定了良好的基础。

结论部分认为，在北宋初年的天文机构中，出身于民间的天文学者在人数上占据了优势，他们为宋代天文学承接晚唐遗绪起到了关键性作用。民间力量的参与解决了司天监的人员需求，他们身份的多元化使北宋天文机构的风气开放，影响了历法编修的风格，为两宋频繁的布衣进历奠定了基础。

（摘自《自然科学史研究》2019 年第 1 期；

王吉辰：中国科学院自然科学史研究所、中国科学院大学博士研究生。）

五星是历：星曜行度文献源流考

赵江红

中唐以来，域外星命术逐渐盛行于中国。因星命推算必须以命主出生时刻的星曜位置为依据，一种以记录星曜位置为主的星历表——我们称之为星曜行度文献，便随之出现了。王应麟认为，“以十一星行历推人命贵贱，始于唐贞元初都利术士李弥乾”。李弥乾（一名李弼乾）是唐代著名的星命术士，撰有《都利聿斯经》二卷，这里的“十一星行历”指的便是星曜行度文献。中唐时期的曹士蔿亦是先行者之一，所撰《符天历》《罗计二隐曜立成历》等都与星曜行度文献有关。目前能见到最早的星曜行度历表保存在《七曜攘灾决》中。据钮卫星的研究，《七曜攘灾诀》分别给出了794年入历的木星星历表共83年、火星星历表共79年、土星星历表共59年、金星星历表共8年、水星星历表共33年，以及806年入历的罗睺历表共93年、计都历表共62年。各历表每月给出一个位次所在，或注明顺、留、逆、伏、见等特征动态。此七曜历表很可能就是已佚《青罗立成历》及《罗计二隐曜立成历》的同类甚至相同文献。宋代的星曜行度文献有《百中经》《立见历》两种，大多亦已散佚。不过，从《郡斋读书志》和《直斋书录解题》等目录书对《百中经》的著录，以及魏了翁《邹淮〈百中经〉序》、曾丰《邓氏〈立见历〉序》、张世南《游宦纪闻》等文献对《百中经》或《立见历》的描述中，可以梳理出两宋时期的《百中经》《立见历》具备如下特征：①张世南所见《百中经》以唐显庆五年（660年）正月合朔壬寅日为历元，与《符天历》历元相同；②《百中经》《立见历》演算星曜躔度，“增入逆顺、迟疾、留伏之数”，以用于推算个人的富贵寿夭；③《百中经》《立见历》都是记录数十年乃至上百年星曜行度的历表；④《百中经》《立见历》并非预造，而是后人根据记录、结合推算整理而成，编纂的过程也非一蹴而就，往往需要进行不断修补。另据陶宗仪《南村辍耕录·日家安命法》《四库全书总目提要·百中经》的记载，还可以发现两处对《百中经》的细节描写：①陶宗仪所见《百中经》经首有“安命法”，曰“周天宿度十二宫安命例”，凡十叶，后附有图表；②浙江巡抚采进本《百中经》用宋之《统天》《开禧》《会天》，以及元之《授时》四数为准。在明清时期流行的星曜行度文献中，可以找到一种名为《七政台历》（又名《七政全书》《七政全书大成》《七政四余万年书》等）的历书，完全符合《百中经》《立见历》的编撰方式、体例特征与细节描写，故可以断定此类《七政台历》就是宋代《百中经》《立见历》的续修本。而四库馆臣在见到明代编成的《百中经》时，曾发出“未改旧名”之叹，提示我们历代《百中经》在不断续补的同时，书名发生了由《百中经》到《台历百中经》、《百中经》到《百中历》、《百中经》到《七政百中历》、《百中经》到《七政台历》的变化，由此也可以看出《百中经》与《七政台历》在书名中体现出的传承关系。星曜行度文献传入中国后，一直由民间术士编写、使用，是星士必备的工具手册。至康熙六十一年（1722年）六月，《钦定七政四余万年书》告成，是为官方修订的《七政台历》类星曜行度文献。除此之外，明清两朝钦天监岁造历书中还出现了一种以记录十一曜行度为主的历书，初名《七政躔度历》，明末增入五星纬行而改称《七政经纬躔度历》，入清后又更名为《七政经纬躔度时宪历》。与《七政台历》类星曜行度文献不同的是，该历书仅记录一年内的十一曜行度位置，用途也不仅限于星命推算。总而言之，星曜行度文献是伴随着星命术的兴起而出现的，唐有《符天历》《立成历》，宋元有《百中经》《立见历》，明清有《七政台历》《七政历》，代代相传，流传不绝。星曜行度文献连接星占与历法，是古代天文学的重要遗产，对天文学史、社会史、学术史等领域的研究都有重要意义。

（摘自《自然科学史研究》2019年第4期；
赵江红：浙江大学古籍研究所博士生。）

清顺治元年之造历活动
——从山东省图书馆藏顺治年间《时宪历》出发的考察

汪小虎

清入关后，采用西洋新法，定《时宪历》，颁行天下，是明末清初西方天文学东渐活动的一个重要篇章。前人的相关研究汗牛充栋，但基于《时宪历》历书实物的讨论尚不多见。文章以新发现的山东省图书馆藏顺治年间 18 册《时宪历》历书为基础，采用历书与历史文献相互印证的方法，讨论清顺治元年之造历活动的相关史实。

文章首先介绍了山东省图书馆藏顺治年间 18 册《时宪历》的概貌，它们规格款式完全相同，开本宽大，31.4 厘米×20.8 厘米，皆为刻本，印刷精美，字体疏朗清晰。随后，以《大清顺治元年时宪历》为例，介绍了该历共 30 页内容。封面页为暗花黄绫，左上角有黄绢签，乌丝双栏，内有朱字印刷“大清顺治元年时宪历”。历书首页列“都城顺天府依新法推算节气时刻”，以及月大小干支、一年天数。“年神方位之图”页后，还有 9 页内容是各省太阳出入昼夜时刻表、各省节气时刻表。从第 14 页开始是具体的月、日信息。第 26、27 页，上为“纪年男女九宫”，下栏列诸宜忌日。第 28 页为造历职官表，列出了该年造历之职官、姓名及分工。

清入关前，曾以《大统历》推步造历，颁行臣属。崇德八年（崇祯十六年，1643 年）八月，爱新觉罗•福临在沈阳即位，改元顺治，按惯例，新主应该在十月初一颁次年新历，改用顺治年号，名为《大清顺治元年大统历》。文章详细考察了《大清顺治二年时宪历》的由来。该历造历职官表领衔者为汤若望（Johann Adam Schall von Bell），当成于清入关之后。根据《清史稿•时宪一》（卷四十五），以及《清世祖实录》所载记七月甲辰（初二）事，容易得出推行西法的主导力量是钦天监的结论，这其实并不准确。《崇祯历书》在明末修成后一直未能实际采用，西法从来就掌握在汤若望及历局手中，而且，顺治元年西法的行用，过程也并不顺利。清人进入北京后，钦天监向清廷进呈次年新历，却未获摄政王认可，多尔衮召见汤若望，给予他很高评价，命他与钦天监共同编造次年民用历书——历局负责推算，钦天监负责注历。文章基于魏特《汤若望传》以及《清世祖实录》《汤若望奏疏》讨论了汤若望与钦天监的争端，以及编造历书的过程。《时宪历》颁行之时，又恰逢新主登基盛典。该年九月，顺治帝进入北京，十月初一举办登基大典，同日颁《顺治二年时宪历》于天下。《大清顺治二年时宪历》是清廷履职“敬授民时”的当务之急，由于顺治纪元有二年《时宪历》，而无元年，为解决这个缺憾，清人又编制了《大清顺治元年时宪历》，此举当数锦上添花。

黄一农已指出清廷确定《时宪历》后对民用历书进行的六个方面改革：①改觜前参后为参前觜后；②改一日为九十六刻、一刻为十五分；③加列各省太阳出入昼夜及节气时刻表；④改平气为定气，并改置闰法；⑤改日躔十二次定义；⑥其他，如上旬一日二日上加初字，调整建除十二次与二十八宿纪日顺序等。文章则着重讨论了《时宪历》历书的另一项重要的形式变革——造历职官表。造历职官表始于宋代历书。明代《大统历》末页（叶）共有36行，位于历尾的造历职官表11行：依次列出春、夏、中、秋、冬五官正5人，五官灵台郎1人，五官保章正2人，五官挈壶正1人，五官司历2人，即便相应岗位人员空缺，官职也按例列出。《时宪历》之造历职官表在最末页，纪年表及宜忌诸日位于倒数第2页、第3页，较之前朝多了1页，这一变革，源自顺治元年的造历过程。汤若望为表示己方功劳，与钦天监进行了几个回合的斗争。汤若望在奏疏中对编制顺治二年民历过程中的若干事实进行了微妙的偷梁换柱，一定意义上夸大了历局的工作，让人感觉钦天监的贡献微乎其微。汤若望还举荐了一些原本无官职的历局人员，甚至将他们的排名推到堂堂正六品的钦天监五官正之前。

历书作为一种物品，也是体现社会等级身份的重要表征。18册清顺治朝《时宪历》，以其装帧形式，便可以初步判断它们不是普通人所能拥有的。谈迁《北游录》介绍“顺治二年十月朔颁历式”，记录了不同人士所获《时宪历》历书类型。皇帝、皇太后、摄政王三人身份最为尊贵，其历以函装之。清廷有满、蒙、汉三种文字的历书，是继承了皇太极时期的传统。皇帝九五之尊，当拥有全部各种类型的历书，包括三种文字，不同类型如民历、中历、《月令历》、《七政历》等。摄政王多尔衮是实际掌权者，因此与皇帝规格相同，太后方面，即便受历之函数较少，但规格也应该一致，历书外用杏黄绫，内部盖印。亲王之地位等级次之，其历七本，外用黄绫。贝勒、贝子、公，地位更次之，历书外用红棉纸，较为普通。山东省图书馆藏18册顺治朝《时宪历》历书，除了图书馆印章之外，别无他印。因此，只能将它们与亲王用历对应。文章初步推测，这可能是当时赐给亲王的七本历书中之一种。

清初某亲王府，能够汇聚顺治一朝《时宪历》历书，并流传至今，为我们了解早期的《时宪历》及相关制度提供了极为珍贵的材料，令人赞叹。

（摘自《中国科技史杂志》2019年第1期；

汪小虎：华南师范大学公共管理学院副教授。）

自相似理论的形成和发展史实考源

江 南

自相似理论是分形几何的核心思想，梳理它的形成和发展历程对完善分形几何的历史有着重要的意义。自相似思想古已有之，在古代数学、哲学、医学等领域中均有相应的阐述，不过它们在论述上都比较婉约含蓄。直到 17 世纪末，莱布尼茨（G. W. Leibniz）以直线为研究对象，率先给出了自相似思想的核心架构——部分和整体的相似关系，才开启了自相似思想理论化的进程。莱布尼茨不仅从直线形状的角度陈述了自相似性的本质特征，还在专著《单子论》中特别指出，世界的每一个小部分都精确地具有大部分的复杂程度和组织方式，这已和现今的自相似思想基本一致，但较为抽象。莱布尼茨关于直线自相似性的描述虽然开启了自相似思想理论化的进程，但并没有改变自相似思想的抽象性，所以在理解和传播上存在着一定困难，也难以形成统一的理论。为了将抽象的思想具体化，寻找具体的自相似集就成了数学家们努力的目标。

自相似性是分形最本质的特征，因此分形集在一定程度上也可称为自相似集。自相似集和自相似理论一脉相承，自相似集是自相似理论形成的前提和基础，自相似理论是自相似集的发展和延续。故而探讨一些经典自相似集的来龙去脉，将有助于厘清自相似理论的形成和发展过程。康托尔三分集是一个完备但处处不稠密的病态集合，由无穷多个非均匀分布的点组成，局部和整体彼此相似，作为分形早期的经典例子，它是第一个呈现出显著自相似特征的自相似分形集。然而，由于数学家们关注的重点集中在研究三角级数的不收敛点集和无限集理论，康托尔三分集的自相似性未受到应有的重视。科赫曲线是使得自相似性第一次受到关注的自相似集合。1904 年，科赫用较为简洁的方法，成功构造了一条基于几何直观表示且处处不可切的连续曲线。科赫曲线诞生后很快就引起了数学家们的兴趣，切萨罗在论文发表后的第二年就专门撰文对此进行评论。他不仅对这条曲线大加赞赏，还第一次提炼出了整体与部分的相似性质，亦即自相似性。此外，谢尔宾斯基在 1915 年构造了具有严格自相似性的谢尔宾斯基三角形；门格尔在 1926 年从立体的视角构造另一著名自相似分形集——门格尔海绵。众所周知，自相似只不过是相似的一种特殊类型，但它却在分形的产生过程中扮演着重要角色，这在很大程度上应归因于自相似理论的形成。

康托尔集和科赫曲线都是部分与整体相似的自相似集，但它们产生的初衷都是为了解决各自领域中的有关问题，因此数学家们均未意识到这种整体和部分相似特征的重要性。直至切萨罗撰文对科赫曲线进行评论，自相似性才逐渐进入了数学家们的视野。谢尔宾斯基和门格尔进一步给出了基于二维平面和三维立体的两个自相似集，不过尚未对自相似的本质性质进行系统研究。莱维是对这个问题研究做出了开创性贡献的法国数学家。1938 年，他在参数思想的指引下，发表了题为“由部分和整体相似组成的平面或空间的曲线和曲面”的论文，通过引入曲线阶数和面积测度等概念，由曲线到曲面，从低维到高维，对自相似性进行了系统剖析。他将自相似现象由具体演绎到抽象，由现象深化到本质，由特殊推广到一般，但仍留下了一些遗憾，如集合论在当时已经相当成熟，但他却没有将集合论的思想融入自相似理论的研究。1946 年，莫兰在研究区间的可加函数和豪斯多夫测度时，将集合论融入自相似现象，给出了清晰的自相似集概念，从而初步形成了自相似理论的雏形。这比莱维在自相似理论的研究上又更进了一步。不过，稍显遗憾的是莫兰只从纯数学的角度提出了自相似集，还未将它与大自然界中的现象联系，进行更深入的分析。那么，谁将自相似理论与大自然中的现象结合？这个结合又将产生怎样的影响？

1967 年，芒德勃罗在权威期刊《科学》上发表了一篇题为“大不列颠的海岸线有多长”的划时代论文。他在论文中以海岸线长度问题为突破口，引入了分数维数和统计自相似性两个重要的数学概念，并指出严格意义上的自相似图形在自然界其实是很少见的，但统计意义上的自相似性图形却可以经常碰到，海岸线形状就是这种特殊类型图形的典型代表。统计特征的引入使得自相似性的描述更加清晰，从而进一步充实和完善了自相似理论。自相似理论作为分形几何的核心内容，与自然界的具体现象对接，将有效地推动分形几何的创立。事实证明，芒德勃罗在八年后，正是以这篇论文的思想为基础，出版了第一本分形几何专著《分形对象：形、机遇和维数》，系统地阐述了包含自相似理论在内的分形理论的内容、思想、方法和意义，标志着分形几何的诞生。

1980 年，芒德勃罗利用计算机绘制了以他名字命名的集合，该集合完美呈现了局部和整体的相似特征，被誉为“上帝的指纹”。此外，哈钦森在 1981 年借助函数的压缩映射，在自相似集的基础上定义了不变集，进一步发展和完善了自相似理论。巴恩斯利则在 1985 年把基于自相似理论的迭代函数系与计算机技术融合，创造了分形图像压缩技术，推动了自相似理论的具体应用。

（摘自《中国科技史杂志》2019 年第 3 期；
江南：西安石油大学理学院讲师。）

日本古代气象占记录研究
——以云象为例

杨　凯

源自中国的气象占传统延绵不绝，嗣后东渡日本并全盘为东瀛所吸收传承：第一种气象占发农业气象杂占之先声；第二种气象占则多见于正史中并为汉和糅合而成的日本史籍增色；第三种气象占则在日本战国时代的武家政权手中得到极大发展。日本史籍资料中存有相当数量的气象占记录，其中又屡有各类以“云”为征兆的记载散见于各种史册文献。中国古代东传扶桑的科学技术种类繁多，而各类科学技术的日本化是其归宿，只不过因内外要素共同影响而呈现出不同的历程与走势。

通过对日本古代云象记录的整理与研究，得出总计历史记录为127项，涉及27种云象，其中“白云”除单独出现于记录中外，还分别和旗云、赤云、奇云出现在相同的记录中。日本最早的云象记录出现在公元7世纪前后（口承史诗性质的和风书《古事记》不计入），自皇极天皇直至江户幕府第十一代将军不曾断绝，该记录传统得以在日本前后保持1182年以上。

在数据统计的基础上对其类型、发展、写作模式以及政治属性进行分析，可知：日本古代云象记录及其占术来自中国，大和朝廷在平安时代对以云象占为代表的气象占进行了全面学习和模仿。这一政治属性强烈的占术成为大和朝廷巩固统治、强调正统的有力工具。伴随摄关政治与幕府时代的到来，贵族政治与唐风文化衰落，使得云象记录在平安时代与幕府时代各自出现祥瑞与噩兆记录的两个密集周期。

云象作为天象的组成部分进入日本官方司天机构的观测序列，但存在模棱两可与解读随意等缺陷。政治话语权以及史册选材控制权的强弱，深刻影响了后人所见云象记录的形态。作为一种真实性、规律性、可验证性均较弱的政治工具，云象可同时为政治斗争双方所用，并且政治话语权以及史册选材控制权的强弱深刻影响后人可见云象记录的形态。

云象的直接记录与流程得到律令保障，形成一套严整的观候、记载、封奏、存档程序，被归入日本古代天象记录体系中。但对云象的选取权与解释权掌握在政治强人手中，从摄关家族洗白篡权阴谋直至军人政权取代贵族政治，云象利用方式及其形象的历史变迁与发展走势基本反映了日本古代政治之走向与权力中心之改变。

日本云象一方面保存汉土传统，另一方面也颇具本国特色。记录者与编纂者根据本国的政治需求与行为惯例，对以“白云”等为代表的汉土传统进行了本土化改造。因此，云象记录也可以反映其文化从唐风转化为和魂、从贵族情趣变为武士需求的历史进程。

总之，云象占卜从一开始就存在不少问题：其中的不少云象均属模棱两可类型，解读随意而占卜不易。因此从实际操作层面而言，不仅远远不如星占，甚至不如风、雷、雨等其他气象要素的气象占。云象的真实性弱于星象，并且其内在科学规律在当时几乎不可能被掌握。因此其观测性与普适性远逊于古代星占并存在较大不确定性，这直接导致其政治工具之属性更为强烈。在武家的军用望气术崛起后，公家这一汉风意味浓厚的传统气象占逐步退出历史舞台也是自然之事。

（摘自《自然科学史研究》2019年第3期；
杨凯：南京信息工程大学科学技术史研究院副教授。）

黄百家《明史·历志》新探

褚龙飞

关于黄百家所撰《明史·历志》，前人一般认为仅存两卷记述明代“历法沿革”的内容，即现藏于中国科学院文献情报中心中国科学院国家科学图书馆的两卷抄本，而后面详载《大统》《回回》二法的部分则已佚失。实际上，《明史》编撰历时很长，《历志》部分前后经手人众，黄百家本人就曾撰成前后两稿，中国科学院文献情报中心两卷究竟属于哪一稿，目前尚无学者探讨。另外，有学者推测南京图书馆藏《回回历法》抄本可能属于黄百家《历志》的一部分。不仅如此，或许正是由于黄氏《历志》大部分内容的缺失，至今未见专门探析该书以及黄百家在《明史·历志》编撰过程中作用的研究。

笔者近日在绍兴图书馆见到了保存较为完整、署名黄百家的《明史·历志》八卷抄本，该本共四册八卷，除第八卷为残本外，其余各卷均比较完整，从避讳来看或为康熙、雍正年间过录。前两卷为“历法沿革”，卷三至六为“大统历法”，末两卷为“回回历法”。比较发现，绍图本和中国科学院文献情报中心图本以及南图本同为黄百家离开史馆返乡后重撰的《明史·历志》八卷本。虽然绍图本较为完整，但也存在一些缺陷，除缺页和破损外，还有少数页面次序装订错误，而最明显的问题是该本错别字非常多。由这些错误可看出，绍图本抄录者的天文水平应不高，且其对明代历法的情况亦不够了解。

为了厘清黄本与《明史·历志》其他版本之间的关系，本文对《明史·历志》的编撰过程重新进行了梳理。顺治年间《历志》应未开始编撰，康熙十八年（1679 年）清廷重开史馆，纂修《历志》的任务落在吴任臣身上，而吴氏稿本后由汤斌裁定。汤斌去世后，《历志》又经多人之手，包括黄宗羲等。康熙二十六年（1688 年），黄百家应聘入京开始参与修订《历志》。两年后恰逢梅文鼎至京受邀审订《历志》，黄百家因缺《授时表》与其商议，后以《历草》《通轨》补之。康熙二十九年（1691 年），黄百家将完成的《历志》交付史馆，遂离京南归，而梅文鼎继续留在北京校订《历志》，并撰成《明史历志拟稿》三卷。九年后，史馆所存黄氏《历志》清册遗失，王鸿绪两次委托黄百家重修。次年十二月，黄百家完成《历志》八卷并移交王鸿绪。此后《历志》作为《明史》的一部分继续被修订，并至少两次进呈御览：一次是康熙四十一年（1702 年）熊赐履进呈《明史》416 卷，另一次则是雍正元年（1723 年）王鸿绪进呈《明史稿》310 卷。王氏进书后，雍正帝谕令史馆尽快续修完成《明史》，于是梅瑴成等入史馆，对《历志》提出诸条修改意见。又经多年修订，《历志》最终定稿，于乾隆年间刊行。

现存《明史·历志》各本中，汤斌《潜庵先生拟明史稿·历志》应最早，熊赐履进呈稿《明史·历志》抄本五卷、王鸿绪《明史稿·历志》十一卷、张廷玉《明史·历志》九卷则都晚于黄百家本，而梅文鼎《大统历志》亦应算作《明史·历志》的一个版本。通过比较黄本与《明史·历志》其他版本，主要包括汤本、梅本、熊本、王本和定本，可以看出黄百家在编修《历志》方面的主要贡献。总的来说，他不仅在汤本基础上对“历法沿革”进行了大量的删改与增补，而且很可能参考梅本等文献重修了《大统》部分，并将《回回》部分定型。

黄本在《明史·历志》系列中的地位非常独特。首先，与汤本、梅本、熊本等相比，黄本内容更加全面，同时包含“历法沿革”、《大统》、《回回》三部分。其次，与汤本、吴本等早期版本相比，黄本在内容上做了大量删订与增补，而这些修改大多被熊本所承袭。最后，尽管熊本《大统》部分兼取黄本与梅本，但就《历志》整体而言，明显黄本对后来版本影响最大，且熊本和王本较黄本而言只有删节，并无实质性的增补。因此，可以说黄本基本确定了后续版本的内容，是定本名副其实的“祖本”。

（摘自《上海交通大学学报（哲学社会科学版）》2019年第3期；
褚龙飞：中国科学技术大学科技史与科技考古系副教授。）

岭南数学家凌步芳算稿及书版的新发现

廖运章

对于未刊刻的五种算稿，宣统《番禺县续志》记载“国朝凌步芳撰，存，手钞本”。然“存”于何处史料未曾具体说明。2015年笔者在凌步芳后裔处，发现全部《凌百砚斋算稿八种》原/书稿以及已刻三种书稿的雕刻版，这是研究我国晚清数学史不可或缺的重要史料。

关于凌步芳的生平事迹，现存史料有限，主要来源为《凌百砚斋算稿八种》原/书稿及书版。调研发现，凌步芳（1849—1902），字仲孺，号贲南，广东番禺人，清朝光绪辛卯年（1891年）举人，后曾两次上京应会试不中，落榜后心灰意冷，从此不踏举业，专心于数学研究并开馆授徒，晚年曾在广州的宣城书院、邝氏书院等教授学生数学。他曾计划收集端砚100方，故将自己书房命名为“百砚斋”。

凌步芳何时、何处、向谁学算等，迄今发现的相关史料难以查考，但他以自学为主习得数学知识却是不争的事实，并毕生致力于传播数学文化的数学著述和数学教育，成为继陈澧、邹伯奇等人之后岭南又一位重要的数学家。

迄今，学界对《凌百砚斋算稿八种》已刊三种、未刊五种书名不存疑义，但每种卷数多少说法稍有出入，但都依据《杜德美割圆捷术通义》之百砚斋卷首纲目所述“《割圆捷术通义》二卷、《衍粟布衍草》一卷、《算学答问》一卷、《火器说略》一卷、《指数变法》一卷、《重学详说》六卷、《微分详说》三卷、《积分详说》四卷”。

李俨先生称《割圆捷术通义》四卷，可能是笔误，将《衍粟布衍草》一卷、《算学答问》一卷和《割圆捷术通义》二卷合成四卷了。事实上，《割圆捷术通义》二卷正式书名，分别称为《杜德美割圆捷术通义》《杜德美割圆捷术通义下卷》。

从新发现的未刻五种手稿本来看，《微分详说》分四册（本），由卷首、卷一至卷十一构成；《积分详说》分三册（本），包括卷一至卷十一；《重学详说》分六册（本），从卷一至卷十六（含流质重学）；《火器说略》与《指数变法》各为一册（本）。不难发现，百砚斋卷首纲目所称的“卷”，实为“册”也。

凌步芳在世时，《凌百砚斋算稿八种》已先后成书，因缺刻资，一直未能出版，直至光绪壬寅年（1902年）去世后，其门生和亲友才捐资刻印《杜德美割圆捷术通义》《衍粟布衍草》《算学答问》三种。《火器说略》《指数变法》《重学详说》《微分详说》《积分详说》“以上五种容后续出”，但迄今均未能面世。

已刻三种算稿，目前流传于世的至少有11套，2015年收入《广州大典》，向海内外公开发行。算稿版片共81块，除版权页、《割圆捷术通义下卷》第19—20页的1块版片缺失外，其余保存基本完好，同时新发现一块单面“凌百砚斋算稿八种”售卖广告版片。

五种未刻算稿都无正式封面和题名，只是在每册书底题写书名与编号（如《微分详说》一、二、三、四，《积分详说》一、二、三等），但每种书稿都有序、总论或后记，论及成书的背景或缘由。

概而言之，凌步芳未刻五种算稿，是以诠释《代微积拾级》《微积溯源》《重学》《火器真诀》为主要特征的系列著作，虽然给出一些独创性的解释，但尚未发现具有超越原/译著之处。普及数学新知对数学发展的重要性不言而喻，学校教学、学者研究、期刊出版、民间传播等综合才能达到目的，毕其功于一役的想法或做法收效甚微，都不切合实际，这是微积分在中国传播的曲折历史给予的启迪。

雕版印刷的版片是纸质古籍印刷的母体和源头，有着和纸质古籍一样的历史价值和学术价值。据统计，我国现今的版存总量在百万片左右，远少于纸质古籍的收藏总量。就数学古籍版片而言，存世量比较稀少、分散，一种书雕一套版，一套版只能印一种书，木雕版更难保存。2014 年山西省运城市垣曲县文物局对外通报，发现清代科学家安清翘所著《数学五书》《数学指南》等著作的 338 块木刻雕版，这也是迄今难得一次提及数学古籍雕版。

凌步芳已刻三种书籍及其书版，是一套雕版和书籍匹配并保存至今的珍贵历史文化遗产，至今已 110 多年，十分难得。如何对私藏的凌步芳数学书版及算稿进行揭示和研究，进而提出、实施科学有效的保护措施和方法，意义深远。

（摘自《中国科技史杂志》2019 年第 1 期；

廖运章：广州大学数学与信息科学学院教授。）

儒家开方算法之演进
——以诸家对《论语》“道千乘之国”的注疏为中心

朱一文

中国传统数学源远流长，取得了许多世界级成就。由《九章算术》筹算开方术发展而来的求高次方程数值解方法即其中之一，学术界对之探讨已经取得了丰硕的成果。不过，以往学界较少关注儒家的算法传统。作为儒家经典之一的《论语》，历代学者前赴后继对之进行注解、注疏。在此过程中，历代儒家创造并发展了不同于筹算开方术的开方算法。算家与儒家的开方算法互动关联却又独立演进，终至晚清之大变化。因此，论述儒家开方算法之演进既可以呈现出儒家算法传统之兴衰史，又可以补充以往不为学界所关注的中国数学史的另一个侧面。

儒家开方算法之兴起必须从汉儒对《论语》的注解谈起。《论语》卷一云：“子曰：‘道千乘之国，敬事而信，节用而爱人，使民以时。’”一般认为此段孔子是讲治理国家（即“千乘之国”）的办法。作为周代的分封制度的“千乘之国”，原意指拥有千辆战车的国家。汉朝建立之后，随着国家制度的改变，“千乘之国”便逐渐失去了被理解的现实语境。于是，汉儒解经须将之转化为实际的土地丈量单位。先是，东汉包咸（前 7—65）以周代井田制度解“千乘之国”，认为千乘之国方百里（即 100 平方里[①]）。其后，马融（79—166）也注解“千乘之国”，马氏却引“司马法”，由“六尺为步”得出千乘之国方三百一十六里有畸（即 316 平方里多）。马融注实际隐含了一个数学问题（即 100 000 平方里），但他并没有给出具体的计算过程。何晏（约 196—249）《论语集解》引包咸与马融的注疏，但将马融注列于前。按何氏所云，包咸注据《礼记·王制》《孟子》，而马融注据《周礼》。由此，两人注解之差异实则反映出东汉经学“官学的争立”（即清人所谓“今古文之争”）。重要的是，此处马融以数学为工具解经，试图表明《周礼》与《论语》的相容性。在汉末章句繁多的背景下，马融、郑玄等人对儒经的注解往往隐含数学问题，而又不给出计算细节，留给后人进一步发挥的空间。

梁朝皇侃（488—545）《论语义疏》是唯一一部完整流传至今的南北朝经学著作。皇侃延续魏晋玄风，在注解“千乘之国”时，创设几何开方算法，与筹算开方术不同。皇侃的开方算法相当于是先把 1000 乘（100 000 平方里）看作 300 平方里（900 乘）与 100 平方里（100 乘）的和，而后逐渐切割 100 平方里，使之加在 300 平方里两边以构建更大的正方形，最后得到 316 平方里有奇。这一算法基于图形操作而不用算筹，其计算思路、几何解释都与《九章算术》《孙子算经》等算书所载的筹算开方术不同。南北朝后期，皇氏算法北传获得诸儒之认同。唐初孔

① 1 里=500 米。

颖达等对《礼记·投壶》、贾公彦对《周礼·考工记》的注疏中沿用并发展了这一算法，明确开方为把一长方形转化为正方形的图形操作，称为“方之”。此算法继而经由宋儒邢昺、朱熹（1130—1200）等人发展，一直延续至清代，形成了儒家独特的开方算法传统。

北周时期，甄鸾撰《五经算术》，以传统数学解儒家经典，亦收入《论语》“道千乘之国”问题。甄氏按筹算开方术求得千乘之国为方 316 里 $68\frac{62576}{189736}$ 步。唐初李淳风（602—670）注解包含《五经算术》的十部算经，并立于学官。李氏等注释按照数学著作的格式重构《论语》经文，并给出“置积步为实，开方除之，即得”之术。由此可见，尽管唐初算学与儒学都立于学官，《五经算术》等算经与《礼记》《周礼》等儒经都是官方法定的教科书，但是李淳风等并未理会皇侃而下的儒家算法，孔颖达、贾公彦等亦并未理会筹算开方术，算家与儒家各自使用不同之开方算法，形成两家算法传统并立之局面。

北宋邢昺注疏《论语》，延续皇侃算法。南宋朱熹撰《四书章句集注》，其中《论语集注》并未收入邢昺等人算法。有人问：“因说‘千乘之国’疏云，方三百一十六里，有畸零，算不彻。”朱熹回答：“此等只要理会过，识得古人制度大意。如至细微，亦不必大段费力也。”可见，早期朱熹并不完全认可儒家传统的开方算法，但在其晚年编撰的《仪礼经传通解·投壶》中对此算法有所发展。元代许谦（1270—1337）《读论语丛说》谈到此问。许氏按 1 井=1 平方里、1 夫=3 井、千乘=10 000 井，构造出方 316 里为 9856 井，与千乘差 144 井，逆向解释了千乘之国为 316 里有畸。

明代以降，对《论语》“道千乘之国”开方问题的探讨沿着注疏《论语》与《五经算术》两条路线演进，显示出儒家与算家两种计算文化传统并立局面的持续存在。乾隆年间，编撰《四库全书》，戴震（1724—1777）从《永乐大典》辑出十部算经。他认为，“是书不特为算家所不废，实足以发明经史，覈订疑义，于考证之学尤为有功焉”，给予《五经算术》及甄鸾、李淳风等以正面的评价。但是之后刘宝楠（1791—1855）《论语正义》“道千乘之国”仍旧采皇侃算法，延续儒家传统。

晚清以降，受到西学的冲击，数学的专业性与独立性获得了前所未有的承认。潘维城（19 世纪）《论语古注集笺》同时采纳了邢昺与甄鸾的注疏，并以“算术”称呼后者。刘岳云（1849—1917）《五经算术疏义》先沿用了甄鸾对此问的解释，之后批评“皇侃不知算术”。实际上，刘氏认为，“是书演算详明，于经义甚有裨益。唐时既立官学，而孔颖达作《正义》不采甄说，殊不可解”。可见，其对《五经算术》评价颇高，而不能理解儒家算法传统存在的理由。自此之后，算家对“道千乘之国”的数学解释逐渐被接受，而儒家的传统算法则逐渐被遗忘，开方算法终获再次统一。近代学者钱宝琮（1892—1974）认为，“甄鸾的《五经算术》……对于后世研究经学的人是有帮助的。但有些解释不免穿凿附会，对于经义是否真有裨益是可以怀疑的”。钱宝琮部分延续了刘岳云的看法，却也不晓儒家算法。而研究儒学及《论语》者则全然不涉皇侃、邢昺等人注疏之算法。就此而言，对儒家开方算法的探讨为我们提供了独特的视角以呈现：在漫长的时期内，儒家算法传统起源、发展终至消亡，而又与算家传统互动关联演进的历史画卷。

（摘自《自然辩证法通讯》2019 年第 2 期；
朱一文：中山大学哲学系暨逻辑与认知研究所副教授。）

牛顿《原理》在中国的译介与传播

万兆元　何琼辉

科学经典的翻译在科学知识的传播乃至产生中起着重要作用。牛顿的《自然哲学的数学原理》（简称《原理》）是科学史乃至思想史上划时代的巨著。该书不仅证明了地上运动和天上运动都服膺于统一的自然规律，而且正如其书名所示那样将“数学”与“自然哲学”这两大原本并行的科学传统完美地结合起来，从而对西方科学革命以及启蒙运动产生了巨大的推动作用。《原理》原文为拉丁文，自1687年发表以来已被陆续译为英、法、德、俄、中、日等多种语言，而中文则是世界上拥有《原理》全译本最多的语种，中国也由此成为英语世界之外译介《原理》最为活跃、成果也最为丰硕的国家。

牛顿理论在中国的传播主要是沿着“翻译”这条曲折而漫长的道路展开的。18世纪中叶，牛顿的月球理论由来华耶稣会士引进中国；一个世纪后，牛顿的力学理论由新教传教士介绍到中国。此后，《原理》的中译便拉开了序幕，历经晚清、民国、新中国三个阶段，其间出现了李善兰合译文言手稿本、郑太朴（1901—1949）半文言译本以及四部当代译本。

清末数学家李善兰在1860年前后与英国传教士伟烈亚力合译《原理》，翻译了“数十页”后因故中断；李善兰后又与任职江南制造局翻译馆的英国人傅兰雅重译《原理》并完成第一卷，题为《奈端数理》，共四册。该译稿先被托付给另一位数学家华蘅芳，后为梁启超负责的大同书局借去，戊戌变法期间遗失。民国时期，数学家章用曾透露自己收藏了该遗稿，章用去世后，该遗稿则不知所终。关于这段历史，李迪、阎康年、戴念祖、郭永芳、王扬宗、邹振环等先生都曾撰文论及。1995年，韩琦先生在伦敦大学亚非学院档案馆意外发现一份《奈端数理》手稿，由63张对折页装订而成，疑为李善兰-伟烈亚力译稿。

民国时期，翻译家郑太朴完成了《原理》的第一个中文全译本，由商务印书馆于1931年出版，入选《万有文库》第一集。郑译本译自1872年德文版，因此与拉丁文原版以及英译本存在一些差异。与李善兰文言译稿相比，郑译本使用了“半文半白”的语体，提供了更为通俗化的术语译法。郑译本对国人完整了解《原理》、对推动中国经典物理学的研究、对促进牛顿思想在中国的传播都厥功甚伟。在长达60年的时间里，该译本一直是相关领域的中国学者和学生的重要参考书，也成为后来《原理》中译者的重要参考。

进入20世纪80年代，以1987年“牛顿《原理》出版三百周年纪念大会”在北京召开为契机，中国学界出现了一轮研究牛顿和翻译《原理》的热潮。在纪念大会前夕，由我国蒙古族学者乌力吉巴塔尔、恩克、乌云其木格翻译的蒙文译本由内蒙古科学技术出版社出版。蒙文译本是根据郑太朴译本转译的，是世界上继英译本、法译本、德译本、俄译本、日译本、中译本之后的第七个《原理》全译本。

1992 年，由王克迪先生翻译、袁江洋先生审校的《自然哲学之数学原理》由武汉出版社出版，该译本选择卡乔里校订的莫特英译本（1934 年）——“国际通行版本”——为原本。王译本通篇使用白话文，并且全部采用了现代术语。至此，《原理》终于有了第一个现代中文全译本。王译本后来由多家出版社再版，有过一些小幅修订。

2006 年，曾经出版过郑太朴译本的商务印书馆推出了《原理》的第二个现代中文译本，译者为数学背景出身的赵振江先生。与之前几个译本不同，赵译本是根据拉丁文第三版直接翻译的（同时参考了英译本和德译本），在内容与结构上与拉丁文第三版亦步亦趋，力求“保持原书的历史面貌”，是一个很有特色和价值的学术性译本。

《原理》的第三个当代中译本是 2008 年由重庆出版社出版的“全译插图本”，自称是一个“适合多数读者”的通俗译本。该译本对《原理》的结构有所调整，所配图片很多图不对文，有的译文与王译本或赵译本接近，而且译者身份不明——初版署名三名译者，修订版译者却换成了另外一个名字。因此，这不像一个严肃、严谨的译本，更像一个在市场因素影响下基于已有中译本（或许还有英译本）而成的编译本。

上述三个当代中译本同时流通于世。虽然《原理》在原语文化中只是供少数专家阅读的专著，可是译介到中国后，便被列为“经典”而在市场作用下推向了大众读者。不过，几个译本针对的主要读者群体似乎有所不同。王译本最初设想的读者对象应是那些“受过现代数学和物理训练”的读者，不过后来的修订版力图通过增加导读和彩页等形式来吸引更为广泛的受过中等教育的群体。直接译自拉丁文原版的赵译本则主要针对学术界的读者；对这个群体而言，译者似乎认为牛顿的原意乃至表达方式相较于语言的流畅而言更具优先性。重庆译本的读者对象明显是普通读者；为了吸引这个群体，该译本对原著进行了外科手术式的“简化”、“美化”和“增补”。三个译本在图书市场上处于竞争状态，争夺着更大的读者群体和市场份额。

本文全面梳理了长达一个半世纪的牛顿《原理》中译史，探讨了其中涉及的语言转换、翻译传统、读者期待、译者主体性甚至市场角色等诸多因素，展示了《原理》中译与牛顿思想在华传播的互动关系，凸显了翻译之于科学传播的重要性。

（摘自《中国科技史杂志》2019 年第 1 期；
万兆元：牛津大学李纳克尔学院博士研究生；
何琼辉：兰州交通大学外国语学院讲师。）

朱元璋与明代天文历法

李　亮

中国古代天文历法的发展与帝王的重视及其组织管理有着紧密联系，古代的天文学并不仅限于自然科学意义，在某种程度上，也被赋予了更多人文内涵，渗透到政治、经济、军事等诸多领域。特别是帝王们大多认为天象与皇家的兴亡和政治臧否有着直接的关系，是政治的外化和参照。李约瑟等学者就曾认为产生于敬天“宗教”的古代天文与历法一直是“正统”的儒家之学，这也就为圣王的教化天下提供了规范和模式。

朱元璋深信天命，他与历史上多数帝王一样，对可窥知天命的各种方式极为敏感，尤其将星占视为珍秘之术。明初多个政权并存，战争频发，朱元璋常以星占作为军事决策的重要依据，十分依赖其“天象示警”的功能。在面临重大军事决策时，朱元璋甚至会亲自观测天象。

事实上，朱元璋不仅要求通过天象观测进行星占，还对星占提出了更高的要求，即通过预测天象来提前进行占验。星占上的需求也对当时的历法提出了更高的精度要求。这也是为何朱元璋各取所长，分别采用《大统历》和《回回历法》来预报日月交食和五星凌犯等天象，以满足星占需求的重要原因之一。

朱元璋对“天人感应”一说也是深信不疑。在应对各种天象时，他也极为谨慎。除了关注“天象示警”，朱元璋对历书的颁布也极其严格。在对待改历问题上，强调历法的推算应该能够经得住实际天象观测的检验，做到真正地吻合天象。他对历法的态度也极为简单明确，就是要做到“无差者为是”，注重历法的实效。

在各种异常天象中，朱元璋对“日中有黑子”，即太阳黑子现象最为关注，甚至对此惶恐不已。自洪武二年（1369 年）至洪武四年（1371 年）之间“日中有黑子”接连出现，几乎达到了“日日有之”的程度。朱元璋对此忧虑不已，希望刘基能够寻访深知历数之人，访求应对之策。由于太阳黑子历史周期的影响，以及朱元璋的额外关注，“日中有黑子”在当时引起了超乎寻常的警惕与重视，这也是明初天象观测中一个独特的案例。

朱元璋时期的天文历法工作，包括搜揽人才和设施建设，以及编修天文、星占和历法书籍等内容。自起兵之初，朱元璋就很重视搜揽天文历法人才。在他看来，通晓天文之士甚至比能够通书律者和廉吏等一般人才更为重要。明朝甫立，朱元璋便着手吸纳元朝司天监的天文历法人才。为了控制和管理天文历法人才，他还在洪武十四年（1381 年）定考核之法，下令钦天监官不再常选，任满黜陟，俱取自上裁。

朱元璋时期兴建有多处观象台来负责天象的观测，此外他还下令制造了一批天文仪器。这些工作，不但很好地满足了朱元璋对天文和星占服务的需求，而且也为明代历法的修订打下了坚实的基础。当然，明初朱元璋实施的一系列天文政策，尤其是人才管理的措施也有诸多局限。

虽然吸纳了人才，但也导致了较前代远为严厉的天文禁令，阻断了民间对天文历法的学习，对明代中后期天文学的发展产生了一定的负面影响。

为了统一和规范当时各家天文和星占思想，朱元璋在洪武九年（1376年）组织钦天监校订诸家之说，完成《选择历书》，洪武十七年（1384年）又编成《大明清类天文分野》。朱元璋时期最重要的历法工作则是编修了《大统历法通轨》和翻译《回回历法》。洪武十七年（1384年），朱元璋提拔钦天监漏刻博士元统为监正。元统在郭伯玉等人的支持下，主持编修了《大统历法通轨》。虽然《大统历法通轨》在推算方法上仍旧以元代《授时历经》为基础，但由于遵循了郭守敬“其诸应等数，随时推测”的思想，对历法“应数”进行了调整，并对交食算法做了一些改进，使得《大统历》在明初交食推算的精度上有了一定的提高。

在当时，回回天文学在日月及五星黄道纬度的计算上有着《大统历》所无法比拟的优势，能够比较精确地推算月五星凌犯，在星占上有着巨大的价值。朱元璋为此还产生了将两种历法进行“会通”的想法。虽然他最终未能实现将传统《大统历》和基于伊斯兰天文学的《回回历法》合二为一，但这两种历法在明代自始至终都被相互参用，成为官方正式采用的两部历法。而这一由朱元璋所定历法“双轨制”的“祖制”，甚至影响到明末历法改革的方式。

朱元璋不仅自己对天文历法和星占极为重视，而且还时常以此对皇室子孙进行“训导”，如利用天象进行政治运作，以告诫诸藩王不可败德失职。洪武十九年（1386年），朱元璋结合四次太阴和火星凌犯诸王星的天象和诸藩王各种为非的劣迹，认为他们得罪于神人，若不改过自新，必然得神天之怒而性命堪忧。

值得注意的是，朱元璋在洪武二十年（1387年）的敕谕中就已经得知该年将出现四次太阴和金星凌犯诸王星，并在敕谕的最后附上四次凌犯的时间。由于传统历法《大统历》无法计算月亮和行星的纬度，所以不能提前预测月五星凌犯的时间，而刚编修完成的《回回历法》却有计算月亮和五星黄道纬度的算表，可以推算凌犯。这也从另一个侧面揭示了《回回历法》在明初的使用情况。

总而言之，朱元璋对星占的需求和重视，带动了一系列天文历法活动的开展，如编修《大统历法通轨》提高交食精度；编译《回回历法》预测月五星凌犯等，这些对当时天文历法的发展都有着积极意义。他甚至还主张“会通”《大统历》和《回回历法》，虽然这一努力未能实现，但是两种历法同时得以作为明代官方历法相互参用，确定了整个明代历法的格局，甚至影响到明末历法改革中翻译西洋历法以补中国典籍之未备的修历方式。

太阳黑子的记录集中于洪武年间，不仅与这一时期太阳活动比较活跃有关，也与朱元璋对“日中有黑子”的天象格外关注有关。作为对太阳黑子现象最为重视的古代帝王，朱元璋对这一现象的担忧和应对，可以说是中国天文学史上一个特别的案例。此外，除了亲自从事天象观测等实践，朱元璋还注重训导皇室子孙学习天文和星占术，强调天象在修德、修政中的作用。从相关记述来看，这的确对其子孙产生了较大的影响。而借助“天象昭示灾异”来训斥诸藩王和进行政治运作，也是朱元璋经常采用的方式。

（摘自《安徽史学》2019年第5期；
李亮：中国科学院自然科学史研究所研究员。）

达尔文在中国进行的心理学问卷调查和数据引用规则

刘红晋

达尔文的《物种起源》（1859年）和《人类的由来及性选择》（1871年）分别解释动物和人的进化机制，紧随其后出版的《人类和动物的情感表达》（以下简称《表情》，1872年）将进化论扩展到人和动物的心理层面，首次系统研究人和动物的情绪表达。该书指出了表情研究的两大困难：一是表情动作细微而且一闪而过，二是观察者会因同情和想象而影响他们的判断。该书提出了两大结论（假说）：一是人类的表情由动物进化而来；二是人类不同种族表达情绪的方式一致。为了验证第二个假说，达尔文在心理学中首创了问卷调查的研究方法，在全球范围内收集各地原住民的表情数据，其中也包括中国。达尔文选择什么样的观察者，观察者在当地如何进行观察，观察结果如何反馈给达尔文并应用于《表情》一书中？这些问题将以中国为例进行考察。

达尔文一共列出了17个问题，在问卷末尾还对观察者提出了如下要求："去观察那些很少跟欧洲人来往的土人的表情而得到的资料，是最有价值的……对于表情的一般意见则价值较小。"达尔文强调不要简单地针对问卷进行肯/否定回答，而是详细描述表情发生时的具体样貌特征和引起它发生的原因。达尔文共送出50份问卷，回收了36份答案。其中有两份来自中国，都是由罗伯特・史温侯（Robert Swinhoe，1836—1877）提供的。

史温侯是印度裔英国外交官和博物学者，在中国的领事工作之余，发现和命名了大量鸟类和植物新物种，成为一位博物学家，也与达尔文建立了联系。史温侯在19世纪末的中国进行的表情研究不仅帮助了达尔文完成其著作，也是中国较早的心理学和人类学调查。他的观察结果记录在1867年和1868年的两封回信中。达尔文在书中引用了部分史温侯的回答，但是在有些问题上和史温侯有争议。

史温侯对表情问卷的第一封回信没有直接回答问卷中的问题，而是大致描述了他对中国人表情的观察，提到了两个发现。一是他指出中国人的生理特征和欧洲人不同：皮肤比欧洲人更紧，所以不容易在表达情绪时产生褶皱。二是中国社会阶层之间的差异："官吏和文人"倾向于表现出"冷漠的外表"，"苦力"更适合对表情的观察。在史温侯后来写给达尔文的信中，关于中西生理特征和社会阶层之间的差异被反复提及。

史温侯观察到了达尔文问卷中的大部分表情，只有对第13、16题2个问题持否定态度。另外，对第2、3、5、9、13、16题6个问题给出了细节，而其他11个问题都只是简单肯定。这种简单肯定其实不符合达尔文的要求。鉴于此，我们有必要考察达尔文对史温侯回答的引用情况，看看第13、16题2个否定的回答和这11个“一般意见”是否在《表情》中得到引用。

达尔文在《表情》中引用了史温侯的5个答案：问题2脸红、问题3愤慨、问题5悲伤、问题7冷笑、问题13耸肩。5个答案中，4个是史温侯的肯定回答，只有问题13是否定的。有4个在史温侯的答案里有详细描述，问题7不是。通过研读《表情》里引用这5个答案的上下文，我们可以了解达尔文在筛选和引用问卷反馈答案时的特点和规则。

第一，如果一个问题收到了足够多的肯定回答，达尔文会在文中表现出他的谨慎，而倾向于引用那些有详细描述的答案。例如问题2脸红。第二，如果一个问题的否定回答与问卷里的表述有一定的相似性，达尔文将它们归纳为相同的表现形式。比如问题13耸肩。第三，如果一个答案的细节与问卷描述有很大不同，达尔文会做出一些让步性解释。例如问题3愤怒。第四，当遇到一些特殊的回答时，达尔文试图将其与某些确定的知识联系到一起，以证明其合理性。例如问题5悲伤。第五，当缺乏详细的肯定回答时，达尔文不得不引用那些极为简单的答案，并诉诸其他方法加以验证，例如做实验，见问题7嘲笑。

通过总结史温侯对问卷的回答和分析达尔文的引用情况，我们有以下发现。第一，史温侯等问卷回答者的观察活动受问卷的描述性问题影响。达尔文首先在问卷里描述了表情的一般表现，再用“是/否”来提问。尽管问卷底部有“更欢迎对表情的详细描述，一般意见价值不大”的指示，但是这种问法造成大多数回答都不详细，例如史温侯的17个回答里有11个都是简单的肯定，没有任何观察细节。第二是达尔文的引用规则。由上文可知，除了问题7嘲笑，只有详细描述表情的回答被达尔文在书中引用。这表明在某种表情有大量肯定回答的情况下，达尔文倾向于遵守他在问卷底部提出的标准——筛选和保留那些详细答案；但是当某种表情被大部分观察者否认时，达尔文只能利用那些简单的肯定回答，甚至是那些半否定式的回答。对于问题13耸肩，史温侯和大多数观察者都回答说当地人没有这一动作，但是达尔文仍然给出了种族共同性这一结论。史温侯也曾写信质疑这一引用。

通过上文总结的达尔文引用数据的五种方法，以及他对种族间生理和文化差异的忽略，达尔文在《表情》结尾得出了这样的结论：“人类的几个种或亚种之间具有统一性。”本文中发现的跟问卷不相符的答案和达尔文的引用规则可能说明，达尔文关于人类种族表情统一性的结论有待进一步确认。

（摘自《自然辩证法通讯》2019年第9期；
刘红晋：清华大学科学史系博士后。）

杨乐在函数值分布论上的贡献

王　元　乔建永

杨乐是中国现代著名数学家和优秀的学术领导者，1939年11月生于江苏南通，1950—1956年在江苏省南通中学读书，1956年秋考入北京大学数学力学系，1962年六年制本科毕业后考入中国科学院数学研究所，成为熊庆来先生的研究生，1966年留在数学研究所工作。由于其学术上的突出成果，1977年被破格提升为副研究员，1979年晋升为正研究员。1980年当选中国科学院学部委员（院士）。

杨乐的主要研究领域是函数值分布论，主要包含模分布论、正规族和辐角分布论。自芬兰数学家R. Nevanlinna建立了其基本定理以后，亏值便成了模分布论的中心概念，关于亏值数目的研究成为一重要课题。例如，A. Pfluger、G. Valiron、A. A. Goldberg、A. Edrei、W. H. J. Fuchs、A. U. Arakelyan、A. Weitsman等均先后从不同的视角予以研究。另一方面，G. Valiron与一些学者又用深入与细致的分析工具，围绕着辐角分布论的基本概念——Borel方向进行研讨。关于亏值与Borel方向，各自都有大量研究与成果，但是都没有意识到这两者之间存在着十分紧密的联系。20世纪70年代，杨乐与张广厚的研究第一次揭示了这两个看似完全不同的基本概念间的密切联系：有穷正级亚纯函数的亏值数目一定不会超过其Borel方向数目，并且这个界可以达到。他们的这个论断是不能再改进的精确结果。

同时，杨乐与张广厚还对亚纯函数Borel方向的分布给出了必要和充分的条件。这是一个完美的刻画。1976年，杨乐与张广厚发表该结果时，D. Drasin与A. Weitsman关于整函数Borel方向的分布独立得到了一个类似的结果。不过，Drasin与Weitsman在整函数时对Borel方向分布的描述不像杨-张结果简洁与完美，使用的方法也迥然不同，不像杨-张的证明那样直接和完全是构造性的。

以上杨-张的两项成果在亚纯函数值分布论的长期历史上是十分突出的。

早在20世纪60年代杨乐引进拟亏值和拟亏量，证明了亚纯函数$f(z)$的拟亏值至多是可数的，且全体拟亏量总和不超过$2+\frac{2}{k}$，其中k为一正整数。当k趋于无穷时，则拟亏量趋向于Nevanlinna定义的亏量，定理的结论成为经典的亏量关系。杨乐并证明了，当$f(z)$为整函数时，全体拟亏量总和不超过$1+\frac{1}{k}$。以后杨乐引进的亏函数及其研究，在20世纪80年代引起了国际上一些函数论学者，如G. Frank、N. Steinmetz的关注与后续工作，并导致了值分布论中持续甚久的Nevanlinna猜想的最终解决。1994年，A. A. Goldberg用构造性的方法证明了杨乐引进的涉及重值的拟亏量关系的精密性，称其为“杨乐亏量关系”。

寻求正规定则是正规族理论的主要课题，杨乐对全纯函数与亚纯函数的正规族理论也有许多研究工作。

W. K. Hayman 的一个重要猜想是相应于他建立的含导函数的基本不等式，正规定则应该成立。1979 年，顾永兴使用特殊的方法证实了这个猜想。随后，杨乐使用常规的消去原始值的方法，可以自然地获得顾永兴的正规定则。

杨乐还发现了亚纯函数的不动点与正规族之间的联系。结合到复动力系统，他提出以下问题：若对于整函数族 F 中每一函数 $f(z)$，它与其 k 级迭代 f^k 在域 D 内均无不动点，则 F 是否必在 D 内正规？M. Essen 和伍胜健对此做了研究，完美地回答了这个问题。

1928 年，Valiron 就提出了关于 Borel 方向研究的中心问题：对于有穷正级亚纯函数 $f(z)$，是否它与其各级导函数至少存在一条公共的 Borel 方向？H. Milloux 用近百页的长篇，论证了整函数情况的正确性。以后，张广厚将 Milloux 的结论推广至亚纯函数，但以值无穷为 Borel 例外值，较大地简化了其证明，但他对原始值的处理依然复杂。杨乐完全区别于 Milloux 和张广厚的论证，用较简单与直接的方法建立了一个基本定理，并由此立即得到一系列推论。

在对辐角分布做了深入研究后，杨乐指出，相应于一个 Picard 型定理和相应的正规定则，常常存在对应的奇异方向。从 Hayman 建立的包含导函数的基本不等式，Hayman 曾猜想对应的正规定则应该成立。杨乐进一步预言应有与其对应的奇异方向。当亚纯函数是有穷正级时，杨乐和张庆德得到了“Hayman 方向”，并有下述结论，作为 Valiron 问题的一个解答：设 $f(z)$ 于开平面亚纯，级 λ 为有穷正数。若 $\arg z=\theta_0$（$0\leqslant\theta_0<2\pi$）是 $f(z)$ 的一条 Borel 方向，且在角域 $|\arg z-\theta_0|<\varepsilon_0$（$\varepsilon_0$ 为一正数）内，$f(z)$ 有一个有穷的 Borel 例外值，则 $\arg z=\theta_0$ 是 $f(z)$ 与其各级导函数的公共 Borel 方向。

1930 年，英国数学家 J. Littlewood 曾考察角域内全纯函数的增长性与取值的问题，提出一个猜想，长期未曾解决。1979 年，杨乐与 Hayman 合作，解决了 Littlewood 的这个猜想。

杨乐的研究工作为国内外同行学者广泛引用，发展他的方法，推广其定理。例如《俄国大百科全书·复分析卷》中主要文章《整函数与亚纯函数》的作者 A. A. Goldberg、B. Ya. Levin 与 I. V. Ostrovskii 引用了杨乐的九篇论文，完整地叙述了他的七项研究成果。这在俄国学者撰写的百科全书中是比较罕见的。Springer-Verlag 在其出版的大学和研究生教科书里，J. L. Schiff 有一册《正规族》，引用了杨乐的八篇论文，并称为中国学派，在正文内有十余处引述，其中一处用了七页的篇幅引用了杨乐的一篇论文的主要部分。Hayman 等 1984 年在 *Bulletin of the London Mathematical Society* 上列举复分析中的研究问题时，第一个问题就是 D. Drasin 提出要推广 1982 年杨乐的一个定理。

杨乐关于值分布论的研究，以及国际上的新进展，曾被总结在其专著《值分布论及其新研究》（1982 年，科学出版社）与 *Value Distribution Theory*（1993 年，Springer-Verlag）中，成为这方面的权威文献。在改革开放之初，杨乐和张广厚的研究工作获得了全国科学大会奖（1978 年）、国家自然科学奖二等奖（1982 年）。以后，杨乐还获得“何梁何利科技进步奖”“华罗庚数学奖”“陈嘉庚数理科学奖”“国家科学技术进步奖”“陈省身数学奖”“国家图书奖”等。

（摘自《内蒙古师范大学学报（自然科学汉文版）》2019 年第 6 期；
王元：中国科学院数学与系统科学研究院研究员；乔建永：北京邮电大学教授。）

文化遗产与技术史

大连营城子汉墓出土龙纹金带扣的科学分析与研究

谭盼盼

大连营城子龙纹金带扣于2003年出土于辽宁省大连市甘井子区营城子工业园区的一座高等级男女合葬墓M76，时代为西汉晚期至新莽时期。这件带扣呈马蹄形，边缘内折，侧边穿有19个小孔，带扣长9.5厘米、首端宽6.6厘米、尾端宽4.9厘米，重38.27克。整体由金片、金丝、金珠等不同形态的黄金，或缀或连，构筑成以十龙戏水（或腾云驾雾）为主题的浅浮雕式图案。主题图案正中为1条大龙，自带尾穿梭至带首，大龙四周绕9条小龙；这10条龙的龙身骨架、龙眼与龙须等细节均使用圆金丝勾勒而成，大小不一的金珠沿龙脊排列，且龙脊最高点处的金珠最大，由高至低金珠直径逐渐减小；肉眼几乎不可见的小金珠填充在龙身侧面，和排列于“水面”（或“云雾”）中的圆金丝旁，还有数颗水滴形绿色宝石点缀其中；主题图案由圆金丝作边框，其外排列45个小菱形和2个小圆环，其中镶嵌绿松石（现残留9颗），最外层为一圈由双股圆金丝拧成的花丝作为带扣的边框。这件金带扣制作精细，10条龙形象生动，花丝、珠化、镶嵌三种装饰技术集中于同一器物，体现了汉代细金工艺技术的纯熟和工匠丰富的艺术表现力。

在确保文物完整和安全的前提下，文章使用超景深显微镜、扫描电子显微镜-能谱仪、显微共聚焦拉曼光谱仪等无损检测分析手段，获取龙纹金带扣的相关材质、制作工艺和连接技术的检测与分析数据。

带扣的结构和工艺分析表明，带扣由“功能区”和“装饰区”两部分组成。“功能区”包括马蹄形基体、扣舌、扣舌环和穿孔。马蹄形基体壁厚仅约0.18毫米，背面的滑移带表明带扣基体为冷锻而成；龙纹整体凸起，模压而成。扣舌和基体通过扣舌环实现两者的活性连接。扣舌环断面呈不规则多边形，为捶打而成的金丝。侧边穿孔是使用利器自外向内一次戳制形成，直径约1.48毫米。

“装饰区”包括圆金丝、金珠、扁金丝和主龙龙舌。圆金丝表面有螺旋线痕迹，即使用“带状扭丝法”制作。龙眼、脊背、腿关节处的大金珠颗粒分明，无明显的熔化、变形现象，直径为0.48—1.79毫米；龙身和地纹中的小金珠存在明显的熔化、变形现象，直径为0.24—0.58毫米。扁金丝被掐成圆形和菱形作为镶嵌物边框，厚度为0.1—0.23毫米。大龙龙舌为一根圆金丝自龙口穿入至带扣背面，口内的金丝锤至扁平状。

带扣各构件成分的分析结果显示，其制作和装饰使用了含有微量银的高纯度黄金，金为93.4—98.8wt%，银为1.2—6.6wt%。不同部位的金含量表现出一定的规律性，即（基体≈单线式圆金丝≈小金珠）>（带缘双股花丝≈扁金丝≈大金珠），小金珠的焊点成分与小金珠成分相近，大金珠的焊点成分与大金珠成分相近。这说明金珠的焊接使用了熔焊技术，这一焊接技术是中国境内珠化制品中的首次发现。并且，不同构件成分的规律反映了工匠有意选择不同纯度的金料进行带扣的组装：①加热基体、圆金丝、小金珠完成第一次焊接；②加热双股花丝、扁金丝、大金珠完成第二次焊接，前一部分经过了二次受热，这印证了小金珠熔化和变形现象。另外，绿色镶嵌物为绿松石，在脱落绿松石下发现有红色颗粒附着物，分析显示其为朱砂（硫化汞）。总而言之，捶揲、模压、扭丝、花丝、珠化、熔焊、穿孔、镶嵌 8 种工艺被用于这件带扣的制作和装饰。

类似形制、运用相同装饰技法的汉代龙纹金带扣还见于新疆焉耆“黑圪垯”墓地出土的八龙金带扣、安徽寿县刘延墓出土的八龙金带扣（公元 85 年）及朝鲜平壤石岩里 M9 出土的七龙金带扣（1—2 世纪）。这类带扣历来为学界所关注，众多国内外学者对其制作工艺和来源进行探讨，但这类带扣为本土制作还是匈奴之物仍存在争议。本文首先将科学分析结果与已公布的石岩里 M9 金带扣的分析结果进行对比，显示两者在尺寸、龙纹分布位置、使用工艺种类、金料纯度、金珠尺寸和朱砂使用等方面相似，表明两件金带扣遵循着相同的制作标准，其可能源自同一制作地。其次，这类龙纹带扣中拱丝的使用、金珠和水滴形绿松石的装饰手法普遍见于汉代中原地区的细金工艺制品中。因此，这类使用细金工艺制作的汉代龙纹金带扣更可能为汉地工匠为特定人群制作，且受到某一中央部门控制以遵循同一制作标准。

（摘自《考古》2019 年第 12 期；

谭盼盼：西北工业大学材料学院纳米能源材料研究中心博士研究生。）

陕西临潼新丰秦墓出土铁器的科学分析及相关问题

刘亚雄

新丰墓地位于陕西省西安市临潼区新丰街道办事处湾李村东南部渭河南岸的二级台地上，西距西安市区约39千米，南距秦始皇陵约6千米。2007年，陕西省考古研究院对此墓地进行了发掘，共清理墓葬700余座，其中594座为秦墓，系关中东部地区迄今为止发掘数量最多、规模最大的秦墓群。根据出土器物组合及墓葬形制，参照墓地出土陶文等材料，这批秦墓被划分为战国中期晚段、战国晚期、战国末期至秦代、秦末汉初四个不同阶段，年代较为集中。其中473座墓的年代被定为战国晚期至秦代，占所有秦人墓葬的80%。

这批秦墓中共出土了铁质随葬品90余件，包括生产工具、日用器具、兵器及建筑构件等，部分器物由于锈蚀严重，器形不易辨认。为了揭示该墓地出土铁器的制作原料及技术，并进一步探讨以该墓地为代表的关中东部地区的冶铁技术，本文采集了新丰墓地出土的部分铁器的样品，开展系统的科学检测分析，以期为早期冶铁技术研究提供有益的信息。

对新丰墓地出土的24件战国晚期至汉代初期的铁器样品进行了科学分析检测。结果显示，经分析的铁器样品均以生铁为原料制成，并采用了铸造、铸后退火、炒炼脱碳、锻造等原料处理或器物制作技术。由此反映出，以该墓地为代表的关中东部地区在战国晚期已围绕生铁冶炼发展出较为成熟的铁器生产制作体系。以生铁为原料，该地区的铁器制作衍生出两个生产技术路线。基于范铸成型技术，铸造各类日用器具，如鼎、釜、带钩等的生产，并结合铸后退火技术，降低铸造生铁的脆性，以满足对机械性能要求稍高的农具类器物的要求。而4件炒钢制品则显示了生铁脱碳技术的发展，即经过炒炼脱碳获得熟铁或钢材，并进一步煅制以获得较好的机械性能来满足使用需求。根据目前对新丰墓地年代的认识，本文报道的这4件样品应是目前经科学分析证实的年代最早的炒钢制品。

炒钢制品的判断是近期学术界较为关注的热点问题，本文以铁器中所含非金属夹杂物的详细分析为基础，根据冶炼及生铁处理过程的物理、化学基本原理，并与早期块炼铁夹杂物分析数据进行了对比，讨论确认了夹杂物中较高的磷、钙氧化物含量可以作为炒钢制品的基本特征。同时指出，单个样品的不同夹杂物成分波动较大，显示炒炼过程不同阶段、不同区域的气氛或反应过程的不均匀性，对更好地认识炼钢技术的特征及相关铁器材质的判断具有积极意义。

（摘自《考古》2019年第7期；
刘亚雄：伦敦大学学院考古研究所博士研究生。）

秦始皇帝陵出土青铜马车铸造工艺新探

杨　欢

1980年12月，秦始皇帝陵封土西侧的陪葬坑出土了两辆青铜马车，两车均为真车的1/2大小，材质独特，制作精美，出土后备受学界关注。笔者在研究青铜马车铸造工艺的过程中，在其主要部件上发现有不见于我国传统范铸法工艺的铸造痕迹，现对其具体工艺特征进行分析，以探索其铸造工艺。

两辆青铜马车的轴均为青铜质地，位于车舆下的一段中空，内有范芯。泥芯材质坚硬，呈灰白色，泥芯内有扁长形的铜条作为芯骨。一号车的车辀，出土时从舆前折断。从其断口处观察，发现辀为中空，内有泥质范芯，范芯中间有铜质芯骨。二号车的车辀，出土时从前后与连接处折断，断口两侧可见铜质的针状芯撑断茬痕迹。一号车的伞杠为中空的圆柱体，出土时断为三段。从断茬处观察，发现其内有泥质范芯。范芯上端中间有铁质芯骨，下端有铜质芯骨，自上而下有三组对称设置的铁质针状芯撑（铁支钉）孔，仅中间的一个芯撑还留在伞杠中。

两辆青铜马车共有8匹铜马，二号车左骖马在出土时，前腿范芯内有残瓦片，两腿范芯中都设有铜芯骨，而且前腿均放置有三对铜质针状芯撑（铜支钉），板瓦的一边也设置有铜条状芯骨。左骖马的后腿也放置有铜条芯骨与针状芯撑，针状芯撑横贯整个范芯并伸出马腿表面。这些铜支钉是用来固定内外范的，至于范芯中的残瓦片，鉴于其是对称放置的，这在一定程度上起到了加固范芯的作用，同时还增强了范芯的透气性。二号青铜马车左骖马肩部有一条狭长的裂缝，工匠使用了多个长方形铜片进行修补。这些铜片在脱落后，背面基本平整，且铜马上缺陷处有明显的加工痕迹，表明这些铜片是用来修补铸造缺陷的。

从上述对青铜马车的主要部件车轴、辀、伞杠与铜马的铸造痕迹的分析，可知青铜马车的制作使用了几种比较独特的工艺，总结下来大致有范芯中的芯骨、器物表面及范芯中的针状芯撑、用于修补铜马表面铸造缺陷的铜片和铜马范腔中的陶片。这四种工艺特征不见于我国青铜时代常见的范铸工艺。从世界范围来看，金属器物的铸造工艺主要分为范铸法与失蜡法两种。鉴于这些工艺特征不见于块范法中，本文尝试在比较范铸法与失蜡法铸造工艺异同的基础上，来探索青铜马车的铸造工艺。

范铸法的一般流程是先制作部分或者整体的陶模，用模制范，翻范完成后再制作范芯，内外范合范完成后进行浇铸。失蜡法分为直接失蜡法与间接失蜡法。直接失蜡法先雕塑蜡模，然后制作耐热的外范，待外范硬化之后融掉蜡模，用金属液浇铸得到铸件。间接失蜡法在蜡模的制作上稍有不同，蜡模不是工匠直接手工制作的，而是在预先做好的母范中翻出来的，如此可提高相同部件的生产效率。

在铸造实心器物时，使用范铸法与失蜡法铸造出来的器物在理论上没有实质性的差别。我们不能用铸造器物时工艺的复杂程度，或者表面线条的状况等这些稍显主观的因素来判别其铸造工艺，而应该找到一些失蜡法所独有的工艺特征，这些特征主要体现在使用空腔失蜡法铸造的器物中。

经过仔细的对比研究发现，范芯中的芯骨、针状芯撑、铜片补缀等都是失蜡法铸造工艺的重要特征，我们可以凭借这些工艺特征来判断一件器物是否采用了失蜡法铸造。应该指出的是，并不是失蜡法铸造的器物都具备以上所有特征，有的器物上仅会发现上述一两种工艺痕迹。总的来说上述几点工艺痕迹与特征，有助于我们在观察器物时更加清晰地认识它们的铸造工艺。

在秦始皇帝陵青铜马车主要部件中，二号青铜马车的车轴发现有芯骨与针状芯撑的痕迹，在车轴表面发现的铜片应为铸造后切掉多余针状芯撑并打磨光滑之后的痕迹；车辀和一号车的伞杠也发现有芯骨与针状芯撑两种工艺特征；铜马更是使用了芯骨、针状芯撑、补缀铜片以及范芯夹杂碎陶片四种工艺。

秦始皇帝陵青铜马车主要部件发现有芯骨、针状芯撑、铜片补缀及范芯夹杂碎陶片等失蜡法铸造工艺的重要特征，而且没有发现块范法所留下的工艺痕迹（如范线、垫片等）。据此，我们认为秦始皇帝陵青铜马车的主要部件有可能是用失蜡法铸造而成的。

中国青铜时代是否存在失蜡法铸造的问题一直为学界所关注，这一争论已有近百年的历史。首先，我们不能以器物的复杂程度来判断其铸造工艺，失蜡法可以铸造简单的器物，范铸法也可以铸造非常复杂的器物。判断一件器物是否用失蜡法铸造，应当根据是否具备失蜡法铸造工艺特征。秦始皇帝陵出土的青铜马车具备失蜡法铸造工艺特征，而且未见范铸法工艺留下的铸造痕迹，据此可以推断秦始皇帝陵青铜马车的铸造使用了失蜡法。

失蜡法在我国出现的时间现在尚未有定论，但上述研究表明，我国在不晚于秦代可能已经出现了失蜡法铸造工艺。秦代工匠运用失蜡法铸造出如此精美、繁缛、体量巨大的青铜马车，体现出了较高的工艺水准，说明这一技术在当时绝不是一种新出现的技术。至于失蜡法时何时在我国出现，最早应用在哪些器物上，以及这一技术的起源问题，还需做进一步研究。

（摘自《文物》2019 年第 4 期；
杨欢：陕西师范大学历史文化学院博士研究生。）

《梦溪笔谈》“弓有六善”再考

仪德刚

利用自然弹性材料制作出性能优良的筋角弓制作技术是中国古代一项重要的发明创造。据成书于春秋战国时的《考工记》记载得非常详细和成熟的制弓术而言，这项技术已被先秦居住在中原地区的民族所掌握，后被广泛地运用在军事中，并在军事征战中远传至北方游牧民族、东亚诸国及东欧部分地区，可以说这项技术是中国古代最重要的发明之一。成熟于两千多年前的这项传统工艺在今天仍然具有的很强的生命力。利用现代弹性材料制作的弓体仍然在诸多方面逊色于传统的自然弹性材料，当然传统筋角弓制作技艺在历史文化传承中的作用更为显著。据笔者多年的筋角弓制作和习射经验，制作一张好的筋角弓工序复杂、选材精致，评价一张好弓更需要有经验的射手进行对比测试。此前闻人军曾对沈括所著《梦溪笔谈》中的“弓有六善”（一者性体少而劲，二者和而有力，三者久射力不屈，四者寒暑力一，五者弦声清实，六者一张便正）进行过仔细的考证，认为这个令人拍案叫绝的评价标准是沈括的首创，而较早成书的《射经》里虽也有同样表述，但那是伪作，是后人加进去的。但黎子耀并不同意此说，认为“弓有六善”可能源于《易经》。后闻人军又撰文回应，维持自己的观点。黎子耀把“弓有六善”之说看成是根据《易经》坤卦写成的，而并非源于沈氏兄弟的制弓经验，认为《易经》的作者采用象征文学的方法使弓与月相对，并逐条对等地分析，颇有新意，但终不符合史学考据之规范。想象和猜测终无说服力。利用世间万物进行触类旁通，是中国古代文学或自然哲学家们惯用的手法，尚“六”也符合传统礼数，故以弓隐喻的哲理很多，但如欲证明一个提法或一个成语的起源确有难处。当然易学高深难解，非吾辈凡人智力所能通也。但也有学者对“弓有六善”的理解依然停留在单纯的文本上的解读和猜测，缺乏实践经验的理释依然存在很多疑点。

文章依据制弓习射实践经验，对“弓有六善”逐条进行了新的诠释。根据闻人军对沈括《梦溪笔谈》几个版本仔细的比对、对王琚《射经》成文风格的研究，应该说《射经》之“弓有六善”是由后人仿制沈括的手笔填充进去的这一结论很有意义。古人著书立说讲究文采精练、寓意丰富、结构严谨，但对其内容的写实与精确程度并不是每一位作者都刻意追求的。古书的流传不像如今这样方便快捷，大量经典著作没有传世虽为遗憾，但确是无可奈何。地域、文化、习俗的不同，也使得很多典籍在传抄过程中内容出入很大，这是中国史学研究中版本比较勘察占有很大比重的原因。但反思“弓有六善”如是沈括发明的令人拍案叫绝的具有优先权的话，证据方面还稍显不足。尽信书不如无书。如果沈括还是沿用着早于他一千多年前的“往体”这一《考工记》中专业术语的话，而其稍晚再版的《梦溪笔谈》均改作“性体”，即说明读者们已经习惯于用“弓体轻而弓力强劲”这样一种理解方式了。根据笔者的实验，一张45磅左右拉力的筋角弓质量轻的仅500克左右，基本符合“轻而劲”的特点了。如用“往体少而劲”则表达的是一种“释弦后弯曲形变大而弓力强劲”，这个对于专业的制弓师而言说法并不准确的表述还是值得推敲的。另一方面，如果单纯从文字上考虑，古人习作抄抄写写是为个人行为，讲究文风的作者一般会如实交代传抄内容的出处，普通的文人并不像我们今天特别强调学术规范：引述内容一定要严格地注明出处。但如果文人造假（直接或间接）或刻意地笔误，后人是很难鉴别真伪的。如果不是亲身实践和体会工匠们的行为方式，仅凭文字材料，很多事情真相是后人难以搞清楚的。所以仅靠版本的考证去揣测沈括所要表达的是“往体”还是“性体”、“弓有六善”为沈括首创而《射经》为补遗均难定论。除非后世又发现更为合理的文献资料。

（摘自《自然辩证法通讯》2019年第12期；
仪德刚：东华大学人文学院教授。）

中国古代淋土法制盐技术的发展与演变

牛英彬

淋土法是我国古代主要的制盐技术类型之一。结合考古发现、文献记载及民族学材料分析发现，淋土法可分为刮咸淋卤法、撒卤晒咸法和泼卤印灶法三种技术类型。本文对这三种技术原理进行阐释，探讨三者之间发展与演变的脉络，并分析其产生的原因和背景，以更好地揭示我国古代淋土法制盐技术的演进。

淋土法是一种产生时代较早、延续时间长、分布面积广的古代浓卤制盐技术。这种技术不仅贯穿了整个历史时期，而且涵盖了我国三类重要的盐业资源，从海盐产区到井盐产区都能见到它的身影。漫长的生产实践证明，它能够有效地提高卤水浓度，节约能源、降低成本、提高盐产量。

进入明清以来，由于燃料的变化，淋土技术在非晒盐地区发展迅猛，特别是在四川盆地井盐产区（非天然气产区）很快替代了淋灰法，成为该地区最为流行的一种技术形态。此法配合四川盆地内的传统制盐龙灶，将余热的利用发挥到极致，极大地提高了盐业生产的效率。此外，明清之际的淋土技术背后还反映了人群移动所带来的技术传播与融合。

从刮咸淋卤到撒卤晒咸，再到泼卤印灶的演变，一方面体现了古人对制盐技术的掌握不断趋于成熟，技术形态渐趋复杂；另一方面也暗含了古代劳动人民高超的智慧，体现了古人对不同类型资源的适应性。古代劳动人民能够因地制宜地创造出各类技术手段来应对不同的资源类型，他们在这一系列的技术创造中展现出了非凡独特的创造力，是中华民族一项优秀的发明创造。

（摘自《盐业史研究》2019年第3期；
牛英彬：重庆市文化遗产研究院馆员。）

丁公及周边遗址龙山文化白陶的岩相和化学成分分析

陆青玉

史前时期的白陶器一直被认为是社会身份和财富的象征，作为一种奢侈品，其产地和流通状况是古代社会政治、经济和文化关系问题的重要体现。但是限于材料和分析技术等诸多因素，目前有关白陶的一系列研究多是集中于类型学和文化因素分析，缺乏对白陶背后社会关系问题的大区域历时性系统分析。

文章采用国际上流行的岩相学和化学成分分析方法，通过对鲁北地区的丁公、桐林、史家和前埠遗址出土的48个白陶样品进行系统分析，探讨龙山文化时期遗址间的白陶生产和流通等问题，为更全面理解龙山文化社会问题提供证据。

通过分析发现，龙山文化时期鲁北几个遗址的白陶包含物从母岩属性来看，多以粗砂岩、碳酸盐岩和泥岩、中基性岩屑为主，包含物粒度和分选状况等反映的陶器生产技术，存在遗址间或遗址内部的历时性差异。丁公和桐林遗址龙山文化白陶生产的相对标准化分别发生在龙山文化中期和龙山文化晚期阶段。另外，在化学元素构成上，鲁北地区龙山文化白陶存在着高铝质和低铝质的二元分布格局。

作为一种奢侈品，从原料来看，鲁北地区龙山文化时期同一区域或同一遗址的产品生产并未出现垄断，多数时期白陶产品生产的标准化，尤其是原料类型和粒度特征上的标准化程度不高，社会权贵阶层对此类产品生产阶段的控制并不严格。丁公遗址龙山文化中期的白陶和白衣红陶采用了类型和粒度特征相同的羼合料，显示了同一生产单位可以同时生产白陶和白衣红陶。

从陶器流通方面来看，根据陶器中矿物构成，结合遗址规模、遗址周边地质环境和同时期遗址的白陶成分构成分析，那些包含正长岩岩屑类包含物的白陶，应该是在桐林遗址周边区域生产的。结合前埠、史家和丁公遗址相关白陶的包含物构成，可知在龙山文化时期，桐林向西经前埠、史家到丁公遗址一线，存在着部分白陶的流通现象。

（摘自《考古》2019年第10期；
陆青玉：山东大学历史文化学院博士后。）

广西宋代永福窑铜着色釉瓷器的科学分析

汪常明

铜着色釉（铜红、铜绿）瓷器的出现是我国陶瓷发展史上的重大事件，宋元时期是铜红釉发展史研究中的关键一环。由于实物资料的缺乏，学界对铜着色釉尤其是铜红釉瓷器的早期发展史所知甚少。永福窑是广西宋代代表性青瓷窑址，所出土的铜着色釉瓷器占了相当大比例，是颜色釉发展史中极其珍贵的资料。文章以2010年新出土的考古材料为基础，对永福窑24个铜着色釉瓷器的胎、釉化学成分进行了分析，并对部分样品进行了微观结构分析。主要目的如下：一是解析永福窑铜着色釉瓷器化学组成特征；二是探讨铜元素在铜红釉和铜绿釉中的分布规律；三是探讨永福窑铜红釉的成因。到目前为止，关于早期铜着色釉尤其是铜红釉技术的发展史研究还相当薄弱，宋以前高温铜着色釉发展脉络还不很清晰。永福窑作为我国最重要的铜红釉产地之一，对它的研究或将有助于增进对早期铜红釉技术发展的理解。

分析结果表明，永福窑铜着色釉瓷器瓷胎中 SiO_2 的平均含量为70.44%，Al_2O_3 的平均含量为18.05%，瓷胎成分符合南方地区“高硅低铝”特征。瓷胎中 Fe_2O_3 含量平均值高达3.07%，说明所用原料中含铁较多，这是永福窑瓷器胎色几乎都是灰色或褐色的原因。

永福窑瓷釉 Al_2O_3 含量平均值为9.06%，SiO_2 含量平均值为65.38%，比较符合南方青瓷釉的特点。此次测量的永福窑瓷釉中CaO含量平均值为16.02%，属于钙釉。相对于胎体而言，釉中Mn含量平均值高出一个数量级。因此，在釉料制作中可能添加了含Mn的成分。分析发现所测得的青瓷釉中都含有较高的 P_2O_5，平均值为1.72%，最高者达2.56%。瓷胎中 P_2O_5 含量较低，都在0.5%以下，瓷釉的 P_2O_5 含量普遍高于胎中含量。因此，釉中可能添加了含磷的草木灰等物质。

分析发现，含铜样品主要为铜红、翠青（绿）、墨绿、青黄釉，其他釉色极少。其中铜红釉含铜量平均为0.58%，含铜量较低；翠青釉含铜量平均为1.39%，含铜量较高；墨绿釉含铜量平均为2.07%，含铜量最高。可以认为，生产铜红釉所需铜最少，翠青釉次之，墨绿釉所需铜最多，且绿色越深，含铜量越高。尽管铜在釉中的显色应是多种因素的综合体现，但在实际生产中，铜含量可能是铜红和铜绿最关键的显色因素。

从2010年出土样品来看，翠青、墨绿等铜绿样品所占比例相当大，且完整样品较多，在永福窑所有发掘区中的所有地层都有出现，因此可以断定铜绿釉瓷器在永福窑的不同时期、不同窑场都已经生产，是永福窑的主打产品之一。永福窑带铜红产品虽然不少，但完整样品极少，所见铜红器多为碎片。永福窑的铜红釉更多的是以铜红斑形式出现在瓷器上。永福窑不少青黄釉、青灰釉或天青釉器中间出现铜红釉斑块，其面积有大有小，分布没有规律，也谈不上艺术美感。很显然，这些铜红釉斑并非有意制造。由于宋以前几乎不见完整铜红釉器，铜红这种釉色也许并不为当时人们所喜闻乐见。它的出现极有可能是窑工在生产绿釉瓷器的过程中由于配釉、烧制等工艺没有掌握好而产生的。考古发现的永福窑铜红器大多数为碎片，应该是窑工将这种不期而至的红色当做不祥之物而有意砸烂抛弃所致。这种红色，实际上是一种窑变。

铜离子对烧成气氛的变化极为敏感，不同气氛形成不同价态，而不同价态产生不同色调。因此，高温铜红釉很不稳定，烧成技术难度很大，发展很慢，一直到宋代的钧窑（非全色铜红釉），才较多见，直至元代以后，景德镇才先后创制成釉里红、鲜红、郎窑红、祭红、窑变花釉、豇豆红等成熟铜红釉瓷器品种。从对永福窑瓷器釉面显微观察来看，铜在高温瓷釉中的显色是复杂的，经常呈现红中有绿、绿中有红的状况。结合化学组成分析发现，永福窑不光绿釉和红釉中含有铜，部分青灰釉、天青釉、青黄釉中也含有铜，这说明永福窑高温铜着色釉技术并不成熟，配釉不精细，从而导致不同色釉的产生。出土的永福窑铜红釉色泽有的鲜红，有的暗淡，深浅不一，究其因，跟该窑其他含铜青釉器一样，是在烧制绿釉过程中偶然出现的，是窑变的产物。

文章通过能量色散X射线荧光光谱法（EDXRF）、显微观察法对24件永福窑出土的铜红、铜绿等含铜釉瓷器进行了科学分析。通过分析发现了铜着色釉瓷器的胎釉成分组成特征以及铜红釉和铜绿釉中铜含量的分布规律。研究认为，永福窑中铜红、翠青（绿）、墨绿等釉色的形成应与釉料中铜含量以及烧成气氛等因素有关，永福窑铜红釉器的出现应是制作与烧成过程中工艺控制不当所致，非有意为之。

尽管永福窑铜红釉不是有意识地烧造的，但仍掩盖不了其在陶瓷史中的地位和意义。这些窑变产品事实上提升了窑工对铜着色釉的认识，其过程是早期高温铜红釉技术探索发展的必由之路，为元以后成熟的铜红釉技术奠定了基础。此外，永福窑所出土的精美铜绿釉和铜红釉瓷器当改观学界对边疆之地广西的宋代陶瓷工艺技术，乃至文化水平的认识，增强广西人民的历史自信心。

（摘自《中国科技史杂志》2019年第2期；
汪常明：广西民族大学科技考古实验室教授。）

20世纪半导体产业技术赶超的历史研究

姚　靓

20世纪世界半导体产业经历了四次主要的重心转移，分别是70年代从波士顿到硅谷、80年代从美国到日本、90年代初硅谷的复兴，以及随后韩国的后来居上。在半导体产业发展史中，这些国家和地区发展出了各自特有的技术发展路径，同时又呈现出了抓住机会窗口和非对称发展的局部赶超等共性特征。2018年4月的中兴通讯事件暴露出我国半导体产业的技术短板以及我国技术追赶的紧迫性。梳理20世纪半导体产业发展史可以为中国半导体产业的发展提供借鉴。

纵观20世纪半导体产业发展史，世界半导体产业发生了四次重心转移。波士顿是半导体产业的诞生地，一度被称为“波士顿奇迹”。70年代硅谷的崛起是半导体产业的第一次重心转移。第二次转移出现在80年代，日本取代美国成为世界上最大的半导体生产国。第三次开始于1993年，硅谷凭借非存储器领域的全面发展，摆脱了日本的威胁，东山再起。最后一次是90年代以来，韩国在动态存储器领域赶超了日本，走向了世界半导体舞台的中央。

通过对四次重心转移的梳理可以看出：首先，各国各地区半导体产业的技术赶超都抓住了机遇窗口。李根认为技术赶超有三类重要的窗口期。一是技术变轨窗口，二是市场变化窗口，三是公共政策和体制变化窗口。其中，硅谷赶超波士顿抓住了第二类窗口；日本进行几代动态随机存储器（DRAM）技术的同步研发，以及超前使用5英寸晶圆制造装备抓住了第一类窗口；日本官产学合作技术联盟、韩国政府的工业振兴计划以及对现代财团的扶持则体现了与政策、体制相关的第三类窗口。

其次，四次半导体产业重心转移的历史表明，实现全面赶超的难度是很大的。半导体产业主要分为三大部分：微处理器、存储器和专业化集成电路。自1971年以来，美国在微处理器领域的领导地位一直没有动摇。英特尔一直是微处理器的领头羊，AMD是第二大微处理器生产商。在专业集成电路领域，处于领先地位的也一直是美国的高通等公司。硅谷仍然是尖端设计和创新的中心。日韩只在局部领域有所建树，与美国还有很大差距。由此也可以看出，后发国家的技术追赶往往是通过非对称赶超战略取得成功的。

（摘自《自然辩证法研究》2019年第4期；
姚靓：清华大学科学技术与社会研究中心博士后。）

玲珑仪新考

张　楠

在元代天文学家郭守敬所制造的天文仪器中，玲珑仪仅有铭文流传，却无相关结构与功能的说明。因此，对玲珑仪形制的推断，一直有探讨却无定论。目前学界对玲珑仪的推断主要有三种：观测用的浑仪（或者新式浑仪）、演示用的假天仪，以及既可演示又可观测的亦仪亦象设计。结合相关文献和线索的解读、讨论，文章对玲珑仪是浑仪或假天仪的观点进行了考察与推敲，承续李志超、石云里两位前辈学者的相应观点，认为玲珑仪的主体结构是细密编织的球形金属网（李志超），其功能亦仪亦象，既可演示也可测候（石云里）；在此基础之上，进一步阐释玲珑仪的演示和测候双重功能，提出玲珑仪的结构设计或受欧洲-阿拉伯天文仪器影响这一推论，并对宋代天文仰观仪器理念的传承进行探讨，同时主张玲珑仪亦仪亦象的特质实际上是继承了汉唐天文演示仪器的测候验历传统。

持玲珑仪为浑仪之意见者（潘鼐等），多以明清时期南京、北京两地观象台上的浑仪作为例证。基本逻辑是论证明清浑仪的仿制原型是元代仪器，推论元代浑仪的制作者应是郭守敬，再与无具体描述但在外观上有所相近的郭守敬玲珑仪进行结合，得到玲珑仪即浑仪的结论。文章认为，即使明仿制浑仪的原型为元仪，也应非郭守敬所制。在已有测量精度更高、操作更便利的简仪存在的情况下，郭守敬不需要制造浑仪进行测量，就算是为了遵循古代浑仪范式或礼器传承，一台黄赤交于奎、轸的旧制仪器也无法与玲珑仪铭文中的描述互相吻合。再有后世之人的记载和奏言，均无法说明元代制造过浑仪且出自郭守敬之制。无论明代浑仪的原型是否为元仪，都不能作为证据推断出元浑仪即郭守敬玲珑仪这一结论。

通过对利玛窦手稿以及其他文献的考证，继续论证李约瑟、德礼贤等人的结论同样是将郭守敬所制仪器玲珑仪与利玛窦在鸡鸣山所见“浑仪”进行了合并推断。文章认为，无论是国内明浑仪原型溯源还是国外来华人士的手稿记录分析，都不能证明郭守敬制造过浑仪。因此，国内外两种路径对明清旧仪的考察，均无法成为论述玲珑仪是浑仪的合理证据，甚至可以反向证明玲珑仪并非浑仪这一观点。

古代“玲珑”二字通常用来形容“通透镂空”“细致精巧”的结构。若单纯以名字来推断玲珑仪之形制，可以得到如下线索：镂空的球体，制作细致而精巧，其镂空或呈套球结构。因此，第一个可以排除的是关于玲珑仪可能为透明、半透明材质所制假天仪的推测。其次，根据以上“玲珑”的事例，可以对玲珑“镂空”之“空”有一个直观的了解，即玲珑器物整体是“虚”“实”相间的，且二者比例相当。因此无论是“虚”远大于“实”的传统浑仪，还是“实”远大于“虚”的凿孔式假天仪，均无“玲珑”之意，这两个推论可以通过“玲珑”这一名称进行排除。

本文根据郭守敬生平与郭守敬所制仪器铭文作者的履历进行时间线索的考证，梳理出郭守敬相关仪器的大致制作流程：1276—1280年四海测景、编算新历之时，郭守敬等人在此期间制作了测验急需的仪器木样，其中用于测算新历的仪器主要是简仪与高表。1288年左右，大型铜铸仪器相继制成，相关仪器铭文也陆续由杨桓与姚燧进行了写作。其中《玲珑仪铭》的作者杨桓于1285—1288年在太史院工作，并因撰写铭文受到嘉奖升任秘书监丞，所以玲珑仪铭文的撰写时间甚至是仪器制成时间，有很大可能是在这段时间范围之内。

通过对《玲珑仪铭》的考释，结合《浑象铭》的解读，本文认为，从结构上来说，玲珑仪的主体是一个按周天度数划分为细密网格状的球体，即整体呈镂空“玲珑”的面貌。在主体之外，很可能设有演示日、月、五星运行等天象内容的环圈，仪器整体呈多环套镂空球结构。从功能上来说，玲珑仪既可以演示，又可以观测，但此观测与灵台上专门的观测仪器简仪等应有所区别。本文认为这种“亦仪亦象”源自汉唐以来用演示仪器进行测候验历的传统。如张衡密室水运浑象，密室运转与灵台实时观测进行对照，从而实现测候与检验。

从璇玑玉衡、图仪（圆仪）到张衡漏水转浑天仪甚至开元水运铜浑的相关记载，可以大体认为其主体演示内容并无本质上的变化；另一方面，从宋代天穹形的太平浑仪到《曲洧旧闻》中朱弁的描述，特别是朱熹所设想人在其中的“大圆象”结构，可以说至元代，“人在天球中”形式的浑天仪器设计已经是呼之欲出。因此，郭守敬承续了汉唐-宋的传统理念进行实施和改进，实际上并不突兀。同时，虽然目前尚未发现同时期是否存在类似域外天文仪器的相关信息，但可以尝试从其他元代可见的欧洲-阿拉伯天文仪器中发现一些线索。

玲珑仪并非浑仪，亦非假天仪。从理论上说，玲珑仪具有演示和测候两种主要功能，继承了从璇玑玉衡到浑天仪的占候验历传统，而其周天网格结构，无疑将使这种测候变得更为便利。

（摘自《自然科学史研究》2019年第1期；
张楠：清华大学科学史系博士后。）

陶寺遗址的水资源利用和水控制

何 驽

陶寺遗址主要利用汾河的支流南河与自然河流宋村沟，为普通居址和手工业区提供生产水源，并将地表水引入宫城，形成自然池苑景观，既改善环境，又保证消防安全。陶寺早期的“凌阴”储冰是一种特殊的水资源利用方式。陶寺遗址的水控制体系主要表现为陶寺中期宫城的排水渠系统以及陶寺中晚期的导洪沟槽的开挖。宫城内居民饮水可能更依赖井水。陶寺微环境中的水资源，还被用在城市布局中，以体现宇宙观。在外来势力的政治报复中，则被用于“水克火”的厌胜巫术。

根据考古器物类型学和聚落形态变化，我们将陶寺遗址分为早、中、晚三期。早期距今4300—4100年，中期距今4100—4000年，晚期距今4000—3900年。陶寺早期都城城址面积包括宫城和外城的下层贵族居住区，总计约20万平方米，整个聚落面积约160万平方米。陶寺早期都城结构尚欠规范，以宫城为核心，宫城外南部的外城为下层贵族居住区，宫城的东西两侧为普通居民区，东部普通居民区的东侧为国家控制的大型仓储区，再往东南为早期王族墓地。宫城西侧普通居民区以西约500米处，是陶寺早期的泽中方丘，即地坛，编号IVFJT1。

通过分析可以看出，陶寺早期主要是利用水资源，人工水利工程较少，主要利用南河自然河流为普通居址提供生产水源。不论贵族还是平民，饮用水主要依靠井水。当时的人工水利设施是引水渠，主要目的是将地表水引入宫城，形成自然池苑景观，服务于宫廷内日常生活，兼具消防功能，并体现了宫城宇宙观。

陶寺中期城址由宫城与外郭城构成典型的双城，总面积至少280万平方米，功能齐全。宫城、城北泽中方丘礼制建筑区和仓储区继续使用，东南小城内开辟中期王族墓地和郊天的礼制建筑区（观象祭祀台），工官管理的手工业作坊区设在外郭城内南部，大规模的普通居民区设在外郭城内北部。

相比早期，陶寺中期水资源的利用和水控制体系既有继承，也有发展，宫城北部景观用水继承了早期该用水系统，宫城南侧供水系统则有所改变。陶寺中期加大了对城南工官管理手工业区和城北普通居民区的生产生活用水的供应，同时更加注重对宫城污水排泄和洪水控制人工系统的建设。因此，陶寺中期的水利系统构建更加复杂化和体系化。

陶寺中晚期之际，当地被石峁集团征服。此时陶寺丧失了都城地位，并遭到了残酷的政治报复，缺乏强有力的政府管理。晚期偏晚阶段，曾经发生昙花一现式的复辟，旋即被再次剪灭。陶寺晚期，由于都城地位的丧失，对水资源的利用和污水排放缺乏人工管理，很可能处于放任自流的状态，仅在行洪和水井使用方面有所作为。

在陶寺遗址的观念文化即精神文化中，水的利用在实践宇宙观和政治报复方面表现突出。陶寺居民的宇宙观当中，水占有很重要的地位，影响着都城方位与功能区划的规划，主要表现在都城规划宇宙观方位和社坛的选址。

陶寺文化对水的利害有着比较清晰的认识，懂得因势利导。在城址选址方面，已经知道对水资源的趋利避害。在城内，不仅利用地表水构建给排水系统，而且能够凿井，利用地下水来解决饮用水需求。宫城内地表水系比较完整地构建了宫城的景观用水、消防用水和给排水；而凌阴的特殊用水方式，为高等级的生活增添了彰显奢华和礼仪的内涵；饮用水则依赖井水。陶寺中晚期的导洪渠工程表明，所谓的大禹治水以疏导为主的治水理念与工程技术，在公元前2000年前后，在黄河中游地区已蔚然成风。水在陶寺精神文化中所占的重要地位，已经超越了物质层面，在意识形态领域里，特别是在宇宙观的实践和政治报复中，成为至关重要的考量因素。

（摘自《故宫博物院院刊》2019年第11期；
何驽：中国社会科学院考古研究所研究员。）

中国传统金属工艺振兴措施研究

李晓岑

文章以进入国家级保护名录的20多项中国传统金属工艺为基础，对传统金属工艺振兴措施进行研究。在全面调研工作的基础上，分析了中国传统金属工艺的现状，从工艺传承与适应现代生活、艺术创造和文化挖掘、政府和民间的保护、行业组织建设与旅游业的推动、技艺的保护与品牌塑造等方面切入，提出中国金属工艺振兴措施的具体建议，认为传统文化是传统工艺的重要内涵，中国传统工艺的振兴，应着眼于文化建设才有实质性的意义。

工业化以后，人类的环境发生了很大的变化，中国的进步和发展，逐渐从以经济建设为中心转变为以文化建设为重点。在非物质文化遗产领域，近来由于国家的鼓励，很多传统工艺出现生机勃勃的局面，部分产品已有一定的国际影响力，但也不断涌现出新的艺术样式，而一些传统工艺则走向消亡，处于不断的活态流变之中。怎样保护传统工艺，其振兴措施是什么？一直是非常复杂的问题。目前，学术界对非物质文化遗产保护和振兴的措施是关注不够的。

金属工艺是中国传统工艺的一个特殊门类。自古以来，中国金属工艺就非常发达，有着完整的发展体系。很多工艺品技艺精湛、风格独特，是中国传统文化中璀璨的瑰宝。全国各地保存有众多的传统金属工艺，目前进入国家级保护名录的中国金属工艺遗产共有20多种，它们是中国传统金属工艺最有代表性的项目，其保护和振兴措施怎样进行，尚未见相关研究成果。鉴于此，在文化部非物质文化遗产司的支持下，课题组进行了实地调查，以下初步分析国家级传统金属工艺的技艺特点、保护传承和振兴措施等问题。

金属是容易造型之物，便于锻造和铸造，金属的工艺技术丰富多彩。对金属类的传统工艺而言，材质可分为铜、铁、金、银、锡、锌等，工艺可分为锻造与捶揲，鎏金与镀金，掐丝与焊接，錾刻和镂空、铸造、铆接、镶嵌和平脱等，日本则大致分为铸金、锻金和雕金三类金属工艺。从项目的前景而言，可大致分为已不具产业价值、发展前景不大、创新振兴有潜力等多种情况。

通过对传统金属工艺的考察和调研，可发现尽管得到了国家和各级政府的重视，由于所处的环境和条件不同，各个项目面临情况有所不同，发展前景也有区别，而传统工艺采用何种保护和振兴措施将有很大的影响，其振兴措施只能是边实践，边探索，具体问题具体分析。以下以调研所见为基础，从几个不同的方面初步分析相关措施，提高对振兴传统金属工艺的认识。

当今世界，各种变革扑面而来，丰富多彩的金属工艺品也正在迅速演变，现代化的影响使传统产品的辉煌时代正在消失，但保护传统的力量也越来越强大。人们意识到，一个国家的力量总是与文化的发达程度密切相关，以文化建设为中心逐渐成为国家发展的主要任务，而传统工艺的核心内涵则是传统文化。中国传统工艺的振兴，应着眼于文化建设才有实质性的意义。中国传统工艺的当代价值不仅是一个学术命题，更重要的是一个国家和民族的文化战略问题。

对传统金属工艺的保护和振兴，不仅应有切实的评估，还应有一系列相关的国家政策和措施。本文分析讨论工艺传承、艺术创造、文化挖掘、政府和民间的保护、行业组织建设、旅游推动、品牌塑造等领域的现状和问题，以提供传统金属工艺振兴措施的解决方案。目前，工艺美术类的传统金属工艺得到发扬光大，而非工艺美术的传统金属工艺却举步维艰，中国传统金属工艺的保护和振兴，仍然任重而道远。

（摘自《自然科学史研究》2019年第3期；
李晓岑：南京信息工程大学科学技术史研究院教授。）

试论坪坦河流域侗族鼓楼结构形式的历史演变

张星照

鼓楼建筑不仅是侗族民族的标志，其结构形式也是侗族最高营造技艺的体现。对于其形成与演变，众多学者大多从民族学、社会学的角度进行分析，将湘、桂、黔三省的鼓楼视为一脉。然而，当今常见的鼓楼分类方法多源于对桂、黔两省区南侗地区的共性研究，无法准确概括湖南侗族鼓楼的结构形式特征。文章针对湖南省的南侗核心区域即通道县坪坦河流域的 29 个村寨内的 61 座鼓楼进行调查研究；综合传统大木结构体系、几何概念，对该地域鼓楼的历史演变过程进行分析；归纳总结不同历史阶段的经典结构形式。

这里基于对通道县坪坦河流域 29 个村寨内 61 座侗族鼓楼的田野调查与测绘记录，综合双江镇李奉安墨师、陇城镇潘海河墨师、坪坦乡吴庆雄墨师，以及广西三江杨氏家族木作团队所传授的鼓楼传统大木结构体系与坪坦河流域乡土做法，研究该地域的鼓楼结构形式，提出新的类型划分方法。通过分析鼓楼地域分布与演变脉络，划分了三个历史阶段，并对比了各阶段的典型结构形式。

通过本文对通道县坪坦河流域侗族鼓楼的结构形式及其历史演变进行了针对性研究。该地区早期的鼓楼结构形式从类民居的矩形三开间发展而来，在此基础上不断演变。经田野调查与测绘统计，当地鼓楼结构形式的演变脉络具有一定的规律，清初至 1912 年初现原型，1913—1990 年日趋成熟，1991 年至今“百花齐放”，分别见证了平行式、四合-歇山式及四合-伞架式的衍生与发展。其中，四合-伞架式因其多变的造型和更为高大的体量，深受侗族人的喜爱。究其根本，坪坦河流域侗族鼓楼地域特色的形成乃是当时当地的社会文化、功能需求及营造技艺共同作用的结果。

（摘自《自然科学史研究》2019 年第 4 期；
张星照：新加坡理工大学博士后。）

隋唐五代时期白瓷制瓷技术的创新、流变与传播

李　鑫

白瓷在隋唐五代时经历了从创烧到走向成熟的发展历程，影响到中国古代白瓷发展的走向。制瓷技术作为窑场和制瓷区域相区分的根本因素及各窑场产品面貌不同的根源，其创新、流变与传播与这一时期白瓷生产的发展密切相关。文章基于已有的科学检测和窑址的考古发掘出土材料，从制瓷原料开采、使用，胎釉配方工艺的改进及化妆土的使用几个方面的分析，讨论了制瓷技术的革新与流动对这一时期白瓷生产的影响。

制瓷原料方面，这一时期白瓷窑场瓷业生产的原料均为就地取材，且存在着南北方差别。北方地区主要使用高铝低硅的高岭瓷土资源，以巩义窑、邢窑、定窑为代表的中心窑场附近均出产质量很高的瓷土资源，为这些窑场白瓷产品尤其是精细白瓷产品的烧造提供了原料上的保证，但不同窑场所采用的制瓷原料并非完全相同，各主要氧化物含量有时差异较大。南方则主要采用当地所产的高硅低铝的瓷石矿产，景德镇烧制瓷器所用的原料为氧化铝相对富集的上层瓷石，繁昌窑在五代时期选用了一种伴生高岭土或高岭石的瓷石矿。无论是北方的瓷土资源还是南方的瓷石矿产，均是含铁、钛等呈色元素较少的原料。原料的储备是这一时期白瓷生产的必要条件，资源的开采则与已有瓷业生产的延续或工匠流动带动的制瓷业技术的传播两方面因素有关。

胎釉配方方面，白瓷的出现建立在青瓷产品改进的基础上，包括胎釉配方改进与精细白瓷、化妆土的使用与化妆白瓷的产生与发展两个方面。“白胎透明釉”传统建立于隋代相州窑，继而随着工匠的西迁影响到巩义窑，成为巩义窑中唐以前白瓷生产的主要模式。邢窑则较早地将灰料的使用引入细白瓷生产的工艺中来，在隋代时即创烧了精细透影白瓷，从初唐开始，又将灰料配方的探索运用到普通细白瓷产品中，建立了“白釉略失透”的工艺，并直接影响到定窑白瓷的生产，继而又传播到南方地区，成为南方白瓷工艺的重要方面。

化妆土的使用方面，北方地区化妆土的使用最初是在青瓷的生产中降低较粗糙的胎体对釉水的吸收，进而使瓷器的表面更加光润、美观，以改善产品的质量的尝试，其后逐渐在白瓷的创烧和发展中同时起到了遮盖较深胎色的作用。邢窑从隋代开始直至五代时期，化妆白瓷始终是与精细白瓷并列的一类重要产品，这样的产品结构也直接为定窑所继承。巩义窑中唐以前化妆土的使用非常有限，一部分产品化妆土的使用主要是为了减少不平整的胎体表面对釉层的影

响，到晚唐以后，在市场竞争作用的推动下，化妆白瓷成为巩义窑白瓷产品的主流。化妆白瓷的工艺从中唐时期开始发展得更为迅速，最重要的表现是包括黄堡窑、河南中西部地区的众多窑场均以化妆白瓷为主要的产品，并在此基础上发展出白釉褐彩、白釉绿彩等装饰。化妆白瓷在上述区域的迅速发展与当地较为粗略的制瓷原料有关，其中黄堡窑最为领先，并影响到河南中西部地区的瓷业生产面貌。

（摘自《南方文物》2019 年第 5 期；
李鑫：中国社会科学院考古研究所博士后研究员。）

生态环境与医学史

重建农业中国？
——二战后中美农业技术合作考察始末

罗兴波

中国是传统的农业大国，但20世纪前期曾热切向往现代工业社会，并希望通过工业化来发展社会经济。因此而产生的重工轻农的国家发展愿景，对20世纪上半叶的本已相当薄弱的中国农业的进步产生了一定的妨碍。虽然30年代起国民政府便开始推出农村复兴运动，起到了一定的效果，但其力度和强度有限，效果也不显著。至抗日战争即将结束之际，国民政府才明确意识到，在中国这个农业大国，农业、农民和农村的问题会影响战后重建和未来发展。因此，国民政府将农村建设也列为战后重建的重点之一，重启农村复兴运动。在此背景下启动的中美农业合作技术考察团被寄予厚望，国民政府希望通过中美农业技术合作，对中国农业进行系统性改革。

1941年，美国明确《租借法案》适用于中国，开始对中国提供援助。1944年8月19日，美国总统罗斯福致函蒋介石，将美国战时生产局局长唐纳德·纳尔逊（Donald Nelson）以私人代表身份派遣到中国，调研、了解中国经济的发展情况。在纳尔逊的建议下，中国政府相应成立了战时生产局。

在这种背景之下，国民政府也开始考虑战后的农业重建工作。在中美两国就此事交换意见的过程中，美国农业部的陶逊（Owen L. Dawson）发挥了重要作用。1945年8月13日，陶逊在与中国农林部的官员们沟通此事之后，即通过美国大使给美国国务卿发回电报，其中提到中美农业技术合作主要包括以下领域：①常规农业研究；②农业经济和计划；③与桐油、羊毛、茶叶和蚕丝有关的技术领域；④棉纺及渔业。

1945年10月15日，正式提出组建中美农业技术合作团的文件由农林部通过行政院令外交部照会美国驻华大使馆转呈美国政府。经多轮交涉，1946年2月6日，美国政府对合作计划有了明确态度，基本同意了计划书中的各项要求。最终决定的中美农业技术合作团由10名美国专家及1名秘书和13名中国专家组成。其中，美方专家多有中国经验，中国的13名农业技术专家也基本上都有留学背景。除中美双方正式团员外，国民政府还额外聘请了7名农业专家及陶逊协助合作团工作。

1946年6月27日，除已在中国工作的美国专家之外，其余美方农业专家抵达上海，开始了合作团的工作。23名专家按照农学领域分为6组：普通组、桐油组、蚕丝组、羊毛组、茶叶组、渔业组。合作团的工作总体上分为三个阶段：6月末到7月下旬，在上海与各界人士就各领域问题进行讨论，赴南京与蒋介石会谈，以及就中国资源、农业教育、农业政策、电力与肥料工业等话题开展演讲；7 月下旬起，按组去实地考察；最后回到南京，集中讨论和撰写调研与建议报告。1946 年 10 月 6 日，考察完成。11 月 14 日，在报告完成之际，蒋介石再次接见合作团并提及农业推广和中美合作问题。

1946 年 11 月中旬，在双方完成调查报告的撰写工作之后，美方团员返美，中美农业技术合作团任务结束。所撰写报告分呈两国政府，1947 年 5 月，中美政府分别公布该团报告。中方由商务印书馆发行，书名为《改进中国农业之途径》。美国以政府研究报告 Report of the China-United States Agricultural Mission 的方式付印。

从中文版来看，报告的内容丰富而详尽，其中包括农业建设计划概要、农业金融、土地政策、农产运销、租佃制度、农业教育与研究、农业推广、农业管制、农业统计、农业机构之调整、国际贸易、中国桐油事业现状及其发展途径、中国之蚕丝业、中国之茶业、中国羊毛事业之发展，共计 15 篇。从该团的考察工作来看，短期完成一份如此翔实的报告，难度颇高，但结合中美双方团员的工作经历来看，实际上在合作团考察之前，在若干问题上双方学者已有共识。因此尽管本报告冠名《改进中国农业之途径》，实则为振兴中国农业体系的整体设计。

第二次世界大战之后，中国重建，工业和农业均有发展的急切需求，在合作团成立之前，考察中国工业和经济发展的美国专家团已多次来华考察。在研究报告之首，合作团亦提出“农业之改进，必须与工业之发展同时并进”的要旨。但此报告仍引起不少人“农业中国、工业美国”之担忧，并在解放战争背景下招致较大的舆论攻势，批评美国政府试图将中国变成其农业基地，以便美国自己更好地发展工业。合作团成员仅有贾伟良做过一次回应，对本团的工作进行了说明，承认考察报告并不完备，并指出该“报告是以中央为立场写的，各省应如何发展需要另拟计划”。

事实上，在《改进中国农业之途径》出版之后，部分地区已开始按照该报告之内容施行具体措施。但很快国内政治形势发生变化，该报告未能在更广泛的范围内充分实施。

中华人民共和国成立之后，《改进中国农业之途径》所提出的重建中国农业的系统方案成为批判对象。1952 年，中方邀请苏联专家为顾问，参加由中国科学院、华北农业科学研究所、北京农业大学等机构组成的中央农业部农业技术考察团，于该年 4—8 月对中国的农业科技情况再次进行了系统考察，形成了一份新的考察报告，为推动我国的农业建设提供了新的参考，中美农业技术合作团的成果则被束之高阁。

（摘自《中国科技史杂志》2019 年第 3 期；
罗兴波：中国科学院大学人文学院教授。）

灾害史研究的自然回归及其科学转向

卜风贤

灾害史研究中虽然注意到了因为研究主体的文理学科分化所导致的人文化和非人文化倾向，但有关这种人文化和非人文化倾向的主体力量，即自然科学家和历史学家的学术贡献并未进行充分讨论，由此引申出来的灾害史学科归属问题迄今也没有一个明确的论定方案。从过去几十年的研究进展看，灾害史研究中自然科学家做了大量基础性工作，也曾经一度影响到灾害史研究的发展方向，2000 年以后经过历史学家介入才有了人文社会科学与自然科学的充分交融，灾害史研究中也呈现出综合灾害史、减灾技术史、灾害文化史、灾害社会史、灾害经济史及区域灾害史等多个分支方向齐头并进的迅猛发展势头。重新检视灾害史研究的发展历程、学科基础、研究对象、研究内容等问题，并从灾害史研究所体现的自然与人文相结合、灾害与社会相关联、历史与现实相对应的学科特点出发，提出了灾害史研究本质以自然属性为主的新观点，解释了灾害史研究中非人文化倾向的论断误区。

目前有关灾荒史学科建设的专门研究和总体思考尚有欠缺，灾荒史研究者一般都理所当然地认为其学科属性为历史学，可是在历史学学科体系中根本查找不到灾害史的立足之地。究其原因，或许与灾害史研究的主体对象——自然灾害的基本属性有关。在灾害史研究的兴起与发展过程中，自然科学领域的学术关注和研究探索起到了重要的推动作用。从 20 世纪 20 年代关注水旱灾害的历史特征，直到 2000 年左右研究各种灾害的时空分布特征，灾害史的研究路径一般是在史料整理基础上进行量化分析，特别是数理分析方法进入灾害史研究领域后一度出现“非人文化”的发展态势，大量的研究成果是自然科学的研究者做出来的，灾害史研究队伍中自然科学领域的科研工作者属于绝对的主力阵营。历史灾害的科学研究中将历史灾害资料作为科学研究的一般对象，运用自然科学的理论与方法去分析解读历史灾害资料。因此，灾害史研究必须符合史学规范，为此还需要做更多的灾荒史料考辨甄别等基础性工作，还需要在灾害社会史、灾害文化史、灾害经济史等方面做进一步探索研究，对自然科学工作者而言确实容易在这方面出现一些错误和疏漏。2004 年，夏明方针对灾害史研究中的这一文理学科分化局面而疾呼历史学家积极参与灾害史研究。2006 年，第三届中国灾害史学术会议在西北农林科技大学举行，当时会议筹办方的主要目的就是邀请尽可能多的历史学家参与其中，而这次会议也被后来的灾害史学者屡屡提及并把它作为灾害史研究中的一个重要界标——更多历史学者由此以后加入灾害史研究队伍中并不断壮大发展。在历史灾害研究的基础工作中，基于历史学准则的资料整理仅仅是初步工作，影响历史灾害研究结论的关键因素还有灾害史料的识别判定和选取适当的计量方法，这需要自然科学工作者与历史学者的共同努力。

现在总论灾害史研究的一些文章坚持认为灾害史研究具有自然科学和社会科学的双重属

性，但从灾害史的发展历程看，灾害史研究中的自然属性和社会属性并非对等关系。自然灾害首先具有自然属性，自然属性决定了灾害的发生过程、危害程度、成灾对象、灾害时间、灾害地区等灾情要素，还会进一步影响到灾害的社会反应、灾害应对等减灾救荒要素。基于历史文献的灾害规律性探索和灾害发展衍化特征的研究具有明显的科学史特征，而经历了灾害史的科学内史研究，灾害史才逐步转向灾害社会史、灾害文化史和灾害经济史等灾害外史的进一步拓展研究。这样的发展历程与中国科技史领域先有内史再有外史的研究路径极为相似。因此，基于自然科学的灾害史研究是中国灾害史发展的必然阶段，其间虽然表现出一定的非人文化倾向，但这是灾害史学科发展中的必由之路，既非灾害史发展之缺陷，亦非历史学家无缘无故缺场之结果。灾害史研究所呈现出的阶段性特征，既是对人文化倾向的呼唤，也是对非人文化倾向的肯定，乃至有可能进一步调和，促进灾害史研究中的内史、外史研究兼容并蓄，人文化倾向与非人文化倾向并向而行且形成合力，共同促进灾害史研究进入一个新的发展阶段。

因为灾害史研究具有内在的非人文化特性，基于现代灾害学基础的灾害史研究应重点做好以下几方面的研究工作。

第一，历史灾荒文献整理与数据库建设利用。自然科学家的灾害史研究成绩之一是对历史灾害资料的搜集与整理，成果多，影响大，但遭受历史学家的批评也多。近年来，随着大数据资源建设的兴起，史学家开启了灾荒文献整理利用的新局面。历史学家承担的工作既是对过去自然科学家所做灾荒资料整理工作的继承和延续，也是基于历史灾害事件的基础研究工作的进一步拓展。在灾害史研究的人文化倾向和非人文化倾向相背而行的情况下，历史灾害文献整理工作中出现了自然科学家与历史学家研究工作的有机融合。但是，过去自然科学家所面临的困难、出现的问题依然存在，历史灾害大数据建设的任务依然任重而道远。

第二，历史灾害的计量分析。过去的灾害史研究中大多是自然科学研究者偏重历史灾害的量化研究，历史学家则致力于历史灾害文献的旁征博引和定性论述。有一定自然科学训练的研究人员开展灾害史计量分析时往往表现出明显的简单化做法，利用不完整的数据贸然进行不科学的计量分析。今后的灾害史研究中应从科学史方面做更多的探索性创新性工作，以适应今后的灾害史研究形势。关于这一方面，上海交通大学科学史与科学文化研究院陈业新近年的一些工作很有意义，他在前期历史灾害文献实证研究的基础上转向灾害史计量分析并有所成就。

第三，历代减灾技术史研究。相对于历史学学科领域的灾害史研究，科技史方向的减灾科技史势单力薄，以自然科学为基础的科技史学科领域对灾害史研究既没有进行明确的学科界定，也没有从学科理论方面对灾害史研究进行学科解释和附属招安。在开展中国灾害史研究时，会不可避免地接触到著名经济学家阿玛蒂亚·森的饥荒理论，但通考中西方灾荒史就会发现，传统农业时代的灾荒机理中具有明显的技术导向。当我们将中国灾荒史的问题症结聚焦于科技因素时，就会在灾荒与科技之间构建起一条沟通彼此的通道，也会在中国灾害史的科学转向问题上找寻到更加坚实的立足点。

（摘自《河北学刊》2019年第6期；
卜风贤：陕西师范大学西北历史环境与经济社会发展研究院教授。）

旱魃袭麦:“丁戊奇荒”成因再探

李伊波　齐文涛

发生于1876—1879年的“丁戊奇荒”是一次由特大旱灾引起的饥荒。它席卷山西、河南、陕西、直隶、山东北方五省，波及苏北、皖北、陇东和川北等地，造成1000余万人饿死，2000余万人流离失所。其为害之烈、为患之深，史所罕见，是我国历史上最大的灾害之一，对当时社会产生了广泛而深度的冲击。旱荒以光绪三、四年（1877、1878年）为剧，这两年按传统干支纪年属丁丑、戊寅，故名“丁戊奇荒”；河南、山西受害最重，又称“晋豫奇荒”或“晋豫大饥”。

关于“丁戊奇荒”的成因，学界总体认为是旱灾，系极端干旱气候所致。在此基础上，一些学者从政治、经济、社会等视角切入，发现清廷政治的腐败、帝国主义的侵略、长期战争的破坏、百姓税役负担的加重、罂粟的大面积种植、酿酒对粮食的耗费、仓储制度的失效、落后的交通条件等加剧了饥荒的危害程度，认其为近代中国半殖民地半封建化历史进程中经济凋敝、政治腐败等社会危机演化发展的必然产物。

“丁戊奇荒”期间，许多政府官员都意识到麦灾来临。他们在奏折中既客观陈述了麦作已经或即将歉收的事实，也表达了对麦作歉收、百姓疾苦的深切忧虑。灾时政府官员的判断和灾后的统计数据都表明，山西、河南、陕西、直隶、山东北方五省为“丁戊奇荒”重灾区。而受灾严重的“北方五省”也是明清时期的麦作主产区。晚明宋应星所言：“四海之内，燕、秦、晋、豫、齐、鲁诸道，烝民粒食，小麦居半，而黍、稷、稻、粱仅居半”，间接说明“北方五省”植麦普遍。研究也表明“北直隶、河南、山西、陕西、山东为北方冬麦主产区”。将“丁戊奇荒”灾区和光绪初年麦作区的分布还原到地图上，会发现“丁戊奇荒”灾区和光绪初年北方麦区的地理分布重合度较高。

奏折显示“丁戊奇荒”期间，山西、河南、陕西、直隶、山东五省麦作歉收严重。除上述“北方五省”麦作主产区外，苏北、皖北、陇东、川北等地亦有大量麦作歉收记载。需指出的是，“丁戊奇荒”期间“北方五省”除麦作外，亦有他作歉收，但相较而言轻于麦。灾荒期间，官员忧心“二麦”状况，其他作物通常涵盖于“秋禾”中，少有单列，而总体上“秋禾”的收成好于以“二麦”为主的夏粮。以上表明，当时政府官员判断这场灾害主要系麦灾，这可视作“丁戊奇荒”系麦灾的直接证据。

“丁戊奇荒”期间，山西、河南、直隶、山东诸省省内饥荒重灾区与麦区具有一致性，而陕西省夏、秋粮收成差异极为明显，秋粮收成较好，以麦为主的夏粮歉收严重，一定程度上反映出“丁戊奇荒”系麦灾。此外，“丁戊奇荒”期间灾区受捐粮物及截留漕粮多为粟、稻，鲜有麦，反映出麦作受灾之重，从侧面证实“丁戊奇荒”系麦灾。由上可知，“丁戊奇荒”的发生与“北方五省”的麦作歉收有重要关联，“丁戊奇荒”主要是因麦作歉收引发的灾害。

据研究，作物之间的耐旱性存在差异，旱地作物中麦作耐旱性较差。现代农学研究也表明小麦生长的各个阶段都易受干旱影响。同时，小麦，尤其是冬麦，秋种夏收，历四时之序，生长期在主要粮食作物中最久，冬麦在漫长的生长期中更易遭到干旱等灾害的侵袭。此外，北方地区雨量不充沛，而且降水年际变化大、季节分配不均，对麦作生长有制约。北方麦区多为秋播、初夏收，麦作生长期处于少雨季节，天然降水较少，常难以满足麦作生长需要。对此，竺可桢指出：“华北冀、鲁、豫三省是全国重要小麦区……华北地区若无灌溉设施，小麦产量年年要受干旱的威胁。”“所以若无灌溉设施，华北种小麦是不适宜的。”

小麦易受干旱影响，北方地区雨量不丰不均，因此，小麦在北方地区种植，遇平年尚且勉强生长，一旦遭遇干旱，自然首当其冲，必致歉收。何况，从大的气象背景看明清时期处于寒冷干燥的“小冰期”，“丁戊奇荒”期间又逢极端干旱天气，当旱魃袭来，麦作由于自身弱点极易受灾。同时，由于麦作在北方地区种植规模大，干旱常致麦区成片歉收，加剧灾情。此外，相较于春种秋收的粟、黍等作物，冬麦在夏季收获，有济困救乏、解决青黄不接之效，此时小麦若歉收，青黄不接问题将更为突出，饥荒更易产生。

小麦的大规模单一种植，加剧了“丁戊奇荒”的灾情。“丁戊奇荒”作为一场饥荒与当时粮食种植情况不无关系，这次饥荒既然被称作“奇荒”“巨馑”，与当时粮食的大范围严重歉收密切相关。当耐旱性差的小麦在降水不丰、不均的北方地区大规模单一种植时，干旱不可避免。当如 1876—1879 年华北地区这般极端干旱来临时，小麦的大规模单一种植会致旱灾波及范围更大、危害程度更深。

时至今日，北方地区小麦的大规模单一种植情况愈加突出，存在隐患。不唯“丁戊奇荒”时期麦作因干旱而严重歉收，干旱依旧是今日北方麦区发展的痼疾。不仅“丁戊奇荒”的灾区与麦区大体重合，近年来，北方干旱重灾区往往也是麦作主产区。在当今全球变暖的大趋势下，小麦在北方地区的大规模种植，干旱问题会愈加突出，以小麦为主的夏粮生产面临严峻挑战。

作物规模成片种植存在隐患，控制单一作物种植规模、提倡多样化种植值得重视。“丁戊奇荒”的巨大危害及近年北方旱灾区与麦作区大体重合的现象引人反思。当前稻与麦在南、北方作物种植中占突出地位，构成今日中国北面南米的饮食格局，在可预见的将来仍会如此。作物的单一规模种植弊端明显，存在隐患。为此，应当控制单一作物种植规模，提倡多样化种植。多样化种植是中国古代农业的优良传统。先秦时期即有“种谷必杂五种，以备灾害”的古训，避免单一种植某种作物带来的危害。农作物多样化种植的传统，无疑有利于中国农业的可持续发展，值得借鉴。

（摘自《自然辩证法通讯》2019 年第 6 期；

李伊波：西北农林科技大学中国农业历史文化研究中心硕士研究生；

齐文涛：西北农林科技大学人文社会发展学院讲师。）

从抵制到接受：清代浙江的玉米种植

王保宁　朱光涌

何炳棣将清代南方山区的玉米种植概括为人口压力—大规模种植—人口增长—生态破坏。这一观点获得学术界高度认同，成为解释清代南方山区玉米扩种及其相关问题的基本思路。本文改变以往的研究范式，不再进行整体描述，转而注重过程阐释，从气候突变和山林经济发展的角度，分析浙江玉米种植史料的生成，展现玉米种植背后更为复杂的内在机制，为美洲作物的中国种植史研究提供了一个新视角。

乾隆五十三年（1788 年），长江流域暴发特大洪灾，引发严重水土流失，激化了徽州地区土著和棚民之间的矛盾，促成时任安徽巡抚出台禁种玉米政策。嘉庆五年（1800 年），浙江发生过一次影响范围较大的洪灾，“山田被砂石淹没者数以千计”，时任浙江巡抚阮元认为玉米是本次灾害的元凶，颁布了禁种玉米令。在此之后，浙江各县编修的地方志中出现大量玉米导致水土流失的记载。

嘉庆十九年（1814 年）至嘉庆二十五年（1820 年）的玉米为害记载也是水灾影响下的产物。1816 年左右，全球发生了一场影响剧烈的气候突变，北半球的降温幅度尤其明显，气候也极不稳定，直到 1830 年才处于较为稳定的冷湿状态。受此影响，浙江水灾频发，地方士绅再次强调棚民种植玉米的危害，于是嘉庆皇帝下令浙江仿照嘉庆十二年（1807 年）安徽省的相关制度妥善处置这一问题。本阶段编修的地方志也就大量采用官方的表述方式，强调玉米是引发水土流失的罪魁祸首。

道光三年（1823 年）、十三年（1833 年）、二十九年（1849 年），江南地区又发生了三次特大洪灾。道光三年的水灾被称为“癸未大水”，严重冲击浙江全省的农业生产秩序，直接促成了道光初年的玉米为害的舆论和记载。道光十三年和十四年，浙江多数地区又连续遭遇洪灾，道光中期的玉米为害史料借此生成。道光二十九年，浙江发生破坏程度远超“癸未大水”的洪灾，再次强化了地方士绅的玉米为害表述逻辑。至此，在多次水灾的冲击下，嘉道年间浙江地区玉米为害的史料渐次生成。

然而，玉米的角色与作用却绝非上述材料描述得那样简单。浙江西部和南部的山林经济较为发达，自明代开始，这里便盛行栽种杉木，出现“当杉利盛时，岁不下十万”的盛况，以至于“邑中山多于田，民间藉以取息者山居其半”。清代江南木材需求量的扩大又进一步繁荣了杉木种植业。不过，栽培杉木并不容易，不但技术体系复杂，而且投入成本较高，需要山主和承佃者通力合作。一般而言，杉木栽培分为栽苗期和养护期两个阶段。栽苗期约三年，在此期间需完成苗木的萌条、栽插和抚育；剩下的就是养护期，主要负责保证杉木正常生长，防盗防火，直到树木成材。故而，山区出现一种山主和承佃者以股权分配完成山林种植的合作方式。

苗木栽插费时费力，人们便使用林粮间作完成这项工作。具体步骤是：第一年通过“烧山”清理荒山和采伐迹地，之后种植芝麻改善土壤的理化属性；第二年栽插幼苗，于林间空地种植粟、麦等旱地作物，借此清理林间杂草，疏松土壤，利于幼苗成长，同时还可生产部分粮食。在清代的东南山区，那些植于林间的杂粮被称为“花利”，是山林经济中的重要组成部分，可以被用来冲抵承佃者的栽插工费，是维系山主和承佃者利益分配的重要环节。

由于玉米具有根系发达、适应环境能力强等特点，乾嘉年间便开始替代粟、芝麻等传统杂粮作物，成为新的“花利”，与那些传统作物一起承担起维系山林经济运转的重任。道光三年，时任淳安知县的吴嵰曾一语道破其中的奥秘：“土人云木之利中杉木最溥，栽费亦相埒，且时有盗砍火焚之患，不得已乃种苞芦，蓬勃遍山谷”。

大批棚民进入山区后，采取这种刀耕火种的方式清理荒山和采伐迹地，采用林粮间作模式种植杂粮和杉木，形成完整的山林经济产业链。这种漫山遍野烧山的耕作方式给那些并不从事农业生产的士绅们带来了强烈震撼，加之气候突变降雨量骤增导致洪灾频发，大量田地被冲毁，破坏了江南地区的发达水网，威胁到当地的经济发展，因而地方官员和士绅便将灾难归因为棚民，进而将开山种植玉米上升为加剧洪灾影响的诱因。

事实上，自大规模种植杉木以来，整个长江以南杉木集中产区都采用“炼山”方式清理荒山或采伐迹地。例如，与浙西南山区接壤的赣东北地区便使用相同的生产方式间种杉木和粮食、油桐，故不至于造成严重的水土流失，因此这种林粮间作模式得以长期保存。同治、光绪年间气候稳定后，浙江山区的洪灾次数大减，没有发生大规模水土流失问题，当地抵制玉米的声音渐趋衰弱，地方官员和士绅也接受了这种新作物。

这套技术体系成为千百年来长江以南地区得以生产杉木的重要支撑，而玉米等粮食作物则是山林经济的组成部分。至于玉米成为山林经济中的重要旱作物，替代部分传统作物成为新的“花利”作物，则是由于具有根系发达、穿透力强等特点，正如吴嵰描述的“独苞芦实繁而壮，根小而坚，但得石，撮土即能深入，性又喜燥，故免水旱之虞”。尽管如此，整个清代浙江玉米的播种面积并不大，且随着杉木栽插规模的不同而变化。所以，玉米不是棚民进入山区的主要目的，也没有对浙江的人口增长产生根本性影响，更不会造成水土流失。

（摘自《中国历史地理论丛》2019 年第 1 期；
王保宁：山东师范大学历史与社会发展学院讲师；
朱光涌，唐山学院社科部讲师。）

陈仅《艺藉集证》考述
——兼论清代甘薯在陕西的引种与推广

熊帝兵

清代浙江鄞县陈仅（1787—1868）曾先后任陕西紫阳、安康等地知县。陈仅在《捕蝗汇编》中提到过其撰写了《艺藉集证》，道光《紫阳县志》《石泉县志》与民国《续修陕西通志》对此亦有记载。但是在各家目录中，仅有《中国农业古籍目录》对此书作了著录，标注其藏于南京图书馆。经查，该馆实际未藏此书。因此，学界对《艺藉集证》的存佚状况、主要内容以及贡献等问题未详，相关学者对此书的描述也多停留在推测的层面上。

民国《鄞县通志》在著录陈仅的《济荒必备》时，提到《艺藉集证》曾与《济荒必备》合刊。另据陈仅《济荒必备》“序”可知，《济荒必备》有一卷本和三卷本两种，《艺藉集证》收在三卷本中。《中国本草全书》第 124 卷与《中国荒政书集成》第六册都收录了三卷本《济荒必备》，其中第三卷的卷名恰恰题为《艺藉集证》。该卷“原序”之后，辑录了《钦定授时通考》、王象晋的《群芳谱》、黄可润的《种薯说》等 13 部重要文献中 22 则“甘薯”内容，并加以案语，补充旧文未见的甘薯种植与加工技术。末附《劝谕广种红藉晒丝备荒示》《劝民种藉备荒六十韵》两篇。全书总计约 7500 字，序言、案语与附录部分约占全部文字的 1/3。

《艺藉集证》所辑录的文献主要涉及甘薯在各地不同的名称、气味、口感、外形、功能、加工、传入过程、生长特性、种植技术、食用方法、藏种要领、相较于其他作物的优势等。录自《群芳谱》的内容最多，黄可润的《种薯说》次之，重点辑录甘薯种植与藏种方法，创新内容主要集中在案语以及两篇附文上。结合附文看，全书更关注甘薯切丝、晒干、储存、备荒技术，主要是介绍浙、闽、江南、两广等省的经验。此书也存在一些不足，误认为《南方草木》与《异物志》中的“甘薯”与明清新引进的“甘薯”为同物。所辑内容大体按照原文献的年代先后作简单、机械排序，相关技术散布在文中各处，且有重复，略显凌乱。

早在乾隆十年（1745 年），巡抚陈宏谋就着手引种甘薯至陕西，安排人员四处觅种，后来，蒲城、潼关、临潼等多地官员分别从江浙、河南、四川等地寻得薯种，并从外地雇善种甘薯之人到陕西传授栽种技术。陈宏谋以当时的省城为中心，由近及远推行甘薯试种。有的学者认为此后番薯很快在陕西各地传播开来，也有人认为此次引种效果不佳。笔者更认同后者的观点。陈宏谋当时将薯种集中投放到长安和咸宁，但是这两个县的县志中均没有相关记载。陈宏谋重点推广的地区是西安、凤翔、同州、商州、邠州、乾州等六府州所属的 47 个县（厅），仅商南、鄠县（今西安市鄠邑区）、盩厔（今周至县）、咸阳与凤翔府等极少数县（厅）记载了陈宏谋引种甘薯的史实，其他地区绝大多数没有相关记载。另依据张鹏飞记载，在陈宏谋当年重点推广的地区，直到嘉道年间依然没有广泛种植甘薯。

陈宏谋当年的引种计划虽然明确强调从土宜的角度出发，但事实上，他却是从政治区划的角度做的规划。处于陕南的兴安府（今安康市）气候与土壤环境要比关中与陕北地区更适合甘薯生产，但是却被陈宏谋视为偏远地区，而未予以重视，这显然是推广策略存在问题。除此之外，引种效果不佳与相关核心技术没有得到熟练运用也有着重要关系。

甘薯虽是新引进的异域作物，但其种植过程中的整地、播种、施肥、管理、收获等技术与中国传统旱地作物生产以及蔬菜栽培技术区别并不大。又由于甘薯的生命力较强，某些技术操作甚至比精耕细作的传统农业更简单，所以常规技术对甘薯种植的制约性不大。相对而言，藏种才是甘薯种植的核心技术。薯种保存对温度要求较高，西北地区冬季的温度远远低于南方，无疑增加了藏种的难度。乾隆初期，福建籍官员黄可润将甘薯引种至河北，就曾遇到藏种失败的问题。几乎同时，方观承将浙江甘薯种植技术传往直隶地区也遇到同样问题。甚至福建、浙江等地的专业种薯人员，在北方地区也不能很好地完成甘薯藏种越冬工作。后来，黄氏将山东由窖藏蔬菜技术发展而来的窖藏薯种技术（即北方藏种法）引入河北，才克服了这一技术难题。陈宏谋也曾介绍过几种藏种法，但皆属于“南方藏种法”，很可能也不适用于陕西地区。而《艺耤集证》所关注的重点恰恰是藏种法，尤其是他辑录了黄可润从山东引入河北的“北方藏种法”，显然弥补了“南方藏种法”的不足。

甘薯虽然高产，但是鲜薯具有畏冻、不耐储存的缺点。储存技术如果不解决，大量甘薯在越冬期间就会腐烂变质，丰产所带来的现实价值就会大打折扣，第二年开春依然会面临食物短缺的问题。陈宏谋所介绍的加工储存技术是“蒸干法”，《艺耤集证》所引进的是南方的“切丝晒干法”。无论是效率、效果，还是储藏的时间，“蒸干法”都不及“晒干法”。尽管南方地区很早就有“晒干法”，但在陈仅之前，陕西地区对这一方法的确了解不多。可见，陈仅所引进的甘薯切晒技术是对当地已有储存技术的重要补充。

《艺耤集证》补充了陈宏谋所没有说清楚的藏种和储存两项核心技术。要论对陕西甘薯种植的贡献，陈宏谋当居“引种”之首功，陈仅则居关键技术“推广”之要功。

（摘自《自然科学史研究》2019年第2期；

熊帝兵：淮北师范大学历史文化旅游学院副教授。）

《便民图纂》中的农学知识及其价值

杜新豪

《便民图纂》是明代中后期广泛流传于民间社会的一部庶民日用生活指导手册，该书以记载农业生产知识为主，兼及祈禳涓吉、阴阳占卜、医药调摄与饮食器用等各门类的实用性技术知识，因为农业生产知识占全书1/3以上篇幅，故而《明史·艺文志》与《四库全书存目丛书》均将此书列入农家类。该书记载了有关大田作物栽培、园艺作物栽培、畜牧兽医与纤维作物栽培等方面的丰富农学知识，前辈学者皆认为这些农学知识大多摘抄自其他农书，并无独特之价值。笔者在翻阅此书和与其他文献进行比对的过程中，对此种观点产生了怀疑，笔者以书中的“耕获类”与“树艺类”为例，重点考察《便民图纂》中农学知识与先前文献的关系，试图揭櫫这些知识的原创性价值及其在农学史上的意义。

大田作物栽培知识集中在卷二《耕获类》中，该篇对前代文献承袭较少，绝大部分知识都是撰者邝璠根据对当时农业状况的调查所获得的，垄种法的频繁出现即是一则例证。吴县（1995年撤销，辖境在今江苏省苏州市）地势低洼，麦的种植方法是于“早稻收割毕，将田锄成行垅，令四畔沟洫通水，下种”，强调要将收刈后的稻田整治成沟、垄相间的形式，于垄上种麦，以防止雨水过多涝死麦苗；种植大豆的方法也是“锄成行垅，舂穴下种”，即将田地锄成沟垄相间，在田垄上进行点播，因为大豆不耐涝，这是南方低洼地区种旱地作物的特殊方法。该篇首次记载了用豆饼来给稻田施追肥的技术，以便在底肥耗尽后可以继续支持水稻的生长分蘖，这是明代稻田施肥的一大技术创新；此外，该篇首次记载了稻谷脱粒工具——稻床，元代以前稻谷脱粒采用掼稻箪，稻床则是明代出现的新农具。以上两处彰显了《便民图纂》中农学知识的原创性，从侧面反映了该书中的农学知识可以补充传统农书的不逮之处。

园艺作物的栽培体现在该书的“树艺类”中，分作两卷，卷上是“种诸果花木”，卷下为“种诸色蔬菜”。书中描绘的园艺作物栽培技术绝大部分为撰者根据当地的实地情况而撰写的，体现了极强的原创性，如撰者提及的洞庭山用竹制器皿套住梨果来防虫、花卉的广泛种莳、棕榈的批量种植及其取皮方法，皆是对吴县彼时农业技术的真实写照。对水生作物种植方法与施肥技术的描述是本篇最具原创性的部分，在整部中国农业技术史中也应占据重要的地位。莲藕、芡与菱的种植早在王祯的《农书》中就已被提及，但邝璠提出很多全新技术，他倡导种莲藕要施肥，“或粪或豆饼壅之则盛”，种植鸡头也须“先以麻饼或豆饼拌匀河泥”。不同于王祯对菱“散在池中，自生”的简单种法，邝璠提出催芽种植法，嗣后使用竹制器具来将已发芽的菱苗插入泥中，并使用打通竹节的竹管来浇粪施肥。《便民图纂》还是最早记载慈姑栽培技术的文献，书中记载的慈姑栽培方法与现代南方地区的种植技术仍相差无几。在蔬菜种植部分，书中有半数以上的蔬菜是通过育苗移栽的方法来培植的，这显示了蔬菜移栽技术已经在明代中期的江南得到了普及，是彼时江南地区土地利用率提高的一个侧面表现。

《便民图纂》指导了后世诸多农书的编纂，它对《农政全书》的编纂亦产生了深远影响。《农政全书》中的水生植物种植法皆引自《便民图纂》，对如何给水生作物施肥、利用何种器具、如何进行移栽等问题进行了深入阐述，但徐光启或误将其写成摘自《王祯农书》，或未注明出处，从而使后人严重低估了《便民图纂》对《农政全书》成书的影响。《农政全书》中蔬菜与水果的种植方法很多也是来自《便民图纂》，徐光启对大多数转引邝璠的条目都标明了出处，但有些是间接转引而未做任何说明，甚至有些条目被误写作“王祯曰”，此外还有原本是《便民图纂》中的条目，被徐光启抄录后，继而被整理其手稿的门生们冠以“玄扈先生曰”的名目，被后人视作徐光启的原创。在牧养知识方面，徐光启也对《便民图纂》进行了多处转引，如“看马捷法”注明来自《便民图纂》，实则是邝璠抄自元代《居家必用事类全集》中的“王良看马捷法”，而据徐氏标注来自《便民图纂》的“相马毛旋歌诀”实则是载于南宋《事林广记》中的“相毛旋歌”。通过对《便民图纂》中牧养知识的引用，《农政全书》间接吸收了很多不载于传统农书中的知识，而将日用类书中的农业知识引入其中，《农政全书》中关于畜牧养殖的章节被称作“牧养”，正是日用类书传统渗入农书的一个直观体现。此外，《便民图纂》将先前文献《田家五行》中的知识整合在其中是占候以单独篇章的形式进入农书的一次创新性尝试，而《农政全书》中的占候知识正是徐光启在邝璠的基础上对此传统的进一步继承。总之，《便民图纂》是徐光启在撰写《农政全书》草稿时参考最多的明代农书，其中蕴含的经过邝璠创造的农学新知识及新体例都被徐光启所继承，它对《农政全书》的贡献几乎可与《齐民要术》《王祯农书》并驾齐驱。所以可以说《便民图纂》上接宋元两代的农书与日用类书，下启《农政全书》，在中国古代农学史上起到了承前启后的重要作用。

（摘自《古今农业》2019 年第 4 期；
杜新豪：中国科学院自然科学史研究所副研究员。）

试论高粱传入中国的时间、路径及初步推广

赵利杰

高粱是原产于非洲的古老农作物，在史前时期经海路传入印度，并通过印度传播到东南亚、中亚、东亚、西亚等地区。对于这一重要农作物传入中国的时间及路径，中外学者提出了多种猜想。按时间可以划分为史前传入说、两汉魏晋传入说和宋元传入说。然而，这些猜想大多没有得到充分、系统的论证。笔者在发现一些前人未注意的文献及考古资料后，基本否定了高粱在史前时期传入中国的观点，认为高粱应该是在两汉魏晋及宋元时期通过多种途径传入中国的。

相关学者认为高粱在距今5000年前经丝绸之路传入中国的依据主要是这一时期中国有10处考古遗址出土了炭化高粱。然而，笔者经过调查发现，其中5处遗址出土的炭化高粱经研究后可以断定是其他谷物遗存，剩余5处都未经过专业的植物学方法鉴定，真实性也存在很大问题。现代西方学者一般认为印度是高粱的次生传播中心，中亚、西亚、东南亚等地的高粱都是从印度传过去的。根据已有的考古发现，高粱传入印度的时间可能在公元前2000年前后，传入中亚的时间不会早于此时，更何况是从中亚传入中国。因此，高粱在史前时期从中亚经丝绸之路传入中国的猜想难以成立。

两汉魏晋时期共有11处遗址有炭化高粱的出土，当然这一时期遗址中出土的炭化高粱的真实性也存在一些问题，但有两处遗址，即山西省平陆西延村和盘南村汉墓出土的炭化高粱真实性很高，考古学家卫斯很肯定地指出这两处汉墓出土的"高粱米"外形完好，凡见过高粱的人，一眼就能认出。这至少证明汉代的山西地区已经有高粱的栽培，这一时期中国的高粱应该是通过西北丝绸之路、西南丝绸之路及海上丝绸之路传入的。

相关文献记载也间接佐证了这一猜想，如《广志》记载，"大禾，高丈余，子如小豆，出粟特国"。很明显，"高丈余，子如小豆"是对高粱株高、籽粒大小的描述，"大禾"就是当时传入的高粱的名字。粟特是中亚细亚古国，自古以来是沟通东亚、西亚、南亚、北亚、欧洲商业贸易的交叉点，被称为古代东西方"文明的十字路口"。据《汉书》记载，中国早在西汉初期便通过西北丝绸之路与粟特有频繁的往来，客观上为粟特地区作物的传入提供了有利的条件。

作为高粱的次生传播中心，印度与中国西南地区早在战国时期就已经有了频繁的往来。相关研究表明，迟至在公元前4世纪末，中国与东南亚、南亚和西亚之间就已经开辟了一条互通有无的国际交流大动脉，即"蜀身毒道"。高粱很可能在这一时期双方人员往来过程中，被无意带入中国西南地区，进而传入蜀地，得名"蜀黍"的。

“东南海路传入说”的提出缘于在广州东汉前期墓葬4013的陶提筒内发现了高粱。据《汉书》记载，至迟到汉武帝时，中国通向印度、斯里兰卡的海上丝绸之路就已开通，高粱很可能在这一时期作为船员的食物被带到中国的对外开放口岸——广州。

据文献记载，可以肯定的是，宋元时期高粱曾通过海上丝绸之路被带到福建泉州等地，时人称之为“番黍”。不过不同于何炳棣先生的观点，笔者认为这次高粱的传入造成的影响并不显著。因为从文献的记载来看，用“番黍”指代高粱，仅仅局限于福建东南沿海的泉州、厦门、漳州及台湾等地，说明这次高粱在传入中国东南沿海地区之后，并没有得到更广泛的传播。

当然，这一时期高粱还可能通过西北丝绸之路被引入中国，其直接原因是蒙古大军的西征。在蒙古大军西征前，高粱已经在中亚、西亚等地扩展开来，蒙古人在西征时也很可能掠夺当地的高粱作为军粮和战马饲料，甚至在返回时将其带到蒙古草原。但是，笔者并没有发现确切的证据，只能存疑。

高粱在南方的传播。高粱至迟到东晋南朝时，已经扩展到长江中下游地区。陶弘景《本草经注》“黍米”条曰：“（黍）荆、郢州及江北皆种此，其苗如芦而异于粟，粒亦大。”南宋学者项安世提到：“黍有二种：正黍似粟而大，以五月熟，今荆人专谓之黍，又谓之黍穄是也。又一种尤高大，秆之状至如芦，实之状至如薏苡，荆人谓之讨黍，又谓之芦穄，然以秋而熟，非正黍也。”（《资治通鉴》）事实上，陶弘景、项安世所谓的“黍”“讨黍”就是高粱。古人常误认为高粱是黍的一种，如朱熹在注解《诗经》时就误用高粱的植物形态来解释黍，他的老乡，明朝人黄仲昭小时候曾跟他的父亲前往束鹿（今河北辛集市），在当地看到了真正的黍后，才恍然大悟道：“叶似芦，高丈余者，北人谓之黍蕌，非黍也。夫黍也，穗如稻，穗散垂而不毛者是也。”（弘治《兴化府志》）综上所述，我们基本可以断定，至迟在东晋南朝时高粱已经在荆州、郢州及江北地区占有一席之地了。隋唐以来，高粱继续沿长江一线向南北扩散。据古籍记载及考古发现，到南宋时，安徽黄山、萧县，江苏常熟，浙江绍兴，福建仙游等地都有高粱的栽培。

高粱在北方的传播。高粱至迟到两汉时期就已经进入黄河流域，但北魏时期反映黄河中下游流域农业生产状况的古农书《齐民要术》却基本未提及这一作物，笔者认为可能是以下两种原因造成了这一结果。第一，古人误认为高粱是黍的一种。《广志》中提到了一种叫做“牛黍”的黍，明清民国广东、海南一带的方志中也有一种“牛黍”，当地人认为是黍的一种，实际上却是高粱。第二，魏晋南北朝时期是我国有史以来气候最为寒冷的时期，高粱虽然在两汉时期进入了黄河流域并扩散开来，但高粱原产热带，性喜温暖，这一时期气候的突变可能导致北方高粱种植的衰退，因而到贾思勰生活的时代，他未能见到高粱。

到五代北宋初年，高粱已经是华北平原上一种较为常见的作物了。据古籍记载与考古发现，到五代北宋时期，山东、河南、河北、关中等地已经有了较普遍的高粱种植，高粱开始成为政府正式的谷物税征收对象之一。到了金元时期，随着古人对高粱认识水平的提高，高粱最终成为农家不可或缺的一种重要作物。

（摘自《中国农史》2019年第1期；
赵利杰：中国科学院自然科学史研究所博士研究生。）

面向农史领域的数字人文研究基础设施建设研究
——以方志物产知识库构建为引

徐晨飞　包　平

近半个世纪以来，数字人文研究的兴起给史学研究带来了前所未有的颠覆与争鸣，如量化史学研究方法之于经济史、教育史、宗教史等。农史研究作为一门相对独立的学科，只有百年的历史，其进展和积累对历史学、政治经济学及其他社会科学具有基础性科学的价值。本文基于中华农业文明研究院特藏资源《方志物产》资料的数字化、知识组织与知识挖掘等前期研究工作，提出方志物产知识库构建思路与方法，目的是将其建设成为面向农史领域的数字人文研究基础设施，以期在数字时代为推进农史及其他专门史研究打开一个全新的篇章。

文章首先对“农史研究”以及“数字人文研究基础设施”等相关概念进行辨析，并对国内外农史领域数字人文研究基础设施建设现状进行调研。笔者认为农史研究具有跨学科属性，其研究方法也越来越多元化，且还需面对“数据洪流”等问题，这对当今的农史工作者提出了更高的要求，也为农史研究带来了新的契机与活力；“数字人文研究基础设施”从属于“研究基础设施”，意为支持人文学者在数字环境下开展科研活动必须具备的基础设施，可为相关学科领域学者提供支撑跨学科研究的资源、工具、数据管理与检索的通用解决方案。通过案例比较分析发现国内外与农史研究相关的数据基础设施建设还是以数字化资源存储项目居多，严格意义上来说，大多数还处于数字人文基础设施的初级阶段，相关平台还缺乏支持诸如文本挖掘、时空分析、社会网络分析等数字人文研究常用方法的工具与服务模块。

接下来，在对我国百年农史研究历程深入分析的基础之上，文章提出相较于其他人文学科，我国农史学者是较早意识到采用数字人文研究的方法来拓展研究领域和内容的，尽管在当时，“数字人文”的概念还未在国内落地与普及。笔者将托比亚斯·布兰克（Tobias Blanke）提出的“学术基本体”（scholarly primitives）特征与农史领域已有相关研究成果中的研究情景，以及刘炜、叶鹰提出的数字人文技术体系进行了映射，发现将农史领域学者的学术研究活动进行归纳得到不同类型的“学术基本体”，与之相关的资源、工具、服务等，均为研究基础设施建设需涉及的方面。纵观农史领域前期数字人文研究，大多数为个人的特定选题研究（以学位论文为主），其问题在于多数文献资源的数字化、数据化乃至知识化的过程存在不可通约性，如元数据标准设计缺乏评价、数据库构建缺乏规划、相关本体的不可复用、软件工具非开源等，这些也导致前期的研究数据无法进一步为其他研究者所用，与其他各类数据源的数据无法融合以及软件工具的功能扩展性较差等一系列问题。基于此，面向农史领域的数字人文研究基础设施建设势在必行。

农史领域数字人文研究基础设施建设需以文献资源为核心，资源的独特性与唯一性是研究基础设施建设必要性的前提，也是区别其他以机构为导向的研究基础设施的标志。在农史领域，古籍方志中记载的物产资料是重要的研究史料，是领域学者进行相关研究不可忽视的重要文献资料。《方志物产》是20世纪跨越民国与中华人民共和国时期，大批有识之士在万国鼎先生的策划和组织下集一代人心血精心搜集、挑选和抄写装订起来的大型方志类文献汇编，具有唯一性和不可替代的丰富性，海内外未见同类型的其他文献可与之媲美。

最后，本文提出面向农史领域的数字人文研究基础设施建设可先以方志物产知识库构建为首要工程，基于该知识库可对方志物产资料展开知识发现、知识考证以及深度利用研究。方志物产知识库构建步骤具体可分为四个环节："数字化"、"数据化"、"知识化"及"平台化"。"数字化"环节主要实现方志物产资料数字化整理与加工。对手抄孤本《方志物产》进行数字化是其得以保存和利用的重要手段之一。在此基础上，还需以国内外各种方志目录为线索，对相关资料进行二次辑录、整理与查漏补缺，形成更为完整、全面的方志物产资料，这也是数字人文研究基础设施建设的前期基础性工作。"数据化"环节主要是实现方志物产资料多层级标注。在这一环节将要实现数字化文本到数据化语料库的转换。"知识化"环节主要是对方志物产资料展开语义知识组织，满足书目控制和规范控制、数据重用与共享等需求，是数字人文研究基础设施建设的重要环节。"平台化"是数字人文研究基础设施的"门户"建设，也是核心部分，即采用关联数据的一整套技术、方法和流程，实现为领域用户提供各种知识服务的知识库系统平台。

笔者认为，方志物产知识库的建成将会是面向农史领域的数字人文研究基础设施的重要组成部分，但基础设施应是一种生态系统，即需有领域专家以及其他用户的参与，不断提出问题与需求，通过迭代在知识库中解决问题才是一套成熟的基础设施应实现的"落地"功能。

（摘自《中国农史》2019年第6期；徐晨飞：南通大学经济与管理学院讲师；
包平：南京农业大学中华农业文明研究院博士生教授。）

西方国家对中国荔枝的关注与引种（1570—1921年）

赵　飞

荔枝（*Litchi chinensis* Sonn.）原产于我国南方地区，栽培历史已有2000多年，素有“百果之王”“果之牡丹”的美誉。1513年，葡萄牙人来到澳门，开启了西方国家收集、探索和研究中国植物的序幕。葡萄牙人克路士（G. Cruz）1570年出版的《中国志》，最早向西方世界介绍了这一中国佳果。自此，到访中国的西方传教士、探险家和科学家们持续地关注、介绍乃至引种荔枝。1921年，来华的首位农业传教士、岭南大学农学院首任院长、美国园艺学家高鲁甫（G. W. Groff）在美国纽约和中国广州出版了世界范围内第一本荔枝科学研究专著——《荔枝与龙眼》，这标志着当时西方世界已经对中国荔枝做到了充分认知，并在科学研究领域处在了领先位置。

最早关注与记录荔枝的西方人士是来华的传教士。葡萄牙传教士克路士于1570年在葡萄牙出版的《中国志》是欧洲出版的第一部专述中国的著作，文中使用较大篇幅介绍了荔枝。意大利传教士利玛窦（M. Ricci）于1615年出版的《利玛窦中国札记》也对荔枝做了简单的介绍。葡萄牙传教士曾德昭（A. Semedo）1643年出版了意大利语著作《大中国志》，着重介绍了荔枝果实的外观。后来的西方传教士对荔枝的介绍更为全面。意大利传教士卫匡国（M. Martini）于1655年在海牙刊印的《中国新图》中细致地描述了福建荔枝的树木、叶片、果实的外观及风味。波兰传教士卜弥格于1656年在维也纳出版的《中国植物志》是西方世界第一本关于中国的植物志，其中的一幅插图是由西方人绘制时间最早的荔枝树画像之一。1687年以“国王数学家”身份进入中国的法国传教士李明（L. Lecomte）是最早完整、正确地向西方介绍荔枝的欧洲人之一。

百年禁教时期，在华的西方传教士数量大为减少，导致该时期有关荔枝的外文记载较少。法国传教士杜赫德（J. B. Du Halde）1735年在海牙出版了《中华帝国全志》。该书提到荔枝在广东种植很多，几乎没有任何水果可以与荔枝，特别是那些小核荔枝品种相提并论。18世纪中叶，荔枝开始进入植物学家的研究视野。瑞典人奥斯贝克（P. Osbeck）在1751年9月2日的航海日记中，记录了荔枝的植物学特征。法国植物学家、探险家索拉内（P. M. Sonnerat）在1782年出版的《1774—1781年东印度和中国之行》中给予了荔枝的第一个植物学名称——*Litchi chinensis*。索拉内以写实手法绘制了一幅荔枝果枝图画，细致完整地描述了荔枝的植物学特性，并提及了荔枝干的制作方法：“中国人把荔枝放在烤炉里烘干，然后作为商品销售。”

到了 19 世纪早期，欧洲学界已经对荔枝的植物学特征、发展历史以及荔枝果实的化学成分、药用价值有了较为全面的认知。随着对荔枝认知的加深，欧洲人尝试引种荔枝，并在一些气候适宜的欧属殖民地取得成功。18 世纪下半叶，法国人普瓦夫尔（P. Poivre）将荔枝等水果引种到法属殖民地留尼汪岛。1775 年，克拉克（T. Clarke）将中国荔枝引种到了英属殖民地牙买加的植物园。18 世纪末，荔枝被引种到了法属殖民地毛里求斯和荷属殖民地圭亚那。约 1853 年，英国人义律（C. Elliot）将荔枝带至了英属殖民地百慕大。

欧洲多国关注中国荔枝，并在引种方面做了尝试。1854 年前后，荔枝就进入了澳大利亚。美国的佛罗里达、波多黎各、夏威夷与华南地区的纬度相近，为荔枝的成功引种提供了必要的气候条件。

19 世纪下半叶，珠江三角洲的大批民众前往美国谋生，将荔枝带入美国。夏威夷最早成功引种荔枝。1873 年陈芳委托同乡 Ching Check 连同荔枝苗生长的土壤一起运来，最终成活。这株檀香山最为知名的荔枝树被当地人称作“Afong 树”。第二次引种是数年后，种植于考艾岛，被称作“Wailua 树”。上述两棵荔枝均为桂味。之后，乔丹（E. W. Jordan）等个人也多次引种，但成活率极低。据记载曾有 400 株荔枝种苗引入，仅 4 株得以成活。早于 1880 年，荔枝首次被引种至佛罗里达州，地点是桑福德附近，但此事并未引起很多的关注。波多黎各引种荔枝也较早。1903 年，美国国家博物馆出版的《波多黎各的经济植物》便有所记载。1897 年，荔枝首次引种至加利福尼亚，不过种苗是来自印度。

美国人蒲鲁士（W. N. Brewster）是美国引种荔枝早期最为重要的一位推动者，他先后于 1903 年、1906 年两次自费从莆田将福建名种——陈家紫荔枝船运到了美国。他在 1907 年出版的著作《新中国的演进》对第一次引种做了细致记载。此次他所运送的 20 箱陈家紫荔枝苗木回美国后先是被种植于华盛顿的温室，后于 1907 年 9 月 29 日至次年 2 月 7 日先后被农业部送到了加利福尼亚、佛罗里达、夏威夷等地种植。蒲鲁士的贡献并不限于此，他于 1906 年完成《中国荔枝栽培法》一文，内容涉及荔枝的种植、施肥、防害、灭虫等方面。1907 年 7 月至次年 1 月，植物引种处陆续收到蒲鲁士提供的文章及照片，后者也是该部门第一次收到挂有成熟果实荔枝树的照片。

1907 年，美国植物引种处开始实施荔枝引种计划。同年，高鲁甫启程前往中国，抵达广州后在岭南学堂任教，并被校方安排对原产于华南的荔枝和龙眼做详尽的调查。此外，高鲁甫还利用一切机会将广州的优良荔枝品种送到美国。截至 1921 年，已有超过 11 个中国荔枝品种被引至美国。取种人方面，贡献较大的有高鲁甫、蒲鲁士、关约翰（J. M. Swan）等。取种地方面，以广东，特别是广州居多，其他地区包括福建、上海、江苏、海南等。除植物引种处外，夏威夷农事试验场也发挥了重要作用。

美国成功引种中国荔枝，很大程度上归功于美国学者荔枝科学研究的积极推进。佛罗里达的泰勒（W. S. Taylor）长期钻研荔枝的培育，至 1915 年他已经让 3 棵荔枝树开花结果，他曾对涉及荔枝的英文著述做了摘录，并撰文呼吁佛罗里达州的人们种植荔枝。1917 年，夏威夷农业试验场的园艺学家希金斯（J. E. Higgins）撰写的《夏威夷荔枝》系统介绍了该场在荔枝栽培领域的研究成果。瑞德（B. E. Read）1918 年通过实验总结了荔枝果实的药理活性和食用价值。美国农业部植物学家施永高（W. T. Swingle）用大量数据对比了广州与佛罗里达多地的气候条件。植物学家科威尔（F. V. Coville）的《荔枝：一种菌根植物》通过实验证明，荔枝更适合在酸性土壤上种植。1920 年，波普诺所著《热带与亚热带水果手册》对荔枝的栽培、繁殖、产量与季节、害虫与灾害、品种等相关方面做了长篇介绍。

（摘自《中国农史》2019 年第 2 期；
赵飞：华南农业大学中国农业历史遗产研究所副教授。）

“干针”对中医针灸的“入侵”与“独立”——兼论针灸概念与理论变革

张树剑

针灸是中国的原创知识与技术，作为中国文化与技术“走出去”的先锋，深受世界各地人民的欢迎。然而，西方理疗师基于中国针灸技术提出“干针”概念，由于理论基础与中医传统针灸不同，他们不承认“干针”属于针灸学术体系，并试图绕过美国法规对其执业范围的禁令。这一趋势既影响了海外针灸师的执业利益，又影响了中国文化与技术的国际话语权与传播力。基于此，本文回顾了“干针”的历史，论证了“干针”与针灸之间的关系，认为“干针”应该从属于针灸学术体系，理疗师经过专门教育和病例实习可以执业针灸，但相关教育面临破题。

同时，本文站在针灸学术界的立场对针灸概念与理论内涵做了重新思考，认为“干针”给针灸界带来的最大的，也是最为深刻的影响其实是对针灸本身概念与理论内涵的挑战。首先是针灸概念的学术内涵，针灸概念的界定需要综合考虑针灸历史、技术流派、未来发展的可能性等因素，而不是局限于一劳永逸地用一种固化的思维去定义；其次是针灸理论也亟须革新。医学是人体科学，过多地强调其哲学色彩只能徒增质疑。针灸自身的理论变革与学科进步需要多维度多层次的深入思考。故而，与现代医学同行，重新定义针灸，对理论做出革命性重构，才是针灸学术发展的必由之路。由此，“干针”与传统针灸之间无论是学术之争，抑或是执业利益之争，都将迎刃而解。

（摘自《自然辩证法通讯》2019 年第 6 期；
张树剑：山东中医药大学中医文献与文化研究院教授。）

中医“脾”与西医“spleen”翻译错位的发生及其演变

周东浩　刘　光

无论从解剖、生理，还是从疾病的描述上来看，《黄帝内经》对脾的描述都更接近于西方医学中的pancreas，而不是spleen。可是由于中医详于气化，略于形迹，多从功能和气化的角度对脏器进行描述，《黄帝内经》对脾的解剖记载并不详细，同时代的医学资料又大都没有流传下来，这给后世脾、胰的混淆留下了隐患。

古代西方医学对pancreas长期存在错误理解。盖仑明确提到了pancreas，但把它当成了腹膜的一部分，认为pancreas只是对周围组织起保护和支撑的作用，这种认识误导了其后1000多年的历史。近代解剖学之父维萨里在其名著《人体的构造》（1543年）中虽然描述了pancreas的形态，但是也把它当成了腹膜的一部分，没有把pancreas当作一个独立的器官。直到1642年怀森格发现胰腺管、1664年格拉夫提出胰液可能具有消化作用以后，pancreas作为一个独立的消化器官才逐渐被认识到。

西方对spleen的认识也经历了曲折的过程。希波克拉底曾经记载了spleen的解剖，认为spleen在四元素中属土，在四体液中主司黑胆汁，在体液平衡调节中起作用。亚里士多德则把spleen看作是bastard liver（代用肝），在饮食消化中起作用。盖仑发展了他们的学说，提出spleen与肝和胃通过静脉联系，具有协助消化、纯净血液的作用。

明末西医学传入中国之时，所长在于解剖，可是生理方面的知识还停留于盖仑时代的医学理论阶段，认为spleen属土，主管黑胆汁，在食物消化过程中起作用，这与中医脾为土脏、“脾为胃行其津液”、主司消化的传统认识很相仿。同时，到了明代，由脾胃为气血生化之源衍生的“脾统血”这一说法也被中医普遍接受，这和西医spleen主司净化血液的古老认识也有所类似。

最早传入中国的《泰西人身说概》《人身图说》《性学觕述》等都成书于西医认识到pancreas作为独立器官之前。当时的西医既没有对pancreas的消化功能有明确的认识，又对spleen的功能存在错误的理解，再加上中医的古代医籍也没有说清楚脾的解剖，故明末西方传教士把spleen翻译成“脾”，不过这种现在看来翻译上的错位在当时认识条件下却是有一定合理性的。

雍正之后，由于禁教的原因，中国与西方之间的交流一度中断，日本却出现了一个翻译介绍西方解剖学的高潮。经过100多年的发展，西医对pancreas的外分泌消化作用已经有所认识，黑胆汁等四体液说渐渐退出历史舞台。不过，spleen仍然被列入消化器官之中，spleen主管消化的误导并没有得到更改，1805 年出版的《医范提纲》延续了脾与 spleen 翻译的错位，并自创“膵”字指代 pancreas。

鸦片战争后，英美传教士再度来华。因明末译著中脾与 spleen 的对应已经先入为主，传教士医生合信 1858 年撰写《全体新论》时，认为中医没有 pancreas 这一脏器，于是根据西医名称的意译，自创“甜肉”以名之。传教士医生德贞 1886 年在其译著《全体通考》中，首次提出以“胰”指代 pancreas。由于当时脾与 spleen 的对应已经约定俗成，因此他也认为中医并不知道 pancreas 这个脏器。

随着中西医交流的增加，翻译的错杂仍在继续，这造成了交流和传播的困难。19 世纪末，由传教士医生组成的博医会开始着手进行医学名词的统一工作，其后出版的《高氏医学词汇》采用了德贞以“胰”指代 pancreas 的说法。20 世纪初，中华医学会、中华民国医药学会等学术团体也参与进来，1916 年成立了医学名词审查会，1918 年 11 月教育部批准医学名词审查会改名为科学名词审查会，1931 年科学名词审查会出版了《医学名词汇编》，“胰”与 pancreas、“脾”与 spleen 的对应终于经官方权威确定下来，在社会上推广流传。

近代中医对脾、胰的翻译大多表现为一个逐渐接受的过程，并试图与原来的中医理论体系相调和，但也进行了一定的抗争。然而，随着近代中医的衰落，中医的声音并没有得到很好的表达。伴随着西医的广泛普及和科学名词术语规范的推广，“脾”和 spleen 的对应逐步为大众所习惯和接受，成为社会的共识，中医界的抗争并没有起到明显的效果。

中华人民共和国成立后，随着现代免疫学的飞速发展，spleen 作为外周免疫器官的地位逐步确立，中医脾和西医 spleen 的认识差异进一步凸显。脾、胰概念的混淆给中医理论的理解、交流和发展带来了严重的困扰。

过去几百年来，西医对 spleen 的认识经历了从消化器官到脾脏无用论到免疫器官的巨大转变，对 pancreas 也经历了从主管支撑、保护作用的腹膜的一部分到独立的内脏器官、从胰管解剖学上的进展到胰液外分泌消化作用的探索，再到胰岛素内分泌代谢功能的发现不断拓展的认识过程。可是，明末中医脾与西医 spleen 翻译上的错位却历史地保留了下来，形成了我们今天所面对的中西医并存、言语错杂、概念纷乱的现实。

可是，若不是中医《内经》对脾脏解剖语焉不详，若不是西医当时认为 spleen 具有消化功能，或者西医能更早地认识到 pancreas 在消化和物质代谢中的重要地位，或者中医能更积极地发展，更早讲明白自己，这种翻译的错位都可能不会发生，发生了也会更早地得到纠正。因此，责任并不能归于这些翻译家，而更是由当时具体的历史条件——主要是当时中西医各自的发展水平决定的。

本文以中医对“脾”的模糊记载和西医对 pancreas、spleen 的曲折认识历程为切入点，分析了 spleen 被翻译为“脾”的错位形成并延续下来的历史原因。

（摘自《自然科学史研究》2019 年第 38 卷第 2 期；周东浩：临沂市人民医院主任医师；
刘光：青岛大学医学部基础医学院中西医结合中心硕士研究生。）

从国际性到地方性：中华医学传教会演变探析（1838—1886年）

李传斌

1838年，中华医学传教会（Medical Missionary Society in China）成立于广州。它是近代中国第一个医学传教组织，也是世界上第一个医学传教组织。不过，它在此后的近50年间却由一个国际化程度较高的医学传教组织，演变成一个地方性的医学传教组织。

中华医学传教会的成立是19世纪初中西关系的特殊产物。当时，一些来华西人发现西医是他们打破在华活动障碍的重要途径。1836年10月，郭雷枢、伯驾、裨治文倡议建立中华医学传教会。1838年2月21日，中华医学传教会在广州成立。中华医学传教会从一开始就有国际化的特征。中华医学传教会的领导者均来自英国和美国。终身董事、终身会员和代理人除了伍敦元外，都是英国人和美国人。因此，中华医学传教会被称为“一个英美人的组织”，具有跨国性。中华医学传教会以广州为基地，通过在华西人同西方国家的宗教与世俗社会建立联系，形成了自己的经济与人员关系网络，从而将东西方世界联系在一起。中华医学传教会的初期活动也具有国际化的特征，反映了不同国别、不同教派的传教士之间的相互合作。

鸦片战争爆发后，伯驾回到美国，并访问欧洲。伯驾在美国和欧洲的活动使更多的人了解到中华医学传教会。这可以说是中华医学传教会国际化的重要拓展。不过，伯驾主要是想赢得国际社会对中华医学传教会的援助。他没有将中国的医学传教活动与其他非西方地区的医学传教活动联系在一起；更没有以中国为中心，将医学传教活动向其他地区扩展的考虑。所以，伯驾虽然提高了中华医学传教会的国际知名度，赢得了广泛的支持，但是其国际化并不具有前瞻性与开放性。这与当时受其影响而产生的爱丁堡医学传教会有较大的差别。

鸦片战争后，更多的医学传教士来到中国。到1845年，中华医学传教会先后资助了11位英国和美国的医学传教士。中华医学传教会在不断拓展之际，因会址和伯驾在欧美募集的款项处理问题，内部发生了分歧。1845年9月21日，中华医学传教会在香港的成员成立了一个新的中华医学传教会。随后，伯驾在广州也组织成立了一个中华医学传教会。于是，中华医学传教会分裂为香港和广州两个互不关联的组织。中华医学传教会的分裂成为其转向地方化的一个重要节点。

香港的中华医学传教会的活动并不活跃，有较强的地方性。1847年以后，香港的中华医学传教会甚至没有开过会议，后来“静静地消失”。

广州的中华医学传教会在1845年以后组织和活动正常，一直持续到20世纪上半叶。1845年以后，广州的中华医学传教会依然有国际性的特征。就领导者而言，中华医学传教会的会长一直都是外国人。而且，中华医学传教会在1845年以后副会长增多，既有英、美商人和传教士，也有英、美、德三国的领事。就与西方的联系而言，除了人员的联系外，中华医学传教会与一些外国社团有一定的联系，接受来自西方的经济、技术和物质方面的支持。就活动而言，中华医学传教会不仅支持嘉约翰主持的广州博济医院，而且支持美国人、德国人和中国人主持的教会医院和诊所。

中华医学传教会在保持国际性特征的同时，地方化的发展趋向越来越明显。只有少数美国和德国的传教士接受中华医学传教会的资助。其工作集中在广东省，以广州为重心，另外广东的佛山、清远、海南岛等地有其资助的教会医疗机构。广东之外，只有纪好弼在广西梧州等地的医疗工作得到其资助。至于中国其他地方不断出现的医学传教机构，广州的中华医学传教会与之并没有关系。所以，中华医学传教会逐渐变成一个地方性的社团。究其原因，主要有以下几个方面。

一是因为新教各教会工作的独立性。1845年以后，早期来华医学传教士改变了他们与中华医学传教会的联系。至于新来华的医学传教士，只有在广东的少数医学传教士以及在广西的纪好弼与中华医学传教会有联系。

二是与中华医学传教会的活动方式有关。中华医学传教会的目标仅是对来华医学传教士提供服务和支持。当各差会在中国各地自由发展医疗事业时，中华医学传教会没有领导所有在华医学传教士的意愿，更没有规划教会医疗事业发展的计划。

三是与中华医学传教会的经费短缺有关。虽然中华医学会与西方有联系，但是它不能够从西方自由地获得足够的捐赠，本身也没有收入来源。经费的短缺限制了其活动范围和影响力的发挥。

四是与中华医学传教会适应中国地方社会密切相关。作为外国人组织的机构，中华医学传教会必须适应中国地方社会。为解决人员与经费的问题，中华医学传教会不得不依赖中国人和地方社会，这也导致了其地方化。

到19世纪80年代，中华医学传教会的地方性日益增强，根本不可能在中国的教会医疗事业中发挥主导作用。1886年，中华博医会（China Medical Missionary Association）在上海成立，成为中国医学传教界的领导组织。这标志着中华医学传教会变成了一个名副其实的地方医学传教组织。

1838—1886年，中华医学传教会由一个国际性的传教组织，变成一个地方性的传教组织。这不仅是中国国际化过程中复杂关系的产物，也是特定地域环境影响下的产物。

（摘自《医疗社会史研究》2019年第4卷第2期；
李传斌：湖南师范大学历史文化学院教授。）

以“卫生”之名的扩张
——上海公共租界近代卫生体系的形成

严 娜

上海公共租界存在80年，上海工部局（Shanghai Municipal Council，SMC）作为市政机构，成为其扩张的执行者。工部局以马路拓宽、延长等方式，虽然在地域上实现了量的扩张，但都不如以“卫生”之名，在政治、经济和思想上实现的扩张。上海公共租界近代卫生体系的形成过程中，始终保持着工部局为主、社会力量为辅的特性。根据工部局卫生事业的发展，该体系的形成主要经历以下了四个阶段。

第一阶段（1843—1861年）：“混沌期”。在租界开辟的前十几个年头里，界内的卫生事务一直没有一个特定的官员进行管理。日常的街道清扫、管道排污疏通等事宜，由纳税人会议或者后来成立的工部局承包给商人，由警察巡视监督。在医疗方面，除了工部局内职员可以享受特聘医官的服务之外，工部局并不照顾界内所有居民的医疗。而这部分工作由教会医院承担，他们同时负责种痘一类的卫生预防工作。1861年，工部局任命第一任卫生稽查员，界内始有专管卫生事务的职位。卫生稽查员的主要工作是负责检查道路清洁、市场卫生。

在这个阶段里，由于缺乏统一的领导机构，界内还不具备一定的卫生体系，各种卫生事务比较零散。因此，这个阶段可以算是租界卫生模式出现前的“混沌期”。此时，工部局主要负责清道方面，而界内只有一所西式医院，即由英国伦敦会创办的仁济医院，提供西医服务。

第二阶段（1861—1898年）：初成。这个阶段，公共租界的卫生管理出现了从人到机构的质变，体系初具规模。1898年工部局卫生处的成立，标志着此后租界内卫生事务有了统一的归口。卫生处作为一个机构，拥有比卫生稽查员多得多的权力，同时也肩负了更多的职责。

1876年，工部局创办性病医院，成为租界卫生模式成长的一个突破口。1877年工部局又接管公济医院，公济医院正式成为向公众提供综合性医疗服务的医院。这意味着作为租界市政管理机构的工部局开始正式提供医疗服务，医疗体制在租界内初成。

第三阶段（1898年至20世纪20年代）：发展。卫生处成立后，其基本工作是市容清洁、生死统计、工部局局属医院管理、防疫与卫生教育宣传；最大两项增办工作是建立公共卫生实验室和制定各种相关条例章程、颁发执照。除性病医院、公济医院和战时临时医院之外，工部局局属医院基本在这个时期创办。《上海公共租界工部局卫生处开业医师、牙医及兽医注册条例》《医院各部门收费章程》等重要强制性规范措施，也是在这一时期大量出台的。

同时，社会团体的力量也积极发展。在这一阶段，各种医学团体涌现，社团/个人办医数量达11家。在清末民初流行的鼠疫、20世纪20年代的霍乱大流行中，社会团体发挥了重要的作用，由他们资助或管理的慈善医疗机构，在控制疫情传染、救治病患中发挥了重要的作用。

第四阶段（20世纪20年代至1943年）：巩固。这个阶段，工部局卫生处在打好了卫生建设的基础之后，开始细化工作，多方面促进卫生进步。其中主要内容有：加强工部局局内人员和学校学生的卫生教育，以多种形式在社区进行卫生宣传；提高卫生稽查员素质，建立稽查员考试制度；增加与华界的卫生事务互动；等等。社会办医在这一时期也达到了高潮，多达60余家。各种医学相关协会相继出现、成熟。

以“卫生”之名，无论是对政权还是个人或者其他实体，都是一个再好不过的名头。清末民初，华人精英就已意识到，租界当局以华人“污秽”为扩张租界的借口。工部局通过卫生这个口子，进一步掌握了租界的人口情况，比如：借自来水管铺设之际，进行门牌编号；通过参股自来水公司，获得经济利益；通过经营医院，施行善举，俘获民心；通过学校、社区卫生教育，将西医卫生思想灌输给界内居民。

以“卫生”之名的扩张，是无形而强有力的；卫生在个人与社会间的作用是无形的。比如，当一个整洁有素的人看到马路上乱丢的垃圾时，他可能会联想到丢垃圾的人是不讲公德的，进而想到他的家庭教育等；他又可能会想，为何没有人将垃圾捡起来；在他自身道德标准和是否会弄脏自己两者的权衡（甚至是不经意的）后，他会处理这个垃圾，或者不予理会。卫生在个人与政权之间的作用，对个人来说，它意味着个人对政府保护其健康权的责求，比如要求政府给其医疗保障；对政权来说，它是推行各种政策、措施的强有力的理由，比如接种疫苗、强制隔离（传染病患者）。

（摘自《复旦学报（社会科学版）》2019年第5期；
严娜：上海中医药大学科技人文研究院助理研究员。）

天回医简《经脉》残篇与《灵枢·经脉》的渊源

顾　漫　周　琦　柳长华　武家璧

成都出土的天回医简中，除包含一部较为完整的经脉文献《脉书·下经》外，另有一部残损严重的经脉文献，与《医马书》同置于一底箱内。本篇残存竹简中未发现自题篇名，考其文字内容，与马王堆帛书《阴阳十一脉灸经》、《足臂十一脉灸经》、张家山汉简《脉书》，以及天回医简中的《脉书·下经》等均有所不同，而与《灵枢·经脉》的文句多有相类，故整理者拟名为《经脉》。本文通过对本篇与已出土经脉文献及《灵枢·经脉》的比较，展示秦汉时期中医经脉学说的源流衍变，并以此为例探讨中医经典理论的构建历程。

秦汉时期多个地域普遍流传着一类“脉书”文献，其内容、体例已形成相对固定的模式，但传本各有异同。马王堆出土有《足臂》与《阴阳》，此次天回医简又有《脉书·下经》与《经脉》，同一墓葬中有不同传本经脉文献出土的现象，显示当时此类文献的传承流脉纷杂、分合无定，正处于发展衍变的活跃期。作为传世经典的《灵枢·经脉》，正是对此类“脉书”集大成之后定型化的产物——从体例和结构上，是对出土“脉书”基本架构的承袭，包括了经脉名称、循行、主病、诊治法、脉死候等部分；从经脉循行的主干和经脉病候这些核心内容上看，则应“嫡传”自天回《经脉》之类似文献。

天回医简的下葬时间约在西汉景武之际。从其中所存两部经脉文献来看，《脉书·下经》是对此前张家山《脉书》（公元前 186 年）与马王堆《足臂》（公元前 168 年）的综合，而残存的《经脉》则接近于传世经典《灵枢·经脉》的原始面貌。由江陵、长沙、成都三地出土的六部经脉文献，在西汉早期的五六十年间，已表现出“由分而聚”之势；而《灵枢·经脉》之成篇，恐不限于学界惯常认为的成帝侍医李柱国开始校理天下医书之时（公元前 26 年），或可下推至东汉和帝（公元 88—105 年在位）时太医丞郭玉所传涪翁之《针经》。由天回《经脉》发展至《灵枢·经脉》的二百三四十年时间里，各种“传承异本”的经脉文献不知又经历了多少互渗和融合，最终在“学在官府”的影响下，逐渐趋于一统。

《灵枢·经脉》载：“经脉者，所以能决死生，处百病，调虚实，不可不通。”近 40 年来陆续出土之经脉文献，使我们对这句经文有了更近本意的理解，从而将学者的目光从经脉循行路径的枝枝蔓蔓，移向经脉病候及诊疗的荦荦大端。关注点的转移，背后其实是对所谓“经络本质”问题的重新认知，即从经络是“生理系统”到“疾病分类系统”的范式转变。更接近《灵枢·经脉》原始形态的天回医简《经脉》的发现，正当其时，无疑为我们全景展现秦汉时期经脉文献从“百舸争流”到“百川汇海”的传承脉络，提供了“关键环节”的新史料，也为我们解释天回髹漆经脉木人身上红、白两套经脉系统开启了新思路，从而必将为探索中医经脉学说的层累形成注入新动力。

（摘自《中国针灸》2019年第10期；
顾漫：中国中医科学院中国医史文献研究所研究员；
周琦：中国中医科学院中国医史文献研究所副研究员；
柳长华：中国中医科学院中国医史文献研究所教授，成都中医药大学特聘教授；
武家璧：北京师范大学历史学院教授。）

现代医疗空间的自主与北京中央医院的筹建

李彦昌

“现代医院”是现代医学的空间载体，也是传播现代医学的重要角色。作为医疗空间发展的一种形式，无论是建筑空间所凝结的现代性，还是建筑功能所体现的技术性，以及建设需要的巨量资金，都迥异于传统医院。文章以中央医院相关档案、碑刻、征信录及有关回忆录等史料为基础，通过梳理20世纪初中央医院的筹建过程和考察西式医院从传统到现代的空间转变，分析以社会募捐模式创办一所现代分科式综合医院的意义，从而探讨中央医院在何种意义上成为“首善之区第一次自立之医院”，进而分析这一评价所蕴含的社会心理以及中国西医所肩负的“医疗空间现代化”与“现代医疗空间自主化”的双重使命。

1910年东北暴发鼠疫，直接刺激了国人自办西式医院的想法。1911年4月4日《时报》报道，“筹设中央医院研究医药，以免外人干涉外务部”，并建议外务部“会同民政部、海陆军部合筹”。这是目前所见关于筹设中央医院的最早报道。至于这一动议在清末终未成为现实的原因有两种说法：一是“经鸠集巨款，先就那都门建一模范医院，旋因革命风潮，捐款复散”；二是称“政府拟筹设中央医院，久有此议”，但只因“经费一时难筹，未能开办”。总之，无论是“捐款复散”，还是“经费一时难筹”，中央医院最终未能在清末成为现实。进入中华民国后，政府更为重视西医，从中央到地方出现积极支持西式医院的现象。在此背景下，创办中央医院的设想再次被提出。据中央医院首任董事长曹汝霖在1918年回忆，从1915年在中央公园召开首次会议到1918年1月27日正式开院，前后共召开七次筹备会议，分别议定经费筹措、院址选择、建筑设计等相关重要事项。纵观中央医院创建过程，虽不乏艰辛，但终底于成。

早在1895年《申报》刊登的《述客言中国宜广设医院》一文就指出，国人每将“不能如泰西各国之多立医院”的原因“诿于经费之无从筹措”，实际上是“不知西人非果富于华人也，华人非果贫于西人也，肯行与不肯行耳！”认为“若华人仿行西法，举而行之，不更可代造化施仁，而登斯民于衽席哉！”中央医院最终变为现实，某种程度上验证此文设想并部分实现此文的期许。

1918年第2期《中华医学杂志》“社言”称中央医院为“首善之区第一次自立之医院”。然而，北京作为“首善之区”在元明清曾有太医院，清末曾成立内、外城官医院，均为国人所“自立”。那么中央医院又是在何种意义上可称为“首善之区第一次自立之医院”呢？

在西方医学发展过程中，西式医院的建筑样式与功能布局经历了从传统到现代的转型，20世纪初出现了所谓的“现代医院”；而中国的传统医院无论从外在建筑样式还是内部功能布局以及其使用的诊疗手段，长期以来一直变化不大，此时仍是以传统医学为主的诊疗空间。这种医疗空间发展程度的相对落差，引致国内西医界对诊疗空间落后的普遍焦虑与“现代化”的渴望。在西式医院未进入中国之前，中国传统医疗机构虽承担济贫与治疗功能，但深受传统医学影响。但这些医院无论从外在建筑样式，还是从内在医学理念以及所使用的治疗手段，都异于“现代医院”。在北京，除元明清时期服务于皇室的太医院外，清末曾先后成立内、外城官医院。但内、外城官医院无论从建筑样式，还是从其中西医兼施的策略，仍难以称得上“现代医院”。也就是说，在中央医院创办之前，北京地区“自立”医院当中尚无一所“现代医院”。

《天津条约》签订后，西式诊所与医院逐渐从条约口岸扩展至内地。至1899年底，传教士在中国设立61家医院。至中华民国初年，北京地区的西式医院主要由来华传教士或西方基金会等外国势力所创办，尚无一所为“自立”。近代国人逐渐意识到西式医院的优势与中国在医学领域的落后局面，引进西方医学与成立西式医院成为当时向西方学习的重要内容。随着20世纪初民族主义逐渐高涨和国内西医界不断壮大，这种现代医疗空间由外人控制的局面日渐引发国内西医界的不满，并随之产生现代医疗空间“自主化”的渴望。在上述客观背景和主观焦虑下，中国人力图自办一所现代分科式综合医院的愿望转变为行动。中央医院在“现代医院”意义上，成为“首善之区第一次自立之医院”，得到政府与社会的高度关注。

中央医院既别于李鸿章与袁世凯等人在天津创办的储药施医总医院、北洋医院等军医院，又异于清末内、外城官医院，也不同于传统诊所、医院或药房。中央医院“规模宏大，比较市立各医院设备均为完善”，被誉为“华人自创自办最科学之伟大医院”，而且比经洛克菲勒基金会改扩建的北京协和医院正式开院还早三年，号称“远在协和医院之前，为当日京师最完备之医院”。这些评价不仅反映了在“现代医院”传入之际国人对“医院”的再定义过程，而且流露了对传统医疗空间的鄙弃和对现代医疗空间的渴望。

这种因外来现代医疗空间植入而产生的“现代化”与“自主化”焦虑，最终引发中国人的现代医疗空间自主化的行动，力图以社会募捐方式自办一所现代医院。中央医院的创办过程实际上反映了中国西医在传播现代医学中的努力与担当，反映了国内西医界在近代所肩负“医疗空间现代化”与“现代医疗空间自主化”的双重使命。中央医院的意义还在于开创了自办“现代医院”的模式。伍连德曾这样表达对中央医院的希冀：“……种种设备，期臻尽美尽善，以副模范名实。吾国各界热心公益者，颇不乏人，由京提倡于先，则各人士必克接踵于后，庶几医学昌明，可与列强并驾矣”。

（摘自《中国科技史杂志》2019年第4期；
李彦昌：北京大学医学人文学院讲师。）

19 世纪中叶一个俄罗斯医生眼中的中医

牛亚华

1840 年，毕业于彼得堡外科医学院的医学博士塔塔林诺夫作为俄罗斯布道团医生来到中国，在理藩院读书 8 年，学习汉语，也曾在北京行医。1855 年，他撰写了一份报告《中国医学》，该报告的前言部分对中国的医学著作、医生地位、医生的诊疗情况均做了详细记载和评述，其中关于北京医生的诊所、诊金、行医方式的记述罕见于其他文献，对中医学的评述也反映当时西方医生的看法。其视角独特，是研究中国医学史和医疗史值得重视的材料。

《中国医学》开始就介绍中国的医书，提到的医书有《黄帝内经素问》《难经》《伤寒论》《景岳全书》《东医宝鉴》《类经》《寿世保元》《濒湖脉学》《本草纲目》《眼科龙木论》《眼科大全》《窦太公全书》《医宗金鉴》《济阴纲目》《温病条辨》《医林改错》《针灸大成》等。重点评述了《黄帝内经》，说："必须承认的是，在其他民族仍处于较低教育水平时，中国人已经掌握了足够的有关人体结构和治疗疾病的知识。"给《本草纲目》以高度评价："此书介绍了大自然三界中的医用及非医用资源，其味道、医药特性和所针对的疾病。……李时珍的这本书是我所知道的中国自然史方面最好的书。书中还搜集了各个时代的许多验方，介绍了采集医用植物的方法和时间。"

同时指出中国医学的守旧特点："中国的医生在所有涉及解剖学、病情诊断和药材性能的鉴定方面必须遵循古人的训导，虔诚地相信从古代保存下来的医书中所讲的东西。当今中国医学的状况再好不过地证实了这一切，因此我们有理由说当今中国的医生所知道的不比《黄帝内经》这本众所周知是最古老的医书中所讲的多，尤其是关于解剖学内脏的机能和所有主要的基本医学原理等方面。如果可以把什么归功于后来的医生的话，那就是他们提出了几种治疗某些疾病的方法，但这也是二三百年前提出的了。"

塔塔林诺夫注意到北京医生的数量非常之多，大街小巷随处可见医生的招牌，俄罗斯馆所在的约 250 米长的街道就有 9 家医生的招牌。医生之所以多，是因为医生虽然地位低，但政府不加以管理，随便什么人都可以当医生，而且行医比较赚钱。

文中最为精彩的部分就是关于北京医生和行医方式的描述。对沿街医馆门前一般会放一个牌子，上面写明他在太医院任职，内外兼治，男女老少皆治，或者是专治外科、专治内科、专治眼科、专治儿科。有时还附带说明这里出售医生自制的、包治百病的药粉和药丸等。他还注意到医生家里挂的"匾"，"都是很大的、写有赞颂医生医术题词的木板，这是病愈的患者送来以示感激的"。"送这种写有称赞性的、表示感激之辞的匾对双方来说都是比较隆重的，而且还有一定的仪式。匾总是用担架抬着（他们习惯叫轿），前面是乐队和抬着象征某等官职的标志，这些标志现在已普遍用在婚礼、丧礼或这种送匾仪式等各种隆重的场合中。最后是用几张桌子抬着由绸缎、日用品、成衣和食品等组成的礼物。护送礼物的或者是赠匾人（以示对被赠者的无上敬意），或者是赠匾人委托的人。在门口隆重地迎接完整个队伍之后，收匾人要体面地招待护送礼物的人和轿夫，并给他们赏钱。医生的这种匾挂在门口，而其他享受这种荣誉的人则把它挂在房子里尊贵的地方。送这种匾的隆重壮观程度由送匾人的富有和虚荣程度决定，而往往都是虚荣心占了上风！”

对于中国医生的行医方式也记叙得十分详细：中国医生行医有两种方式，一种是患者自己到医生家里来看病，一种是医生应邀到患者家去出诊。后一种行医方式是一个医生总是为同一个家庭治病，约定了按年付钱。在自己家看病的医生每天指定固定的时间接待患者，只收开药方（又叫“开方子”）的钱，因为到医生家里来看病的大多数都是穷人和做工的人，所以开药方收的钱总是最少的，10—30 个铜板，不会超过 50 个，而且只有名医才能拿到这个价钱。为了不在酬金问题上麻烦自己和患者，医生们在接诊室的桌子上放着一定数量的用绳子串起来的铜板，患者一看即明应该付多少钱。把过脉、问过病情，医生就开方子了，患者付过钱之后，便拿方子到药铺去抓药。即使不识字，价格也一目了然，其中也包含了某种经营智慧，减少了医患矛盾。他所描述的坐堂医生的出诊方式，应当是当时医疗活动中最常见和普通的场景，正因为是中国人日常生活中最常见的景象，对生活在其中的中国人而言，往往视而不见，在中国的医书和相关著作中很少见到相关描述，随着时代的变迁，这种场景已逐渐退出我们的生活，甚至我们自己也难以还原了。

关于医生到患者家里去出诊的情况，费用由患者家到医生家的距离决定，病家往往会接连请几位医生，无论患者情况如何，病情多么令人感兴趣，不接到再次邀请，医生一般不会去看望患者，第二次请同一个医生的情况很少见，连续请几次就更别提了。只有那些拿了保证治愈的可观酬金的医生和那些在别人家里受雇领取年薪的医生可以随意探望自己的患者。这些在中国一般的文献中少见记载，也反映出医患之间的关系，患者握有主动权，医生是被动的。

除此之外，他还对太医院、农村医疗、针灸师、眼科医生、买狗皮膏药者进行了介绍。塔塔林诺夫对中国传统医学的评价未必正确，但是对一些他亲历场景和事实的描述，是有价值的，尤其是那些对中国人而言习以为常而现在已经不复存在的事物，值得重视。

（摘自《中华医史杂志》2019 年第 5 期；

牛亚华：中国中医科学院中国医史文献研究所教授。）

科学史理论与应用

论民国时期科学理想与社会诉求的建构
——以进化论的传播为例

朱　晶

文章将民国时期生物进化论的传播和普及置于国际科学与文化背景下进行考察，分析了进化论知识如何在科学与社会情境中实现历时性建构。研究发现：进化论在中国的初步传播，是通过非生物学背景的知识精英。从进化论引入之初便与政治、社会和哲学捆绑在一起，作为传播者的知识精英，因为对进化论社会蕴含的偏好，对生物进化的事实和机制等存在误解，他们有意或无意"误读"了生物进化的原因、单位、机制和方向性等问题。民国初期进化论著作的翻译，试图传播生物而非社会进化论，但在内容上未加选取，且影响面小。真正对生物进化论进行传播的，是受过科学教育的科学家，尤其是职业的生物学家。他们通过教材、学校教育、演讲、报纸和期刊等渠道，为公众提供新视角来理解生物进化论和新近的进化思想，试图纠正公众对进化论的误解，职业的科学家对科学知识证据维度的偏好，以及多样化的传播渠道，凸显了科学家如何将稳健的、基于证据的科学知识传递给公众的重要性。相比其他国家，今天的中国公众对进化论有很高的接受度，与知识精英对进化论的引入，以及民国时期的科学家对生物学意义上的进化知识传播的推动不无关系。但是救国、强国和保种的社会理想以及学科背景，使得他们在纠偏的同时，对进化思想的理解和再论证又有取舍，并融入了自己的社会诉求。互助协作、拉马克范式和优生保种、育种和民生等夹杂于进化思想之间，科学家对进化的阐释出现矛盾。生物学教育中的进化论内容，亦在区隔与融合社会进化论之间，呈现出相同的轨迹——纠偏、理解与再阐释。进化论知识在民国时期传播过程中所经历的纠偏、理解与再误读，表明了科学传播的方式会受到地域文化和传统的影响。特别是，知识传播所处的科学与社会之间关系的当下情境，会塑造科学知识传播的不同模型。科学传播的内容也会因地域性的传统、传播者的偏好以及科学知识本身所依赖的证据而呈现丰富多样的形式。

（摘自《上海交通大学学报（哲学社会科学版）》2019 年第 3 期；
朱晶：华东师范大学哲学系副教授。）

克拉拉·伊梅瓦尔博士：科学史中一颗延迟闪亮的星

傅梦媛　田　松

克拉拉·伊梅瓦尔（Clara Immerwahr，1870—1915）是普鲁士布雷斯劳（Breslau）大学的第一位化学女博士，诺贝尔奖得主弗里茨·哈伯（Fritz Haber，1868—1934）的妻子。在以往的科学史中，克拉拉作为哈伯的妻子会被提及，有时有名字，有时没有。哈伯在1918年因为发明了合成氨法获得了诺贝尔化学奖，克拉拉则在哈伯获奖的3年前就已经离世了。1915年5月1日晚，在与哈伯发生争吵后，克拉拉在家中庭院自杀。她的死在当时如同一枚小石子扔进大海，只有几丝涟漪，但到了20世纪90年代，涟漪变成了巨浪。她的名字越来越多地出现在德文和英文出版物中，屡屡被科学家、科普作家和科学史家重新提起。她不再作为注脚，而是成为主角。

在目前流行的故事中，克拉拉是布雷斯劳大学第一位取得化学博士学位的女性，被视为女性科学家的先驱；她极度反对哈伯研发化学武器，她的自杀也被认为是为此而死，成为反战主义与和平主义的象征。她的故事主要在四个角度下被重新讲述：科学伦理、和平主义；女性科学家、犹太科学家。前两者是特殊视角，后两者是特殊身份。这样一位不以科学成就闻名的科学家，她的公众形象引来了科学史家的注目。在缺乏一手资料的情况下，科学史家将目光转向了这一人物的建构问题，试图通过追寻人物形象出现的源头来区分故事与历史。本文简要叙述克拉拉的一生，以及她被重新发现、形象获得建构的过程。

1870年6月21日，克拉拉出生于布雷斯劳的一个中产犹太家庭。在19世纪末的普鲁士，女性接受高等教育是非常困难的。克拉拉几经曲折，在1898年最终取得了参加博士资格考试的机会，成为德国第一个通过此项艰难考试的女性，开始作为客座学生跟随化学家理查德·阿贝格（Richard Abegg，1869—1910）教授学习。1900年，克拉拉与阿贝格合作发表了她的第一篇学术论文。随后，她在弗里德里希·库斯特（Friedrich W. Kuster）教授的实验室中，独立发表了关于铜的电极电势的学术论文。在阿贝格的指导下，克拉拉提交了关于金属盐对溶解度影响的博士论文，并于1900年12月22日在布雷斯劳大学的主会堂通过了博士答辩，获得优等生荣誉，成为普鲁士布雷斯劳大学历史上的第一位化学女博士。

在获得博士学位的第二年，克拉拉与当时德国的科学新星弗里茨·哈伯结婚，和科学事业分离，成为家庭妇女。第一次世界大战期间，哈伯积极以科学参战，为德军发明毒气，并亲自去前线指导士兵释放毒气。哈伯获得了军方嘉奖，1915年5月1日，哈伯在家中举办了庆功宴。根据目前普遍的说法，克拉拉非常反对哈伯的化学武器，就在庆功宴当晚，在与哈伯进行了激烈的争吵之后，她用哈伯的手枪在家中庭院打穿了自己的心脏。

事实上，关于克拉拉的资料都是零散的，没有一份资料能完全解释她的自杀动机。她今天的形象是由后人逐渐建构起来的。这可以追溯到 1967 年莫里斯・戈兰（Morris Goran）在哈伯的传记中建立了克拉拉与反化学武器的联系。1993 年，克拉拉的德文传记出版。格瑞特・冯・莱特纳（Gerit von Leitner）给予她饱满的人物性格，完善了自杀当夜的诸多细节，克拉拉的故事基本成形。1994 年后，科学史家入场，越来越多的文章在研究女性教育或讨论哈伯时提及克拉拉。2012 年，克拉拉的第一篇英文传记发表，此后以她为主角的传记文章、话剧、电影陆续问世。克拉拉的人物形象不再附属于哈伯，同时也再次吸引了科学史家审视的目光。2016 年，德国马普学会弗里茨・哈伯研究所分子物理系的布拉迪斯拉夫・弗里德里希（Bretislav Friedrich）和科学史研究所的迪特・奥夫曼（Dieter Hoffmann）发表关于克拉拉的研究文章，对广泛流传的她的自杀动机提出了异议。2017 年与 2019 年，两人再次合作，讨论了克拉拉的科学贡献与她的形象建构起源。

尽管存在争议，但克拉拉的形象在今天已经被充分地建构起来了。她的故事满足了当代社会变革的意识形态诉求，在这样一个冲突横生的年代里，人们需要一个象征来代表自己的理念，与传统上的父权、喧嚣的好战分子以及大国沙文主义对抗。伴随着科学史的研究方法为“非大人物”敞开了大门，这种来自社会的表达意见的需求，自然地推动了克拉拉这一人物的再现与重塑。克拉拉的声望不是来自她的科学成就，而是来自她对科学的态度和她决绝的行动。她的科学成就与科学观未曾有过系统的正式的著述，这使得克拉拉更具有象征意味。克拉拉・伊梅瓦尔的思想是后人梳理出来的，她的形象是后人建构出来的。这个建构反映了女性主义、和平主义以及反科学主义的时代思潮，同时也是这些思潮的一部分。

（摘自《自然辩证法通讯》2019 年第 9 期；
傅梦媛：北京师范大学哲学学院硕士研究生；
田松：北京师范大学哲学学院教授。）

明末西方流星、彗星观念在中国的传播及其影响

胡　晗　关增建

流星、彗星都属于天文现象，这是近现代天文学上的共识，也是中国古代固有的观念。但是在 16 世纪以前，以亚里士多德学说为自然哲学权威的欧洲，却普遍认为流星、彗星都是大气现象，而非天文现象。明末，西方耶稣会传教士陆续来华，在传播宗教的同时也传入了一些科学知识，其中就包含作为气象学知识的西方古典流星、彗星观念。

从来华传教士，也就是传播者的角度来看，西方古典流星、彗星观念在中国的传播主要有两种方式：一是将流星与彗星都作为气象学现象加以介绍；二是将流星仍作为气象学现象加以介绍，而彗星则重归于天文学领域。前者以利玛窦、熊三拔、傅泛际等人为代表，他们分别对亚里士多德《天象论》（*Meterologia*）一书及其衍生著作中的观念进行了译介，主要是在四元素论的理论体系下作为论据出现；后者则以艾儒略、邓玉函、汤若望等人为代表，他们受到了 1577 年第谷大彗星的影响，不再将流星与彗星相提并论，而是分离开来，一方面将彗星作为天文学现象加以介绍，另一方面则仍然把流星视为大气现象的一种。

由于中西方文化背景与哲学脉络等差异，与西方古典流星、彗星观念相比，中国传统流星、彗星观念主要有两个特点：一是流星、彗星都被认为是天象的一种，也就是属于天文学（天学）领域；二是它们都与占测密切相关，是中国传统天学中星占学的重要组成内容。

而从一小部分关注西学的中国学者，如熊明遇、方以智等人，也就是接收者的角度来看，他们主要接受的是作为气象学知识的西方古典流星、彗星观念，在这种观念的影响下，这些中国学者创造性地将中国传统中“流星占”“彗星占”的内容用气象变化加以解释，这种转变在思想上与古希腊泰勒斯提出“水为万物本原”，将神排除在解释自然之外有一定的相似之处。在这一思想转变下，流星、彗星到底属于天文学知识还是气象学知识反而显得不那么重要了。

从明末西方流星、彗星观念中中国的传播可以看到：

第一，第谷大彗星的观测打破了透明水晶天球层和月上完美世界的假说，确实是一场撼动西方天文学界的大事件，以致作为保守派的耶稣会中远在东方的传教士都受到了新学说的影响。

第二，作为气象学知识的西方古典流星、彗星观念的传入，打破了中国流星、彗星观念中的星占学传统，而更为正确的重归天文学领域的彗星知识却并未对当时的中国学者产生思想上的影响，这说明在跨文化传播中，知识、观念的传播和影响并不是孤立的，而是包含整体的宇宙观与自然观在内的。

第三，在明末中国学者的眼中，中西方流星、彗星的成因理论中的气象学与天文学之别不是最重要的，他们更为关注（更受挑战）的是西方观念背后所展现的不同于中国儒家、易学传统的解释自然的方式。也就是说，西方传教士为传播神学而带来了西学，中国学者却从中吸收到了排除神秘主义的养料。这可能才是我们得以将这一段历史中的西学传播视为“科学传播”的原因。

（摘自《自然辩证法通讯》2019 年第 5 期；
胡晗：中国计量大学马克思主义学院讲师；
关增建：上海交通大学人文学院教授。）

清季中国地学会的世界地理研究

谢皆刚

古代中国地理学对禹域以外几乎从未留意。明末清初来华传教士引世界地理知识入中国，国人接受后置入中学地理之中隐而不显。海通以来外侮日亟，讲求经世致用的士子及趋新人士为知彼，研究世界地理以为国用。1909年创建的中国地学会，宗科学地理，受近代欧洲地理学起于殖民探险的影响，以研究考证本国地理旁及世界各国为宗旨。既往研究大都关注中国地学会在中国地理学史上的标志性作用与意义，以及对革命的参与，对其世界地理研究与成就却少有提及。

20世纪初，欧美探险家掀起极地探险的热潮，意欲征服地球上最后的处女地，纳于主权之下。近代以来，丧权失地的中国对主权问题极为敏感，因此给予极地探险异乎寻常的关注。中国地学会察觉到各界对极地探险的关注，试图加强极地研究。1910年3月1日，中国地学会会刊《地学杂志》刊载编辑陶懋立译《南极探险》，谓1903年斯科特计划调查南极，“关系于学术者甚大”。其会员史廷飏译《南极探险》称，1909年6月12日沙克尔顿率南极探险队返回英国，受到朝野的欢迎。

1910年5月28日，陶懋立译日人日下部《欧北旅行记》指出，随着极地探险的进展，现在用时一个月，花费千余元，即可成行。9月23日，《地学杂志》刊登《南极地方之气候》，内容为1901年至1904年某英国探险家在南极的气候观测报告。

其时，欧美列强外，日本及挪威等也积极参与极地探险。世界地学先进国力推极地探险，中国地学会限于经费不足与专业人员的缺乏，翻译东西探险家的相关论著外，只能考据旧籍聊以自慰。1910年11月10日，中国地学会丁义明《北极探险之丛谈》即以中国经典附会西学地理，如声称周公所言“夏有不释之冰，今所谓北冰洋”。

中国地学会研究世界地理，主要目的之一是用于对外交涉，自然注重与中国关系更大的周边。其会员王桐龄《日本东西京之比较》称东京处处振作，直追西欧；京都因循守旧，犹如衰世之风，意则在鼓吹学习西方强国兴邦。

日俄战争后，失去旅大的俄国将海参崴改为军港，并另辟毛口崴为商埠。1910年4月29日，陶懋立译《俄国极东锁港之政策》谓俄国锁港是为保护本国商业，但因远东财政不能独立，在锁港的同时，持开放主义。8月24日，《地学杂志》刊登译文《俄国海滨省移居人问题》谓，至1907年中韩移民已占海滨省人口的1/3，因此俄处处设限。同时，中国地学会指出南洋华人备受苛虐，“而中国惟派大员慰谕之而已”，故译日人《南洋之中国殖民地》《越南现状》以探其究竟。

20 世纪初，随着陆权说的兴起，列强在世界岛的心脏地带中亚展开激烈争夺。1911 年 2 月 18 日，《地学杂志》载佩玉译日人《俄国中亚政策》称俄国对满蒙怀有野心，但由于人口不足、财政困难，转而全力经营中亚，“无非欲痛加压迫清国故耳”。中国地学会注意研究周边，然而中国地理典籍极少涉及边疆与域外，专书更是稀见，又受经费及专门人才匮乏的限制，难以开展游历、调查，故研究大致依据外人论著，尤其是日本人的调查报告。

中国地学会研究世界地理，交涉以外的另一目的是探求富强之术。1910 年 4 月 19 日，《地学杂志》载史庚言译《坎那大中部农产》指出加拿大农业的发展得益于铁路的发达，意图为以农立国的中国提供借鉴。陶懋立著《世界通商地之沿革》谓，“方今海内困弊”，朝野“补苴无术，余故览世界通商之地，著其沿革，备参考焉”。1911 年 3 月 20 日，《地学杂志》刊发《瑞士之工业》认为瑞士工业发达不因天时、地利，而在于人，进而期望中国效法，兴学育人奠定工业的根基。同期登载的《荷兰排水法》谓荷兰近海筑堤防洪，但筑堤后泥沙被阻，导致土层日薄，由肥而瘠。

19 世纪末，德国在经济上超越英国。正在探索富强道路的国人，积极研究德国，试图找到成功之道。史廷飏译《德意志之经济地理》指出德国“土地多用学理以开辟之”，如北部“由新地层以成，有用之植物尚未发达”，但适宜牧草、森林生长，故发展畜牧。

中国地学会研究欧西经济地理，既未亲赴实地调查，又没有充分地阅读、使用原始文献的条件，研究多为雾里看花，如何能找到其发达的真因。且专门学者研究现实问题，书生论事往往陈义过高，不免失于空疏，求其提出切实可行的发展规划，显然不符合实际，故议论大多停留在纸上。

光宣之际，正值中国科学地理的萌芽时期，受时代及自身素养华洋新旧杂糅的制约，中国地学会与较为纯粹地本专门学理研究世界的东西地理专门学会有所不同，在研究学理发达学术外，注重学以致用，目的则在科学救国。其宗科学地理，研究的根本在实地调查，但限于语言、文字、服装与风俗习惯不同，以及交通不便与经费不足，国人赴外洋游历者极少。因此，关于世界地理的汉文资料匮乏，中国地学会的世界地理研究，尚处于翻译东西论著、引入外来学理的开拓阶段，求其提出切实可行的救国方案，实在是强人所难。

（摘自《中国科技史杂志》2019 年第 2 期；
谢皆刚：福建师范大学社会历史学院副教授。）

庞佩利与中国近代黄土地质学

丁 宏

“黄土”是我国人民长期以来对北方黄色土状堆积物的习惯称谓，在地质学上特指第四纪最重要的风成沉积物。我国拥有世界上分布最连续、沉积最厚的黄土区域。拉斐尔·庞佩利（Raphael Pumpelly，1837—1923）是第一位考察中国黄土，并提出黄土成因“湖相”假说的美国地质学家。继他之后，德国地理学家李希霍芬（Ferdinand Freiherr von Richthofen，1833—1905）详细考察了黄土高原腹地的黄土，提出黄土成因的“风成-洪积”假说。此后，刘东生提出的“新风成”假说逐渐得到地质学界的普遍认同。庞佩利的“湖相”假说则被视为一种过时的黄土成因假说范式，逐渐为世人所忽视。论文以庞佩利的《我的回忆录》《穿越美洲和亚洲》《在中国、蒙古和日本的地质研究（1862～1865）》，以及维理士的《庞佩利（1837～1923）的传记回忆录》等文献为依据，在梳理庞佩利生平和学术成就的基础上，以庞佩利“湖相”假说的提出、修正及影响为研究主线，厘清庞佩利黄土成因假说的学术渊源及演化脉络，阐明庞佩利在中西黄土研究史上的学术价值与贡献。

庞佩利是美国地质学的创始人之一，被时人誉为“美国的洪堡”。1837年9月8日，庞佩利出生于美国纽约州奥韦戈一个新英格兰传统的家庭。1854年6月4日，17岁的庞佩利乘“多瑙河”（Donau）号抵达德国汉堡。1856年秋，在地质学家内格拉特（E. Nöeggerath）的介绍下，他到弗赖贝格皇家矿业学院学习采矿学。1860年冬，在朱伊特（Colonel Ezekiel Jewett）的举荐下庞佩利到圣丽塔（Santa Rita）银矿工作，负责银矿从选矿、采矿到提炼银的全部过程。圣丽塔银矿的工作使庞佩利学会在困难条件下独立进行矿业勘探，既为他赢得极高的社会声誉，又为此后在亚洲的地质考察奠定了实践基础。

1861年秋，日本政府通过其在美国代理机构的布鲁克斯（C. W. Brooks）寻求地质学家和矿业工程师对日本进行地质考察和资源勘探。是年11月23日，庞佩利同布莱克（William P. Blake，1826—1910）乘坐“卡灵顿”（Carrington）号快船经檀香山赴日本。由于《中美天津条约》的签订，1863年1月，庞佩利获悉中国政府允许外国人深入内地，决定赴中国完成幼时环球地质考察的梦想。

1863年3月，26岁的庞佩利从长崎乘船抵达上海。他看到长江货船上装载着大量高纯度的无烟煤，激发了探索中国内地煤矿的兴趣。在对长江中下游煤矿考察时，他认为长江三角洲是观察河流湍急部分形成细砂矿床的显著案例。

是年9月，在北京后会见了美国驻华大使蒲安臣（Anson Burlingame）夫妇。在北京期间，在蒲安臣和卜鲁斯的建议下，中国政府聘请庞佩利勘探京西煤田。随后，庞佩利对阳坊

（Yang-fang）、斋堂、清水（Ching-shui）、王平（Wang-ping）等地的煤矿进行了考察。庞佩利将京西煤田同威尔士的煤进行对比，推测王平和房山盆地等煤矿含煤层属于中生代煤层。

1864年4月5日，庞佩利赴长城和蒙古等地进行地质考察。在岱海盆地和山西省大同市附近看到黄土中的窑洞和又深又窄的黄土墙后，他认为黄土作为一种自我肥沃的土壤是取之不尽的，是中国北方繁荣的基础。他对蒙古高原的隆起和侵蚀，以及中国黄土的形成原因进行了思考。

事实上，在庞佩利赴中国开展地质考察之前，黄土成因的水成理论已经在西方地质学界形成较大的影响。莱伊尔（C. Lyell，1797—1875）认为莱茵河谷的黄土是在莱茵河水流作用下缓慢沉积而成，并将“洪积”假说修正为“冲积”假说。此后，随着《地质学原理》的畅销，“冲积”假说成为当时西方地质学界解释莱茵河谷和密西西比河流域黄土成因的主要理论。在考察中国北方黄土之前，庞佩利推测了长江流域（黏土）的成因：“被这些阶地（黏土）包围的广阔平原，在它缩小到现在的大小之前，曾被洞庭湖所占据。”

1879年，获悉李希霍芬提出中国黄土成因假说后，庞佩利立刻赞成李希霍芬关于风在黄土物质搬运中的观点。同时，他进一步指出“风成-洪积”假说虽然解释了中国黄土的搬运（堆积）过程，但并未解释中国黄土的物质来源。他提出中国黄土的两个物质来源可能是：①经冰川研磨作用的粉尘；②钙质砂岩和页岩的分解物。同时他认为第二种物质来源更为重要。此外，庞佩利还认为黄土形成过程应该有一个“沙漠化的阶段”。在对中亚地区进行考察后，他进一步指出风携带着来自风蚀沙漠的粉尘覆盖了中国西北部的省份，被西藏冰川滋养的河流（黄河）携带着来自冰川研磨和蒙古附近的泥沙，切割过中国的山脉，覆盖了山谷和低地的平原。

1865年，庞佩利返回美国之初，在惠特尼的图书馆撰写了《穿越美洲和亚洲》《在中国、蒙古和日本的地质研究（1862—1865）》等亚洲考察的地质学专著和论文。这些著作引起西方地质学界对亚洲地质、矿产和黄土的关注。

庞佩利对中国地质的研究主要集中在地层学、岩石学观察，地质地图的绘制，自然地理学，黄土观察，煤矿勘探等方面。他提出了黄陵背斜、震旦方向等地质学术语，绘制了“中国地质构造假想图”。虽然对中国黄土的考察，只是庞佩利在中国地质考察中很小的一部分，但在中国黄土研究史上具有非凡的意义。限于时代和条件所限，庞佩利对中国黄土的认识及其提出的“湖相”假说难免有所不足，但其合理的成分也不应被我们所忽视。

（摘自《自然科学史研究》2019年第2期；
丁宏：太原理工大学马克思主义学院讲师，中国科学院自然科学史研究所博士后。）

数的宇宙生成论：《鲁久次问数于陈起》与《蒂迈欧》比较研究

刘未沫

学界关于古代东西方（以古代中国与希腊为代表）的宇宙论特质的讨论，倾向于将中国非传入式的宇宙论总结为算术型，而将古希腊的宇宙论总结为几何型。本文旨在以典型个案挑战这一经典看法。北大秦简《鲁久次问数于陈起》是汉以前最长且最详细的关于数为何内在于万物的讨论，它在内容上也与其他新近相近时段的出土文献和传世文献有诸多互参之处，因而本文选取它作为中国古代这一类型宇宙论的代表，并提出以数的宇宙生成论作为理解它的基本框架。该框架不仅为《鲁久次问数于陈起》提供出能缀合该篇各部分的整体性理解，而且能将其放置到更广阔的日常投日占卜实践中，由此勾勒出早期中国相对完整的“音律-历法”型宇宙生成论。作为其对照的是柏拉图的《蒂迈欧》。《蒂迈欧》是柏拉图被最广泛讨论和最有影响力的对话之一，从古代开始它的读者就分为字面派和反字面派（寓意派）两个阵营。本文跟随现代研究者共识坚持字面派的读法，认为柏拉图的确认为在时间中有一个开端，因而《蒂迈欧》重构了宇宙创造者的可能动机及其筹划建造宇宙的整个过程；柏拉图这次重构不仅继承了古希腊早期自然哲学的诸多传统，而且成为其典范，是古希腊古典时期以数为原则的宇宙生成论最完整的一次呈现，可将其总结为“音律-形而上学”型宇宙生成论。

通过上述典型个案的对比考察，本文得出如下结论：①中希古代宇宙论都包括以数（尤其以音律数）解释宇宙生成的传统，其中都包含行星与恒星运动、年、月、日周期的形成及宇宙结构的解释；②二者只是从音律（纯比例）逐级创生（从一维、到二维、到三维）的方式不同，前者以作为嘉量的方式进入日常实用层面的面积和体积计算，后者则表达为平面与立体几何的结构构造，这同时解释了为何中国古代度量衡特别发达，而古希腊几何学特别发达；③形成这一差异更深层的原因是，双方体系框架不同，这导致数的存在论地位不同，以及人们认识宇宙秩序的目的不同。本文目的不仅在于修正以往认为早期中国和古典时期希腊的宇宙论是算术型和几何型的刻板印象，而且试图为当下文明比较研究提供一个新的研究思路，促进其走出对“现象”的发现，而尽快进入对更深层次的“原因”的探究中。

（摘自《世界哲学》2019 年第 2 期；

刘未沫：中国社会科学院哲学研究所、中国社会科学院希腊中国研究中心助理研究员。）

晚清“西学启蒙十六种”的“即物察理”认识论

王慧斌

艾约瑟（Joseph Edkins）1886年译出的一套西学启蒙丛书共16本，也被称作“西学启蒙十六种”。现有研究主要集中于对其翻译出版过程特别是术语翻译的梳理，也涉及其中的自然神学思想。本文对“西学启蒙十六种”的“即物察理”认识论进行分析。

作为“西学启蒙十六种”的底本，“科学启蒙”“历史启蒙”丛书出版于19世纪英国科学普及盛行的背景下。其中，“科学启蒙”由博物学家赫胥黎、化学家罗斯科、物理学家斯特沃特担任主编，他们同地理学家盖基、植物学家胡克等顶尖学者一道撰写各自领域的科学教科书，再由赫胥黎写出独立成册的导论。除了艾约瑟所作的《西学略述》，“西学启蒙十六种”中有《地志启蒙》《希腊志略》《罗马志略》《欧洲史略》4种出自“历史启蒙”，《格致总学启蒙》《化学启蒙》《格致质学启蒙》《地理质学启蒙》《地学启蒙》《身理启蒙》《天文学启蒙》《植物学启蒙》《辨学启蒙》《富国养民策》10种出自“科学启蒙”，独缺《动物学启蒙》。就目前所获资料来看，“科学启蒙”迟至1885年尚未出版动物学分册，《动物学启蒙》的内容接近于法国博物学家爱德华兹的《动物学手册》。

“西学启蒙十六种”译介之时，国内的西学书籍多为“专论一门之学”，而“西学启蒙十六种”的学科门类相对全面，呈现了较为完整的西学知识系统。艾约瑟承袭了“科学启蒙”对归纳方法的重视，但并没有为“归纳”确立一个固定的术语翻译，而是在不同语境下使用了“即物察理”“凭事察理”“即事察理”“借物察理”“凭事物察理”“借实事求理”等多样的表述。不过，这一系列译名仍可统合为“即物察理”。

遵循“科学启蒙”逻辑学分册中归纳概念的内涵，艾约瑟在译本《辨学启蒙》中将“即物察理”界定为“即于所搜取之实物实事中，体察出其内藏之理”，并将其分为四个步骤：预为究察实事、创为悬拟之说、凭理推阐诸事、征验所推诸理。“即物察理”概念虽然明显借用了朱熹“即物而穷其理”的表述，却包含有更为强烈的经验主义色彩。

首先，“物”是认识活动得以可能的逻辑前提。《格致总学启蒙》指出，“物在人身外为物，物明于心内为觉”，而“身外之物乃余等心内知觉之原因”。与之不同，理学“即物穷理”中的“物”侧重人事，“即物”是“入乎物中、与物为一体”，恰是要克服前者的心物二分和经验主义倾向。

其次，明确将观察和实验作为认识活动中“即”物的方法。《化学启蒙》承袭了底本对观察和实验的区分，用“测量”和“试验”分别对应observation和experiment。不过，“西学启蒙十六种”对观察和实验的区分并不是绝对的，也将《格致总学启蒙》的“测量”（观察）和

“试验”（实验）合称为“测试”，或将《化学启蒙》的 experiment 和《天文学启蒙》的 observation 统译为“测验”。其中虽有艾约瑟翻译准确度的因素，但也在一定程度上契合于其时西方科学界对“被动的观察”和“主动的实验”并不清晰的区分。

最后，要在经验感知基础上提出假说，并对假说加以演绎和检验，知识在此过程中始终是需要接受检验的可错假设。因此，艾约瑟为 hypothesis 提供了“悬拟之说”“从心悬拟出尚未定准其是非之若干理”甚至“臆说”等译法。可以认为，“即物察理”概念中的“察”（以及作为替换的“推”“求”）相较于朱熹“即物穷理”中的“穷”，对既有知识的可靠性都显得更为谨慎。

晚清时期的自然科学译介普遍渗透了自然神学的理念。《植物学启蒙》同样做了自然神学的改写，将“创造”这一过程从被动改为主动，从而更加强调“造物主”在自然过程中的主观意志。但同样值得注意的是，艾约瑟仍然沿袭了作者胡克对进化论的经验论证。类似地，对于地质学质疑《圣经》记载大洪水的认识过程，《辨学启蒙》也予以保留。

由上可见，在将自然现象归因于“造物主”的前提下，艾约瑟并没有在经验证据上做出调和。事实上，在“西学启蒙十六种”的底本“科学启蒙”陆续出版的同时，基督教知识促进会也推出了与之竞争的“基础科学手册”，但赫德选择了赫胥黎、胡克这些进化论代表人物主导的出版物，而艾约瑟在担任翻译“西学启蒙十六种”前更是已退出传教组织伦敦传道会。可以说，赫德和艾约瑟并不具备明显的传教动机，“西学启蒙十六种”更接近于同自然神学在有限程度上的调和。

可见，“西学启蒙十六种”的基本认识原则“即物察理”有三个主要特点：一是覆盖较为齐全的学科门类，各研究领域统合于“即物察理”的研究方法；二是绝对的经验主义色彩，表现于心物二分的认识主客体关系、遵循观察与实验的认识方法、既有知识的可错性三个方面；三是与自然神学的有限调和，虽强调“造物主”，但更注重经验证据在认识中的决定作用。“即物察理”反映了其时入华西学的认识论特征及其与中国理学、西方神学之间的互动。

（摘自《自然辩证法研究》2019 年第 8 期；
王慧斌：中国社会科学院当代中国研究所助理研究员。）

论中世纪学者樊尚的“自然史”观念

蒋　澈

中世纪学者博韦的樊尚（Vincent de Beauvais/Vincentius Bellovacensis，1190—1264）编纂了中世纪篇幅最大的百科全书《巨镜》（*Speculum Maius*），该书分为《自然之镜》（*Speculum Naturale*）、《教导之镜》（*Speculum Doctrinale*）和《历史之镜》（*Speculum Historiale*）三部。其中，《自然之镜》的主题近似于后世的自然志（博物学），以记述动物、植物等各种自然物为主。樊尚本人复兴了“自然史”（historia naturalis）这一提法，并将之作为自己著作的主题；与之相关的事实是，“史”（historia）也在《巨镜》的文本中反复出现。在现有的博物学史研究脉络之中，樊尚的地位需要得到定位，上述关于“自然史”观念的史料也需要得到解释。

首先可以确定的是，樊尚同许多中世纪盛期学者一样，在自然研究方面确实有一种收集科学事实的强烈倾向，这一倾向的起源需要追溯至中世纪对“自然”的重新理解。根据法国中世纪史家玛丽-多米尼克·舍尼（Marie-Dominique Chenu，1895—1990）的提法，在12世纪，中世纪欧洲发生了一次“自然的发现”（la découverte de la nature），这意味着一个外在性的、有着自主性的、其秩序不由人支配的自然出现在人们的意识之中。12世纪的神学家开始将宇宙感知为一个整体，这使得一种一贯的“自然知识”（scientia naturalis）成为可能，这种自然主义的理解逐渐取代了象征主义。在这一背景下，可以看到樊尚代表的经院百科全书作家和早期中世纪百科全书作家有所不同：早期作家（如伊西多尔）对百科全书中的所载事物仍然采取一种符号学的态度，然而在这一点上，樊尚做了一个关键的保留，他抛弃了象征及隐喻的传统，在《自然之镜》中缺乏明显的象征主义解释，可以说在其中象征主义即令没有被完全消灭，至少也已经在文本的表述中消隐。在樊尚看来，百科全书家的职责是展示外在性的整体，展示可见事物的全体，这种外在性并不直接地体现人类可理解的那些内在意义（如美德等）——樊尚所开辟的这一纯外在性的领域就是“自然”，这和12世纪“自然的发现”高度契合。

如果说樊尚“自然史”的“自然”含义较为明确，那么这一术语中的“史”则存在着争论。为澄清这一术语，首先应当了解《自然之镜》的编纂和成书过程。《自然之镜》定稿中对论述主题的编排，遵从的是创世六日的顺序。实际上，樊尚在编写《巨镜》之初面临着一个巨大的难题，即如何排列他掌握的材料。樊尚一开始所尝试的是将一切事物按字母表的顺序排列，这一方法在当时的著述中十分常见，因为可以帮助读者迅速定位，找到需要的主题。然而，樊尚本人很快便不满于这种排列，他随之试图综合伊西多尔《词源》等先前百科全书的排序。后来，樊尚试图根据欧坦的霍诺里乌斯（Honorius Augustodunensis，1080—1154）的神学理论，按创世的五种模式（modo）排列材料。最后，樊尚选择了一种根据《圣经》文本——主要是创世纪第一至三章文本——来排序的方案，这也就是《自然之镜》成稿的样貌。樊尚将这一最终文本形式理解为一种 historia。

在这一文本实践中，樊尚的 historia 实际上结合了解经学和修辞术两条传统。神学意义上的 historia 是一种解经方法，和“字面”（littera）解释同义。但同时，依照古代修辞术的传统，这种 historia 也是“叙事”（narratio）的一种。在樊尚论述创世六日时，反复使用“叙事”（narratio）或“叙解”（enarratio）一词。这种具有叙事性的 historia 成为樊尚理解自然的重要手段。作为外在性的“自然”如果要成为知识的对象，则面临着一种根本性的困难，即外在于人的自然物是自在的东西，在创世六日中，这些自然物所处的时间是人类难以理解的，毋宁说是属于上帝的时间或事物自身的时间，而人类的时间、人类的经验和人的知识全然是以另一种方式达成的。叙事的作用正是将“自然”的事物和“自然”的时间转化为有意义的事物和人类的时间。叙事为人制造意义，由此才能向人揭示 12 世纪所发现的那个不可克服、不可化约的“自然”。简言之，作为“叙事”的“史”，是对作为外在性的“自然”的回应。在这一意义上，“自然史”既是中世纪经院百科全书传统的一种文本写作策略，也是那一时代的自然观所要求的理解手段，这一观念应被承认为近代西方博物学的历史起点之一。

（摘自《科学文化评论》2019 年第 4 期；
蒋澈：清华大学科学史系博士后。）

“科学”取代“格致”的过程与释义变迁

王若尘

“科学”一词在被赋予了 science 词义之后，其释义演化至今经过了多次的变迁。本文通过比较“科学”与“格致”在并举时期的此消彼长，参照“科学”在不同时期工具书中的释义，对“科学”释义变迁的阶段进行了历史分期，并通过检索数据库及历史背景两个层面分析了“科学”释义变化的原因。“科学”作为一个具有重要的代表性的常用名词，其内涵和外延都极其广泛。对科学史研究尤其是科技与社会的理解是至关重要的，是研究中国近现代史很难绕过的核心词汇。以往学界对“科学”一词的使用、词义的演变方面的研究很少，多数研究集中对“科学”词义在清末西方科学技术传进国内的时期，切入点主要是“科学”取代“格致”的过程。长期以来，不仅市民阶层广泛存在对科学缺乏深入认识的情况，就是在各学界领域中，科技工作者往往在不同语境中对“科学”词义的使用也是模糊的。比如说学术论文《“阴阳五行”并非不科学》中描述的阴阳五行学说是否属于科学，《中国古代科学家历史分布的统计分析》中外丹派道士的炼金术和炼丹术是否属于科学，这都存在着很大的争议。此外还有大量与科学相关的衍生词汇，如科学史、科学文化、科学社会、科学精神、科学方法等，在对这些学术名词进行探讨时，都绕不开“科学”。如果不对“科学”一词的基本义进行正本清源的话，那么对其衍生词汇的探讨就无从入手。例如，在很多语境中，“科学”经常指对的、正确的、真的、合理的、有道理的、好的、高级的。这种认知从百年前“科学”一词传入中国之时就存在，是时至今日都广泛存在的现象。但是，“正确”及其相似的概念从来都不是工具书中“科学”这个条目的一个义项，所以对“科学”释义做出论述是非常重要的。此外，伴随着科学的影响力增长，“科学”逐渐变成了一个时髦的词语，特别是出现了将“科学”在自然科学语境下的使用范式嫁接到人文、社会、哲学等领域，这种使用一方面扩大了“科学”的概念范围，另一方面使得科学成为模棱两可的概念，成为一个空洞的指称，同时增加了公众的理解难度。

因此，只有将“科学”一词的释义变化进行系统归纳及深入辨析，才能在进一步探讨历史上的“科学”和当今的“科学”的理论话题时，研究更有效、更聚焦。本文通过结合不同时期的历史背景，并参照一个世纪以来的大量比较权威的工具书中“科学”一词的义项，描绘出“科学”释义变化的发展过程。

（摘自《科学文化评论》2019 年第 1 期；
王若尘：中国科学院大学人文学院硕士研究生。）

从“学术独立”到“国家科学”兼及中国物理学会和《物理学报》的历史观察

胡升华

西方近代科学传入中国后几百年间，中国人科学观的演进大体经历了以下路径：中日甲午战争之前，“中体西用”观占据主导地位；1895 年中日甲午战争中国战败，反思传统文化，倡导“科学救国”成为朝野共识；北伐胜利至抗日战争全面爆发差不多十年的时间里，国内局势相对稳定，同时，一大批亲身体验过西方科学三昧的学术精英学成回国，他们高高举起了“学术独立”、为学术而学术的旗帜，把西方现代科学成建制地移植到了中国；中华人民共和国成立后，学习苏联，建立社会主义计划科学——“人民科学”；“文化大革命”以后，科学技术面向经济建设，成为“第一生产力”；21 世纪以来，伴随着中国经济实力和科技实力的增长，国际竞争格局发生重大变化，科学技术成为国际竞争的决定性力量，国家力量主导科技发展（我们称之为“国家科学”）成为显著特征。

中国物理学会 1932 年 8 月在北京成立，第一个学会章程规定，中国物理学会的宗旨是“谋物理学之进步及其普及”。其主办的《中国物理学报》是我国以纯学术交流为目标的学术刊物的发端。这一时期的物理学家完全根据自己的兴趣、身边的条件和已有的经验开展研究，目的是要使中国有“研究”，在中国可以进行研究，最终使中国达到“学术独立”。

1949 年中华人民共和国成立，科学发展被纳入新轨道。新政权向全国科学界发出了建立“人民科学”的要求。强调爱国科学家要为祖国和人民的需要有组织有计划地进行研究。

1951 年中国物理学会适时修改了章程，明确工作的目的是为新民主主义文化、经济及国防建设服务。同时对《中国物理学报》进行了“中国化”改造，由纯外文出版改为中文出版。不仅在形式上进行了改革，在内容上也强调要适合国家需要，为我国工业建设与文化建设服务。

但科学机构领导人很快就发现，光有良好愿望是不够的，必须尊重科学研究规律。中国科学院吴有训副院长在 1953 年的一次会议上坦承：近几年内还不能要求数学物理基础科学研究部门解决许多生产具体问题，要克服普遍存在的急躁情绪，脚踏实地，稳步前进。随后，郭沫若院长所作的《关于中国科学院的基本情况和今后工作任务的报告》也提出要按照现有人力、设备和业务水平，实事求是地开展工作；要相应地发展基础科学，注重队伍建设，为综合解决国家建设中所提出的重大科学问题积极准备条件。这个报告被认为是中华人民共和国成立后第一个产生过重大影响的纲领性的科学政策文件，纠正了理论联系实际简单化、把“实际”理解为纯粹直接的生产任务的偏激倾向。

集全国科技界之力编制的《1956—1967 年科学技术发展远景规划》促进了物理学及相关

学科的发展，《物理学报》也多次扩版。直到 1978 年，中国物理学家最重要的学术成果均发表在这个物理学会唯一的专业学术期刊上。

“文化大革命”期间，《物理学报》一度停刊，至 1980 年发文量才恢复到 1965 年的水平。

1978 年 8 月，中国物理学会在庐山召开年会，会议代表达 602 人，共宣读论文 318 篇，这与中华人民共和国成立时研究人才和研究成果均呈现捉襟见肘的情形有着明显不同，揭示出“文化大革命”前十几年已建立了较好的科学基础。

科技队伍和科研成果的迅速扩张使完全依靠国家拨款的科技体制难以为继。1985 年发布的《中共中央关于科学技术体制改革的决定》，逐步引导应用研究走向市场，对基础研究则实施科学基金制度。

与科学基金制度与生俱来的一个问题是学术评价。于是，“科学引文索引”（SCI）期刊影响因子这个原本作为图书馆订阅和选刊依据的参考指标应运而生，因其意义明了、操作方便、不受学科和地域局限而一跃成为成果水平和刊物级别的考察指标。

SCI 最早在南京大学萌芽有其偶然因素，但它被引入中国则是历史的必然，是科研管理制度变革的需要。历史地看，SCI 对提高我国的科研产出、提升我国的科技成果国际影响力都发挥了积极的作用。至于 SCI 后来被长期的、广泛的滥用则有着深刻的历史原因。对 SCI 的过度追逐造成了科研价值观的扭曲，也对包括《物理学报》在内的中文科技期刊产生了致命的伤害。

21 世纪以来，国际局势风云变幻，科学在其社会影响和社会功能上的扩大，使科学进步的结果变成了政治问题。世界各国纷纷制定国家科技发展规划，使得“科技创新成为国际战略博弈的主要战场”，国际社会经进入了一个“国家科学”时代。“国家科学”的特征在科技战略、重大科研选题方向、资源配置、科技活动组织方式和科技奖励导向等方面都有深刻的体现。

“国家科学”是在科技主导社会发展的历史阶段，国家发展战略目标和国际竞争倒逼下的科学组织管理、科学供给需求变化和科学价值观的调整，是内部张力与外部压力共同作用的结果。从“国家科学”的视角观察我国的科研成果评价体系、科技期刊出版活动的组织方式，就可以发现很明显的问题，也就不难找到纠正的方向。

“国家科学”模式是国际竞争的必由之路还是特定国际环境下的应急措施、“国家科学”模式应对国际竞争的效果如何、“国家科学”模式对科学技术本身的发展的作用如何等问题尚待进一步探讨。

（摘自《科学文化评论》2019 年第 4 期；
胡升华：科学出版社副总编辑。）

牛顿学说在欧陆的传播与启蒙运动的兴起

陈方正

牛顿的《自然哲学之数学原理》（以下简称《原理》）发表后震惊学界，但它的革命性观念一时难以为人接受，其数学论证方法又非常繁复，只有少数专家能够明白，而此时莱布尼茨所发明的微积分学亦已面世，此后数十年间这两个新体系竞相发展，彼此碰撞，导致了多重后果。这包括莱布尼茨的微积分学因为简单明了而被大部分学者采纳；以及牛顿和莱布尼茨为了争夺微积分学（亦即流数法）的发明权而产生了激烈论战。但最重要的则是：经过半个世纪的争论，牛顿学说终于因为得到实测结果支持而被接受；以及它成为启蒙运动的触发点和理念根据。

学界对《原理》的反应。《原理》是一本艰深复杂的大书，只有少数专家能够充分了解其内容。整体而言，英国学界对它是一面倒地接受和拜服，虽然不懂数学者也引为时尚，一般大学教师却视若无睹。欧陆的反应复杂得多：荷兰的惠更斯对其论证严密和结果丰盛感到震惊，但不能够接受其基本原理；巴黎《学术期刊》以夸大的赞扬来讥诮它根基不稳；德国的莱布尼茨则忙于撰写与之竞争的文章。

微积分学的传播。牛顿最早发明了相当于微积分学的“流数法”，但拒绝发表，也没有在《原理》中以之为论证工具——他所采用的是根据传统几何学而独创的“综合证题法”。其后莱布尼茨独立发明微积分学，并且在《原理》出版之前就已经将之写成论文发表。它们经瑞士的伯努利（Bernoulli）兄弟研究和融会贯通，然后通过巴黎科学院的瓦令勇（Varignon）和罗斯比涛（L’Hospital）等广为传播，遂发扬光大，应用于诸多解析学和物理学问题。它曾经因为基础不清楚而受到诸多颉难，但由于应用极广，卒之也逐渐被接受。

微积分学发明权之争。牛顿和莱布尼茨之间的关系极其微妙：起初两人惺惺相惜，互相尊重；在微积分学和《原理》发表之后则难免彼此提防和暗地里竞争。但由于牛顿学说的传播和发扬，以及其众多门弟子著作的出版，两位宗师所领导的英国和欧陆学派之间就出现越来越频繁的摩擦，双方从 1708 年开始，更就微积分学的发明权展开激烈的公开论战，历时近 20 年方才歇息。其结果显示：牛顿流数法的确出现在先，但莱布尼茨微积分学的应用则更灵便和广泛。

牛顿学说的接受。《原理》的独特基础是万有引力定律，从此出发，它能够准确解释大量当时已经有相当精密观测数据的天体与地上物体运动状况。它长期未能得到欧洲学界接受的原因就在于此定律假定：两个质点彼此之间无论相距如何遥远，中间有何物体阻隔，它们都必然会遵循准确数学公式而互相吸引。这个“超距离作用”违反直觉，即物体必须碰触方才能够相互施力和发生影响，那是笛卡儿“机械世界观”的一部分，而那套理论为欧陆特别是巴黎科学院信服已久。

最终的突破来自年轻的莫泊忒（Maupertuis），他是巴黎科学院院士，有独立见解和虚心学习精神，不但访问英国，更投入约翰・伯努利门下学习微积分，从而对《原理》获得更深刻的了解，发现了其中有关地球扁平形状计算的重要性，因为那是个前所未知的崭新现象，而且和笛卡儿理论的预测刚好相反。他因此说服巴黎科学院支持他到拉普兰（Lapland）极地做天文实测以探明此问题的究竟，后来几经艰苦，他证验了牛顿的计算，而天文学家卡西尼（Cassini Ⅱ，Jacques）也在1740年放弃对此问题的偏见，牛顿学说这才终于获得接受。但其革命性理论为学界彻底信服，则是1759年克拉欧（Clairaut）据此理论预测哈雷彗星的回归时日获得证实之后的事情了。

启蒙运动与牛顿理论。自文艺复兴以来，欧洲思想即开始长达5个世纪之久的根本变革，其最后阶段就是18世纪的启蒙运动，但在此之前的17世纪科学观念已经开始深刻影响学界了，其中如霍布斯（Hobbes）、斯宾诺莎（Spinoza）、洛克（Locke）、贝尔（Bayle）等的政治、宗教、哲学思想就是最好的例子。启蒙运动本身不但与科学，而且与牛顿学说的关系特别密切。它是由伏尔泰在1734年出版的《哲学书简》所触发，而此书有大约1/5是讨论科学进展，特别是牛顿学说。而且，伏尔泰成为“启蒙思想家”之后出版了《牛顿哲学要义》，他的亲密女友即数学家夏特莱（du Châtelet）将整本《原理》翻译为法文，孟德斯鸠的划时代巨著《法律的精神》则将科学方法应用于政治体系的搜集和比较。

将启蒙运动推向高潮的是“百科全书”运动，它由文学家狄德罗和科学家达朗贝合作主编，其基本理念就是如实地胪列大量新科学新发现和技术知识，以扫荡传统宗教的荒诞观念与迷信，和启迪民智。它从1751年开始出版，其后排除万难，顶住王室、教会等保守势力的反对和打击，终于在1772年完成17卷正文和11卷图录的出版，一时洛阳纸贵，使得欧洲的精神面貌一新。达朗贝在这套辞书的总序中将牛顿列为4位现代哲学宗师之首，其基本原因就在于，他的《原理》为世人提供了理解世界的有效途径，亦即“理性”的典范。在这个意义上，牛顿理论可谓欧洲思想转型得以完成的最重要因素之一。

（摘自《科学文化评论》2019年第4期；
陈方正：香港中文大学教授。）

论近代自然科学与中国地方志的转型发展

曾　荣

编修地方志是中华民族的一项优秀文化传统。近代以来，自然科学技术的广泛应用、自然科学人才的积极参与、自然科学方法的有力指导，以及自然科学理念的深刻影响，促使中国地方志在编纂技术革新、修志人才队伍建设、方志体例结构调整等方面，取得了长足的进步与发展，这为方志学科体系的构建奠定了重要基础。可以说，近代自然科学在地方志编纂中的作用日益增强，深刻影响了地方志的发展，实现了中国地方志的重大转型。

近代以来，随着西学东渐趋势的演进，西方自然科学技术不断引入中国，至民国初年，测绘技术与图表技术在地方志中的应用越来越多，这进一步提升了方志的科学价值与实用价值。自然科学理念的转变则有力地推动了地方志体例、篇目、内容等的革新。

1929 年 12 月，南京国民政府内政部正式颁布《修志事例概要》，要求各省市设馆修志时，广泛聘请具有自然学科知识的专门人士。国民政府以训令形式将这一要求下达全国各地，为各省市广泛聘请科学人才参与修志工作提供了重要依据。在政府官方大力推动的背景下，全国方志界颇为重视自然科技人才在方志编修中的重要作用。诚然，近代以来，西方自然科学知识输入中国，这反映了近代中国知识与制度鼎革所带来的时代发展变化，揭示了自然科学人才积极参与修志工作，促使修志人才队伍建设，进而助推近代方志转型的重要历史面相。

如上所述，近代西学东渐背景下自然科学知识的引入，推动了中国传统修志理念的变革，时人在修志中颇为注重自然科学方法的指导，这为方志学理论的创新发展奠定了重要基础。而随着西方自然科学理念输入中国，影响到当时的学界，尤其是青年学子，对此产生了浓厚的兴趣，包括傅斯年、顾颉刚等人都以分科治学为科学，主张以学为单位开展学术研究。基于对自然科学的崇拜，他们相信分科治学是以学为本，此乃放之四海而皆准的天下公理，在引进西方自然科学的学科概念时，他们对自身学术分科的认知也发生了很大变化。

在此背景下，自然科学方法指导修志实践的现象屡见不鲜，而这种局面的出现，似与 19 世纪初期兴起的整理国故运动不无关联。事实上，早在五四运动前后，由胡适等人发动的整理国故运动已发其端。由于运动所倡导的整理国故“四部曲”声势浩大，其第三步即“要用科学的方法，作精确的考证，把古人的意义弄得明白清楚”，这与方志编修的考证之法不谋而合，故而能够影响到余绍宋等一大批民国修志人物。

值得注意的是，与民国初期方志界从“方志学”理论上对“自然科学方法”的探讨不同，抗日战争后期处于恢复重建阶段的修志人士，更多是从修志实践中探索“自然科学方法”的应用之道。从理论探讨到实践应用，这既是方志理论经过充分研讨后不断沉淀和升华的结果，亦是自然科学方法指导下修志实践发展演化的必然要求。

近代自然科学广泛应用于修志实践，在一定程度上推动了方志学理论的发展，而在自然科学理念的影响下，修志者颇为注重“方志学科”的构建，由此促使方志学重心从重视“编纂之学”向以“专门学问”为旨归转变。随着近代学科门类“专业化”趋势的发展，一些参与修志实践的学者也在大学开设方志学课程。如河北通志馆馆长瞿宣颖曾在南开大学、燕京大学、清华大学等校讲授“方志概要”和“方志学”课程。1933 年，朱希祖与罗香林分别在国立中山大学讲授地方志研究课程。1945 年，顾颉刚在复旦大学史地系开设“方志实习课”等。同时，在“分科治学”理念的观照下，构建方志学“独立学科”的呼声日益高涨。卢建虎在《东方杂志》开宗明义地提出“大学设志学系”的主张，主张“各大学文学院增设志学系，延聘深通志事者为教授，奖励青年，专习方志之学，俾造就专才，以备他日分纂志籍之需”。而在西方“自然科学”理念的持续影响下，学术研究“专科化”大行其道，伴随着近代方志学学科体系的形成，方志学亦趋于成为一门“独立学科”。

总之，近代自然科学在地方志编纂中的作用日益增强，深刻影响了地方志的转型发展。尤其是近代自然科学技术的广泛应用、自然科学人才的积极参与、自然科学方法的有力指导，以及自然科学理念的深刻影响，促使中国地方志在编纂技术革新、修志人才队伍建设、方志体例结构调整等方面，取得了长足的进步与发展，这在一定程度上推动了方志学学科的发展，彰显了近代自然科学在中国地方志转型发展中的重要影响。

（摘自《自然辩证法通讯》2019 年第 5 期；
曾荣：广东外语外贸大学马克思主义学院副教授。）

生物学中的机遇解释：从古希腊到现代综合

赵　斌　孙旭男

生物学哲学中机遇问题的讨论通常都是置于进化的视角之下，从历史根源上也大多追溯至达尔文时期，但若放宽视野至对生命的认识层面，关于机遇的问题则可追溯至更早，也不以现代综合进化论为终点，是众多哲学以及科学论题不竭的源泉。

古希腊生命起源说中的一些学说将机遇看成是自然世界的真正起源，关于自然世界源起于机遇的思想最早可以追溯到恩培多克勒（Empedocles）、伊壁鸠鲁（Epicurus）以及卢克莱修（Lucretius）。需要说明的是，此时关于机遇的论述还停留在对偶然性的讨论层面上。古希腊所谓的目的论解释首先由柏拉图（Plato）提出，之后亚里士多德（Aristotle）发展了关于导向某种自然事件发生的终极原因的目的论解释，并且认为其目的论是解释自然和谐和有序变化的原则。在进化论中有关机遇与目的之间关系的困扰是由于对“目的论”定义的根本性曲解，是基督教神学试图将希腊哲学思想与《圣经》启示相调和所带来的扭曲，甚至可以说是对自然认识上的退步。胚胎学的发展促进了渐成论的发展，至18世纪末期，渐成论与自然界的自我创造能力和目标导向性联系在了一起，这就使得物种固定论与渐成论的矛盾更加突出，而关于机遇（偶然性）在预成论和渐成论中的角色更成为生物学革命的重要导火索。

17世纪末至18世纪中期，是预成论与渐成论争论最激烈的时期，预成论的成熟为生命演化中的机遇问题打开了新的空间。在19世纪后期的新拉马克主义者看来适应是伴随着习性或者环境必然会出现的事件，而后来的达尔文进化论则认为适应的产生是一种机遇事件。在1859年达尔文的《物种起源》中，机遇开始扮演核心的角色，不再意味着因无知而导致的不可预判。在达尔文那里，机遇扮演两种角色：第一种是在自然选择机制中所扮演的角色，达尔文使用“机遇”来表示变异的起源与生物适应性之间的因果独立性，偏向于关注变异来源对应于选择模式方面的机遇和必然性之间的相互关系；关于第二种角色，达尔文关注进化过程中的机遇源于他发现自然选择并不是一个完美的鉴别者，即自然选择的发生也存在机遇性。但达尔文并没有清楚地区分不同机遇问题，这令人感到困惑，因为这些不同机遇在作用方式上也存在着相互影响。这显然是达尔文理论的一个困境，机遇问题如鬼魅般在不同层面影响了进化理论的一致性和完整性，而达尔文也并未对此明确回应。

达尔文理论的捍卫者们因“持续变异”问题进退维谷，尝试在统计学中寻找答案，并探究自然选择是如何以渐进的、统计学的方式运作的，最著名的早期捍卫者就是高尔顿（F. Galton）。在高尔顿看来，针对遗传过程的各种法则在任何情况下都不可能完全正确。但同时，它们又是近似正确的，可以用于解释。机遇或误差问题是由于我们对过程精确细节的无知，使得更高层次的统计规律成为必要。而他的学生皮尔逊（K. Pearson）和韦尔登（W. F. R. Weldon）在进化论早期发展过程中，推进了我们对机遇角色的理解。之后，客观的机遇概念解释成为现代综合运动的一项重要工作。

现代综合运动是生物学家们就进化生物学达成共识的时期，特别是对机遇的意义和作用研究方面，这是一个特别富有成效的时期。这一时期的生物学家们达成几点共识：第一，突变是变异的最终来源，由于机遇而产生且大多是有害的；第二，减数分裂是（有性生殖）随机变异的一个来源，从两条染色体的任何一条中获得等位基因的机遇率为50%；第三，同系繁殖是基因组合机遇性的一个来源；第四，漂变和隔离可能在适应性进化或物种形成中发挥作用，成为小的隔离亚种群中出现新基因组合的原因；第五，偶然事件在大进化中起着重要的作用。综合进化论者们一直认为，机遇在进化中扮演着重要的解释角色，并且在理论中诉诸机遇不是对无知的承认，而是将机遇（及其同义词）解释为概率、随机抽样、偶然事件或与选择相反的事件等的背后主体。按照现代综合的观点，机遇、偶然性或意外事件在进化变化中发挥着原因性的作用。漂变和选择之间的对抗也不是体现在非因果过程与因果过程的对立上，而是像霍奇所说，表现在“因果性非偶然”（causally non-fortuitous）过程与“因果性偶然”过程的对立上。在现代综合进化论者们看来，这就是对机遇或偶然性在进化变化中所扮演的原因角色的理解方式。

本文对生物学中机遇的讨论只是冰山一角，无法呈现完整的历史维度，但至少通过有限篇幅说明了生物学中的机遇既不像某些人所说的，是解释性的空洞，也不像另一些人所说的，是进化生物学的外围因素，而是具有重要的解释作用。沙纳（T. Shanahan）认为判定一个概念对一个特定领域是否具有解释重要性，在于排除这个概念后，是否还可以对这个领域的现象进行解释。通过论证，显然按照这个标准我们有理由相信“机遇”是进化生物学以及相关哲学讨论中不可消除的概念，并在现代生物学中不断展现其核心问题价值。

（摘自《科学技术哲学研究》2019年第6期；
赵斌：山西大学科学技术哲学研究中心副教授；
孙旭男：山西大学科学技术哲学研究中心硕士研究生。）

改进还是停滞：民国苏南桑树育培技术实践探讨

杨 虎

蚕桑为中国传统农业社会立国之本，蚕桑经济在中国古代社会中占有重要地位。由其形成的丝绸之路承载着中外商贸、科学技术乃至民族文化交流的使命。苏南地区的太湖流域可能也是中国蚕桑起源重要中心之一，很早就栽培桑树。桑叶是蚕最基本的食物，桑树和桑叶的品质影响蚕茧蚕丝的产出与质量，桑树的种植、管理水平直接影响到桑叶的产量。自周代始现人工栽培桑后，历经汉代和北魏的发展，至明末清初传统桑树育培技术趋于成熟，达其高峰后陷于停滞。正如李伯重先生所言，“江南蚕桑生产技术，在明代后期已定型，尔后无多大变化。……每亩桑园所养蚕的数量以及养蚕、缫丝的方式，在明代后期与清代前中期亦无大变化”。于近代被日本赶超后，一直受压制。

清末民初苏南蚕桑生产市场的扩大为桑树育培改进提供了良好契机。蚕业是联结农业、工业和商业的综合生产部门，其生产包括植桑采叶、育蚕养蚕、蚕茧供销、缫丝织绸、丝织品买卖等诸多环节。这一产业链自古就有，只是在民国之前联结的主要是农业、手工业和小商业。桑树育培是整个蚕业最基础的环节，也是获得其最终产品蚕丝的前提基础。市场决定供需，供需影响生产规模，蚕丝的市场需求对蚕业的影响很大，自然也会波及桑树的相关技术改进和生产发展。历史上苏南植桑养蚕发展平稳缓慢，直至1850年之后渐有规模。两次鸦片战争后，由于上海等通商口岸的设立，生丝出口急剧增加，刺激了苏南地区蚕业生产的扩张。尤其是无锡桑蚕业发展最为迅速，成为核心地区，当地方志资料对此亦有记述：“开化居太湖之北……在清中叶不过十之一二，自通商互市后，开化全区几无户不知蚕矣。”

与苏南传统的稻麦等生产相比，蚕丝生产收益具有比较优势。在20世纪20年代之后，苏南蚕桑生产商品化已经较高，桑叶已不需完全由蚕农自己生产完成，成本较低。因而在苏南的许多地方，种桑养蚕替代了传统的水稻小麦种植，蚕丝业也发展迅速，初具规模，成为农村中具有比较优势的重要产业。蚕丝出口的激增和经济收益的可观引起了农业改进者的注意，他们在改进整个蚕业的过程中也把目光投向桑树培育技术，以获得更多更好的桑叶，生产更优的蚕茧和蚕丝，企盼提高农业综合效益，徐图振兴苏南农村经济。

民国蚕桑经济地位的增强与传统生产技术的矛盾加剧。国际市场的需求促使蚕丝出口的激增，也引起了苏南各县蚕业在农村中经济地位和生产结构的变化，蚕业逐渐成为苏南农村中重要的家庭副业，经济地位不断增强，主要表现在蚕丝总产量的稳步增加上。然而，晚清以来苏南各县蚕桑业的较快发展、蚕桑收入的增加，只是生产数量的简单扩张，并没有从根本上改变传统的蚕桑生产技术与方式，仍停留在传统农业层面上。在外部竞争压力和经济利益驱动下，桑树育培技术改进工作在整个蚕业改进的推动下也得到一定的重视，逐渐被提上日程。苏南农村各种群体积极提倡并投入桑树育培技术的革新实践中。起初主要是蚕业企业和直接从业的一些知识分子，到1930年后，国民政府也逐渐重视，始着力于苏南地区植桑养蚕的各种生产技术改进。这些改进者们从具体的桑树培植、蚕种选育、养蚕缫丝等环节提高蚕桑生产技术和效益。

民国苏南桑树育培技术主要实践。在民国苏南蚕业改进的初期，桑树种植育培过程被大部分改进者所忽视，导致桑园几近废弛，桑树栽培技术简单粗放。1930年后，各方改进者在实践中逐渐认识到桑树桑叶的重要性，开始着力经营管理桑园，力图提高桑叶品质，应该“酌地方情形，先行劝导开辟苗圃培植桑苗”。利用桑树苗圃进行栽培试验、改进桑树品种，并在桑树培植管理过程中开始引入西方现代施肥技术和病虫害防治技术。集中表现为：优质桑树品种的选育，栽培修剪的专业量化，西方化学肥料和病虫害防治技术的引入。

著名科学社会学家罗伯特·金·默顿认为，“经济发展所提出的工业技术要求对于科学活动的方向具有虽不是唯一的，却是强有力的影响。这种影响可能是通过特别为此目的而建立的社会机构而直接施加的”。此“默顿命题”也适用于民国桑树育培技术实践。这些农业技术实践之所以取得一定成绩，得益于其有效的实践体系。政府、蚕业企业和学校乃是蚕桑技术实践的主力。其所设施的科学试验等新技新法在某些方面对传统农业思想和技术有所突破。但从整体效果来看，这些实践活动主要停留在小范围试验中，并没有在蚕农中得到大规模的推广应用，未能达到技术普及推广以提高蚕桑生产效率和振兴苏南农村经济的理想目标，蚕农本身动力的缺乏及政府改进组织效能的不足是其制约主因。农户积极性的有效调动、农村组织效率的合理提高也是我们今天农业改进具体实践过程中亟须解决的关键问题。但无论如何，民国时期较为完整多元的实践体系对当代农业技术改进仍具启示；其诸多较新的技术实践为中国农业技术改进提供了积极有益的实践尝试和理论探索，对今天中国农村经济持续健康发展和农业现代化建设仍具借鉴意义。

（摘自《自然辩证法通讯》2019年第3期；
杨虎：江苏科技大学人文社科学院副教授。）

篇目推荐

保护—传承—创新—经略—振兴：中国传统工艺的承续和发展

文章的要点为：①现行传统工艺界定的辨正；②阐述中国传统工艺的巨大存在及其价值；③对与传统工艺振兴密切相关的保护、传承、创新、经略与振兴诸方面做了研讨，并提出了解决办法，供学界同人和从业者参考。

（原载《自然科学史研究》2019 年第 3 期；
华觉明：中国科学院自然科学史研究所研究员。）

商代扁体铜卣的铸造工艺研究

本文依据殷墟出土的铜卣、卣范和卣芯等实物资料，主要从铜卣表面的范线、圈足上的镂孔、器底的网格、圈足与器底间的加强筋、止动装置、垫片、气孔、补铸、二次浇注、分铸等铸造痕迹，以及卣范和卣芯反映的器身、器盖、提梁等的分范方式，提梁与器身、盖与钮的连接方式，绹索状提梁、肩部兽头和提梁末端兽头的制作方法，卣范与范、范与芯之间的组装方式，以及器身、器盖、提梁上浇口的设置等铸造工艺，全面介绍了商代扁体铜卣的铸造技术和制作工艺。

（原载《南方文物》2019 年第 5 期；
岳占伟：中国社会科学院考古研究所副研究员。）

考古所见制盐遗址与遗物的特征

盐业考古是考古学的分支学科，其所采用的方法和手段与一般的田野考古并无区别。其不同之处在于，考古学家要了解和熟悉制盐的生产工艺流程，通过对出土遗迹和遗物的观察，还原制盐活动的完整步骤。制盐遗址的特殊之处是文化堆积深厚，这是由制盐产业的特殊性决定的，尤其是在人类早期陶器制盐阶段更为突出。造成这一现象的原因是制盐陶器的使用寿命短，耗损量巨大。制盐陶器与日常生活用具差异甚大，其特点是器类简单、质地粗、厚胎，流行尖底、圜底造型，或加圈足、锥足，还有大量的支脚类附加器件，而且同类器具个体大小和容积接近。其中可细分为熬煮制盐的大型容器和制作盐锭的小型器皿。盐业贸易是人类历史上最早的人际交往活动。通过盐业生产与贸易可积累财富，导致阶层分化、社会复杂化，促进文明化进程，进而推动人类历史的进步。

（原载《盐业史研究》2019年第3期；
李水城：北京大学考古文博学院教授。）

农业史和妇女史视域中的技术与社会——白馥兰中国技术史研究探析

白馥兰是当代英国著名技术史学家和人类学家。她的技术史研究从参与编写《中国科学技术史》系列起步，继承和突破李约瑟的科技史研究，以农业史和妇女史作为双重核心。其技术史思想中一以贯之的线索是技术与社会，遵循着自技术而来、向社会而去的理论进路，旨趣在于以技术观社会。就研究视角而言，包括广义技术视角、人类学视角和汉学视角。就研究局限而言，包括文献方面、观念方面和比较方法的不足。总之，白馥兰展示了一位从李约瑟时代走来中国技术史研究者的代表形象。

（原载《自然辩证法研究》2019年第2期；
雷环捷：中国人民大学哲学院博士研究生。）

日本江户兰学中的中国知识及其局限——以《厚生新编》（1811—1845年）对《本草纲目》的参考为中心

一般说来，学界将日本学者系统翻译介绍西方近代知识追溯至江户时代的兰学，即借助荷兰语译介欧洲科技文献的学术运动。值得注意的是，兰学并非单纯的西学移入，兰学家于翻译之际确曾积极参考并利用相关的中国知识。其中，尤以作为幕府翻译事业的日用百科全书《厚生新编》对本草学巨著《本草纲目》的参考最为显著。译者群体普遍具有的汉学素养与医学背景，使其在翻译之初构建起西方百科知识与东方本草学的对应。在利用本草学相关资源吸收消化译文内容的过程中，译者亦逐渐强化了对二者的区别意识，在诸多具体问题上对本草知识予以批判，并通过评判性的比较研究，获取更为实用、准确的新知识。

（原载《自然辩证法通讯》2019年第7期；
徐克伟：北京大学外国语学院博士后。）

敦煌古藏文医算卷“人神”喇（bla）禁忌研究

敦煌出土的藏文文献涉及医算的写卷 Pel.Tib.1044 和 Pel.Chin.3288 中都载有“人神”喇（bla）禁忌的内容。前者只是原则性地提到人神禁忌，后者不仅讲了原则，还罗列了每月 30 日的人神禁忌。对这两个写本做转录、翻译和必要说明，并与敦煌汉文写卷中的人神禁忌内容做比较，对汉、藏文人神禁忌的异同、藏文人神禁忌学说的可能来源以及藏文写卷的历史年代等问题进行研究很有价值。

（原载《西北民族大学学报（哲学社会科学版）》2019 年第 5 期；
刘英华：中国藏学研究中心北京藏医院副研究员；
甄艳：中国中医科学院中国医史文献研究所研究员；
银巴：西藏自治区藏医药研究院研究员。）

晚清西方公共卫生观念之传入——以傅兰雅《居宅卫生论》为中心

晚清时期，西方近代卫生知识通过翻译等方式陆续传入中国。与其他关于身体、营养等卫生学著作不同，傅兰雅所译《居宅卫生论》（1890 年）是当时介绍公共卫生之开风气译作。该书强调通过改善卫生环境提升人们的健康水平，并指出政府在构建城镇公共卫生中负有主要职责。本文以《居宅卫生论》为中心，考察其底本及与之相关的英国公共卫生运动，介绍该书的主要内容，并结合底本讨论其翻译特点，最后分析此书在中国的传播情况及其影响甚微的原因，尝试从“卫生”的角度探讨中国近代化进程的复杂性。

（原载《中国科技史杂志》2019 年第 4 期；
李融冰：中国科学院自然科学史研究所硕士研究生。）

科学与社会互动的典型例证——“神经衰弱快速综合疗法”之历史

本文考察了 20 世纪 50—70 年代我国精神医学领域盛行的“神经衰弱快速综合疗法”，

从其概念与特点、历史背景及其发展阶段（关注了各阶段的具体实施单位、诊疗措施、疗效指标和评定方法、学术研究与争论、多种治疗方法的探究、其他科室的临床推广、消亡）等方面，呈现了这种治疗方法的发展脉络，并从医学模式、医患关系模式等视角反思这一昙花一现的疗法出现的局限性和积极意义，探讨了该疗法的科学-社会互动机制及其对当下的启示。

（原载《自然辩证法研究》2019 年第 8 期；
白吉可：北京大学医学人文学院博士研究生；
张大庆：北京大学医学人文学院教授。）

清末民初中国传统工艺的价值演变

清末民初中国近代工业起步之时，传统工艺作为古老的“营生”，一方面面临西方工业技术强势输入的冲击，表现出萎缩、消亡的濒危状态；另一方面，它仍是社会民生普遍依赖的经济、技术与文化载体，理应具有相应的存续和发展空间。当时的有识之士注意到传统工艺面临的这种尴尬处境，在主张发展机器工业的前提下，他们反对放任传统工艺的衰颓之势，并从经济、技术、知识、社会角色和文化视角阐释了传统工艺的新价值，探索传统工艺如何进入现代社会的思想方案。

（原载《自然辩证法研究》2019 年第 6 期；
武晓媛：太原师范学院马克思主义学院讲师。）

“科学”的概念史
——从中世纪到后工业化时代

文章以“科学”这一概念在西方语境中的历史为考察对象，包括中世纪拉丁文中的 scientia、physica、scientificus、naturalis scientia、scientiae mediae，以及英文中的 science、art、conscience、liberal sciences、experiment、technology 等，尝试借用概念史的方法，辨析以科学为中心词的“语义域”。在科学概念的演变史中，大致经历了本体论、方法论、价值论三个阶段，体现了人为因素在这一研究自然界物质变化规律的学科中逐渐被接纳的趋势。

（原载《科学与社会》2019 年第 2 期；
娄煜东：东北师范大学历史文化学院硕士研究生。）

孙中山对中国科学本土化解释及其贡献

孙中山关于科学技术的思想既不是西化主义，也不是拿来主义，而是本土化主义。这种本土化主义主要表现为：第一，他以中国传统思想中的统系与条理观念来诠释现代科学概念的形成机制；第二，他以中国传统思想中的知行关系来诠释现代科学知识的生产逻辑。其贡献是想要向中国提供一种切合传统文化又能创造性地转换传统文化的科学文化观。

（原载《自然辩证法研究》2019 年第 12 期；
刘友古：上海大学社会科学学部哲学系副教授。）